HISTOIRE

DES BALLONS

SCEAUX. — IMPRIMERIE M. ET P.-E. CHARAIRE.

A. SIRCOS ET TH. PALLIER

HISTOIRE DES BALLONS

ET DES

ASCENSIONS CÉLÈBRES

AVEC UNE PRÉFACE DE

NADAR

Dessins de A. TISSANDIER

ET DES MEILLEURS ARTISTES

PARIS
F. ROY, Libraire-Éditeur
185, RUE SAINT-ANTOINE, 185

1876

PRÉFACE

Il est des dictons et des locutions populaires dont l'événement se charge souvent de démontrer la justesse avec un singulier à-propos.

Ainsi nous arrive-t-il fréquemment de dire : « Telle chose est dans l'air! » Un pressentiment confus, mais profond, quelque chose comme cette « seconde vue » — dont nous pénétrerons peut-être un jour l'hyperphysique secret, — nous avertit que l'heure va sonner de quelque modification dans les conditions de nos existences. Par exemple, dans ce grand et cher pays de France, toujours au premier rang et le premier meurtri dans l'éternelle bataille de l'Idée, qui de nous — (je parle de ceux qui ont vécu dans la première moitié de ce siècle) — n'a pas senti son sang monter plus chaud et plus fréquent à ses tempes, à la veille de chacune de nos secousses révolutionnaires, — mystérieuses effluves plus inéluctablement affirmatives et sûres que tous les oracles des Calchas.

Ainsi, vers le mois de juin 1783, lorsque l'étrange nouvelle se répandit à Paris et partout qu'un simple papetier d'Annonay venait de découvrir la loi en vertu de laquelle des globes d'étoffe, gonflés par lui d'une certaine façon, quittaient d'eux-mêmes le sol où nous sommes attachés et s'enlevaient automatiquement dans l'air, cette nouvelle causa, comme on peut le croire, une émotion, une agitation universelles et inouïes. Et pourtant elle venait juste à son heure répondre à des préoccupations précises même dans leur vague. L'heure avait en effet sonné de la naissance de l'Aérostation, au milieu de ce nécessaire et merveilleux bouleversement des idées et des choses qui glorifie à jamais l'admirable fin de notre XVIIIe siècle. Bien après le mythe dogmatique d'Icare et la colombe d'Archytas, ravivant les légendes du Sarrasin de Constantinople, du moine volant de Lisbonne et de Dante de Pérouse, s'emparant de la succession à peine vacante de l'abbé Desforges avec son cabriolet volant, un pauvre ouvrier mécanicien normand, fort ignorant, mais supérieurement doué comme ingéniosité et force de vouloir, Blanchard, des Andelys, agitait à lui seul depuis deux bonnes années le public déjà infini des lecteurs de gazettes avec son *Char aérien*. Le Ballon allait naître et devait naître à ce moment génésique des surprises en tous ordres, à côté du joueur de flûte et du canard digérant de Vaucanson, à l'instant où les têtes parlantes parlaient et faisaient parler, pendant que l'homme aux sabots élastiques s'avançait à peu près majestueusement et debout sur la surface des fleuves, orné d'un simple balancier.

De même à l'heure présente. Tous les signes nous annoncent l'imminente éclosion de l'Aéronautique, — qu'il faut bien se garder de confondre avec l'Aérostation pure, dont elle est précisément le principe opposé. L'agitation créée en 1863 à Paris a eu son précieux contre-coup dans l'univers entier, et son écho persiste de plus en plus retentissant. Des sociétés d'études et de recherches pour l'aviation se sont fondées partout à l'imitation de la nôtre, depuis Copenhague et Londres jusqu'à la Havane, et travaillent avec une émulation opiniâtre, puisqu'il a été si inexorablement, si implacablement stipulé que chacun des progrès de l'homme, en tous ordres de choses, ne lui serait acquis qu'après avoir été par lui acheté et payé d'avance par l'étude, la peine, le sang. Le sang des martyrs n'a-t-il pas scellé le marché?

Le lendemain du rachat de notre ignorance, glorieusement soldé par ces morts héroïques et si dignes d'envie, à la veille du grand événement qui va transmuer si profondément notre monde dans toutes ses conditions d'être, l'heure a aussi sonné pour le livre qui va arrêter les points de cette grande partie. Car, s'il est juste de reconnaître que nombre d'œuvres actuelles ne répondent absolument à rien, — inutiles et dès lors nuisibles (comme tout ce qui est inutile), puisqu'elles détournent les esprits des lectures essentielles, — s'il est même trop de publications malsaines et dangereuses, il n'est pas moins vrai d'affirmer qu'en France le livre arrive toujours au moment précis pour déterminer ou aider la marche d'une Idée.

Parmi ceux qui ont tâché d'apprendre et qui ont l'honneur de tenir en main la plume qui enseigne, qui ne serait tenté devant cette grande et émouvante épopée de l'Aéronautique? Quel sujet plus palpitant d'intérêt que ces premiers essais des Montgolfier, des Pilastre de Rozier, des Lunardi, des Gerli, des Blanchard, après les légendes significatives de la Fable et de l'histoire obscure des temps premiers? Aux théories instinctives et confuses des Cardan, des Scaliger, des Bacon, des Lana, des Galien, aux rêves des Cyrano, des Swift et des Rétif, succèdent les travaux substantiels et précis des Charles, Gay-Lussac, Biot, Barral, poursuivis par les Glaisher, les Tissandier, — et hélas! par nos deux héroïques victimes d'hier.

Ce n'est pas tout : la France républicaine de 93 est envahie par l'Europe monarchique coalisée contre elle; la France, qui représente l'éternel Progrès, va apprendre au monde ce que vaut un peuple qui veut être libre ou périr. Sur un signe du Comité de Salut Public, — tant calomnié et à jamais cher et glorieux pour nous, puisqu'il repoussa l'invasion et sauva la liberté du monde, — à ce moment suprême où, comme dit Fourcroy, « tout manque, hommes, choses et temps, » l'âme de la Patrie commande les découvertes à la science, qui s'empresse d'obéir : l'Aérostation militaire précède nos armées et leur facilite la victoire depuis Sambre-et-Meuse jusqu'au Rhin et même au Danube.

Puis suivent à l'infini, jour par jour et partout, les tentatives de direction des Aérostats, cette chimère éternelle et ubiquiste. C'est partout et toujours la même irréflexion et la même ignorance ; toujours et partout, justement, le même insuccès. Mais cette multitude d'expériences indéfiniment répétées, où sont parfois dépensés vainement des trésors d'intelligence et d'argent, nous sont précieuses encore, puisqu'elles nous démontrent par la série sans fin de leurs déconvenues virtuelles que l'homme doit demander sa voie par les airs, au principe précisément contraire à celui des aérostats.

Enfin, pour conclusion, lors de la guerre de 1870, au milieu de la plus lamentable des défaites, l'Aérostation n'oublie pas qu'elle est *la science toute française*. Rappelons-nous, pour nous consoler et reprendre espoir, les commencements si beaux du grand siége parisien. — Débarrassée à l'heure du danger de ceux qui, après avoir amené sur nous le mal, se sont, comme toujours, enfuis ou se taisent, la grande cité parisienne, sans gardes, sans police, les tribunaux fermés comme inutiles, donne l'exemple de l'ordre réel le plus merveilleux. Dès avant l'aube jusqu'au soleil couché, places publiques, carrefours, boulevards, la ville immense tout entière est encombrée de milliers de citoyens apprentis soldats, manœuvrant sans armes encore, — il fallait bien se défier de ces gens-là ! — sérieux comme le Devoir, graves comme la Foi. Par ces longues soirées d'hiver, Paris sans gaz, Paris, la Babylone moderne, est chaste, et le religieux silence des nuits n'est coupé que par l'appel répété des clairons et les détonations encore lointaines du canon. Toutes revendications, même les plus légitimes, celles qui saignent et demandent merci depuis tant de siècles, se taisent. Le Quart-État, cette nouvelle et définitive puissance de demain, cette force de jour en jour irrésistible depuis qu'elle a pu se connaître, maîtresse souveraine à cette heure et comptant sur la justice du lendemain, se tient pour satisfait si on lui permet seulement de répandre son sang pour la propriété qui n'est point sienne. On donne tout, on croit tout, et on s'obstine à croire à tout, même aux plans déposés chez les notaires. Et si une voix, clairvoyante de ce qui se trame déjà dans l'ombre, vient à s'élever, un cri bien trop généreux et unanime l'étouffe aussitôt : *Avant tout, les Prussiens !* — Rappelons-nous !...

Devant l'attitude recueillie de cet admirable peuple parisien, si désintéressé si facile à conduire, quoi qu'ils disent, devant ces hommes, ces femmes, ces enfants, tous égaux devant le sacrifice, tous patients et résignés sous la plus énervante, la plus insupportable des attentes, l'attente du combat, — lequel de nous ne dut croire que, notre expiation méritée se trouvant enfin accomplie, l'heure du triomphe allait sonner? A l'heure où la panique planait sur les hordes étrangères, épouvantées d'avoir été poussées jusqu'au cœur de ce grand peuple, quand sur toutes les routes de la fuite, par la Lorraine et l'Alsace, les couteaux frémissaient d'eux-mêmes dans les tables des cuisines, qui n'eût juré qu'à ce généreux Paris-citoyen, toujours le premier ensanglanté dans l'éternelle et navrante bataille humaine, n'était réservé l'honneur de faire enfin ce que les états-majors monarchiques de nos armées n'avaient pas su faire?

Hélas! nous oubliions alors que Paris, lui aussi, avait ses états-majors et militaires et civils, et que la République, ainsi gagnée, eût été éternelle !

Mais à qui de droit reviendront les responsabilités terribles des lassitudes préparées, des découragements et de l'abandon? Consolons-nous dans le présent au moins par le souvenir de ce qui fut alors tenté, et voyons nos Aérostiers militaires et civils de la Ville de Paris se constituant spontanément, improvisant de leurs peines et même de leur argent, autant qu'ils le pouvaient avec un misérable matériel forain, les observations militaires qui, avec le secours de la photographie, pouvaient nous donner *moitié de la victoire*, selon la propre parole du général Trochu, puisque, en effet, la Photographie Aérostatique constate pour ainsi dire de minute en minute les mouvements ennemis jusqu'à plusieurs kilomètres. Rappelons qu'ils ne purent obtenir pendant ces cinq longs mois un seul ballon spécial qui leur avait été si formellement promis pour ces observations, malgré les services si importants et absolument désintéressés qu'ils rendaient d'autre part en créant et organisant la Poste Aérienne.

Oui, c'est un beau livre à écrire cette *Histoire des Ballons*, et rien n'y manque de ce qui émeut, transporte, indigne, et même fait sourire, — à la fois héroïde, drame et parodie. Pas d'histoire plus variée assurément, plus vivante, plus palpitante, plus humaine. Réellement, elle n'a pas encore été écrite chez nous dans son ensemble, bien que l'Aérostation soit nôtre, bien que nos voisins les Anglais nous aient donné l'exemple avec le somptueux volume du capitaine Hatton Turnor : *Astra Castra*.

Qu'il soit donc écrit, ce livre, si essentiellement Français, — écrit pour les classes populaires qui ont le plus besoin d'apprendre et de savoir, c'est-à-dire de ce qui console et de ce qui fait espérer, — et que ce soin précieux revienne à des hommes jeunes, qui disent ainsi qu'ils pensent, dégagés de tous liens, en dehors de toutes influences, animés du seul souffle de vérité et de justice.

NADAR.

Paris, ce 1er juin 1875.

CHAPITRE I

SOMMAIRE :— La flèche d'Abaris. — Le char volant des *Mille et un Jours*. — Dédale et Icare. — Pégase. — La colombe d'Archytas. — Simon de Samarie et saint Pierre. — Le Sarrasin de Constantinople. — Gusman à Lisbonne. — Barthélemy Lourenço. — Le danseur de corde Allard. — Le marquis de Bacqueville. — Les ailes de Besnier, le serrurier de Sablé. — La voiture volante de l'abbé Desforges : trois cents lieues par jour. — Roger Bacon. — Léonard de Vinci. — *Le Monde dans la Lune*, roman anglais. — Swift. — Cyrano de Bergerac dans la lune et dans le soleil : cinq moyens de locomotion aérienne. — L'homme volant de Rétif de La Bretonne. — L'appareil de M. de La Folie. — Le vaisseau volant de Lana. — Le vaisseau monstre du P. Galien.

I

De tout temps, ces vastes plaines de l'air qui s'étendent au-dessus de nous, sorte de coupole immense dont nous ne pouvons atteindre le faîte, ont tenté les efforts et l'ambition de l'homme ; de tout temps nous en avons rêvé la périlleuse conquête, et les siècles ont succédé aux siècles sans que le terrible problème fût résolu : il était réservé à la génération même qui précéda celle de 89 d'ouvrir à l'humanité la route du ciel.

Jusque-là, l'homme impuissant s'était épuisé en vaines et stériles tentatives ; jusque-là surtout, renonçant à entrer de vive force en lutte avec la nature, il avait suppléé par l'effort de son esprit à sa faiblesse matérielle et avait demandé à son imagination de lui dépeindre, comme en un songe, ces mondes inconnus qui l'attiraient et repoussaient en même temps son étreinte.

Que de fables écrites sur le vide (1) depuis cet Abaris qui, à en croire Diodore de Sicile, avait fait le tour de la terre monté sur une flèche d'or, présent d'Apollon, jusqu'au personnage des *Mille et un Jours* qui ne voyageait qu'en char volant ; depuis Dédale et Icare qui s'enfuient à tire-d'aile de la sombre prison où ils gémissent, depuis Pégase (2), ce cheval aérien que la poésie classique s'est donné pour

(1) La mythologie abonde en fables de ce genre. Outre Abaris, Dédale et Icare dont nous allons parler, Mercure et la plupart des dieux étaient ailés ; Jupiter traversait les airs monté sur un aigle ; c'est en pluie d'or qu'il descend vers Danaé ; Junon et presque toutes les déesses avaient des chars volants : celui de la reine des Dieux était traîné par des paons ; ceux des autres habitantes de l'Olympe par des colombes. Les héros d'Homère descendent du ciel.

(2) Né du sang qui ruisselait de la tête de Méduse, Pégase, dompté par Persée, transporta son vainqueur de la plaine Lybique au jardin des Hespérides. Devenu plus tard la monture de Bellérophon, il emporte son nouveau maître jusqu'en Syrie ; tout fier d'avoir tué la Chimère, le héros veut monter à l'Olympe et force son coursier à s'élever à tire-d'aile jusqu'à la demeure des dieux, mais sa témérité est punie et, pris de vertige, il jonche la terre de ses membres déchirés.

Le serrurier Besnier et son projet d'appareil pour s'élever dans les airs.

emblème, jusqu'à Cyrano de Bergerac qui nous raconte son voyage dans la Lune, qui nous explique, avec une grande abondance, une grande précision de détails, les phénomènes qu'il n'a point constatés!

Entre Dédale et Cyrano, que d'inventeurs, de charlatans et aussi de savants ont poursuivi de leurs tentatives ou de leurs études ce grand problème qui, tant de fois séculaire et en apparence insoluble, semblait devoir lasser les générations humaines avant qu'aucune d'elles en pût entrevoir la solution !

Au IVe siècle avant Jésus-Christ, Archytas de Tarente, philosophe pythagoricien et ami de Platon, inventa une colombe de bois qui s'éleva dans l'air et vola réellement. Bien que des volumes entiers aient été écrits sur cette colombe, le mécanisme qui la mettait en mouvement est resté inconnu. Au rapport d'Aulu-Gelle, « elle

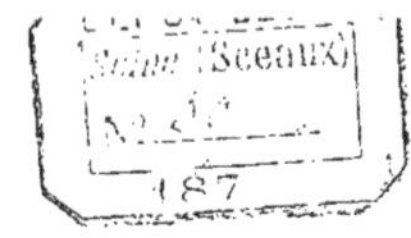

ROGER BACON.

volait par le moyen d'un artifice mécanique, et se soutenait ainsi suspendue par des vibrations ; mais si elle venait à tomber, elle ne se relevait plus (1). »

Nous avons vu la question de la navigation aérienne mêlée aux origines du paganisme et les domaines de l'air, interdits aux mortels, réservés, ainsi qu'un apanage divin, aux immortels; nous retrouvons encore la même préoccupation mêlée aux origines fabuleuses du christianisme.

Les ailes sont un des attributs des anges ; Milton, dans son *Paradis perdu,* donne pour char à Uriel un rayon de soleil, « qui lui offre un plan incliné le matin vers la

(1) Géomètre, mathématicien et mécanicien à la fois, Archytas inventa le cerf-volant; il passe aussi pour avoir inventé la poulie, la vis et la crécelle.

terre, et le soir, au soleil couchant, de la terre au ciel; idée ingénieuse, on le voit, mais toute poétique encore. »

L'aventure de Simon de Samarie se rattache aussi aux premiers temps de la religion chrétienne.

Là encore il faut distinguer la fable et la vérité.

Simon, qui vivait 66 ans après Jésus-Christ, était « un mécanicien, » dit la science; « un magicien, » dit la légende. D'abord converti à la foi nouvelle, il la renia bientôt, et une sorte de duel commença entre saint Pierre et lui : tous deux firent des merveilles, mais celles qu'accomplit saint Pierre ont seules conservé le nom de miracles.

Cette lutte se termina par une scène que les annalistes religieux appellent *le combat apostolique*.

Un jour saint Pierre alla rendre visite à celui que les Samaritains, voyant en lui un être d'une essence supérieure, avaient surnommé *la grande vertu de Dieu*.

Simon habitait une petite maison bâtie hors de la ville et n'y avait qu'un seul compagnon, gardien sûr et fidèle : un dogue dont les crocs suffisaient à défendre le thaumaturge de toute surprise et le débarrassaient de tous ceux dont les visites l'auraient importuné. Saint Pierre, en arrivant à la porte de son rival, ordonna à la terrible bête d'aller en langage humain annoncer à son maître la venue de Pierre, « serviteur de Dieu ». Le féroce animal, dominé par une puissance supérieure et docile à une volonté plus qu'humaine, s'adoucit soudain et s'acquitta de son étrange message. Simon étonné, mais non décontenancé, voulut prouver à saint Pierre que son pouvoir était égal au sien et fit répondre par son chien au futur portier du paradis qu'il était prêt à le recevoir. « A prodige, prodige et demi, » ainsi que l'observe un écrivain contemporain qui a raconté cette anecdote.

Bien qu'il eût répliqué par un miracle au miracle de saint Pierre, Simon, mal content de sa demi-revanche, voulut rétablir par une manifestation éclatante le prestige compromis de sa puissance surnaturelle. « Simon, dit l'abbé Sicard, voulant un jour persuader sa divinité à l'empereur, promit de s'élever au ciel à la vue de tout le monde. Tout le peuple s'assembla pour être témoin d'un spectacle si extraordinaire, et Simon s'éleva, *ou plutôt fut enlevé par les démons;* mais saint Pierre s'étant mis en prière, fit cesser l'action des esprits malins, et le magicien s'étant brisé le corps dans sa chute, mourut dans l'instant. Cela arriva la treizième année de Néron (1). »

Dans une autre Rome, un autre magicien eut, onze siècles plus tard, mêmes ambitions et même destin. A Constantinople, sous le règne de l'empereur Commène, « un Sarrasin qui passait d'abord pour magicien, mais qui ensuite fut reconnu pour fou, monta de lui-même sur la tour de l'Hippodrome. Cet imposteur se vanta qu'il

(1) Sicard : *Dictionnaire généalogique, historique et critique de l'histoire sainte.*

La tentative de Simon et sa chute sont certaines; mais il est douteux qu'il se soit tué en tombant. A en croire Arnobe, Simon se cassa seulement la jambe; mais il ne voulut pas voir son humiliation et se jeta du haut d'une fenêtre de la maison où ses disciples l'avaient transporté. Suivant une autre version, plus accréditée, il ne mourut pas des suites de sa chute et ne se tua pas davantage, mais, ayant eu l'imprudence d'affirmer à Néron que, s'il lui faisait trancher la tête, il ressusciterait trois jours plus tard, l'empereur, qui ne se refusait guère l'occasion de livrer un homme au bourreau, força le magicien à tenter l'expérience. Cette fois encore l'épreuve lui fut défavorable et, moins heureux que Jésus-Christ, il ne ressuscita point.

traverserait, en volant, toute la carrière. Il était debout, vêtu d'une robe blanche fort longue et fort large, dont les pans retroussés avec de l'osier lui devaient servir de voile pour recevoir le vent. Il n'y avait personne qui n'eût les yeux fixés sur lui et qui ne lui criât souvent : « Vole, vole, Sarrasin, et ne nous tiens pas si longtemps « en suspens tandis que tu pèses le vent. » L'empereur, qui était présent, le détournait de cette entreprise vaine et dangereuse. Le sultan des Turcs, qui se trouvait dans ce moment à Constantinople, et qui était aussi présent à cette expérience, se trouvait partagé entre la crainte et l'espérance ; souhaitant d'un côté qu'il réussît, il appréhendait de l'autre qu'il ne périt honteusement. Le Sarrasin étendait quelquefois les bras (1) pour recevoir le vent; enfin, quand il crut l'avoir favorable, il s'éleva comme un oiseau ; mais son vol fut aussi infortuné que celui d'Icare, car le poids de son corps ayant plus de force pour l'entraîner en bas que ses ailes artificielles n'en avaient pour le soutenir, il se brisa les os, et son malheur fut tel, que l'on ne le plaignit pas (2). »

Moitié moine et moitié sorcier, un bénédictin anglais, Ollivier de Malmesbury (3), tenta, presque à la même époque, une expérience semblable et qui ne réussit pas beaucoup mieux. Il attacha à ses mains et à ses pieds des ailes fabriquées par lui, suivant la description qu'Ovide nous a laissée de celles de Dédale, et s'élança du haut d'une tour « en prenant le vent; » il avait parcouru, par le concours de ses ailes, un espace de cent vingt pas à peine quand il tomba à terre et se cassa les jambes. Il traîna dès lors une vie languissante, trompant ses regrets avec cette illusion que, s'il avait eu la précaution d'attacher une queue à ses pieds, il aurait réussi.

D'après une tradition plus incertaine encore, un physicien portugais aurait fait en 1709, 1720 ou 1736 une tentative identique à Lisbonne. « Dans une expérience publique, faite à Lisbonne en 1736, en présence du roi Jean V, un certain Gusman, physicien portugais, s'éleva dans un panier d'osier recouvert de papier. Un brasier, dit M. Turgan, était allumé sous la machine; mais, arrivée à la hauteur des toits, elle se heurta contre la corniche du palais royal, se brisa et tomba. Toutefois, la chute eut lieu assez doucement pour que Gusman demeurât sain et sauf. Les spectateurs, enthousiasmés, lui donnèrent le titre d'*Ovoador* (l'homme volant). Encouragé par ce demi-succès, il s'apprêtait à réitérer l'épreuve, lorsque l'inquisition le fit arrêter comme sorcier. Le malheureux aéronaute fut jeté dans un *in-pace* d'où il serait sorti pour monter sur le bûcher sans l'intervention du roi. »

Si la date de cette expérience est mal connue c'est que l'art de voler fut à Lisbonne, presque à la même époque, l'objet d'une seconde expérience.

Un autre Portugais, Barthélemy Lourenço, construisit une sorte de machine dont la gravure nous a été conservée. « Elle représente, dit Bourgeois (4), sous une espèce de figure d'oiseau, un corps de bâtiment soutenu par des tuyaux où le vent

(1) Dupuis-Delcourt remarque à ce propos que « si on ne connaissait point à cette époque la pesanteur de l'air, si on ne spéculait point positivement sur elle, instinctivement on sentait qu'il y avait là une puissance inerte, une résistance dont on pourrait tirer parti. »

(2) Cousin, *Histoire de Constantinople*, citée dans l'essai sur le vol aérien, p. 35.

(3) Appelé aussi Eloerus de Malamaria, ce bénédictin, qui vivait au XIe siècle, avait étudié les mathématiques et surtout l'astrologie.

(4) *Recherches sur l'art de voler, depuis la plus haute antiquité jusqu'à ce jour, pour servir de supplément à la description des expériences aérostatiques de M. Faujas de Saint-Fond*, p. 59.

devait s'engouffrer et se porter à des espèces de voiles attachées au-dessus du navire pour l'enlever; à défaut du vent, on devait y suppléer en faisant usage de gros soufflets. Un grand nombre de morceaux d'ambre étaient attachés à un toit de fil de fer, afin, à ce que présumait l'auteur, d'attirer en l'air le bas du bâtiment, qui, à cet effet, était garni de nattes faites de paille de seigle. Deux sphères contenaient, suivant lui, le secret attractif, et une pierre d'aimant. Un gouvernail sur le derrière devait servir à diriger la marche. Des ailes attachées aux côtés n'avaient d'autre emploi que d'empêcher la machine de chavirer. Elle devait être montée par dix hommes. »

L'auteur de cet immense appareil exposa pompeusement au roi les merveilleux services qu'il pourrait rendre et réclama le privilége exclusif d'exploiter son invention.

Voici le texte de sa curieuse requête :

« Le P. Barthélemy Lourenço représente à Sa Majesté qu'il a découvert un instrument pour cheminer dans l'air, de la même manière que sur la terre et par mer, avec beaucoup de promptitude, en faisant quelquefois au delà de deux cents lieues par jour, avec lequel on pourra porter les avis de la plus grande importance aux armées et pays éloignés, presque dans le même temps qu'on les résout, ce qui intéresse Votre Majesté beaucoup plus que tout autre prince, par la plus grande distance de vos domaines, en évitant par ce moyen la mauvaise administration des conquêtes, qui provient en grande partie de ce que les avis arrivent tard. Votre Majesté pourra, de plus, en faire venir plus promptement et plus sûrement tout ce qui lui sera nécessaire et qu'elle désirera : les négociants pourront faire passer des lettres et des capitaux aux places assiégées, ou en recevoir. Ces places pourront aussi être secourues en tout temps de vivres, d'hommes et de munitions, et on pourra en faire sortir les personnes que l'on voudra, sans que les ennemis puissent y mettre aucun empêchement. On découvrira les régions les plus éloignées aux pôles du monde, et la nation portugaise jouira de la gloire de cette découverte indépendamment des avantages infinis que le temps fera connaître. Et comme cette découverte pourrait provoquer plusieurs désordres et que plusieurs crimes pourraient se commettre dans la confiance qu'elle inspirerait à leurs auteurs de rester impunis, en s'en servant pour passer à l'instant dans d'autres royaumes, il convient donc d'en restreindre l'usage et d'autoriser une seule personne à en exercer la faculté, et que ce soit à elle à qui en tout temps on enverra les ordres convenables pour faire les transports, faisant défense à tous autres de s'en servir sous de rigoureuses peines, et récompensant le suppliant d'une invention aussi utile. Votre Majesté est suppliée qu'elle daigne accorder au requérant le privilége exclusif du service de cette machine, défendant à tous et un chacun, de quelque qualité que ce soit, d'en faire usage en aucun temps dans ce royaume et dans les conquêtes, sans permission du suppliant ou de ses héritiers, sous peine de la perte de tous leurs biens et toutes autres peines qu'il plaira à Votre Majesté d'infliger. »

Le roi consulta sur la suite à donner à cette requête son conseil, qui formula ainsi son avis :

« Consulté au conseil de l'expédition des dépêches, il a été délibéré d'une voix unanime que la récompense demandée par le suppliant était trop modique, et qu'on devait l'amplifier. »

Suivant cet avis, le roi accueillit la supplique de Barthélemy Lourenço :

« Conformément à l'avis de mon conseil, j'aggrave de la peine de mort celles énoncées contre les transgresseurs; et afin que le suppliant s'applique avec plus de zèle au nouvel instrument faisant les effets qu'il dit, je lui accorde la première place qui vaquera dans mes colléges de Barcelos ou Santarem, et de premier professeur de mathématiques de mon Université de Coïmbre, avec six cent mille reis de pension (trois mille sept cent cinquante livres argent de France) pendant la vie du suppliant. »

Malgré le décret royal, la machine du P. Lourenço paraît n'avoir jamais été exécutée.

Sans viser aussi haut que le hardi Portugais, sans se laisser décourager par l'issue malheureuse des efforts de leurs devanciers, quelques Français tentèrent vers la même époque de découvrir le secret du vol aérien.

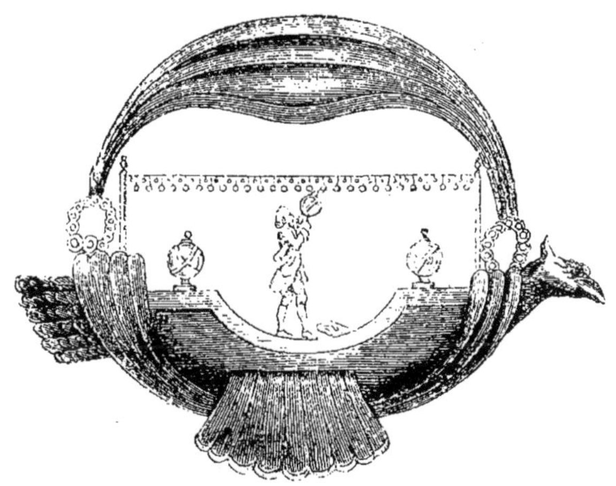

Machine de Barthélemy Lourenço. (Page 11.)

D'après certaines traditions, dont l'exactitude n'a pu d'ailleurs être contrôlée, une tentative de ce genre fut faite, sous Louis XIV, par un danseur de corde nommé Allard. Il annonça qu'il s'élancerait du haut de la terrasse de Saint-Germain et volerait jusqu'au bois du Vésinet. « On ne possède aucune description de ses ailes, mais tout porte à croire qu'il s'agissait bien moins de voler, c'est-à-dire de se translater, de voyager dans l'air par le moyen d'un agent mécanique, que d'une simple expérience sur la résistance de l'air, d'une sorte de pales ou plans inclinés, à l'aide desquels l'opérateur comptait s'abaisser sans danger du haut de la terrasse et traverser la rivière. En présence de la cour et de Louis XIV, Allard s'élança de la terrasse; mais il tomba presque aussitôt et se blessa dangereusement.

Un grand seigneur, qui tenta une expérience analogue, ne fut pas plus heureux. Lui aussi voulut essayer de se soutenir en l'air au moyen d'ailes : il en construisit d'énormes, semblables à celles que l'art chrétien prête aux anges. Le marquis de Bacqueville partit d'une fenêtre de son hôtel, bâti au coin de la rue des Saints-Pères, pour traverser la Seine et voler jusqu'au jardin des Tuileries. Ses ailes semblèrent d'abord devoir le soutenir et il parvint au milieu du fleuve; mais tout à coup ses mouvements devinrent incertains, et il tomba sur un bateau de blanchisseuses. Le grand développement de ses ailes lui sauva la vie, mais il se cassa la cuisse.

Plus sérieux semble avoir été l'essai tenté par un serrurier de Sablé, Besnier : tel fut même le succès des premières expériences faites, que le problème parut d'abord résolu. La science fit bon accueil à l'invention, et c'est au *Journal des Savants* que nous emprunterons la description de l'appareil imaginé par Besnier.

« Ces ailes sont chacune un châssis oblong de taffetas, attaché à chaque bout de deux bâtons que l'on ajustait sur les épaules. Ces châssis se pliaient du haut en bas comme des battants de volets brisés. Ceux de devant étaient remués par les mains, et ceux de derrière par les pieds, en tirant chacun une ficelle qui leur était attachée.

« L'ordre du mouvement était tel, que, quand la main droite faisait baisser l'aile droite de devant, le pied gauche faisait remuer l'aile gauche de derrière, ensuite la main gauche et le pied droit faisaient baisser l'aile gauche de devant et la droite de derrière.

« Ce mouvement en diagonale paraissait très-bien imaginé, parce que c'est celui qui est naturel aux quadrupèdes et aux hommes quand ils marchent, ou lorsqu'ils nagent. On trouvait néanmoins qu'il manquait deux choses à cette machine pour la rendre d'un plus grand usage : la première, qu'il faudrait y ajouter une grande pièce très-légère, qui, étant appliquée à quelque partie choisie du corps, pût contre-balancer dans l'air le poids de l'homme; la seconde, que l'on y ajustât une queue qui servît à soutenir et à conduire celui qui volerait; mais on trouvait bien de la difficulté à donner le mouvement et la direction à cette espèce de gouvernail, après les expériences qui avaient été inutilement faites autrefois par plusieurs personnes. »

Besnier n'avait pas la prétention de s'élever de terre ni de pouvoir faire en l'air un long trajet; il voulait seulement franchir de courtes distances. Il s'éleva d'abord du haut d'un escabeau, puis du haut d'une table, ensuite d'une fenêtre, enfin d'un grenier; et le *Journal des Savants* affirme qu'il se servit de ses ailes avec un succès relatif. Le premier appareil construit par lui fut acheté par un baladin qui l'employa avec succès.

La tentative de Besnier date de 1768; quatre ans plus tard, un chanoine d'Étampes inventa une voiture volante. Tout fier de sa découverte, persuadé qu'elle valait une fortune, mais craignant que la simplicité de son appareil n'en rendît l'imitation facile et lui fît par suite perdre tout le fruit de sa découverte, il déclara qu'il ne tenterait pas l'épreuve d'une expérience publique avant qu'il fût assuré de toucher, en cas de succès, une somme de cent mille livres. Une souscription publique fut ouverte, l'argent réuni et déposé chez un notaire. L'expérience eut lieu.

La machine de l'abbé Desforges « avait, dit l'auteur de l'*Essai sur le vol aérien*, la forme d'une nacelle ou gondole, elle était longue de sept pieds et large de trois et demi, sans compter les accessoires volatils ; elle était couverte pour mettre à l'abri de la pluie. Sa construction n'était qu'un assemblage, sans qu'il y entrât aucun clou. Elle avait quatre charnières ; ces quatre charnières étaient les pièces les plus sujettes à se briser du char volant. Elles devaient se renouveler toutes les fois que le char aurait fait *trente-six mille lieues*. Elle ne pesait que quarante-huit livres ; mais le conducteur en pesait cent cinquante, M. Desforges lui permettant d'avoir une valise pesant, toute remplie, quinze livres : c'était en totalité deux cent treize livres que la voiture devait porter. Elle était faite de manière que ni les grands vents, ni les orages, ni la pluie ne pouvaient la briser ni la culbuter. Elle pouvait, en cas de besoin, servir de bateau. Quant au conducteur, pour ne pas être incommodé par la trop grande influence de l'air, M. Desforges lui appliquait sur l'estomac une grande feuille de carton. Il lui donnait aussi un bonnet de même matière pour lui couvrir toute la tête. Ce bonnet était pointu comme la tête d'un oiseau, et était garni de verre vis-à-vis des yeux pour pouvoir diriger sa route.

« On pouvait, avec cette machine, faire trente-six mille lieues en quatre mois, en ne faisant que trois cents lieues par jour, et trente lieues par heure, ce qui ne donnerait que dix heures de travail par jour. »

L'expérience se fit à Étampes dans l'été de 1772. Le chanoine monta dans sa voiture et en fit mouvoir les ailes ; mais elles semblaient tenir d'autant plus au sol qu'il les remuait davantage, et cette voiture roulante, qui devait faire trois cents lieues par jour, ne put même pas s'élever de terre.

II

Comme si ces charlatans de science avaient déconsidéré à leurs yeux la question du vol aérien, les hommes de travail et d'étude semblent, pendant de longs siècles, s'être désintéressés du problème ; à peine si dans les œuvres d'imagination pure ou dans les superstitions populaires apparaît parfois, comme une vague aspiration, une image ou une fable : ici Médée la magicienne, là l'enchanteresse Armide ; dans les légendes du moyen âge les sorcières et les magiciens se rendant au sabbat à cheval sur le manche d'un balai (1) ; tantôt l'Hippogriffe de l'Arioste, tantôt le Zéphyre personnifié qui, dans le poëme de La Fontaine, emporte à son nouveau palais

(1) Les légendes bretonnes mentionnent aussi un certain Baldud, sorcier fameux qui tenta de voler dans les airs ; il s'éleva au-dessus d'une ville nommée Trinovante et dont il était le seigneur, mais il retomba sur le temple d'Apollon et se tua. Il était le père du roi Lear, le héros de la tragédie de Shakspeare.

l'épouse de l'Amour; Voltaire enfin ne donne-t-il pas pour monture à son Micromégas, qui veut s'en aller visiter le ciel, une comète?

Un homme pourtant, au milieu de l'inattention générale de la science pour les questions de la navigation aérienne, les médite et les discute dès le XIIIe siècle : c'est le moine anglais Roger Bacon (1). « On peut faire, dit-il dans son *Traité de l'admirable puissance de l'art et de la nature*, des machines pour voler, dans lesquelles l'homme étant assis ou suspendu au centre tournerait quelque manivelle qui mettrait en mouvement des ailes faites pour battre l'air, à l'instar de celles des oiseaux. » Quelques lignes plus loin, il donne la description de sa machine idéale, à laquelle Blanchard, ainsi que nous le verrons, fit plus d'un emprunt; mais bien avant le XVIIIe siècle des audacieux essayèrent d'appliquer les idées de Roger Bacon.

Il fut un savant aussi, ce peintre immortel qui a signé de son nom tant de toiles splendides, et qui, entre deux tableaux, trouvait encore le temps de s'occuper de chimie, de mécanique et de physique : à ses méditations se proposa l'insoluble problème, et « il étudia longuement le mouvement des animaux et le vol des oiseaux. Léonard de Vinci avait entrepris ces recherches pour essayer s'il serait possible de faire voler les hommes (2). »

Léonard de Vinci, en s'occupant du vol aérien et en reprenant la tradition de Roger Bacon, avait donné un exemple qui fut imité : la science dès lors s'empare du problème et chaque génération, pour ainsi dire, en recherche à son tour la solution avec un insuccès à peu près égal, mais en même temps avec une ardeur toujours croissante.

Aux XVIe et XVIIe siècles, trois écrivains (Schott, Cardan et J. Scaliger) étudient la question dans leurs ouvrages, et un quatrième (Borelli) lui consacre un volume tout entier.

Le roman à son tour, le roman qui n'est que la traduction et l'interprète plus ou moins fidèle des sentiments et des préoccupations de l'époque à laquelle il est publié, le roman à son tour s'envole dans les airs à la suite de la science et s'élance à la recherche de l'idéal poursuivi.

Un compatriote d'Ollivier de Malmesbury, l'Anglais Godwin écrit le premier voyage à la lune (1678), où il est porté par des oies colossales qui, en douze jours, traînent le bâton sur lequel il est juché du pic de Ténériffe au but de son excursion.

Un autre auteur anglais, dans son ouvrage qui a pour titre : *Le monde dans la lune*, recherche longuement si le vol aérien est possible. Un des chapitres de son livre (chapitre intitulé : « Qu'il n'est pas impossible que quelqu'un de la postérité puisse découvrir ou inventer quelque moyen pour nous transporter en ce monde de la lune; et, s'il y a des habitants, d'avoir commerce avec eux ») est consacré tout entier à l'étude et à la discussion scientifiques de la question; il se termine par cette conclusion :

(1) Né à Ilchester, dans le comté de Sommerset, Bacon commença ses études à Oxford et vint les terminer à Paris, où il se fit recevoir docteur en théologie. De retour en Angleterre, il y prit l'habit de saint François. Géographe, astronome, mathématicien, linguiste, il était trop savant pour son siècle et, naturellement persécuté comme magicien, il passa en prison une grande partie de sa vie

(2) Libri. *Histoire des sciences mathématiques en Italie*, t. III, p. 44.

L'homme volant de Rétif de La Bretonne.

(*Gravure extraite de la collection de M. Nadar.*)

« Je m'imagine qu'il ne seroit pas bien difficile (à qui en auroit le loisir) de montrer plus particuliérement le moyen de le composer.

« L'accomplissement d'vne telle inuention seroit d'vn si excellent vsage, qu'elle suffiroit non-seulement à rendre un homme fameux, mais aussi le siècle dans lequel il auroit vescu. Car outre les estranges descouvertes, qui par le moyen d'icelle se pourroient faire en cet autre monde-là, elle seroit encore d'vn aduantage inconcevable pour voyager icy-bas, au delà de toute autre commodité qui soit maintenant en vsage.

« De manière que, nonobstant toutes ces impossibilitez apparentes, il est assez vray-semblable qu'il se pourra inuenter quelque moyen pour voyager à la lune. Et combien seront heureux ceux qui reüssiront les premiers à cette entreprise!

> O bienheureux esprits qu'vne uive estincelle
> Du diuin Prométhée a portés jusqu'aux cieux,
> Bien loin de ces brouillards que la terre recelle,
> Qui suffoquent notre âme et nous crevent les yeux. »

Swift enfin nous montre dans Gulliver une île qui se soutient d'elle-même et flotte dans l'espace : un diamant et un gros aimant qui se repoussent et s'attirent tour à tour accomplissent ce prodige.

Un autre fantaisiste, mais un fantaisiste dont l'ironie moins sombre est française, celle-là, a trouvé dans son imagination cinq moyens, peu pratiques il est vrai, de traverser les airs.

C'est Cyrano de Bergerac.

Cyrano, quand ses duels et ses aventures lui en laissaient le temps, prenait la plume et, jugeant sans doute que la terre n'avait plus à lui offrir de sujets dignes d'être traités par lui, il visa plus haut, écrivit *Un Voyage dans la lune* et *Une Histoire comique des États et empires du soleil.* Plus d'un, qui se moqua de ses livres, y fit des emprunts, et Swift, Fontenelle, Voltaire lui-même, n'ont pas dédaigné d'y puiser.

Son esprit sarcastique, son imagination inépuisable donnaient à ses romans une verve endiablée qui lui permit de se moquer hardiment et tout haut (les rires du public lui donnèrent raison) des systèmes scientifiques de son temps.

Son premier voyage est un voyage à la lune.

Cyrano attache à sa ceinture des bouteilles remplies de gouttes de rosée que le soleil attire à lui par ses rayons, et grâce à elles il s'élève au-dessus des moyennes régions de l'air; puis, pour revenir ici-bas, il casse l'une après l'autre toutes ses fioles et se retrouve au Canada. Pour regagner son village, il construit une machine, qui ne peut s'élever et le laisse retomber à terre. Cyrano se relève tout meurtri, mais non découragé, s'enduit le corps de moelle de bœuf et retourne près de sa machine. Des soldats l'avaient garnie de fusées, auxquelles ils mettaient le feu. Notre héros se précipite dans son char, les fusées partent et la machine, entraînée par la force de propulsion de la poudre, emporte le poëte; mais l'impulsion qu'avait reçue l'appareil n'était point assez vigoureuse pour qu'il pût atteindre la lune et il abandonne au milieu des airs son trop confiant inventeur. Cyrano allait le suivre dans sa chute, quand il se sent attiré par la lune, qui était alors à son décours (époque à laquelle elle suce la moelle des animaux), et où il arrive sans encombre.

Un adolescent admirablement beau, qu'il y rencontre, lui raconte qu'il n'est point le premier qui ait tenté le voyage : déjà un homme, révolté par les passions et les guerres qui ensanglantent la terre, s'est élevé de notre planète jusqu'à la lune par la seule force de la vapeur : « Car, comme il eut observé, il remplit deux grands vases qu'il luta (1) hermétiquement, et se les attacha sous les ailes. La fumée aussitôt qui tendait à s'élever, et qui ne pouvait pénétrer le métal, poussa les vases en haut, qui enlevèrent de la sorte ce grand homme. Il quitta ses nageoires à quatre toises au-dessus de la lune. L'élévation était cependant assez grande pour le beau-

(1) Enduire de lut. Le lut est un enduit avec lequel on bouche les vases que l'on met au feu.

coup blesser, mais le grand tour de sa robe, où le vent s'engouffra, le maintint doucement jusqu'à ce qu'il eût mis pied à terre. Les deux vases montèrent jusqu'à un certain espace où ils sont demeurés, et c'est ce qu'on appelle aujourd'hui les balances. »

Le jeune interlocuteur de Cyrano n'était point un fils de la lune; né dans le soleil, il avait dû lui aussi traverser les airs pour atteindre le sol qu'il habitait, et notre fantasque savant, auquel les systèmes de locomotion aérienne ne coûtent rien, n'a garde de nous cacher le moyen ingénieux qu'a employé son nouvel ami. « Il avait pris et mis deux pieds carrés d'aimant dans un fourneau. Lorsqu'il fut bien purgé, précipité et dissous, il en tira l'attractif calciné et le réduisit à la grosseur d'une balle médiocre. L'adolescent construisit ensuite une machine en fer fort légère, il jeta sa boule fort haut en l'air et répéta continuellement ce jeu; la boule lui revenait toujours, parce que l'attraction la rendait inséparable de sa cage. L'acier de cette maison volante, poli avec beaucoup de soin, réfléchissait de tous côtés une lumière si brillante, qu'il croyait lui-même être tout en feu. Aux approches de la lune, il jeta sa boule en différents sens pour ralentir la chute, et il réussit à la rendre aussi douce que s'il ne fût tombé que de sa hauteur. »

Le compagnon de Cyrano, après lui avoir « fait visiter un pays délicieux », le ramène sur la terre et disparaît.

Bientôt Cyrano, séduit par les descriptions que lui a faites de sa patrie le jeune exilé qu'il a rencontré dans la lune, veut aller visiter le soleil. Il construit une machine : « C'était une grande boîte fort légère, haute de six pieds, large de trois, et qui fermait très-juste. Elle avait deux trous, l'un au haut, l'autre au bas : il posa à celui de dessus un vase ou plutôt une boule de cristal à facettes, à plusieurs angles en forme d'icosaèdre, trouée de même, faite en globe et très-ample, dont le goulot aboutissait et s'enchâssait dans le trou du chapiteau. Ainsi chaque facette étant convexe et concave, cette boule devait produire l'effet d'un miroir ardent. »

Cyrano place sa machine au sommet de la tour dans laquelle il est enfermé, s'y installe, en ferme la porte et attend que les rayons du soleil frappent sur la boule de verre. « Bientôt le soleil, débarrassé de nuages, éclairant la machine, l'icosaèdre transparent en reçoit les rayons à travers ses facettes, et répand sa lumière dans la cellule par le bocal. La splendeur s'affaiblissait parce que les rayons se rompaient plusieurs fois, et cette vigueur de clarté tempérée convertissait la châsse en un petit ciel de pourpre émaillé d'or.

« Dans l'extase où la beauté d'un coloris si varié jeta Cyrano, il se sentit enlevé et il s'aperçut, par le trou du plancher de sa boîte, que la terre s'éloignait avec une grande vitesse. Le soleil, battant vigoureusement sur les miroirs concaves, réunissait ses rayons dans le milieu du vase, et chassait par son ardeur l'air dont il était plein par le noyau d'en haut. La nature détruisait le vide à mesure qu'il se formait, et l'éther, entrant avec violence dans la machine par le trou d'en bas, lui servait d'agent et le poussait sans cesse. »

Cyrano atteint enfin le but qu'il s'était proposé : le voilà dans le soleil. Il parcourt en tous sens l'astre-roi et, dans l'un de ses voyages, il est traîné par un condor à travers les airs.

Il redescend à terre sans nous dire par quel moyen il traverse l'espace.

L'œuvre de Cyrano est une œuvre d'imagination. Cependant, dit Bourgeois,

« j'ajoute de plus, afin qu'on n'ait pas de fausses idées du motif qui m'a engagé à insister sur l'espèce de théorie de Cyrano, qu'Étienne Montgolfier m'a fort recommandé cet auteur singulier. « N'oubliez pas d'en parler, m'a-t-il dit plusieurs fois, « c'est celui qui a vu le mieux. »

Combien de conteurs, de romanciers, ont suivi les traces de Cyrano! L'art de planer dans les airs, qui semble être alors un don surnaturel, charme l'imagination des Rétif de La Bretonne, des La Folie; et successivement se publient : *La Découverte australe, par un homme volant; le Philosophe sans prétention ou l'homme rare,* récits fantaisistes pleins d'humour et de verve, où les théories scientifiques de l'époque et les mœurs du siècle sont ridiculisées tour à tour.

Bien avant les deux romanciers, des savants avaient imaginé des appareils pour planer dans l'air, et les brochures dans lesquelles ils avaient décrit leurs machines sont venues jusqu'à nous : dans ces pages, où l'exagération des données scientifiques occupe une trop grande place, apparaissent souvent des théories que la science moderne a ratifiées. Les accusations de sorcellerie étaient trop fréquentes à cette époque et les peines prononcées contre les magiciens trop cruelles pour que les inventeurs osassent exposer leurs découvertes; aussi souvent les savants sont-ils obligés de déguiser leurs opinions scientifiques et de les présenter, comme le P. Galien, sous la forme « d'un amusement physique et géométrique ». Parmi les mémoires publiés sur l'art de la navigation, deux surtout méritent d'être remarqués : leurs auteurs ont presque touché le but; ils ont pressenti, deviné les lois qui régissent l'aérostation.

En 1670, le jésuite Lana publia dans son *Prodromo dell' arte maestra* la description d'un vaisseau volant.

Les principaux agents de la machine devaient être quatre globes en verre placés à l'extrémité du vaisseau et supportés par quatre montants en bois. Aussitôt que le vide serait fait dans ces sphères, elles devaient s'élever et entraîner le navire qu'un mât et des voiles rendaient facilement dirigeable. Le moyen indiqué par Lana pour faire le vide dans les globes est fort ingénieux et peint bien l'état de la science à cette époque.

« Les globes auront aux deux extrémités un trou auxquels seront adaptés deux robinets : par l'un on introduira de l'eau en quantité suffisante pour remplir entièrement la sphère, puis on la laissera s'échapper par l'autre robinet en prenant bien soin de le refermer aussitôt que la dernière goutte d'eau sera tombée, afin que l'air ne puisse pénétrer de nouveau. »

« L'expérience de Lana, dit Dupuis-Delcourt, fort curieuse, exacte même jusqu'à un certain point sous le rapport théorique, était en définitive impraticable, inexécutable, ainsi qu'il l'avait conçue et qu'il la proposait. Il était absolument impossible de se procurer le cuivre à l'état de minceur auquel il le supposait dans le calcul de la construction de ses globes, et le vide absolu qu'il supposait établi dans ses sphères de métal, moyen très-rationnel de se procurer de la légèreté dans l'atmosphère, n'était pas réalisable par le moyen qu'il indiquait. »

Au siècle suivant, un autre religieux, le P. Gallien, fit paraître à Avignon un opuscule sur *l'Art de naviguer dans les airs.*

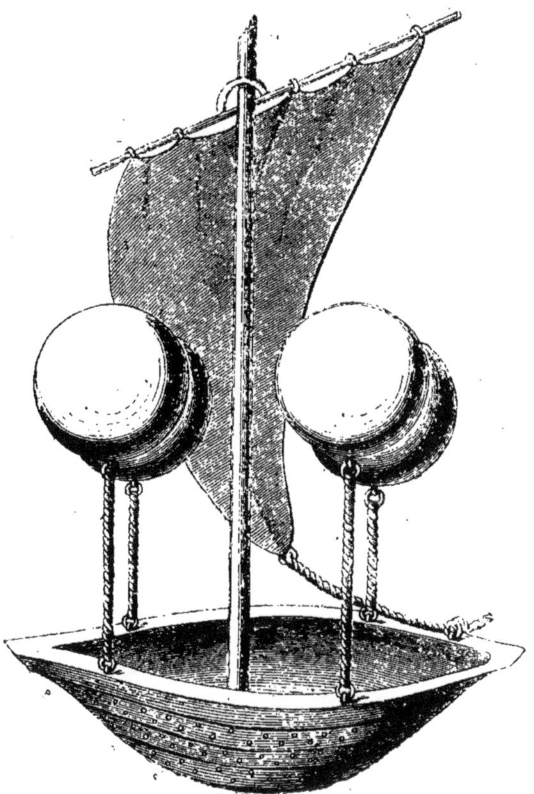

Vaisseau volant de Lana.

Le P. Gallien suppose que l'atmosphère est partagée en deux couches superposées, de plus en plus légères à mesure qu'on s'éloigne de la terre (1).

« Or, dit-il, un bateau se maintient sur l'eau, parce qu'il est plein d'air, et que l'air est plus léger que l'eau. Supposons donc qu'il y ait la même différence de poids entre les couches supérieures de l'air et les inférieures, qu'entre l'air et l'eau ; supposons aussi un bateau qui aurait sa quille dans l'air supérieur, et ses fonds dans une autre couche plus légère ; il arrivera à ce bateau la même chose qu'à celui qui plonge dans l'eau. »

Le P. Gallien ajoute qu'*à la région de la grêle* il y a dans l'air une séparation en deux couches, dont l'une pèse 1 quand l'autre pèse 2. « *Donc*, dit-il, en mettant un vaisseau dans la région de la grêle et en élevant ses bords de *quatre-vingt-trois toises*

(1) Figuier, *Merveilles de la science*.

au-dessus, dans la région supérieure, qui est moitié plus légère, on naviguerait parfaitement. Mais il est bien important que les flancs du bâtiment dépassent de quatre-vingt-trois toises le niveau de la région de la grêle : sans cela, dans les mouvements du navire, l'air plus pesant y pénétrerait et le bâtiment sombrerait. »

La description de son navire n'est pas la partie la moins attrayante du volume.

« Le vaisseau, dit-il (1), serait plus long et plus large que la ville d'Avignon, et sa hauteur ressemblerait à celle d'une montagne bien considérable. Un seul de ses côtés contiendrait un million de toises carrées, car mille est la racine carrée d'un million. Il aurait six côtés égaux, puisque nous lui donnons une figure cubique. Nous supposons aussi qu'il fût couvert, car s'il ne l'était pas il faudrait n'avoir égard qu'à cinq de ses côtés pour mesurer combien pèserait le corps de tout ce vaisseau, indépendamment de sa cargaison, en lui donnant deux quintaux de pesanteur par toise carrée. Ayant donc six côtés égaux, et chaque partie étant de 1,000,000 de toises carrées, dont chacune pesant deux quintaux, il s'ensuit que le corps de ce vaisseau pèserait 12,000,000 de quintaux, pesanteur énorme au delà de dix fois plus grande que n'était l'arche de Noé avec tous les animaux et toutes les provisions qu'elle renfermait. »

Gallien avait vu plus juste que Lana : son traité de vol aérien, qui renferme des idées ingénieuses, prouve que le savant dominicain avait deviné les lois de l'aérostation, mais sans pouvoir indiquer les moyens d'obtenir cet « air léger » qui lui semblait indispensable.

(1) Faujas de Saint-Fond.

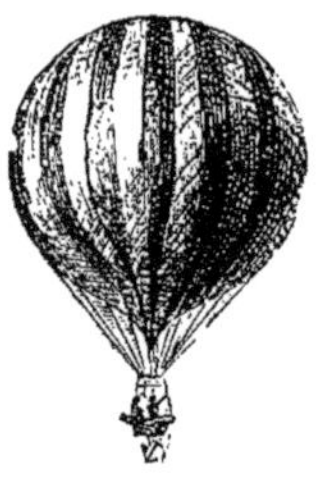

CHAPITRE II

Sommaire : — La famille Montgolfier. — Étienne et Joseph Montgolfier; leurs caractères et leurs aptitudes différents, leurs premiers travaux. — Les nuages artificiels. — Premiers essais. — L'expérience publique d'Annonay.

Tels avaient été les premiers essais tentés ; le peu de succès de ces expériences avait fait regarder comme une chimère la possibilité de s'élever dans l'air et d'inventer une machine qui pût traverser les hautes régions du ciel.

Quelques obstinés seuls persistaient à ne point désespérer ; de ce nombre étaient Étienne et Joseph Montgolfier.

La famille Montgolfier était originaire de l'Auvergne : sur la grande carte de Cassini se trouve une colline située au nord-ouest d'Ambert et désignée sous le nom de *Cros de Montgolfier*, et sur le versant de laquelle s'étagent les ruines du vieux château de Montgolfier, abandonné par les ancêtres des inventeurs de l'aérostation pendant les guerres de religion.

Les Montgolfier avaient embrassé la cause de la Réforme et s'étaient faits auprès des montagnards les promoteurs chaleureux de l'idée nouvelle. L'ardeur avec laquelle ils faisaient de nouveaux adeptes les désignait aux persécuteurs des huguenots et, après les massacres de la Saint-Barthélemy, en 1572, ils durent fuir leur pays et se réfugier dans les montagnes du Vivarais, où, avec les débris de leur fortune, ils construisirent de nouvelles papeteries qui jouirent bientôt d'une renommée plus grande encore que celles d'Ambert.

A Annonay naquirent Étienne et Joseph Montgolfier.

Leur père, Pierre Montgolfier, avait accru encore la renommée héréditaire de la manufacture qu'il dirigeait ; homme de labeur et de science, doux à ses ouvriers, loyal jusqu'au scrupule dans les affaires commerciales, il habitua de bonne heure ses enfants au travail et ils grandirent dans cette atmosphère tranquille et pure, partageant leur vie entre les affections paisibles de la famille et les études qu'exigeait l'héritage industriel qu'ils étaient appelés à recueillir. Tous deux aimaient les mathématiques, tous deux s'y livrèrent, très-jeunes encore, avec un précoce succès ; mais le tempérament très-différent de chacun d'eux sembla d'abord devoir les séparer pour jamais et les jeter dans des carrières opposées.

Joseph Montgolfier était vif, prompt, rapide dans ses conceptions, plus rapide encore dans ses actes ; il avait horreur des chemins battus et, s'il voulait servir la science, c'était en franc-tireur, non en soldat régulier. Indépendant par caractère, il ne détestait point la vie d'aventures et l'affronta par pur caprice, mais la supporta

(Gravure extraite de la collection de M. Nadar.)

sans défaillances : il forma à treize ans le beau projet d'aller créer un ermitage au bord de la Méditerranée et s'enfuit du collége de Tournon dont la discipline lui était insupportable. Arrêté par la faim dans le Bas-Languedoc, il dut reprendre, tête basse et cœur triste, le chemin de sa prison, mais il n'en subit pas longtemps la captivité. Il se sauva une seconde fois, alla s'enfermer à Saint-Étienne dans une pauvre chambre, et, pour gagner son pain, se mit à fabriquer quelques sels employés dans les arts ; se faisant colporteur des humbles produits de sa jeune industrie, il

Première ascension d'une montgolfière, à Annonay.

parcourait la montagne pour les proposer de porte en porte; quand la vente de la journée ne suffisait pas à ses besoins, il demandait à la pêche un supplément de nourriture. Peu à peu, à force de patience, d'économie et de courage, il parvint à s'acheter quelques outils et aussi quelques livres; il réunit même assez d'argent pour pouvoir se payer la dépense, très-forte alors, d'un voyage à Paris, et il s'en vint se chauffer à son tour aux rayons de ce vivifiant soleil.

Il y fréquenta avec joie tous les illustres de la science contemporaine, fier de leur contact et sentant, au choc de leurs discours, des idées nouvelles, des conceptions toutes neuves éclater en lui. Il y fût resté si son père, pressé de revoir l'enfant prodigue, le déserteur tant aimé et tant pleuré, ne l'eût rappelé à Annonay.

Il y trouva son frère qui l'avait précédé à Paris, qui était, avant lui, rentré au bercail.

Mûr avant l'âge, Étienne Montgolfier ressemblait peu à son frère : il travaillait et savait plus, mais il trouvait moins; il avait le coup d'œil moins rapide, mais plus sûr ; l'intelligence plus lente et plus froide, mais moins vagabonde. Il n'était point garçon à se lancer dans les aventures, et, l'eût-il tenté, il y eût succombé; mais son esprit méthodique était de ceux qui ne se trompent guère et dont les conceptions, tardives à prendre corps, sont justes et naissent viables : Étienne était comme l'antipode de Joseph.

Tandis que Joseph, en rupture de ban universitaire, faisait et vendait des sels à Saint-Étienne, Étienne, par l'ordre de son père, était venu à Paris étudier l'architecture : élève de Soufflot, il ne fut pas indigne de son maître, et, en fouillant Paris avec soin, il ne serait point impossible d'y découvrir encore quelques maisons signées de lui.

Rappelé à Annonay, il chercha quelles améliorations pourraient être apportées à la fabrication du papier et découvrit certains procédés dont jusqu'alors les Hollandais avaient seuls possédé le secret envié.

Aucun des deux frères, quelque travail sagace que mît l'un au service de la science, quelque imagination lumineuse qu'y apportât l'autre, n'aurait probablement fait la grande découverte qui a ouvert aux hommes la route des airs, si les circonstances ne les avaient réunis, si leurs tempéraments, tout opposés qu'ils fussent, ne les eussent pour ainsi dire soudés l'un à l'autre.

Joseph et Étienne avaient besoin, pour que leurs efforts ne fussent point stériles, de les associer, de les unir, de les confondre. L'ardeur enthousiaste et créatrice du premier se fût dépensée en pure perte peut-être, si le second n'eût été là pour en régler l'expansion et pour en diriger l'emploi. Ils se sentaient utiles, nécessaires, indispensables l'un à l'autre ; une communion absolue de pensées, de projets, s'établit tout de suite entre eux, et la fusion se fit complète, à ce point que la postérité n'a pu établir la part qui revient à chacun d'eux dans la découverte glorieuse qui fera vivre leur nom : elle a renoncé à dissiper des obscurités que leur affection fraternelle avait pris plaisir à entretenir.

Plusieurs découvertes importantes furent les fruits des premiers travaux qu'exécutèrent en commun les Montgolfier; la plus remarquable est celle du bélier hydraulique.

Ce n'était là qu'un prélude.

Au spectacle des nuages qui au-dessus d'Annonay (1) se formaient dans la montagne, en méditant sur les lois qui régissent ces masses énormes, suspendues et errantes entre terre et ciel, les frères Montgolfier se demandèrent s'il ne serait pas

(1) Annonay, que les auteurs latins nomment *Annoneim* et qui tire, dit-on, son origine des magasins de blé qu'y avaient formés les Romains, est la ville la plus considérable du département. Dans le XVIe siècle, elle fut sept ou huit fois prise, brûlée, saccagée par les protestants et les catholiques qui y commirent tour à tour des cruautés inouïes. Cette ville avait autrefois le titre de marquisat et appartenait à la maison de Rohan-Soubise. La position d'Annonay est agréable et pittoresque; la ville proprement dite s'élève sur un angle formé par les rivières de Cance et de la Diaune, au confluent desquelles elle est située.

possible de les imiter et de donner à ces copies artificielles les mêmes propriétés qu'à l'original. Après avoir tenté de former une sorte de nuage avec de la vapeur d'eau retenue en un tissu très-léger (la vapeur retournant bientôt, sous l'influence de l'air ambiant, à l'état liquide, le tissu s'imbibait d'eau et le nuage retombait à terre), les Montgolfier conçurent, en lisant un ouvrage du physicien anglais Priestley (*Des différentes espèces d'air*), la pensée d'employer pour leur tentative un gaz qui, moins lourd que l'air environnant, s'élèverait jusqu'à ce qu'il rencontrât une atmosphère qui fît équilibre à son propre poids.

Le choix était difficile. Divers essais furent tentés et ne réussirent pas ; les frères Montgolfier eurent recours à l'électricité, à laquelle ils attribuaient une action très-considérable sur les nuages, et, pour obtenir un gaz qui affectât ses propriétés, ils mélangèrent de la laine avec de la paille légèrement mouillée et y mirent le feu. Cette fois leur expérience réussit et la fumée enleva promptement de terre les enveloppes de nuages artificiels que vainement jusqu'alors ils s'étaient efforcés de lancer dans les airs.

Les frères Montgolfier se trompaient cependant en attribuant aux propriétés de la paille et de la laine brûlées l'ascension de leurs petits ballons : elle était due à la dilatation de l'air échauffé et par là même moins lourd que l'air environnant, et non à la puissance de l'électricité. Le savant de Saussure le prouva irréfutablement l'année suivante : il introduisit dans un ballon de papier un fer à souder rougi au blanc, et la raréfaction de l'air intérieur, produite par la chaleur, suffit pour provoquer l'ascension de la légère enveloppe.

La première expérience sérieuse fut tentée par Étienne Montgolfier en novembre 1782, à Avignon ; il construisit un parallélipipède creux, ne contenant que deux mètres cubes d'air, et il eut la joie de le voir s'élever ; quelques jours plus tard, une seconde expérience, tentée à Annonay par les deux frères, confirmait la première : une troisième, pour laquelle un ballon de vingt mètres cubes d'air avait été construit, réussit mieux encore ; la force d'ascension fut telle que le ballon brisa les cordes qui le retenaient et, après s'être élevé à trois cents mètres, alla tomber sur un coteau voisin.

Les frères Montgolfier n'avaient plus le droit de garder pour eux seuls une invention dont l'honneur devait rejaillir sur leur pays ; ils profitèrent de la présence à Annonay de l'assemblée des États particuliers du Vivarais pour faire une expérience publique, et, le 5 juin 1783, un ballon de douze mètres de diamètre s'éleva, au milieu des applaudissements d'une foule immense, de la grande place d'Annonay (1).

(1) « La machine aérostatique, dont l'expérience fut faite devant MM. des États particuliers de Vivarais, le jeudi 5 juin 1783, était construite en toile doublée de papier, cousue sur un réseau de ficelle fixée aux toiles. Elle était à peu près de forme sphérique, et sa circonférence était de cent dix pieds ; un châssis en bois, de seize pieds en quarré, la tenait fixée par le bas. Sa capacité était d'environ 22 000 pieds cubes ; elle déplaçait donc, en supposant la pesanteur moyenne de l'air comme $\frac{1}{800}$ de la pesanteur de l'eau, une masse d'air de 1 980 livres.

« La pesanteur du gaz était à peu près moitié de celle de l'air, car il pesait 990 livres ; et la machine pesait avec le châssis 500 livres. Il restait donc 490 livres de rupture d'équilibre, ce qui s'est trouvé conforme à l'expérience. Les différentes pièces de la machine étaient assemblées par de simples boutonnières arrêtées par des boutons ; deux hommes suffirent pour la monter et pour la remplir de gaz, mais il en fallut huit pour la retenir, et qui ne l'abandonnèrent qu'au signal donné : elle s'éleva par un mouvement accéléré, mais moins rapide sur la fin de son ascension, jusqu'à la hauteur d'environ

« Le jeudi 5 juin 1783, l'assemblée des États particuliers de Vivarais, se trouvant à Annonay, fut invitée par les auteurs de la machine aérostatique à assister à l'expérience qu'ils se proposaient de faire en public.

« Quelle fut la surprise des députés, quelle fut celle des spectateurs, lorsqu'on vit, sur la place publique, une espèce de ballon de cent dix pieds de circonférence, retenu par son pôle inférieur sur un châssis en bois de seize pieds de surface ! Cette vaste enveloppe et son châssis pesaient cinq cents livres ; elle pouvait contenir vingt-deux mille pieds cubes de vapeur.

« Quel fut l'étonnement général, lorsque les inventeurs d'une telle machine annoncèrent qu'aussitôt qu'elle serait pleine d'un gaz qu'ils avaient le moyen de produire à volonté par le procédé le plus simple, elle s'élèverait d'elle-même jusqu'aux nues ! Il faut convenir alors, que, malgré la confiance qu'on avait aux lumières et à la sagesse de MM. de Montgolfier, cette expérience paraissait si incroyable à ceux qui allaient en être les témoins que les personnes les plus instruites, celles mêmes qui étaient le plus favorablement prévenues, doutaient presque sans balancer de son succès.

« Enfin MM. de Montgolfier mettent la main à l'œuvre, ils procèdent au développement des vapeurs qui devaient produire le phénomène : la machine qui ne présentait alors qu'une enveloppe de toile double en papier, qu'une espèce de sac gigantesque de trente-cinq pieds de hauteur, déprimé, plein de plis et vide d'air, se gonfle, grossit à vue d'œil, prend de la consistance, adopte une belle forme, se tend dans tous les points, fait effort pour s'enlever ; des bras vigoureux la retiennent, le signal est donné, elle part et s'élance avec rapidité dans l'air, où le mouvement accéléré la porte en moins de dix minutes à mille toises d'élévation.

« Elle décrit alors une ligne horizontale de sept mille deux cents pieds, et comme elle perdait considérablement de son gaz, elle descendit lentement à cette distance ; et elle se serait sans doute soutenue bien plus longtemps en l'air, si l'on avait eu la facilité de porter dans son exécution la solidité et l'exactitude qu'elle exigeait ; mais le but était rempli, et cette première tentative, couronnée d'un aussi heureux succès, mérite à jamais à MM. de Montgolfier la gloire d'une des plus étonnantes découvertes.

« Pour peu qu'on veuille réfléchir sur les difficultés sans nombre que présentait une expérience aussi hardie, sur la critique amère à laquelle elle exposait ses auteurs, si elle eût manqué par quelque accident, sur les dépenses qu'elle a entraînées, l'on ne peut s'empêcher d'avoir la plus grande admiration pour les auteurs de la machine aérostatique. »

1 000 toises. Un vent à peine sensible vers la surface de la terre la porta à 1 200 toises de distance du point de son départ. Elle resta dix minutes en l'air ; la déperdition du gaz par les boutonnières, par les trous d'aiguilles et autres imperfections de la machine, ne lui permit pas d'y rester davantage. Le vent, au moment de l'expérience, était au midi, et il pleuvait ; la machine descendit si légèrement qu'elle ne brisa ni les ceps, ni les échalas de la vigne, sur lesquels elle se reposa. »

(*Gravure extraite de la collection de M. Nadar.*)

CHAPITRE III

SOMMAIRE : — Le premier ballon à gaz hydrogène. — La souscription publique. — Le professeur Charles. — Le gonflement, le transport, l'expérience du Champ-de-Mars. — La chute à Gonesse près d'Écouen. — L'instruction au peuple concernant les aérostats.

Un procès-verbal de l'expérience d'Annonay avait été envoyé par les membres des États du Vivarais, présents à l'ascension (1), à l'Académie des sciences de Paris; sur la demande du comte de Breteuil, alors ministre, l'Académie chargea une commission prise dans son sein d'examiner la découverte de MM. de Montgolfier (2). Les inventeurs furent mandés à Paris et avertis que l'expérience y serait répétée, soit aux frais de l'Académie, soit aux frais de l'État.

Mais l'enthousiasme des foules s'accommode mal des lenteurs académiques, et les commissions ont la réputation, méritée d'ordinaire, de faire traîner en longueur les travaux qui devraient être les plus courts.

Un professeur au Jardin des Plantes, Faujas de Saint-Fond, qui avait embrassé avec ardeur les idées des frères Montgolfier, offrit libre carrière au zèle de tous en ouvrant une souscription dont le produit devait permettre de tenter immédiatement à Paris une nouvelle expérience : en quelques jours, la souscription fut couverte et la construction d'une nouvelle machine aérostatique put être commencée.

Les frères Robert, habiles constructeurs d'instruments de physique furent chargés d'édifier l'aérostat, sous la direction du professeur de physique Charles. Ce jeune et ardent savant émit l'avis de remplacer le gaz dont s'étaient servis jusqu'alors les frères Montgolfier par le gaz hydrogène qu'avait six années aupara-

(1) *Procès-verbal de l'expérience d'Annonay.* — « M. le syndic a dit que l'assemblée ayant été invitée hier dans l'après-midi à assister à l'essai de la machine *aérostatique,* découverte par les frères Montgolfier de cette ville, la plupart de ses membres se sont rendus *sur la place des Cordeliers*, où ils ont aperçu un vaisseau de la capacité d'environ vingt-huit mille pieds cubes, formant un globe de trente-cinq pieds de diamètre construit en toile, et doublé intérieurement de plusieurs feuilles de papier appliquées les unes sur les autres, fortifié de quantité de cordes et de quelques pièces de bois et de fil de fer. Ce globe, après s'être enflé insensiblement, s'est élevé, au grand étonnement des spectateurs, avec une rapidité progressive, jusqu'à la hauteur de cinq cents toises, autant qu'on en a pu juger à l'œil, et après avoir resté en l'air environ dix minutes, il est descendu lentement sur la terre, à la distance de six cents toises du point d'où il est parti; et, comme cette découverte pourrait devenir utile, M. de La Chevenette, syndic, a cru devoir proposer à l'assemblée d'insérer dans son procès-verbal le récit de cette expérience qui ne peut que faire honneur à ceux qui ont inventé la machine *aérostatique*, et l'assemblée l'a ainsi délibéré.

(2) Cette commission était composée de Le Roy, Tillet, Brisson, Cadet, l'abbé Bossut, Lavoisier, Desmarets et Condorcet.

vant découvert le physicien anglais Cavendish : ce gaz, alors nommé air inflammable, pesant quatorze fois moins que l'air, devait bien mieux encore que le gaz dont s'étaient servis les Montgolfier, et qui n'avait que la moitié du poids spécifique de l'air, remplir le but proposé. Mais l'emploi de l'hydrogène, s'il offrait d'incontestables avantages, ne laissait point que de présenter de graves difficultés : mal connu encore, il n'avait jamais été préparé en dehors des cours publics, et les savants eux-mêmes, effrayés des périls que présente son inflammabilité, ne le maniaient qu'avec crainte. Comment obtenir, comment réunir dans un même réservoir plus de quarante mètres cubes de ce gaz ?

Sans s'effrayer des difficultés à vaincre, on se mit vaillamment à l'œuvre et, en moins de vingt-cinq jours, l'aérostat fut construit. Il était en soie vernie et mesurait quatre mètres de diamètre. Le plus difficile restait encore à faire : le gonflement.

« Le 23 août, raconte Faujas de Saint-Fond, qui prit à l'entreprise la part la plus active, la machine était fabriquée ; sa forme offrit celle d'un globe de douze pieds deux pouces de diamètre ; l'exécution en parut belle et régulière ; l'on s'occupa du soin de fixer la sphère dans une espèce de harnais destiné à la suspendre ; là, elle fut déprimée, et l'air atmosphérique étant entièrement sorti, le robinet par où on le forçait de s'échapper fut promptement fermé : la machine, en cet état, ne ressemblait plus qu'à une espèce de sac plein de plis et vide d'air.

« A huit heures du matin, l'on mit la main à l'œuvre pour la remplir ; l'on y procéda d'abord au moyen d'une grande boîte à tiroirs doublés de plomb, surmontée d'un chapiteau ou conduit supérieur qui s'adaptait au robinet adhérent au ballon ; les tiroirs furent garnis de limaille de fer et d'acide vitriolique affaibli d'eau : en multipliant ainsi les surfaces, le but était de se procurer une quantité considérable d'air inflammable ; mais cette espèce d'armoire que je décrirai plus au long, sujette à mille inconvénients et beaucoup trop compliquée, fit perdre du temps et de l'air inflammable. Enfin, las de manœuvrer presque infructueusement ce mauvais appareil, il fallut y renoncer ; il fut réformé à deux heures et on y substitua un simple tonneau placé verticalement, dans lequel on jetait, à l'aide d'une ouverture pratiquée sur son disque supérieur, une grande quantité de limaille de fer et d'acide vitriolique ; ce trou était rebouché subitement, et l'air inflammable, se dégageant alors par grandes bouffées, passait par une seconde ouverture placée à côté de la première, et qui communiquait d'abord à l'aide d'un tube de fer-blanc, et ensuite d'un tuyau de cuir verni à la gomme élastique, avec le robinet adhérent à l'orifice du ballon.

« Le gaz, s'introduisant dans le tube, montait avec rapidité dans le globe, et lorsque l'effervescence cessait, le robinet était fermé ; de nouvelle limaille et de l'acide vitriolique étaient jetés par le trou qu'on débouchait ; le gaz se dégageait, le robinet s'ouvrait, et l'air inflammable s'engouffrait dans le ballon.

« Quoique cette opération allât très-vite, parce qu'elle était secondée par des amateurs pleins de zèle et d'intelligence, elle était néanmoins encore sujette à quelques inconvénients qui ne laissèrent pas de donner des inquiétudes : car l'acide vitriolique, attaquant la limaille de fer, produisait un degré de chaleur si violent, qu'une partie de l'eau mêlée à cet acide était promptement réduite en vapeurs, rendues caustiques par l'action du gaz acide sulfureux qui se dégageait en même temps.

« Les vapeurs, élevées avec le gaz inflammable jusqu'au faite intérieur de la machine, s'y condensaient subitement et coulaient ensuite le long du taffetas qu'elles auraient certainement corrodé sans la couche de gomme élastique.

« Comme cette eau imprégnée d'acide se réunissait dans le bas de la machine où elle formait des espèces de bourrelets, l'on était obligé d'intervalle en intervalle de la faire écouler par le robinet, en secouant le taffetas.

« D'un autre côté, la chaleur qui partait du tonneau était si considérable qu'elle se communiquait au tube de cuir et de là à la machine ; le robinet en était si échauffé, qu'il était impossible d'y tenir la main. L'on était donc obligé non-seulement de l'envelopper de linges mouillés, mais l'on était contraint, pour la conservation du ballon, d'en arroser sans cesse le taffetas avec de petites pompes qu'on dirigeait contre sa partie inférieure, pour affaiblir la chaleur qui était si forte, que sans cette précaution la machine courait le plus grand danger.

« Ce premier essai fut très-pénible ; mais le résultat en parut satisfaisant, puisque, à neuf heures du soir, le ballon fut plein d'air au tiers. Quelques heures après, tout fut détruit par trop de précaution ; le robinet fut fermé avec soin ; mais un des artistes ayant quelques inquiétudes à ce sujet, alla malheureusement l'ouvrir en comptant de le fermer.

« Le lendemain 24, l'on arriva avec empressement dès la pointe du jour, pour se remettre à l'œuvre, et l'on ne fut pas peu surpris de trouver le ballon très-gonflé et presque plein, tandis que la veille il était à peine rempli au tiers.

« L'on ne put rien concevoir d'abord à cette augmentation, et l'étonnement ne cessa que lorsqu'on se fut aperçu que le robinet, qui avait trois pouces de largeur, était ouvert. Il parut cependant assez extraordinaire que le ballon eût aspiré une si grande quantité d'air atmosphérique. L'essai en fut fait sur-le-champ avec le pistolet de Volta, et il y eut explosion. La dose d'air commun était donc en proportion avec l'air inflammable comme 2 à 1.

« Cet accident ne laissa pas que de décourager un peu, car l'on avait eu de grandes peines la veille ; mais enfin l'expérience était annoncée, et il fallait faire voir, du moins aux souscripteurs, que rien n'avait été négligé. Ce qu'il y avait de plus gênant encore, c'est qu'il n'était pas possible d'employer des gens de peine à manœuvrer la machine ; car elle ne pouvait être confiée qu'à des personnes intelligentes et adroites. Enfin plusieurs amateurs, portés de bonne volonté, vinrent se joindre aux autres. Le zèle et l'émulation s'en mêlèrent, et l'espérance ranima tout.

« Il est à propos d'observer, avant de continuer l'historique de ces détails, que quoique un ballon de douze pieds deux pouces de diamètre ne soit pas d'une capacité bien considérable en apparence, il ne laissait pas que d'être d'un volume remarquable, lorsqu'il s'agissait de le remplir d'air inflammable ; et l'on en sera convaincu, lorsqu'on saura que, pour faire la quantité de gaz nécessaire, en y comprenant, à la vérité, ce qui s'était perdu la veille, et ce qu'il en fallait pour remplir de nouveau et entretenir le ballon, l'on employa 1,000 livres pesant de limaille de fer en poudre ou en copeaux, et 498 livres d'acide vitriolique à 46 degrés de concentration. Les personnes exercées dans l'art des expériences comprendront très-bien que celle-ci ne devait pas être sans difficultés, ni sans danger, puisqu'il s'agissait de manier une aussi grande quantité d'acide concentré, et de développer autant d'air inflammable, si fétide et si fatigant à respirer.

Transport du ballon au Champ-de-Mars.

« Toute la journée du 24 fut employée à produire de l'air inflammable, à rafraîchir le ballon, et à le préserver d'accidents; mais les coopérateurs furent bien dédommagés de leurs peines, lorsqu'ils s'aperçurent qu'il tendait à s'élever avec effort à 6 heures du soir, quoiqu'il ne fût rempli qu'à demi. Le courage redoubla, l'enthousiasme s'en mêla : l'on vit dès lors le succès de l'expérience; à 7 heures, le globe faisait des efforts contre les liens qui le retenaient. L'on prit les précautions les plus sûres, pour qu'il n'arrivât aucun accident pendant la nuit; le robinet fut soigneusement fermé, la clef fut emportée, et chacun se retira content.

« L'on juge que, le lendemain 25, ce fut à qui arriverait le premier pour rendre visite à la machine. Elle fut reconnue être dans le meilleur état; l'on y introduisit du gaz pour réparer les pertes inévitables qui s'étaient faites pendant la nuit, soit par des pores imperceptibles, soit par des trous d'aiguille que la gomme élastique n'avait pas entièrement bouchés. On la pesa à six heures du matin, après l'avoir débarrassée de ses attaches, et, quoiqu'elle ne fût pleine environ qu'à demi, elle enlevait 21 livres; comme le jour fixé pour l'expérience publique était indiqué au 27, on ne voulut pas la remplir davantage, crainte de la fatiguer. Pesée de nouveau à 9 heures du soir, elle n'enlevait plus que 18 livres; elle avait donc perdu dans quinze heures 3 livres de poids, c'est-à-dire que l'équilibre en moins était rempli de 3 livres.

« Le 26, le globe fut visité à la pointe du jour et fut trouvé en très-bon état; il avait perdu de l'air inflammable à peu près dans les mêmes proportions que la veille. On se remit au travail pour augmenter le gaz et, dès huit heures du matin, on sortit le ballon de son harnais, on l'attacha à de petites cordes, et on eut le plaisir de le voir s'élever à plus de cent pieds. »

Ainsi 4 jours, 1000 livres de fer et 498 livres d'acide vitriolique avaient été nécessaires pour remplir un ballon de 12 pieds 2 pouces de diamètre!

Si long qu'eût été son gonflement, le ballon flottait dans les airs; jamais appareil de ce genre ne s'était élevé au-dessus de Paris, et la foule bientôt accourut. La place des Victoires, où était la maison des frères Robert, se remplit de monde en quelques instants et les exclamations éclatèrent de toutes parts; mais le vent qui survint força ses constructeurs de le dérober à l'admiration de la foule : on dut le faire rentrer dans la cour où il avait été gonflé. La curiosité publique le poursuivit jusque dans l'intérieur de la maison des frères Robert : le guet à pied et à cheval, mandé par les souscripteurs, ne put résister au torrent de la foule, et il fallut ouvrir les portes pour livrer passage au public impatient.

Lorsque la foule se fut écoulée, il fallut songer à transporter au dehors le ballon qui avait été gonflé dans la petite cour de la maison des frères Robert.

« L'on avait eu d'abord le projet de le faire passer par-dessus la maison, en le retenant avec une corde et le laissant s'élever de lui-même pour le retirer ensuite par la place des Victoires. Mais comme cette opération devait se faire pendant la nuit afin de n'être pas gêné par un public importun et qu'il était aussi difficile que périlleux d'agir dans les ténèbres avec une machine de cette espèce, il fallut se déterminer à la faire passer par la porte cochère en la confiant à des mains habiles qui devaient la diriger avec prudence.

« L'on expédia d'abord pour le Champ-de-Mars l'attirail et tous les accessoires nécessaires à l'expérience; à deux heures après minuit, le ballon fut dégagé de ses liens, des personnes intelligentes le transportèrent jusqu'à la porte, et, comme il n'était pas plein, on eut la facilité de le comprimer et de lui faire adopter une forme allongée qui lui permit d'arriver sur la place des Victoires sans le plus léger accident. Il fut déposé sur un brancard prêt à le recevoir et disposé pour cet objet. Les mêmes lisières qui le tenaient suspendu dans la cour le rendirent stable, et il entra en marche. »

Le cortége se mit en marche : des hommes portant des torches précédaient le brancard sur lequel avait été déposé le ballon. Les constructeurs et les souscripteurs l'entouraient; il était escorté par un détachement du guet à pied et à cheval. L'heure, l'obscurité, le silence, la forme inusitée de la machine transportée se réunissaient pour donner à cette scène, si simple cependant, de mystérieuses allures, et pour frapper les rares spectateurs de cette marche nocturne d'une superstitieuse terreur. Faujas de Saint-Fond raconte que les cochers de fiacre qui rencontrèrent le cortége arrêtèrent leurs voitures comme pris d'un religieux effroi et, se découvrant, restèrent à genoux tout le temps que dura le passage du cortége.

Le trajet se fit heureusement : le ballon suivit les rues des Petits-Champs, de Richelieu, de Saint-Nicaise, traversa le Carrousel, prit le pont Royal et enfin arriva à l'École militaire par la rue de Bourbon et les Invalides.

Le ballon fut placé au milieu du Champ-de-Mars, dans une enceinte préparée, et retenu par de petites cordes liées à des anneaux en fer plantés en terre.

Aussitôt que le jour parut, on s'occupa de faire du gaz pour achever de le remplir, et à midi il était déjà presque entièrement gonflé. Néanmoins on attendit, pour terminer tout à fait l'opération, l'arrivée de la foule, afin de donner au public une idée de la façon dont se gonflait un aérostat.

Bien que l'expérience ne dût avoir lieu qu'à cinq heures, le Champ-de-Mars était, dès trois heures, couvert de monde. Plus de trois cent mille personnes étaient venues assister à l'expérience et bientôt le Champ-de-Mars trop plein refusa place aux nouveaux venus, qui durent reculer jusqu'au bord de la Seine et à la route de Versailles. Le Trocadéro et les hauteurs de Passy étaient eux-mêmes occupés par une foule compacte.

A cinq heures, un coup de canon retentit : il annonçait les commencements de l'expérience et devait aussi avertir les savants qui, placés au faîte de l'École militaire, sur la terrasse du Garde-Meuble et sur les tours de Notre-Dame, allaient observer l'ascension.

A peine débarrassé des liens qui le retenaient au sol, le globe s'éleva de terre (1), et avec une telle rapidité, qu'en deux minutes il atteignit mille mètres de hauteur. Il se perdit dans un nuage obscur, mais il reparut bientôt à une très-grande élévation : il disparut de nouveau et définitivement cette fois.

« L'expérience eut le plus grand succès ; elle étonna tout le monde. L'idée qu'un corps parti de terre voyageait dans l'espace avait quelque chose de si admirable et de si sublime, elle paraissait si fort s'écarter des lois ordinaires, que tous les spectateurs ne purent se défendre d'une impression qui tenait de l'enthousiasme. La satisfaction était si grande, que les dames, élégamment vêtues, les yeux dirigés sur le globe, recevaient la pluie la plus forte et la plus abondante sans se déranger, s'occupant beaucoup plus alors de voir un fait aussi surprenant que du soin de se garantir de l'orage. »

L'aérostat cependant ne pouvait pas fournir une bien longue carrière ; il avait été trop gonflé et, lorsqu'il atteignit les régions élevées de l'air, l'expansion du gaz détermina dans sa partie supérieure une déchirure de plusieurs pieds. Trois quarts d'heure après être parti du Champ-de-Mars, il tombait près d'Écouen, à cinq lieues environ du lieu de son ascension.

1. « Ce globe avait 12 pieds 2 pouces de diamètre : sa circonférence exacte était donc de 38 pieds 2 pouces 8 lignes ; sa capacité intérieure, de 943 pieds 6 lignes cubes ; le poids du taffetas et du robinet, de 26 livres : et la force d'ascension, lorsqu'il s'est élevé, de 35 livres. »

Ce premier aérostat, construit avec tant de soin et d'amour, devait avoir une triste fin.

Une scène étrange, qui fut reproduite depuis par la gravure, eut lieu au point du territoire de Gonesse, près Ecouen, où s'abattit la machine. Des paysans en grand nombre avaient vu dans l'air quelque chose d'immensément gros, comparé à ce qu'on y voit ordinairement : qu'est-ce que cela peut être? Un oiseau apparemment, un animal quelconque; et ceux d'entre les habitants de Gonesse qui faisaient ces suppositions étaient les plus sensés, les plus raisonnables. Beaucoup, parmi eux, croyaient tout naturellement que c'était le diable; les plus savants pensaient que c'était la lune qui descendait sur la terre. En définitive, l'alarme était générale; on fuyait de toutes parts, et comme un grand nombre de personnes, hommes, femmes et enfants, s'étaient réfugiés au presbytère, le curé du lieu, tout aussi embarrassé probablement que ses ouailles effrayées, finit par leur proposer d'aller exorciser la chose quelle qu'elle fût.

On se rendit donc processionnellement, et non sans faire de grands détours et de nombreuses stations accompagnées de prières, au lieu où gisait sur le sol la malheureuse machine. Comme elle était encore à moitié pleine de gaz, elle offrait un spectacle imposant, et le vent, qui la faisait tressaillir de temps à autre, lui donnait véritablement une apparence redoutable. Évidemment on cherchait à gagner du temps, dans l'espérance que le monstre s'éloignerait.

Mais il y mettait de l'obstination. Une heure s'était déjà passée dans ces préliminaires; il fallait en finir. Un brave, l'histoire n'a pas recueilli son nom, prit à deux mains son courage, se saisit d'un fusil de chasse, et avec toutes les précautions, toutes les ruses d'un chasseur consommé, il se détacha du groupe qui stationnait toujours à la même place, et marcha vers l'animal sur lequel il fit feu à une distance raisonnable.

Heureusement notre homme ne s'était pas trop avancé, il n'y eut pas inflammation du gaz hydrogène; mais la charge de plomb avait déchiré le flanc du ballon; le gaz en sortit, et l'on vit peu à peu la masse, d'abord changer de forme, puis bientôt s'amoindrir. Victoire! nul doute, la bête était blessée; elle se tordait sur elle-même! d'aucuns lui entendirent même jeter un grand cri : c'en était fait d'elle!

Immédiatement, ces hommes, tout à l'heure si pleins de terreur, si timorés, si craintifs, se précipitent vers le pauvre ballon; il est frappé de toutes manières, à coups de fourches, à coups de fléaux et de bâtons. Un malavisé ose y porter la main et déchire ce qu'il croit être la peau d'un animal; une odeur fétide se répand et éloigne pour quelques instants tout le monde. Enfin le premier ballon à gaz hydrogène, ce bel instrument qui avait coûté tant de soins et d'argent, fut attaché à la queue d'un cheval qu'on chassa devant soi à travers les champs, les fossés et les routes, pendant l'espace de plus d'une lieue; le cheval courait encore, accompagné de mille cris d'enthousiasme, quand il n'avait plus derrière lui que des lambeaux épars du ballon.

On sut à Paris ce qui venait de se passer, mais trop tard. Quand on vint sur les lieux, il fut à peine possible de recueillir quelques échantillons de l'étoffe.

Cet acte de vandalisme fit grand bruit et effraya les partisans de l'aérostation; alors que les communications étaient si difficiles et si rares, l'ignorance si profonde, l'esprit public si superstitieux encore, n'était-il point à craindre que les scènes de

Scène de Gonesse.
(Gravure extraite de la collection de M. Nadar.)

Gonesse se renouvelassent ailleurs et que plusieurs aérostats tour à tour fussent mis en pièces par les trop simples habitants des villages où ils tomberaient? Les amis de la science nouvelle le craignirent et obtinrent du gouvernement la publication officielle d'une *Instruction au peuple* relative au passage et à la chute des machines aérostatiques. Voici le texte de cette pièce imprimée et répandue à profusion en France dans les derniers mois de l'année 1783 :

AVERTISSEMENT AU PEUPLE SUR L'ENLÈVEMENT DES BALLONS OU GLOBES EN L'AIR

Celui dont il est question a été enlevé à Paris ledit jour, 27 août 1783, à 5 heures du soir, au Champ-de-Mars (1).

« On a fait une découverte dont le gouvernement juge convenable de donner connaissance, afin de prévenir les terreurs qu'elle pourrait occasionner parmi le peuple. En calculant la différence de pesanteur entre l'air appelé inflammable et l'air de notre atmosphère, on a trouvé qu'un ballon rempli de cet air inflammable devait s'élever de lui-même vers le ciel pour ne s'arrêter qu'au moment où les deux airs seraient en équilibre ; ce qui ne peut être qu'à une très-grande hauteur. La première expérience a été faite à Annonay, en Vivarais, par les sieurs Montgolfier, inventeurs. Un globe de toile et de papier, de cent cinq pieds de circonférence, rempli d'air inflammable, s'est élevé de lui-même à une hauteur qu'on n'a pu calculer. La même expérience vient d'être renouvelée à Paris (le 27 août à 5 heures du soir), en présence d'un nombre infini de personnes. Un globe de taffetas enduit de gomme élastique, de trente-six pieds de tour, s'est élevé du Champ-de-Mars jusque dans les nues, où on l'a perdu de vue. Il a été dirigé par le vent vers le nord-est et on ne peut prévoir à quelle distance il sera porté. On se propose de répéter cette expérience avec des globes beaucoup plus gros. Chacun de ceux qui découvriront dans le ciel de pareils globes, qui présentent l'aspect de la lune obscurcie, doit donc être prévenu que, loin d'être un phénomène effrayant, ce n'est qu'une machine toujours composée de taffetas ou de toile légère recouverte de papier, qui ne peut causer aucun mal, et dont il est à présumer qu'on fera quelque jour des applications utiles aux besoins de la société.

« La sphère aérostatique, ou globe volant d'environ douze pieds de diamètre, pesant vingt-cinq à trente livres, abandonné au vent dans le Champ-de-Mars, le 7 août 1783, à 5 heures du soir, par un temps pluvieux, est construite de taffetas gommé, bien clos à sa surface, de manière que l'air extérieur n'y pénètre pas. Il est rempli d air inflammable, vapeur provenant d'une dissolution de limaille de fer avec l'huile vitriolique. En s'élevant, il a décrit une courbe parabolique dirigée du sud au nord et s'est enlevé très-promptement dans les airs à perte de vue, et il est tombé à Gonesse le même jour, à six heures.

Vu et approuvé, ce 3 septembre 1783.

DE SAUVIGNY.

Vu l'approbation, permis d'imprimer,
le 3 septembre 1783.

LENOIR.

(1) On a su depuis qu'il était tombé trois quarts d'heure après à Gonesse, à 4 lieues de Paris.

CHAPITRE IV

SOMMAIRE : — Les ballons de baudruche et M. de Beaumanoir. — Les expériences du faubourg Saint-Antoine.

L'ascension du Champ-de-Mars, dont le succès avait surpassé toutes les espérances, augmenta encore l'enthousiasme du public pour la machine aérostatique : il n'était personne qui ne voulût répéter l'expérience d'Annonay; mais la difficulté de construire de petits ballons arrêta d'abord les plus ardents.

On essaya d'en faire en papier fin et léger, mais cette matière, perméable à l'air, laissait échapper le gaz. Il fallut chercher une autre enveloppe moins poreuse et plus légère encore, s'il était possible.

Un peintre, Deschamps de Neufchâteau, imagina d'employer la peau de baudruche (1) à la construction de petits ballons : il soumit son idée à M. de Beaumanoir,

(1) *La baudruche* n'est que la pellicule intérieure qui tapisse le gros boyau du bœuf; on détache cette légère enveloppe qu'on étend toute fraîche sur des planches, pour avoir la facilité d'enlever avec délicatesse les parties grosses et filandreuses qui la rendraient inégales. On la laisse sécher en cet état et on lui donne d'autres préparations pour l'adoucir et la rendre propre au genre d'emploi auquel on la destine.

« La fabrication des ballons en baudruche est facile. Les boyaudiers vendent cette peau pour l'usage des batteurs d'or, et la mettent sous forme de petites baguettes. Pour pouvoir l'employer, il faut la faire tremper douze à quinze heures dans l'eau tiède, ce qui permet de la développer facilement. Pendant ce temps, on prépare un moule, qui peut être en bois ou en plâtre, et auquel on peut donner des dimensions beaucoup plus considérables. Ce moule doit avoir la forme et les dimensions de la moitié du ballon qu'on veut fabriquer. C'est donc ordinairement une demi-sphère.

« Lorsque la baudruche est suffisamment détrempée, on en développe un morceau, que l'on applique bien exactement sur la surface du moule, en commençant par le sommet; on enlève avec précaution, au moyen d'une petite pince ou d'un grattoir, les rebords ou les inégalités qui pourraient s'y trouver. On applique ensuite une seconde baudruche recouvrant la moitié de la première, et ainsi de suite, en faisant en sorte qu'il n'y ait partout que deux épaisseurs, et que la baudruche précédente ne soit pas desséchée lorsqu'on applique la seconde dessus, parce que leur collage résulte de leur humidité. Lorsque tout l'hémisphère est recouvert, on en lie le bas avec un ruban, et on laisse sécher pendant quelques heures, en ayant la précaution de maintenir humide le bord inférieur de la baudruche au-dessous du ruban.

« On graisse alors toute la superficie de la baudruche, comme on l'avait fait pour le moule lui-même, et l'on rabat par-dessus le ruban le bord que l'on a maintenu humide, et à partir duquel on exécute la seconde moitié du ballon, en remontant alors vers le sommet du moule, où l'on place un petit cylindre; celui-ci sert à former l'embouchure du ballon, qu'on a soin de renforcer en cet endroit de trois ou quatre épaisseurs de baudruche. Après avoir laissé sécher quelques heures, on enlève le ballon du moule, d'où il se détache facilement; puis, soufflant dans l'embouchure, on gonfle le tout, et l'on passe, au moyen d'une éponge fine, une couche légère de vernis gras sur la surface extérieure; lorsque qui fit des essais et annonça dans le *Journal de Paris* du 11 septembre 1783 qu'une expérience à laquelle pourraient assister « tous les amateurs » aurait lieu le même jour dans les jardins de l'hôtel de Surgères, rue de la Ville-l'Évêque, à onze heures du matin.

Dès dix heures, la rue Ville-l'Évêque était remplie d'une foule de curieux avides d'assister à l'ascension. A midi, l'appareil s'éleva dans l'air au bruit des applaudissements des assistants; mais M. de Beaumanoir qui voulait conserver son ballon ne le laissa pas monter à plus de cinquante pieds, le fil de soie qui le retenait n'ayant pas une plus grande longueur. Le public, à demi satisfait, accueillit avec joie la nouvelle que le même jour, à cinq heures, la même machine serait gonflée de nouveau et abandonnée à elle-même. L'enthousiasme du public pour la nouvelle découverte était tel que nombre de gens refusèrent de quitter les jardins afin de pouvoir conserver leur place pour l'expérience qui devait avoir lieu le soir. Et ils eurent raison. A quatre heures, la foule était déjà deux fois plus considérable que le matin, la circulation était interdite dans la rue, et M. de Beaumanoir lui-même parvint à grand'peine à traverser le parc.

Des bravos, des vivats éclatent : il est cinq heures, le ballon s'élève avec rapidité à une très-grande hauteur, rencontre un courant qui l'entraîne vers Neuilly et disparaît aux yeux des spectateurs. La rue s'est vidée comme par enchantement, et cette foule, qui, tout à l'heure, était là, essaie de suivre, mais sans succès, l'appareil de M. de Beaumanoir qui, le lendemain fut retrouvé par des paysans à plusieurs lieues de Paris.

L'expérience de l'hôtel de Surgères fut vite connue : la mode s'en empara; l'industrie, curieuse de toutes les nouveautés, se mit à fabriquer des ballons, et quelques jours après le ciel était sillonné par une foule de petits aérostats en baudruche, lancés par les physiciens ou les enthousiastes spectateurs des deux premières expériences. Bientôt l'aérostation fit rage : les tableaux, les estampes, les éventails, les boutons, les assiettes, les plats, furent couverts de ballons; de quelque côté que tombassent les regards, ils ne percevaient que montgolfières en baudruche ou en papier peint; pas un seul magasin qui n'exposât un petit appareil et aussi pas une fête sans l'ascension d'un petit *ballon*.

De son côté, l'Académie s'occupait activement de réunir le matériel nécessaire aux frères Montgolfier pour répéter leur expérience d'Annonay et construire leur *ballon à feu* qu'Étienne était venu édifier à Paris, suivant le vœu de la savante assemblée.

Ce fut dans les jardins de son ami Réveillon, le célèbre marchand de papiers

ce vernis est sec, on dégonfle le ballon, on le retourne comme un bas, par le moyen de son embouchure; on le gonfle de nouveau, l'on vernit de même la seconde surface, et le ballon est prêt.

« Un ballon de trois pieds de diamètre ne doit peser, tout verni, que 2 onces 1/2. Si on le remplit de gaz hydrogène bien pur, il peut enlever un poids de 6 à 7 onces.

« Pour obtenir ce gaz, il suffit de mettre dans un flacon de l'acide sulfurique avec deux fois autant d'eau, en ayant soin de ne verser l'acide que peu à peu dans l'eau (car la chaleur qui se développe alors pourrait faire éclater le vase); puis de jeter dans ce mélange du zinc en grains. On bouche le flacon avec un bouchon traversé par un tube de verre dont l'extrémité recourbée plonge dans un vase plein d'eau. L'hydrogène qui se dégage du flacon se lave dans cette eau et est reçu dans une cloche renversée, plongée elle-même dans le liquide, et au sommet de laquelle est placé un tube qui s'engage dans l'embouchure du ballon, qu'on a eu soin de bien presser pour en faire sortir l'air. C'est par ce tube que le ballon reçoit l'hydrogène dont il doit être gonflé. »

Ascension de Versailles.

(Gravure extraite de la collection de M. Nadar.)

de la rue Saint-Antoine, que Montgolfier établit son atelier, afin de pouvoir, sans être importuné par les visiteurs, construire son vaste appareil.

« La machine était peinte en bleu d'azur, et représentait une espèce de tente avec son pavillon et ses ornements en couleur d'or. Sa longueur totale était de 70 pieds, et son poids de 1 000 livres. L'air qu'elle déplaçait pouvait être évalué à environ 4 500 livres, et la vapeur dont elle devait être remplie, étant une fois plus légère que l'air commun, ne pesait que 2 250 livres : il y avait donc un excès de légèreté de 1 250 livres; la machine pouvait donc enlever un poids de cette force.

« L'approche de l'équinoxe ayant amené les pluies d'automne, les opérations relatives à cette expérience furent sans cesse contrariées. La machine était d'un si grand volume qu'il était impossible de l'assembler et de la coudre autre part qu'en plein air et dans le jardin spacieux où elle devait être établie. C'était un très-grand embarras que de ployer chaque fois une enveloppe si lourde, et que les forts papiers dont elle était couverte rendaient cassante; aussi fallait-il ordinairement au moins vingt hommes pour la remuer, et ils étaient obligés d'user d'adresse et de précautions pour ne rien détruire. Jamais machine n'a donné autant d'inquiétude et d'embarras.

« Cette machine aurait pu sans doute être construite d'une manière plus solide et moins sujette à être endommagée. L'Académie royale des sciences avait offert de payer les frais de cette machine sans les limiter, et cela suffisait pour que l'auteur cherchât les moyens les plus économiques de diminuer la dépense.

« Le 11 du mois de septembre, le temps paraissait se disposer au beau; la machine, étant entièrement finie, fut mise en place et disposée pour faire les premières expériences. L'on en fit le soir même l'essai; l'on vit avec admiration cette belle machine se remplir en neuf minutes, se redresser sur elle-même, se tendre dans tous les points et prendre la plus belle forme. Huit hommes qui la retenaient furent soulevés à plusieurs pieds, et elle se serait enlevée à une grande hauteur, si on ne lui avait pas opposé de nouvelles forces.

« Les commissaires de l'Académie des sciences furent invités à assister, le lendemain, à l'expérience qui leur était consacrée.

« Des nuages épais se disposaient à couvrir l'horizon et l'on était menacé d'orage. Cependant l'on craignait qu'en différant encore l'expérience fût rejetée trop loin; tout l'appareil était en état, il eût fallu du temps pour le démonter; l'on se décida donc à remplir le ballon.

« Cinquante livres de paille sèche, qu'on alluma par paquets et sur lesquels on jeta à diverses reprises une dizaine de livres de laine hachée, produisirent en dix minutes une vapeur si expansive et douée d'une telle force que la machine, malgré sa pesanteur, quoique déprimée et repliée sur elle-même, se redressa graduellement et comme par ondulation : son volume et sa capacité étonnèrent les spectateurs, et lorsqu'elle se fut développée en entier et qu'elle tendit à s'enlever, la surprise et l'admiration redoublèrent.

« La machine perdit terre et se soutint à plusieurs pieds avec une charge de 500 livres. Si l'on eût coupé dans ce moment les cordes qui la retenaient, elle allait s'enlever à une très-grande hauteur. La pluie survint subitement; alors le vent souffla avec impétuosité; le plus sûr moyen de sauver la machine était de la laisser partir. Mais, comme elle était destinée à des expériences qui devaient avoir lieu à Versailles, on voulut ne pas l'abandonner, et les efforts qu'on fit pour l'obliger à descendre, joints à des coups de vent furieux et à la pluie qui l'inondait, la déchirèrent en plusieurs endroits. Comme l'orage redoubla et se soutint longtemps, il fut absolument impossible de la manœuvrer en cet état. Elle endura la pluie pendant plus de vingt-quatre heures: les papiers se décollèrent et tombèrent en lambeaux; le canevas fut mis à découvert, et cette belle et superbe machine, qui avait coûté tant de soin, fut détruite en peu de temps. »

CHAPITRE V

SOMMAIRE : — Un ballon construit en six jours. — L'ascension de Versailles. — Les préparatifs. La foule. — L'ascension. — La descente.

Le ballon qui venait de servir à l'expérience du faubourg Saint-Antoine n'était plus qu'un immense lambeau, et six jours plus tard l'ascension d'un aérostat devait avoir lieu à Versailles, en présence du roi et de toute la cour. Que faire? Il semblait impossible de construire un globe nouveau en si peu d'heures, puisque la confection de celui qui venait de se déchirer si inopportunément avait duré un mois ; Montgolfier tenta cependant d'accomplir ce tour de force et se mit à l'œuvre, aidé de quelques amis dévoués.

Sa laborieuse audace triompha de toutes les difficultés et, au bout de quatre jours, jours de travail acharné, il est vrai, un nouveau ballon était construit, peint et décoré : la rapidité n'avait pas été obtenue aux dépens de la solidité, et l'aérostat, improvisé pour ainsi dire, pouvait, mieux que ses devanciers au contraire, braver les dangers du gonflement et les périls de l'ascension : il avait été fait avec de la bonne et forte toile de coton et sa forme était entièrement sphérique. Peint en détrempe, de couleur bleue, tout parsemé d'ornements en or, il figurait une tente richement décorée (1) et mesurait 57 pieds de hauteur sur 41 de diamètre.

Dès le soir du jour où il fut terminé (jeudi 8 septembre 1783), il fut soumis, en présence des commissaires de l'Académie, à un essai qui réussit à merveille, et le lendemain 19 il fut transporté à Versailles.

Une estrade très-vaste et préparée pour recevoir l'aérostat y avait été élevée. « Cette espèce d'échafaud, recouvert et entouré de toiles de toutes parts, avait dans le milieu, dit Faujas de Saint-Fond, une ouverture de plus de quinze pieds de diamètre, autour de laquelle on pouvait circuler au moyen d'une banquette destinée à

(1) « C'est ici le lieu de remarquer, observe M. Marion, que les premiers aérostats étaient vraiment d'une élégance surprenante et d'une richesse bien supérieure à ceux qu'on a construits depuis. Les estampes coloriées du temps et les gravures de taille-douce nous en offrent de magnifiques spécimens. Tantôt le ciel mythologique était descendu sur le navire aérien, tantôt les hauts faits de l'histoire s'y trouvaient reproduits, tantôt de riches broderies y dessinaient les tentes et les loges royales, couronnées d'écussons et de chiffres entrelacés. On peut critiquer ce luxe comme inutile et proclamer qu'il est plus important de s'attacher à la sécurité d'un ballon qu'à sa décoration ; mais tant que ledit luxe n'est point *effréné* il est permis de l'assortir à la solidité des formes. »

ceux qui faisaient le service de la machine. Une garde nombreuse décrivait une double enceinte autour de ce vaste théâtre.

« Le dôme de la machine était déprimé, et portait horizontalement sur la grande ouverture de l'échafaud à laquelle il servait de voûte; le reste des toiles était abattu et se repliait circulairement sur les banquettes; de sorte qu'en cet état la machine n'avait aucune espèce d'apparence, et ressemblait à un amas de toiles de couleur qu'on aurait entassées sans ordre : il en régnait cependant un très-grand dans la disposition et la conduite de tout cet appareil.

« Le dessous de l'échafaud était consacré pour les opérations propres à produire la vapeur. C'était sous la grande ouverture, recouverte par le dôme de la machine, que devait se faire ce travail. Au milieu et à terre était un réchaud de fer à claire-voie, de quatre pieds de hauteur sur trois de diamètre, fait pour recevoir les matières combustibles. Un entourage en forte toile, peinte et de forme circulaire adhérant à la base du ballon, et descendant par le trou jusque sur le pavé, pouvait être considéré comme un vaste entonnoir, comme une espèce de cheminée destinée à contenir les vapeurs et à les conduire dans l'intérieur de la machine; de sorte que les personnes qui devaient diriger le feu se trouvaient placées par ce moyen sous le ballon même; elles avaient à leur portée des provisions de paille et de laine hachée pour produire la vapeur, ainsi qu'une cage d'osier avec un mouton, un coq et un canard (1), et tous les autres agents nécessaires pour l'expérience. »

Dès dix heures du matin la route de Paris à Versailles était couverte de voitures et de piétons; de toutes parts accouraient des milliers de curieux, et à midi le château tout entier était envahi : la foule se pressait dans les avenues et dans les cours; les fenêtres, les combles regorgeaient de spectateurs, et tout ce que Paris comptait d'hommes illustres par leur science, leur naissance, leur fortune ou leur talent était là, regardant d'un œil impatient les préparatifs, tandis que les gens du peuple, qui, moins heureux, n'avaient pu pénétrer dans l'enceinte du palais, se pressaient au dehors, avides de voir s'élever dans l'air l'aérostat nouveau : la première expérience faite à Paris n'avait pas convaincu bon nombre d'incrédules obstinés dont la méfiance ne voulait se rendre qu'au succès d'une seconde tentative.

La cour vint à son tour occuper la place qui lui avait été réservée et, avant de s'y rendre, le roi voulut voir de près les préparatifs : il pénétra jusque sous la machine et se fit expliquer dans tous ses détails les opérations qu'exigeait le lancement de l'aérostat.

A une heure, une boîte éclate : à ce signal, le gonflement commence. Presque aussitôt le ballon s'élève, s'enfle, prend forme; ses plis et replis sans nombre disparaissent et il se développe majestueusement. Déjà il touche le sommet des mâts.

Une seconde décharge annonce que l'aérostat va prendre son vol, et les cordes coupées à un troisième signal délivrent de tout lien la vaste machine qui s'élève lentement aux applaudissements de la foule, emportant avec elle dans sa course à travers les airs le panier qui renfermait un mouton et des poules.

Le gonflement n'avait duré que 11 minutes.

(1) Il avait été d'abord question de confier au ballon un voyageur et des appareils, mais le roi, s'effrayant des périls d'une semblable tentative, s'y était formellement opposé et avait interdit sous des peines sévères l'ascension de tout ballon monté. Il permit seulement à Montgolfier de suspendre au-dessous de l'aérostat une cage qui contiendrait quelques animaux.

Le ballon atteignit d'abord une grande hauteur, « en décrivant une ligne inclinée à l'horizon que le vent du sud le força de prendre; » puis il s'arrêta et resta quelques instants immobile; mais il ne pouvait pas demeurer longtemps en l'air : pendant le gonflement, une déchirure de sept pieds s'était produite au sommet de l'aérostat (1), et l'évaporation du gaz ne permit pas au ballon de fournir une longue course; au bout de huit minutes, il descendit « avec une lenteur surprenante, en se repliant doucement sur lui-même, » dans le bois de Vaucresson, à 1 700 toises du lieu de son ascension. Bien que la corde qui reliait la cage à l'aérostat se fût rompue pendant la descente, les animaux étaient sains et saufs, et ces premiers voyageurs aériens sortirent intacts de leur primitive nacelle. Le coq seul avait le dessus de l'aile écorché, mais il était blessé avant le départ du ballon : il avait reçu un coup de pied du mouton plus d'une demi-heure avant l'ascension et en présence de plusieurs spectateurs (2).

L'aérostat, lorsque les auteurs de l'expérience (3) arrivèrent auprès de lui, était couché sur une pelouse; un seul de ses côtés reposait sur un petit chêne dont il inclinait à peine les branches supérieures.

« M. de Mongolfier, conclut avec une juste fierté Faujas de Saint-Fond qui était l'un des plus ardents promoteurs du mouvement aérostatique et avait naturalisé

(1) « Dans l'expérience d'Annonay, la machine dont MM. de Montgolfier firent usage s'éleva, dit Faujas de Saint-Fond, à une plus grande hauteur, puisqu'elle parvint au moins à mille toises; cependant elle n'était pas à beaucoup près d'une construction aussi régulière : il y eut donc une cause qui s'opposa à l'ascension de celle-ci. Elle offrit à la vérité un superbe spectacle, mais elle ne parvint qu'à 240 toises de hauteur.

« Cette cause, qui ne fut connue que de quelques personnes placées très-près de la machine, ne fut pas ignorée de ceux qui la manœuvraient. Le coup de vent qui frappa sur le ballon, dans le moment où il présentait à l'air une si vaste surface, obligea tous ceux qui étaient chargés d'en faire le service de le retenir avec effort; cette force jointe à celle du vent et à la tendance qu'avait la machine à s'enlever, occasionnèrent deux déchirures de sept pieds d'ouverture sur son sommet et dans la partie où les toiles avaient été cousues dans un mauvais sens. Il n'était plus temps de parer à cet accident, dans une expérience qui ne pouvait souffrir aucun retard; l'on eut attention de développer seulement alors une plus grande masse de vapeur, et la machine n'en partit pas moins avec rapidité, sans être dérangée en rien par le poids qu'elle entraînait.

« Les deux ouvertures supérieures occasionnant l'évaporation du gaz, la force d'ascension dut nécessairement s'affaiblir par le mélange de l'air atmosphérique; il en résulta pendant quelques moments un équilibre parfait, et la machine, qui ne montait ni ne descendait alors, fut très-belle à voir, et fit, dans cet état de station, le plus grand plaisir aux spectateurs; mais à mesure que la vapeur se dissipait le ballon descendait lentement du côté du bois de Vaucresson, et d'une manière si tranquille, que l'on comprit alors que, si elle eût porté des hommes, ils n'auraient couru aucun danger. »

(2) « Il faut donc absolument rejeter, s'écrie Faujas de Saint-Fond avec une véritable indignation, le récit qui annonça que le coq s'était rompu la tête. Il est fâcheux de voir les papiers publics annoncer ainsi des faits sans preuve, et qui, dans des cas pareils, devraient être toujours garantis par la signature de ceux qui les envoient. L'on a aussi assuré, dans plusieurs gazettes et journaux, que la machine de MM. de Montgolfier avait été remplie avec de l'air inflammable, tandis que les procédés qu'on a employés ont consisté simplement à faire usage de paille sèche allumée et de quelques livres de laine hachée. »

(3) Voici les dimensions exactes de cet aérostat : « Sa hauteur d'une extrémité à l'autre était de 57 pieds, son diamètre de 41; il pouvait contenir 37 500 pieds cubes; l'air déplacé pesait 3192 livres, en supposant le poids de l'air de 784 grains le pied cube. Mais le gaz de MM. de Montgolfier étant d'une pesanteur moindre de moitié que celle de l'air atmosphérique, son poids était de 1 596 livres; l'équilibre était donc rompu de 1 596 livres, sur quoi il faut déduire le poids du ballon, celui de la cage et du mouton, etc., 900 livres. Il restait donc net une force de 696 livres qui aurait pu encore être enlevée. Cette belle machine, en toile de fil et de coton, était peinte en dehors et en dedans à la détrempe; l'on avait mêlé dans la couleur de l'intérieur de la terre d'alun, comme très-propre à résister à la plus forte chaleur. »

à Paris, pour ainsi dire, l'invention nouvelle, M. de Montgolfier avait eu l'honneur de présenter au roi, avant l'expérience, une note par laquelle il annonçait que la machine (1) se soutiendrait environ vingt minutes en l'air et qu'elle parcourrait un espace d'environ 2 000 toises. Un accident qu'il était impossible de prévoir, surtout lorsqu'on voudra faire attention qu'elle avait été construite en quatre jours et quatre nuits, l'empêcha d'avoir son effet en entier; mais elle resta cependant huit minutes en l'air, et parcourut un espace de 1 700 toises. Les applaudissements et l'accueil honorable que reçut à ce sujet M. de Montgolfier suffisent pour démontrer que cette belle expérience causa autant d'étonnement que de satisfaction. Et si l'envie s'attache ordinairement à tout ce qui porte l'empreinte du génie, elle ne se manifesta dans cette occasion que dans deux ou trois individus obscurs, qui furent corrigés par le ridicule qu'ils s'étaient si justement attiré. »

(1) Le premier qui arriva près du ballon fut Pilâtre de Rozier. « Il suivait avec ardeur, dit Dupuis-Delcourt, ces expériences dont il devait être prochainement le héros et le martyr. Pour quiconque eût pu lire dès ce moment dans les yeux et sur la face de cet homme, il aurait été évident qu'il était marqué du doigt de Dieu pour faire de grandes choses. »

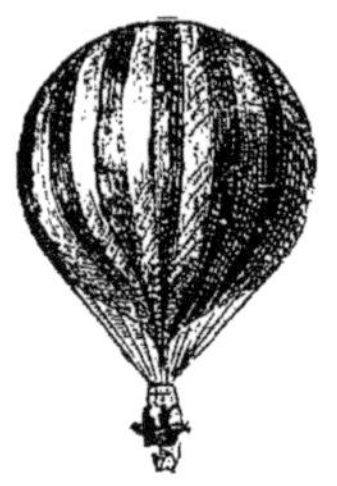

CHAPITRE VI

Sommaire : — Expérience du 10 octobre. — Pilâtre de Rozier. — Sa première ascension. — Expérience du château de la Muette : le marquis d'Arlandes et Pilâtre de Rozier. — La relation du marquis d'Arlandes. — Vers en l'honneur des deux aéronautes.

I

Le succès des expériences aérostatiques déjà tentées, la lente et heureuse descente des globes confiés à l'air avaient déjà inspiré à quelques-uns le désir de construire un ballon qui pût emporter des voyageurs, et, lors de l'ascension de Versailles, la résistance opiniâtre du roi avait seule retenu à terre l'audacieux qui voulait s'envoler avec la machine des frères Montgolfier.

Les animaux attachés au ballon avaient trop bien supporté le voyage pour que l'heureuse issue de cette expérience ne fournît pas un nouvel et puissant argument à ceux qui voulaient faire des ballons des chars aériens.

Quels services, d'ailleurs, pouvaient rendre de simples globes, n'emportant avec eux aucun voyageur? Ils ne pouvaient que distraire et amuser ceux qui les construisaient ou les voyaient s'élever, mais ils ne pouvaient rien de plus. Les aérostats montés ne devaient-ils pas au contraire servir puissamment les intérêts de la science, et qui sait? être un moyen rapide et facile de locomotion? Livrés à eux-mêmes, les ballons ne pouvaient rien être; montés, au contraire, ils pouvaient tout devenir.

Cependant, avant de livrer aux hasards des vents la vie d'un homme, il fallait s'assurer par des essais consciencieux et répétés des dangers plus ou moins grands que pouvait présenter une ascension tentée dans ces conditions. N'était-il pas nécessaire aussi de convaincre par des expériences décisives ceux qui voyaient dans une telle entreprise de la témérité, presque de la folie, et dont la puissante volonté pouvait interdire aux impatients voyageurs la route du ciel?

La construction d'une nouvelle machine fut commencée sous la direction de Montgolfier, et le 10 octobre l'aérostat était entièrement achevé.

« Sa forme, dit Faujas de Saint-Fond, était ovale, sa hauteur de 70 pieds, son diamètre de 49, et sa capacité de 60 000 pieds cubes; la partie supérieure, entourée de fleurs de lys, était ornée des douze signes du zodiaque en couleur d'or; le milieu portait les chiffres du roi, entremêlés de soleils, et le bas était garni de mascarons, de guirlandes et d'aigles à ailes déployées, qui paraissaient supporter en volant cette superbe sphère à fond d'azur.

« Une galerie circulaire, construite en osier et revêtue de toiles, sur lesquelles on avait peint des draperies et autres ornements, était attachée par une multitude de cordes au bas de la machine; elle avait environ 3 pieds de largeur; il y régnait de droite et de gauche une balustrade de 3 pieds et demi de hauteur. Cette galerie ne gênait ni n'interrompait en aucune manière l'ouverture d'environ 15 pieds de diamètre qui était au bas de la machine; elle lui servait au contraire de prolongement, et c'était au milieu de cette ouverture qu'on avait placé un réchaud en fil de fer, suspendu par des chaînes, au moyen duquel les personnes qui étaient dans cette galerie avec des approvisionnements de paille avaient la facilité de développer du gaz à volonté.

« Cette machine, telle que je viens de la décrire, pesait au moins seize cents livres. »

Le 15 octobre, un homme fut, pour la première fois, enlevé de terre par une machine aérostatique.

Pilâtre de Rozier, qui avait eu, avant tout autre, la pensée de confier aux ballons des voyageurs, réclama le périlleux honneur d'inaugurer la route du ciel.

II

Pilâtre de Rozier avait alors 26 ans.

Né à Metz (1), de parents peu aisés, mais qui tinrent à honneur cependant de lui faire faire quelques études, il avait été d'abord destiné à la chirurgie : il quitta le collége à quinze ans pour aller suivre les cours de l'hôpital, assister au traitement des malades et aux consultations; mais, bien qu'il fût aimé de ses professeurs, le jeune externe ne put s'habituer aux pratiques de la profession que lui avait choisie son père : sa sensibilité répugnait aux études préliminaires de la chirurgie et surtout à la dissection.

Pour y échapper, Pilâtre se réfugia dans la pharmacie et entra chez M. Thirion, « maître en cet art. » Il y resta trois ans, employant ses loisirs à des excursions botaniques et géologiques, puis rentra chez son père.

Il y vécut oisif et, trop vif, trop ardent pour se contenter de l'existence tranquille et un peu vide du foyer paternel, il se lança à corps perdu dans les plaisirs. Ses fréquentes absences, ses dépenses sans doute aussi provoquèrent entre les siens et lui de fréquentes querelles. Un jour, ayant, sans l'en prévenir, pris le fusil de son père et chassé sans son autorisation, il dut entendre, en rentrant au logis, une verte semonce. Irrité et résolu à fuir, il communiqua son projet à un de ses camarades, qui lui aussi voulait quitter sa famille : tous deux vendirent leurs hardes, et l'argent qu'ils en obtinrent leur permit de payer leur voyage de Metz à Paris.

(1) Le 30 mars 1757.

Ascension de Pilâtre de Rozier et du marquis d'Arlandes.

Venir à Paris n'est pas tout, ainsi qu'aujourd'hui encore le croient quelques-uns : il faut y vivre. Pilâtre ne tarda point à s'en apercevoir et dut entrer chez un pharmacien. Mais l'existence toute de paresse et de plaisir qu'il avait menée depuis qu'il avait quitté le magasin de maître Thirion l'avait déshabitué du travail et il ne s'y remit point; s'amusant avec toute la fougue de son tempérament, il délaissait sa tâche quotidienne pour courir les aventures, et ce rôle d'homme à bonnes fortunes le desservit singulièrement dans la carrière pharmaceutique : il changea souvent de patron et tous se plaignaient également de ses services. Enfin un heureux hasard le mit en relations avec un savant médecin qui, l'estimant capable de devenir mieux qu'un galantin et plus qu'un pharmacien, lui ouvrit sa maison, lui prodigua ses conseils, lui inspira de fécondes ambitions et le décida à se remettre au travail.

Sous l'impulsion de cet excellent maître, Pilâtre se jeta avec son habituelle ardeur dans l'étude de la chimie, des mathématiques, de l'histoire naturelle, suivit avec assiduité les cours publics, et « obligé de pourvoir à ses besoins, entreprit, nous dit son biographe dans un style qui manque peut-être de netteté, quelques parties de commerce que son intelligence lui suggéra ».

Notre jeune Messin (il avait alors 19 ans) semblait échappé aux énervantes oisivetés de l'adolescence quand, malheureusement pour lui, son protecteur mourut; mais le digne homme n'avait pas voulu laisser son œuvre inachevée et, avant de rendre le dernier soupir, il avait fait promettre à sa femme de servir de mère à son élève et de le remplacer auprès de lui. La veuve obéit religieusement au vœu de son mari, continua à recevoir le jeune homme, l'aida de ses conseils et de sa bourse, encouragea avec tendresse ses premiers efforts.

Avec le secours des instruments de physique de son maître, il se familiarisa bien vite assez avec cette science pour pouvoir l'enseigner et il ouvrit au Marais un cours à l'usage des gens du monde. Au rapport d'un médecin qui assista à deux d'entre elles, les leçons de Pilâtre n'avaient rien de pédantesque.

« On m'entraîne au Marais, dit le docteur Chappon, j'arrive; aussitôt le professeur m'ayant aperçu fait déplacer du monde, en me qualifiant du titre de physicien, titre, cependant, auquel je ne prétends point. L'objet de la leçon était le fluide électrique; les expériences réussissant mal, je me mis en devoir d'être utile, et tout alla tant soit peu mieux. Il y avait à cette séance beaucoup de dames, qui trouvèrent cela charmant. Je retournai à une seconde leçon, mais je gardai l'anonyme; elle était sur l'attraction. Qu'est-ce que l'attraction, selon notre jeune physicien? Le voici : ces paroles, ajoute le docteur, sont encore présentes à ma mémoire : « Mesdames (c'est de Rozier qui parle), je ne vous répéterai point ici ce que vous pouvez lire dans de très-bons livres, et que néanmoins vous comprendrez difficilement, tout cela ne pouvant vous convenir; je vais vous faire une comparaison qui va vous rendre l'attraction sensible. Supposez, mesdames, par exemple, que je fusse entre deux de vous; aussi aimables que vous l'êtes, il faudrait néanmoins que mon cœur choisît. Eh bien! l'attraction peut me porter plutôt vers la dame qui occupe ma droite que vers celle que j'ai l'honneur d'avoir à ma gauche; je suis mon penchant, j'obéis à mon inclination, je m'abandonne à l'amour qu'elle m'inspire; voilà, mesdames, ce que c'est que l'attraction. »

Ce rare et agréable mélange des choses de l'amour et des choses de la science prenait sa source peut-être dans les sentiments qui agitaient alors l'âme de Pilâtre. La religieuse ferveur avec laquelle la veuve du médecin accomplissait le vœu de son mari, la tendresse dont elle entourait, par respect pour cette chère mémoire, le jeune élève de son défunt époux, n'avaient point laissé que de toucher le cœur du physicien des dames, et l'amour bientôt avait en lui pris la place de la reconnaissance. Pilâtre alla même jusqu'à parler de mariage : la veuve refusa, estimant sans doute que l'accomplissement du vœu suprême de son mari n'entraînait point pour elle l'obligation d'épouser son élève préféré; mais elle promit au postulant de lui donner, s'il avait la patience d'attendre, la main de sa fille unique, très-jeune encore.

Pour lui permettre de faire jusque-là bonne figure dans le monde, sa protectrice lui acheta une charge qui était venue à vaquer dans la maison d'une princesse du sang que sa royale parenté faisait toute proche du trône. Ses fonctions l'introduisirent dans la plus haute société de France, et l'ancien apothicaire devint homme de cour, sans que rien dans ses manières, son ton ou son langage trahit l'humilité de son origine. Pilâtre n'était d'ailleurs pas assez sot pour rougir de ses parents et les renier.

« Un jour qu'il était au milieu d'une société agréable, à l'un de ces dîners charmants où l'élégance, l'esprit et la beauté semblent se disputer la palme du plaisir, on lui apporte une lettre; on lui permet de l'ouvrir ; il lit, sa main tremble, il pâlit, il lui échappe des larmes; on feint de ne pas s'en apercevoir : il veut faire un effort sur lui-même et déguiser sa douleur, mais son sein ne peut la contenir, il perd connaissance ; on lui donne des secours, il revient à lui ; on le questionne, il avoue enfin que son père est dangereusement malade. Il demande la permission de se retirer, prend la poste sur-le-champ, et se rend à Metz. Il arriva assez tôt pour embrasser son père; il lui rendit tous les soins d'un tendre fils : mais la mort était inévitable, et, deux jours après son arrivée, il le vit expirer dans ses bras. Cette perte l'affecta vivement; cependant, lorsqu'il eut un peu rappelé sa raison et rendu le calme à une mère qu'il chérissait également, il revint à Paris s'acquitter des devoirs qu'il avait à remplir. »

Les sentiments qu'il avait manifestés en cette funèbre circonstance restèrent les siens, et plus tard, lorsqu'il fut devenu à la cour un véritable personnage, il n'oublia pas sa famille et l'associa à sa fortune. Son biographe nous le dit dans la forme légèrement emphatique qui lui est habituelle et qui était d'ailleurs fort usitée alors.

« Quelques personnes seraient peut-être tentées de croire qu'en cet état M. Pilâtre avait oublié sa famille, négligé ses premiers amis, et pouvait rougir en secret lorsque des circonstances imprévues les conduisait en sa présence. Non : il savait mieux apprécier la fortune ; il savait qu'elle n'est souvent que le don du hasard, et il était incapable de s'en enorgueillir. S'il rechercha les faveurs de l'inconstante déesse, c'était pour être utile aux siens, pour soutenir une famille peu fortunée, pour n'être point oublié et dédaigné lui-même au centre des arts et du luxe, pour avoir la douce satisfaction d'offrir à une mère qu'il chérissait le prix de ses travaux. Il veillait, en homme de mœurs, sur deux sœurs jeunes encore; à l'une, il faisait une pension ; à l'autre, il prodiguait des soins et des conseils, et s'occupait de l'avancement de toutes deux : voilà ce que personne ne peut nier, ce qu'avoue sa famille, ce qu'attestent ceux qui l'ont connu. »

Si Pilâtre eut une fortune brillante, ce ne fut pas à la stabilité de ses positions qu'il en fut redevable, car la turbulence de son caractère éclate dans les vicissitudes de sa vie et il passa successivement à peu près par tous les états.

L'un de ses maîtres, Sage, membre de l'Académie des sciences, le désigna à la Société d'émulation de Reims qui lui demandait un professeur de chimie, et il alla enseigner cette science dans la capitale industrielle de la Champagne ; mais son humeur vagabonde l'en chassa bientôt et il revint à Paris pour y devenir intendant des cabinets de physique, de chimie et d'histoire naturelle de Monsieur, frère du roi; il était en même temps secrétaire du cabinet de Madame. Un an plus tard (1781), il se défaisait de cette double charge et créait rue Sainte-Avoye un musée des sciences; cet établissement était le premier de ce genre qui fut créé à Paris et la mode l'adopta tout de suite.

Pilâtre, à cette époque, étudiait les gaz et il trouva ou crut trouver un moyen de descendre sans danger dans les fosses d'aisances méphitisées. Avant de faire l'essai de sa découverte, il se mit en campagne, suppliant qu'on lui indiquât des fosses méphitisées; mais tous ceux auxquels il s'adressa le prirent pour un fou et se gardèrent bien de lui donner les renseignements qu'il demandait. L'ardent chimiste, convaincu que ses ennemis s'étaient ligués contre lui pour lui enlever tout moyen d'éprouver sa découverte, s'en alla se plaindre au lieutenant de police et sollicita de lui la grâce d'être averti dès qu'une fosse d'aisances serait méphitisée : le lieutenant promit. Quelques jours plus tard, Pilâtre apprend que rue de la Mortellerie des ouvriers viennent de tomber asphyxiés sur le bord d'une fosse d'aisances. Fou de joie, il y court; mais les assistants s'opposent à ce qu'il y descende. Il vole chez le lieutenant de police, en revient avec un officier et l'autorisation, allume les bougies et les descend dans la fosse : les bougies ne s'éteignent point, le gaz méphitique a disparu, l'expérience est impossible.

Il fut plus heureux à quelques jours de là : il arriva à temps cette fois, se fit descendre dans la fosse avec son appareil et y resta une heure.

Ces expériences sur les gaz, peu appréciées par le public, l'étaient par lui bien davantage et il lui arriva plus tard de dire un jour : « J'ai fait des expériences importantes sur les gaz, j'ai inventé un masque antiméphitique, je suis resté ignoré et ma découverte a été négligée; maintenant que j'ai navigué dans les airs, j'ai des honneurs et des pensions, et l'on daignera profiter plus tard de mon utile invention. »

Enthousiaste comme il l'était, Pilâtre de Rozier devait accueillir avec de véritables transports la découverte des frères Mongolfier; et en effet, dès qu'elle fut connue, il embrassa leur cause avec la vivacité et le feu qu'il portait en toutes choses. Il émit le premier l'idée de lancer des ballons montés et, plus heureux que la plupart des novateurs, il eut la joie de la voir appliquée par lui-même.

III

Pilâtre de Rozier se plaça dans le ballon qui, retenu captif par de longues cordes, ne pouvait dépasser une hauteur de 80 pieds.

L'aérostat fut gonflé, s'éleva heureusement de terre et atteignit avec rapidité le sommet des cordes; il y resta immobile 4 minutes 25 secondes, sans que Pilâtre de Rozier en fût incommodé le moins du monde, et redescendit lentement, sans que l'affaiblissement du gaz provoquât, ainsi que le redoutaient quelques-uns, une chute trop prompte.

(*Gravure extraite de la collection de M. Nadar.*)

Pilâtre sauta à terre et la machine, allégée de son poids, s'éleva de nouveau jusqu'à une hauteur moins grande que lors de sa première ascension, mais considérable encore.

Deux jours plus tard, le vendredi 17 octobre, une nouvelle expérience eut lieu : elle réussit moins bien que la première. Le vent était contraire, et si l'aérostat atteignit à peu près la même hauteur, il ne s'y éleva que péniblement et par un long effort. Pilâtre de Rozier et ses amis furent d'autant plus affligés de ce dernier échec, si peu concluant qu'il fût, qu'il devait suffire à justifier les méfiances de curieux sans nombre qui, malgré tous les efforts des aéronautes, avaient envahi le champ des expériences et qui, ignorants de la science aérostatique, condamnèrent d'ores et déjà comme inutiles et téméraires les tentatives faites.

La foule ne fut pas moins grande cependant lors de l'expérience suivante, et ce jour-là, le dimanche 19 octobre, la circulation devint impossible, non-seulement dans le faubourg Saint-Antoine, mais sur les boulevards même jusqu'à la Porte-Saint-Martin. Deux mille spectateurs purent seuls pénétrer dans les jardins de Réveillon (1).

Pour effacer sans doute l'impression défavorable que la dernière tentative paraissait avoir laissée dans l'esprit de la plupart des assistants, Montgolfier voulut que trois expériences, se succédant l'une à l'autre presque sans interruption, fussent faites devant la foule qui se pressait, les yeux fixés en l'air, autour de la fabrique de son ami Réveillon, et l'état très-favorable de l'atmosphère seconda puissamment les efforts des aéronautes.

A quatre heures et demie, l'aérostat, dont la galerie avait été réduite, s'éleva à 200 pieds et, sans feu dans le réchaud, se maintint six minutes à cette hauteur ; il avait été gonflé en cinq à peine. Pilâtre de Rozier le montait, et du côté opposé à celui où il se tenait avait été placé, pour faire équilibre, un poids de 100 livres.

Dans une seconde expérience, l'ascension s'accomplit dans les mêmes conditions, avec cette différence essentielle toutefois que le réchaud était cette fois allumé ; l'aérostat s'éleva à 50 pieds de plus et resta stationnaire pendant huit minutes et demie. Pendant qu'il redescendait, il fut saisi par le vent d'est qui le jeta sur la cime d'arbres très-élevés, dans les branches desquels il s'embarrassa, sans pourtant perdre l'équilibre. Du sein de la foule s'éleva un long et même cri d'effroi. Mais déjà Pilâtre de Rozier, saisissant avec l'extrémité de sa fourche de fer une énorme botte de paille et la jetant dans le réchaud, avait donné au feu une ardeur nouvelle et bientôt le ballon, sans peine dégagé, reprenait, au milieu des bruyants applaudissements de la foule tremblante tout à l'heure, enthousiaste maintenant, son vol majestueux. « Cette seconde expérience fut très-instructive ; l'on n'avait pas manqué de dire que si jamais une telle machine tombait sur une forêt, elle serait détruite et ferait courir les plus grands dangers à ceux qui seraient dedans. Cet exemple prouve que la machine ne *tombe* pas, mais qu'elle *descend* ; qu'elle ne se renverse pas, qu'elle ne se détruit pas sur les arbres ; qu'elle ne fait périr ni souffrir les voyageurs qu'elle porte ; qu'au contraire ces derniers, en produisant du nouveau gaz, lui donnent les moyens de se tirer d'embarras, et qu'elle peut reprendre sa route malgré un événement pareil. » Lorsque l'aérostat, après s'être ainsi élevé une seconde fois, se rapprocha de terre, Pilâtre, encouragé par le succès qu'il venait de remporter, voulut tenter de remonter encore : il ranima le feu et le ballon de nouveau atteignit la hauteur de 200 mètres.

Le même jour vit une troisième expérience. Elle fut faite par l'infatigable Pilâtre de Rozier qui avait cette fois un compagnon de voyage : de Gérard de Villette. Les cordes allongées permirent à l'aérostat de s'élever à 324 pieds, hauteur à laquelle il demeura neuf minutes immobile. Assez élevé pour être vu de tous les points de Paris et des environs, le ballon ne paraissait pas alors plus petit qu'il ne l'était réellement, mais ses voyageurs étaient à peine visibles et il était impossible de distinguer sans lunettes un seul de leurs mouvements. Redescendus à terre, les voyageurs se proclamèrent enchantés de leur voyage, et déclarèrent n'avoir pas senti la moindre gêne ou la moindre fatigue. Le compagnon de voyage de Pilâtre de Rozier

(1) *La Vie et les Mémoires de Pilâtre de Rozier*, écrits par lui-même et publiés par T. M***. — Page 14.

donne dans une lettre adressée au rédacteur du *Journal de Paris*, qui avait parlé de ces expériences, la relation de sa course rapide à travers les airs. « Je me suis trouvé, dit-il, presque dans l'intervalle d'un quart de minute, élevé de 400 pieds de terre, suivant le rapport qu'on m'en a fait ; nous restâmes dans cette position pendant dix minutes. Mon premier soin, messieurs, fut d'admirer, à la faveur d'un trou large de 4 pouces, le physicien intelligent que j'avais l'honneur d'accompagner ; son courage, son agilité, ses talents à bien manœuvrer et conduire son feu m'enchantèrent. En me retournant, je distinguai les boulevards depuis la Porte-Saint-Antoine jusqu'à celle Saint-Martin, qui me paraissaient former une plate-bande allongée de fleurs variées. La rue Saint-Antoine, les jardins qui nous environnaient, me représentaient la même chose ; ensuite, voulant m'occuper du sujet qui m'avait engagé à faire ce voyage, je promenai ma vue dans le lointain. D'abord je vis la butte Montmartre, qui me semblait être de moitié plus basse que notre niveau ; je découvris facilement Neuilly, Saint-Cloud, Sèves, Issy, Ivry, Charenton, Choisy et peut-être Corbeil, que le léger brouillard m'a empêché de distinguer ; dès l'instant, je fus convaincu que cette machine peu dispendieuse serait très-utile dans une armée pour découvrir la position de celle de son ennemi, ses manœuvres, ses marches, ses dispositions, et les annoncer par des signaux aux troupes alliées de la machine. Je crois qu'en mer il est également possible, avec des précautions, de se servir de cette machine. Voilà, messieurs, une utilité incontestable, que le temps nous perfectionnera : tout mon regret est de n'avoir pas pensé à me munir d'une lunette d'approche. »

Une dernière ascension termina cette journée qui avait si magnifiquement réparé le demi-échec du vendredi 7. Le marquis d'Arlandes, que nous retrouverons bientôt, et Pilâtre s'élevèrent avec un succès égal à celui des autres tentatives.

Les expériences faites semblaient décisives ; bien des objections et des obstacles cependant se dressèrent encore devant Pilâtre de Rozier.

Montgolfier surtout s'effrayait des périls de l'entreprise et ses craintes augmentaient à mesure qu'approchait l'époque fixée pour la tenter : alors que la science de l'aérostation datait de quatre mois à peine, alors que ni le lest ni la soupape n'étaient inventés encore, la descente ne pouvait-elle pas, en dépit de l'heureuse issue des expériences faites, présenter les plus graves dangers ? Le péril du feu n'était-il pas plus redoutable encore quand un réchaud allumé se trouvait placé au milieu même d'un ballon fait de toile et de papier ? Si l'enveloppe de l'aérostat venait à s'enflammer, le globe ne flamberait-il pas en quelques instants, n'en serait-ce pas fait de la vie des aéronautes, et, tandis que la machine ardente traverserait les airs d'un vol désordonné, des flammèches ne pourraient-elles pas se détacher de l'immense foyer, tomber sur le sol et incendier récoltes et maisons, marquant à terre d'un sillon de flamme la route parcourue dans les airs par le globe de feu ? Dans le cas au contraire où le fourneau viendrait à s'éteindre, l'appareil serait, comme une masse inerte, précipité vers le sol en une chute terrible, et les aéronautes ne retomberaient à terre que brisés, écrasés, broyés dans le choc formidable.

Montgolfier demanda des essais nouveaux ; la Commission de l'Académie des sciences, pressée de se prononcer, déclara que son opinion n'était point faite encore ; le roi, dont ces hésitations répondaient aux propres inquiétudes, défendit l'ascension de tout ballon monté et ordonna au lieutenant de police d'empêcher, s'il y avait lieu, toute tentative de ce genre. Néanmoins, de même que, lors de l'expérience de Versailles (à propos de laquelle demande identique avait été adressée à Louis et repoussée), il avait été permis à ceux dont la requête avait été écartée de confier à l'aérostat un mouton et des poules, de même cette fois il leur fut permis de lui confier deux condamnés.

« Mais Pilâtre de Rozier s'indigne à cette idée. Quoi! de vils criminels, des hommes rejetés du sein de la société, auraient la gloire de s'élever les premiers dans les airs! Non, non, il n'en sera point ainsi. Il demande, il invoque, il prie, il s'adresse à madame la duchesse de Polignac, gouvernante des enfants de France et toute-puissante à la cour; M. le marquis d'Arlandes, ami des frères Montgolfier, qui avait déjà monté avec Pilâtre de Rosier à ballon captif, intervient lui-même. Il affirme qu'il n'y a point de danger; engage, ce qui était fort beau alors, sa foi de gentilhomme, et se propose enfin pour accompagner Pilâtre. Vaincu par de si honorables vouloirs, et en présence de tant d'insistance, on permet; et le premier voyage aérien a lieu le 21 novembre suivant, jour à jamais mémorable dans l'histoire des sciences. »

IV

Le dauphin avait mis à la disposition de Pilâtre de Rozier le parc de son château de la Muette; c'est là que se fit l'ascension. L'aérostat était celui qui avait servi déjà dans les expériences faites au faubourg Saint-Antoine.

L'ascension devait avoir lieu le 20 novembre; mais le vent et la pluie firent remettre au lendemain l'expérience. Elle eut lieu en effet, bien que l'état de l'atmosphère ne fût guère plus favorable.

« Les mêmes accidents qui étaient arrivés dans pareille occasion ne manquèrent pas de se présenter dans celle-ci; le vent d'une part, la force d'ascension de l'autre, et la résistance des cordes tourmentèrent si fort l'aérostate, qu'elle ne tarda pas à se déchirer et à s'abattre ensuite sur la terre, où elle se serait infailliblement brûlée sans les secours très-prompts qu'on fut à portée de lui donner; l'on vint à bout cependant de la ramener sur l'estrade où elle perdit, en peu de minutes, par les déchirures qui s'y étaient faites, le gaz, ou plutôt l'air raréfié qu'elle contenait.

« Ce contre-temps était sans doute très-fâcheux dans une pareille circonstance, et c'est ici encore où l'on fut à portée de juger de l'ingratitude des gens peu instruits; car croirait-on qu'il régna dans quelques grouppes une espèce de murmure qui annonçait le mécontentement, et que quelques personnes s'empressèrent de partir sur-le-champ pour Paris, afin d'y annoncer que la machine était détruite.

« Il faut convenir, d'un autre côté, que tout ce qu'il y avait de distingué par le rang et par les connaissances dans cette assemblée prit un intérêt vif à cet accident. L'on encouragea M. de Montgolfier, plusieurs dames offrirent de mettre la main à l'œuvre, et l'on s'empressa de réparer les déchirures.

« Ces détails, copiés fidèlement sur les lieux, ne doivent pas être négligés, quoique minutieux; ils touchent de trop près à l'histoire de cette découverte, et ils ap-

(Gravure extraite de la collection de M. Nadar.)

prennent en même temps la manière dont se comportent les hommes dans des circonstances pareilles, qui ne se présentent pas chaque jour.

« Enfin, après une heure et demie environ de travail, tout étant réparé, et la machine ayant été remplie en huit minutes, elle fut promptement lestée avec les approvisionnements de paille nécessaires pour entretenir le feu pendant la route, et M. le marquis d'Arlandes d'un côté, M. de Rozier de l'autre, prirent leurs postes avec un courage et un empressement sans égal.

« L'aérostate quitta la terre sans obstacles, et dépassa les arbres sans danger; elle s'éleva d'abord d'une manière assez tranquille pour qu'on pût la considérer à l'aise; mais à mesure qu'elle s'éloignait, l'on vit les voyageurs baisser leurs chapeaux et saluer les spectateurs qui étaient tous dans le silence et l'admiration, mais qui éprouvaient un sentiment d'intérêt, mêlé de regret et de crainte (1). »

Le ballon monta promptement, longea la Seine jusqu'à la hauteur du Trocadéro, passa entre l'École militaire et l'Hôtel des Invalides et se dirigea, par les Missions étrangères, du côté de Saint-Sulpice. Décidés à tout faire pour que l'aérostat ne tombât point dans Paris même, les aéronautes forcèrent alors le feu : le ballon s'éleva et rencontra un courant d'air qui, le poussant au sud, le porta à la Butte-aux-Cailles, entre la barrière d'Enfer et la barrière d'Italie. C'est là que descendirent les voyageurs, c'est de là que l'aérostat, replié et placé sur une voiture, fut rapporté dans les ateliers de Réveillon.

Les aéronautes n'avaient pas ressenti durant leur voyage la plus légère des incommodités et, dès qu'ils eurent mis pied à terre, le marquis d'Arlandes sauta à cheval pour aller dire à ses amis, réunis au château de la Muette, son heureux et facile voyage. Reçu avec des transports de joie, le compagnon de Rozier raconta sa course à travers les airs, et procès-verbal fut dressé sur l'heure de l'ascension qui venait d'être faite.

Procès-verbal.

« Aujourd'hui 21 novembre 1783, au château de la Muette, on a procédé à une expérience de la machine aérostatique de M. de Montgolfier.

« Le ciel était couvert de nuages dans plusieurs parties, clair dans d'autres, le vent nord-ouest.

« A midi huit minutes, on a tiré une boîte qui a servi de signal pour annoncer qu'on commençait à remplir la machine. En huit minutes, malgré le vent, elle a été développée dans tous les points et prête à partir, M. le marquis d'Arlandes et M. Pilâtre de Rozier étant dans la galerie.

« La première intention était de faire enlever la machine et de la retenir avec des cordes, pour la mettre à l'épreuve, étudier les poids exacts qu'elle pouvait porter, et voir si tout était convenablement disposé pour l'expérience importante qu'on allait tenter.

« Mais la machine poussée par le vent, loin de s'élever verticalement, s'est dirigée sur une des allées du jardin, et les cordes qui la retenaient, agissant avec trop de force, ont occasionné plusieurs déchirures, dont une de plus de six pieds de longueur. La machine, ramenée sur l'estrade, a été réparée en moins de deux heures.

(1) Faujas de Saint-Fond, *Première Suite de la description des expériences aérostatiques de MM. de Montgolfier et de celles auxquelles cette découverte a donné lieu*, t. II, p. 14, 15 et 16.

« Ayant été remplie de nouveau, elle est partie à une heure cinquante-quatre minutes, portant les mêmes personnes ; on l'a vue s'élever de la manière la plus majestueuse ; et lorsqu'elle a été parvenue à environ deux cent soixante-dix pieds de hauteur, les intrépides voyageurs, baissant leurs chapeaux, ont salué les spectateurs. On n'a pu s'empêcher d'éprouver alors un sentiment mêlé de crainte et d'admiration.

« Bientôt les navigateurs aériens ont été perdus de vue ; mais la machine, planant sur l'horizon, et étalant la plus belle forme, a monté au moins à trois mille pieds de hauteur, où elle est toujours restée visible : elle a traversé la Seine au-dessous de la barrière de la Conférence ; et passant de là entre l'École militaire et l'Hôtel des Invalides, elle a été à portée d'être vue de tout Paris.

« Les voyageurs satisfaits de cette expérience, et ne voulant pas faire une plus longue course, se sont concertés pour descendre ; mais s'apercevant que le vent les portait sur les maisons de la rue de Sève, fauxbourg Saint-Germain, ils ont conservé leur sens-froid, et augmentant le feu, ils se sont élevés de nouveau, et ont continué leur route en l'air jusqu'à ce qu'ils aient eu dépassé Paris.

« Ils sont descendus alors tranquillement dans la campagne, au delà du nouveau boulevard, vis-à-vis le moulin de Croulebarbe, sans avoir éprouvé la plus légère incommodité, ayant encore dans leur galerie les deux tiers de leur approvisionnement ; ils pouvaient donc, s'ils l'eussent désiré, franchir un espace triple de celui qu'ils ont parcouru ; leur route a été de quatre à cinq mille toises, et le temps qu'ils y ont employé, de vingt à vingt-cinq minutes.

« Cette machine avait soixante-dix pieds de hauteur, quarante-six pieds de diamètre ; elle contenait soixante mille pieds cubes, et le poids qu'elle a enlevé était d'environ seize à dix-sept cents livres.

« Fait au château de la Muette, à cinq heures du soir.

« *Signé :* le duc de POLIGNAC, le duc de GUINES, le comte de POLASTRON, le comte de VAUDREUIL, d'HUNAUD, Benjamin FRANKLIN, FAUJAS de SAINT-FOND, DELISLE, LEROY, de l'Académie des sciences (1). »

Ce procès-verbal un peu sec n'est pas le seul document que nous possédions sur cette ascension ; nous en avons un autre bien plus étendu, bien plus détaillé et bien plus intéressant. C'est le récit même du marquis d'Arlandes, récit très-pittoresque, très-vif et très-mouvementé.

« M. LE MARQUIS D'ARLANDES A M. FAUJAS DE SAINT-FOND.

« Paris, le 28 novembre 1783.

« Vous le voulez, mon cher Faujas, et je me rends d'autant plus volontiers à vos désirs que par les questions que l'on me fait, par les propos invraisemblables que

(1) Franklin, dont le nom brille d'un éclat singulier auprès des noms illustres cependant des co-signataires, prononça alors un mot bien souvent cité depuis : « A quoi peuvent servir les ballons ? » lui disait quelqu'un. — « A quoi peut servir l'enfant qui vient de naître ? » répondit le sage de l'Amérique.

l'on fait tenir à M. Pilâtre et à moi, je sens qu'il est essentiel de fixer l'opinion publique sur les détails de notre voyage aérien.

« Je vais décrire, le mieux que je pourrai, *le premier voyage que des hommes aient tenté* à travers un élément qui, jusqu'à la découverte de MM. Montgolfier, semblait si peu fait pour les supporter.

« Nous sommes partis du jardin de la Muette à une heure cinquante-quatre minutes. La situation de la machine était telle, que M. Pilâtre de Rozier était à l'ouest et moi à l'est. L'aire de vent était à peu près nord-ouest. La machine, dit le public, s'est élevée avec majesté : mais il me semble que peu de personnes se sont aperçues qu'au moment où elle a dépassé les charmilles elle a fait un demi-tour sur elle-même; par ce changement, M. Pilâtre s'est trouvé en avant de notre direction, et moi, par conséquent, en arrière.

« Je crois qu'il est à remarquer que, de ce moment, jusqu'à celui où nous sommes arrivés, nous avons conservé la même position par rapport à la ligne que nous avons parcourue. J'étais surpris du silence et du peu de mouvement que notre départ avait occasionnés sur les spectateurs ; je crus qu'étonnés, et peut-être effrayés de ce nouveau spectacle, ils avaient besoin d'être rassurés. Je saluai du bras avec assez peu de succès; mais ayant tiré mon mouchoir, je l'agitai, et je m'aperçus alors d'un grand mouvement dans le jardin de la Muette. Il m'a semblé que tous les spectateurs qui étaient épars dans cette enceinte se réunissaient en une seule masse, et que, par un mouvement involontaire, elle se portait, pour nous suivre, vers le mur, qu'elle semblait regarder comme le seul obstacle qui nous séparait.

« C'est dans ce moment que M. Pilâtre me dit : « Vous ne faites rien, et nous « ne montons guère. — Pardon, » lui répondis-je... Je mis une botte de paille, je remuai un peu le feu, et je me retournai bien vite; mais je ne pus retrouver la Muette. Étonné, je jette un regard sur le cours de la rivière; je la suis de l'œil ; enfin j'aperçois le confluent de l'Oise. Voilà donc Conflans; et nommant les autres principaux coudes de la rivière par le nom des lieux les plus voisins, je dis : Poissy, Saint-Germain, Saint-Denis, Sève; donc je suis encore à Passy ou à Chaillot.

« En effet, je regardai par l'intérieur de la machine, et j'aperçus sous moi la Visitation de Chaillot. M. Pilâtre me dit dans ce moment : « Voilà la rivière, et « nous baissons. Eh bien! mon cher ami, du feu ! » et nous travaillâmes. Mais, au lieu de traverser la rivière, comme semblait l'indiquer notre direction, qui nous portait sur les Invalides, nous longeâmes l'île des Cygnes, rentrâmes sur le principal lit de la rivière, et nous la remontâmes jusqu'au-dessus de la barrière de la Conférence. Je dis à mon brave compagnon :

« — Voilà une rivière qui est bien difficile à traverser.

« — Je le crois bien, me répondit-il; vous ne faites rien.

« — C'est que je ne suis pas si fort que vous, et que nous sommes bien. »

« Je remuai le réchaud, je saisis avec une fourche ma botte de paille, qui, sans doute trop serrée, prenait difficilement; je la levai, la secouai au milieu de la flamme. L'instant d'après, je me sentis comme soulevé par-dessous les aisselles, et je dis à mon cher compagnon :

« — Pour cette fois, nous montons.

« — Oui, nous montons, » me répondit-il, sorti de l'intérieur, sans doute pour faire quelques observations.

« Dans cet instant, j'entendis, vers le haut de la machine, un bruit qui me fit craindre qu'elle n'eût crevé. Je regardai, et je ne vis rien. Comme j'avais les yeux fixés au haut de la machine, j'éprouvai une secousse, et c'était alors la seule que j'eusse ressentie.

« La direction du mouvement était du haut en bas.

« Je dis alors :

« — Que faites-vous? Est-ce que vous dansez?

« — Je ne bouge pas.

« — Tant mieux! dis-je; c'est enfin un nouveau courant qui, j'espère, nous sortira de la rivière. »

« En effet, je me tourne pour voir où nous étions, et je me trouvai entre l'École militaire et les Invalides, que nous avions déjà dépassés d'environ quatre cents toises; M. Pilâtre me dit en même temps :

« — Nous sommes en plaine.

« — Oui, lui dis-je, nous cheminons.

« — Travaillons, me dit-il, travaillons. »

« J'entendis un nouveau bruit dans la machine, que je crus produit par la rupture d'une corde.

« Ce nouvel avertissement me fit examiner avec attention l'intérieur de notre habitation. Je vis que la partie qui était tournée vers le sud était remplie de trous ronds, dont plusieurs étaient considérables. Je dis alors :

« — Il faut descendre. »

« — Pourquoi?

« — Regardez, » dis-je.

« En même temps je pris mon éponge; j'éteignis aisément le peu de feu qui minait quelques-uns des trous que je pus atteindre; mais m'étant aperçu qu'en appuyant pour essayer si le bas de la toile tenait bien au cercle qui l'entourait, elle s'en détachait très-facilement, je répétai à mon compagnon : — Il faut descendre.

« Il regarda sous lui, et me dit :

« — Nous sommes sur Paris.

« — N'importe! lui dis-je.

« — Mais voyons, n'y a-t-il aucun danger pour vous? êtes-vous bien tenu?

« — Oui. »

« J'examinai de mon côté, et j'aperçus qu'il n'y avait rien à craindre. Je fis plus, je frappai de mon éponge les cordes principales qui étaient à ma portée; toutes résistèrent; il n'y eut que deux ficelles qui partirent. Je dis alors :

« — Nous pouvons traverser Paris. »

« Pendant cette opération, nous nous étions sensiblement rapprochés des toits; nous faisons du feu, et nous nous relevons avec la plus grande facilité. Je regarde sous moi, et je découvre parfaitement les Missions étrangères. Il me semblait que nous nous dirigions vers les tours de Saint-Sulpice, que je pouvais apercevoir par l'étendue du diamètre de notre ouverture. En nous relevant, un courant d'air nous fit quitter cette direction, pour nous porter vers le sud. Je vis sur ma gauche une espèce de bois, que je crus être le Luxembourg; nous traversons le boulevard, et je m'écrie pour le coup :

« — Pied à terre! »

« Nous cessons le feu; l'intrépide Pilâtre, qui ne perd point la tête, et qui était en avant de notre direction, jugeant que nous donnions dans les moulins qui sont entre le petit Gentilly et le boulevard, m'avertit. Je jette une botte de paille, en la secouant pour l'enflammer plus vivement; nous nous relevons, et un nouveau courant nous porte un peu sur la gauche. Le brave de Rozier me crie encore :

« — Gare les moulins! »

« Mais mon coup d'œil fixé par le diamètre de l'ouverture me faisant juger plus sûrement de notre direction, je vis que nous ne pouvions pas les rencontrer, et je lui dis :

« — Arrivons. »

« L'instant d'après, je m'aperçus que je passais sur l'eau. Je crus que c'était encore la rivière; mais arrivé à terre, j'ai reconnu que c'était l'étang qui fait aller les machines de la manufacture de toiles peintes de MM. Brenier et compagnie.

« Nous nous sommes posés sur la Butte-aux-Cailles, entre le moulin des Merveilles et le Moulin-Vieux, environ à cinquante toises de l'un et de l'autre. Au moment où nous étions près de terre, je me soulevai sur la galerie en y appuyant mes deux mains; je sentis le haut de la machine presser faiblement ma tête; je la repoussai et sautai hors de la galerie. En me retournant vers la machine, je crus la trouver pleine. Mais quel fut mon étonnement! elle était parfaitement vide et totalement aplatie. Je ne vois point M. Pilâtre, je cours de son côté pour l'aider à se débarrasser de l'amas de toile qui le couvrait; mais avant d'avoir tourné la machine je l'aperçus sortant de dessous en chemise, attendu qu'avant de descendre il avait quitté sa redingote et l'avait mise dans son panier.

« Nous étions seuls, et pas assez forts pour renverser la galerie et retirer la paille qui était enflammée. Il s'agissait d'empêcher qu'elle ne mît le feu à la machine. Nous crûmes alors que le seul moyen d'éviter cet inconvénient était de déchirer la toile. M. Pilâtre prit un côté, moi l'autre, et en tirant violemment, nous découvrîmes le foyer. Du moment qu'il fut délivré de la toile qui empêchait la communication de l'air, la paille s'emflamma avec force. En secouant un des paniers, nous jetons le feu sur celui qui avait transporté mon compagnon, la paille qui y restait prend feu; le peuple accourt, se saisit de la redingote de M. Pilâtre et se la partage. La garde survient : avec son aide, en dix minutes, notre machine fut en sûreté, et une heure après elle était chez M. Réveillon, où M. Montgolfier l'avait fait construire.

« La première personne de marque que j'aie vue à notre arrivée est M. le comte de Laval. Bientôt après, les courriers de M. le duc et de madame la duchesse de Polignac vinrent pour s'informer de nos nouvelles. Je souffrais de voir M. de Rozier en chemise; et craignant que sa santé n'en fût altérée, car nous nous étions très-échauffés en pliant la machine, j'exigeai de lui qu'il se retirât dans la première maison; le sergent de garde l'y escorta pour lui donner la facilité de percer la foule. Il rencontra sur son chemin monseigneur le duc de Chartres, qui nous avait suivis, comme l'on voit, de très-près; car j'avais eu l'honneur de causer avec lui, un moment avant notre départ. Enfin il nous arriva des voitures.

« Il se faisait tard. M. Pilâtre, n'ayant qu'une mauvaise redingote qu'on lui avait prêtée, ne voulut pas revenir à la Muette.

« Je partis seul, quoique avec le plus grand regret de quitter mon brave compagnon. »

Ce premier voyage aérien exécuté par des hommes eut un immense retentissement et la nouvelle en remua le monde entier. En France, plus que partout ailleurs, l'émotion fut générale et profonde, et les poëtes accordèrent leur lyre pour chanter les nouveaux Titans (1). La plupart de ces vers nous ont été conservés, mais nous devons à la vérité de dire qu'ils sont en général assez médiocres. Voici les deux pièces les plus remarquables qu'ait inspiré le voyage de Pilâtre et de d'Arlandes :

VERS A M. FAUJAS DE SAINT-FOND

SUR LE PREMIER VOYAGE FAIT DANS LES AIRS

Le voilà donc trouvé, ce secret étonnant
Qu'on chercha tant de fois, et toujours vainement,
Ce secret de planer dans la vaste atmosphère !
Si le premier mortel qui franchit l'onde amère,
Insensible à l'effroi, renfermait dans son sein
Un cœur de diamant rempli d'un triple airain,
Quelle intrépide audace avez-vous donc dans l'âme,
Vous qui franchissez l'air sur des ailes de flamme ;
Qui bravez à la fois ces éléments fougueux ;
Qui, domptant l'un par l'autre, enchaînez tous les deux ;
Qui, portés les premiers au séjour des orages,
Avez volé longtemps au-dessus des nuages?
Je n'exagère rien. D'Arlandes, de Rozier,
Disciples généreux qu'a formés Montgolfier,
Rendez-nous familier cet art qui vient de naître ;
De tous les éléments que l'homme enfin soit maître.
Tous les arts aujourd'hui doivent vous célébrer ;
Le pinceau sur la toile en l'air doit vous montrer.
Tout cœur né pour sentir votre noble courage
Doit demander au bronze, au marbre, votre image.

(1) Ce premier voyage aérien n'inspira pas seulement les poëtes; il inspira aussi la verve des dessinateurs comiques et, « dans le même temps que la caricature versait son ironie plus ou moins spirituelle sur les efforts des partisans de la nouvelle idée, on voyait des pamphlets contre les véritables travailleurs infester l'étalage des libraires. Nous en avons lu, dit M. Marion, qui déclarent la découverte des ballons *immorale*, et cela pour plusieurs raisons : 1° parce que le bon Dieu n'ayant pas donné d'ailes à l'homme, il est impie de prétendre mieux faire que lui et d'empiéter sur ses droits (la même raison anathématise le commerce maritime international); 2° parce que l'honneur et la vertu sont en danger permanent s'il est permis à des aérostats de descendre à toute heure de la nuit dans les jardins et vers les fenêtres ; 3° parce que, si le chemin de l'air est ouvert à tout le monde, il n'y a plus de propriétés fermées ni de frontières aux nations, etc., etc. Nous ne voulons pas rassembler ici les pierres que les critiques de parti pris lancèrent de tout temps contre les aéronautes, sans s'apercevoir que ces pierres leur retombaient sur le nez.

« Nous citerons notamment comme type de ce genre de pamphlets une *Lettre à M. le président de*** sur le globe aérostatique*, etc. (Londres, 1783), à laquelle on peut adjoindre, comme pendant, un *Essai critique sur le gaz hydrogène*, par Charles Nodier et Amédée Pichot (Paris, 1823). Cet essai est riche des plus curieux arguments. »

Qu'entre vous Montgolfier, par les Muses placé,
Vous montre quel chemin son audace a tracé.
C'est lui qui vous ouvrit cette route effrayante ;
Sur un brasier ardent il a posé sa tente :
Dominant en vainqueur l'élément le plus fier,
Sa voix commande au feu de la porter dans l'air.
Le feu brille, elle part, et s'élançant de terre
Flotte majestueuse au sein de l'atmosphère.
En la suivant de l'œil dans son vol étonnant,
En la voyant passer ce mobile élément,
En voyant ce brasier, ce feu qui le couronne,
J'ai cru, je l'avouerai, j'ai cru voir de mes yeux
La tente du dieu Mars et l'autel de Bellone,
Que d'Éole soumis les fils impétueux
A l'aspect de la paix reportaient dans les cieux.
Le génie irrité ne connaît point d'obstacle.
O vous, à qui déjà tous nos cœurs sont offerts,
Jeune enfant dont les yeux à peine encore ouverts,
Sans pouvoir le comprendre, ont vu ce grand spectacle,
Qu'un siècle moins instruit eût pris pour un miracle,
Fils de cent souverains, que les arts vous soient chers!
Aimez-les : quelque jour ils feront votre gloire,
Et des rois, vos aïeux, ceux que vante l'histoire
Ont tous aimé les arts, ils les ont protégés.
Surtout par vos regards qu'ils soient encouragés.
L'œil des rois doit chercher le savant et le sage.
Le mérite est timide et quelquefois sauvage ;
Il ne sait pas prier : il craint de s'avilir,
Et souvent on l'a vu préférer de périr.
Ce Louis qui fonda la ville où vous naquîtes,
Qui de l'autorité recula les limites,
Qui joignit les deux mers, qui réforma nos lois,
Qui fit fleurir sous lui tous les arts à la fois,
Qui déroba Molière aux coups de l'hypocrite,
Dans son humble foyer recherchait le mérite :
Il prévint par ses dons le modeste savant
Qu'un ministre à sa porte attendait vainement ;
La main qui dirigeant aujourd'hui votre enfance
A conduit Montgolfier près de votre berceau
Et fait voir à vos yeux ce spectacle nouveau,
Ce prodige étonnant d'audace et de science,
Des arts dans votre cœur veut imprimer l'amour.
Celui-ci, comme vous, vient de prendre naissance,
Vous êtes du même âge, et vous pourrez un jour
Si vous le protégez d'une main tutélaire,
Le voir étendre encor sa nouvelle lumière,
Annoncer votre gloire et la faire envier
Aux rois qui pour sujets n'ont qu'un peuple guerrier.

GUDIN DE LA BRENELLERIE.

CHARLES.

(Gravure extraite de la collection de M. Nadar.)

ODE PHILOSOPHIQUE

SUR LE PREMIER VOYAGE AÉRIEN FAIT PAR MM. PILASTRE DE ROZIER ET LE MARQUIS D'ARLANDES

Toi de qui les mortels sans arts et sans génie
Sur la terre encor neuve ont reçu l'industrie,
Mercure, en ton honneur ces vers seront tracés.
Que l'Égypte opulente et la Crète aux cent villes
Ne vantent plus leurs champs en prodiges fertiles ;
Un prodige nouveau les a tous effacés.

Des enfants de Pyrrha la race audacieuse,
De l'univers entier despote ingénieuse,
Aux lois de la nature oppose un art égal.
Des éléments entre eux favorisant la guerre,
Elle enchaîne à son gré leur force salutaire :
Simple ouvrage des dieux, l'homme en est le rival

Mercure aux arts préside, et le marbre respire ;
Instruit par Apollon, aux doux sons de sa lyre,
Amphion bâtit seul une vaste cité :
Un mortel plus hardi rapporte sur la terre
La flamme qu'il dérobe au séjour du tonnerre ;
Mais des dieux tant d'audace a lassé la bonté.

Des rigueurs du destin déplorable victime,
Prométhée enchaîné, pour expier son crime,
Doit subir à jamais un supplice effrayant.
D'un féroce vautour les serres déchirantes
Arrachent chaque jour ses entrailles fumantes,
Qui renaissent encor pour un nouveau tourment.

Le fils d'Alcide enfin termina sa misère ;
Et l'Amérique a vu, dans ce siècle prospère,
De l'amant de Pandore un rival plus heureux :
Ami de Jupiter, il sait d'un bras habile
Diriger le tonnerre, à ses ordres docile,
Et rompre des tyrans les projets dangereux.

Neptune cependant, de son empire immense
Environnant Cybèle et bornant sa puissance,
Sur la terre isolait les mortels dispersés ;
Mais, bientôt s'essayant à quitter le rivage,
L'homme plus téméraire osa braver l'orage
Sur des chênes noueux que ses mains ont creusés.

La rame, avec effort sillonnant l'onde amère,
Devient le faible appui de sa barque légère,
Jouet tout à la fois et des flots et des vents :
A son navire enfin il attache des voiles,
Et, dirigeant sa route au seul cours des étoiles,
Son art a rapproché cent peuples différents.

Ainsi l'homme, né roi de tout ce qui respire,
Sur la terre et sur l'onde étendant son empire,
Dans sa course asservit l'un et l'autre élément.
L'aigle pouvait encor, par une prompte fuite,
Dans les plaines de l'air éviter sa poursuite,
Et planer sur sa tête au sein du firmament.

Par Minerve enhardi, l'audacieux Dédale,
Sur des ailes, dit-on, a franchi l'intervalle
Qui séparait les Grecs des États de Minos ;
Mais en vain à le suivre il instruisit Icare :
Ce fils infortuné, que sa jeunesse égare,
Sent fuir ses ailes, tombe, et périt dans les flots.

Mercure, ô Montgolfier ! t'a réservé la gloire
D'éterniser Paris, ton siècle et ta mémoire,
Par les premiers essais d'un art audacieux.
Tu voyais que la flamme, ici-bas exilée,
Faisait sans cesse effort vers sa source sacrée ;
Tu l'enfermes, la suis, et voles dans les cieux.

Quel mortel plus hardi que le fier argonaute
Osera le premier, sans voiles, sans pilote,
Sur un char tout de feu s'élancer dans les airs ?
C'est toi, brave Pilastre ; et notre âme surprise
Admire en frémissant cette noble entreprise,
Qui fraye une autre route au despote des mers.

D'Arlande est avec lui : ce couple téméraire
S'élève, et sous ses pieds voit fuir au loin la terre,
Dont les fils à ses yeux sont déjà disparus.
Cet abandon, ce calme au séjour de l'orage,
Un moment étonna leur superbe courage ;
Leur audace en accroît et s'irrite encore plus.

Sur les ailes des vents ils ont quitté la plaine,
Et d'un vol redoublé, laissant au loin la Seine,
Ils planent sur Paris, sur ses dômes altiers ;
Ils descendent enfin pour remplir notre attente,
Trouvant partout le port qu'au fort de la tourmente
Désirent vainement les pâles nautoniers.

Mais quel spectacle encore est offert à ma vue !
Dans le palais des rois une foule éperdue
Applaudit, suit de l'œil deux Dédales nouveaux.
L'homme ainsi, méprisant les cris de l'ignorance,
Sur la nature entière étendant sa puissance,
Devancera dans l'air les rapides oiseaux.

CHAPITRE VII

Le second voyage aérostatique : la souscription. — L'appareil producteur. — Intervention du roi; contre-intervention du ministre. — M. de Montgolfier donne le signal. — L'ascension. — Les impressions de voyage. — Descente à l'Ile-Adam. — Le professeur Charles.

I

La première ascension de Pilâtre de Rozier et du marquis d'Arlandes était un acte de courage inouï, une démonstration de la possibilité de s'élever dans l'air plutôt qu'une expérience sérieuse de la montgolfière considérée comme moyen de locomotion aérienne. Le ballon à feu présentait en effet de grands dangers : il suffisait d'une fausse manœuvre, d'une imprudence, pour que le feu se communiquât à l'aérostat et que les voyageurs fussent précipités dans l'espace; le ballon des frères Montgolfier ne pouvait être d'aucune utilité dans les expériences scientifiques, la nécessité de soutenir un feu toujours égal absorbant tous les instants de l'aéronaute et l'empêchant de se livrer à « l'observation des instruments de physique ».

Dès le lendemain de l'ascension de la rue Saint-Antoine, on comprit que les ballons à gaz hydrogène permettraient seuls de s'élever à de grandes hauteurs et de faire des expériences sérieuses. Le physicien Charles, qui, le premier, avait imaginé de remplir les ballons de gaz inflammable, fit publier dans les journaux le programme de l'ascension « *d'un globe de soie devant porter deux voyageurs, lesquels s'élèveraient à ballon perdu, et tenteraient en l'air des observations et des expériences de physique* » : il annonçait en même temps que dix mille francs étaient nécessaires pour couvrir les frais et qu'une souscription destinée à recueillir cette somme était ouverte.

Moins de deux jours plus tard, la somme demandée par le grand physicien était tout entière souscrite.

Un mois s'était à peine écoulé que déjà un magnifique ballon de neuf mètres de diamètre, muni de tous les nouveaux appareils inventés par Charles (1), était

(1) En quelques jours, Charles avait créé l'art de l'aérostation et d'un seul coup imaginé les différents appareils qui permettent de s'enlever dans l'air sans danger; il fit plus en trois semaines que tous les aéronautes n'ont fait depuis plus de quatre-vingt-dix ans : pour cette première ascension, il fit usage de la nacelle où se placent les voyageurs, du filet qui soutient la nacelle, de l'enduit de caoutchouc qui

Ascension des Tuileries.

exposé dans la grande salle des Tuileries, où les souscripteurs pouvaient venir le visiter.

Le 26 novembre, l'aérostat fut transporté dans le jardin.

tapisse l'extérieur du ballon et empêche la déperdition du gaz, de la soupape qui permet de laisser échapper le gaz hydrogène et de descendre lentement et sans secousse jusqu'à terre, du lest, et enfin du baromètre qui indique par la pression ou la dépression du mercure la hauteur à laquelle atteignent les aéronautes. Du premier coup, le célèbre professeur de physique avait créé la science de l'aérostation : depuis lors, on a peu modifié le système de Charles et presque rien ajouté aux dispositions imaginées par lui.

L'appareil destiné à la production de l'hydrogène fut placé dans le grand bassin : il se composait de vingt-cinq tonneaux munis de tuyaux qui conduisaient le gaz dans une grande cuve où il se rafraîchissait; un tuyau de plomb adapté à l'appendice du ballon laissait pénétrer l'hydrogène dans l'aérostat.

La production d'une telle quantité de gaz présentait de graves dangers : dans la nuit du 27, un ouvrier eut l'imprudence d'approcher un lampion de l'un des tonneaux ; une explosion formidable retentit, les récipients furent lancés en l'air et, sans la présence d'esprit d'un des spectateurs, le ballon serait devenu la proie des flammes; mais un robinet fermé à temps arrêta les progrès de l'incendie.

L'ascension ne pouvait avoir lieu le lendemain : elle fut fixée au 1er décembre.

II

Dès midi, la foule commença à affluer vers les Tuileries, mais le jardin avait été réservé aux souscripteurs ; les banquettes à ceux qui avaient acheté leur place *quatre louis*, les allées et contre-allées aux porteurs de billets à trois francs. A deux heures, quatre cent mille spectateurs étaient réunis autour des Tuileries ; les quais qui longent le jardin, la place Louis XV, le pont Royal et les toits des maisons étaient couverts de curieux ; de tous côtés des regards anxieux guettaient le départ des courageux aéronautes.

Pendant les derniers préparatifs, une nouvelle se répand dans la foule : Charles et Robert ont reçu un ordre du roi qui leur défend de monter dans la nacelle.

Charles court chez le ministre, M. de Breteuil, auquel il représente que le roi peut disposer de sa vie, non de son honneur. « J'ai pris, dit-il, avec le public des engagements et plutôt que d'y manquer je me brûlerais la cervelle. » Le baron de Breteuil, touché du désespoir du malheureux aéronaute, prit sur lui de lever l'interdiction prononcée par le roi et autorisa l'ascension.

Les spectateurs commentaient la nouvelle déjà connue de tous; les ennemis de Charles insinuèrent que le physicien et son ami Robert auraient bien pu, au dernier moment, solliciter la commisération du roi afin de ne point monter dans la nacelle; l'absence des aéronautes donnait encore plus de force à leurs calomnies. L'épigramme se mit de la partie et de main en main circula ce quatrain :

Profitez bien, messieurs, de la commune erreur :
La recette est considérable.
C'est un tour de Robert le Diable,
Mais non pas de Richard sans Peur.

Déjà on chante le quatrain à demi-voix, les sifflets et les murmures s'essayent, quand soudain un coup de canon retentit. A ce signal, le brouhaha s'apaise comme par enchantement : l'ascension va avoir lieu.

La nacelle est chargée de sacs de sable.

Tout à coup Charles, tenant à la main un petit ballon de deux mètres de diamètre, s'avance vers M. de Montgolfier en le priant de vouloir bien couper la corde qui retenait l'aérostat captif. « C'est à vous, ajoute-t-il, à nous montrer la route des airs.» Le public comprit toute la délicatesse de l'action de Charles et des bravos frénétiques éclatèrent, tandis que la petite machine, couleur d'émeraude, se perdait dans le ciel bleu.

Un second coup de canon retentit : c'est le signal du départ.

Les voyageurs prennent place dans la nacelle, donnent l'ordre de couper les cordes et l'aérostat, livré à lui-même, s'élève lentement, majestueusement, tandis que les soldats, rangés autour de l'enceinte réservée, présentent les armes à ces nouveaux conquérants.

« Nous avons fait précéder notre ascension, raconte Charles, de l'enlèvement d'un globe de cinq pieds huit pouces, destiné à nous faire connaître la première direction du vent et à nous frayer à peu près la route que nous allions prendre. Nous l'avons fait présenter à M. de Montgolfier, que nos amis avaient eu soin de placer dans l'enceinte autour de nous; M. de Montgolfier coupa la corde, et le globe s'élança. Le public a compris cette allégorie simple : j'ai voulu faire entendre qu'il avait eu le bonheur de tracer la route.

« Le globe échappé des mains de M. de Montgolfier s'élança dans les airs, et sembla y porter le témoignage de notre réunion; les acclamations l'y suivaient. Pendant ce temps, nous préparions à la hâte notre fuite; les circonstances orageuses, qui nous pressaient, nous empêchèrent de mettre à nos dispositions toute la précision que nous nous étions proposée la veille. Il nous tardait de n'être plus sur la terre. Le globe et le char en équilibre touchaient encore au sol qui nous portait; il était une heure trois quarts. Nous jetons dix-neuf livres de lest, et nous nous élevons au milieu du silence concentré par l'émotion et la surprise de l'un et de l'autre parti.

« Jamais rien n'égalera ce moment d'hilarité qui s'empara de mon existence, lorsque je sentis que je fuyais de terre; ce n'était pas du plaisir, c'était du bonheur. Échappé aux tourments affreux de la persécution et de la calomnie, je sentis que je répondais à tout en m'élevant au-dessus de tout.

« A ce sentiment moral succéda bientôt une sensation plus vive encore : l'admiration du majestueux spectacle qui s'offrait à nous. De quelque côté que nous abaissassions nos regards, tout était têtes; au-dessus de nous, un ciel sans nuage; dans le lointain, l'aspect le plus délicieux. « Oh! mon ami, disais-je à M. Robert. « quel est notre bonheur! J'ignore dans quelle disposition nous laissons la terre; « mais comme le ciel est pour nous! quelle sérénité! quelle scène ravissante! Que « ne puis-je tenir ici le dernier de nos détracteurs, et lui dire : Regarde, malheu- « reux, tout ce qu'on perd à arrêter le progrès des sciences! »

« Tandis que nous nous élevions progressivement par un mouvement accéléré, nous nous mîmes à agiter dans l'air nos banderoles en signe d'allégresse, et afin de rendre la sécurité à ceux qui prenaient intérêt à notre sort; pendant ce temps, j'observais toujours le baromètre. M. Robert faisait l'inventaire de nos richesses : nos amis avaient lesté notre char comme pour un voyage de long cours : vins de Champagne, etc., couvertures et fourrures, etc. « Bon, lui dis-je, voilà de quoi jeter « par la fenêtre. » Il commença par lancer une couverture de laine à travers les airs :

elle s'y déploya majestueusement, et vint tomber auprès du dôme de l'Assomption.

« Alors le baromètre descendit environ à vingt-six pouces; nous avions cessé de monter, c'est-à-dire que nous étions élevés environ à trois cents toises. C'était la hauteur à laquelle j'avais promis de nous contenir; et, en effet, depuis ce moment jusqu'à celui où nous avons disparu aux yeux des observateurs en station, nous avons toujours composé notre marche horizontale entre vingt-six pouces de mercure et vingt-six pouces huit lignes; ce qui s'est trouvé d'accord avec les observations de Paris.

« Nous avions soin de perdre du lest à mesure que nous descendions, par la perte insensible de l'air inflammable, et nous nous élevions sensiblement à la même hauteur. Si les circonstances nous avaient permis de mettre plus de précision à ce lest, notre marche eût été presque absolument horizontale et à volonté.

« Arrivés à la hauteur de Monceaux, que nous laissions un peu à gauche, nous restâmes un instant stationnaires. Notre char se retourna, et enfin nous filâmes au gré du vent. Bientôt nous passons la Seine entre Saint-Ouen et Asnières, et telle fut à peu près notre marche aréographique, laissant Colombes sur la gauche, passant presque au dessus de Gennevilliers. Nous avons traversé une seconde fois la rivière en laissant Argenteuil sur la gauche; nous avons passé à Sannois, Franconville, Eau-Bonne, Saint-Leu-Taverny, Villiers, traversé l'Ile-Adam, et enfin Nesles où nous avons descendu. Tels sont à peu près les endroits sur lesquels nous avons dû passer perpendiculairement. Ce trajet fait environ neuf lieues de Paris, et nous l'avons parcouru en deux heures, quoiqu'il n'y eût dans l'air presque pas d'agitation sensible.

« Durant tout le cours de ce délicieux voyage, il ne nous est pas venu en pensée d'avoir la plus légère inquiétude sur notre sort et sur celui de notre machine. Le globe n'a souffert d'autre altération que les modifications successives de dilatation et de compression dont nous profitions pour monter et descendre à volonté d'une quantité quelconque. Le thermomètre a été pendant plus d'une heure entre 10° et 12° au-dessus de zéro, ce qui vient de ce que l'intérieur de notre char était réchauffé par les rayons du soleil.

« La chaleur se fit bientôt sentir à notre globe, et contribua, par la dilatation de l'air inflammable intérieur, à nous tenir à la même hauteur sans être obligés de perdre notre lest; mais nous faisions une perte plus précieuse : l'air inflammable, dilaté par la chaleur solaire, s'échappait par l'appendice du globe que nous tenions à la main, et que nous lâchions suivant les circonstances, pour donner issue au gaz trop dilaté.

« C'est par ce moyen simple que nous avons évité ces expansions et ces explosions que les personnes peu instruites redoutaient pour nous. L'air inflammable ne pouvait pas briser sa prison, puisque la porte lui en était toujours ouverte, et l'air atmosphérique ne pouvait entrer dans le globe, puisque la pression même faisait de l'appendice une véritable soupape qui s'opposait à sa rentrée.

« Au bout de cinquante-six minutes de marche nous entendîmes le coup de canon qui était le signal de notre disparition aux yeux des observateurs de Paris. Nous nous réjouîmes de leur avoir échappé. N'étant plus obligés de composer strictement notre course horizontale, ainsi que nous avions fait jusqu'alors, nous nous sommes abandonnés plus entièrement aux spectacles variés que nous présentait l'immensité

Descente de Charles et Robert en présence du duc de Chartres.

des campagnes au-dessus desquelles nous planions; dès ce moment, nous n'avons plus cessé de converser avec leurs habitants, que nous voyions accourir de toutes parts; nous entendions leurs cris d'allégresse, leurs vœux, leur sollicitude, en un mot, l'alarme de l'admiration

« Nous criions : *Vive le roi!* et toutes les campagnes répondaient à nos cris. Nous entendions très-distinctement : *« Mes bons amis, n'avez-vous point peur? n'êtes-vous point malades? Dieu, que c'est beau! nous prions Dieu qu'il vous conserve. Adieu, mes amis! »* J'étais touché jusqu'aux larmes de cet intérêt tendre et vrai qu'inspirait un spectacle aussi nouveau.

« Nous agitions sans cesse nos pavillons et nous nous apercevions que ces signaux redoublaient l'allégresse et la sécurité. Plusieurs fois nous descendîmes assez bas, pour mieux nous faire entendre : on nous demandait d'où nous étions partis et à quelle heure, et nous montions plus haut en leur disant adieu.

« Nous jetions successivement, et suivant les circonstances, redingotes, manchons, habits. Planant au-dessus de l'Ile-Adam, après avoir admiré cette délicieuse campagne, nous fîmes encore le salut des pavillons, nous demandâmes des nouvelles de monseigneur le prince de Conti. On nous cria avec un porte-voix qu'il était à Paris, et qu'il en serait bien fâché. Nous regrettions de perdre une si belle occasion de lui faire notre cour, et nous serions en effet descendus au milieu de ses jardins si nous avions voulu; mais nous prîmes le parti de prolonger encore notre course, et nous remontâmes; enfin nous arrivâmes près des plaines de Nesles.

« Il était trois heures et demie passées; j'avais le dessein de faire un second voyage et de profiter de nos avantages ainsi que du jour. Je proposai à M. Robert de descendre. Nous voyions de loin des groupes de paysans qui se précipitaient devant nous à travers les champs. « Laissez-nous aller,» leur dis-je. Alors nous descendîmes dans une vaste prairie.

« Des arbustes, quelques arbres bordaient son enceinte. Notre char s'avançait majestueusement sur un plan incliné très-prolongé. Arrivé près de ces arbres, je craignis que leurs branches ne vinssent heurter le char. Je jetai deux livres de lest, et le char s'éleva par-dessus, en bondissant à peu près comme un coursier qui franchit une haie. Nous parcourûmes plus de vingt toises à un ou deux pieds de terre : nous avions l'air de voyager en traîneau. Les paysans couraient après nous, sans pouvoir nous atteindre, comme des enfants qui poursuivent des papillons dans une prairie.

« Enfin nous prenons terre. On nous environne. Rien n'égale la naïveté rustique et tendre, l'effusion de l'admiration et de l'allégresse de tous ces villageois.

« Je demandai sur-le-champ les curés, les syndics : ils accouraient de tous côtés; il était fête sur le lieu. Je dressai aussitôt un court procès-verbal qu'ils signèrent. Arrive un groupe de cavaliers au grand galop : c'était monseigneur le duc de Chartres, M. le duc de Fitz-James et M. Farrer, gentilhomme anglais, qui nous suivaient depuis Paris. Par un hasard très-singulier, nous étions descendus auprès de la maison de chasse de ce dernier. Il saute de dessus son cheval, s'élance sur notre char, et dit en m'embrassant :

« — Monsieur Charles, moi premier! »

« Nous fûmes comblés des caresses du prince, qui nous embrassa tous deux dans notre char et eut la bonté de signer notre procès-verbal. M. le duc de Fitz-James en fit autant; M. Farrer le signa trois fois de suite. On a omis sa signature dans le journal parce qu'on n'a pu la lire; il était si agité de plaisir qu'il ne pouvait écrire. De plus de cent cavaliers qui couraient après nous depuis Paris, et que nous apercevions à peine du haut de notre char, c'étaient les seuls qui eussent pu nous joindre. Les autres avaient crevé leurs chevaux ou y avaient renoncé.

« Je racontai brièvement à monseigneur le duc de Chartres quelques circonstances de notre voyage.

« — Ce n'est pas tout, monseigneur, ajoutai-je en souriant, je m'en vais repartir.

« — Comment, repartir?

« — Monseigneur, vous allez voir. Il y a mieux : quand voulez-vous que je redescende?

« — Dans une demi-heure.

« — Eh bien! soit, monseigneur; dans une demi-heure, je suis à vous. »

« M. Robert descendit du char, ainsi que nous étions convenus en voyageant. Trente paysans serrés autour et appuyés dessus, et le corps presque plongé dedans, l'empêchaient de s'envoler. Je demandai de la terre pour me faire un lest; il ne m'en restait plus que trois ou quatre livres. On va chercher une bêche qui n'arrive point.

Je demande des pierres, il n'y en avait pas dans la prairie. Je voyais le temps s'écouler, le soleil se cacher. Je calculai rapidement la hauteur possible où pouvait m'élever la légèreté spécifique de cent trente livres que je venais d'acquérir par la descente de M. Robert, et je dis à monseigneur le duc de Chartres :

« — Monseigneur, je pars. »

« Je dis aux paysans :

« — Mes amis, retirez-vous tous en même temps des bords du char au premier signal que je vais faire, et je vais m'envoler. »

« Je frappe de la main, ils se retirent, je m'élance comme l'oiseau ; en dix minutes, j'étais à plus de quinze cents toises, je n'apercevais plus les objets terrestres, je ne voyais plus que les grandes masses de la nature.

« Dès en partant, j'avais pris mes précautions pour échapper au danger de l'explosion du globe, et je me disposai à faire les observations que je m'étais promises. D'abord, afin d'observer le baromètre et le thermomètre placés à l'extrémité du char, sans rien changer au centre de gravité, je m'agenouillai au milieu, la jambe et le corps tendus en avant, ma montre et un papier dans la main gauche, ma plume et le cordon de ma soupape dans ma droite.

« Je m'attendais à ce qui allait arriver. Le globe, qui était assez flasque à mon départ, s'enfla insensiblement. Bientôt l'air inflammable s'échappa à grands flots par l'appendice. Alors je tirai de temps en temps la soupape pour lui donner à la fois deux issues, et je continuai ainsi à monter en perdant de l'air. Il sortait en sifflant et devenait visible, ainsi qu'une vapeur chaude qui passe dans une atmosphère beaucoup plus froide.

« La raison de ce phénomène est simple. A terre, le thermomètre était à 7° au-dessus de la glace; au bout de dix minutes d'ascension, j'avais 5° au-dessous. On sent que l'air inflammable contenu n'avait pas eu le temps de se mettre en équilibre de température; son équilibre élastique étant beaucoup plus prompt que celui de la chaleur, il en devait sortir une plus grande quantité que celle de la dilatation extérieure que l'air pouvait déterminer par sa moindre pression.

« Quant à moi, exposé à l'air libre, je passai en dix minutes de la température du printemps à celle de l'hiver. Le froid était vif et sec, mais point insupportable. J'interrogeai alors paisiblement toutes mes sensations, *je m'écoutai vivre* pour ainsi dire, et je puis assurer que, dans le premier moment, je n'éprouvai rien de désagréable dans ce passage subit de dilatation et de température.

« Lorsque le baromètre cessa de monter, je notai très-exactement dix-huit pouces dix lignes. Cette observation est de la plus grande rigidité. Le mercure ne souffrait aucune oscillation sensible. J'ai déduit de cette observation une hauteur de 1 524 toises environ, en attendant que je puisse intégrer ce calcul et y mettre plus de précision. Au bout de quelques minutes, le froid me saisit les doigts : je ne pouvais presque plus tenir ma plume. Mais je n'en avais plus besoin, j'étais stationnaire, et je n'avais plus qu'un mouvement horizontal.

« Je me relevai au milieu du char et m'abandonnai au spectacle que m'offrait l'immensité de l'horizon. A mon départ de la prairie, le soleil était couché pour les habitants des vallons : bientôt il se leva pour moi seul, et vint encore une fois dorer de ses rayons le globe et le char. J'étais le seul corps éclairé dans l'horizon, et je voyais tout le reste de la nature plongé dans l'ombre.

« Bientôt le soleil disparut lui-même, et j'eus le plaisir de le voir se coucher deux fois dans le même jour. Je contemplai quelques instants le vague de l'air et les vapeurs terrestres qui s'élevaient du sein des vallées et des rivières. Les nuages semblaient sortir de la terre et s'amonceler les uns sur les autres en conservant leur forme ordinaire. Leur couleur seulement était grisâtre et monotone, effet naturel du peu de lumière divaguée dans l'atmosphère. La lune seule éclairait.

« Elle me fit observer que je revirais de bord deux fois, et je remarquai de véritables courants qui me ramenèrent sur moi-même. J'eus plusieurs déviations très-sensibles. Je sentis avec surprise l'effet du vent et je vis pointer les banderoles de mon pavillon : nous n'avions pu observer ce phénomène dans notre premier voyage. Je remarquai les circonstances de ce phénomène, et ce n'était point le résultat de l'ascension ou de la descente ; je marchais alors dans une direction sensiblement horizontale. Dès ce moment, je conçus, peut-être un peu trop vite, l'espérance de se diriger. Au surplus, ce ne sera que le fruit du tâtonnement, des observations et des expériences les plus réitérées.

« Au milieu du ravissement inexprimable et de cette extase contemplative, je fus rappelé à moi-même par une douleur très-extraordinaire que je ressentis dans l'intérieur de l'oreille droite et dans les glandes maxillaires. Je l'attribuai à la dilatation de l'air contenu dans le tissu cellulaire de l'organisme, autant qu'au froid de l'air environnant. J'étais en veste et la tête nue. Je me couvris d'un bonnet de laine qui était à mes pieds ; mais la douleur ne se dissipa qu'à mesure que j'arrivai à terre.

« Il y avait environ sept ou huit minutes que je ne montais plus ; je commençais même à descendre par la condensation de l'air inflammable intérieur. Je me rappelai la promesse que j'avais faite à monseigneur le duc de Chartres de revenir à terre au bout d'une demi-heure. J'accélérai ma descente, en tirant de temps en temps la soupape supérieure. Bientôt le globe vide presque à moitié ne me présentait plus qu'un hémisphère.

« J'aperçus une très-belle plage en friche auprès du bois de la Tour-du-Lay. Alors je précipitai ma descente. Arrivé à vingt ou trente toises de terre, je jetai subitement deux à trois livres de lest qui me restaient et que j'avais gardées précieusement ; je restai un instant comme stationnaire et vins descendre moi-même sur la friche même que j'avais pour ainsi dire choisie.

« J'étais à plus d'une lieue du point de départ. Les déviations fréquentes que j'essuyai, les retours sur moi-même, me font présumer que le trajet aérien a été de plus de trois lieues. Il y avait trente-cinq minutes que j'étais parti ; et telle est la sûreté des combinaisons de notre machine aérostatique, que je pus consommer, et à volonté, cent trente livres de légèreté spécifique, dont la conservation également volontaire eût pu me maintenir en l'air au moins vingt-quatre heures de plus. »

Comment décrire l'enthousiasme qui éclata à Paris et dans la France entière au récit de cette première ascension ! La foule, éprise de toutes les grandes choses, à quelque ordre d'idées qu'elles appartiennent, courut dire à Charles quelle admiration il avait excitée chez tous ; le célèbre aéronaute, retenu par M. Farrer, n'était pas encore rentré à Paris. Toute la nuit, cette foule enthousiaste attendit le physicien pour l'acclamer ; ce n'est que le lendemain qu'elle put lui payer son tribut d'hommages.

Charles se rendit au Palais-Royal pour remercier le duc de Chartres de son

EXPÉRIENCE AEROSTATIQUE
Faite à Lyon en Janvier 1784, avec un Ballon de cent pieds de diamètre.
Vue prise du Pavillon méridional de S.r Antonio Spréafico, aux Brotteaux

un espace infini nous séparoit des cieux,
mais, grâce aux MONTGOLFIER que le génie inspire,
l'aigle de Jupiter a perdu son Empire
et le faible mortel peut s'approcher des dieux......... *Vitteiser de l'Acad.ie de Lyon*

Nota. l'on n'entend pas repondre ici de la partie géométrique du Globe, mais une Seconde Planche donnera bientôt et très exactement les Plans, Coupe, Profils, détails, calculs, résultats et autres objets rélatifs à cette Machine .... A Lyon chés Joubert fils M.d d'Estampes g.de rue Mercière hospitalité. La nouvelle s'en répandit bientôt dans Paris, et quelques instants plus tard vingt ou trente mille spectateurs de l'ascension attendaient le dieu du jour : il paraît sur le bord du perron ; cinquante, cent bras le saisissent et il est porté à travers la foule jusqu'à sa voiture.

Les sociétés savantes des provinces sollicitèrent l'honneur de compter Charles parmi leurs membres; l'Académie des sciences de Paris le nomma, ainsi que Robert, Pilâtre de Rozier et le marquis d'Arlandes, surnuméraire associé ; il ne fut point jusqu'au roi qui ne lui accordât une pension de 1 000 livres. L'enthousiasme royal alla plus loin encore : Louis XVI ordonna à l'Académie des sciences d'associer, sur la médaille frappée en l'honneur des frères Montgolfier, le nom de Charles à celui des inventeurs des aérostats.

Charles n'eut point la délicatesse de refuser cet honneur, qu'il n'aurait point dû envier : enorgueilli par ses faciles succès, grisé par sa popularité, il ne vit point quel blâme s'attacherait à sa mémoire en prenant une part de gloire qui ne lui était point due.

III

Singulière personnalité que celle de ce savant de salons et de boudoirs! homme de génie, mais d'un génie stérile par lui-même et qui ne pouvait que s'approprier, mettre en lumière les découvertes des génies observateurs, développer une idée empruntée à d'autres esprits plus forts. Sa facilité d'assimilation tenait du prodige, ses cours étaient bien plutôt une suite d'expériences qu'une leçon sérieuse. Pour atteindre le but qu'il poursuivait, Charles n'avait pas besoin d'approfondir son sujet; son but, il l'a atteint : rendre la science, si sèche, si aride d'ordinaire, attrayante, la faire aimer et, par des démonstrations expérimentales, graver dans l'esprit de tous ses auditeurs les principes généraux de chaque science.

Il était difficile de ne point se souvenir des effets produits par l'électricité lorsque l'on avait vu « le brillant Charles », drapé dans sa robe à la Franklin, diriger vers le ciel, aux jours d'orage, son appareil et en tirer des étincelles de douze pieds de longueur qui éclataient comme une fusillade; il était difficile aussi, lorsqu'un savant parlait de chaleur rayonnante, de ne pas songer aux démonstrations si claires, si bien pensées, si élégamment dites du jeune professeur et aux petites maisons de bois qu'il avait, sous vos yeux, incendiées à des distances relativement considérables.

A Paris, la ville des génies d'un jour, où l'on élève une idole avec le même enthousiasme qu'on met à briser un dieu, Charles était bientôt devenu le professeur à la mode, il avait l'honneur de voir des princesses assister à ses cours: son cabinet de physique devint un lieu de rendez-vous où tous les savants et les lions du moment venaient, avec un plaisir égal, l'écouter et l'admirer.

Le professorat ne fut jamais pour lui, comme il l'est pour certains esprits généreux, une vocation. Ce fut au hasard que Paris fut redevable du plaisir qu'il éprouva à écouter pendant plus de trente ans « le charmant physicien » : le hasard, dans cette circonstance, se personnifia et se fit contrôleur général! L'administration des finances, bondée, comme aujourd'hui, d'employés, venait d'être confiée à M. de Calonne qui voulut, enflammé d'un beau zèle, diminuer les dépenses et enrichir le Trésor public. Comme toujours, ce furent les agents subalternes qui reçurent les premiers coups : un grand nombre d'employés se trouvèrent tout à coup sans sou ni maille, congédiés qu'ils étaient par le ministre des finances.

Charles était l'un d'eux.

Depuis longtemps déjà, le rédacteur de l'administration des finances suivait avec intérêt les progrès de la science, de cette science qui, en quelques années, s'était transformée, était revenue à l'état d'embryon, et qui, à l'époque dont nous parlons (1780), commençait à grandir : c'était presque l'adolescent qui de nos jours est devenu homme. Les loisirs que la bureaucratie laissait à Charles avaient été employés à étudier ce fluide nouveau que Franklin venait de découvrir, l'électricité; par curiosité, il avait tenté quelques expériences, qui avaient réussi et qu'il avait renouvelées devant ses amis.

Au moment où M. de Calonne le jeta aussi brusquement hors des bureaux du roi, il songea à démontrer devant de « nouveaux amis payants » les effets et les causes de l'électricité ; peu de temps après, les amis étaient devenus plus nombreux ; bientôt, la renommée aidant, cent, deux cents, trois cents personnes venaient écouter le « professeur » Charles.

Quelques mois plus tard, la mode prit parti pour lui et fit tant et si bien que le roi offrit au conférencier une place dans les bureaux du contrôleur-général, qu'il avait été contraint de quitter : Charles accepta, mais à la condition toutefois de pouvoir revendre sa charge dont le produit fut employé à fonder ce magnifique cabinet de physique que l'Europe tout entière lui envia.

Ce fut à cette époque que les frères Montgolfier firent à Annonay leur première expérience aérostatique : Charles d'un seul coup résolut le problème qui s'imposait aux esprits.

Il sembla tout d'abord que celui qui avait tout fait pour cette science nouvelle, qui avait créé l'art de l'aérostation, dût achever l'œuvre entreprise ; mais ces succès, qu'au premier effort il avait remportés, n'eurent pas de lendemain : l'inventeur de la navigation aérienne abandonna son œuvre et jusqu'à sa mort il ne tenta plus rien pour la compléter.

La gloire qu'il s'était acquise en mêlant son nom à la découverte des ballons lui suffit peut-être. En tout cas elle le sauva aux jours de la Révolution. Le peuple rendit hommage à la science en respectant la demeure que le roi avait offerte à Charles dans le palais des Tuileries.

Pendant la Terreur, Marat oublia devant ce grand nom ses ressentiments et ses haines. Marat et Charles se connaissaient, mais les détails de leur entrevue, qui nous ont été conservés, semblent peu propres en effet à réunir deux caractères si profondément opposés.

C'était dans les premières années de popularité du professeur Charles. Marat, qui s'occupait alors avec ardeur de science, vint exposer à Charles ses vues sur le système de Newton et offrir au professeur de s'unir à lui pour combattre les doctrines du savant anglais. Charles ne goûta aucun des arguments de son visiteur et les combattit avec force. Marat, dit-on, se laissa dominer par la colère et, au milieu de la discussion, tira du fourreau, pour en frapper son interlocuteur, la petite épée qui était suspendue à ses côtés. Charles, dont les forces étaient décuplées par l'imminence du danger, parvint à désarmer son adversaire, brisa l'épée sur son genou et fit transporter rue de l'École-de-Médecine Marat qui s'était évanoui.

Cette aventure singulière, dont le souvenir inquiétait les amis du professeur, tandis que le médecin philosophe était au pouvoir, fut oubliée par *l'ami du peuple.* Charles continua ses cours jusqu'au jour où la mort vint le surprendre (1824).

L'École des Arts et Métiers le comptait, depuis le jour de sa création, au nombre de ses professeurs.

Franklin, qui plusieurs fois avait assisté aux cours de Charles, le jugea d'un mot : « *La nature semble obéir à cet homme.* »

IV

Comme le premier voyage aérien, le second eut ses poëtes.

CHARLES ET ROBERT

Non, ce n'est point Icare osant quitter la terre,
Ce n'est point d'Archimède un enfant téméraire,
Dont l'audace effrayante et l'inutile effort
Franchit un court espace à l'aide d'un ressort.
C'est la nature même à l'étude asservie,
Et qui prête aujourd'hui ses ailes au génie.
Je ne la brave point, j'obéis à sa voix,
Et je suis dans les airs ses immuables lois.
Ce globe qui s'élève, et qui perce la nue,
De l'empire des airs nous ouvre l'étendue.
L'homme, de qui l'instinct est de tout hasarder,
Dont le sort est de vaincre et de tout posséder,
Lui qui dompta les mers, qui, méprisant l'orage,
Mit un frein à la foudre et dirigea sa rage,
Que peut-il craindre encor? Ce roi des éléments
Dans son vol à son char attellera les vents,
Et des monts aplanis l'impuissante barrière
Ne l'arrêtera plus dans sa noble carrière.
D'un nouvel océan argonautes nouveaux,
De Colomb et de Coox (1) surpassez les travaux ;
Suivez ce Montgolfier, qui, d'une main certaine,
A de la pesanteur enfin brisé la chaîne.
Partez, volez, cherchez, dans les plaines d'azur,
Un air moins variable, un horizon plus pur ;
Glissez d'un vol léger sur les terres australes,

(1) Mécanicien anglais, auteur d'une machine avec laquelle il est parvenu à marcher au fond de la mer; il y a parcouru environ mille toises.

Descente à la Butte-aux-Cailles.

Jouez-vous au milieu des flammes boréales ;
Ces champs de l'atmosphère autrefois interdits,
Ouverts par vos efforts, vont nous être soumis ;
Agrandissez l'enceinte à nos aïeux prescrite,
Et du globe atteignez la dernière limite.
Les peuples éperdus vous prendront pour des dieux ;
Imitez-les en tout, soyez justes comme eux.
Par la rapidité rapprochez les distances ;
Répandez les bienfaits plus que les connaissances ;
Des sauvages humains adoucissez les mœurs :
Vous les avez instruits, vous les rendrez meilleurs.
C'est l'espoir qui me luit : c'est votre destinée
Que j'annonce, en ce jour, à l'Europe étonnée.
J'anticipe les temps, je lis dans l'avenir,
Je prédis les succès dont vous allez jouir.
 Vous, timides esprits pour qui tout est prodige,
Vous, détracteurs jaloux que tout succès afflige,
Frémissez, mais voyez ce que l'art peut tenter,
Concevez ce qu'un jour il peut exécuter.
N'allez pas à mes vœux alléguer l'impossible ;
Au travail qui s'obstine, il n'est rien d'invincible. »

Coox marche au fond des mers, Montgolfier vole aux cieux :
Ouvrez-moi les enfers, j'en éteindrai les feux.
Vous, Charles, vous, Robert, de qui les mains habiles
Trouvent les éléments et les métaux dociles,
Pour un plus grand objet déployez vos talents.
A ce navire heureux, plus léger que les vents,
Hâtez-vous d'ajouter ou la rame ou la voile.
Que d'un art tout nouveau le secret se dévoile;
Craignez que quelque Anglais, hardi navigateur,
De cette invention ne nous vole l'honneur.
Plus d'un nous a ravi, par sa longue constance,
Des secrets découverts et négligés en France.
Ce peuple, qui s'est dit le souverain des mers,
Va bientôt tout tenter pour être roi des airs.
N'allez pas dans votre art lui céder la victoire,
Servez votre patrie et sauvez votre gloire.

A MM. CHARLES ET ROBERT

QUI M'ONT JETÉ LEURS CHAPEAUX EN MONTANT DANS LA NACELLE
(1er DÉCEMBRE 1783, AUX TUILERIES.)

Je garde vos chapeaux, et j'en aurai bien soin ;
Mes amis, je rends grâce au sort qui me les donne :
D'un chapeau qu'avez-vous besoin,
Lorsque la gloire vous couronne ?

DELAVOIPIERRE.

LE VOYAGE AÉROSTATIQUE

AIR : *Le curé de Dôle.*

Écoute, ma mie :
Dans les Tuileries,
On a vu Charles et Robert
S'allant promener en l'air.
Ça faisait envie !

Les cœurs s'attendrissent,
Pendant qu'ils se hissent.
En saluant du drapeau,
Un d'eux lâche son chapeau,
Sur un cent de Suisses.

Chacun se remue,
On se presse, on se tue.
Chacun arrache un morceau
De ce bienheureux chapeau
Qui tombe des nues.

On rend de la place
L'salut avec grâce ;
Les Suisses, sabre à la main,
Espadronnent le chemin
Que le globe trace.

Les voilà qui partent :
Au loin ils s'écartent.
A neuf lieues près l'Ile-Adam,
Dans un joli petit champ,
C'est là qu'ils débarquent.

Sur une montagne,
Pierre et sa compagne,
S'effrayant en les voyant,
Quittent leurs travaux, criant :
V'là l'diable en campagne !

Monsieur le duc de Chartre,
Courant comme quatre,
Le duc de Fitz-Jame aussi,
Sont arrivés, Dieu merci !
Pour les voir s'abattre.

Un curé de village
Accourt tout en nage.
Il apporte du papier,
Sa plume et son encrier,
Et son personnage.

On remplit la page
Des faits du voyage.
Robert était descendu,
Et le globe était tenu
Par gens du village.

Toute chose écrite,
Charles tout de suite
Donne des coups sur les doigts ;
Chacun lâche son endroit,
Zeste ! il prend la fuite !

Le beau de l'histoire,
Y t'nait l'écritoire,
Le curé crie au voleur;
Qu'on l'arrête il n'a pas peur,
Vous pouvez m'en croire.

Il fit dans sa fuite
Près de deux lieues de suite,
Mais le froid et la nuit
Sont cause qu'il descendit
Pour chercher un gîte.

Que pareille histoire
Est digne de gloire !
Et bien vite à la santé
De leur intrépidité,
Ma mie, allons boire !

CHAPITRE VIII

La troisième ascension aérostatique : *le Flesselles*. — Joseph Montgolfier à Lyon. — Construction de l'aérostat. — Arrivée de Pilâtre de Rozier. — *Le Flesselles* change de destination. — Expériences préliminaires. — M. de Saussure dans l'intérieur du ballon; ses impressions. — L'ascension. — Ovation faite au théâtre à Joseph Montgolfier; lettres de noblesse accordées à son père.

I

Aussitôt que l'heureuse issue des premières ascensions tentées fut connue hors de Paris, l'exemple donné trouva des imitateurs et une noble émulation s'établit entre les plus grandes villes de la France et de l'Europe.

La première ville qui fut prête fut Lyon.

Dès que la nouvelle des expériences du Champ-de-Mars et de Versailles y fut parvenue, un comité se forma qui avait pour but de répéter, au moyen d'une souscription, les tentatives faites à Paris. L'arrivée à Lyon de l'aîné des Montgolfier et le patronage de l'intendant de la province, M. de Flesselles, imprimèrent à la souscription une vigoureuse impulsion et la somme nécessaire fut bientôt réunie. Il ne s'agissait point de construire un ballon qui pût porter des hommes, car aucun voyage aérien n'avait eu lieu encore, mais simplement d'édifier une machine qui serait d'un plus grand volume que tous les aérostats fabriqués jusqu'alors et s'élèverait à plusieurs centaines de toises; elle devait peser huit milliers et emporter un cheval. La souscription avait été fixée à douze livres et le nombre des souscripteurs à trois cent soixante.

« D'après ces conditions, M. de Montgolfier fit commencer aussitôt son ballon de 126 pieds de hauteur, sur 100 pieds de diamètre en largeur, composé de deux toiles d'étoupes, entre lesquelles on piqua trois feuilles de papier froissé. D'intervalle en intervalle, des rubans de fil, et ensuite des cordes, donnaient plus de consistance à cet assemblage. Les raisons d'économie avaient fait préférer des toiles grossières à huit sous l'aune, qui rendaient nécessairement le ballon un peu lourd; mais dans les vues que M. de Montgolfier avait alors, pourvu qu'il atteignît le poids de huit milliers qu'il avait annoncé, il lui paraissait assez indifférent que ce fût par le poids du ballon ou par son lest.

« La forme de la machine était celle d'un globe soutenu par le bas d'un cône renversé et tronqué, qui portait la galerie. La calotte supérieure était blanche, le reste grisâtre, et le cône composé de bandes d'étoffes de laine de différentes couleurs. Aux deux côtés du globe, on avait attaché des médaillons, dont l'un représentait l'Histoire et l'autre la Renommée. Le pavillon portait les armes de M. l'intendant, et au-dessous ces mots : *le Flesselles.* Madame l'intendante, conduite par M. de Montgolfier, avait attaché elle-même ce pavillon, et avait été déclarée la marraine du ballon (1). »

II

La construction de l'aérostat était déjà fort avancée lorsque Lyon apprit l'ascension exécutée à la Muette par Pilâtre de Rozier et le marquis d'Arlandes : aussitôt un associé de l'Académie de Lyon, M. le comte de Laurencin, alla demander à Montgolfier l'autorisation de s'élever avec *le Flesselles.* L'inventeur, trop heureux d'accueillir une demande qui répondait à son vœu secret et lui permettait à lui-même de tenter une ascension, se prêta volontiers au désir qui lui était exprimé et promit à M. de Laurencin l'hospitalité de son *Flesselles.* La nouvelle s'en répandit, rapide comme la foudre, et en quelques jours plus de trente candidats briguaient l'honneur d'accompagner dans les airs l'inventeur de l'aérostation. Le premier aéronaute, Pilâtre de Rozier, quitta Paris dès qu'il apprit qu'un ballon monté allait s'élever à Lyon et il y accourut, le cœur plein d'espérance ; le même jour (26 décembre) y arrivaient, possédés de la même ambition, le comte de Dampierre, le comte de La Porte et le prince Charles, fils aîné du prince de Ligne, qui avait à lui seul pris cent souscriptions.

L'enthousiasme de Pilâtre se refroidit singulièrement lorsqu'il eut visité l'aérostat. « Il est impossible, écrivit plus tard le directeur de l'Académie de Lyon, de peindre le chagrin » qu'il éprouva alors ; et, en effet, *le Flesselles*, qui, dans la pensée première de ses constructeurs, devait être un ballon perdu, était absolument impropre à recevoir des voyageurs ; mais le découragement de Pilâtre fut court. Cette ardente nature n'était pas de celles qui s'inclinent avec une servile docilité devant les obstacles et se laissent désarmer par eux ; elle était de celles au contraire que les difficultés aiguillonnent et grandissent. Il rechercha le moyen de rendre l'aérostat capable d'élever avec lui des hommes et crut l'avoir trouvé : sur ses conseils, la calotte supérieure du ballon fut refaite en toile de coton et entourée d'un filet.

« Le 7 janvier, dit le narrateur de cette expérience, M. Mathon de La Cour, toutes les pièces qui devaient former le ballon furent portées sur l'estrade qui lui était destinée dans les champs hors de la ville, appelés les Brotteaux. On travailla à les monter le 8 et le 9. Le départ avait été annoncé pour le 10. Ce jour-là, à cinq heures et demie du matin, on essaya de gonfler le ballon, il le fut en 20 minutes, et l'on parvint à faire passer la galerie au-dessous. A six heures, des boîtes, tirées par méprise, firent croire au public que la grande expérience aurait lieu. La matinée entière fut employée en préparatifs. M. Pilâtre de Rozier volait d'un côté et

(1) Lettre de M. Mathon de La Cour, directeur de l'Académie des sciences de Lyon, publiée dans le deuxième volume de l'ouvrage de Faujas de Saint-Fond, p. 84.

d'autre sur l'estrade, avec la légèreté d'un sylphe, une ardeur et une adresse plus qu'humaines. Entre midi et une heure, le ballon fut gonflé en 27 minutes. Un développement si prompt surprit les physiciens, et paraissait d'un bon augure; on tenta d'attacher à la galerie les cordes qui devaient la porter; mais le bruit que faisait le peuple ne permit pas aux travailleurs de s'entendre un seul moment.

« Lundi 12, l'opération d'attacher des cordes fut tentée avec plus de succès; on parvint à en attacher quatre, mais il en fallait plus de quatre-vingts. Pendant l'opération, une botte de paille imbibée d'esprit-de-vin ayant été jetée dans le réchaud, toute la machine fut enlevée à 3 pieds de hauteur, et portée à 15 pieds plus loin, malgré les efforts de cinquante ou soixante personnes qui la retenaient.

« Les manœuvres nécessaires pour plier et déplier l'immensité de ce globe demandaient beaucoup de précautions et de temps, et, malgré tout cela, les toiles d'étoupes en souffraient beaucoup; le 13 et le 14 furent employés à en réparer les trous.

« Jeudi 15, on alluma le feu à 2 heures 45 minutes : le ballon fut parfaitement gonflé en 17 minutes, et les cordes attachées à la galerie en une heure. On observa que pour maintenir le ballon enflé on ne consommait, par minute, que cinq livres pesant de fagots de bois d'aune.

« A 4 heures, la galerie étant chargée de six personnes et de 32 quintaux de lest, toute la machine fut enlevée d'un pied malgré ceux qui la retenaient. Les voyageurs voulaient partir, mais la nuit, qui s'approchait, les obligea de renvoyer leur départ au lendemain. Le feu étant éteint, il fallut 27 minutes pour désenfler le ballon. »

« L'expérience que l'on fit ce jour-là (c'était le jeudi 15) fut, dit de son côté M. de Saussure, à tous égards parfaitement satisfaisante. Outre son propre poids, que M. de Montgolfier évaluait à 10400 livres, il souleva la galerie et le réchaud dont le poids était de 900 livres, et qui était chargée, soit en hommes, soit en pierres, d'une masse de 3 200 livres. Enfin 64 hommes qui retenaient la machine par les cordes fixées à l'équateur, et ceux qui s'appuyaient sur la corbeille même, faisaient, pour retenir la machine, un effort évalué à 2000 livres; elle exerçait donc alors un effort au moins de 16500 livres. Ce fut bien dommage qu'il restât trop peu de jour pour entreprendre sur-le-champ un voyage, car elle aurait sûrement fait la plus belle ascension, et aurait pu aller très-loin, si elle avait trouvé du vent. La pluie, le gel, qui survinrent dans la nuit, et tous les accidents qui en furent les suites, détruisirent ensuite cette belle machine, et furent la cause de la brièveté du temps pendant lequel elle se soutint en l'air, dans l'expérience finale du 19 janvier; mais ce n'est point par cette dernière expérience, c'est par celle du 15 qu'il faut juger de cette machine et de ce qu'on a lieu d'attendre de la découverte de MM. Montgolfier.

« Dans la nuit du jeudi au vendredi, la pluie, la gelée, le verglas désolèrent tous ceux qui s'intéressaient à l'expérience. Le vendredi matin, lorsqu'on voulut gonfler le globe, la machine étant appesantie par l'humidité, on força imprudemment le feu pour la soulever, sans prévoir que l'humidité, raréfiée et réduite en vapeurs par une chaleur si considérable, corroderait les toiles, et les disposerait à s'enflammer. Ce malheur arriva, le feu prit à la calotte; mais en une minute les pompes, qu'on avait eu la précaution de placer sous l'estrade, l'éteignirent.

« Le découragement général ne fit que redoubler l'ardeur de M. de Montgolfier et de ses coopérateurs. Le temps paraissait disposé à la neige, plusieurs citoyens envoyèrent à l'envi des toiles cirées et des toiles grasses pour couvrir la machine. On enleva une portion de la calotte supérieure de 50 pieds de diamètre; elle fut refaite à neuf dans la nuit, et reposée le samedi à trois heures, dans l'espérance qu'on pourrait partir le lendemain.

« Pendant la nuit et toute la journée du dimanche, il tomba beaucoup de neige (1). »

III

Au cours de ces tentatives préliminaires, le savant de Saussure avait fait diverses expériences dont il a laissé, dans une lettre écrite à Faujas de Saint-Fond, l'intéressante relation :

« Après avoir vu du dehors, dit-il, cette énorme machine se gonfler par l'action du feu, je fus curieux de voir cette même opération dans l'intérieur du ballon ; je voulais en même temps justifier une opinion de l'inventeur, qui avait été vivement contestée. La première idée de M. de Montgolfier avait été de placer sa galerie dans l'intérieur du ballon; M. Pilâtre changea cette disposition, persuadé que la chaleur y serait trop grande pour que l'on pût y résister ; j'étais de l'avis de M. de Montgolfier, et je proposai d'en faire moi-même l'épreuve, en me tenant dans la galerie pendant qu'on chaufferait le ballon; car quoique, après le changement qu'on avait fait, cette galerie se trouvât en dehors lorsque le ballon était en l'air, elle demeurait au dedans jusqu'à ce qu'il fût entièrement développé : je résistai fort bien à la chaleur ; le plus haut degré auquel monta un thermomètre que je tenais à ma main fut le 38, et cela parut décider la question en faveur de la possibilité de tenir dans une galerie intérieure, car la chaleur serait devenue beaucoup moins forte, lorsque le ballon aurait été en l'air, parce qu'au lieu de l'air brûlant qui venait à la galerie, tant du réchaud inférieur que du foyer renfermé dans lequel il était placé, elle aurait eu l'air pur et frais du milieu de l'atmosphère.

« Si je souffris un peu de la chaleur dans cette opération, j'en fus bien dédommagé par le spectacle de la création, presque instantanée, de cette immense coupole, qui, vue de l'intérieur, éclairée par la flamme vive et brillante du feu qui la développe, présente le spectacle le plus singulier et le plus imposant. Mais je désirais bien plus vivement encore de connaître la chaleur qui régnait au haut du ballon. Si, comme je le crois, la chaleur est la cause de l'ascension des ballons, cette chaleur doit être considérable dans toute la capacité intérieure; mais M. Pilâtre, qui s'imagine que c'est un gaz particulier plus léger que l'air qui se dégage ou se crée pendant la combustion, ne pensait point qu'elle fût aussi grande; j'avançai en sa présence que la chaleur de l'air, au haut de ce ballon, passerait au moins 60°. Il soutint le contraire; nous pariâmes, et le P. Le Fèvre eut l'idée ingénieuse de

(1) « Le filet ayant été endommagé par le feu du vendredi, on l'avait remplacé par 16 cordes qui, ne pesant pas si également sur tous les points du globe, n'étaient pas si propres à en prévenir les déchirures. »

couper des thermomètres à différents degrés, imaginant que, si la chaleur allait au delà du degré où ils auraient été coupés, il se perdrait une partie du mercure, et qu'ensuite, après leur refroidissement, on connaîtrait, par le déficient du mercure, le degré de la chaleur qu'ils auraient éprouvée. L'expérience réussit très-bien, les thermomètres furent hissés au sommet de la machine, on les examina ensuite après son affaissement, ils avaient tous perdu du mercure, et le P. Le Fèvre jugea que la chaleur était allée au delà de 160°. A la vérité, comme on les avait fixés au haut du ballon, avant qu'il fût enflé, peut-être la chaleur qu'ils essuyèrent dans les premiers moments fut-elle plus grande que celle qu'ils subirent, lorsque le ballon fut entièrement développé; mais j'avais bien de la marge pour gagner ma gageure; j'ai d'ailleurs une autre preuve de la grande chaleur qui avait régné au haut de la coupole. Après la fin de l'expérience, lorsque l'on eut éteint le feu, pour permettre au ballon de s'affaisser, la corde à laquelle étaient suspendus les thermomètres se trouva engagée dans la chappe de la poulie, en sorte que les thermomètres ne purent point redescendre seuls et que, pour les avoir, on fut obligé d'attendre l'entier affaissement du ballon. Il fallut même rester dans le foyer pour les recevoir au moment de leur descente, sans quoi ils se seraient brisés en tombant sur le réchaud. Je n'éprouvai dans le commencement aucune incommodité; mais lorsque le haut du ballon, qui était d'une toile de coton plus dense que le reste, arriva, l'air qu'il ramena dans le foyer se trouva d'une chaleur insupportable. Je ne pensai que très-tard à la mesurer; dans un petit nombre d'instants pendant lesquels j'y agitai un thermomètre, il monta à 34 degrés; il serait sûrement monté plus haut, s'il y était resté plus longtemps. Il y avait cependant près de 25 minutes que le feu était éteint; d'où il suit que cet air avait dû être extrêmement échauffé. J'eus besoin de bien de la constance pour attendre la descente de ces thermomètres; car, outre l'incommodité de la chaleur, cet air était rempli d'une fumée âcre qui faisait ruisseler mes yeux de larmes; et comme il était en partie corrompu par la combustion, j'entendais dans mes oreilles ce bourdonnement qui est toujours l'indice d'un mauvais air : le flambeau qui m'éclairait ne jetait plus qu'une pâle lueur, qui m'apprenait pourtant que l'air n'était pas encore vicié au point de menacer la vie. »

IV

Tout semblait se réunir pour s'opposer à l'ascension projetée. Ajourné sans cesse, tantôt par la rigueur de la température, tantôt par des accidents, le départ du malheureux aérostat était de jour en jour retardé et d'aucuns désespéraient de le voir jamais quitter la terre. Plus encore que la patience des aéronautes, celle du public se lassait et déjà l'un des voyageurs désignés, le comte de Laurencin, avait reçu d'un incrédule ce quatrain railleur :

Fiers assiégeants du séjour du tonnerre,
Calmez votre colère.
Eh! ne voyez-vous pas que Jupiter tremblant
Vous demande la paix par son pavillon blanc?

La montgolfière *le Flesselles*.

Le comte de Laurencin fit bonne contenance et, répliquant sur le même ton, répondit que ses compagnons et lui iraient eux-mêmes porter là-haut les articles de la capitulation ; mais l'assurance qu'affichait le noble aéronaute était moins dans sa pensée que dans ses paroles : le ballon « paraissait criblé de trous », tout à fait hors d'état, endommagé qu'il était par les expériences faites, « par la gelée, la neige, la pluie et le feu », d'emporter avec lui des voyageurs; et les amis de Pilâtre faisaient auprès de lui les plus grands efforts pour le décider à renoncer à son entreprise. Mais le jeune audacieux se refusait opiniâtrément à suivre leur conseil et ne s'en montrait que plus obstiné, plus ardent, plus acharné à poursuivre son œuvre.

L'événement lui donna raison.

Le lundi 19, jour fixé pour l'ascension, un feu de charbon fut, dès l'aurore, allumé sous l'estrade pour faire sécher la machine. Les fruits, si chèrement acquis, de l'expérience tentée le vendredi précédent ne furent point perdus et le feu cette fois ne fut pas activé : plus de deux heures furent employées à gonfler le ballon.

Dès qu'il fut enflé, le prince Charles de Ligne, les comtes de Laurencin, de Dampierre et de La Porte se précipitèrent dans la galerie, tous bien armés, tous fermement décidés à ne céder leurs places à qui que ce fût. Pilâtre, qui, n'espérant pas que l'aérostat, détérioré comme il l'était, pût supporter un long trajet, aurait voulu du moins qu'il s'élevât très-haut, désirait que la machine fût peu chargée et n'emportât que trois voyageurs. Il proposa de laisser au sort le soin de désigner les trois aéronautes, mais ceux auxquels il s'adressait et qui occupaient déjà la place se refusèrent énergiquement à toute transaction et déclarèrent qu'ils ne descendraient pas. Pilâtre, dont la vivacité dégénérait vite en violence, répliqua aigrement; ses interlocuteurs aériens répondirent en criant de couper les cordes et le débat, s'envenimant, menaçait de se changer en dispute quand M. de Flesselles, l'intendant de la province et parrain du ballon, s'interposa. Estimant que la généreuse ardeur des quatre gentilshommes leur donnait des droits à l'honneur périlleux qu'ils ambitionnaient, voulant d'ailleurs éviter à tout prix une sorte de lutte, il pensa qu'il fallait leur donner satisfaction, dût l'aérostat, traînant un poids trop grand, monter moins haut et aller moins loin.

Tandis que, sur son ordre, les cordes qui retenaient le ballon à la terre étaient coupées, Montgolfier et Pilâtre se jetèrent dans la galerie; en même temps y monta, bien qu'il ne dût point être du nombre des élus, un des constructeurs de la machine, qui s'invita lui-même et que les aéronautes, réduits à le précipiter du haut de la galerie ou à l'admettre parmi eux, durent bon gré mal gré accepter comme compagnon (1).

« En partant, dit M. Mathon de La Cour, la machine tourna au sud-ouest, baissa un peu, et renversa deux pieux de la contre-enceinte extérieure. Une corde qui traînait à terre semblait retarder son ascension. Une personne intelligente l'ayant coupée d'un coup de hache, la machine commença à s'élever. A une certaine hauteur, elle tourna au nord-est. Le vent était faible et la marche lente; mais on ne saurait peindre l'effet imposant de ce spectacle : cette machine immense s'élevant dans les airs comme en triomphe, près de cent mille spectateurs émus et transportés, qui battaient des mains ou tendaient les bras vers le ciel, des femmes qui se trouvaient mal, d'autres qui versaient des larmes, des hommes qui agitaient leurs mouchoirs ou jetaient leurs chapeaux en l'air, en poussant des cris de joie.

« La hauteur à laquelle ce globe s'éleva n'est pas bien connue. On l'estime de 400 à 500 toises. Les voyageurs observèrent qu'ils ne consommaient pas, dans les airs, le quart des combustibles qu'ils consommaient étant à terre; ils étaient très-gais, et en supputant la quantité de leurs combustibles, ils avaient l'espoir de voyager jusqu'à la nuit; ils voulurent forcer le feu, pour se procurer une ascension

(1) « M. Fontaine, qui avait eu beaucoup de part à la construction de la machine, s'y jeta aussi, dit M. Mathon de La Cour, au moment du départ, quoiqu'il ne fût point inscrit pour être du voyage. On lui pardonna ce transport subit, en faveur de ses services et de son zèle. »

plus rapide : alors il se fit une ouverture verticale de 4 pieds et demi, près de la nouvelle calotte, dans l'endroit où les toiles avaient été endommagées par le feu du vendredi précédent, et la machine alla descendre, après 15 minutes de marche, dans un pré, derrière la maison de M. Morand, architecte.

« La descente se fit en deux ou trois minutes. Cependant le choc de l'arrivée fut supportable. On observa que, dès que la machine eut touché terre, toutes les toiles furent abattues et repliées en deux ou trois secondes.

« Les voyageurs furent dégagés sans accident et ramenés vers la ville, avec des transports et des applaudissements universels. »

V

Cet enthousiasme cependant ne fut pas général et les Parisiens, jaloux sans doute, se vengèrent par un quatrain :

Vous venez de Lyon, parlez-nous sans mystère :
Le globe est-il parti? le fait est-il certain?
— Je l'ai vu. — Dites-nous, allait-il bien grand train?
— S'il allait..... O monsieur, il allait ventre à terre!

Les Lyonnais se montrèrent plus justes et témoignèrent, autant qu'ils le purent, leur gratitude au modeste inventeur qui était presque leur compatriote.

Le soir même du jour où avait eu lieu l'ascension, on jouait l'opéra d'*Iphigénie en Aulide*. Le public se porta en foule au théâtre, espérant que les voyageurs du *Flesselles* assisteraient à la représentation. Le spectacle était déjà commencé et les curieux désespéraient de voir ceux dont la présence tant désirée les avait attirés bien plutôt que la pièce même, quand M. et madame de Flesselles entrèrent dans leur loge, accompagnés des deux héros du jour, Montgolfier et Pilâtre de Rozier.

« Les applaudissements et les cris se firent entendre dans toutes les parties de la salle; les autres voyageurs furent reçus avec le même transport; le parterre cria de recommencer le spectacle, et l'on baissa la toile. Quelques moments après, la toile fut levée, et l'acteur qui remplissait le rôle d'Agamemnon s'avança avec des couronnes, que madame l'intendante distribua elle-même aux illustres voyageurs. M. Pilâtre de Rozier posa celle qu'il avait reçue sur la tête de M. de Montgolfier; et le prince Charles posa aussi celle qu'on lui avait offerte sur la tête de madame de Montgolfier. L'acteur, qui était rentré dans sa tente, en sortit pour chanter un couplet qui fut vivement applaudi. Quelqu'un ayant indiqué à M. l'intendant l'un des voyageurs (M. Fontaine) qui se trouvait au parterre, l'intendant, et M. Fay, commandant, descendirent pendant l'entr'acte et lui apportèrent la couronne.

« Quand l'actrice qui jouait le rôle de Clytemnestre chanta le morceau : *Que j'aime à voir ces hommages flatteurs*, le public en fit aussitôt l'application, et fit recommencer le morceau que l'actrice répéta, en se tournant vers les loges où étaient les voyageurs. Après le spectacle, ils furent reconduits avec les mêmes applaudissements. Ils soupèrent chez M. le commandant ; et on ne cessa, pendant toute la nuit, de leur donner des sérénades.

« Deux jours après, M. Pilâtre de Rozier ayant paru au bal, y reçut de nouveaux témoignages de la plus vive admiration, et le jeudi 22, lorsqu'il partit pour Dijon, pour se rendre de là à Paris, il fut accompagné comme en triomphe par une cavalcade nombreuse des jeunes gens les plus distingués de la ville (1). »

Ces honneurs n'étaient pas les premiers (2) que reçût Montgolfier : lui et son frère étaient habitués aux ovations et leur modestie n'en était pas atteinte. L'orgueil jamais n'entra dans leur âme et le privilége même, si fort envié alors, qui le mois précédent avait été, en faveur surtout de leurs services, accordé à leur père n'avait pu altérer leur simplicité.

Par lettres patentes de décembre 1783, Pierre de Montgolfier, père des deux inventeurs, avait été anobli.

« LETTRES PATENTES DONNÉES PAR LE ROI LOUIS XVIe DU NOM AU SIEUR PIERRE MONTGOLFIER. — DÉCEMBRE 1783.

« Louis, par la grâce de Dieu roi de France et de Navarre, à tous présents et à venir, salut :

« Les machines aérostatiques inventées par les deux frères, les sieurs Étienne-Jacques et Joseph-Michel MONTGOLFIER, sont devenues si célèbres, l'expérience qui en a été faite devant nous, le 19 septembre dernier, par ledit sieur Étienne-Jacques Montgolfier, et celles qui l'ont suivie, ont eu un tel succès, que nous ne doutons point que cette invention ne fasse une époque mémorable dans l'histoire de la physique, nous espérons même qu'elle fournira de nouveaux moyens d'accroître les forces de l'homme, ou du moins d'étendre ses connaissances. Persuadé que l'un de nos principaux devoirs est d'encourager les personnes qui cultivent les sciences, et faire éprouver les effets de notre bienfaisance à ceux qui parviennent à les enrichir par d'heureuses découvertes, nous avons cru que celle-ci devait plus particulièrement fixer notre attention sur les deux physiciens éclairés qui partagent la gloire d'en être les auteurs. Nous avons appris que le sieur Pierre Montgolfier, leur père, était issu d'une famille ancienne honorable, et qu'ayant reçu de ses parents une pa-

(1) Lettre de M. de Saussure à M. Faujas de Saint-Fond, publiée dans le deuxième volume de l'ouvrage de ce dernier, p. 112.

(2) Déjà, sur le rapport qui lui avait été fait le 23 décembre 1783 par la Commission chargée par elle, au lendemain de l'expérience d'Annonay, d'examiner la découverte des frères Montgolfier, l'Académie des sciences avait pris la résolution suivante :

Extrait des registres de l'Académie des sciences, du 23 décembre 1783.

« L'Académie, ayant entendu la lecture du rapport, l'a approuvé, et a en même temps arrêté unanimement : 1° que le rapport serait imprimé et publié ; 2° que le prix annuel de 600 livres, fondé par un citoyen anonyme pour l'encouragement des sciences et des arts, serait accordé pour l'année 1783 à MM. de Montgolfier.

« Je certifie le présent extrait conforme à l'original et aux registres de l'Académie.

« *A Paris, ce 28 décembre 1783.*

« Le marquis DE CONDORCET. »

peterie située à Annonay dans le Vivarais, il l'a rendue par ses soins et son intelligence l'une des plus considérables du royaume, de sorte qu'elle occupe seule trois cents personnes et qu'elle renferme dans son enceinte neuf des cuves ou ateliers, dont un seul compose le plus grand nombre des papeteries ordinaires. Nous sommes également informé que ledit sieur Pierre Montgolfier a fait dans sa fabrique les premiers essais de papiers vélins, et qu'en 1780 les États de Languedoc, désirant faire un établissement de cylindres, machines et procédés de fabrication hollandaise, le choisirent pour lui en confier l'exécution, et qu'il a si bien répondu à leurs vues, que plusieurs autres fabricants se sont empressés de se conformer à ce modèle. Ces circonstances personnelles au sieur Pierre Montgolfier suffiraient pour le placer dans la classe de ceux des propriétaires de grandes manufactures qui, par leur zèle, leur activité et leurs talents, peuvent espérer de recevoir la grâce la plus flatteuse et la plus distinguée que nous puissions accorder, celle d'être élevé aux droits et prérogatives de la Noblesse; mais ce qui nous détermine surtout à nous empresser d'en faire jouir ledit sieur Pierre Montgolfier, c'est que ce sera tout à la fois récompenser dignement et les travaux du père et la belle découverte des machines aérostatiques, entièrement due aux connaissances et aux recherches de ses deux fils. A ces causes, de notre grâce spéciale, pleine puissance et autorité royale, nous avons annobli, et par ces présentes signées de notre main, annoblissons ledit sieur Pierre Montgolfier, et du titre d'écuyer l'avons décoré et décorons: voulons et nous plait qu'il soit censé et réputé comme nous le censons et réputons Noble, tant en jugement que dehors, ensemble ses enfants, postérité et descendants mâles et femelles, nés et à naître en légitime mariage; que comme tels ils puissent prendre en tous lieux et en tous actes la qualité d'écuyer, parvenir à tous les degrés de chevalerie et autres dignités, titres et qualités réservés à notre noblesse; qu'ils soient inscrits au catalogue des nobles, et qu'ils jouissent de tous les droits, privilèges et prérogatives qui leur sont réservés.

« Donné à Versailles, au mois de décembre, l'an de grâce 1783, et de notre règne le dixième.

« *Signé :* LOUIS.

« Par le roi,

« Le baron DE BRETEUIL (1). »

(1) « Le sieur Antoine-Marie d'Hozier de Sérigny, chevalier juge d'armes de la noblesse de France, chevalier grand'-croix honoraire de l'ordre royal des saints Maurice et Lazare de Sardaigne, en vertu desdites lettres patentes, par les ordres de S. M., et conformément à l'arrêt du conseil du 9 mars 1706, régla ainsi qu'il suit, par son arrêté du 7 janvier 1784, inscrit au *Registre des annoblissements*, les armes concédées à la famille Montgolfier :

« Un écu d'argent à une montagne de sinople, mouvante du côté droit, au pied de laquelle est une mer d'azur, aussi mouvante de la pointe de l'écu, et en chef, un globe aérostatique de gueule, ailé de même : ledit écu timbré d'un casque de profil orné de ses lambrequins d'argent, d'azur, de gueules et sinople.

« Au bas de ces armoiries figure l'exergue :

« *Sic itur ad astra.* »

CHAPITRE IX

Les premières expériences aérostatiques faites hors de France : Wilcox à Philadelphie et à Londres ; Argant à Windsor ; le petit ballon d'Oxford ; l'aérostat traverse la Manche. — Le ballon de Turin. — Le troisième voyage aérostatique : Andreani. — Essais aérostatiques faits en Espagne.

I

L'exemple, parti, comme presque toujours, de Paris, fut suivi, et des expériences nombreuses allèrent porter dans toute l'Europe, au delà même des mers, la découverte des frères Montgolfier.

Le premier aéronaute étranger qui paraisse avoir voulu imiter l'audace de d'Arlandes et de Charles fut un menuisier, Wilcox, qui tenta, dès la fin de l'année 1783, deux ascensions : l'une à Philadelphie, l'autre à Londres.

C'est dans cette dernière ville qu'eut lieu la première des expériences aérostatiques faites hors de France sur lesquelles nous ayons quelques détails.

Tibère Cavallo nous apprend, dans son *Histoire de l'aérostation*, que l'Italien Zambeccari (nous le retrouverons plus tard dans le cours de ce récit), alors présent à Londres, y construisit un ballon de soie recouverte d'un vernis à l'huile ; son diamètre était de 10 pieds, son poids de 11 livres. « Il était doré, tant pour lui donner un beau coup d'œil que pour empêcher l'air inflammable de passer au travers. Ce ballon, après avoir été exposé plusieurs jours aux yeux du public, fut enfin rempli aux trois quarts d'air inflammable : on mit une adresse dans une boite de fer-blanc que l'on y suspendit, afin que ceux qui le trouveraient pussent en donner des nouvelles, et il fut lancé à une heure de l'après-midi, de la place nommée *Artillery-Ground*, en présence d'un grand nombre de spectateurs. »

Cette expérience avait eu lieu le 25 novembre 1873. Quelques jours plus tard, une autre ascension avait lieu à Windsor. Celui qui la dirigea, le Genevois Argant, inventeur de la lampe à double courant d'air, en a lui-même écrit la relation à Faujas de Saint-Fond.

« M. de Luc, dit-il, ayant parlé de moi au roi d'Angleterre, j'ai été invité à me rendre à Windsor, où j'ai porté un fort joli appareil que j'ai construit pour faire mon air inflammable à travers de l'eau et le plus pur possible, ce en quoi j'ai très-bien réussi ; en sorte que mon ballon en baudruche de 30 pouces environ, et verni en rose, n'a point été endommagé, comme cela arrive ordinairement, lorsque l'on ne prend pas les mêmes précautions. Quoique j'eusse besoin d'une grande quantité d'air inflammable, je l'ai produit avec autant d'aisance qu'en petit, au moyen de mon appareil le plus simple possible.

« Le roi ayant pris lui-même le globe par le fil que j'y avais attaché, il l'a laissé monter fort haut, l'a rappelé, l'a donné à la reine et aux princesses à leurs fenêtres ; enfin l'ayant pris dans la main, et le fil ayant été ensuite coupé, il l'a lâché, en disant : *Now it goes.* (Le voilà qui part.) Le ballon s'est élevé à une hauteur énorme, par le plus beau temps possible, et devant un concours prodigieux de spectateurs qui n'avaient aucune idée de la chose. Le roi l'a suivi des yeux pendant dix minutes, après lesquelles il a disparu à la vue, étant préparé de façon à ne pouvoir crever, et ne perdant pas son air. Nous avons tout lieu de croire qu'il est sorti d'Angleterre ; c'est le ballon qui ait le mieux réussi. Je ne puis vous dire combien le roi a été satisfait. Je suis resté deux jours au milieu de cette intéressante cour. Nous avons fait plusieurs expériences qui ont fait le plus grand plaisir. »

Le 19 février 1784 fut lancé du collège de la Reine, à Oxford, un ballon de forme sphérique; il avait 5 pieds de diamètre et était fait avec de la perse recouverte de vernis.

Trois jours plus tard, le 22 février, la Manche fut pour la première fois traversée par un aérostat : c'était encore un ballon anglais. Son diamètre était de 5 pieds et il avait été empli avec du gaz hydrogène. Lancé à Sandwich, dans le comté de Kent, à midi et demi, et poussé par un vent du nord-ouest, il tomba à trois heures de l'après-midi près de Warneton, à trois lieues de Lille. Une lettre attachée au ballon priait ceux qui le trouveraient d'en avertir William Boys, esq., à Sandwich, en mentionnant l'heure de sa descente et le lieu où il serait tombé, ce qui fut fait.

II

En même temps que l'Angleterre, une autre nation tentait aussi de naturaliser chez elle l'invention des frères Montgolfier : c'était l'Italie, dont un des fils déjà, Zambeccari, avait lancé à Londres le premier ballon qui semble avoir été avec succès abandonné aux airs hors de France.

C'est à Turin qu'eut lieu, le 11 décembre 1783, cette expérience aérostatique.

Deux gentilshommes et un médecin de Turin en prirent l'initiative et dirigèrent la construction de la machine.

« Ce ballon formait un cylindre arrondi par les deux bouts, et qui avait 3 pieds de hauteur sur 2 de diamètre.

« On s'est servi, écrit à M. Faujas de Saint-Fond son correspondant turinois, de boyaux de bœuf préparés, connus dans le commerce sous le nom de *papier à batteur d'or*. Les morceaux qu'on a trouvés à Turin étaient si petits, qu'il a fallu beaucoup d'adresse et de patience pour les réunir solidement. Ce travail a été exécuté avec tant de succès, que le ballon, malgré la colle de poisson employée, ne pesait que 3 onces et 2 gros.

« On aima mieux faire dans le laboratoire une bonne provision d'*air inflammable* que de l'obtenir sur les lieux au moment même de l'expérience. On prit pour cela un grand ballon de verre à deux cols ou tuyaux ; on attacha une outre bien tordue et vide d'air atmosphérique à l'un des tuyaux ; on mit ensuite dans le fond du ballon deux tiers d'eau et un bon tiers d'huile vitriolique déphlogistiquée. Une petite vessie attachée à l'autre tuyau contenait une certaine quantité de limaille d'acier, qu'on versait à mesure dans le mélange. L'effervescence se faisait alors avec beaucoup de force, et l'air inflammable qui se dégageait remplissait l'outre dans quelques minutes : on en substituait une autre tout de suite, en ajoutant de la limaille d'acier, de l'huile de vitriol ou de l'eau, selon la force ou la faiblesse de l'effervescence.

« En renfermant l'air inflammable dans des outres, on s'est aperçu que les vapeurs les plus pesantes se condensaient, et que l'air inflammable, s'épurant toujours davantage, devenait plus propre pour l'expérience *aérostatique*. On évite d'ailleurs, par ce moyen, de répandre une odeur désagréable en remplissant le ballon, et on le charge avec plus de facilité et en moins de temps. »

Le 10 décembre, le ballon fut transporté de l'hôtel de l'ambassadeur de France, M. de Choiseul, qui avait tenu à faire tous les frais de sa construction, dans le jardin de la princesse de Carignan. La moitié de la capacité de l'aérostat n'était pas encore remplie d'air inflammable qu'il s'éleva de terre. Il fallut le retenir avec des rubans. Les assistants, assez nombreux (bien que les portes du jardin eussent été fermées dès l'arrivée du ballon, l'expérience devant être tout intime), demandaient à grands cris que l'aérostat fût délivré de tout lien et pût librement s'élever, mais la princesse de Carignan s'y opposa, voulant que l'ascension eût lieu publiquement, et le ballon fut descendu dans les caves du palais, où il fut attaché avec une corde à un tonneau. Il monta jusqu'à la voûte et y resta comme collé pendant plus de 18 heures. Il fit pendant tout ce temps une déperdition de gaz très-considérable.

Le lendemain 11 décembre, le ballon, transporté sur la place d'Armes, où devait avoir lieu l'ascension, y fut gonflé de nouveau avec de l'air inflammable conservé dans les outres. Il tendit bien vite à s'élever et, pour le retenir, il fallut l'attacher à une table.

La liberté lui fut bientôt rendue. « Madame la comtesse de Carignan ayant coupé avec des ciseaux le ruban qui arrêtait le ballon, on le vit, dans un clin d'œil, décrire une courbe légère, s'élever ensuite perpendiculairement et comme une flèche à travers le brouillard, atteindre et dépasser les nuages, et, au bout de quelques minutes, se perdre dans le vague des cieux, aux acclamations de joie d'un très-grand nombre de spectateurs. On avait eu soin d'attacher au ballon un billet pour prier celui qui le trouverait d'en donner avis à M. de Choiseul, et le lendemain, 12 du mois, on apprit, par un exprès envoyé par M. Beccaria, capitaine de cavalerie, que le ballon était tombé la veille, près des haras du roi de la Gillette, à 3 heures précises après midi, et à 13 milles de Turin. Quoique l'air parût très-calme, ce ballon a donc fait plus de 7 lieues dans 3 heures ; car on est sûr qu'il n'a pas toujours suivi la même direction. Un voyageur l'a vu sur le grand chemin de Rivole, et l'a suivi pendant près d'une heure au grand galop ; plusieurs personnes attestent aussi l'avoir vu quelque temps après au delà du Pô, du côté de Supergue.

« Le ballon est parti à 11 heures 44 minutes du matin. Dans les 24 premières secondes, il s'est élevé à 216 pieds ; après avoir traversé le brouillard, il est monté

La montgolfière de Milan.

jusqu'à la hauteur des nuages, et il a paru pendant quelque temps stationnaire; il s'est ensuite élevé davantage, a paru descendre un moment, et s'élevant encore, plusieurs personnes l'ont vu éclairé par les rayons du soleil (1); enfin il s'est montré

(1) Dans une lettre adressée à Faujas de Saint-Fond, l'un des deux gentilshommes qui avaient pris l'initiative de la construction de cet aérostat minuscule dit à ce propos : « Lorsque le ballon du 24 décembre fut très-élevé, on vit une atmosphère distincte de l'air ambiant, et qui paraissait avoir cinq fois le diamètre du ballon. Je ne puis croire que cet effet ait eu pour cause la déperdition du gaz ; car 1° l'auréole eût été moins grande ; 2° l'air inflammable échappé et mêlé avec l'air de l'atmosphère n'aurait pas été visible de si loin ; 3° le gaz n'aurait pas fait le tour du globe, mais se serait tenu plus

comme un point, et 3 minutes 54 secondes après son départ on l'a entièrement perdu de vue (1). »

III

C'est en Italie encore que fut exécuté le premier voyage aérostatique qui fut accompli hors de France.

L'initiative en fut prise par un riche et savant gentilhomme milanais, dom Paul Andreani, qui entreprit de populariser dans la Péninsule, par des expériences publiques faites à ses frais, l'invention des frères Montgolfier.

Bien que ses connaissances en physique et en mécanique permissent à Andreani de diriger la construction de l'aérostat, il ne voulut point s'en charger seul et s'adjoignit, pour l'exécution de ce travail, qui présentait des difficultés sans nombre alors, les frères Augustin et Charles-Joseph Gerli, célèbres tous deux, l'un comme architecte, l'autre comme peintre.

« La machine fut exécutée, dit le chanoine Castelli dans une lettre à Faujas de Saint-Fond, seul document à peu près que nous ayons sur cette ascension, selon les principes de MM. de Montgolfier, c'est-à-dire avec l'air raréfié, et la forme sphérique fut choisie de préférence comme la plus convenable.

« Son diamètre était de 36 brasses de Milan, équivalant à 66 pieds de Paris.

« L'enveloppe était composée d'une simple toile que nous nommons ici *tela rocana*, revêtue en dedans d'un papier à lettre très-fin.

« Les parties solides qui entraient dans la construction de la machine consistaient en une ample zone en bois, établie horizontalement au milieu et dans l'intérieur du globe, en un cercle de bois du diamètre de 13 pieds, posé vers l'orifice qui terminait la sphère, et en un chapiteau de bois établi dans la partie supérieure, auquel on avait fixé un anneau de fer.

« Du haut du chapiteau et le long des coutures qui composaient les fuseaux de la sphère descendaient plusieurs grosses cordes destinées à soutenir l'encadrement de la bouche inférieure, et de ces cordes, qui étaient unies aux toiles mêmes, partaient d'autres cordes moins considérables croisées en forme de filet, dans l'intention de tenir le globe dilaté, et ces cordes étaient cousues à la toile même.

« Le brasier ou le récipient destiné à recevoir les matières combustibles était placé à l'embouchure de l'ouverture; il était en cuivre, du diamètre environ de 6 pieds, et il était soutenu par quelques traverses de bois qui partaient du dehors de l'encadrement de l'embouchure. M. Andreani crut ne devoir placer le réchaud, contre l'usage ordinaire, que très-peu au-dessus de l'ouverture du globe; il s'était

haut que lui; 4° j'avais eu soin de ne remplir le ballon qu'aux trois quarts, afin que la dilatation ne fît pas crever le ballon, et afin que le gaz, plus léger par cette dilatation, fît monter le ballon encore plus haut. L'auréole paraissait noire près du ballon, et allait ensuite en s'éclairant. Ce phénomène me paraît mériter l'attention des savants. »

(1) Faujas de Saint-Fond, II, p. 193.

aperçu, conformément à la théorie, que l'activité du feu était proportionnée à celle de l'air qui pourrait entrer pour l'alimenter. »

Ce ne fut pas la seule innovation que tenta le chevalier Andreani : il substitua encore à la galerie, qui, dans le ballon des Montgolfier, supportait les voyageurs et la provision de matières combustibles, une vaste corbeille circulaire qui était suspendue par des cordes « au cercle qui formait l'encadrement de l'orifice du ballon », et qui, assez éloignée de l'aérostat pour que la chaleur ne pût importuner les aéronautes, en était assez rapprochée cependant pour qu'ils pussent sans difficulté entretenir le feu.

Dès que la construction du globe fut terminée, le chevalier Andreani, craignant que les premières expériences ne fussent point favorables et que leur issue ne dépopularisât d'avance la découverte qu'il voulait vulgariser, le fit transporter à sa maison de campagne de Moncuco. Il se croyait sûr que là nul regard indiscret ou trop impatient ne viendrait troubler les essais qu'il voulait faire et que, s'ils échouaient d'abord dans leurs efforts, ses coopérateurs et lui seraient seuls à le savoir.

Le résultat de ces tentatives préliminaires sembla donner raison à ses précautions.

La première fois que la machine fut essayée, elle se gonfla entièrement en 15 minutes, mais elle ne put enlever ni les combustibles ni la nacelle et ne quitta pas la terre.

La seconde expérience n'eut pas un plus heureux succès. Bien que la quantité et par suite le poids des matières combustibles que devait emporter l'aérostat eussent été diminués, il ne put s'élever.

Malgré les précautions prises par le chevalier Andreani pour que l'issue des tentatives premières restât inconnue, le double échec qu'il venait d'essuyer fut divulgué et, ainsi qu'il l'avait prévu, la nouvelle en diminua singulièrement le nombre des partisans de l'aérostation en Italie. Ce qui, aux yeux de beaucoup, semblait difficile parut alors impossible, et d'aucuns même démontrèrent scientifiquement que le ballon construit par le noble Milanais ne pourrait jamais quitter la terre.

Andreani ne se laissait pas plus aller à cet abattement subit qu'il n'avait espéré, avant l'expérience, un succès immédiat. Tout en préparant une troisième tentative, qu'il ne voulait faire, à l'en croire, que dans le but de mieux étudier les vices de construction qui empêchaient la machine de s'élever, il rechercha à quelle cause étaient dus les deux insuccès subis et la découvrit : la trop petite quantité d'air que le feu recevait et la qualité des combustibles retenaient seules l'aérostat à terre.

Découvrir le mal, c'était le guérir, et quelques jours plus tard, en effet, Andreani confondait ses détracteurs.

Le 25 février 1784, vers midi, le feu fut allumé sous la machine, « d'abord avec du bois de bouleau bien sec, ensuite avec une pâte de matières bitumineuses ingénieusement combinée par un des frères Gerli, » et, en moins de cinq minutes entièrement gonflé, l'aérostat fit effort pour s'élever.

Andreani et les frères Gerli ordonnèrent de soulever la machine afin de donner à l'air une plus grande liberté, et, comme cette manœuvre semblait réussir, tous trois sautèrent dans la nacelle.

« Le poids des courageux voyageurs, bien loin d'occasionner une surcharge à la machine, parut lui servir au contraire d'aiguillon pour mieux s'élever. Impatients, ils commandent qu'on coupe les cordes, et qu'on la laisse librement développer toute sa pompe et donner une preuve plus sûre de son activité à sillonner les routes de l'air.

« La machine fut à peine abandonnée qu'elle s'éleva avec lenteur en se dirigeant horizontalement du côté d'un palais voisin; mais les voyageurs, pour empêcher qu'elle n'allât heurter contre les toits et les murs du palais, augmentèrent le feu, afin qu'elle acquît une plus grande force.

« Ce fut alors que, contre l'attente des spectateurs, qui ne regardaient cette expérience que comme un essai, l'on vit monter la machine avec une grande rapidité à une hauteur surprenante. Cette hauteur fut jugée, par le plus grand nombre, être trois fois supérieure à celle de la plus grande aiguille de notre dôme, ce qui équivaut à 200 toises de France. Le fait est que la machine, abandonnée à l'air, fut vue de la ville, qui est éloignée au moins de 8 milles, et que la barque circulaire dans laquelle étaient les voyageurs, quoique du diamètre d'environ 10 pieds, n'était plus visible.

« Quoi qu'il en soit cependant de la hauteur précise, que l'auteur ne prévit pas de calculer dans cette expérienc e particulière, il est certain que tous les spectateurs, réunis aux habitants des villages voisins, furent tellement surpris d'un phénomène si nouveau et si singulier pour eux, qu'ils en croyaient à peine le témoignage de leurs propres yeux; cependant leur plaisir se trouva mêlé de crainte, lorsqu'ils perdirent de vue les voyageurs.

« Il n'en était pas de même du chevalier et de ses compagnons ; remplis du plus grand courage, ils se plaisaient à sillonner, les premiers en Italie, l'élément de l'air. Ils ne laissaient cependant pas dans le moment de songer à se prévaloir d'un vent plus favorable pour faire une route plus sûre.

« Voyant en effet qu'un vent qui s'élevait portait leur machine vers les collines voisines du mont de Brianza, qui sont d'un difficile accès, et s'apercevant, d'un autre côté, que la provision de matières combustibles manquait, ils jugèrent qu'il était convenable de descendre ; c'est pourquoi ils diminuèrent le feu, et au moyen d'un porte-voix qu'ils avaient avec eux, ils donnèrent avis à la multitude d'approcher, afin de leur être utile au besoin pour faciliter leur descente.

« Cet avis réussit à point nommé, puisque la machine, en descendant, vint se reposer sur un gros arbre qui mettait déjà les voyageurs dans l'appréhension de quelque embarras; cependant le feu ayant été ranimé et la machine s'étant suffisamment relevée au-dessus de cet arbre, elle fut à portée d'être dirigée par les gens qui étaient accourus, au moyen des cordes qui pendaient de ladite machine.

« Ce fut au moyen de ces cordes qu'ayant forcé le globe de s'abaisser jusqu'auprès de la terre, les courageux voyageurs eurent la facilité de descendre.

« La machine se trouvant allégée par là d'un poids considérable, l'on fut obligé d'employer des forces pour la retenir, afin qu'elle n'échappât pas, et ceux qui régissaient les cordes se servirent très à propos de la tendance qu'avait la machine à s'élever pour la conduire précisément jusqu'au lieu même d'où elle était partie, ce qui s'exécuta avec un succès aussi complet que si ces personnes eussent été dressées à la manœuvre depuis plusieurs mois.

« ...Au moyen de ces cordes ayant forcé le globe à s'abaisser jusqu'à terre, les voyageurs purent descendre. » — Page 100.

« La machine resta en l'air environ 20 minutes, l'espace qu'elle parcourut horizontalement ne fut que d'un quart de mille, et ce qu'il y a de plus remarquable, c'est qu'elle n'éprouva pas le plus léger dommage dans son voyage : le feu n'y avait occasionné ni lésion ni accident, et elle se trouva aussi intacte que si elle n'eût pas servi (1). »

(1) Lettre de M. Charles Castelli, chanoine de Milan, à M. Faujas de Saint-Fond sur les expériences de la machine aérostatique construite aux frais et sous la direction du chevalier dom Paul Andreani, publiée dans l'ouvrage de Faujas, t. II, p. 131.

IV

L'Angleterre et l'Italie ne furent pas seules à user de la découverte des frères Montgolfier.

L'Espagne aussi voulut mettre à profit la découverte des papetiers d'Annonay, et nombre d'essais furent faits à Madrid et à Valence. Tous les aérostats abandonnés aux vents y avaient été remplis avec de l'air inflammable.

« Il n'y a eu jusqu'à présent, écrivait-on alors d'Espagne à Faujas de Saint-Fond, qu'un Français, établi à Alicante, qui ait tenté de s'en servir, et qui l'ait fait avec succès. Son aérostat de papier, en forme de guérite, haut de 8 pieds sur 4 de diamètre, avait un réchaud de fil d'archal rempli de plusieurs feuilles de papier huilé; il l'a fait partir de la place qui se trouve sous la perpendiculaire du mont sur lequel est assis le fameux château d'Alicante : l'aérostat est monté d'abord de 200 toises, et après une station de cinq minutes, il a passé par-dessus le château; poussé alors par le vent que la montagne lui dérobait, il a suivi la direction du nord, et est allé tomber près d'un hospice appelé la Miséricorde, à une petite lieue de la ville. Les acclamations, la surprise, l'extase qu'a produites la nouveauté d'un spectacle si inattendu ont été celles que nous avons éprouvées nous-mêmes. »

Si peu importantes que fussent la plupart de ces expériences, elles prouvaient le nombre de prosélytes enthousiastes et fervents qu'avait faits la découverte des Montgolfier : l'élan est donné et, tandis que l'année 1783 compte à peine quatre ou cinq voyageurs aériens, l'année 1784 en comptera cinquante-deux.

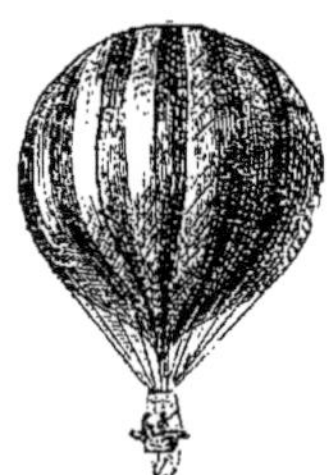

CHAPITRE X

Sommaire : Les premières expériences aérostatiques faites en province : l'abbé Bertholon à Montpellier; le mouton en parachute ; le savant de Saussure et l'électricité. — Le ballon de l'abbé de Mably au château de Pisançon, près Romans, en Dauphiné ; l'ascension de Grenoble ; l'aérostat du comte d'Albon à Franconville-la-Garenne, près d'Enghien ; le globe de Mâcon.

I

L'ascension du *Flesselles* fut en France la première qui fut exécutée hors de Paris ; mais dans différentes villes de la province quelques expériences aérostatiques avaient déjà été tentées.

Le *Journal de Paris* du 3 janvier 1784 nous parle de celles que fit à Montpellier l'abbé Bertholon.

« M. l'abbé Bertholon ayant élevé plusieurs globes aérostatiques avec des fils métalliques, dont l'extrémité, proche de la terre, était isolée, a obtenu des étincelles électriques dont le nombre et la force étaient proportionnels, toutes choses égales, à la hauteur du globe, par le moyen d'un petit électromètre très-sensible. Il a reconnu l'espèce d'électricité qui régnait dans l'atmosphère, si elle était positive ou négative... Des globes armés de pointes métalliques ont rencontré quelquefois des aigrettes électriques, soit lorsqu'ils étaient retenus à une certaine hauteur, soit après avoir été abandonnés. »

Dans une brochure publiée peu après sous ce titre : *Des Avantages que la physique et les arts qui en dépendent peuvent retirer des globes aérostatiques*, l'abbé Bertholon indiquait ainsi les moyens qui devaient être employés, à son avis, pour que l'électricité mît à profit les ressources que lui offre l'art inventé par Montgolfier : « Le moyen d'employer (relativement à l'électricité) le globe aérostatique est de l'armer d'une ou de plusieurs pointes métalliques, et de filer avec des fils d'or la corde qui le retiendra. Si on isole par le moyen d'un cordon de soie, ou par une tige de verre, ou de quelque autre manière, cette corde, et qu'on ait soin de mettre à l'endroit de la jonction de la corde métallique avec la matière *cohibente ou idio-électrique*, c'est-à-dire avec le cordon de soie ou le verre, un corps conducteur tel qu'une boule ou un tube de métal, on tirera avec cet appareil des étincelles électriques; tandis que souvent on ne pourra en obtenir aucune avec les autres. En appliquant le nouvel instrument appelé le condensateur, je suis venu à bout de rendre visibles des étincelles qui, sans ce moyen, ne l'auraient pas paru, et auraient fait juger qu'il n'y en avait point à des personnes peu instruites des nouvelles découvertes que chaque jour on fait en électricité.

« Non-seulement on connaîtra l'existence de l'électricité de l'atmosphère par les étincelles sensibles qu'on en tirera; mais encore son espèce, si elle est positive et négative. »

Dans son mémoire, l'abbé Bertholon rappelle aussi les curieuses expériences que fit à Avignon Joseph Montgolfier, « qui a précipité du haut d'une tour de 100 pieds de hauteur un mouton enveloppé dans une espèce de sac, qui, en se déployant dans l'air, a garanti cet animal de la chute. » L'expérience avait été renouvelée six fois de suite avec le même succès : l'invention du *parachute*, que nous aurons à mentionner bientôt, n'était-elle pas contenue en germe dans le résultat de cette expérience et l'honneur de sa découverte n'en doit-il pas revenir au créateur des aérostats plutôt qu'à tout autre?

Quelques mois plus tard, le savant de Saussure raconta, dans une lettre datée de Genève, et insérée dans le *Journal de Paris* du 10 avril, des expériences à peu près identiques qu'il avait faites lui-même. « Les aérostats, dit-il, fourniront un moyen très-sûr de connaître l'électricité des couches élevées de l'atmosphère; j'en ai fait dernièrement l'épreuve avec un ballon de taffetas, de 200 pieds cubes de contenance, que je faisais monter par la chaleur de la flamme de l'esprit-de-vin; j'obtins par un temps couvert, mais qui n'était point orageux, une électricité positive assez forte pour donner des étincelles. »

II

L'ascension du 5 janvier 1784 fut suivie de très-près par plusieurs autres.

Dès le 13 janvier s'élevait du château de Pisançon près de Romans en Dauphiné un ballon, de 37 pieds de haut et de 20 en diamètre, construit, aux frais d'une société que présidait l'abbé de Mably, par « quatre dames de distinction ». Il s'éleva de terre avec la plus grande rapidité et fut d'abord porté au midi par le vent du nord; parvenu à 200 toises de hauteur, il fut saisi par un vent tout contraire qui le porta au nord. En moins de cinq minutes, il monta à plus de 1000 toises (« il paraissait pour lors, disent les *Affiches du Dauphiné* du 23 janvier 1784, comme une étoile enflammée ») et disparut subitement, bien que le ciel fût pur « et le temps clair ». Dix minutes après son départ, il tomba près du village de Saint-Paul, à 5 kilomètres de Romans.

Le même jour, à quelques lieues de là, à Grenoble, s'élevait un autre aérostat. « On a fait ici, disent les *Affiches du Dauphiné* du 16 janvier 1784, l'essai de plusieurs ballons aérostatiques; le premier, qui a le mieux réussi, est celui du Champ-de-Mars, lancé par M. de Barin, le 13 de ce mois à 3 heures 40 minutes. L'atmosphère était couverte par un nuage ou plutôt un brouillard nord-ouest qui se levait à la hauteur du mont Rachet, environ à 460 toises au-dessus du sol de la ville. Le poids de l'atmosphère était au terme moyen, les baromètres étant à 27 pouces 7 lignes et

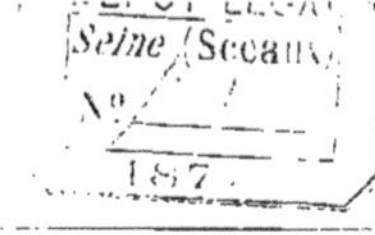

Les ailes du marquis de Bacqueville.

le thermomètre à 3 degrés au-dessus de 0. La marche de ce ballon, qui avait environ 8 pieds de diamètre, fut telle, qu'en moins de 4 minutes il disparut dans le brouillard, et ne reparut qu'environ 8 à 10 minutes après. Sa direction fut d'abord presque perpendiculaire, inclinant un peu au nord, pendant la première minute; mais rencontrant sans doute alors le courant du nord-ouest, qui était opposé à sa première direction, il se redressa; et pendant le temps qu'il fut perdu dans les nuages ou au-dessus, il se dirigea au sud-est, où il put descendre très-doucement par une ligne très-inclinée, au bout d'un quart d'heure, à un quart de lieue environ du Champ-de-Mars, d'où il était parti. »

Trois jours plus tard, un autre ballon partait d'un village des environs de Paris, d'une maison de campagne appartenant au comte d'Albon et située près de Franconville-la-Garenne, non loin d'Enghien. « Ce ballon, dit l'abbé de Rivarol dans une lettre adressée à M. Maret, secrétaire perpétuel de l'Académie de Dijon, était construit en taffetas d'un tissu extrêmement serré. La couture des lais était si parfaitement faite, qu'on n'a point été obligé de la recouvrir de ces papiers lissés ou de ces petits rubans qu'on nomme faveurs. Il était gommé avec une légère préparation de colle de poisson, dans laquelle on avait introduit au moment de l'ébullition trois livres de gomme arabique blanche en poudre. Il avait 24 pieds de hauteur sur 16 de diamètre, et 48 de circonférence. A peine a-t-il été rempli du gaz extrait de la limaille de fer mise en dissolution par l'acide vitriolique, que, les cordes qui le retenaient étant coupées, il s'est élancé avec une rapidité étonnante. On avait fait placer sur une des tourelles d'un vieux château construit sur la plus haute montagne des environs de Paris, et comprise dans les jardins de M. le comte d'Albon, tourelle qui sert à ses observations astronomiques, tous les instruments de ce genre. On ne put, à l'aide des meilleurs télescopes, apercevoir qu'au bout d'une demi-heure la parabole que décrivait ce globe. La direction, dès lors, parut établie vers Montmorency. Cinq jours s'écoulèrent sans qu'on pût savoir ce qu'il était devenu. On apprit au bout de ce laps de temps qu'il était tombé dans les neiges auprès du château de la Chasse, derrière les Champots de Montmorency. D'après ces calculs, il a fait au moins six lieues. Il y avait trois animaux (1) contenus dans la cage d'osier suspendue au globe. Malgré l'intempérie, la neige et le froid excessif, ils ont été trouvés vivants, et vivent encore : on avait pourvu à la nourriture qui leur était nécessaire pour huit jours. Le ballon a été rapporté par deux vignerons ; il n'avait éprouvé dans ses côtés que quelques éraillures faciles à réparer (2). »

Rapportons, en terminant cette rapide revue des premières expériences aérostatiques qui furent tentées en province, celle qui fut faite à Mâcon le 15 février 1784 par Cellard de Chastelais, avocat du roi. Le ballon qui en fit le sujet avait 20 pieds de diamètre sur 24 de hauteur ; construit en papier, il était muni d'un réchaud en fil de fer, « chargé de papier roulé, imbibé d'huile et de graisse, et d'une éponge placée au centre, sur laquelle l'on avait versé une chopine d'esprit-de-vin ; une cage d'osier portant un chat était suspendue au bas de la machine ; le tout pesait 53 livres et demie ; et comme la rupture d'équilibre était au moins de 100 livres, la force d'ascension était considérable. » Gonflé en 5 à 6 minutes, le ballon s'éleva de terre par un temps calme et monta si vite très-haut qu'au bout de 35 minutes il n'apparaissait plus que comme une étoile de petite grandeur. Il tomba, après 2 heures de vol, à plus de 15 lieues de Mâcon. Le chat n'était plus, mais la cause certaine de sa mort ne put être déterminée.

(1) Deux cochons d'Inde et un lapin.

(2) Le *Journal de Paris* rapporte l'ascension d'un ballon de même diamètre à peu près qui eu lieu à Paris le 3 février 1784 : « M. le marquis de Bullion fit élever, à l'hôtel de M. le duc de Luynes, un ballon en petit papier raisin, du diamètre de 14 pieds, au moyen d'une éponge plate d'un pied de largeur, placée dans une capsule de fer-blanc, dans laquelle on versa une pinte d'esprit-de-vin, à laquelle on mit le feu. Ce ballon partit à deux heures quarante-cinq minutes. On avait écrit dessus qu'on donnerait un louis à celui qui le rapporterait avec un certificat. Il fut trouvé dans une vigne à Saint-Maurice-Mont-Couronne, près Basville, comme l'attesta le curé du lieu, qui le trouva vers trois heures de l'après-midi ; il avait parcouru plus de neuf lieues. »

CHAPITRE XI

SOMMAIRE : Un nouveau venu : Blanchard, ses premiers essais de vol aérien, sa voiture mécanique. — Blanchard et les ballons. — La direction des aérostats et le protégé de l'abbé Viennay. — L'ascension du Champ-de-Mars. — Dom Pech. — Ascension manquée !... — Un amateur obstiné. — La Villette et Billancourt. — *Sic itur ad astra.*

I

Ce fut vers cette époque qu'un mécanicien, qui avait eu son heure de célébrité, apparut tout à coup et prit en peu de temps une grande place dans l'histoire de l'aérostation.

Les essais de vol aérien qu'il avait tentés quelques années auparavant, les nombreuses ascensions dont il fut le héros, les voyages périlleux qu'il accomplit, attirèrent sur lui les regards du monde entier et, aujourd'hui encore, alors que tant d'autres victimes ont marqué les étapes de la science sur la route de la solution du problème, Blanchard apparaît encore au premier rang, moins peut-être comme un savant ou un novateur que comme un de ces artistes qui savent faire marcher l'art de pair avec leur intérêt.

Doué d'une imagination vive et d'un esprit inventif, dit un de ses biographes, « il s'appliqua dès son enfance à la mécanique; ayant conçu l'idée de s'élever dans les airs, il étudia la conformation et la manière de voler de plusieurs oiseaux. Après divers essais, inutilement tentés pour les imiter, il imagina une machine qui, contenant assez d'air pour se soutenir, pût fendre cet élément, comme un navire fend les eaux. Il lui donna la forme d'un oiseau, convexe par-dessus et par-dessous, étroit à l'avant et à l'arrière, ayant pour tête la proue et pour queue le gouvernail : le corps, en bois léger et solide, était, comme celui d'un vaisseau, partagé en plusieurs membrures matelassées, traversé par deux petits mâts et recouvert à l'extérieur d'un carton vernissé. L'inventeur pouvait entrer dans cette machine par une porte qu'il refermait, s'y asseoir avec son compagnon de voyage, y voir clair à travers des glaces, et y renouveler l'air au moyen d'une soupape. Six ailes de 10 pieds d'envergure sur 10 de large, qu'un ressort faisait déployer rapidement, étaient adaptées à sa voiture aérienne. Celle de devant et celle de derrière devaient servir à son ascension, et les quatre autres, placées de chaque côté, la soutenir et la faire planer. Blanchard travailla longtemps à perfectionner son ouvrage, qu'il annonçait comme un bateau *insubmersible;* mais, désespérant de recevoir en France des dédommagements suffisants, il était sur le point de porter son industrie dans les pays étrangers; un abbé Deviennay, chez lequel il était logé à Paris, au commencement de 1782, le retint dans sa patrie. C'est chez lui que les curieux allaient voir la machine, et Blanchard répondait à toutes les objections en homme qui semblait les avoir toutes prévues. Il avait eu aussi l'idée de montrer à Longchamp une voiture allant sans chevaux, mais le temps ne lui permit pas de l'exécuter.

« Il fut alors pendant quelques jours le sujet de conversation et un objet de curiosité. Les frères de Louis XVI, les ducs de Chartres, de Bourbon, plusieurs grands personnages, allèrent le voir. Les deux premiers lui promirent, dit-on, chacun quatre mille louis s'il réussissait. Le 5 mai, jour indiqué pour la démonstration publique de sa voiture aérienne, l'affluence se porta chez lui autant qu'à l'ouverture de la nouvelle salle du Théâtre-Français. Comme la foule ne permettait pas de laisser la machine dans le salon doré où elle était exposée, et que la pluie empêchait de la montrer en dehors, Blanchard lut un discours où il en développa l'utilité et les inconvénients, qui étaient surtout de ne pouvoir découvrir au-dessous de lui sur quel endroit il s'abattait, et de se trouver, en cas d'indisposition subite, hors d'état de manœuvrer, à moins d'avoir un compagnon. Quoiqu'il assurât qu'il pouvait s'élever en tous lieux, en tout temps, et faire trente lieues par heure, il apercevait sans cesse de nouvelles difficultés en approchant du terme; mais sa jactance et ses vaines promesses cachaient mal son inquiétude. »

Ce fut alors qu'un de ses enthousiastes fit le distique suivant :

Æthereum transibit iter quo nomine Blanchard
Impavidus sortem non timet Icariam.

Les essais n'avaient produit aucun résultat connu, lorsque le marquis de Bacqueville tenta son expérience qui faillit se terminer d'une façon tragique. Bien que cette invention fût l'inverse de la sienne, Blanchard crut pouvoir en tirer quelque parti. Mais toutes ses assertions, ses tentatives et ses prétendus perfectionnements n'aboutirent à rien, heureusement pour lui, car il y aurait perdu la vie.

II

Ces expériences étaient à peine terminées quand la nouvelle de l'ascension d'Annonay fut connue à Paris.

On sait avec quelle rapidité se succédèrent les ascensions; Blanchard plus que tout autre s'intéressa au progrès de la science nouvelle.

Rejeté tout à coup dans l'ombre, le pensionnaire de l'abbé Deviennay ne songea pas à lutter avec ces nouveaux venus qui avaient tout d'un coup trouvé la solution du problème que depuis dix ans il étudiait avec une infatigable ardeur.

Blanchard eut le courage de renoncer à ses idées et, de maître se faisant disciple, abandonna la mécanique pour se consacrer tout entier à la physique.

Si sa conversion à la physique avait été prompte et sincère, peut-être l'intérêt n'y était-il pas tout à fait étranger; l'inventeur des ailes mues par un homme se demanda s'il ne pourrait pas adapter son mécanisme aux aérostats et diriger dans l'atmosphère ces globes immenses qui avaient été livrés jusqu'alors à la merci des vents.

Il se mit à l'œuvre, et, dès le mois de février 1784, il annonça par la voie du *Journal de Paris* que quelques jours plus tard il s'élèverait au Champ-de-Mars, louvoierait pendant une heure au-dessus de Paris et descendrait à la Villette.

Tout Paris alla rue Pavée-Saint-André-des-Arcs admirer la nouvelle machine aérostatique imaginée par Blanchard.

Le 2 mars 1784, le ballon de Blanchard, retenu au sol par de longues cordes, éclairé par le pâle mais splendide soleil de mars, se balançait au gré du vent. Les rames et le mécanisme que l'aéronaute y avait adaptés étaient tour à tour l'objet des critiques ou de l'admiration des milliers de curieux réunis pour assister à cette expérience, qui devait faire, dans l'art nouveau, toute une révolution (1).

III

A midi, Blanchard alla au Champ-de-Mars surveiller les derniers préparatifs. Il était accompagné de son ami le bénédictin dom Pech, qui devait le suivre dans les airs et se livrer à des observations scientifiques. L'aéronaute et son ami comptaient sans les supérieurs du bénédictin, qui, effrayés qu'un des leurs pût monter dans une de ces machines « inventées par Satan », envoyèrent deux exempts arracher dom Pech aux joies scientifiques ; bon gré, mal gré, le pauvre religieux dut suivre les deux officiers de police et abandonner ce projet d'ascension caressé par lui depuis si longtemps.

Sa résignation n'était qu'apparente.

Aussitôt arrivé dans sa cellule, le bon père chercha le moyen d'échapper à ses geôliers et de reprendre au plus vite la route du Champ-de-Mars : règle de l'ordre, injonctions de ses supérieurs, tout disparut pour lui devant cette passion, la passion des ascensions.

Deux heures s'étaient à peine écoulées depuis le départ forcé de dom Pech, lorsque Blanchard vit accourir son ami le bénédictin : craignant que le « ballon n'eût pris son vol », dom Pech avait bravement relevé sa robe — au mépris de toutes les convenances ecclésiastiques, — et pris sa course à travers les rues de Paris. L'enthousiasme aidant, le religieux retrouva l'agilité de sa jeunesse et arriva à temps. Mais quelle déception l'attendait !

Le ballon, dont les proportions avaient été mal calculées, ne s'éleva qu'à quelques mètres, resta un moment stationnaire et retomba lourdement à terre : la nacelle reçut un choc violent qui faillit précipiter à terre les deux voyageurs, et, sans le secours des spectateurs, le bon père aurait sans doute payé de la vie sa désobéissance.

Déçu dans toutes ses espérances, dom Pech dut quitter la nacelle et renoncer à son ascension.

(1) Le dessin qui représente la machine de Blanchard doit évidemment être classé au nombre des nombreuses caricatures du temps : le personnage coiffé du bonnet à grelots et qui sonne une fanfare aux oreilles du mécanicien semble justifier cette opinion.

Quelques déchirures que le ballon avait reçues dans sa chute furent vite réparées; déjà Blanchard s'apprêtait à repartir seul, lorsqu'un jeune homme s'élance dans la nacelle et, malgré ses prières et ses injonctions, refuse obstinément d'en descendre.

Exaspéré par cette insistance, Blanchard cherche à précipiter cet importun hors de la nacelle et une lutte s'engage. « Le roi m'a permis de prendre place à vos côtés, le roi m'a ordonné de vous accompagner, » criait le jeune homme, rendant à l'aéronaute tous les coups qu'il en recevait. Au bout de quelques minutes, les spectateurs mirent fin à cette scène en désarmant ce singulier amateur, mais trop tard cependant : Blanchard avait reçu un coup d'épée dans le poignet (1).

IV

Enfin Blanchard put donner l'ordre de couper les cordes, et le ballon, cette fois, s'éleva à une grande hauteur.

Cette ascension annoncée si pompeusement, retardée par mille contre-temps, ne devait donner aucun des résultats annoncés par le protégé de l'abbé Viennay; son inexpérience et son ignorance des lois de la physique faillirent lui coûter la vie.

Arrivé à une hauteur considérable, l'imprudent aéronaute, qui, malgré les conseils de Charles, avait rempli entièrement son ballon, voit tout à coup les parois de l'aérostat faire effort de toutes parts (2), la soie du ballon se tendre sous la pression de l'hydrogène, tandis que la soupape laisse fuir une grande quantité de gaz : les régions élevées dans lesquelles il voyage l'épouvantent par leur silence, cette immensité sur laquelle il plane le glace de terreur. Effrayé de son audace, il ouvre la soupape, et la machine redescend lentement. La majesté du spectacle qui se déroulait à ses regards le sauva : quelques minutes plus tard, le ballon aurait éclaté et l'aéronaute eût été précipité dans l'espace.

Au bout de cinq quarts d'heure, Blanchard, qui avait choisi la Villette (3) pour terme de son voyage, vint descendre dans les plaines de Billancourt!

(1) L'amour des biographes pour l'extraordinaire avait fait dire que ce jeune homme n'était autre que Bonaparte, élevé à l'École militaire. Dans ses *Mémoires*, Napoléon a démenti ce fait : l'obstiné voyageur était un de ses camarades, Dupont de Chambont, élève comme lui de l'École de Brienne, et qui avait fait avec ses camarades le pari de monter en ballon.

(2) Chacun sait aujourd'hui qu'un aérostat ne doit jamais être entièrement gonflé au moment du départ; on le remplit seulement aux trois quarts. Il serait très-dangereux de l'enfler complétement en quittant la terre; les couches atmosphériques diminuant de densité à mesure qu'on s'élève, l'expansion du gaz hydrogène renfermé dans l'aérostat devient plus considérable en raison de la diminution de résistance de l'air extérieur. Si l'aéronaute négligeait de prendre cette précaution essentielle, les parois du ballon ne tarderaient pas à éclater. L'aéronaute doit observer avec attention l'aérostat, et lorsque les parois très-distendues indiquent une forte expansion d'hydrogène, il doit ouvrir la soupape et laisser échapper un peu de gaz.

(3) « Ce qu'il y a de certain, c'est qu'élevé à une certaine hauteur sur Passy, dit Blanchard, et apercevant la Villette, où je ne désespérais pas encore d'arriver, malgré le malheur qui venait de me contrarier, j'attachai une corde de mon gouvernail à ma jambe, ne pouvant me servir de ma main gauche que j'avais enveloppée de mon mouchoir, à cause du coup d'épée que je venais d'y recevoir, et de la main droite attirant avec l'appendice le dessus de mon ballon qui faisait drapeau, j'y formai une espèce de voile avec laquelle je pinçai, le mieux qu'il me fut possible, un courant d'air qui me paraissait opposé à mon dessein, et, au moyen de quelques secousses de gouvernail, je parvins à louvoyer contre ce courant et à retraverser la rivière ; mais, dans ce passage, la chaleur du soleil ayant échauffé et raréfié

Malgré la prétention qu'il afficha de s'être élevé à 4000 mètres plus haut qu'aucun aéronaute, il était le 3 mars un peu plus compromis auprès du public, qui, outré de ses fanfaronnades, donna à toutes ses expériences le nom de « gasconnades à la Blanchard ».

l'air inflammable, j'oubliai bientôt mon gouvernail et tout espoir de direction, pour m'occuper du terrible danger qui me menaçait ; mon ballon ne fit plus voile en se gonflant, il m'échappa de la main, et les plis qu'il avait en partant se tendaient avec une telle violence qu'il craquait de toutes parts. Mon vaisseau, dans lequel je marchai pour sonder mon ballon et les cordages, en faisait autant, tant il avait été maltraité à son départ. Je vous laisse juge, monsieur, de l'état où je devais me trouver. Pour mettre le comble à cette cruelle alternative, une sourde commotion se fit sentir sous mes pieds : je m'aperçus, à la vivacité de la secousse, que j'étais enlevé rapidement ; d'ailleurs, la légère draperie qui entourait mon vaisseau me l'assura, car c'est le seul point qui m'ait averti de mon ascension et de ma descente ; en montant, je remarquai que la draperie se couchait vivement sur les parois du vaisseau, et en descendant, elle voltigeait par-dessus ma tête, et même m'embarrassait. Je me rassurai sur ce bruit, jugeant que c'était un coup de canon ; enfin, enlevé à une hauteur considérable aux environs du Champ-de-Mars, où j'étais repoussé, la terre me parut comme une carte géographique grisâtre, tout était de niveau. Je ne distinguais plus rien, pas même les montagnes ; je cherchai celle du Calvaire, mais elle avait disparu à mes yeux. Dans ce moment, une seconde explosion se fit sentir et produisit le même effet que la première, mais je n'en eus aucune frayeur. Quoique je parusse stationnaire, je ne montais pas moins perpendiculairement, parce que j'étais une seconde fois dans le calme : ma draperie que j'examinai me l'annonçait ; d'ailleurs certains petits nuages que j'avais traversés fuyaient sous mes pieds, et ceux que j'apercevais dans le lointain me parurent une mer tranquille au-dessus de laquelle j'étais fort éloigné ; dans ce calme, j'éprouvai bien des contrariétés : tout à coup mon ballon devenait flasque, et de suite il se gonflait et était prêt à crever : c'est alors que je laissai échapper l'air inflammable par l'appendice, et quoiqu'il eût 6 pouces de diamètre, cette issue suffisait à peine pour le passage de l'air inflammable qui se raréfiait : lorsque mon appendice se désenflait, je le reprenais et le serrais jusqu'à ce qu'il fît bourrelet sur mes doigts ; alors je lâchais, craignant la rupture de mon globe.

« Échappé de ces vents impétueux et contraires, pendant lesquels j'avais éprouvé un grand froid, j'imaginai en être quitte à cause du calme où j'étais pendant lequel mon ballon se gonflait ; je montais perpendiculairement : le froid devenait excessif : j'eus faim, je mangeai un morceau de pâté : je voulus boire, mais je ne trouvai au fond de mon vaisseau que des débris de verres et de bouteilles que m'avait laissés le jeune militaire dans son combat lors de mon départ ; je trouvai son chapeau sous mon siége, je m'en couvris. Dans un état de tranquillité, ne pouvant rien voir ni entendre, puisque autour de moi un silence affreux régnait de toutes parts, le sommeil fut prêt à s'emparer de moi ; mais me levant en sursaut, ce danger m'effraya. Je voulus prendre du tabac, mais je n'avais pas ma boite ; je changeai plusieurs fois de siége, j'allai de la poupe à la proue : bientôt deux vents furieux m'arrachèrent du calme et comprimèrent mon globe avec tant de force qu'il diminua à vue d'œil, je jetai ce que je trouvai de sable dans mon vaisseau, ce qui me fit remonter un peu et éviter ces deux courants opposés qui m'agitaient violemment ; mais j'en trouvai un autre qui me porta très-vite dans la dernière direction d'où j'étais parti. Comme je ne pouvais plus résister au grand froid, je ne fus pas fâché d'apercevoir que je descendais un peu, et, pour descendre plus promptement, je tirai ma soupape, mais elle résista ; cependant je vins à bout de l'ouvrir, et je descendis rapidement sur la rivière qui me parut d'abord comme un fil blanchâtre, ensuite comme un petit ruban, et enfin comme une pièce de drap.

« Je jetai dans l'eau un pain de quatre livres qu'un ouvrier avait mis dans mon vaisseau ; et comme je suivais le courant de la rivière, la crainte que j'eus de descendre sur l'eau fit que j'agitai mon gouvernail assez vivement : je crois que c'est à ces mouvements que je dois d'avoir pris la rivière transversalement.

« Lorsque je me vis sur la plaine de Billancourt, je reconnus le pont de Sèvres et la route de Versailles ; j'étais alors à peu près sur cette plaine à la hauteur des tours Notre-Dame, j'entendais très-distinctement les applaudissements et les cris de joie que faisaient les voyageurs ; chacun sortait de sa voiture et m'adressait la parole ; je pouvais à peine répondre, j'étais occupé à me débarrasser de certains débris de ma mécanique, afin de descendre doucement ; d'ailleurs je m'apercevais que, malgré que je criasse fortement : *Rassurez-vous, j'ai quitté la rivière ;* on m'entendait à peine. Enfin je me promenai dans cette plaine environ 200 pieds de longueur en rasant la terre ; des personnes accoururent, et, à ma demande, fixèrent mon vaisseau ; bientôt je fus environné de seigneurs et d'un nombre infini de courriers qui arrivèrent de toutes parts. »

Cette malheureuse ascension devait être funeste à tous ceux qui y avaient joué un rôle.

Le P. Pech ne tarda pas à être rejoint par un exempt, ramené sous bonne garde au couvent des bénédictins et condamné à un an et un jour de prison par le supérieur de l'ordre. Sa punition eût été plus forte encore si le duc de La Rochefoucauld n'eût intercédé pour lui et obtenu qu'il ne fût pas envoyé en exil, ainsi que les bénédictins l'avaient tout d'abord décidé.

Le fougueux officier qui avait voulu percer Blanchard de son épée fut mis aux arrêts pour un mois et chansonné sans pitié.

Blanchard allait, contre le vent,
Voler aux étoiles ;
Mais un militaire imprudent
Accourt, en ce beau moment
Et casse les ailes
Au bateau volant.
L'épée en main, ce turbulent
Devenait rebelle.
Quoique Blanchard, toujours vaillant,
Arrêtât son bras menaçant,
L'arme trop cruelle
Fit couler son sang.
Il est monté adroitement
Dans cette nacelle,
Et, pour aller au firmament,
Il en sortit en se battant
Avec tout le zèle
Du fameux Roland.
Laisse gronder tes envieux ;
Ils ont beau crier en tous lieux
Que tu veux tromper le vulgaire,
Pour lui attraper son argent ;
Si tu savais un peu moins plaire,
Tu ne leur déplairais pas tant.

Blanchard ne fut pas épargné non plus par les chansonniers, et la pompeuse devise qu'il avait inscrite sur les banderoles qui ornaient son ballon : *Sic itur ad astra*, lui attira ce quatrain, qui bientôt fut populaire :

Au Champ-de-Mars il s'envola,
Au champ voisin il resta là,
Beaucoup d'argent il ramassa.
Messieurs, *sic itur ad astra* (1).

(1) Une estampe de 1784 porte cette légende :

Si par son vol il peut escalader la lune,
Il fera comme un autre, *en volant*, sa fortune.

Blanchard se précipite sur la corde de la nacelle.

CHAPITRE XII

SOMMAIRE : Ascension de Pilâtre de Rozier et de Proust à Versailles. — Descente dans la forêt de Compiègne.

Malgré les nombreuses expériences qui avaient été faites en France, la nouvelle de la découverte des ballons avait été accueillie dans les pays étrangers avec une excessive réserve et, en dépit des procès-verbaux, des rapports des sociétés savantes, elle y avait rencontré bon nombre d'incrédules.

Jusqu'en 1784, les ascensions avaient été peu nombreuses à l'étranger : à peine en comptait-on cinq ou six, effectuées en Italie ou en Angleterre; et encore leurs auteurs n'appartenaient-ils pas à cette aristocratie scientifique et toute officielle qui a su se former chez tous les peuples. Aussi, lorsque le roi de Suède vint à Versailles, Louis XVI demanda-t-il à Pilâtre de Rozier d'entreprendre un nouveau voyage aérien.

Afin de ne rien enlever à la majesté de l'ascension, et de jouir de la surprise de son royal visiteur, Louis XVI avait ordonné qu'une tente gigantesque, haute de quatre-vingt-dix pieds, fût élevée dans la grande cour du château.

Le ballon y fut installé et gonflé.

Le jour de l'ascension, à un signal donné, une décharge de mousqueterie se fit entendre et aussitôt, comme par enchantement, la tente disparut, laissant à découvert une immense montgolfière retenue par cinquante cordes auxquelles quatre cents ouvriers étaient cramponnés.

Deux minutes plus tard une seconde décharge de mousqueterie donnait le signal du départ. Le ballon livré à lui-même s'éleva lentement d'abord, puis bientôt disparut aux yeux des spectateurs.

Pilâtre n'était point seul dans la nacelle. Un autre savant, Proust, l'accompagnait.

La *Marie-Antoinette* s'éleva à une hauteur plus grande et alla plus loin qu'aucune autre montgolfière.

Pilâtre a écrit une relation de son voyage :

« La montgolfière s'éleva d'abord très-lentement en diagonale, offrant un imposant spectacle. Comme un vaisseau qui s'est précipité du chantier dans les eaux, cette étonnante machine se balançait superbement dans l'air qui semblait l'arracher de la main des hommes. Ces mouvements irréguliers intimidèrent un instant une partie des spectateurs qui, craignant qu'une chute prochaine ne mît leur vie en danger, s'éloignèrent à grands pas. Après avoir allumé mon fourneau, je saluai les spectateurs, qui me répondirent de la manière la plus flatteuse; j'eus le temps d'observer sur quelques visages un mélange d'intérêt, d'inquiétude et de joie.

« En continuant ainsi notre marche ascensionnelle, je m'aperçus qu'un courant d'air supérieur opposé au nôtre faisait pencher la montgolfière ; voulant éviter le feu, j'engageai M. Proust à marcher huit à dix minutes horizontalement : puis, augmentant la chaleur, nous nous élevâmes; le volume des objets diminuait sensiblement et nous mettait en état d'apprécier assez exactement notre éloignement; alors la montgolfière fut distinguée de la capitale et des environs. L'élévation à laquelle nous étions déjà parvenus faisait croire au plus grand nombre que nous planions sur leur tête.

« Arrivés dans les nuages, la terre disparut entièrement à nos yeux; un brouillard épais semblait nous envelopper, puis un espace plus clair nous rendait la lumière ; de nouveaux nuages, ou plutôt des amas de neige, s'amoncelaient rapidement sous nos pieds; nous étions environnés de toutes parts; une partie tombait perpendiculairement sur les bords extérieurs de notre galerie qui en retenait une assez grande quantité; une autre se fondait en pluie sur Versailles et sur Paris; le baromètre était descendu de 9°, et le thermomètre de 16°. Curieux de connaître la plus grande élévation à laquelle notre machine pouvait atteindre, nous résolûmes de porter au plus haut degré la violence des flammes, en soulevant notre brasier, et soutenant nos fagots sur la pointe de nos fourches.

« Parvenus aux plus hautes de ces montagnes glacées, et ne pouvant plus rien entreprendre, nous errâmes quelque temps sur ce théâtre plus que sauvage; théâtre que des hommes voyaient pour la première fois. Isolés, et séparés de la nature entière, nous n'apercevions sous nos pas que ces énormes masses de neige qui, réfléchissant la lumière du soleil, éclairaient infiniment l'espace que nous occupions; nous restâmes huit minutes sur ces monts escarpés, à 11 732 pieds de terre, dans une température de cinq degrés au-dessus de la glace, ne pouvant plus juger de la vitesse de notre marche, puisque nous avions perdu tout objet de comparaison.

« Cette situation, agréable sans doute pour un peintre habile, promettait peu de connaissances à acquérir au physicien, ce qui nous détermina, dix-huit minutes après notre départ, à redescendre au-dessous des nuages pour retrouver la terre. A peine étions-nous sortis de cette espèce d'abîme, que la scène la plus riante succéda à la plus ennuyeuse. Les campagnes nous parurent dans leur plus grande magnificence. Tout était si éclatant que nous crûmes que le soleil avait dissipé l'orage; et, comme si on eût tiré le rideau qui cachait la nature, nous découvrîmes aussitôt mille objets divers répandus sur un espace dont notre œil pouvait à peine mesurer l'étendue. L'horizon seulement était chargé de quelques nuages qui paraissaient toucher la terre. Les uns étaient diaphanes, d'autres réfléchissaient la lumière sous mille formes différentes; tous en général étaient privés de cette teinte brune qui porte à la mélancolie. Nous passâmes dans une minute de l'hiver au printemps; nous vîmes ce terrain incommensurable couvert de villes et de villages, qui, en se confondant, ne ressemblaient plus qu'à de beaux châteaux isolés et entourés de jardins. Les rivières, qui se multipliaient et serpentaient de toutes parts, n'étaient plus que de très-petits ruisseaux, destinés à l'ornement de ces palais; les plus vastes forêts devenaient des charmilles ou de simples vergers; en un mot, les prés et les champs n'avaient que l'ensemble des verdures et des gazons qui embellissent nos parterres. Ce merveilleux tableau, qu'aucun peintre ne peut rendre, nous rappelait ces métamorphoses miraculeuses de fées, avec cette différence que nous voyions en grand ce que l'imagination la plus féconde n'avait pu créer qu'en petit, et que nous jouissions de la réalité de ce qu'avait enfanté le mensonge; c'est dans cette charmante position que l'âme s'élève, que les pensées s'exaltent et se succèdent avec la plus grande rapidité. Voyageant à cette hauteur, notre foyer n'exigeait plus de grands soins, et nous pouvions facilement nous promener dans la galerie. Mon ardent coopérateur changea plusieurs fois de poste; nous étions aussi tranquilles sur notre balcon que sur la terrasse d'une maison, jouissant de tous les tableaux qui se renouvelaient continuellement, sans nous faire éprouver de ces étourdissement qui effrayent une infinité de personnes.

« L'action que j'avais portée dans mes travaux ayant cassé ma fourche, j'allai au magasin m'armer de nouveau. Nous nous rencontrâmes avec M. Proust; mais la montgolfière, étant très-bien lestée, ne s'inclina que d'une manière presque insensible, d'où nous conclûmes qu'il fallait attribuer à la mauvaise construction, ou à la frayeur des voyageurs, les accidents annoncés avec tant de pompe dans quelques journaux. Les vents, quoique très-considérables, emportaient notre bâtiment sans nous faire éprouver le plus léger roulis; nous n'apercevions notre marche que par la vitesse avec laquelle les villages fuyaient sous nos pieds; en sorte qu'il semblait, à la tranquillité avec laquelle nous voguions, que nous étions entraînés par le mouvement diurne; plusieurs fois nous cherchâmes à nous approcher de la terre, jusqu'à distinguer les acclamations qu'on nous adressait et auxquelles il nous eût été facile de répondre à l'aide d'un porte-voix ; en un mot, tout nous amusait. La simplicité de nos manœuvres nous permettait de parcourir des lignes horizontales et obliques, de monter, descendre, remonter et redescendre encore et aussi souvent que nous le jugions nécessaire.

« Parvenus enfin à Luzarche, nous nous déterminâmes d'y mettre pied à terre : déjà le peuple témoignait la satisfaction la plus vive; la foule augmentait; une partie tendait les bras pour ralentir notre chute, tandis que les animaux de toute espèce s'enfuyaient épouvantés, comme s'ils eussent pris notre montgolfière pour un animal vorace. Mais appréciant bientôt par la vitesse de notre marche que nous serions portés sur les maisons, nous ranimâmes notre foyer; sautant alors avec la plus grande légèreté par-dessus les édifices, nous échappâmes à ces premiers hôtes, qui restèrent interdits. Poursuivant ensuite notre route, nous découvrîmes cette forêt immense qui conduit à Compiègne. Connaissant peu la topographie de ce canton, ne voyant dans l'éloignement aucune place favorable à notre descente, et craignant d'ailleurs que nos provisions ne cessassent avant d'avoir traversé les bois, je crus qu'il serait plus sage de mettre pied à terre dans le dernier carrefour distant de treize lieues de Versailles, que de s'exposer à terminer cette expérience par l'embrasement de la forêt.

« Les vessies qui faisaient ressort sous notre galerie rendirent notre descente si douce, que mon compagnon me demanda si nous arrivions bientôt à terre. Je m'emparai de notre pavillon, puis je voulus servir d'écuyer à M. Proust; nous débarrassâmes notre vaisseau des combustibles qui restaient; nos habits, nos instruments, tout fut mis en sûreté.

« Vingt minutes après notre descente, le vent, ainsi que je l'avais annoncé à M. le contrôleur général, en présence de la reine et de M. le comte de Haga, souffla fortement sur le haut de la mongolfière, qui, dans son renversement, entraîna la galerie et le réchaud qui y adhérait; la flamme, s'échappant alors par la grille de ce fourneau, se porta sur quelques cordages de la galerie; les toiles en étaient très-éloignées, nous cherchâmes à les séparer par une section; malheureusement nous restâmes seuls pendant plus d'une demi-heure, travaillant ardemment avec un très-mauvais couteau; le temps était précieux, je craignais que le feu, en se propageant n'occasionnât un embrasement général; mon instrument ne satisfaisant point à mon impatience, je le rejetai; déchirant alors la laine, je l'écartai des flammes; mais, parvenu aux cordages qui retenaient notre galerie, l'usage du couteau me devint indispensable; je le cherchai inutilement; le temps s'écoulait, le feu avait gagné les cordages, et bientôt la galerie; sa substance était très-combustible, il n'y avait plus un instant à perdre, il fallait sauver les pièces essentielles, la calotte et le cylindre étaient neufs; nous séparâmes aussitôt ces deux parties, la curiosité fit accourir deux hommes, dont j'animai l'ardeur par l'espoir d'une récompense; résolu de sacrifier le cône de la montgolfière, qui avait beaucoup servi aux expériences de Versailles et de la Muette, nous transportâmes au loin les objets garantis.

« Les seigneurs des environs arrivaient de toutes parts; le peuple s'approchait en foule : je distribuai la partie du cône pour arrêter le désordre et satisfaire les désirs. M. de Combemale, qui ne tarda pas à contenir la foule, s'empressa de me seconder ; à sa voix, tout le monde obéit, et on conduisit la montgolfière dans un château voisin ; plusieurs personnes nous offrirent leur maison ; nous montâmes à cheval pour nous rendre chez M. de Bieuville, accompagnés de M. le président Molé et de M. de Nantouillet. S. A. S. Mgr le prince de Condé, ayant jugé, d'après le vent, que nous serions portés dans ses domaines, avait ordonné de placer à midi un observateur sur les combles du château ; dès qu'il eut aperçu la montgolfière, il nous expédia quatre piqueurs, qui nous cherchèrent dans la forêt ; le prince voulut bien aussi monter en voiture, ainsi que Mgr le duc d'Enghien et mademoiselle de Condé. Le premier des piqueurs que nous rencontrâmes m'ayant fait part des dispositions favorables de Son Altesse Sérénissime, je priai M. de Bieuville de nous permettre d'accepter cette marque de bienveillance ; ce jeune militaire se prêta à nos désirs avec toute l'honnêteté possible ; il porta même la complaisance jusqu'à nous accompagner au rendez-vous de chasse, appelé la *Table*. Le prince n'y étant point encore arrivé, j'osai me faire conduire au château de Chantilly. »

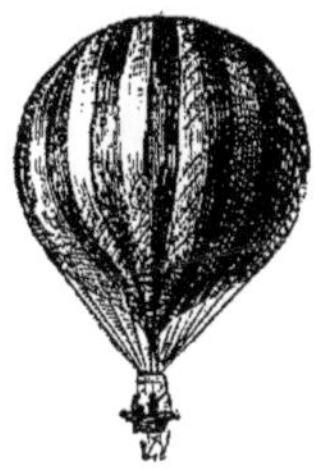

CHAPITRE XIII

SOMMAIRE : Les frères Montgolfier et la direction des ballons. — Opinion de M. Babinet. — Expériences de l'Académie de Dijon. — Guyton de Morveau.

I

La question de la direction des ballons s'était, dès leur découverte, imposée à tous ceux qui rêvaient de faire de la machine nouvelle un agent sérieux de locomotion.

Déjà les frères Montgolfier avaient voulu compléter leur œuvre.

Dès 1783, Joseph écrivait à son frère : « En grâce, mon bon ami, réfléchis, calcule bien ; si tu emploies des rames, il te les faudra faire grandes ou petites ; si elles sont grandes, elles seront lourdes; si elles sont petites, il faudra les faire mouvoir avec d'autant plus de rapidité. Faisons compte sur un globe de 100 pieds de diamètre... » Calcul fait, il conclut que trente hommes ne pourraient pas pendant cinquante minutes manœuvrer un appareil à rames et que, en admettant qu'ils le pussent, la vitesse ne serait pas supérieure à sept ou huit kilomètres par heure. « Je ne vois un moyen efficace de direction, ajoutait-il, que dans la connaissance des différents courants d'air dont il faudrait faire une étude; il est rare qu'ils ne varient pas suivant les hauteurs. »

Ce fut surtout à cette hypothèse que les deux frères se rallièrent et ce fut elle qu'ils prirent pour base de leurs études (1).

(1) M. de Milly présenta à cette époque à l'Académie un mémoire sur la direction des ballons, curieux à plus d'un titre :

« Il s'agit actuellement, dit-il, de la direction des ballons, dont tout le monde parle, et qu'on cherche dans les moyens mécaniques les plus compliqués, tandis que nous avons sous les yeux des modèles de ce que l'on doit employer pour remplir le but qu'on se propose.

« Les uns veulent des voiles, les autres des ailes comme les oiseaux, et d'autres désirent des nageoires comme les poissons.

« Je vais examiner ces trois moyens les uns après les autres, pour tâcher d'avoir un résultat satisfaisant.

« La navigation aérienne diffère de la nautique dans un point essentiel : dans la nautique, les vaisseaux voguent dans un fluide qui les porte, et s'élèvent dans un autre qui est plus de huit cents fois moins dense, ce qui donne la facilité d'employer des voiles. Leur effet est de multiplier les surfaces,

D'autres savants encore faisaient des expériences, mais ceux qui s'étaient occupés de physique s'arrêtaient devant l'impossibilité que M. Babinet a indiquée ainsi il y a quelques années dans une des séances de l'Association polytechnique :

« La théorie de la direction des ballons est absurde, dit-il.

« Comment faire?

afin de recevoir une plus grande quantité de force du fluide qui pousse, pour vaincre la résistance du fluide qui porte.

« Ainsi l'on oppose deux forces inégales, dont on multiplie l'une et diminue l'autre, autant qu'il est possible, par la grandeur des voiles et par la forme du vaisseau.

« Mais dans la navigation aérienne ces moyens ne peuvent pas avoir lieu, parce que le corps porté ne surnage pas ; il reste enfoncé dans le fluide comme un vaisseau submergé qui flotterait entre deux eaux et qui serait emporté par un courant. Dans cette situation, toutes les voiles seraient non-seulement inutiles, mais elles deviendraient très-nuisibles, en ce que, donnant plus de prise à la puissance du courant, et étant élevées au-dessus du centre de gravité, elles feraient chavirer le vaisseau.

« Dans une mer tranquille, leur effet serait absolument nul, et ne ferait que surcharger le vaisseau, qui flotterait entre deux eaux, d'un poids tout au moins inutile.

« Un ballon aérostatique est le corps flottant et submergé dans un fluide ; toutes les voiles ne pourraient que lui nuire, et il faut consulter là-dessus les officiers de vaisseau. Je suis bien trompé s'ils ne sont pas de mon avis.

« Quant au vol des oiseaux et à la marche des poissons, la construction naturelle de ces premiers démontrera toujours, aux yeux des physiciens, que ce n'est pas chez eux que l'on doit chercher. jusqu'à un certain point, des modèles pour diriger les ballons : 1° parce que la nature ayant destiné les oiseaux à habiter plus la terre que les airs, leur construction est mixte et relative à leur destination ; 2° la vélocité du mouvement des ailes dans les oiseaux est presque inimitable, et serait inapplicable aux ballons aériens, qui n'auront jamais assez de solidité pour supporter les efforts nécessaires pour produire un mouvement aussi accéléré.

« Quant aux poissons, leurs nageoires, et surtout la position et le mouvement de leurs queues, semblent indiquer les moyens les plus convenables à la direction des machines aérostatiques.

« Les nageoires sont courtes, larges, et placées un peu obliquement ; la queue, placée verticalement, fait l'office de gouvernail, et l'on voit assez qu'elle a servi de modèle dans l'art nautique à celui des vaisseaux. Les nageoires semblent aussi avoir été le type des rames, et je pense que ce sont là les meilleurs et les principaux moyens qu'on peut employer dans la navigation aérienne : mais les poissons ont un avantage que l'art n'imitera pas aisément ; c'est la faculté d'augmenter ou de diminuer à volonté leur pesanteur spécifique, par le moyen de leur vessie aérienne qu'ils vident pour descendre et qu'ils remplissent pour monter.

« Les ballons suspendus par le moyen du feu auront, à la vérité, la facilité de monter et de descendre, en allumant ou en éteignant les lampes ; mais dans le système des substances *aériformes* l'ascension ne sera jamais aisée, parce qu'on sera toujours obligé de renouveler le gaz, lorsque, pour descendre, on l'aura laissé s'échapper.

« Cependant, si l'on fait attention au peu de force qu'il faut employer pour mouvoir un corps, quelque lourd qu'il soit, lorsqu'il est parfaitement en équilibre, et qu'on observe ensuite le mouvement des ailes d'un oiseau qui plane dans les airs et qui s'élève ensuite, on serait tenté de croire qu'on pourrait monter et descendre par le jeu de deux rames attachées horizontalement par des charnières sur les deux côtés opposés d'un corps suspendu et en équilibre au milieu des airs, lesquelles rames se mouvraient verticalement. Pour monter, il faudrait faire agir les rames ou les ailes artificielles sur la colonne d'air inférieure, et pour descendre l'inverse aurait lieu. Il faudrait, pour obtenir un effet plus complet, que ces ailes pussent se retourner, après avoir appuyé et fait effort sur le fluide, afin que, dans le mouvement contraire, elles ne présentassent que la tranche au même fluide résistant. Un peu d'exercice suffirait pour exécuter facilement cette manœuvre.

« A l'égard du mouvement horizontal, il me paraît démontré que les rames seules suffisent : on peut les faire avec du taffetas, du papier ou du parchemin.

« On doit donner la préférence à la matière la plus légère, et en même temps la plus solide ; je crois donc que le taffetas vernissé ou ciré serait ce qui conviendrait le mieux. Il ne faut pas croire que ces rames doivent être d'une grandeur énorme. Le corps flottant dans l'air étant dans un équilibre parfait, le moindre effort suffira pour le mettre en mouvement et le diriger où l'on voudra, si toutefois les vents, qui sont à la navigation aérienne ce que les courants sont dans l'eau pour les corps qui y flottent, ne sont pas directement contraires. A mettre les choses au pis, on aura toujours dans la naviga-

Machine de Blanchard.

« Comment faire résister et manœuvrer contre les courants des ballons comme le *Flesselles*, par exemple, qui mesurait 120 pieds de diamètre? Il faudrait une force de 400 chevaux pour mettre en lutte à peu près égale avec le vent une voile de vaisseau. Supposez, ce qui est impossible, qu'un ballon pût emporter avec lui une force de 400 chevaux, et ce grand effort ne servirait absolument à rien, car vous appréciez tout de suite que, sous cette pression, votre ballon s'écraserait dans sa fragile enveloppe.

« Supposez tous les chevaux d'un régiment attachés par une corde à la nacelle d'un ballon, vous obtiendriez pour tout résultat de voir voler en éclats votre ballon. »

tion aérienne, au moins la moitié de la boussole pour aller en avant; et peut-être qu'avec de l'exercice les rameurs aériens acquerront assez d'agilité et d'adresse pour aller un peu plus près du vent.

« La forme et la longueur des rames se détermineront par l'expérience et l'usage.

« Je pense, en attendant, que l'on doit d'abord essayer des rames de taffetas ciré ou vernissé, de forme parallélogramme, de 18 pouces de diamètre sur 30 pouces de longueur, sans y comprendre le manche, qui peut être de trois pieds ou environ; le gouvernail doit être aussi de taffetas, de 30 pouces de large sur quatre ou cinq pieds de haut; mais on sent que le gouvernail doit être en proportion avec le volume de la machine aérostatique.

« La manière, à ce que je crois, la plus avantageuse pour la direction des machines aérostatiques, serait de placer le ballon au centre d'une galerie circulaire, dont on entourerait l'aérostat. Cette galerie

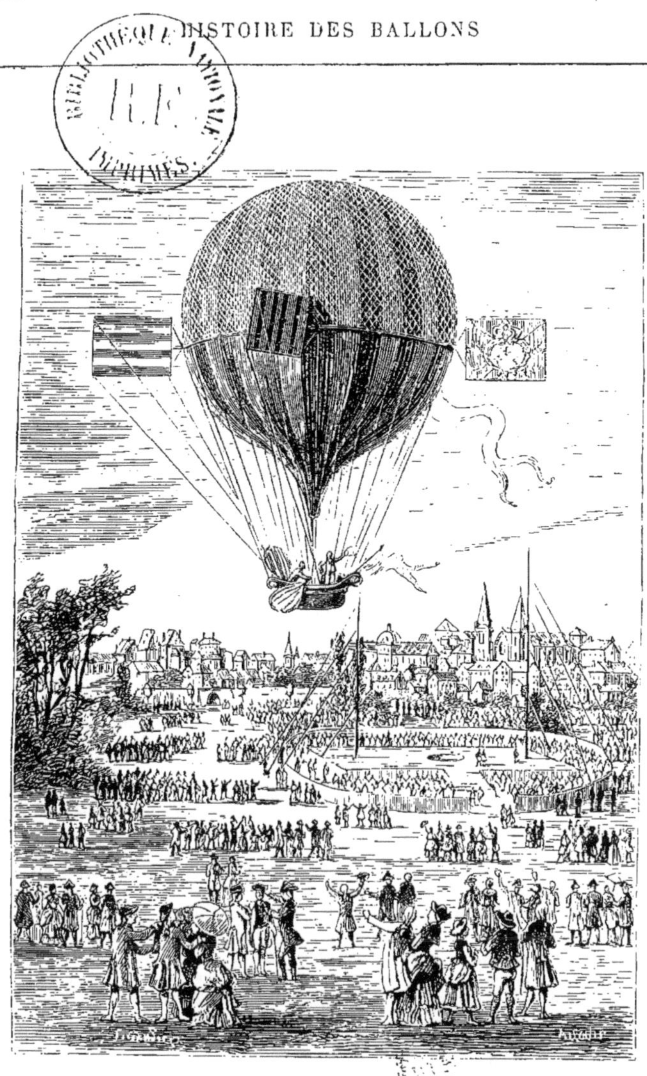

Ascension de Dijon.

Effrayés sans doute par ces difficultés qu'ils ne pouvaient se dissimuler, les savants qui s'occupaient d'aérostation laissèrent passer plusieurs mois sans faire sur la direction des ballons de nouvelles expériences.

serait uniquement pour les rameurs et le pilote. On suspendrait plus bas, au-dessous de la machine et de la galerie, un char ou un vaisseau pour les voyageurs et leurs effets, qui servirait de lest à la galerie, pour la maintenir dans sa position horizontale et l'empêcher de chavirer.

« On sent que l'aérostat étant fixé dans le centre de la galerie, le jeu des rames aurait bien plus

II

Les plus intéressantes et les plus utiles qui aient été tentées hors de Paris pendant l'année 1784 sont à coup sûr celles que fit à Dijon l'Académie des sciences, arts et belles-lettres de cette ville.

Dans sa séance du 4 décembre 1783, cette Académie avait décidé l'ouverture d'une souscription, dont le montant devait être employé à couvrir les frais de la construction et de l'ascension d'un globe aérostatique; « elle annonça en même

d'effet, et s'exécuterait dans tous les sens avec plus de facilité dans les mouvements verticaux et horizontaux.

« La suspension de l'aérostat au centre de la galerie pourrait se faire par le moyen d'un filet, à la manière de MM. Charles et Robert.

« Le char ou le vaisseau aérostatique se suspendrait à l'ordinaire, mais à la distance convenable pour servir de lest à la galerie des rameurs, et la tenir fixée dans sa position horizontale.

« Enfin des mécaniciens, plus exercés que moi, trouveront aisément les moyens de rectifier cette idée, si on lui trouve quelque justesse.

« Si l'on veut perfectionner l'art, il faut consulter la nature, et feuilleter son grand livre avec attention : on y trouvera des modèles dans tous les genres, dont le génie et l'esprit juste feront leur profit.

« Les poissons, que j'ai déjà cités dans le cours de ce mémoire, méritent d'autant plus d'attention qu'ils habitent et se meuvent dans un fluide qui, étant huit cents fois plus dense que l'air, doit opposer une résistance proportionnelle.

« Malgré cela, les nageoires des poissons sont très-petites dans leur dimension, relativement à la grosseur, la longueur et la pesanteur de ces mêmes poissons, parce que, étant dans un équilibre parfait, le moindre effort, la plus petite force suffit pour leur mouvement : aussi l'exécutent-ils dans tous les sens avec une agilité qui étonne. Il ne s'agit, ce me semble, pour la proportion et la place des rames aérostatiques, que d'interroger la nature dans la construction des nageoires, et surtout l'endroit où elles sont placées sur le corps des poissons. On en trouve de construits sur toutes sortes de modèles.

« Enfin le poisson qui peut donner les idées les plus justes sur la chose dont il s'agit est celui que les naturalistes ont nommé *orbis echinatus*. C'est un vrai ballon vivant; sa forme est presque sphérique, et il est à remarquer que les nageoires sont placées au sommet du globe, tandis que, dans les poissons qui sont plus longs que larges, les nageoires sont placées plus bas, c'est-à-dire, plus près de la base. Il est si aisé d'en deviner la raison, que je me dispenserai de la détailler; je me contenterai seulement d'indiquer le modèle.

« L'*orbis echinatus* doit donc servir de type, d'où je conclus que la galerie des rameurs et du pilote doit être placée autour du ballon aérostatique, pour pouvoir le diriger avec sûreté et facilité.

« Si l'on voulait se servir de deux ballons, la galerie se placerait un peu plus bas, et peut-être entre deux; il faudrait encore consulter notre *orbis echinatus;* et le géomètre le moins profond trouvera la proportion des rames par le calcul le plus simple, en disant : Si la sphère vivante, *orbis echinatus*, de tant de pouces de diamètre, exige des nageoires de tant de lignes de longueur et de tant de largeur pour se mouvoir, de combien doivent être celles d'un ballon aérostatique, dont le diamètre sera de tant de pieds? Et si ces nageoires sont placées à tant de lignes du sommet dans le globe *orbis echinatus*, à combien de pieds du sommet doivent être fixées les rames du globe aérostatique de tant de pieds de diamètre, etc.?

« Voilà, ce me semble, une donnée pour les proportions des rames, et l'endroit où elles doivent être placées, dont les géomètres et les mécaniciens peuvent se servir avantageusement : car toutes les circonstances sont égales entre le poisson *orbis echinatus* et un ballon aérostatique : l'un et l'autre sont submergés dans le fluide qui les porte, et leur forme est presque semblable. Le mouvement et la direction du ballon doivent donc s'exécuter par les mêmes principes que ceux du poisson dont je viens de parler.

« Je n'ignore pas qu'il y a quelques personnes qui ont décidé, sans appel, l'impossibilité de temps qu'elle ne s'en occuperait qu'autant que l'expérience serait digne de son objet par le volume du globe et par quelques tentatives pour assurer et étendre le fruit de cette précieuse découverte. MM. de Morveau, Chaussier et Bertrand furent chargés de diriger la construction du ballon, et toutes les opérations nécessaires pour rendre l'expérience complète.

« La rapidité avec laquelle les cent premières souscriptions furent remplies décida cette société à annoncer, dans sa séance publique du 21 du même mois, qu'elle allait faire travailler tout de suite à la construction d'un ballon rempli de gaz inflammable, suffisant pour porter une gondole dans laquelle monteraient deux personnes pour essayer d'en diriger la marche (1). »

L'aérostat, construit sous la direction des commissaires de l'Académie, était en soie recouverte de vernis.

La soupape, « telle que M. Charles l'avait pratiquée, ressemblait exactement à celles que l'on emploie dans les orgues; elle était composée d'un morceau de bois vuidé dans le milieu, aminci sur les bords, et garni en dedans de peau blanche; le clapet, en bois couvert de la même peau, se fermait par le moyen d'un ressort de laiton assujetti par une petite chape de métal, dont les côtés servaient en même temps de guides pour empêcher le clapet de se déranger. Au milieu de la partie supérieure de la chape, on avait pratiqué un trou bien arrondi, et même poli, par lequel on passait le cordon, afin que, de quelque point qu'il fût tiré, cette espèce de pont lui rendît sa direction naturelle pour faire jouer le clapet.

diriger les ballons aérostatiques par aucun moyen quelconque; elles fondent leur opinion sur la résistance du fluide qu'il faut déplacer, et qu'il est impossible, assurent-elles, de vaincre, sans une force considérable qu'on ne peut pas employer dans les machines aérostatiques.

« On pourrait, pour toute réponse, imiter ce philosophe grec, qui se contenta de marcher devant un homme qui niait le mouvement. En effet, pour marcher et changer de position, il faut que mon corps déplace un volume d'air pareil au sien. Cependant je me meus à volonté dans tous les sens : je marche en avant, en arrière et de côté, sans éprouver la moindre résistance et sans faire le moindre effort, parce que toutes les parties de l'air sont en équilibre entre elles, et que, lorsque je me porte en avant, je laisse au fluide que je déplace un espace égal derrière moi, qu'il remplit dans l'instant. La même chose arrive lorsque je plonge dans la rivière, et que je nage entre deux eaux : mon corps est obligé de déplacer un fluide huit cents fois plus dense que l'air, dont la résistance devrait être par conséquent huit cents fois plus grande. Cependant j'exécute tous les mouvements possibles avec à peu près la même facilité, et cela par la même raison que je viens d'exposer. Je pourrais encore citer les poissons, dont la vitesse des mouvements est incroyable, malgré la résistance du fluide dans lequel ils se meuvent ; mais tout cela n'ajouterait rien à l'évidence.

« Enfin, pour peu qu'on ait l'esprit juste, on sentira aisément que tout ce que je viens de dire peut s'appliquer aux mouvements des ballons aérostatiques, à la différence près qu'étant plus légers que l'air, ils ont la pesanteur de moins à vaincre que celle que mon corps est obligé de surmonter dans ses mouvements, et dont je m'aperçois par la fatigue après une longue marche, et surtout en gravissant les montagnes.

« Il est évident que les ballons aérostatiques étant au milieu des airs, dans un parfait équilibre, céderont au plus petit effort, et le mouvement des rames les portera dans tous les sens et sur tous les points où l'on voudra les diriger, lorsque les vents ne seront pas directement contraires; car il faut convenir qu'il y aura toujours entre les deux navigations (lorsqu'il s'agira d'aller près du vent) la différence de la densité des deux fluides, et celle que la position du vaisseau et du ballon doit nécessairement produire; c'est-à-dire que, lorsque les vents souffleront, les machines aérostatiques seront positivement dans le même cas que les vaisseaux qui sont exposés par un temps calme à l'action des courants, parce que les vents, comme je l'ai dit, sont à l'atmosphère ce que les courants sont à la mer; mais les vaisseaux hors du calme peuvent vaincre les courants par le moyen des voiles, au lieu que les ballons aérostatiques n'auront jamais aucun moyen de résister aux vents absolument contraires; les rames ne pourront avoir d'effet que pendant le calme, et avec des vents favorables. »

(1) Description de l'aérostat l'*Académie de Dijon*, p. 2.

« Cette soupape fut placée entre deux morceaux de taffetas verni, assujettis sur le cadre par le vernis et par de petits clous, cousus ensemble tout autour, et ensuite sur l'enveloppe.

« Le cordon passait dans l'intérieur du globe, était reçu dans un fourreau de peau blanche terminé par un cuir, et se prolongeait jusque dans la gondole.

« L'extrémité du tuyau de l'appendice était fermée par une pièce de bois circulaire portant une autre soupape, dont le clapet s'ouvrait en dehors et n'était pressé que par un ressort très-faible, à peine capable de soutenir la ficelle qui descendait à la gondole; ce clapet avait 3 pouces de longueur sur 4 de largeur. Cette *soupape d'assurance* paraissait devoir prévenir toute scissure du ballon par dilatation spontanée, puisque le gaz devait s'écouler facilement à mesure qu'il se raréfiait. »

Le filet, qui devait porter le cercle équatorial et tout ce dont il est chargé, était fait « avec des tresses ou rubans de fil tors de Rouen, de 16 lignes de largeur; les mailles portaient 20 pouces carrés, c'est-à-dire d'un nœud à l'autre, toutes réunies à la partie supérieure par un ruban pareil, cousu sur une pièce de forte toile de 2 pieds de diamètre, renforcée par plusieurs autres rubans croisés et piqués dessus.

« Sur cette espèce de chapeau, on avait encore cousu quatre autres grands rubans pareils, de 18 lignes de largeur; savoir, deux croisés sur le sommet et les deux autres parallèlement sur les bords opposés. Ces quatre rubans étaient ainsi disposés, comme nous le verrons bientôt, pour soutenir d'un côté le gouvernail, de l'autre l'avant, et mettre la machine en équilibre. Le tout ensemble pesait 18 livres, même en y comprenant les cordons d'attache au cercle.

« Le cercle équatorial était formé de quatre grands cercles de frêne, tels que ceux qu'on emploie à relier les cuves. L'écorce enlevée, on les avait dressés sur toutes les faces autant qu'il était possible, sans altérer le fil du bois; on avait ensuite courbé en sens contraire les quatre bouts, en les trempant dans l'eau bouillante, pour les disposer à s'appliquer exactement sur deux tasseaux de bois de tilleul, qui devaient faire saillie à l'avant et à l'arrière. Ils avaient été ensuite fixés sur ces tasseaux par une broche de fer à écrou, et cette partie redoublée par une portion de cercle pareil, collé et ficelé dans toute la longueur; les autres bouts avaient été rentés solidement l'un sur l'autre; on avait collé en dedans et en dehors un large ruban de fil, enfin ce ruban était assujetti par une tresse tournée autour dans toute la longueur, et posée de même à colle forte.

« Ce cercle ainsi garni, nervé dans les endroits faibles, et surtout dans la jonction des tasseaux, pesait 43 livres, y compris la rainure circulaire du gouvernail, le support de son axe de 22 pouces de longueur et son arc-boutant. »

L'avant « était formé d'une pièce de toile mince, tendue sur une tringle de bois perpendiculaire de 7 pieds 4 pouces de hauteur, à 11 pieds du cercle équatorial, et tirée également par deux cordes sur les flancs de l'équateur. Sur cette toile on avait peint d'un côté les armes de S. A. S. Mgr le prince de Condé, protecteur de l'Académie, et de l'autre les armes de la province de Bourgogne.

« Le support de l'avant était courbé sur toute sa longueur, par le moyen d'une corde passant sur un chevalet; il était solidement emmanché dans le taffetas du cercle équatorial; deux tresses partant de la calotte du filet, et attachées vers le chevalet, lui formaient une espèce d'écharpe pour l'empêcher de baisser, et la tringle perpendiculaire qu'il portait à son extrémité antérieure était épaulée par deux petits bras de bois léger, assemblés à tenon et mortaise, nervés et ficelés dans les jointures.

« A la partie supérieure de cette tringle était fixée une petite poulie sur laquelle passait une drille descendant jusqu'à la gondole, et par le moyen de laquelle on pouvait tendre ou détendre à volonté la toile attachée par les deux bouts au filet et au cercle équatorial.

« A la partie inférieure de la même tringle, on avait suspendu une longue *flamme*, comme dans l'endroit le plus à portée de la vue des voyageurs, pour leur indiquer la direction des vents.

« Le gouvernail était formé d'une seule pièce de taffetas de 9 pieds de longueur, de 7 pieds de hauteur d'un côté et de 7 pieds 8 pouces de l'autre; cette pièce avait dans le milieu un fourreau pour recevoir le grand support de bois; elle était tendue sur une espèce de châssis partie en bois, partie en corde.

« Le support est une pièce de bois de sapin de 12 pieds de longueur, de 1 pouce d'épaisseur, de 2 pouces et demi de largeur près du manche jusqu'à l'axe, venant à 14 lignes à l'autre bout.

« A cette extrémité est emmanchée une tringle perpendiculaire, courbée en arc par la corde qui passe sur son chevalet.

« A l'autre extrémité, c'est-à-dire près de l'axe, est un autre arc fendu en deux, ou plutôt formé de deux petits arcs réunis à leurs extrémités, et dont la courbure est en sens contraire de la précédente.

« Le chevalet de ce dernier arc a deux entailles pour recevoir les deux cordes qui passent de chaque côté du support; il repose sur ce support, sur lequel il a la liberté de couler, n'y étant retenu que par un clou à tête plate, qui passe dans une rainure de 4 pouces de longueur.

« Si l'on suppose deux cordes, d'égale longueur, attachées au bout de ces arcs opposés, on conçoit qu'en éloignant ces arcs, ou, ce qui est la même chose, en tirant vers le manche le chevalet de l'arc double, on donnera à ces cordes le degré de tension que l'on jugera à propos, sans craindre de rompre les bois sur lesquels elles tirent, puisque tout l'effet se porte sur la corde qui les tient courbés.

« Une autre corde est tendue de l'extrémité supérieure de l'arc mobile, jusqu'à la roulette qui termine le manche; l'effet qu'elle fait pour attirer hors de la perpendiculaire le bout du grand arc est contre-balancé par la tension de deux autres petites cordes qui passent des deux côtés du taffetas, de sorte que le châssis est aussi solide que si la partie intérieure de l'arc mobile pouvait être tirée au centre avec une force égale à celle de la corde, au lieu que ce bras de levier ne peut être contenu que par une petite corde qui le prend immédiatement sous le manche et qui le tire parallèlement vers l'axe.

« Toute la charpente du gouvernail est en bois de sapin, choisi de fil et sans défaut, nervé dans les jointures, et couvert d'une toile appliquée avec de la colle forte.

« Son axe est à 18 pouces du bout de son manche; le bois est garni en cet endroit d'une platine de cuivre portant un canon. La broche de fer, tournée et polie, qui entre dans ce canon est arrêtée sur un bras de bois de noyer, de 2 pouces d'épaisseur, emmanché dans le tasseau du cercle équatorial, qui est soulagé aux côtés de l'axe par une écharpe de rubans de fil, pareille à celle dont il a été fait mention dans la description de l'avant, et qui lui fait contre-poids. Les bouts de ces rubans sont reportés à différents points du filet sur les côtés pour diviser la charge; et pour que les deux du milieu ne rencontrent pas la corde, lors du déplacement du manche, on les tient écartés par une petite tringle de bois.

« Ce manche est terminé par une roulette très-mobile de bois de cormier, qui entre dans la rainure circulaire.

« Enfin à chaque bout de cette coulisse sont deux petites poulies posées à charnière, sur lesquelles passent les cordes, attachées au manche tout près de la roulette, et qui descendent jusqu'à la gondole.

« La rainure circulaire formant un arc d'environ 70 degrés, chaque révolution entière de ce gouvernail autour de son axe faisait parcourir au point le plus éloigné un arc dont la corde était de 10 à 11 pieds.

« Il pesait en totalité 11 livres 6 onces, et présentait à l'air une surface de 66 pieds carrés.

« Chacune des rames ressemblait à un triangle isocèle, dont la base était en bas; elle présentait à l'air une surface de 24 pieds carrés, qui se repliait facilement lorsqu'elle était frappée par ce fluide du côté convexe, qui reprenait toute sa largeur lorsque la résistance se faisait du côté concave.

« Elles étaient renforcées au point de jonction du manche par deux lames de bois de fil, collées de champ et ficelées sur la renture, et par une large platine de laiton, portant canon pour recevoir l'axe.

« Elles pesaient ensemble 11 livres.

« La gondole, destinée à porter deux voyageurs et leurs instruments, avait 5 pieds 9 pouces de longueur, 13 pouces et demi de largeur à la proue, 25 à la poupe et 3 pieds et demi de hauteur, compris une balustrade à jour de 10 pouces; c'était un simple bâti, d'un bois léger, garni au fond de lambris de sapin, couvert d'un coutil peint au lieu de panneaux et doublé en papier.

« Sur les flancs de cette nacelle, peinte en rouge vif, et au-dessous de la balustrade, on avait écrit en gros caractères, sur une espèce de frise à fond noir, d'un côté : *Aérostate;* de l'autre : *Académie de Dijon*, et sur le devant était représenté un coq les ailes étendues comme pour s'élever, avec cette inscription : *Gallus nunc surgit ad æthera.*

« La gondole, compris la table des rames, une planche servant de banc dans le fond, et une autre planche posée de champ sur le devant pour tenir le lest, pesait 45 livres. Elle était suspendue à 26 pieds du cercle équatorial, ou 14 pieds du ballon, par quatorze cordeaux; savoir, deux à chaque bout contre les montants, deux de chaque côté, aussi le long des mêmes pieds cormiers, et les six autres distribués sur la longueur. Tous ces cordeaux, noués l'un à l'autre dans les endroits où ils se croisaient sur le fond, étaient encore entretenus par deux autres cordeaux également noués avec eux, tournant autour de la gondole, l'un à la hauteur de l'appui de la balustrade, l'autre à 1 pied plus bas; et les 8 cordeaux des angles étaient fortement attachés deux à deux aux quatre pieds cormiers de la balustrade avec un ruban de fil.

« La gondole portait des rames formées d'une tringle de sapin de 9 pieds et demi de longueur, dont 7 et demi de 1 pouce carré d'épaisseur pour recevoir la pale, et 2 pieds de manche arrondis et terminés par une roulette.

« Le fond de la gondole était percé dans le milieu pour recevoir un cordeau de 150 pieds de longueur, portant un *grappin* à trois crochets, et ce cordeau passé dans un nœud coulant qui tournait au-dessous de l'appui de la balustrade, pour qu'on eût en même temps la facilité de le jeter et de tirer sur le fond, lorsqu'il serait retenu ou accroché (1). »

III

Tel était cet aérostat, construit avec les soins les plus minutieux sous les yeux mêmes de l'Académie, dont les commissaires surveillaient jour par jour la mise à exécution de leurs plans.

Les travaux, commencés le 28 décembre, devaient être terminés à la fin de janvier ; mais les froids de l'hiver nuisirent sensiblement à l'édification du ballon. La neige qui couvrait la terre s'opposant à ce que la tente sous laquelle il devait être gonflé fût dressée, il fallut le transporter le 13 février dans le salon de l'Académie « pour l'éprouver, pour la première fois, par l'air commun.

« Le premier projet avait été de n'y faire entrer que du gaz inflammable économique, c'est-à-dire retiré par la distillation de la racine tubéreuse du *solanum ;* mais à mesure que l'on avait avancé dans l'exécution des machines à diriger, nous avions reconnu, disent dans leur rapport les commissaires de l'Académie (2), que notre ballon n'avait pas assez de diamètre pour nous donner avec ce gaz toute la légèreté dont nous avions besoin, et nous avions pris la résolution de l'augmenter par une portion d'environ un quart de gaz inflammable retiré du zinc par dissolution.

« Tous les approvisionnements avaient été faits en conséquence, et on n'attendait plus que les grandes cornues de fer fondu, dont le modèle avait été envoyé au fourneau dès les premiers jours de janvier, et dont le transport n'était retardé que par l'impossibilité de les voiturer dans des chemins de traverse pendant les pluies et les neiges.

« Ces cornues arrivèrent enfin le 22 février ; le 23, à une heure après midi, on en chargea deux qui furent placées dans leurs fourneaux, et une demi-heure après, deux boîtes d'artifice annoncèrent que le premier tonneau de gaz venait de passer dans le ballon.

« On s'aperçut bientôt que ces cornues perdaient le gaz de tous côtés : trois des quatre étaient percées à jour en plusieurs endroits avant d'avoir senti le feu ; la quatrième avait aussi grand nombre de soufflures moins apparentes, qui ne tardèrent pas à s'ouvrir, et dans toutes le tuyau latéral qui, au lieu d'être coulé en même temps suivant l'art, avait été simplement rapporté, n'était soudé que dans quelques points. On ne se rebuta pas ; plusieurs ouvriers travaillèrent avec autant de zèle que d'intelligence, et comme d'émulation à les faire durer jusqu'à la fin de l'opération, on passa sans interruption plusieurs jours et plusieurs nuits à les revê-

(1) Description de l'aérostat l'*Académie de Dijon*, p. 143.
(2) Id., p. 167.

tir de fer battu, à les luter avec différentes compositions, à les placer, les ôter et les remettre successivement au fourneau.

«Malgré tous ces efforts, le ballon se trouvait à peine, le 28, en état de quitter terre de lui-même. On abandonna les cornues, on eut recours à l'acide vitriolique; on eut bientôt épuisé tout ce qui se trouvait dans la ville, il fallut en envoyer chercher à grands frais dans les villes voisines; pour lors on multiplia les appareils au feu. Le 29, le ballon fut tiré de dessous la tente et placé dans le jardin pour achever de le remplir; mais on ne put en venir à bout: les appareils fournissaient considérablement et le volume n'augmentait pas; tout l'hémisphère inférieur restait vide. On avait peine à comprendre d'où cela pouvait venir; ce ne fut que trois jours après que l'on découvrit deux incisions faites à l'enveloppe avec un instrument très-tranchant, à la hauteur du cercle équatorial.»

Malgré tous ces contre-temps, quelques essais cependant avaient été faits déjà publiquement.

Le 29, le ballon, retenu par des cordes, chargé du filet, de l'équateur et d'un tuyau de fer-blanc de 5 pieds de longueur, fut élevé à une hauteur de plus de 130 pieds. Bien qu'il ne fût pas même à moitié plein de gaz et que les trois quarts de ce gaz fussent du gaz de distillation, il portait plus de 260 livres, et avec tant de facilité qu'il ne fut retenu qu'avec la plus grande peine. « Encore faut-il observer, disent les commissaires, qu'il y était entré sur la fin de l'acide méphitique, lorsque les chefs des ateliers, excédés de dégoût et de lassitude, en avaient abandonné la conduite à des manœuvres; c'est ce que nous jugeâmes très-bien, lorsqu'ayant retiré, le 2 mars, une portion de cet air par l'appendice, nous le trouvâmes dans le rapport de pesanteur avec l'air commun : : 10 : 13, et nous ne pûmes le faire détoner qu'après l'avoir passé par l'eau de chaux. Il était bien certain que le gaz acide s'était précipité; car si la masse entière eût été de même nature, il s'en serait fallu de plus de 160 livres que le ballon n'eût pu se mettre en équilibre avec l'air commun (1).»

Les essais furent continués le lendemain 30.

Quoique le ballon eût passé la nuit dehors et eût reçu le givre, il s'éleva de terre, dès qu'il eût été séché par le soleil, et monta aussi haut que la veille. « Cette circonstance, dit Guyton de Morveau, me parut favorable pour juger de l'effet du gouvernail. J'avais pris à tâche de lui donner le plus d'amplitude qu'il serait possible, mais j'avais lieu de craindre en même temps qu'il ne pût se soutenir en l'air, que sa charpente légère ne pût résister aux mouvements ou seulement à l'impulsion du vent sur une surface de 66 pieds, et il n'y avait que l'expérience qui pût me rassurer à cet égard; on plaça d'abord les bois et les toiles de l'avant, comme devant faire contre-poids; ensuite le gouvernail fut posé sur son axe; je pris alors, sous le ballon, une situation correspondante à celle de l'arrière de la gondole, si elle eût pu être suspendue, et je tirai les cordons pour amener le manche à droite et à gauche, précisément comme ils devaient être tirés dans la manœuvre; j'eus la satisfaction de voir que, malgré la résistance de quatre cordes attachées à des piquets pour retenir le ballon, il y avait à chaque mouvement un déplacement sensible de l'arrière; que quoique le vent fût assez fort et tombât presque perpendiculairement

(1) Description de l'aérostat l'*Académie de Dijon*, p. 170.

Nous descendîmes doucement près d'un taillis (p. 133).

sur le gouvernail, je parvenais avec un peu d'effort à lui faire faire sa révolution entière contre ce courant; enfin, qu'il ne pouvait plus y avoir de doute sur sa solidité, puisqu'il était resté quatre heures entières exposé au vent sans pouvoir céder à son impulsion, à cause des cordes, ce qui est sans contredit la plus défavorable de toutes les positions (1). »

Le mauvais temps interrompit ces premiers essais : les pluies continuelles ne permirent pas de laisser le ballon sous la tente, où il était exposé à l'eau, au

(1) Description de l'aérostat l'*Académie de Dijon*, p. 171.

vent, et où les perches, qui se brisaient, menaçaient à chaque instant de l'écraser, et il fallut le mettre en sûreté.

Le temps parut changer le 13 mars, et le jour sembla enfin venu de donner satisfaction à l'impatience des souscripteurs. « On commença à neuf heures à garnir les appareils au bain de sable. Il fallut approcher des charbons allumés des robinets pour les dégeler; à deux heures après midi, le ballon avait pris un accroissement de 8 pieds de hauteur; à trois heures, tous les fourneaux étaient inondés, les trois quarts des bouteilles de verre cassées par le refroidissement subit, la tente percée, et le ballon affaissé sous le poids de l'eau amassée dans ses plis. »

La pluie continua et un hangar dut être construit : les appareils y furent mis à l'abri, mais le ballon même ne pouvait y être placé, et il dut être vidé une fois de plus.

Las de tant de luttes, les commissaires résolurent de suspendre les essais jusqu'à ce qu'un temps moins variable permît de les reprendre utilement.

IV

Ce fut le 24 avril seulement que, le baromètre semblant indiquer une amélioration sensible et durable dans l'état de l'atmosphère, Guyton de Morveau et ses collègues purent se remettre à l'œuvre.

A six heures du soir, le gonflement fut commencé, et, malgré un accident qui survint à deux heures, dans la nuit (1), il était tellement plein à dix heures du matin qu'il fallut laisser perdre le gaz, que les tonneaux fournissaient encore en grande abondance.

L'équipement de l'aérostat ne se fit pas sans difficultés (2), et ce ne fut pas avant quatre heures de l'après-midi que Guyton de Morveau et l'abbé Bertrand purent monter dans la nacelle.

Voici le procès-verbal de cette première ascension :

PROCÈS-VERBAL DE L'EXPÉRIENCE AÉROSTATIQUE DU 25 AVRIL.

« Nous soussignés, commissaires pour monter l'aérostat *l'Académie de Dijon*, avons rédigé comme il suit un premier procès-verbal succinct avant de quitter le lieu de notre arrivée.

(1) « Nous n'avions pas prévu que le dégagement du gaz dût être si prompt : on n'avait arrêté le cercle que par quatre cordeaux jusqu'à ce que l'on pût retourner le ballon, et on avait remis au lendemain à arranger définitivement le filet. Vers les deux heures du matin, le cercle équatorial fut rompu, ainsi qu'un des cordeaux, par la force d'ascension du ballon. On travailla à réparer le cercle, à ramener la soupape au centre du filet, on différa de charger les appareils au zinc, et, malgré cela, le ballon se trouva tellement plein vers les dix heures, qu'il fallut interrompre la communication et laisser perdre le gaz que les tonneaux chargés de fer et de zinc donnaient encore abondamment. On fut même obligé d'ouvrir plusieurs fois l'appendice, sans quoi l'enveloppe aurait pu crever par la dilatation occasionnée par le soleil. »

(2) « Le bras qui portait l'axe du gouvernail était adhérent au cercle; on avait été obligé de le laisser pendant deux mois sous la tente, il s'était tourmenté par l'humidité; l'axe ne se trouvait plus au centre de l'arc creusé pour recevoir le manche, et le vent le fit échapper plusieurs fois de la rainure; on y rapporta une fausse joue; le temps ne permettait pas d'en substituer une autre. »

« Le vent très-fort et tourbillonnant qui s'était levé quelques instants avant notre départ, et qui nous avait déjà repoussés contre terre plusieurs fois de toute la hauteur des cordes qu'on filait, nous ayant fait craindre qu'il ne brisât tous nos agrès, qu'il nous jetât du moins sur la ville, étant précisément au pied du plus haut de ses clochers, nous prîmes la résolution de jeter successivement assez de lest pour vaincre la résistance qu'il nous opposait (1), ce qui l'épuisa en entier, et même partie de nos provisions que nous estimions devoir être de 75 à 80 livres ; mais à peine eûmes-nous dépassé la hauteur des toits de l'église, notre ascension fut si rapide que nous ne vîmes plus son clocher qu'en plongeant et fort au-dessous de nous.

« La forme de notre ballon nous annonçant alors une très-forte dilatation occasionnée à la fois par la chaleur du soleil et la diminution de densité de l'air environnant, nous avons fait jouer nos deux soupapes; mais elles n'ont pas suffi à écouler le fluide, et le ballon s'est ouvert de la longueur de 7 à 8 pouces dans la partie inférieure, tout près de l'appendice, ce qui nous a plutôt rassurés qu'effrayés.

« Nous nous sommes trouvés dans un calme presque plat, au point de nous regarder comme stationnaires; cependant nous nous aperçûmes bientôt que nous étions loin de la ville.

« A cinq heures cinq minutes, nous passâmes sur un village que nous ne connûmes pas, où nous laissâmes tomber un billet attaché à une pelote remplie de son, portant banderoles, lequel annonçait que nous nous trouvions très-bien, que le baromètre était à 20 pouces 9 lignes, le thermomètre à 1 degré et demi au-dessous de zéro, l'hygromètre à 59 degrés de l'échelle de M. Retz et 24 et demi de l'échelle de M. Copineau.

« Nous avions laissé tomber deux autres billets (2), mais écrits au crayon, le froid ne nous permettant plus de tenir la plume; à cinq heures onze minutes, il était à 3 degrés au-dessous de zéro, c'est-à-dire qu'il était descendu de 14 degrés et demi depuis notre départ (3).

(1) « La violence du vent avait tellement alarmé pour nous, que l'on criait de toutes parts de ne point lâcher les cordes; nous avions 79 livres de lest et des bouteilles remplies d'eau pour prendre de l'air, des habits, des provisions et des instruments pesant ensemble plus de 30 livres. Nous jugeâmes d'abord que nous n'avions pas assez de force d'ascension pour vaincre la résistance du vent, et nous nous débarrassâmes de quelques livres de lest. Nous donnâmes ensuite à plusieurs reprises le signal de lâcher les cordes, nous le lisions en même temps sur l'instruction écrite, pour que l'on ne pût douter de notre intention : M. le P. de Virly le répétait à terre, ayant aussi le papier à la main ; mais le vœu général était qu'on ne les abandonnât pas, et il prévalut. Voyant que nous étions toujours ramenés contre terre, souvent dans une situation très-oblique, nous continuâmes de nous alléger, et la force d'ascension devint telle, que l'un de ceux qui s'obstinaient à retenir les cordes, et qui pesait 160 livres, fut enlevé de trois pieds de terre et retomba sur son épaule; il a avoué depuis qu'il avait eu le projet d'attacher la corde à son poignet; on conçoit tout le danger qu'il aurait couru, et auquel il nous aurait nous-mêmes exposés. La dernière corde ne nous fut rendue qu'à quatre heures cinquante-huit minutes; les ficelles par lesquelles nous devions ramener à nous ces cordes pour les couper avaient été forcées, ce qui nous chargea de près de 8 livres, dont nous ne pouvions plus nous défaire.

« Au moment où nous avions quitté terre, on avait observé le baromètre à 27 pouces 6 lignes, le thermomètre à 11 degrés au-dessus de zéro, et le vent était à l'ouest. »

(2) « Un de ces billets a été trouvé quelques jours après, attaché à sa pelote, dans un bois appelé le Varin, entre Cessey et Bressey; la pluie avait détrempé le papier et rendu l'écriture illisible. »

(3) « Cette augmentation de froid annonce que nous nous étions encore fort élevés depuis la dernière observation du baromètre; en effet, nous le vîmes à 18 pouces 10 lignes, et nous en fîmes sur-le-champ la note; mais nous étant aperçus qu'il était sorti un peu de mercure du tube inférieur, nous ne vou-

« Nous observâmes la chute d'un de ces billets à la montre à secondes; il fut sans doute soutenu par le ruban flottant, car quoiqu'il tombât assez perpendiculairement, nous comptâmes cinquante-sept secondes avant qu'il touchât terre (1).

« Le froid vif nous saisit les oreilles, et c'est la seule incommodité que nous ayons éprouvée, et dont nous avons bien été dédommagés par ce sentiment que M. Charles a si bien peint. Nous n'avons qu'un trait à ajouter à son tableau, c'est qu'il nous a paru plutôt affaibli qu'exagéré, lorsque nous avons vu une mer de nuages couler sous nous et nous isoler de la terre; nous répétâmes alors de concert la devise emblématique de notre aérostat : *Surgit nunc gallus ad æthera.*

« Le soleil commençant à baisser, après nous avoir donné le spectacle d'un superbe parhélie (2), nous nous aperçûmes que la partie inférieure de notre ballon s'aplatissait et qu'il était temps de choisir le lieu de descente; nous jugeâmes par la boussole que nous n'étions pas loin de la ville d'Auxonne, et nous crûmes la reconnaître à sa masse, à environ 25 degrés sur notre droite. Nous ne nous trompions pas. Nous prîmes la résolution de faire usage de toutes nos manœuvres pour nous diriger vers ce point; elles avaient été fort endommagées par le coup de vent que nous avions éprouvé à notre départ. Le gouvernail était déboîté, une des rames avait été cassée à l'axe de son manche, et s'était détachée au premier moment où nous en voulûmes faire usage pour nous éloigner de Dijon (3). La rame de l'équateur, du même côté, s'était engagée dans une des quatre grandes cordes filées lors de notre départ, et que nous n'avions pu ramener à nous pour les couper. Il ne nous restait donc que les deux autres rames, qui, se trouvant du même côté, nous ont été absolument inu-

lûmes pas en faire mention avant que d'avoir vérifié si cet accident pouvait influer sur la justesse de l'observation. Ce baromètre avait été construit par le sieur Goubert, sur les principes de M. de Luc, excepté qu'il avait substitué au robinet un piston glissant dans un bouchon de liége enfoncé dans une tubulure adaptée à la branche inférieure au-dessus de la courbure : ce globule de mercure s'était échappé parce que le bouchon s'était un peu soulevé. Nous avons vérifié que cela ne changeait rien à la somme des hauteurs des deux colonnes.

« On sait que l'estimation des hauteurs par la colonne du mercure dans le baromètre n'est pas une mesure bien exacte, surtout au delà d'un certain espace; il s'en faut même beaucoup que les physiciens soient d'accord sur la manière d'en conclure l'approximation la plus sûre : cependant nous croyons qu'il ne sera pas inutile de donner ici notre plus grande ascension calculée d'après les deux méthodes le plus généralement adoptées :

« En comptant, avec MM. Cassini et Maraldi, 10 toises pour chaque ligne d'abaissement au bord de la mer, avec la progression de 1 pied par ligne, on trouvera que l'aérostat s'est élevé à 2 106 toises au-dessus du niveau de la mer, et 2 002 toises au-dessus du sol de Dijon. Suivant la règle de M. de Luc, cet abaissement du mercure indique seulement une élévation de 1 644 toises, et il en faut retrancher 9 pour la correction de l'effet de la chaleur. »

(1) « Il est possible que nous l'ayons perdu de vue avant qu'il ait réellement touché terre; cela devient assez indifférent, puisqu'il n'est pas question d'appliquer ici la règle de la chute des graves, qui donnerait déjà 48 735 pieds pour les 57 secondes. »

(2) « A six heures, le soleil étant à la hauteur de 10° au-dessus de l'horizon, un second soleil vint se placer tout à coup à 6° à peu près du premier, et semblait lui disputer le droit de nous éclairer; il était composé de plusieurs cercles concentriques disposés sur un fond d'une blancheur éblouissante, et les circonférences de ces cercles étaient nuancées de plusieurs couleurs faibles comme un arc-en-ciel qui s'efface. »

(3) « Elle est tombée au-dessus de l'enclos des Argentières, vers Mirande. Plusieurs personnes nous ont assuré qu'elles avaient cru d'abord que c'était un billet que nous jetions. On a observé qu'elle avait mis un temps considérable à arriver jusqu'à terre; le vent l'éloigna sans doute un peu de la perpendiculaire, mais cela n'empêche pas que le point de sa chute ne serve à déterminer notre marche. La hauteur à laquelle nous étions faisait tellement illusion, que l'on a cru à Talant que nous étions directement sur son clocher, ainsi de grand nombre d'autres villages dont nous n'avons pas même approché d'une lieue.

tiles pendant la plus grande partie de notre marche, dans le calme, et même lorsque nous étions portés en tournant, sans courant sensible ; mais étant tombés dans un courant qui nous jetait sur l'*est*, nous fîmes jouer ces rames avec beaucoup de facilité, sans aucun inconvénient, pendant huit à neuf minutes, et elles nous faisaient tellement virer au *sud-est*, point de notre destination, que nous sentions déjà la nécessité de ménager cette force pour dériver quand il en serait temps, surtout n'ayant rien pour nous rappeler à l'*est*.

« Nous espérions donc pouvoir descendre près de cette masse que nous jugions être *Auxonne*, mais nous perdions beaucoup par l'ouverture de notre ballon ; nous entrions alors dans un grand espace couvert de bois; nous nous sentions descendre; nous gardâmes le peu de lest qui nous restait, et qui n'était guère que les planches mobiles qui nous servaient de bancs, pour ralentir la chute, s'il en était besoin ; nous n'en jetâmes qu'une seule; nous descendîmes très-doucement sur un taillis, que nous avons appris depuis s'appeler *le Chaignet*, appartenant à Mme la comtesse Ferdinande de Brun, territoire de la Marche. A peine notre gondole toucha-t-elle l'extrémité des branches, qu'elle se releva avec force; nous saisîmes ces branches pour nous ancrer (1), pour n'être pas jetés sur quelques arbres qui se trouvaient de distance en distance. Nous essayâmes de descendre en tirant les tiges de ce taillis, comme on marche sur mer à la toue; il ne nous fut pas possible. Nous entendîmes du monde, nous appelâmes pour nous aider à arriver à terre; c'étaient des habitants de Magny-lès-Auxonne : l'un d'eux nous répondit qu'il viendrait volontiers, «si nous voulions ne lui point faire de mal;» nous le rassurâmes. Son exemple et nos invitations décidèrent enfin ses camarades, et nous touchâmes terre à six heures vingt-cinq minutes. Dans le nombre des habitants qui s'y rendirent, on a remarqué deux hommes et trois femmes qui se mirent à genoux devant notre ballon.

« A peine eûmes-nous attaché notre aérostat, laissé quelqu'un à sa garde et expédié un courrier pour donner à Dijon de nos nouvelles, nous trouvâmes sur la route de Magny plusieurs personnes qui, nous ayant vus d'Auxonne, venaient à notre rencontre, et qui ont bien voulu signer avec nous ce procès-verbal, rédigé à la cure d'Athée, village voisin de Magny, le 25 avril 1784. Signé : de Morveau et Bertrand, commissaires.

« Signé ensuite : Bidal, curé d'Athée ; Buvée, lieutenant civil et criminel au bailliage d'Auxonne; le chevalier de Suremain, officier d'artillerie; Deneux, officier d'artillerie; Roussot, avocat au Parlement; de Belgrand, maître en chirurgie; Radepont fils, orfèvre; Cornu, entrepreneur; Lagrange, Bellident, Terrier, Lanoud, Rude, Bourotte, Roussel, Frantin, Demartinecourt et Mathey. »

V

Cette première expérience fut bientôt suivie d'une autre.

Les souscripteurs, satisfaits des résultats de la tentative faite, espérant qu'une

(1) « Nous pensâmes bien à faire usage du grapin, mais il était resté à la main de celui qui le tenait au moment de notre départ; le cordeau n'avait pâs été destiné à résister à une force d'ascension aussi considérable que celle que nous fûmes obligés de nous donner. »

seconde en donnerait de plus complets, mirent d'eux-mêmes à la disposition des commissaires de l'Académie la somme nécessaire pour exécuter une nouvelle ascension.

Les changements reconnus nécessaires dans la construction du ballon furent exécutés (1) aussi rapidement que possible (2), et le 12, l'expérience demandée par les souscripteurs put avoir lieu.

(1) « Je décrirai en peu de mots les changements et additions qui nous avaient paru nécessaires.

« On avait été obligé de refaire le cercle équatorial pour la troisième fois, après l'accident du 30 mai, et il fut encore renforcé au point qu'il se trouva du poids de 50 livres : à la vérité, la rainure circulaire du manche du gouvernail, qui fait partie de ce cercle, avait été aussi refaite à neuf, et augmentée dans ses dimensions pour lui donner plus de solidité.

« On avait posé une nouvelle soupape à la partie supérieure du ballon, et on lui avait donné 2 pouces de largeur et 4 pouces et demi de longueur.

« Le manche, qui avait été cassé lors de la première expérience, avait été simplement renté en bois de noyer.

« On avait cru pouvoir conserver pour ces rames les premières poulies à chapes et roue de cuivre : j'ai bien regretté de n'avoir pas fait faire les chapes en fer, comme celles du gouvernail. La roue, renflée par la chaleur, a été serrée dans la chape, et le frottement est devenu très-dur; celle du côté gauche a même refusé absolument de tourner, et il ne m'a pas été possible de lui rendre la liberté en forçant à coups de marteau une lame de couteau entre elle et le devant de la chape; de sorte que la corde à boyau qui passait dessus s'échauffait, et se serait brûlée si je ne l'avais humectée de temps en temps avec de la salive. On conçoit que cet accident a presque doublé la fatigue de cette manœuvre.

« Cette seconde expérience devant se faire dans un temps où les nuages sont très-chargés d'électricité, il était prudent de se mettre en garde contre les explosions; nous ajoutâmes donc à notre machine un conducteur et un électromètre.

« Le conducteur était formé d'un fil de laiton de 1 ligne de diamètre et de 3 pieds de longueur, terminé d'un bout en pointe très-fine, portant de l'autre bout une tresse de faux galon de 6 lignes de largeur, roulée en corde pour donner moins de prise au vent, et de 110 pieds de longueur. Le fil de laiton était courbé vers le milieu pour porter en avant sa pointe sur une ligne oblique, et la courbure formait deux anneaux un peu écartés, dans lesquels passait un cordon de soie qui servait à le suspendre. Ce cordon était attaché par un bout à l'extrémité inférieure de la partie la plus avancée de l'aérostat; il revenait passer dans une boucle de verre posée à la même hauteur et à peu de distance, et de là à la proue de la gondole; de sorte qu'il était éloigné de plus de 20 pieds de la gondole en ligne horizontale, et que les voyageurs pouvaient néanmoins s'en débarrasser en coupant le cordon de soie.

« Ce conducteur était terminé par huit branches du même galon, fixées un peu au-dessus de leurs extrémités, sur un cercle de baleine qui entretenait leur divergence.

« L'électromètre était un vase de verre conique garni à sa base de feuilles d'étain, portant dans le haut une tige de laiton terminée en pointe, à laquelle étaient suspendues dans l'intérieur, par des fils métalliques, deux petites boucles de moelle de sureau. Il était attaché au conducteur par un cordon de soie, de manière qu'il ne pouvait le toucher que par la base.

« Le conducteur, l'électromètre et leurs accessoires pesaient ensemble 10 onces 3 gros.

« Cet appareil occupant la place de la flamme de l'avant, nous en fîmes poser une de chaque côté sur la même ligne, seulement plus rapprochées du ballon.

« Enfin, la gondole portait pavillon de Bourgogne à fond blanc, chargé d'un sautoir écoté rouge. »

(2) Le 29 mai, le ballon avait été enflé d'air commun; nous jugeâmes à propos de le laisser en cet état jusqu'au lendemain soir, pour laisser sécher quelques endroits qui avaient été recouverts de vernis. Nous avions déjà remarqué que l'air enfermé dans ces enveloppes acquérait une chaleur considérable; ce jour même nous avions observé que le thermomètre y était monté à 39 degrés, tandis qu'il se tenait à 23 exposé au soleil : mais lorsque M. de Virly avait imaginé qu'un ballon plein d'air commun, dilaté seulement par la chaleur du soleil, pourrait s'élever, il ne s'attendait pas à voir réaliser sous ses yeux cette conjecture d'une manière aussi frappante.

« Le 30, il s'éleva à midi et demi un vent un peu vif qui commença à agiter le ballon. Deux hommes laissés à sa garde voulurent le retenir par les mailles du filet, les morceaux leur restèrent à la main : il s'éleva d'abord, dans la cour, au-dessus de l'une des perches de 43 pieds, qui avait été placée pour élever le filet, emportant ce filet, le cercle équatorial, et les cordes, du poids de plus de 65 livres, c'est-à-dire près de 250 livres, compris le poids de l'enveloppe.

« Il était retenu par trois cordeaux passés sur une grosse corde tendue entre les deux perches : il en

Le procès-verbal que rédigèrent les deux voyageurs est la relation la plus détaillée qui ait été faite de cette seconde ascension.

« L'objet principal de cette expérience, dit Guyton de Morveau, était l'essai des moyens de direction, dont une partie avait été brisée, au moment de l'ascension du 25 avril, par la violence du vent, et avant que l'on eût lâché les cordes : c'était dans cette vue que plusieurs amateurs s'étaient réunis pour ouvrir une nouvelle souscription.

« Le départ avait été fixé pour la première fois au samedi 12 juin, et annoncé huit jours auparavant par une affiche. Le vendredi 11, on commença, vers les sept heures du soir, à charger les appareils qui ont été décrits dans le procès-verbal de la première expérience.

« Le ballon fut rempli à quatre heures du matin, et le canon annonça que l'on était occupé à appareiller.

« Nous montâmes dans l'aérostat, M. de Virly et moi, à sept heures; nous nous fîmes apporter les quatre cercles attachés au cercle équatorial, qui servaient à retenir le ballon; nous les attachâmes aux quatre coins de la gondole. Six personnes étaient appuyées sur la galerie pour la fixer à terre; nous les invitâmes à s'écarter, et nous partîmes sur-le-champ en nous élevant presque perpendiculairement.

« Il était alors sept heures sept minutes; le baromètre était à 27 pouces 8 lignes, le thermomètre à 15 degrés un quart, l'hygromètre de M. de Saussure à 83 degrés et demi, c'est-à-dire 33 degrés et demi d'humidité, en les comptant du terme moyen.

« Le vent, assez faible, soufflait nord-nord-ouest, et même approchant du nord-quart-nord-ouest, puisqu'au moment de l'ascension, plusieurs personnes jugèrent, à la vue d'une carte sur laquelle les rumbs étaient tracés, qu'il devait nous porter sur Bourg-en-Bresse. Les deux flèches du plan joint à ce procès-verbal indiquent sa direction nord-nord-ouest.

cassa deux, et emporta le piquet du troisième; il sortit de la cour par-dessus un bâtiment situé à l'est; s'étant abaissé dans une autre cour derrière ce bâtiment, le nommé Crosnier, âgé de seize ans, pesant 71 livres, saisit courageusement une des cordes pour le retenir, et la tourna autour de son poignet: il fut entraîné dans l'instant par-dessus un mur de clôture de 9 pieds, et retomba de l'autre côté. Le ballon continua sa route, passa sur la première allée des cours de la porte Bourbon, au grand étonnement du peuple qui accourait pour le voir, et alla tomber à plus de 250 pas, malheureusement sur deux arbres replacés nouvellement, dont les tiges nues le crevèrent sur toute la longueur et en plusieurs endroits.

« Ce phénomène annoncé dans les journaux par l'extrait d'une lettre où j'en avais fait le récit à un de mes confrères, a paru si extraordinaire, que plusieurs personnes m'ont écrit pour me demander si l'on n'avait pas emprunté mon nom pour accréditer un fait qu'elles regardaient comme impossible. Je profite de l'occasion pour leur répéter qu'il n'y a rien de plus vrai, plus de mille personnes en pourraient déposer : mais ce qui vaut encore mieux pour le physicien qu'une multitude de témoignages, ce fait s'explique aujourd'hui facilement par la chaleur que l'air acquiert dans les étoffes enduites de résine. Supposons, par exemple, ce qui approche beaucoup de la vérité, qu'il n'y ait eu dans le ballon que $\frac{27}{36}$ de l'air commun qu'il pouvait contenir, et que la chaleur ait raréfié cet air au point de remplir la capacité totale, voilà 684 livres de matière qui occupent un espace égal à 912 livres d'air, qui doivent par conséquent jouir dans ce fluide d'une légèreté respective de 228 livres; mais nous avons vu qu'une masse d'air, dans les mêmes circonstances, acquérait encore une légèreté indépendante de son état de raréfaction actuelle par la chaleur, dans le rapport de 68 à 71 : la quantité totale doit donc être réduite à 655, au lieu de 684, et la légèreté respective se trouve ainsi de 257 livres; peut-être même que l'air qui a subi cette altération est susceptible d'une plus grande dilatation. Je ne fais état ni du poids du jeune homme enlevé, ni de la force nécessaire pour rompre les cordes; il est évident que ces effets momentanés sont dus plutôt à l'impulsion horizontale du vent qu'à une véritable force d'ascension. »

« Nous étions chargés de 100 livres de lest, 30 à l'avant, 70 à l'arrièrede la gondole, de deux bouteilles pleines d'eau pour prendre de l'air, de provisions, d'habits pour nous défendre du froid, etc., le tout pesant environ 25 livres, non compris les instruments.

« L'abaissement du mercure dans le baromètre était à peine sensible, que la dilatation était déjà considérable. Nous vîmes le ballon très-arrondi, et une légère vapeur autour de l'appendice nous annonçait que le gaz commençait à s'échapper par la soupape d'assurance placée à son extrémité ; nous l'aidâmes à s'ouvrir, en tirant la ficelle qui descendait jusqu'à la gondole ; le fluide en sortit avec tant de rapidité que nous nous déterminâmes à faire jouer la soupape supérieure ; le gaz en sortit avec un sifflement que nous prîmes d'abord pour le bruit d'une chute d'eau. C'est ainsi que nous en avons constamment usé, vidant d'abord la soupape du bas, pour juger de la nécessité d'ouvrir celle de dessus, et cela afin de ménager la force d'ascension et de ne pas nous exposer à voir crever le ballon. La dilatation par la chaleur du soleil et la continuité de l'écoulement du gaz par la soupape supérieure nous firent juger que le ballon s'était ouvert en cette partie. Nous devons à la bonté de nos soupapes, et à l'attention continuelle que nous y portions, d'avoir évité ce danger; mais on verra aussi que cette distraction fréquente a beaucoup nui à nos projets de direction en donnant le temps au vent, quelque faible qu'il fût, de gagner sur nous.

« Pour faire connaître jusqu'à quel point nous avons réussi dans cette entreprise, nous n'avons pas trouvé d'autre moyen que de tracer sur la carte la ligne que nous avons suivie, en indiquant les villages, les bois, les chemins sur lesquels nous avons passé, qu'il nous était facile de reconnaître, n'étant pas fort élevés, que nous nous sommes même fait nommer quelquefois par les habitants, et distinguant avec soin les espaces dans lesquels nous avons manœuvré, et ceux où nous avons été gouvernés par le vent.

« Ayant suffisamment fait jouer les soupapes pour nous tranquilliser sur l'effet de la dilatation, nous observâmes que le vent nous avait portés de notre point de départ, en I, du côté du parc B. Le baromètre n'était descendu qu'à 26 pouces 4 lignes. Nous résolûmes d'essayer les manœuvres à la vue de toute la ville, et de les tourner de l'est au nord; nous reconnûmes avec plaisir qu'elles produisaient leur effet : *le gouvernail déplaçait l'arrière et portait le cap du côté que nous désirions, en changeant chaque fois la direction d'environ* 3 *à* 4 *degrés sur la boussole, ce qui fut estimé très-exactement par M. de Virly sur une boussole portant un second cercle divisé en heures et quarts d'heure.* Le déplacement se trouva de deux divisions ou d'un 96e.

« *Les rames, jouant d'un seul côté, appuyaient le gouvernail et hâtaient le déplacement ; jouant ensemble, elles faisaient aller en avant.* Nous laissâmes Crommoy à peu de distance de notre gauche, le vent nous rejetant sensiblement sur l'est. Nous restâmes là quelque temps stationnaires, ouvrant de temps en temps la soupape, et les flammes pendant à l'avant nous ayant fait connaître que l'air était plus calme, nous portâmes sur Pouilly, et nous en fûmes si peu détournés que nous passâmes entre le parc et le hameau d'Espirey. Il était huit heures; le mercure se soutenait dans le baromètre à 25 pouces 1 ligne.

« Nous restâmes encore quelque temps stationnaires, et quoiqu'il n'y eût aucun

Au moment où nous détachions le réchaud, le vent porta le ballon sur la cime d'un petit chêne. (Ascension de Rodez.)

courant sensible, nous vîmes très-bien que nous tournions sur nous-mêmes, lorsque nous ne faisions aucun usage de nos manœuvres.

« Nous nous en servîmes pour tâcher de revenir à l'ouest de Pouilly ; et, tantôt plus, tantôt moins contrariés par le vent, nous coupâmes en travers le chemin de Dijon à Langres, un peu au-dessus de la fourche du chemin d'Is-sur-Tille. Lorsque ce chemin se trouva pour la première fois sous nos fils à plomb, il était huit heures et demie, le mercure était descendu à 24 pouces 8 lignes, ce qui annonçait que nous nous élevions insensiblement, soit par le progrès de la dilatation, soit par la légèreté que nous acquérions chaque fois que nous ouvrions nos soupapes. L'hygromètre de M. de Saussure marquait 66 degrés.

« Le ciel était toujours serein; mais il s'élevait, d'une infinité de points, des vapeurs formant de petits nuages isolés qui nous paraissaient comme des cônes irréguliers dont la base portait à terre, ou du moins en était très-voisine. Un de ces nuages, et le plus considérable, nous masqua quelque temps la ville, et plusieurs personnes ont jugé que nous l'avions traversé, quoiqu'il fût bien sûrement plus près d'elles que de nous.

« Nous prîmes conseil pour savoir ce que nous devions entreprendre. M. de Virly aurait désiré terminer ce voyage aérostatique par une longue route dans la ligne du vent, de manière qu'il n'y eût plus à diriger que pour choisir le lieu de descente dans un arc de cercle de quelques degrés; mais le vent n'était pas assez fort pour nous seconder dans ce projet. Nous essayâmes de suivre quelque temps la route de Langres; nous manœuvrâmes en conséquence, et, malgré nos efforts, le vent nous fit dériver.

Il commençait à se former quelques plis à la partie inférieure du ballon, et bientôt nous vîmes les objets se grossir à nos yeux; nous descendîmes jusqu'à environ 60 ou 70 pieds de terre; nous demandâmes à quelques paysans qui venaient à nous, comment se nommait le village qui était à notre droite; ils nous répondirent que c'était Ruffey; ils s'apprêtaient à empoigner nos cordes pour nous faire arriver; mais nous nous trouvions sur un terrain couvert d'assez grands arbres; nous avions perdu quelques instants à causer avec eux; nous jetâmes précipitamment cinq ou six paquets de lest, pesant 8 ou 10 livres, nous remontâmes tout de suite, à leur grand étonnement, et à la plus grande hauteur que nous ayions tenue dans cette expérience. Il était neuf heures précises; le baromètre descendit à 23 pouces et une demi-ligne, ce qui donne une élévation d'environ 943 toises.

« Un fait assez important, et qui pourra étonner les physiciens, c'est qu'après avoir donné tant de fois issue au gaz dilaté au point de descendre jusqu'à terre, si nous n'eussions jeté du lest, le ballon se soit ensuite retrouvé assez plein pour courir risque d'éclater; c'est néanmoins ce que nous avons éprouvé, et qui nous a obligés de veiller sans relâche au progrès de la dilatation, et d'ouvrir, de moment en moment, la soupape supérieure. Nous savions que les enveloppes de taffetas verni étaient susceptibles de prendre une chaleur considérable, et que la dilatation devait croître en proportion. Nous avions encore observé, le 3 juin, que notre ballon, rempli aux trois quarts d'air commun, et laissé la nuit à l'air, après qu'on eut mesuré, aussi exactement qu'il était possible, sa hauteur et la base sur laquelle il reposait, s'était trouvé le lendemain, à huit heures du matin, plus élevé de 4 pouces et demi, ce qui annonçait une augmentation de volume d'à peu près 180 pieds cubes. Mais ici, le soleil ne nous avait pas quittés un seul instant, et nous ne pouvions attribuer la condensation qui nous avait fait descendre qu'à la dispersion des vapeurs dont nous avons parlé plus haut, qui en effet avaient disparu subitement, et qui, s'élevant jusqu'à nous, avaient sans doute refroidi l'atmosphère, sans y laisser apercevoir aucune trace sensible. Ces alternatives presque subites de condensation et de raréfaction nous paraissent mériter la plus grande attention. M. Champy, notre confrère, avait placé dans la gondole, au moment de notre départ, un instrument destiné à nous en avertir : c'est un siphon à trois branches dont la première, presque capillaire, communique, par le moyen d'un robinet, à une vessie pleine d'air; la seconde, bien plus grosse, contient une liqueur colorée qui s'élève et s'abaisse à mesure que l'air de la vessie est raréfié ou condensé, et la planche sur laquelle elle est fixée porte des divisions en lignes et pouces cubes, ou parties aliquotes de la capacité connue de la vessie.

« Cet instrument, très-sensible, peut devenir très-avantageux, mais nous croyons que, pour suivre exactement les variations du ballon, il faut le placer de manière qu'il soit dans la même position par rapport à l'impression des rayons du soleil, et surtout que l'air soit de même nature et renfermé dans la même matière.

« L'inquiétude que nous causait cette prodigieuse dilatation me fit penser qu'on pourrait peut-être s'en garantir entièrement en employant l'enveloppe solide. Il suffirait de l'exposer à une dilatation graduée ; on fermerait le robinet lorsque le gaz y serait suffisamment raréfié, et comme le volume ne changerait pas, on gagnerait encore de la légèreté.

« On conçoit qu'il nous fut impossible de manœuvrer pendant tout le temps que dura cette nouvelle dilatation, et nous passâmes sur le bois de Saint-Julien, sur celui d'Arcelot, laissant le village à notre droite. Il est probable que le vent avait alors changé, quoiqu'il ne marquât aucune direction décidée sur les flammes de notre avant, puisqu'il dut nécessairement influer sur notre marche.

« Arrivés sur les carrières de Dromont, qui se trouvaient perpendiculairement sous nos fils à plomb, étant pour lors rassurés sur la dilatation, nous prîmes la résolution de profiter du calme pour nous porter en droite ligne sur Dijon. M. de Virly manifesta cette intention par un billet attaché à une pelote qui pouvait peser deux onces, avec banderoles, qu'il laissa tomber tout près de ce hameau. Sa chute jusqu'à terre, où nous la revîmes après qu'elle fut arrêtée, fut de trente-sept secondes. A neuf heures dix-sept minutes, le baromètre était à 23 pouces 5 lignes, et le thermomètre à 18 degrés.

« *Ayant viré par le gouvernail, nous fîmes force de rames, et nous voguâmes en effet dans une autre direction, sur une longueur d'environ 200 toises.* Nous aurions rempli probablement notre projet, si nous eussions pu suffire au travail qu'il exigeait ; mais la chaleur et la fatigue nous obligèrent à le suspendre. Le vent, toujours très-faible, nous fit repasser une troisième fois le chemin de Mirebeau, et nous tirâmes vers Binge.

« Là, ayant aperçu à très-peu de distance sur notre gauche une petite ville (nous avons su depuis que c'était Mirebeau), nous reprimes courage, espérant pouvoir arriver à quelque lieu déterminé, *et nous fîmes une route d'environ 500 toises.*

« Nous reconnûmes bientôt que, malgré nos efforts, nous tournions sur Belleneuve ; nous passâmes sur ce village. Nous découvrîmes un bois, entre Trochère et Étevaux. Nous nous sentions déjà baisser ; nous nous disposions à jeter du lest pour nous relever ; mais nous préférâmes nous laisser aller, pour prendre à loisir une connaissance plus entière de ce qui nous restait de lest, des choses dont nous pouvions nous débarrasser, et de ce que nous pourrions tenter en conséquence. Nous descendîmes donc assez doucement, quoique avec un mouvement accéléré, sur une pièce de blé entre ce bois et la prairie d'Étevaux.

« Il était neuf heures quarante-cinq minutes ; nous avions encore 15 livres de lest et beaucoup d'effets que nous pouvions laisser. Nous vîmes accourir à nous un ecclésiastique et un grand nombre de paysans ; nous les attendîmes pour savoir précisément où nous étions, car la facilité avec laquelle nous avions d'abord distingué tous les objets à terre nous avait fait négliger la boussole, et des nuages nous avaient ensuite dérobé les points principaux qui auraient pu nous guider. Nous apprîmes bientôt que ce village se nommait Étevaux : c'était le vicaire de ce lieu, accompagné de ses paroissiens, qui venait à notre rencontre.

« Nous étions tellement en équilibre que le moindre souffle nous aurait fait courir à terre, comme si nous eussions glissé. Pour nous fixer, M. de Virly pria un de ceux qui étaient accourus, et qui avait en bandoulière une grosse chaîne en fer, de nous la prêter pour charger quelques instants la gondole ; d'autres nous donnèrent leurs sabots, et nous commencions à gagner assez de poids pour rester immobiles.

M. le vicaire d'Étevaux nous avait fait, en arrivant, les instances les plus honnêtes pour aller prendre chez lui quelques moments de repos ; il nous fit observer que la foule qui accourait de tous les villages voisins gâterait le blé, si nous y restions. Nous priâmes un de ses paroissiens de prendre le cordeau de notre ancre et de marcher devant nous jusqu'à la prairie. Nous avions retiré de la gondole ce que nous y avions mis, et même deux paquets de lest, pour nous élever de terre de quelques pieds. Plusieurs habitants d'Etevaux s'empressèrent d'aider celui qui tirait le cordeau. M. le vicaire lui-même voulut être notre conducteur. Nous fûmes bientôt rendus à la prairie.

« Arrivés à la prairie, nouvelles instances de nous laisser conduire de même jusqu'au village : elles étaient accompagnées de tant de démonstrations de joie et d'amitié que nous ne pûmes nous y refuser.

Arrivés devant le presbytère, nous fîmes attacher les quatre grandes cordes du cercle équatorial, que nous avions ramenées à nous au moment de notre départ, et nous mîmes pied à terre, laissant notre aérostat assez élevé pour que l'on ne pût rien y toucher.

« Nous n'étions pas encore entrés dans la maison, que nous eûmes la satisfaction de voir entrer successivement M. le président de Vesvrotte, M. Amelot de Chaillon, M. le marquis de Sassenay, et plusieurs de nos amis qui nous avaient suivis, à cheval, à travers les champs et les bois, et qui furent bien étonnés d'apprendre qu'ils n'étaient qu'à quatre lieues et demie de Dijon, en ayant fait neuf ou dix.

« Notre expérience n'était pas finie ; et nos agrès étant tout entiers comme à l'instant de notre départ, nous nous proposions toujours d'essayer à quel degré près du vent nous pourrions nous diriger s'il devenait plus fort et plus réglé; nous n'avions pas osé verser nos bouteilles d'eau pour prendre de l'air lors de notre plus grande ascension, dans la crainte de nous délester; nous avions remis cette opération au moment où, le ballon ne pouvant porter qu'un de nous, le jeu des manœuvres serait beaucoup plus difficile. Nous avions cru devoir, pour notre sûreté, placer à l'extrémité de l'avant un conducteur formé par une tresse de galon faux, de 100 pieds de longueur, terminé en haut par une pointe de laiton, en bas par huit branches divergentes sur un cercle de baleine. Nous avions suspendu près de la pointe un électromètre, mais il s'était trouvé trop élevé pour qu'il nous fût possible d'en observer le jeu depuis la gondole; il était intéressant de le replacer plus à portée de notre vue; nous désirions enfin essayer l'effet des rames de l'équateur, pour déterminer la descente, ce qui ne nous avait pas été possible jusque-là, parce que les cordes frottaient trop rudement sur le taffetas, lorsque nous avions voulu le tenter, le ballon plein, et que cette manœuvre aurait pu nous faire illusion lorsque la partie inférieure s'applatissait naturellement.

« Il nous vint en pensée que nous pourrions nous faire mener à la remorque jusqu'à Dijon, comme nous étions venus à Etevaux; nous y avions laissé les appareils tout dressés, et des matières pour remettre en peu d'heures notre ballon au même état qu'il avait été le matin : il nous était donc facile de compléter le lendemain notre expérience sous les yeux de MM. les souscripteurs.

« Nous partîmes d'Étevaux à midi et demi, dans cette résolution; nous prîmes la route de Dijon assis dans notre gondole, quatre habitants d'Étevaux tenant nos quatre cordes, et quatre autres marchant à côté de nous pour soutenir la gondole, qui baissait par la direction qu'on donnait aux grandes cordes pour tirer le ballon. Nous marchâmes ainsi jusqu'à la hauteur de Couternon, c'est-à-dire près de deux lieues et demie, accompagnés d'un nombreux cortége, qui se grossissait à mesure que nous avancions, et recevant sur toute la route, et dans les villages où nous passions, des témoignages marqués de la satisfaction publique. Nous remarquâmes seulement quelques femmes et des enfants en petit nombre qui s'enfuyaient dans les champs à notre approche. Un seul cheval, de tous ceux que nous rencontrâmes, parut prendre l'effroi, et fit passer dans le fossé la voiture à laquelle il était attelé, mais sans aucun accident.

« Lorsque nous passâmes sur les petits ponts vis-à-vis Couternon, il s'éleva de ce côté un vent très-vif qui porta le ballon au nord. Étant arrêté par les cordes, cette force tendait à le coucher ; le cercle équatorial cassa en plusieurs endroits; les rames de la gondole portèrent à terre; tous les agrès couraient risque d'être brisés; la soupape s'ouvrit plusieurs fois par la position que prenait le ballon, et qui tendait le cordon. Il fallut sur-le-champ désappareiller. Un voyageur nous offrit obligeamment de prendre sur le devant de sa voiture, la gondole, ses rames, et tout ce qui pouvait se plier. Nous fîmes porter à la main les bois du gouvernail et les rames de l'équateur. Le ballon ainsi déchargé fut ramené à Dijon jusque dans l'enclos d'où il était parti, et M. le prieur de Mirebeau nous ramena lui-même dans sa voiture à la ville, où nous arrivâmes vers les quatre heures du soir.

« Ainsi, nous n'eûmes à regretter de cet accident que la satisfaction de revenir au point de notre départ dans notre aérostat, conduits à la remorque, et plus encore la possibilité de répéter et compléter l'expérience le lendemain, comme nous nous en étions flattés.

« Après avoir décrit avec l'exactitude la plus scrupuleuse tout ce que nous avons fait et observé, nous croyons devoir ajouter ici quelques réflexions qui peuvent contribuer au progrès de l'art aérostatique et qui auraient interrompu le fil de la narration.

« Lorsque le vent était sensible, la résistance latérale de l'avant décidait peu à peu l'aérostat à prendre une position parallèle au courant, la proue fendant l'air.

« Par un vent moins fort, le gouvernail restant dans le milieu de l'arc de sa révolution, sans y être assujetti, s'est quelquefois présenté le premier, et nous marchions par l'arrière. Quelquefois aussi l'avant et le gouvernail faisaient voile, et nous étions portés quelques instants par le travers. Il nous était facile d'observer toutes ces évolutions, en regardant l'ombre très-prononcée de l'aérostat sur les champs que nous traversions; mais cela ne durait qu'autant que nous ne faisions aucunes manœuvres; le gouvernail seul a toujours décidé la position : le déplacement était plus prompt quand on faisait travailler en même temps les rames de l'équateur, et même de la gondole.

« Pour s'assurer de l'effet du gouvernail, M. de Virly m'avait proposé, dès que nous fûmes élevés, de manœuvrer pour placer à l'avant un chemin qui faisait alignement à l'arrière; je le laissai agir seul; il y parvint en très-peu de temps. Cette expérience a été répétée plusieurs fois avec le même succès, tournant à droite ou à gauche, à volonté.

« Enfin, nous avons observé qu'il serait utile de placer les rames de l'équateur à l'extrémité d'un axe prolongé d'environ 11 à 12 pouces, pour que, dans aucun cas, leur jeu ne fût gêné par le frottement des cordes sur le ballon, ce qui peut être exécuté tout aussi facilement et de la même manière que le point d'appui du centre de révolution de notre gouvernail, qui se trouve solidement établi à plus de 22 pouces de l'équateur; on y gagnera encore la liberté de donner à la surface des pales de ces rames toute l'amplitude dont elles sont susceptibles, et qui n'avait été bornée que dans la crainte qu'elles ne s'approchassent trop du ballon.

« Fait à Dijon, le 15 juin 1784, en l'hôtel de l'intendance, où avaient été invités ceux qui s'étaient trouvés à notre descente, et qui ont bien voulu signer avec nous ce procès-verbal.

« *Signé :* DE MORVEAU et DE VIRLY, et à la suite, DE VESVROTTE, DEMANCHE, AMELOT, le marquis DE SASSENAY, DE MEIXMORON fils, BUVANT, prêtre vicaire d'Étevaux; LEFAY, D'OISILLY, ROYER DUMAY, échevin perpétuel de Mirebeau, alcade des États de Bourgogne; DUMAY, avocat, juge de Mirebeau; LEFEUBRE, conseiller du roi, et RUDE. »

CHAPITRE XIV

SOMMAIRE : Principales ascensions faites en province pendant les derniers mois de l'année 1784 : Metz, 21 mars. — Montraux-l'Étoile, près Paray-le-Monial, 10 avril. — Marseille, 8 et 29 mai. — Aix, 31 mai. — Strasbourg, 15 mai. — Rouen, 23 mai. — Lyon, 4 juin. — Nantes, 14 juin et 6 septembre. — Bordeaux, 16 juin et 26 juillet. — Blanchard à Rouen, 18 juillet. — Rodez, 6 août.

I

L'ardeur aérostatique qui s'était emparée de la province ne se ralentit pas, et les expériences s'y succédèrent chaque mois plus nombreuses (1). L'esprit public, si changeant qu'il soit d'ordinaire en France, restait fidèle à la découverte des frères Montgolfier et continuait à se préoccuper des améliorations à y apporter, des meilleurs moyens de l'utiliser et des applications qui en pouvaient être faites. Le crayon et la plume, dociles à la mode, représentaient des ballons sous toutes les formes et les chantaient sur tous les airs, et, tandis que les éventails, les chapeaux, les rubans, les boutons de manche, les carrosses, les caricatures (2) surtout, célébraient, par leur sujet ou leur nom, l'invention nouvelle, les poëtes faisaient sur le même thème d'innombrables variations. Voici l'une des mieux faites :

(1) « Tout le monde veut répéter la belle expérience de MM. de Montgolfier, chacun suivant ses moyens. Les globes aérostatiques font partie du spectacle dans toutes les fêtes : les ouvriers de Paris ne peuvent fournir aux demandes de la province. Il n'est pas d'amateur, et le nombre en est grand, depuis le seigneur jusqu'au plus petit bourgeois, qui ne veuille lancer son ballon. Les diamètres seulement sont en raison des fortunes. » Lettre écrite d'Orléans le 29 octobre 1783 dans l'*Art de voyager dans les airs, ou les ballons*.

(2) « Une caricature représente, sous le titre du *Volomaniste*, un jeune homme qui glisse sur des patins. Deux petits ballons attachés à sa cravate facilitent sa course. Il porte à la main un médaillon où l'on peut lire ces mots : « J'ai fait parler de moi. » Sur son dos est suspendu un livre qu'un rat dévore et qui a pour titre : « Volcans éteints. » D'après ce détail, on suppose que la satire était dirigée contre Faujas de Saint-Fond, jeune géologue ami et protégé de Buffon, et auteur de *Recherches sur les volcans éteints du Vivarais et du Velay*. Faujas, admirateur ardent des frères Montgolfier, avait provoqué, pour renouveler leur expérience, une souscription nationale ; on se faisait inscrire au café du Caveau, aujourd'hui de la Rotonde, au Palais-Royal. C'est probablement à quoi fait allusion la caricature en montrant au fond, sous des nuages, un caveau où sont un verre et une bouteille, et qui porte pour inscription : « Temple du goût. »

« Sur une autre estampe, inspirée par le manque de réussite de certains amateurs inexpérimentés qui, après avoir organisé une souscription publique, ne parvenaient pas à gonfler leur malencontreux appareil, on indique un *moyen infaillible d'enlever les ballons*. Ce moyen infaillible consiste en poulies et en cordes !... »

Air du *Premier jour de janvier.*

L'autre jour, quittant mon manoir,
Je fis rencontre sur le soir
D'un globiste de haut parage;
Il s'en allait tout bonnement
Chercher un lit au firmament,
Et moi, je lui dis bon voyage!

Dans sa poche un bonnet de nuit,
Pour la lune un mot de crédit,
C'était, hélas! tout son bagage;
Mais avec l'électricité
Dont on l'avait très-bien lesté,
Il pouvait dissoudre un orage.

Le vent devint son postillon,
Un nuage son pavillon,
Chacun le comblait de louanges;
D'après ce secret merveilleux,
On s'en va dîner chez les dieux,
Prendre son café chez les anges.

« Ah! maman, que je suis content,
Disait un fils presque expirant
A sa bonne mère attendrie,
Nous pourrons renvoyer la mort:
Avec un globe, sans effort,
Dans le ciel j'irai tout en vie. »

Sœur Colette, dans son couvent,
A l'aspect d'un globe mouvant,
S'écriait : « Oh! chose effroyable!
Il va pleuvoir dans nos jardins
Des étourdis qui, par essaims,
Répandront un air inflammable. »

De tous les voyages divers,
Celui qui se fait dans les airs
Est la plus plaisante aventure.
Conduit par les simples hasards,
De Saturne on passe dans Mars,
De Vénus, enfin, dans Mercure.

Que les globes auraient de prix,
S'ils pouvaient de nos beaux esprits
Emporter la troupe légère!
Pour loger leurs jolis talents,
Il leur faut des palais roulants
Qui les éloignent du vulgaire.

Mais j'abjure ici les chansons;
Et dans nos transports nous disons :
Montgolfier, ta gloire est complète,
Non de maîtriser les hasards,
Mais d'avoir fixé les regards
Et de Louis et d'Antoinette.

Le même ballon qui avait servi à Blanchard à faire trois voyages en France lui servit dans cette expérience. — Page 156.

II

La première expérience qui ait été exécutée hors de Paris, postérieurement à l'ascension tentée par Blanchard au Champ de Mars le 2 mars 1784, est celle qui eut lieu à Metz le 21 du même mois.

Le ballon en baudruche « qui servit à cette expérience et qui était de 4 pieds 6 lignes de diamètre portait l'inscription suivante : *Aérostat dédié à M. Pilâtre de Rozier, premier navigateur aérien, par les Messins, ses compatriotes, exécuté et lancé à*

Metz par MM. Lallement et Laurian, le 21 mars 1784, à quatre heures après midi. Les personnes qui le trouveront sont priées d'en donner avis à M. Lallement, rue des Allemands, n° 174, à Metz, capitale des Trois-Évêchés. Mademoiselle Pilâtre de Rozier devait lancer ce ballon, mais, s'étant trouvée indisposée, elle fut remplacée par madame la commandante de la citadelle, et l'expérience fut très-belle (1). »

Un aérostat lancé quelques jours plus tard (10 avril) en Bourgogne eut une aussi triste fin que le premier ballon parti de Paris,

Un gentilhomme habitant Montreaux-l'Étoile, près de Paray-le-Monial en Charolais, fit construire un ballon à ses frais et d'après les données contenues dans l'ouvrage de Faujas de Saint-Fond. Il « était fait de papier à lettre de Thiers, collé avec de la colle à pâte faite avec une forte infusion d'ail; sa forme était un prisme quadrangulaire terminé par deux pyramides tétraèdres dont celle de dessous était tronquée. Le prisme avait 16 pieds et demi de toute face. La pyramide du dessus avait 12 pieds et demi de hauteur; celle du dessous, comme elle était tronquée, n'avait que 8 pieds de hauteur; en tout 37 pieds. Il était renforcé de haut en bas par huit bandes de toile de 4 pouces de largeur, dont quatre aux quatre angles, et les quatre autres au milieu des grandes faces.

« Quatre perches de jeune chêne pesant, les quatre, 27 livres, fixaient le bas du ballon. Son réchaud était fait en fil de fer roulé en spirale, dont les tours étaient écartés de 2 pouces, et il avait 20 pouces de diamètre à sa plus grande circonférence, et trente-cinq pouces de profondeur; il ressemblait par sa forme à une cloche de melon renversée. Il était chargé de balles de laine trempées dans de l'esprit de térébenthine mêlé avec de l'huile de noix et de l'esprit-de-vin, ployées dans du papier, et de deux rouleaux de 8 pouces en papier gris, trempés dans la même composition, et contenant de la laine préparée de la même manière, et ficelée très-serré. Il pesait en tout 36 livres. On mit le ballon sur son appareil à midi et demi; on attacha les baguettes qui soutenaient le réchaud par huit fils de fer également tendus, de façon que la grande circonférence du réchaud était à égale distance des angles du ballon, et à 2 pieds de son ouverture dans l'intérieur. A une heure moins cinq minutes, on le chauffa avec de la paille de froment liée en petites bottes, et dans laquelle on avait comme lardé des morceaux de laine. Il fut trois minutes à se remplir; au signal convenu, il partit majestueusement et très-perpendiculairement. Le vent était sud-ouest, le ciel chargé de nuages noirs et épais très-élevés, et au-dessous de ceux-ci on en voyait de beaucoup plus légers. Comme le ballon s'éleva peu de minutes après à la région des nuages inférieurs, ils furent dissipés à l'instant qu'il les eut atteints; ils furent comme dissous à son approche. Il s'enfonça dans la grosse masse; il paraissait alors aux yeux de la grosseur d'un falot (2). »

Le noble amateur, qui envoie à Faujas de Saint-Fond la relation de cette expérience, termine sa lettre en mentionnant le lamentable destin de son aérostat : le ballon tomba à deux heures et demie de l'après-midi (3) près d'un village dont les habitants, très-effrayés d'abord, le prirent pour un nuage; puis, lorsqu'ils l'eurent

(1) Faujas de Saint-Fond, II-333.
(2) Lettre de M. le marquis de Vichy-Chamron à M. Faujas de Saint-Fond, II-283.
(3) Il avait fait en une heure et demie 22 000 toises.

considéré de plus près, ils passèrent de l'effroi à la fureur et mirent en pièces (1) la malheureuse machine (2).

Un mois plus tard, deux négociants de Marseille, MM. Bremont et Maret, firent construire dans cette ville une machine aérostatique de 50 pieds de diamètre. Ils en firent l'essai le 8 mai, mais ils redescendirent à terre au bout de sept minutes, ayant parcouru environ un mille et demi. Le 29 du même mois, ils s'élevèrent une seconde fois avec la même machine et montèrent très-haut ; mais leur ballon prit feu au milieu des airs et ils ne purent qu'à grand'peine regagner la terre.

Quelques jours plus tard, non loin de là, à Aix, un M. Rambaud édifia un aérostat de forme ronde, qui avait 50 pieds de diamètre environ et auquel étaient suspendus une galerie, un grillage et tous les appareils nécessaires. Il s'éleva le 31 mai, resta en l'air dix-sept minutes environ, monta à 2450 pieds et parcourut un espace d'à peu près 1 450 toises. Lorsque l'aérostat revint à terre, Rambaud sauta sur le sol et, dans sa précipitation, oublia de retenir son ballon : la machine, allégée, s'envola comme un trait, mais elle s'enflamma en l'air et donna à la ville d'Aix le spectacle magnifique et encore inconnu d'un incendie aérien.

A l'autre bout de la France, une expérience moins heureuse encore avait été tentée le 15 mai : un ballon qui portait deux voyageurs s'était élevé à Strasbourg, mais il était retombé sur-le-champ.

III

Le bruyant vaincu de l'expérience faite au Champ-de-Mars le 2 mars 1784, Blanchard, pour qui l'aérostation était un métier et qui en vécut jusqu'à son dernier jour, alla faire à Rouen, le 23 mai, son second voyage aérien.

Il partit à sept heures vingt minutes du soir et, après une heure de voyage environ, descendit à quatre lieues de la ville. Son appareil ne lui fut pas plus utile qu'à Paris : bien que, incorrigible, il se fût engagé d'honneur à imprimer à son ballon la direction qu'il lui plairait de lui donner, il ne put lutter contre le vent et en fut le jouet, malgré le secours de ses rames.

Le premier navire aérien qui ait, au nombre de ses voyageurs, compté une femme s'éleva de Lyon le 4 juin. Il mesurait 70 pieds de diamètre et avait pour aéronautes madame Thible et M. Fleurent; il avait été baptisé *le Gustave*, parce que l'ascension devait avoir lieu et eut lieu en effet en présence du roi de Suède. Le voyage dura quarante-cinq minutes, la distance parcourue fut de deux milles, la plus grande hauteur atteinte, 8 500 pieds (3)

(1) « On ne put sauver d'entier qu'une des affiches qui annonçaient le lieu et l'heure de son départ. »

(2) Le correspondant de Faujas de Saint-Fond ajoute : « J'ai fait partir six ballons en papier; j'ai observé qu'il fallait, pour obtenir un départ très-prompt, commencer à les chauffer par les angles; l'air les dilate et les remplit infiniment plus vite que lorsqu'on les chauffe par le milieu. »

(3) Les dames qui prirent part à l'ascension exécutée à Paris par l'un des frères Montgolfier, Pilâtre de Rozier et deux gentilshommes, le 20 mai 1784, ne s'élevèrent point aussi haut.

La très-vaste machine qui servit à cette excursion aérienne mesurait 74 pieds de hauteur sur 50 de

Le 16 juin, à Bordeaux, une montgolfière emportait dans les airs trois voyageurs, MM. d'Arbelet, des Granges et Chalfour. Le voyage dura une heure quatorze minutes et le maximum de hauteur atteint fut 2700 pieds. Les voyageurs prouvèrent à plusieurs reprises qu'il était facile, en diminuant ou augmentant le feu, de s'élever ou de s'abaisser. Ils descendirent heureusement à terre après avoir parcouru une lieue environ.

Dans une deuxième expérience, tentée le 26 juillet, les mêmes aéronautes traversèrent la Garonne et la Dordogne et descendirent à Avioca, à 20 milles environ du lieu de leur départ.

IV

C'est à Rouen encore que Blanchard fit sa troisième ascension. Le 18 juillet, Blanchard, accompagné de M. Boby, partit à cinq heures et quart du soir. « Dans le récit de ce voyage, il dit qu'il s'éleva avec 210 livres de lest. Il avait un thermomètre et un baromètre; ce dernier au moment du départ était à 30 pouces et le premier à 45°; le vent était nord-ouest. Dans sept minutes, le baromètre baissa de 4,76 pouces, et le thermomètre de 40°. M. Blanchard rapporte qu'en agitant les ailes de son bateau il monta et descendit à volonté, et qu'il fut dans une direction différente et en quelque sorte opposée à celle du vent. On lit dans un des procès-verbaux qu'avant de terminer ce voyage il descendit et remonta par trois fois au moyen de ses ailes, pour satisfaire le public. Ceci peut avoir été occasionné par l'élasticité de la machine au moment où elle touchait à terre, ou en jetant du lest et en faisant sortir de l'air inflammable, et cela est d'autant plus probable que M. Blanchard n'a pu, malgré tous ses efforts, produire avec ses ailes rien de semblable dans les différentes expériences qu'il a faites en Angleterre.

« A sept heures et demie, ils descendirent dans la plaine de Puisanval, près Grandcour, éloignée de 15 milles de Rouen. Il restait encore dans le bateau 110 livres de lest.

diamètre. Construite sous la direction d'Étienne de Montgolfier et aux frais du gouvernement, elle devait servir à des expériences faites dans le but d'améliorer la découverte d'Annonay.

Le 20 mai, au faubourg Saint-Antoine, ce ballon, retenu captif, quitta la terre en emportant avec lui huit voyageurs, et monta à une hauteur assez grande pour que ses mondains aéronautes pussent contempler au-dessous d'eux les édifices les plus élevés de Paris. « Le contentement et la joie de ces dames, dit Pilâtre de Rozier dans un discours prononcé par lui quatre jours plus tard à l'assemblée de son Musée, me permirent de tenter plusieurs fois de descendre et remonter à volonté. Enfin la tranquillité qu'elles ont conservée pendant plus d'une heure que dura cette promenade me fit regretter de ne pouvoir répondre au vœu qu'elles faisaient sans cesse de voir abandonner leur char au gré du vent. entreprise hardie pour ce sexe aimable, qui n'avait pas besoin de ce nouveau moyen pour nous convaincre qu'il n'est pas moins intéressant par son courage que par ses grâces. »

Pilâtre ajoute non moins galamment : « Les aimables voyageuses ayant plus d'un titre pour exciter l'intérêt et l'enthousiasme des Français, je me suis cru autorisé à commettre une indiscrétion qui blessera leur modestie, en publiant leurs noms; mais j'ai cédé à mon amour-propre, qui a été vivement flatté de leur avoir inspiré un moment de confiance. Ce sont mesdames la marquise de Montalembert, la comtesse de Montalembert, la comtesse de Podenas et mademoiselle de Lagarde. Ces dames étaient accompagnées de M. le marquis de Montalembert et de M. Artaud de Bellevue, qui furent du même voyage. »

« Un des procès-verbaux, signé par plusieurs personnes, atteste que ce ballon fut rempli dans une demi-heure par M. Vallet. Le dernier procès-verbal que l'on cite rapporte que le ballon resta rempli toute la nuit, et que le jour suivant, l'ayant retenu au moyen de cordages qui ne le laissaient s'élever qu'à 80 pieds, plusieurs dames y montèrent successivement et trouvèrent cette expérience très-agréable et nullement dangereuse.

« L'on fit enfin sortir l'air inflammable, et pour en venir à bout on ouvrit non-seulement la soupape, mais l'on fit encore une ouverture à la partie inférieure du ballon que l'on avait pour cela couché sur le côté, et que l'on comprima; il fallut encore plus d'une heure pour cette opération; de là on peut conclure que si une déchirure de 3 pieds venait à se faire à un pareil ballon au moment où il serait dans l'atmosphère, la perte de l'air inflammable ne pourrait occasionner une chute dangereuse. »

V

Un ballon fut lancé à Rodez, le 6 août de la même année.

Cet aérostat, construit par l'abbé Camus, professeur de philosophie, et Louchet, professeur de belles-lettres, les emporta tous deux à travers les airs et eût été déchiré, lors de sa descente, par les paysans au milieu desquels il était tombé, sans l'énergique intervention des deux amis. L'un d'eux, l'abbé Camus, a laissé de ce voyage une intéressante relation qui prouve une fois de plus quel enthousiasme extraordinaire animait les aéronautes de ce temps-là.

« Le développement de la montgolfière fut si rapide, que l'on eût pu croire qu'elle sortait toute gonflée d'une large ouverture souterraine. L'air était calme, le ciel sans nuage, le soleil très-ardent. Nos combustibles et nos instruments sont mis dans la galerie; mon compagnon, M. Louchet, est à son poste; je prends le mien : à huit heures vingt-huit minutes, je fais lâcher les cordes; nous saluons les spectateurs, et tandis que deux boîtes annoncent que nous allons partir, nous sommes déjà bien au-dessus des édifices les plus élevés.

« Aux acclamations qui avaient précédé notre départ succède un silence général. Les spectateurs, partagés entre la crainte et l'admiration, l'œil fixe, le corps immobile, contemplent avidement la superbe machine qui s'élève presque verticalement avec assez de rapidité et de la manière la plus pompeuse. Des femmes, des hommes s'évanouissent; d'autres lèvent les mains au ciel; d'autres fondent en larmes; tous pâlissent à la vue de notre ardent foyer.

« — Nous avons quitté la terre, dis-je à mon compagnon.

« — Je vous en fais mon compliment, me répondit-il; augmentons le feu. »

« Une botte de paille, imbibée d'esprit-de-vin, accéléra la vitesse de notre ascension. Je promenai mes regards sur la ville, qui fuyait rapidement sous nos pieds. Les objets terrestres avaient déjà perdu leur forme et leur volume. La chaleur brûlante que j'éprouvais à mon poste, avant qu'on lâchât les cordes, avait fait place à la température la plus douce et la plus amie du corps humain; l'air que nous respirions me semblait avoir des qualités bienfaisantes tout à fait nouvelles pour moi. Je dis alors :

« — Que je suis bien, mon cher ami! Comment vous trouvez-vous?

« — Le mieux du monde.

« — Que ne pouvons-nous dépêcher un courrier vers la terre! »

« Aussitôt je jetai une grande feuille de papier sur laquelle j'avais écrit ces mots : *Tout va très-bien. A bord de* LA VILLE DE RODEZ. Ce laconique message fut accueilli avec transport.

« Notre élévation était, à huit heures trente-deux minutes, au moins de 1 000 toises au-dessus du niveau de la mer. Une flamme très-vive et très-claire, de 18 à 20 pieds de hauteur, nous fit monter encore de plus de 400 toises. C'est alors que, dans une circonférence de plus de trois grandes lieues de diamètre, la montgolfière parut s'avancer vers tous les points de l'horizon, planer majestueusement sur toutes les têtes, et prête à descendre aux pieds de chaque spectateur.

« — Rendons notre machine invisible, » me dit en ce moment mon intrépide confrère.

« Je crus devoir modérer son ardeur ; trop de feu pouvait occasionner une déchirure considérable dans l'enveloppe de notre globe.

« Du théâtre mobile qui nous portait, j'avais vu le lieu de la scène la plus imposante s'agrandir par une rapide progression : les bornes de l'horizon étaient prodigieusement reculées. La capitale du Rouergue ne nous paraissait qu'un groupe de pierres, du milieu desquelles en sortait une de 2 ou 3 pieds de hauteur : cette pierre était le superbe clocher de la cathédrale, chef-d'œuvre d'architecture gothique dont la beauté égale l'élévation. Des coteaux fertiles, d'agréables vallons, de hautes montagnes d'où jaillissent des sources innombrables, des précipices affreux, des déserts arides, d'antiques châteaux perchés sur des rocs effrayants, tel est, monsieur, le spectacle infiniment varié que présentent le Rouergue et les provinces limitrophes au voyageur qui se traîne sur la surface de la terre. Mais que la scène est différente pour le navigateur aérien! Nos yeux n'apercevaient qu'une vaste et immense contrée, parfaitement arrondie, un peu enfoncée dans son milieu, embellie de la plus pure lumière, irrégulièrement parsemée de verdure ; mais sans habitants, sans villes, sans rivières, sans vallées, sans montagnes. Les êtres animés n'existaient plus pour nous ; les forêts s'étaient changées en plaines de gazon ; le Cantal, les Cévennes avaient disparu ; des brouillards enveloppaient les Alpes ; nous cherchâmes en vain la Méditerranée ; les Pyrénées se montrèrent à nous comme une longue suite de tas de neige réunis par leur base. Notre globe, qu'on ne voyait de Rodez que comme une très-petite boule, notre globe seul avait conservé pour nous son énorme volume.

« Cependant, monsieur, nos combustibles diminuaient, et le calme était toujours à peu près le même. Dans dix-huit minutes à peine, nous avions parcouru une distance de 2 000 toises.

« — Faites vos observations, me dit en ce moment mon confrère, j'alimenterai le foyer. »

« J'observe le baromètre, les thermomètres et la boussole, et ayant rempli un flacon de l'air que nous respirions à cette hauteur, je prie M. Louchet de ralentir le feu ; nous descendons d'environ 300 toises, et je remplis un autre flacon. Il régnait la plus parfaite harmonie dans nos manœuvres; placés à 15 pieds l'un de l'autre, nous nous voyions, nous nous entendions sans peine : notre voyage fut une conversation continuelle. L'ardeur de mon compagnon augmentait la mienne.

« Enfin nous sentîmes l'haleine rafraîchissante d'un léger zéphyr qui nous portait mollement vers le sud-est.

« — Éole exauce donc nos vœux! me dit M. Louchet.

« — Oui, mais un peu tard. »

« Dans six minutes, nous parcourûmes plus de 3 000 toises. Alors, n'ayant plus que les combustibles nécessaires pour choisir le lieu de notre débarquement, nous délibérâmes si nous ne terminerions pas là notre navigation aérienne. Nous n'avions ni eau, ni forêt à craindre; assurés d'ailleurs d'éviter le danger du feu, en détachant le réchaud à quelque distance de terre, nous prîmes le parti d'aller en avant et de descendre au hasard. A huit heures cinquante-huit minutes, tout notre approvisionnement se trouva consommé, à la réserve de deux bottes de paille du poids de 4 livres chacune, destinées à rendre notre descente plus douce. La montgolfière baissait sensiblement depuis quelques secondes; les objets terrestres reprenaient leurs formes et leurs dimensions. Les animaux fuyaient à la vue de notre globe, qui semblait devoir les écraser de sa chute. Les cavaliers étaient obligés de mettre pied à terre et de conduire leurs chevaux. Effrayés par un phénomène si extraordinaire pour leurs yeux, les habitants de la campagne abandonnèrent leurs travaux. Nous n'étions plus qu'à 100 toises de terre. Nos deux bottes de paille jetées dans le réchaud produisirent l'effet que nous en attendions : mais en ralentissant notre descente, elles prolongèrent notre marche. Nous rencontrâmes bientôt un écueil qu'il nous fut impossible d'éviter. Au moment où nous détachions le réchaud et où la montgolfière allait terminer heureusement sa course, le vent, dont la force diminuait peu à peu, la porta doucement sur la cime d'un petit chêne isolé. Je descends avec la plus grande facilité; M. Louchet ne peut le faire au même instant que moi, ce qui donne lieu à un événement que nous n'avions pas osé espérer. Allégée du poids de mon corps, la montgolfière se dégagea d'elle-même, à la grande surprise de tout Rodez, qui, en voyant tomber le réchaud, avait cru la voir tout en feu. L'aigle perché sur un arbre s'élève moins rapidement dans les airs que notre globe ne se releva de dessus le chêne qui l'avait empêché de se poser sur le gazon. Aussitôt que j'eus pris terre, je cherchai des yeux mon compagnon; mais que je fus agréablement surpris de l'entendre crier au-dessus de moi :

« — Tout va bien, soyez tranquille. »

« Je me rappelai la protestation qu'il m'avait faite plusieurs fois de n'abandonner la machine qu'au moment où elle ne pourrait plus le porter; et ce n'est point, je vous l'avoue, monsieur, sans une espèce de jalousie que je le vis remonter à une hauteur de 1 400 à 1 500 pieds. La montgolfière, après avoir parcouru un espace d'environ 600 toises, sans éprouver d'inclinaison sensible, descendit lentement, à neuf heures quatre minutes, au delà du village d'Inières, à une distance de plus de 7 000 toises du lieu de notre départ. Quand elle eut touché terre, elle se releva de 2 ou 3 pieds et redescendit bientôt. M. Louchet s'élança hors de la nacelle, et, saisissant en même temps une des cordes, il eut beaucoup de peine à retenir la machine, qui faisait de nouveaux efforts pour s'échapper. Il se trouva seul pendant quelques minutes. Enfin parurent plusieurs paysans qui n'osaient approcher. Il leur cria, en un jargon qui n'était ni français ni patois, de venir à son secours; mais il était à leurs yeux un vrai magicien, qu'un monstre énorme, soumis et docile à sa voix, portait à travers les airs. Il leur fallut du temps pour se résoudre à manier les cordes pendantes au globe : ils semblaient craindre que, s'ils y touchaient, le monstre ne les dévorât. Huit ou neuf minutes après la descente de M. Louchet, j'arrivai presque hors d'haleine, et je le félicitai en souriant d'avoir si bien choisi le lieu de débarquement. La machine était dans le même état qu'avant notre départ. Nous voulûmes d'abord la laisser se vider d'elle-même; mais comme, trente-six minutes après, elle n'était encore affaissée que d'un tiers; comme d'ailleurs le vent la fatiguait et que nous étions exposés à un soleil très-chaud, nous la désenflâmes à force de bras; et, après l'avoir pliée, nous la mîmes sur une charrette courte et étroite, traînée par deux bœufs. »

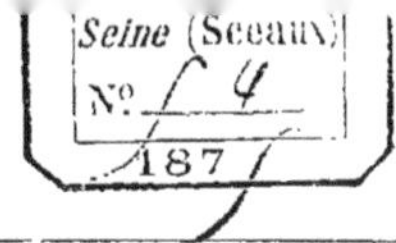

... Lunardi monta dans la nacelle avec Biggin et madame Sage. — Page 154.

CHAPITRE XV

SOMMAIRE : Expériences aérostatiques faites hors de France pendant les derniers mois de l'année 1784 : Lunardi, Blanchard, Sheldon et Jeffries à Londres ; Sadler à Oxford. — Explosion d'un ballon.

I

Tandis que de hardis aéronautes s'élevaient ainsi de tous les points de la France, le reste de l'Europe, où la découverte des Montgolfier avait d'abord soulevé tant d'enthousiasmes et rencontré tant de partisans, semblait s'en désintéresser, et l'Angleterre est le seul pays où des ascensions aient été tentées dans les derniers mois de l'année 1784.

Le premier voyage aérien qui ait été effectué au delà de la Manche fut exécuté à Londres le 14 septembre 1784 par l'Italien Lunardi (1).

« Le ballon fut fait de soie enduite d'un vernis à l'huile, et peint alternativement par bandes, de bleu et de rouge. Il avait 33 pieds de diamètre ; un filet en recouvrait environ les deux tiers, duquel partaient les cordes qui allaient se rendre à un cerceau situé au-dessous, où était attachée une galerie. Ce ballon n'avait point de soupape ; son col en forme de poire était la seule ouverture qui servait à introduire l'air inflammable, et à en faciliter l'issue. »

L'aérostat fut transporté le 14 septembre 1784 sur « une place nommée *Artillery Ground*, choisie pour l'expérience. L'on commença dans la nuit de le remplir avec de l'air inflammable, retiré du zinc à l'aide de l'acide vitriolique affaibli. Ce mélange se fit dans deux tonneaux très-grands. On continua cette opération toute la nuit et le jour suivant, jusqu'à une heure et demie après midi : le ballon se trouva plein aux deux tiers environ ; mais comme le moment fixé pour l'expérience était déjà passé, et que le public murmurait, on le retira de dessus les tonneaux et, après avoir essayé sa force d'ascension, l'on y attacha la galerie à laquelle étaient fixées deux rames ou ailes, et Lunardy monta avec Biggin et madame Sage, qui devaient l'accompagner dans ce voyage ; mais ils trouvèrent que le ballon n'avait pas de force suffisante pour les emmener tous les trois, et Lunardy s'éleva seul à deux heures

(1) Observons à ce propos que c'est par un Italien déjà et en Italie qu'avait été exécuté le premier voyage aérien fait hors de France et que le premier ballon lancé en Angleterre l'avait été encore par un Italien (Zambeccari).

environ, ayant avec lui un pigeon, un chat et un chien. L'ascension ne fut qu'un jeu.

« Le ballon, s'étant élevé à environ 20 pieds, suivit une ligne horizontale et descendit peu après; mais la galerie avait à peine touché la terre que Lunardy jeta du sable qui lui servait de lest, et monta d'une manière triomphante au milieu des acclamations d'une foule considérable de spectateurs, dont la plus grande partie doutaient de la réussite de cette expérience et regardaient les récits venus de l'étranger comme fabuleux. Ils croyaient qu'on ne devait entendre le mot *voyage aérien* que dans le sens figuré; ce qui était le sentiment général avant la découverte de M. de Montgolfier.

« Le ciel était bien découvert, et l'air tempéré; le vent était sud-est par est, de sorte que le ballon fut porté dans la direction de nord-ouest par ouest, s'élevant à une grande hauteur (1). »

En passant au-dessus de l'église Saint-Paul, Lunardi jeta à terre un drapeau qu'il tenait à la main et agitait depuis son départ, puis l'une des rames avec lesquelles il avait la prétention de se diriger.

Le ballon s'éleva à une très-grande hauteur, rencontra alors un autre courant et fut porté vers le nord.

A trois heures et demie, il s'abaissa jusqu'à raser le sol, au-dessus des communes appelées South Mimams, et Lunardi en profita pour déposer à terre un de ses compagnons de voyage, le chat, qui était à demi mort de froid; puis, jetant du lest, il remonta (2) et reprit sa course aérienne.

Une heure plus tard à peu près, il descendit (3) au milieu d'une vaste prairie sur le territoire de la paroisse de Standon, dans le comté d'Hertford, et, plus heureux que nombre de ses devanciers, ne vit point à son approche fuir les paysans, qui l'aidèrent au contraire dans ses manœuvres. Il ne tarda point à être rejoint par une foule de curieux, dont plusieurs le suivaient depuis son départ de Londres.

(1) Tibère Cavallo, *Histoire et pratique de l'aérostation*, p. 126.

(2) « Lunardy rapporte, dans le récit qu'il a donné de son voyage, qu'il descendit au moyen de la rame qui lui restait, et qu'il dit être de son invention, quoique plusieurs personnes s'en fussent servies avant lui. Il peut se faire qu'il y eût quelque légère différence dans la forme; mais comme il rapporte qu'il jeta du lest quand il remonta, il est plus naturel de croire que la descente de la machine ne fut occasionnée que par la perte de l'air inflammable; puisque, s'il eût descendu par l'action de la rame, cette action cessant, il aurait dû remonter. » (Cavallo, p. 126).

(3) « M. Lunardy nous assure qu'il descendit encore cette dernière fois au moyen de sa rame. « Je « repris, dit-il, ma rame pour descendre, et dans quinze à vingt minutes j'en vins à bout avec beaucoup « de fatigue, mes forces étant presque épuisées. Mon principal soin était d'éviter une secousse violente « en touchant la terre, et la fortune me favorisa.» Sa crainte d'un choc violent semble montrer qu'il descendit plutôt en raison de la pesanteur du ballon, du bateau, etc., que par l'action de sa rame, et ceci est assurément plus probable, parce qu'il dit que longtemps auparavant il avait jeté le peu de sable qui lui restait, les couteaux, les fourchettes et une bouteille vide, enfin tout ce dont il put se défaire, de sorte qu'une quantité d'air inflammable devait s'être échappée du ballon avant sa descente, ce qui suffisait bien pour en être la cause.

« Il paraît qu'il n'avait d'autre instrument de physique qu'un thermomètre, qui descendit à 29° d'après son rapport. Les gouttes d'eau qui se rassemblaient autour du ballon étaient gelées. » (Id., p. 126).

II

Le second voyage aérien exécuté en Angleterre le fut par Blanchard et un professeur d'anatomie à l'Académie Royale, M. Sheldon, le premier Anglais qui osa monter dans un ballon.

Cette expérience eut lieu au petit Chelsea, à deux milles environ de Londres, le 16 octobre 1784.

« Le même ballon qui avait servi à Blanchard à faire trois voyages en France lui servit dans cette expérience ; le seul changement qu'il y fit fut d'ôter le cerceau qui servait d'équateur et le parasol, dont l'expérience avait démontré l'inutilité. Il avait adapté à une extrémité du bateau une espèce de ventilateur qu'on pouvait mouvoir en rond au moyen d'un manche. Ce ventilateur, avec les ailes et le gouvernail qu'il avait dans son premier voyage, devait lui servir à différentes manœuvres ou à se diriger à volonté, ce qu'il avait souvent promis de faire aussitôt qu'il serait un peu élevé. »

Rempli en une heure et demie, le ballon était gonflé à midi ; la nacelle y fut suspendue et tout de suite les deux aéronautes s'y placèrent, portant avec eux des instruments de physique et aussi de musique, du lest et des rafraîchissements.

Neuf minutes plus tard, le ballon quittait la terre, mais, trop chargé, il ne put s'élever et, retombant aussitôt, il alla se heurter contre un mur.

Les voyageurs durent, pour alléger la machine, jeter à terre tous les objets qui ne leur étaient pas absolument indispensables.

L'aérostat, déchargé d'un poids considérable, fut de nouveau livré aux vents, et avec plus de succès cette fois que lors de la première tentative : le globe s'éleva de terre très-rapidement, « dans une direction presque perpendiculaire, et sa marche fut presque sud-ouest ; le ciel étant couvert, on le perdit bientôt de vue ; mais tout le temps qu'on put le voir, elle parut ne pas changer de direction (1).

« Le ballon, devenant trop chargé de deux personnes, commença à descendre, les ayant tenues en l'air environ une demi-heure. Comme le baromètre avait reçu un choc, qui l'avait rendu incapable de servir à indiquer le temps où le ballon montait ou descendait, M. Blanchard imagina une méthode très-aisée, qui remplit bien son but. Il attacha à l'extérieur du bateau un ruban, qui, étant soulevé par l'air, leur indiquait qu'ils descendaient : des plumes très-légères auraient encore mieux réussi. »

(1) « Dès le moment du départ l'on se plaignit beaucoup, et avec raison, de ce que M. Blanchard ne montrait aucune des manœuvres qu'il avait promis d'exécuter : il donna pour excuse que le manche d'une des ailes avait été jeté par mégarde, avec beaucoup d'autres objets, à l'instant de son élévation. En agitant une espèce de ventilateur et le gouvernail, il pouvait faire tourner le bateau et le ballon autour de l'axe vertical qui leur était commun ; mais l'aile dont M. Blanchard dit s'être servi avec quelque succès semble n'avoir pas dérangé la machine de la direction du vent : puisque si l'on vient à tirer une ligne droite, sur une carte géographique, entre Chelsea et Rumsey (*lieu de la descente*), elle touche tous les endroits sur lesquels passa M. Blanchard, et dont il parle dans le récit de son voyage. »

.... et sic.
Protinus æthereâ tollit in astra via

VINCENT LUNARDI ESQ.r

Secretary to the Neapolitan Ambassador, and the first aerial Traveller in the English Atmosphere
Sept.r 15 1784.

Une bouteille jetée hors du ballon permit aux aéronautes de prolonger leur voyage de quelques instants. Enfin l'aérostat s'en alla descendre dans une prairie, près du village de Sunbury, dans le Middlesex, à environ 14 milles de Londres.

M. Sheldon descendit de la nacelle et, une demi-heure plus tard (1 heure 20), Blanchard, emportant avec lui une quantité de lest à peu près égale au poids du professeur d'anatomie, reprenait son voyage forcément interrompu.

Au rapport de Blanchard, il fut, dans cette seconde ascension, « entraîné par un courant nord-est ; et, peu après, remontant un autre courant, il fut porté à l'est-sud-est de Sunbury ; mais s'apercevant que le ballon était trop distendu, il ouvrit la soupape située à l'extrémité supérieure et descendit dans le courant du nord-est : il était alors une heure vingt-six minutes. Quatre minutes après, il entra dans un brouillard très-épais, et y resta cinq minutes; ce brouillard fit éprouver au ballon un degré de contraction considérable. A une heure trente-huit minutes, la chaleur du soleil devint excessive; alors il reprit son premier état de distension. M. Blanchard dit que, dans le cours de ce voyage, il monta si haut, qu'il éprouva une grande difficulté de respirer (1). »

Le froid devenant insupportable, Blanchard se mit à descendre et se rapprocha de terre assez pour voir les hommes et entendre leurs voix; puis il s'éleva encore et continua ainsi sa course, tantôt s'éloignant du sol, tantôt le rasant pour ainsi dire, pendant plusieurs heures.

A quatre heures et demie enfin, le voisinage de la mer le décida à prendre terre et il descendit dans une plaine, près de Rumsey, dans Hampshire, à 75 milles environ de Londres (2). Cette mer, qui l'arrêtait alors, devait quelques mois plus tard être franchie par lui.

III

Un mois plus tard à peu près (12 novembre), un second Anglais, qui depuis devint célèbre comme aéronaute, M. Sadler s'élevait d'Oxford (3).

Cette ascension eut ceci de remarquable que l'aéronaute en fit seul tous les préparatifs.

Le ballon fut gonflé dans le « jardin des médecins », d'où il devait partir, avec de l'air inflammable, et un peu avant une heure Sadler monta dans la nacelle, attachée par des cordages au filet qui enveloppait l'aérostat.

Trois minutes plus tard, le globe, perdu dans les nuages, avait échappé aux regards humains, mais il reparut pour disparaître encore et de nouveau se montrer.

Très-rapidement il atteignit ainsi, visible tantôt et tantôt caché, une grande hauteur; mais une déchirure qui s'était faite au ballon peu après son départ amenait une constante déperdition de gaz et Sadler dut, pour prolonger son voyage, sacrifier tour à tour son lest, ses provisions, ses instruments et tout ce qu'il avait emporté avec lui.

Quand sa nacelle fut vide, il descendit et prit terre à Hartwell, près Aylesburgy, à 14 milles environ d'Oxford; son voyage n'ayant duré que 17 minutes, il avait parcouru plus d'un mille par minute.

(1) « Il rapporte une autre circonstance assez intéressante. Il avait un pigeon dans son bateau : une vessie remplie d'air vint à crever, l'animal fut effrayé et s'envola; il eut bien de la peine à se soutenir dans l'air d'une région si élevée; ce pauvre animal vola longtemps aux environs de l'aérostat, et, ne trouvant point d'autre endroit, vint enfin se reposer sur un des bords du bateau. »

(2) « Les instruments de physique qui restèrent aux voyageurs après en avoir jeté plusieurs, au moment de la première ascension de la machine, furent dégradés, au point de ne leur servir que de lest; ils ne les employèrent à aucune observation, ils n'examinèrent pas même le thermomètre. »

(3) « L'on a rapporté dans les papiers publics que M. Sadler s'éleva à Oxford, le 4 octobre, avec un ballon à air raréfié, mais d'après des informations bien faites, dit Cavallo, l'on a trouvé que personne n'avait été témoin de cette expérience. »

La descente fut assez difficile et périlleuse : l'aérostat était tombé sur un arbre ; il ftu jeté à terre et traîné par le ballon qui se releva pour n'aller retomber qu'à une très-grande distance. Sadler, plus favorisé que la plupart de ceux auxquels est depuis lors arrivé le même accident, n'eut aucun mal.

Le 30 du même mois, Blanchard fit à Londres, dans le ballon qu'il avait apporté de France et dont il s'était déjà servi en Angleterre, une seconde ascension.

Accompagné d'un Américain, le docteur Jeffries, il parcourut 21 milles et alla descendre sur le bord de la Tamise, dans la paroisse de Stone (comté de Kent), sans qu'aucun incident eût marqué sa course (1).

IV

Toutes les tentatives faites ne réussirent pas aussi bien : loin de là.

Cavallo parle de deux grands aérostats, qui, faits à Londres d'après les principes des Montgolfier, y furent brûlés sans avoir pu s'élever : « savoir, un dans le mois d'août, et l'autre en octobre. Le défaut du succès de la première expérience fut attribué à une très-mauvaise construction ; celui de la seconde, particulièrement à l'imperfection de sa forme, et aussi parce qu'on l'avait enduite d'un vernis à l'huile ; les couleurs en détrempe, l'alun, et d'autres substances de cette nature, qui sont peu combustibles, auraient dû être employées (2). »

Mentionnons, en terminant ce résumé rapide des tentatives aérostatiques faites à l'étranger pendant les derniers mois de l'année 1784, une assez singulière expérience qui fut faite en Angleterre et qu'une lettre de Watt au docteur Lind de Windsor raconte ainsi :

« L'histoire du ballon de M. Boulton, destiné à faire explosion, est comme je vais le rapporter. Il fit un ballon de papier fin, et le recouvrit d'un vernis à l'huile. Il avait à peu près 5 pieds de diamètre ; il le remplit d'une partie environ d'air atmosphérique et deux parties d'air inflammable retiré du fer. Il attacha à son col une fusée ordinaire ou un serpenteau, auquel était fixée une mèche d'environ 2 pieds de long, disposée de manière à brûler promptement par l'extrémité qui communiquait avec le serpenteau. Quand le ballon fut rempli, l'on mit le feu à la mèche, et on le laissa partir.

(1) « M. Blanchard, rapporte Cavallo, avait pour cette fois des ailes ou rames, qu'il faisait mouvoir très-rapidement, mais leur action sembla ne produire aucun effet. Il fut porté dans une direction d'est par sud, et traversa Londres. Le ciel était très-couvert, le coup d'œil de cette expérience ne fut point aussi beau qu'on aurait pu le désirer. Il ne paraît pas qu'aucun de ces deux voyageurs ait fait une seule observation particulière, relative à la physique, quoique muni de plusieurs instruments. »

(2) Le même auteur raconte que, pendant l'été de 1784, deux personnes, l'une en Espagne, l'autre partie de Philadelphie, en Amérique, furent sur le point de périr en voyageant avec des machines à air raréfié. Le premier fut brûlé, la machine ayant pris feu, et la chute qu'il fit le blessa au point qu'on désespéra longtemps de lui. Le second, s'étant élevé de quelques pieds, fut poussé par le vent contre les murs d'une maison ; une portion des objets suspendus au globe furent arrêtés par le rebord du toit, et il ne put les dégager, enfin la force d'ascension de la machine fit briser les cordes, et l'aéronaute tomba d'une hauteur d'environ 20 pieds : la machine prit feu à l'instant, et fut entièrement brûlée. Cavallo ajoute que « ces deux faits ont été tirés des papiers publics seulement ».

« La nuit était très-obscure et assez calme; mais la mèche étant trop longue, l'explosion ne se fit que dans environ six minutes après le départ du ballon, qui pendant ce temps s'était éloigné de plus de deux milles.

« Un grand nombre de personnes s'étaient assemblées pour être témoins de cette expérience; elles perdirent de vue la mèche peu après son départ, et s'imaginèrent qu'elle était tombée et que l'expérience n'aurait conséquemment aucun succès; mais lorsqu'ils la virent communiquer le feu au serpenteau, leurs murmures tournèrent en cris de joie qui empêchèrent d'entendre distinctement l'effet de l'explosion; mais les personnes qui se trouvèrent proches de l'endroit où il était à cet instant rapportèrent que le bruit avait été semblable à celui du tonnerre, et presque aussi éclatant. Ils prirent le ballon pour un météore, et le bruit pour celui du tonnerre.

« .... Je n'étais point au lieu où le ballon avait été lancé, mais à trois milles au moins de l'endroit où se fit l'explosion. Tout ce que je pus observer fut qu'elle se fit très-promptement: elle parut durer environ une seconde, et le ballon venant à prendre feu donna un spectacle très-agréable pendant quelques secondes. »

Ascension de saint-Cloud.

CHAPITRE XVI

SOMMAIRE : Ascension faite à Saint-Cloud par le duc de Chartres et les frères Robert : le petit ballon rempli d'air ordinaire, le gouvernail, les rames ; le départ ; la bourrasque ; l'aérostat ouvert à coup de drapeaux ; la chute ; l'étang évité : descente dans le parc de Meudon ; le duc de Chartres chansonné. — Voyage des frères Robert et de Collin-Hullin.

I

Toute populaire qu'elle fût déjà, la science de l'aérostation, en sa qualité de science à la mode, était fort prisée et fort honorée en haut lieu. Si le roi, esprit craintif que le nouveau effrayait, lui semblait être personnellement peu favorable, il n'en était pas de même de son entourage. D'Arlandes, Pilâtre de Rozier et quelques-uns des plus ardents partisans du vol aérien appartenaient au monde de la cour et leurs expériences y avaient éveillé de nombreuses et vives sympathies.

Plus d'un gentilhomme ne croyait pas déroger en s'occupant d'aérostation et nous avons vu déjà un prince, proche du trône par sa naissance, suivre à cheval le ballon qui emportait Charles et Robert.

L'intérêt que le duc de Chartres prenait aux tentatives des aéronautes lui inspira le désir de participer d'une façon plus directe à leurs expériences et de les suivre dans les airs autrement que des yeux. Il demanda aux frères Robert la faveur de les accompagner dans la première ascension qu'ils exécuteraient, et les constructeurs du premier aérostat lancé à Paris se mirent tout de suite à l'œuvre pour donner satisfaction à l'empressement de leur noble solliciteur.

Ils édifièrent un aérostat à gaz hydrogène, de forme oblongue, mesurant 18 mètres de hauteur et 12 de diamètre. Meunier, qui devint plus tard général de la République et s'est beaucoup occupé d'aérostation, avait imaginé de placer dans l'intérieur du globe un autre ballon beaucoup plus petit et rempli d'air ordinaire; il espérait rendre ainsi inutile l'emploi de la soupape et permettre aux voyageurs de remonter ou de descendre, grâce à cette disposition et sans se voir forcés de perdre du gaz; lorsque l'aérostat aurait atteint une certaine élévation, l'air contenu dans ce petit ballon devait être comprimé par l'hydrogène (qui se raréfierait par l'effet de la diminution de la pression extérieure) et en sortir dans une proportion égale au degré de la dilatation de cet hydrogène.

Un large gouvernail et deux rames, destinés à diriger la machine, avaient été aussi adaptés à la nacelle.

L'ascension eut lieu le 15 juillet 1784, à Saint-Cloud.

Dès huit heures du matin, quatre voyageurs, les frères Robert, Collin-Hulin et le duc de Chartres, prenaient place dans la nacelle et le ballon, abandonné à lui-même, prenait son vol. La foule qui remplissait le parc était si compacte que ceux-là seuls qui étaient placés au premier rang pouvaient jouir du spectacle : les curieux qui, moins favorisés, ne voyaient rien, réclamèrent et forcèrent les plus rapprochés du ballon d'entre les spectateurs à se mettre à genoux pour leur permettre d'assister à l'ascension, si bien que l'aérostat s'éleva majestueusement du sein de la foule agenouillée et comme prosternée devant les voyageurs qui allaient tenter une fois de plus la fortune des vents.

Trois minutes à peine après son départ, la machine disparut entièrement; les voyageurs de leur côté cessèrent d'apercevoir la terre et se virent environnés de nuages épais; entraîné tour à tour par des vents violents et opposés les uns aux autres, l'aérostat, qui donnait à leurs efforts plus de prise que tout autre par la disposition de son vaste gouvernail garni de taffetas, tourbillonnait avec une effrayante rapidité, comme secoué par la tempête; il tournait sur lui-même et les nuages s'amoncelant au-dessous des voyageurs mettaient le comble à leur effroi en paraissant leur fermer à jamais la route de la terre. Le gouvernail, qui avait sans doute appelé sur eux ces terribles bourrasques, fut sacrifié et jeté, ainsi que les rames, en pâture au vent : ce n'était plus de chercher la direction des ballons qu'il s'agissait; c'était de vivre.

La tempête ne s'apaisait pas : que précipiter du haut du ballon pour l'alléger? Le petit ballon rempli d'air ordinaire était à peu près le seul poids dont l'aérostat pût encore être déchargé : les cordes qui le retenaient furent coupées, mais il tomba si malheureusement qu'il vint boucher hermétiquement l'orifice de l'aérostat et que tous les efforts faits pour le tirer au dehors demeurèrent infructueux. Ainsi les remèdes mêmes dont les malheureux aéronautes espéraient leur salut devenaient des instruments de leur perte !

A ce moment, un coup de vent qui s'élevait de terre les poussa devant lui vers une région plus haute, et les voyageurs, échappant aux nuages dont les masses sombres avaient roulé jusqu'alors au-dessous et autour d'eux, purent, de plus près que sur la terre et dégagé du voile des nuées, voir le soleil ; mais ses rayons étaient si ardents et l'air si raréfié à ces hauteurs, que le gaz ne tarda point à se dilater dans une proportion considérable. Son issue ordinaire lui manquant puisque le petit globe d'air atmosphérique fermait entièrement l'orifice de l'aérostat, les parois du ballon, déjà fortement tendues, se gonflèrent au point qu'elles semblaient prêtes d'éclater sous la pression du gaz.

Les aéronautes voyaient le péril et s'en effrayaient, mais que faire? En vain, debout dans la nacelle, armés de longs bâtons, s'efforcèrent-ils soit d'attirer au dehors, soit de repousser à l'intérieur l'importun ballonnet : la très-grande dilatation du gaz le pressait à ce point contre l'enveloppe de l'aérostat qu'il y semblait comme collé et que les voyageurs durent renoncer à rendre libre l'ouverture qu'il obstruait :

Et cependant le ballon montait toujours; le baromètre déjà indiquait 4 800 mètres.

Ce fut le duc de Chartres, qui avait l'heureuse, ou la male, chance de faire ses débuts aérostatiques dans la plus mouvementée, la plus dramatique des ascensions tentées jusqu'alors, qui sauva la vie des quatre voyageurs : voyant que tous les moyens employés pour débarrasser l'orifice du ballon échouaient et qu'une explosion était imminente, il comprit qu'il fallait à tout prix donner au gaz une issue, saisit un des drapeaux qui ornaient la nacelle et avec le bois de la lance frappa violemment l'enveloppe du ballon : l'étoffe se déchira à deux endroits et le ballon se mit tout de suite à tomber, plutôt qu'à descendre, avec une vertigineuse rapidité. Cependant, lorsque l'aérostat atteignit une atmosphère plus dense, la vitesse de la chute se ralentit et les aéronautes se félicitaient déjà d'avoir échappé à tant de périls lorsqu'ils s'aperçurent avec terreur que leur ballon allait s'abattre dans un étang; 60 livres de lest jetées à temps, quelques manœuvres habiles leur permirent de triompher de ce danger nouveau et de mettre pied à terre sans encombre. Ils descendirent dans le parc du château de Meudon, près de l'étang de la Garenne.

Moins heureux que les voyageurs, le ballonnet, qu'ils avaient, avec tant d'efforts et tant de vains efforts, tenté de déplacer, s'échappa de lui-même par l'ouverture du ballon (sans doute parce que le gaz, fuyant par les déchirures de l'aérostat, ne le tenait plus aussi fortement appliqué contre l'étoffe) et s'en alla tomber dans l'étang : il fallut l'en tirer avec des cordes.

Si émouvante qu'eût été l'ascension, elle n'avait duré que quelques minutes et la distance parcourue était très-peu considérable : les ennemis du duc de Chartres en prirent occasion pour le railler (1), mais ils le firent avec plus de méchanceté que d'esprit.

(1) Plusieurs années plus tard encore, Montjoie, dans son *Histoire de la conjuration de Louis d'Orléans, surnommé Philippe-Égalité*, faisant allusion à cette expérience aérostatique et au combat d'Oues-

Les uns, s'emparant du mot d'une grande dame de la cour (1), disaient :

Il peut aller dorénavant,
Tête levée et nez au vent ;
Il est, les preuves en sont claires,
Fort au-dessus de ses affaires.
Eh ! oui, ce grand prince, aujourd'hui,
Doit être bien content de lui.

Et d'autres riaient d'un rire plus gros encore en répétant :

Mais quel soudain revers, hélas !
Ne vois-je pas mon prince en bas ?
Comme il est fait, comme il se pâme !
On dirait qu'il va rendre l'âme.
— L'âme !... Oh ! qu'il n'est pas dans ce cas :
Peut-on rendre ce qu'on n'a pas ?

Toutes ces moqueries s'adressaient mal, car l'ascension de Saint-Cloud est la seule circonstance de sa vie peut-être où Philippe-Égalité ait montré de l'habileté et du sang-froid.

II

Cependant le duc de Chartres n'accompagna pas les frères Robert et Collin-Hullin lorsqu'ils entreprirent, le 19 septembre, ce nouveau voyage aérien qui fut, à en croire Cavallo, « le plus long et le plus intéressant de tous ceux qui avaient été faits jusqu'alors ».

L'aérostat, dans lequel Charles et Robert s'étaient élevés du jardin des Tuileries, dans le mois de décembre de l'année précédente, fut choisi pour cette ascension ; mais il subit d'importantes modifications. « Ayant été destiné à porter un plus grand poids, on le coupa par le milieu, et une portion cylindrique fut adaptée entre les deux hémisphères ; de sorte que le tout ensemble formait une espèce de sphéroïde allongé ; il avait 46 pieds $\frac{3}{4}$ sur 27 pieds $\frac{?}{?}$ de diamètre. Il était disposé de manière à flotter dans l'air, ayant son grand diamètre parallèle à l'horizon. On

sant, disait que le duc de Chartres avait rendu *« les trois éléments témoins de la lâcheté qui lui était naturelle »*.

Montjoie n'avait fait que piller ce sixain :

Chartres ne se voulait élever qu'un instant :
Loin du prudent Genlis il espérait le faire.
Mais, par malheur pour lui, la grêle et le tonnerre
Retraçant à ses yeux le combat d'Ouessant,
Le prince effrayé dit : « Qu'on me remette à terre.
J'aime mieux n'être rien sur aucun élément. »

(1) Madame de Vergennes, à qui on avait, à tort ou à raison, prêté ce propos avant l'ascension, que « apparemment M. le duc de Chartres voulait se mettre au-dessus de ses affaires. »

l'avait recouvert d'un filet qui descendait jusqu'au milieu ; de là partaient des cordes qu'on attacha aux bords du bateau, long d'environ 17 pieds; les ailes ou rames avaient la forme d'un parasol sans manche, à l'extrémité duquel on aurait fixé un bâton dans une ligne parallèle à leur ouverture : on disposa cinq de ces rames autour du bateau, et il paraît, d'après le récit de ce voyage, qu'elles servirent beaucoup. »

Le 19 septembre, l'aérostat, gonflé en trois heures par M. Vallet, fut chargé de 450 livres de lest, et les trois voyageurs, qui représentaient un poids exactement égal, prirent place dans le bateau.

A midi, ils jetèrent 24 livres de lest, et la machine s'éleva lentement (1). Quelques minutes plus tard, les aéronautes durent encore, pour empêcher le ballon de se heurter contre de très-grands arbres qui se trouvaient sur sa route, sacrifier 8 livres de lest : ils montèrent à 1 400 pieds.

Parvenus à cette hauteur, ils aperçurent à l'horizon des nuages orageux et voulurent tenter de les éviter; ils montèrent et descendirent tour à tour dans l'espoir de rencontrer un courant d'air qui les portât d'un autre côté, « mais celui qui les portait se trouva toujours le même depuis 600 pieds jusqu'à 4 200 d'élévation. Ayant perdu une de leurs rames, ils en supprimèrent une du côté opposé, et travaillant avec les trois autres, ils accélérèrent leur course. « Nous travaillâmes, disent-ils, de manière à parcourir 27 pieds par seconde, et la manœuvre de nos rames accéléra notre marche d'un tiers environ. » A trois heures cinquante minutes ils entendirent un coup de tonnerre, et trois minutes après ils en entendirent un autre beaucoup plus fort. A cet instant le thermomètre, qui était à 77°, descendit à 59°. Le froid subit occasionné par l'approche des nuages orageux condensa l'air inflammable, et fit descendre de beaucoup le ballon, ce qui les obligea de jeter 40 livres de lest. Ils eurent la curiosité d'examiner le degré de chaleur à l'intérieur du ballon, et introduisirent un thermomètre dans un des appendices : le mercure monta immédiatement à 104°, tandis qu'à l'air libre l'autre thermomètre marquait environ 63°. Le baromètre était à 25,94 pouces. Dans cette région l'air était si calme qu'ils ne faisaient pas même deux pieds par minute; ils profitèrent de cette circonstance pour essayer le pouvoir de leurs rames, et s'en servirent pendant environ trente-cinq minutes. En observant l'ombre de la machine sur la terre, ils se trouvèrent avoir décrit une portion d'ellipse, dont le plus petit diamètre était d'environ 6 000 pieds.

« Nous apercevions au-dessous de nous, ont raconté les voyageurs, des nuages qui passaient avec rapidité du sud au nord. Nous descendîmes à la hauteur de ces nuages pour suivre leur courant pendant 40 minutes seulement, en gagnant de vitesse avec nos rames, et en nous efforçant de dériver; mais nous ne pûmes obtenir que 22° de déclinaison (2) sur l'est. Nous continuâmes notre route à 350 toises.

(1) « A cet instant le baromètre marquait 29,61 pouces, calculant du niveau de la mer, et le thermomètre était un peu au-dessus de 27 degrés. »

(2) « Il résulte de cette dernière expérience, concluent les voyageurs, que bien loin d'avoir été contre le vent, comme *certaines* gens prétendaient qu'il était possible de le faire d'une certaine manière, et comme *certains* aéronautes prétendent même l'avoir fait, nous n'avons obtenu, avec deux rames, que 22 degrés de déclinaison : il est cependant sûr que si nous avions eu la jouissance de nos quatre rames, nous en aurions pu obtenir environ 40 ; et comme notre machine aurait été assez considérable pour

pendant à peu près une heure un quart. Nous voulûmes essayer si les vents de terre étaient plus forts, et nous ne fûmes pas plutôt descendus à 50 toises, que nous rencontrâmes un courant excessivement rapide. A quelque distance d'Arras, nous aperçûmes un bois assez considérable. Nous n'hésitâmes point de le traverser, quoiqu'il n'y eût presque plus de jour à terre, et en vingt minutes nous fûmes portés d'Arras dans la plaine de Beuvroy, distante d'un quart de lieue de Béthune en Artois. Comme nous n'avions pu juger dans l'ombre le corps d'un vieux moulin, sur lequel nous allions porter, nous nous en éloignâmes avec le secours de nos rames, et nous descendîmes au milieu d'une assemblée nombreuse d'habitants. »

Les voyageurs mirent pied à terre à six heures quarante minutes, après avoir parcouru environ 50 lieues: le bateau contenait encore plus de 200 livres de lest.

porter sept personnes, il aurait donc été facile de monter cinq, de faire agir huit rames et d'obtenir à peu près 80 degrés.

« Nous observons que si nous avons dérivé de 22 degrés, c'est parce que le vent ne nous faisait faire que 8 lieues par heure, et il est naturel de juger que si la vitesse du vent eût été double, nous n'aurions décliné que de moitié; par la raison inverse, si le vent eût eu le double moins de vitesse, notre déclinaison eût été plus rapide du double.

CHAPITRE XVII

SOMMAIRE : Traversée du Pas-de-Calais par Blanchard et le docteur Jeffries.

I

L'année 1785 fut inaugurée par l'une des ascensions les plus célèbres dans les fastes de l'aérostation : la traversée en ballon du bras de mer qui sépare Douvres de Calais.

Très-orgueilleux et très-fier de lui-même, Blanchard supportait mal les critiques et il s'irritait fort des railleries que sa prétention de diriger les ballons avec les ailes dont il les affublait attirait sur lui. A chaque ascension nouvelle, l'impuissance de ces ailes se démontrait d'elle-même, et le public se moquait de ses illusions persistantes.

Las de se sentir ridicule, Blanchard se décida à tenter un coup d'audace, qui, s'il lui laissait la vie, lui rendrait l'honneur et le vengerait de tous ceux qui avaient ri de lui : quelque faibles que fussent ses chances, il se confia avec une témérité volontairement aveugle à la fortune des vents et par un étonnant hasard l'aventure lui réussit, si bien que la plus folle, la plus présomptueuse de ses entreprises, celle qui aurait dû lui attirer le plus de critiques et de railleries, fut celle-là justement qui réduisit au silence ses ennemis et fit sa gloire.

II

Pour couper court aux attaques dont il était l'objet, Blanchard annonça dans les journaux anglais qu'au premier vent favorable il traverserait la Manche, de Douvres à Calais, et alla s'installer au bord de la mer, se tenant prêt à partir.

Le docteur américain Jeffries, qui l'avait déjà accompagné dans un des voyages accomplis par lui en Angleterre, demanda à tenter avec lui la périlleuse traversée.

Le vendredi 7 janvier, le temps parut favorable : le ciel était serein et le vent, très-faible, soufflait du nord-nord-est.

Le départ fut décidé pour le jour même.

Le gonflement de l'aérostat (1) commença à dix heures, et en même temps, pour s'assurer de la direction du vent, Blanchard fit lancer deux petits ballons.

Dès que la machine fut gonflée, elle fut placée à 14 pieds de la falaise ; la nacelle y fut attachée (2), et à une heure le ballon fut livré au vent ; mais, trop chargé, il ne put s'élever, et les aéronautes durent jeter la plus grande partie du lest : ils n'en purent garder que trois sacs, de 10 livres chacun. Entrepris dans ces conditions, le voyage devenait plus périlleux encore.

L'aérostat s'éleva avec une lente majesté, et quelques instants plus tard les deux aéronautes planaient sur la mer (3).

Un horizon nouveau pour des regards humains étala à leurs yeux toutes ses splendeurs.

Derrière eux, Douvres, ces magnifiques campagnes, ces cottages charmants qui sont l'orgueil de l'Angleterre, et, épars au milieu des bois, des prés, ou couchés le long de la mer, jusqu'à trente-sept villes ou villages ; plus près, les escarpements de la côte, toute hérissée de rocs contre lesquels l'océan vient briser, avec un régulier tonnerre, ses lames infatigables qui, sans cesse repoussées et déchirées, se reforment et remontent à l'éternel assaut ; au-dessous d'eux, la mer, silencieuse de ce silence qui dit tant de choses, infinie au regard, insondable à la pensée. .

Les deux voyageurs se donnaient tout entiers à ces merveilleux spectacles que l'été et ses soleils auraient faits plus beaux encore, quand ils s'aperçurent que le ballon descendait : un sac et demi de lest fut nécessaire pour le relever (4) ; mais ce sacrifice ne suffit pas et, quelques minutes plus tard, l'aréostat s'abaissa de nouveau. Le reste du lest jeté à la mer n'arrêta point la descente, et il fallut que les aéronautes déchargeassent le ballon d'une partie des objets qu'ils avaient emportés. L'aérostat remonta.

Il avait fait alors la moitié de la traversée à peu près.

A deux heures et quart, l'aérostat recommença à décliner vers la mer : il se releva au prix de quelques outils, d'une ancre et des autres objets qui leur restaient encore, livrés aux flots.

Dix minutes plus tard, les voyageurs apercevaient les côtes de France ; mais ils se demandèrent avec angoisse s'ils pourraient les atteindre, et, « nouveaux Tantales, ils étaient bien incertains, dit Cavallo, de jamais toucher cette terre si désirée. »

Le ballon se dégonflait de plus en plus, et les aéronautes ne savaient plus de quel poids décharger la nacelle : ils jetèrent successivement la seule bouteille qu'ils eussent avec eux (5), les vivres qu'ils avaient emportés, le gouvernail et même ces

(1) C'était celui dont Blanchard s'était servi dans les cinq ascensions déjà faites par lui.

(2) « Le ballon et le vaisseau, avec les deux voyageurs, se trouvèrent alors à deux pieds du bord du rocher, d'où l'on voit ce précipice si bien décrit par Shakespeare dans son *Roi Lear*. »

(3) « A une heure et quart, le baromètre, qui sur le rocher était à 29,7, descendit à 27,3 ; le temps était beau et assez chaud. »

(4) Il était alors une heure cinquante. « Ils étaient au tiers de la distance à parcourir et ne distinguaient plus le château de Douvres. »

(5) « Nous jetâmes, dit le docteur Jeffries, la seule bouteille que nous avions, qui en descendant

Blanchard sur les côtes de Douvres.

rames malencontreuses qui, tant attaquées, si ardemment défendues par Blanchard, l'avaient décidé à tenter l'audacieuse traversée.

Le ballon descendait toujours.

Les ancres, les cordages, les derniers objets qui ne tinssent pas à l'aérostat furent à leur tour précipités dans l'espace.

Le ballon descendait toujours.

Les voyageurs arrachèrent leurs vêtements et les jetèrent par-dessus bord.

Le ballon descendait toujours.

Le ballon descendait toujours, et cependant la côte de France se rapprochait; 4 milles les en séparaient à peine, et c'est à quelques pas du but qu'ils allaient mourir, comme ces navigateurs qui, après un voyage heureux autour du monde, s'en viennent faire naufrage dans le port où ils doivent aborder.

Déjà le docteur Jeffries avait, dit-on, offert à Blanchard de se jeter à la mer pour délester le ballon et lui permettre d'atteindre la côte (1); déjà les deux voyageurs s'étaient suspendus aux cordes du filet, prêts à couper les liens qui retenaient la

fit paraître, avec un bruit éclatant, une vapeur semblable à de la fumée, et quand elle atteignit l'eau nous entendîmes et éprouvâmes le choc, qui fut très-sensible sur notre char et notre ballon. »

(1) « Nous sommes perdus tous les deux, lui dit-il; si vous croyez que ce moyen puisse vous sauver, je suis prêt à faire le sacrifice de ma vie. »

nacelle à l'aérostat, quand tout à coup ils sentirent, contre toute espérance, le ballon remonter.

Leur marche devint presque rapide. « Toute espèce de crainte fut bien vite bannie; à chaque moment ils voyaient la côte plus distincte; elle devenait à leur vue et plus vaste et plus belle; ils virent très-distinctement Calais et plus de vingt autres villes et villages. Leur position, et l'idée d'être les premiers qui aient traversé la Manche d'une manière si peu accoutumée, les rendirent peu sensibles au besoin dans lequel ils se trouvaient de leurs vêtements; et je ne doute nullement que tout lecteur qui réfléchira sur leur situation n'éprouve un sentiment peu ordinaire d'admiration et de joie. A trois heures précises, ils passèrent sur ces terres élevées, qui se trouvent à environ la moitié de la distance entre le cap Blanc et Calais, et il est bien digne de remarque que, de ce moment, le ballon s'éleva si promptement qu'il décrivit un grand arc. Il s'éleva bien plus haut qu'il ne l'avait été dans le cours de leur voyage; le vent augmenta et changea un peu de direction. Nos deux voyageurs jetèrent leurs scaphandres, qui leur devenaient inutiles; enfin ils descendirent à la hauteur des arbres dans la forêt de Guines. Le docteur Jeffries se saisit d'une branche et leur marche fut arrêtée. L'on ouvrit la soupape; l'air inflammable sortit avec bruit; quelques minutes après ils descendirent jusqu'à terre, entre une ouverture formée par la distance des arbres, après avoir réussi dans une entreprise qui passera peut-être à la postérité la plus reculée. »

Ainsi avait réussi, mieux peut-être qu'une entreprise conçue et exécutée avec la plus minutieuse prudence, l'une des plus imprudentes aventures qu'ait tentées la témérité humaine.

III

L'espèce de réhabilitation éclatante que Blanchard avait voulu obtenir, même au prix de sa vie, ne se fit pas attendre, et le vaniteux aéronaute put savourer tout à son aise son bruyant triomphe.

Dès le lendemain, une fête publique fut donnée à Calais, en l'honneur des deux audacieux qui venaient de franchir le détroit.

Le drapeau français fut planté devant la porte de la maison où les voyageurs avaient passé la nuit et où ils reçurent la visite des membres de la municipalité et des officiers de la garnison.

Un grand banquet leur fut donné à l'hôtel de ville et, à la fin du repas, le maire remit à Blanchard une boîte d'or renfermant des lettres qui lui accordaient le titre de citoyen de Calais.

La municipalité fit plus encore : elle demanda au ministre l'autorisation d'acheter à l'aéronaute le ballon qui l'avait porté d'Angleterre en France, pour le déposer dans la principale église de la ville et, la permission obtenue, l'acquit moyennant 3,000 francs et une pension de 600 francs.

Enfin le corps de ville, voulant perpétuer le souvenir de la merveilleuse traversée accomplie par Blanchard, décida qu'une colonne de marbre serait élevée au lieu même où les deux voyageurs étaient descendus.

D'autres honneurs, réputés plus grands encore en ce temps-là, vinrent flatter la vanité de Blanchard et garnir sa bourse : Louis XVI demanda à voir le héros du jour, qui revint de la royale audience avec 1 200 livres de plus dans sa poche et la promesse d'une pension d'égale somme (1).

Rien ne manquait à la gloire de Blanchard, et la fureur de quelques-uns de ses ennemis, qui ne trouvèrent rien de mieux que de le décorer du surnom de don Quichotte de la Manche, ajouta plus qu'elle ne nuisit à sa popularité.

Un an plus tard fut inaugurée la colonne dont la municipalité de Calais avait voté l'érection.

Placé au milieu de la forêt, dans la clairière même où était descendu l'aérostat, le monument portait cette inscription :

SOUS LE RÈGNE DE LOUIS XVI,

MDCCLXXXV,

JEAN-PIERRE BLANCHARD DES ANDELYS EN NORMANDIE

ACCOMPAGNÉ DE JEFFERIES, ANGLAIS,

PARTIT DU CHATEAU DE DOUVRES

DANS UN AÉROSTAT,

LE SEPT JANVIER A UNE HEURE UN QUART ;

TRAVERSA LE PREMIER LES AIRS

AU-DESSUS DU PAS-DE-CALAIS

ET DESCENDIT A TROIS HEURES TROIS QUARTS

DANS LE LIEU MÊME OU LES HABITANTS DE GUINES

ONT ÉLEVÉ CETTE COLONNE

A LA GLOIRE DES DEUX VOYAGEURS.

Escorté de quelques officiers de la garnison, Blanchard se rendit à l'inauguration de la colonne qui avait été élevée en son honneur (2) et au pied de laquelle il fut reçu par les magistrats de Guines, le maire et le syndic de la noblesse.

Le procureur du roi du corps municipal lui souhaita la bienvenue :

« Il est bien flatteur pour nous, monsieur, de vous posséder ici, au même jour et à la même heure où vous descendîtes l'an passé; mais la vue de cette colonne, l'inscription qui s'y trouve, donnée par l'Académie, nous interdisent tout compliment. Ce monument et l'acte de son inauguration, que nous allons signer avec vous, monsieur, vont y suppléer : l'un et l'autre passeront à la postérité la plus reculée, l'un et l'autre immortaliseront la mémoire du premier des aéronautes qui ait osé

(1) On rapporte même que la reine, qui jouait lors de sa venue à la cour, mit pour lui une grosse somme, la gagna naturellement et la lui donna.

(2) Blanchard s'écria, dit-on, en apercevant le monument : « Je ne crains plus le persiflage et la calomnie. Grâce à Dieu, messieurs, il faudrait cinquante mille rames de libelles entassés pour masquer ce monument sur toutes ses faces. »

traverser la mer; enfin l'un et l'autre attesteront notre juste admiration sur un événement qui formera la plus glorieuse époque dans l'histoire de ce siècle. »

Blanchard répondit avec plus de brièveté que de bonheur :

« Messieurs,

« Cette colonne, précieux fruit de votre amour pour les arts, l'inscription qui s'y trouve, dont l'a honorée l'Académie, disent tout pour vous et disent beaucoup plus que je n'ai mérité. Mais comment m'acquitter ? De quels termes me servir pour vous exprimer mon admiration et ma reconnaissance à des procédés aussi nobles que généreux ? Silence et respect. Voilà, messieurs, où se réduit ma réponse. »

Le soir, un banquet fut offert à Blanchard par la municipalité de Guines, et un bal (1) termina la fête.

La gloire de Blanchard était complète, et la catastrophe dont Pilâtre de Rozier, coupable seulement d'avoir voulu suivre l'exemple de son rival, venait d'être la victime, y avait déjà ajouté un nouveau lustre; il semblait, en vérité, que ce passage du Pas-de-Calais, si périlleux et si difficile, fût interdit à tout autre qu'à Blanchard.

(1) La salle de bal était ornée du portrait de Blanchard et de l'image de la colonne monumentale de la forêt. Au-dessus du portrait étaient ces vers :

Autant que le Français, l'Anglais fut intrépide :
Tous les deux ont plané jusqu'au plus haut des airs ;
Tous les deux, sans navire, ont traversé les mers.
Mais la France a produit l'inventeur et le guide.

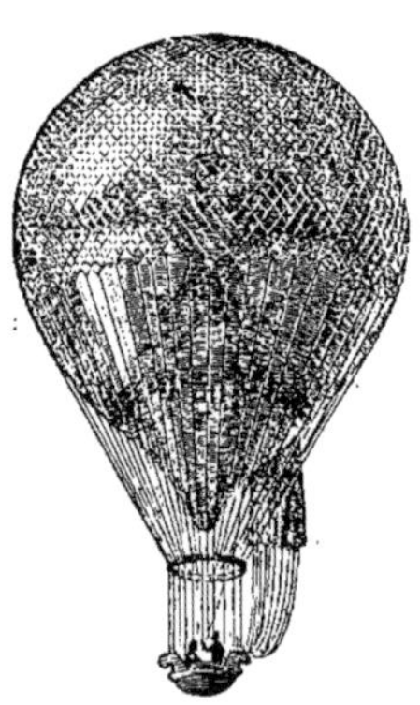

CHAPITRE XVIII

Pilâtre conçoit le projet de traverser le détroit; objections. — Son dépit d'avoir été devancé par Blanchard et le docteur Jeffries. — Départ de Pilâtre et de Romain; incendie du ballon; mort des deux aéronautes.

I

L'idée première de la traversée de Pas-de-Calais ne revenait pas à Blanchard : l'honneur en appartenait à Pilâtre de Rozier ; mais, par un de ces arrêts du destin dont les considérants nous échappent, celui qui avait eu la pensée de cette audacieuse aventure ne trouva que la mort là où l'entrepreneur d'ascensions lucratives avait trouvé la gloire.

Dès le mois de septembre 1784, Pilâtre caressait le projet de franchir le détroit; et c'est bien en effet dans ce cerveau-là que devait naître cette pensée.

Amoureux du péril et de l'aventure, enflammé d'une véritable « exaltation scientifique (1) », fou de la gloire, brûlé par les ardeurs d'une imagination dont il tentait, servilement et sans examen, de transformer en réalités tous les caprices et tous les rêves, Pilâtre devait, avant tout autre, concevoir l'idée ambitieuse de faire par la voie des airs un voyage que nul encore n'avait accompli autrement que par mer.

Pilâtre de Rozier n'était pas de ceux qui, lorsqu'ils ont un projet en tête, en diffèrent l'exécution : il courut chez M. de Calonne, alors ministre, lui exposa ses vues, lui représenta qu'il s'agissait d'une œuvre toute nationale, que les aéronautes anglais s'empareraient de son idée et, si on ne se hâtait, le préviendraient; bref, il obtint les quarante mille livres dont il avait besoin pour construire son aérostat, ou plutôt ses aérostats.

C'était bien deux ballons en effet que Pilâtre prétendait employer simultanément dans son voyage d'outre-mer.

(1) « Rien ne pouvait l'arrêter ou l'effrayer. Dans ses expériences sur l'électricité atmosphérique, il s'est exposé cent fois à être foudroyé par le fluide électrique, qu'il soutirait presque sans précaution des nuages orageux. Il faillit souvent perdre la vie en respirant des gaz délétères. Un jour il remplit sa bouche de gaz hydrogène et il y mit le feu, ce qui lui fit sauter les deux joues.

Pilâtre a raconté lui-même une de ces expériences périlleuses : « J'introduisis, dans une vessie, environ six pintes de gaz inflammable, que j'aspirai et expirai six à sept fois de suite dans la même vessie : mais ayant fait une forte aspiration j'expirai ensuite par un tube de verre; à l'instant il se convertissait en un jet de flamme verte de plusieurs pouces de longueur, qui embrasait le papier, le bois et tous les corps combustibles sur lesquels je soufflai ; comparable alors aux furies, je dardai de ce fluide jusqu'à ce que j'eus consommé tout ce que s'était introduit dans mes poumons. »

Frappé sans doute (1) des difficultés que présentait l'entassement dans la nacelle de l'immense quantité de lest nécessaire pour une aussi longue traversée et des dangers qui surgiraient s'il venait à en manquer durant le voyage (2), il imagina de réunir en un seul système les deux moyens de locomotion aérienne qui avaient été employés jusque-là et de suspendre au-dessous d'un aérostat à gaz hydrogène une montgolfière. Pilâtre estimait que cette combinaison lui permettrait de s'élever sans jeter de lest et de descendre sans perdre de gaz : activé ou ralenti, le feu devait suffire à augmenter ou à diminuer la force ascensionnelle de la double machine.

Ce système pouvait en théorie présenter de réels avantages, mais en pratique il était trop dangereux pour être utilement employé : un foyer incandescent, placé à si courte distance d'un gaz aussi inflammable que l'hydrogène, était une perpétuelle menace d'incendie, et recourir à un tel appareil c'était, suivant l'expression de Charles, « mettre un réchaud sous un baril de poudre. » De toutes parts vinrent à Pilâtre des critiques et des avertissements, de sinistres prédictions; mais il se garda bien d'y prêter l'oreille et n'en témoigna que plus de confiance dans l'excellence de son système.

II

Pilâtre commença la construction de son ballon, mais craignant de ne pouvoir seul la mener à bonne fin il chercha un coopérateur et le trouva en Pierre Romain.

Ancien procureur au bailliage de Rouen, receveur des consignations et commissaire aux saisies, Pierre Romain, qui venait de se démettre de cette charge (3), était maître de son temps et libre de tout engagement : il accepta l'offre de Pilâtre, et avec d'autant plus d'empressement qu'il avait un frère qui, savant physicien, lui devait être et lui fut en effet d'un grand secours dans la construction de l'aérostat.

Pilâtre et Romain tombèrent d'accord et un traité d'association intervint entre eux (4) à la date du 17 septembre 1784.

Édifié par les frères Romain dans une salle des Tuileries où, dès qu'il fut terminé, le public fut admis pendant quelques jours à le visiter, le ballon fut, en décembre 1784, transporté à Boulogne, où le ministre voulait qu'eût lieu l'ascension.

(1) « Il est assez difficile de bien apprécier les motifs qui le portèrent à adopter cette disposition; car il faisait sur ce point un certain mystère de ses idées. »

(2) Nous avons vu que c'est ce qui arriva à Blanchard.

(3) 2 juillet 1784.

(4) En voici le texte, emprunté par M. Louis Figuier à un volume qui a pour titre l'*Année historique de Boulogne-sur-Mer* et où l'auteur, M. P. Morand, a publié nombre de pièces inédites sur l'ascension tentée par Pilâtre au bord de la mer :

« Je soussigné, déclare m'être associé avec M. Romain pour la construction d'une montgolfière à gaz inflammable, destinée à notre passage en Angleterre, et je m'engage à lui payer la somme de sept mille quatre cents livres, sous les conditions suivantes : 1° que nous ne serons que deux dans ce voyage; 2° que la montgolfière sera construite d'après la forme et les dimensions dont je serai convenu par écrit; 3° qu'elle sera remplie de gaz inflammable pendant plusieurs jours, afin que je puisse juger si la rupture d'équilibre et les enveloppes sont suffisantes pour conserver le gaz, de manière à tenter cette expérience sans danger; 4° que le lieu de l'expérience sera déterminé à ma volonté; 5° enfin

En même temps que l'aérostat, l'acide sulfurique et les copeaux de fer nécessaires pour la fabrication du gaz hydrogène avaient été envoyés à Boulogne.

Pilâtre et Romain y arrivèrent eux-mêmes le 21 décembre ; mais ils ne reçurent pas des habitants de la ville l'accueil qu'ils en espéraient et les témoignages de sympathie sur lesquels ils étaient en droit de compter. Soit que les faveurs qu'avait obtenues Pilâtre de M. de Calonne lui eussent fait des envieux et et des jaloux, soit que l'entreprise elle-même déplût aux Boulonnais, les aéronautes se virent tout de suite en butte aux attaques d'une malveillance à peine déguisée, et une lettre qui a été publiée dans les *Mémoires secrets de Bachaumont* prouve que cette hostilité était systématique, puisque les critiques qu'elle renferme ont été écrites le lendemain même de l'arrivée des deux associés à Boulogne, le 22 décembre.

« Nos physiciens, dit ce maussade Boulonnais, ont interrogé le sieur Pilâtre, qui n'est pas *foncé* et parle mal. Mais le défaut de savoir est compensé chez lui par une grande audace, par une activité prodigieuse et par un esprit d'intrigue inconcevable, qui lui a fait supplanter tous ses concurrents, bien plus dignes de la confiance du gouvernement, surtout M. Charles.

« Le ballon est doré comme un bijou ; on voit qu'il n'a pas été fabriqué aux dépens d'un particulier. C'est le plus joli colifichet du monde. Entre les peintures qui en décorent le pourtour, on lit ces deux mauvais vers en l'honneur de M. le contrôleur général qui a fourni à la dépense :

« Calonne, des Français soutenant l'industrie,
« Inspire les talents, les arts et le génie ;

mais ce distique sera mieux payé que ne l'a été le poëme de Milton. »

« On voit que c'étaient bien, remarque avec raison M. L. Figuier, les subsides accordés par le gouvernement qui provoquaient la verve railleuse des critiques. Cette précoce diatribe, lancée avant même qu'aucun préparatif fût commencé, ressemble assez à un mot d'ordre qui aurait été envoyé de Paris par les rivaux de Pilâtre de Rozier, c'est-à-dire Blanchard, Charles et Robert. »

Sans se laisser émouvoir par ces taquineries, Pilâtre et Romain n'en préparaient qu'avec plus de hâte l'ascension projetée et annoncèrent qu'elle aurait lieu le 1er janvier 1785.

Les apprêts étaient fort avancés déjà quand les aéronautes apprirent que Blanchard était à Douvres, guettant l'heure et le vent favorables pour tenter en ballon la traversée du détroit.

Aussitôt que la nouvelle en fut venue jusqu'à lui, Pilâtre de Rozier interrompit les préparatifs, si rapidement menés jusqu'alors, et partit pour l'Angleterre : sans doute il voulait, avant de donner suite à son projet, s'assurer par lui-même de la réalité des bruits qui circulaient.

Contrarié dans sa marche par des vents contraires, le vaisseau qui portait

je m'oblige de payer cette somme de sept mille quatre cents livres avant notre départ qui sera fixé au plus tard à la fin d'octobre prochain : ce qui se fera gratuitement pour le public. Fait double entre nous à Paris, ce 17 septembre 1784.

PILATRE DE ROZIER. »

Pilâtre mit deux jours à faire une traversée qu'il accomplissait d'ordinaire en trois heures; enfin l'aéronaute débarqua à Douvres, courut au château où était Blanchard et reçut de sa bouche même la confirmation des rumeurs qui s'étaient répandues à Boulogne.

Pilâtre repassa en France, désespéré de voir une gloire si vivement convoitée tout proche de lui échapper, et se remit à l'œuvre, tâtant avec une sorte de fièvre les préparatifs et voulant à tout prix prévenir son rival; mais, revenu à Boulogne le 4 janvier seulement, et desservi par des vents contraires (1), il n'avait pu tenter encore l'exécution de son projet quand, trois jours plus tard, Blanchard et le docteur Jeffries descendirent à Calais, venant de Douvres.

Le coup fut rude pour Pilâtre : il se voyait enlevé tout l'honneur d'une entreprise dont il avait eu l'idée première, et le prestige dont il avait été jusqu'alors entouré, lui qui le premier avait osé se confier à un globe aérostatique, s'évanouissait brusquement. Si encore son heureux rival eût été digne de le supplanter! mais non : sa gloire passait à un homme médiocre, ignorant, vantard, aussi bruyant que vide, dont la tête n'était pas faite pour porter auréole et pour qui l'aérostation n'était pas un art, mais un métier.

Soit magnanimité cependant, soit habileté, Pilâtre ne laissa rien voir du dépit qui le dévorait. « Il alla au-devant de M. Blanchard, l'embrassa, le félicita, prit part à ses fêtes, et l'accompagna jusque dans la capitale. Arrivés à Paris, il le présenta à la cour, le conduisit à son musée (2), et lui fit l'honneur de l'inscrire au nombre des fondateurs de son établissement. »

Pilâtre n'était pas allé à la cour dans le but unique d'y présenter Blanchard : il voulait surtout voir le ministre, causer avec lui de la situation nouvelle qu'avait créée le voyage de l'inventeur du bateau volant et recevoir ses nouveaux ordres.

L'accueil qui lui fut fait ne fut pas bon : M. de Calonne, qui avait pris sur lui la responsabilité du subside accordé, était fort irrité de voir que son protégé s'était laissé devancer : il redoutait les reproches du roi et les quolibets du public. Il reçut mal Pilâtre de Rozier et laissa éclater toute sa colère quand l'aéronaute lui exprima l'avis d'abandonner un projet désormais sans intérêt et de renoncer à traverser de nouveau le détroit. « Nous n'avons pas dépensé, s'écria-t-il brutalement, cent mille francs pour vous faire voyager avec l'aérostat sur la côte. Il faut utiliser la machine et passer le détroit. »

Pilâtre ne pouvait que s'incliner. Il le fit, mais avec tristesse.

Ce projet, qui lui avait tant souri, lui déplaisait d'une façon singulière, maintenant qu'un autre l'avait exécuté et qu'il ne s'agissait plus de tracer une route, mais de suivre un sillon; il lui semblait petit et indigne de lui de s'en aller glaner les restes d'une gloire qui aurait dû lui appartenir tout entière, comme s'il eût ramassé les miettes d'un festin servi par lui, et pour lui, et mangé par un autre.

Tout son courage, ce courage dont il avait dans tant d'occasions donné des preuves, qu'il eût été plus d'une fois mieux dénommé une héroïque folie, toute sa confiance

(1) Pendant le voyage de Pilâtre à Douvres, au contraire, les vents avaient été très-favorables, et un Calaisien avait écrit à Romain : « Nous avons eu ici, pendant deux jours, des vents du sud-sud-est avec un temps très-fixe et très-clair, qui vous auraient porté de Calais à Douvres, et au delà de Londres. »

(2) Pilâtre avait déjà, et avec plus de sincérité peut-être, célébré par une fête donnée dans son musée la gloire des Montgolfier.

JOHN JEFFRIES.

en lui, qui avait dégénéré trop souvent en témérité, toute son énergie, toute son ardeur, toute sa sûreté de coup d'œil et de résolution l'abandonnèrent d'un seul coup, et les derniers mois de sa vie furent tout pleins d'indécisions, d'atermoiements, de lenteurs et de défaillances, pour ne pas dire de lâchetés. Il avait le pressentiment de la mort inutile qui l'attendait et il ne se résignait qu'avec peine à jeter ses vingt-huit ans dans les hasards d'une entreprise ridicule et sotte à son gré.

En cas de succès, il devait, il est vrai, recevoir une pension de 6,000 francs et le cordon de Saint-Michel (1); mais, ce succès, il n'y comptait pas et, quand il revint à Boulogne le 21 janvier, il y revint « le désespoir dans l'âme (2) ».

Pendant son absence, l'aéro-montgolfière avait été gonflée dans la cour de l'établissement des bains et toute la ville avait pu admirer le magnifique ballon construit par les frères Romain.

Pilâtre le fit, dès le lendemain de son arrivée, transporter sur l'esplanade et installa le long des remparts (3), sous des tentes, l'appareil qui devait préparer le gaz hydrogène, ainsi que le gazomètre qui devait le recueillir.

Le jour même (4), Pilâtre voulut tenter l'ascension, mais les vents étaient contraires, la tempête sifflait sur la côte, et il se vit forcé d'ajourner l'expérience.

Quelques jours plus tard, le 30 janvier, une seconde tentative ne réussit pas mieux.

D'autres épreuves encore, renouvelées fréquemment, n'obtinrent pas un meilleur succès, et il semblait véritablement que la malheureuse aéro-montgolfière ne dût jamais pouvoir s'envoler.

En vain, pour tâter le vent, Pilâtre lançait-il presque chaque jour de petits ballons : aucun n'atteignait les côtes d'Angleterre, et la plupart, après avoir, pendant de longues heures, erré au gré de l'ouragan, s'en venaient retomber sur la rive française.

Les jours se passèrent ainsi, et les mois, sans que l'ascension pût avoir lieu. Pilâtre ne s'en plaignait pas, dit-on, et l'amour (5) se faisait, pour le retenir au rivage, le complice des vents : il oubliait en faveur de plus douces pensées sa gloire compromise et aussi le péril prochain, comme il fermait l'oreille aux épigrammes, aux chansons, aux diatribes, rimées ou non, qui, par des allusions plus ou moins fines, plus ou moins délicates, raillaient son amour et le héros des airs enchaîné à la terre par le caprice d'une femme; il laissait dire et la voix de celle qui ne lui voulait point permettre de se confier au vent seule était écoutée.

M. de Calonne, cependant, qui n'avait point, pour être patient, les mêmes motifs que Pilâtre, s'irritait des retards inexplicables et prolongés que subissait l'ascension et pressait les aéronautes de partir; mais les circonstances semblaient favoriser l'amour de Pilâtre et, comme si les éléments et lui eussent été de connivence, les vents s'opposaient au départ toutes les fois que le ballon était prêt à tenter l'é-

(1) « Chez le ministre, dit le biographe de Pilâtre de Rozier, on prétend qu'il essuya des reproches assez vifs, sur ce qu'il avait quitté son poste; il reçut l'ordre d'y retourner et de continuer son expérience; mais on le prévint qu'il ne devait pas attendre de la cour la faveur qu'il en avait osé espérer; on lui fit même connaître, dit-on, celle qui lui avait été destinée : le roi avait bien voulu accorder à M. de Montgolfier le cordon de l'ordre de Saint-Michel; M. de Rozier désirait vivement cet honneur, et sans doute il l'eût obtenu, s'il eût été plus heureux. »

(2) *La Vie et les Mémoires de Pilâtre de Rozier, écrits par lui-même, et publiés par M. T****. Paris, 1786, p. 61.

(3) Entre la rue des Dunes et la porte des Pipots.

(4) 22 janvier.

(5) « C'est quelquefois dans les circonstances les plus fâcheuses, dit son biographe, qu'un hasard inattendu vient adoucir les plus cruelles peines. Une jeune personne, aimable sans doute, était alors à Boulogne, dans un couvent, en qualité de pensionnaire; on prétend qu'elle avait de la fortune, et qu'elle réunissait à une âme sensible un esprit solide et cultivé. M. de Rozier la vit, l'aima et en fut aimé; trop heureux, si l'amour le dédommagea pour quelques instants des maux que lui causaient la gloire et la haine de ses ennemis. »

preuve; il est vrai que, lorsque les vents ne s'y opposaient point, le ballon n'était point en état de la tenter.

Tout semblait se réunir contre cet infortuné aérostat : il fut un jour à demi dévoré par une armée de rats, et il fallut, pour les chasser, installer auprès du ballon des hommes qui battaient du tambour pendant toute la nuit, tandis qu'une légion de chats et de chiens gardaient la machine elle-même, donnant la chasse aux téméraires dont le bruit n'avait point arrêté l'audace. Il fallut, par suite de cet accident, reconstruire en partie le ballon (1).

« Enfin, le 18 avril, les vents depuis longtemps n'ayant paru si favorables, M. Pilâtre disposa tout pour son départ. La montgolfière avait beaucoup souffert des intempéries de la saison ; il jugea qu'elle était peu sûre : en conséquence, on prétend qu'il mit ordre à ses affaires, et déposa au bureau de l'amirauté de Boulogne un paquet qui, sans doute, contenait ses intentions en cas qu'il vînt à périr. Déjà tout était prêt, l'artillerie se faisait entendre, le peuple témoignait sa joie, et promenait l'aérostat en triomphe, lorsque le maire de la ville, accompagné de plusieurs marins, vint annoncer à M. Pilâtre que les vents allaient changer et qu'ainsi l'expérience ne pouvait avoir lieu. Ce dernier essai ne laissa pas de fatiguer l'aérostat; il vit que désormais l'on ne pouvait s'en servir sans danger; en conséquence, il se décida à demander des secours pour y faire les réparations nécessaires : mais il ne les obtint pas (2). »

Pilâtre dut renoncer, faute de pouvoir payer les travaux nécessaires, à faire remettre en état son aéro-montgolfière, car les deux associés se débattaient dans de cruels embarras d'argent.

Romain devait encore onze mille francs sur les frais de construction de l'aérostat à gaz et trois mille francs sur le prix de la montgolfière. Poursuivi à outrance par ses créanciers qui le menaçaient de faire saisir l'aérostat, il songea même à quitter la France pour leur échapper et se fit délivrer le 12 mai un passe-port pour l'Angleterre et la Hollande.

(1) Dès le mois de février, il avait été, dans l'une des tentatives faites, si maltraité par l'ouragan, que la montgolfière avait dû être refaite entièrement, ainsi que le prouvent quelques fragments de lettres publiées depuis.

Romain avait consulté, sur le figure à donner à la montgolfière, un de ses amis qui lui répond le 13 février 1785 :

« Tout bien examiné, je ne suis pas fort satisfait de la figure que prend la montgolfière sous les dimensions de 65 pieds d'axe et de 55 de diamètre, en la terminant surtout par une calotte sphérique. Si elle prenait la forme d'un œuf par la réunion de deux ellipsoïdes au petit axe, dont l'une serait fermée par le petit bout en l'embas de la figure, et l'autre plus ouverte, pour la partie d'en haut, il me semble que cela vaudrait mieux. Au reste, vois, considère, combine et fais-moi, si tu veux, dans une feuille de papier, le modèle de la figure que tu veux que prenne ta montgolfière, et je t'aurai bientôt tracé les fuseaux qui en feront les développements. »

Le 18 février, Romain écrit à son frère pour lui exposer l'état des travaux de construction de la montgolfière :

« Nous sommes après à tracer la figure de la montgolfière, laquelle nous donne bien de la peine, parce que l'endroit dans lequel nous la traçons est trop petit et qu'il faut la tracer en trois parties... Elle sera finie aujourd'hui, quoi qu'on en dise. Je m'en vais toujours faire travailler à la toile bleue, c'est-à-dire tailler les fuseaux pour accélérer le tout. Les ouvrières sont arrivées. Je crois les pouvoir occuper après-demain. Je suis de ton avis quand tu me marques de faire un tiers de la machine en toile de coton : il nous faut de la légèreté, et il ne faut faire qu'une très-petite calotte en toile de coton, seulement pour la sûreté des voyageurs. Le ballon se comporte toujours bien. L'appareil est bientôt complet. »

(2) *La Vie et les Mémoires de Pilâtre de Rozier*, p. 63.

Cependant il ne donna point suite à ce projet et se décida à écrire au ministre pour lui exposer sa situation (1). La réponse de M. de Calonne n'est pas connue, mais elle semble avoir été défavorable, puisque les embarras d'argent de Romain ne cessèrent point, non plus que ceux de Pilâtre.

Pilâtre de Rozier était en effet, non moins vivement que Romain, harcelé par ses créanciers : peut-être même est-ce pour leur échapper qu'il fit en Angleterre, au mois de mai 1784, un voyage dont le motif est resté inconnu et qui ne laissait pas que d'être étrange, alors que chaque jour il devait se tenir prêt au départ (2). Mais ce qui semble certain, c'est que, lorsqu'il partit pour le voyage aérien dont il ne revint pas, Romain et lui étaient cités tous deux pour le lendemain devant la sénéchaussée de Boulogne, en payement d'un mémoire de trois cent quatre-vingt-trois livres quatorze sous, dus par eux depuis trois mois.

(1) Voici cette lettre :

« Lorsque la sublime découverte de M. de Mongolfier me fut connue, je donnai tous mes soins et mon temps à chercher les moyens de perfectionner l'aérostation. L'imperméabilité des enveloppes fut le principal but que je me proposai. Un an de travaux et d'expériences multipliées confirmèrent ma théorie. Je construisis plusieurs ballons, entre autres un pour monseigneur le duc d'Angoulême, qui restèrent pleins de gaz inflammable durant plusieurs mois. D'après ces essais en petit, je me déterminai, au mois de septembre dernier, à construire un grand aérostat pour faire de longs voyages. Je fis part de mon projet à M. Pilâtre de Rozier qui l'approuva et me proposa de faire avec moi le passage de France en Angleterre. J'acceptai ses propositions et je commençai les constructions presque aussitôt, au château des Tuileries. Lorsque mon ballon fut soufflé d'air atmosphérique, M. de Rozier me dit qu'il avait communiqué à Votre Grandeur notre projet, que monseigneur l'avait approuvé et lui avait promis que le gouvernement se chargerait des frais de construction. Ce fut pour moi un nouveau motif d'émulation. Je mis donc la dernière main à mon ballon, le fis décorer. Lorsqu'il fut entièrement fini, M. de Rozier fit imprimer des lettres pour distribuer aux amateurs curieux de voir cette machine. Elle a été, l'espace de trois mois, dans la salle des Tuileries, exposée aux regards du public qui montra le plus grand désir d'en voir faire l'expérience, mais mon accord avec M. de Rozier lui laissait absolument le choix du lieu. Il se détermina pour Boulogne. En conséquence, je m'y rendis, le 20 décembre, avec mon frère qui m'avait aidé dans la construction de cet aérostat. Nous y sommes l'un et l'autre depuis cette époque.

« Mais comme une infinité de circonstances me donnent lieu de penser que M. de Rozier vous a tu le rapport direct que j'ai à cette expérience, j'ai cru devoir, monseigneur, vous adresser le détail succinct de ma position vis-à-vis de lui et d'y joindre même copie du traité passé entre nous. L'arrivée de madame de Saint-Hilaire dans cette ville, l'objet qui l'y a conduite, n'a pu que me confirmer dans cette opinion que vous n'aviez absolument aucune connaissance du travail, des soins, des dépenses et des mouvements que je me suis donnés pour le succès de cette expérience. Les longueurs et les délais qu'elle éprouve pourront au moins constater la bonté du procédé de mon enduit, ma machine étant depuis quatre mois exposée à l'intempérie de l'air dans la saison la plus mauvaise et la plus rigoureuse, sans avoir éprouvé d'altération sensible. Sans protection aucune, sans recommandation que celle que peut (*sic*) me donner mes faibles talents auprès d'un ministre protecteur, et soutien des arts, j'ai osé, monseigneur, élever ma voix jusqu'à vous, vous montrer le désir que j'aurais de me rendre digne de la protection, de la bienveillance que vous accordez à ceux qui ont embrassé cette carrière. J'ai voulu vous témoigner moi-même combien je me trouvais heureux de pouvoir, en faisant passer l'océan à madame de Saint-Hilaire, à laquelle vous vous intéressez et que vous recommandez à M. de Rozier, faire quelque chose qui puisse vous plaire et vous être agréable. Je ne fais aucun doute de l'empressement que M. de Rozier mettra à concourir à remplir à cet égard vos intentions dans toute leur teneur. »

(2) « Des raisons particulières, peut-être celle de solliciter la main de la personne qui lui était chère, l'obligèrent de passer en Angleterre : on assure qu'il obtint des parents de celle-ci la promesse qu'il pourrait l'épouser, lorsqu'il aurait mis fin à cette longue et périlleuse expérience. Mais comme il n'était alors qu'à quelques milles de Londres, il se rendit dans cette ville et fut témoin, encore une fois, le 21 mai, des nouveaux succès qu'obtenait M. Blanchard; il l'aida lui-même, et se fit un plaisir de contribuer à cette expérience. Il repassa bientôt en France, non qu'il se flattât d'être heureux, il prévoyait assez son sort; mais il ne s'en alarmait pas. »

Tombeau de Pilâtre de Rozier.

Ainsi donc il fallait partir : le ministre, les créanciers, les engagements pris, tout forçait Pilâtre à briser le lien qui le retenait à la terre et à s'en aller mourir.

III

Le 13 juin, « le temps parut, sur le soir, on ne peut plus favorable : M. de Rozier résolut d'en profiter; en conséquence, on passa la nuit à préparer l'aéro-montgolfière, dans l'espoir de partir le lendemain dès la pointe du jour : mais l'enveloppe du ballon était desséchée et presque brûlée, tant par les essais infructueux et trop répétés, que parce que l'aérostat était resté longtemps exposé aux effets de l'air; il s'y rencontra des trous, il s'en formait aisément de nouveaux, l'on employa beaucoup de temps à les raccommoder. La toile de la montgolfière était également fatiguée, et le 14, à dix heures du matin, le ballon n'était pas encore rempli. Le vent changea tout à coup, et l'on passa la journée dans l'attente : vers le milieu de la nuit du 15, le vent reparut favorable; les marins, consultés, assurèrent qu'il était très-propice; conséquemment l'on se décida à continuer les opérations, et sur les 4 heures du matin, l'on abandonna un petit ballon, qui, peu de temps après, vint retomber sur les côtes de France. Malgré cela, M. de Rozier fit continuer les travaux. Vers les six heures, on lança encore successivement deux petits ballons, et le départ fut décidé; deux coups de canon l'annoncèrent. Le peuple se réjouissait, chacun désirait et attendait. A 7 heures et quelques minutes, M. Pilâtre parut dans la galerie accompagné de M. Romain. »

Un officier supérieur, qui depuis longtemps déjà suivait avec intérêt les expériences, M. de Maisonfort, jeta dans le chapeau de Pilâtre un rouleau de deux cents louis pour prix de son passage; mais Pilâtre les refusa, en lui disant : « Je ne puis vous emmener, car nous ne sommes sûrs ni du vent ni de la machine; et nous ne voulons exposer que nous-mêmes. » Ainsi, à l'heure même du départ, les sinistres pressentiments qui depuis plusieurs mois agitaient Pilâtre persistaient encore en lui.

« Enfin les cordes sont coupées et le ballon quitte la terre, dit le biographe de Pilâtre (1), l'*Aéro-Montgolfière* s'élève lentement et d'une manière imposante, les aéronautes saluent, une foule considérable y répond par des cris de joie; ils s'avancent successivement, bientôt ils se trouvent sur la mer. Alors chacun, les yeux sur le fragile aérostat, l'observait avec crainte. Ils étaient environ à cinq quarts de lieue en avant, au-dessus du détroit; leur élévation avait considérablement augmenté; l'on estime qu'ils étaient à 700 pieds ou environ, lorsqu'un vent d'ouest les ramène sur la terre; déjà depuis vingt-sept minutes ils étaient dans les airs; l'on crut s'apercevoir de quelques mouvements d'alarme de la part des voyageurs, l'on fixe, on croit voir qu'ils abaissent précipitamment le réchaud, une flamme violette paraît au haut de l'aérostat, l'enveloppe du globe se replie sur la montgolfière, et les malheureux voyageurs sont précipités des nues, et tombent sur la terre, presque en face la tour de Croy, à cinq quarts de lieue de Boulogne et à trois cents pas des bords de la mer. On court, on vole; l'infortuné de Rozier fut trouvé dans la galerie, le corps fracassé et les os brisés de toutes parts. Son compagnon respirait encore, mais il ne put proférer un seul mot, et quelques minutes après, il expira (2). »

(1) *La Vie et les Mémoires de Pilâtre de Rozier*, p. 66.

(2) M. de Maisonfort, que le généreux refus de Pilâtre avait sauvé et qui était témoin oculaire, attribue, dans la relation qu'il a donnée de cette triste tentative, la chute de l'aérostat et la mort de ses voyageurs non au feu, mais à des déchirures qui se seraient produites dans l'étoffe du ballon.

« L'infortuné de Rozier, écrit M. de Maisonfort au *Journal de Paris*, se décida à remplir son ballon dans la nuit du mardi 14, pour partir à la pointe du jour. Les apprêts furent longs. Il se trouva à la machine plusieurs trous qu'il fallut raccommoder; on fut obligé de remplacer la soupape, et l'aérostat ne fut aux deux tiers rempli qu'à dix heures du matin.

« Le vent changea, et nous restâmes toute la journée dans la crainte d'avoir fait une perte d'acide

L'endroit où les voyageurs étaient retombés était celui-là même où Blanchard était, six mois plus tôt, descendu triomphant : même inanimé, Pilâtre était, jusque dans sa défaite et dans sa mort, poursuivi par cette gloire rivale.

Ainsi mourut, à vingt-huit ans, le plus éminent de tous ceux qui s'étaient occupés encore d'aérostation : il ne lui manqua peut-être que de vivre, c'est-à-dire de mûrir, pour laisser après lui la mémoire d'un homme de génie.

A peine eut-il rendu le dernier soupir que justice commença à lui être rendue. Les versificateurs, gent bruyante et bavarde dont la verve servile tour à tour déchire ou bien encense, célébrèrent Pilâtre mort avec l'enthousiasme qu'ils avaient mis à le mordre vivant, et sa grande ombre fut sans défense livrée à leurs éloges, à leurs élégies, à leurs épitaphes (1).

inutile et dans l'espoir incertain de recouvrer le vent si désiré. Il reparut sur le minuit. Il faisait même vent frais, et les marins experts et nommés pour en décider nous annoncèrent qu'il ne pouvait être plus favorable. Nous nous remîmes à travailler avec ardeur, et, en trois heures de temps, le ballon se trouva plein jusqu'aux cinq sixièmes. L'appareil, de 64 tonneaux, joua avec tout le succès possible. Vers les quatre heures, le vent parut moins bon ; les nuages chassaient nord-est du côté du lever du soleil. On lança alors un petit ballon de baudruche qui marqua d'abord le vent de sud-est, puis, trouvant un courant contraire, vint s'abattre sur la côte.

« Cet échec n'arrêta point les opérations, et bientôt la montgolfière fut placée sous l'aérostat. Vers les 6 heures, on lança un deuxième ballon qui fut en un instant perdu de vue. Il fallut avoir recours à un troisième courrier, qui indiqua la bonne route : alors le départ fut décidé, et deux coups de canon l'annoncèrent à toute la ville. Il est inutile de détailler les raisons qui m'ont empêché de monter dans la machine, puisque depuis quelques jours j'y étais destiné ; c'est au manque de matières et aux mauvaises qualités de quelques-unes que je dois la vie.

« A sept heures sept minutes, tout se trouva prêt, la galerie attachée, chargée de combustibles, de provisions et des deux infortunés aéronautes, M. Pilâtre de Rozier et M. Romain. La rupture d'équilibre fut de 30 livres, et l'aéro-montgolfière s'éleva majestueusement, faisant avec la terre un angle de 60 degrés. La joie et la sécurité étaient peintes sur le visage des voyageurs aériens, tandis qu'une inquiétude sombre paraissait agiter les spectateurs : tout le monde était étonné et personne n'était satisfait.

« A deux cents pieds de hauteur, le vent de sud-est parut diriger la machine, et bientôt elle se trouva sur la mer. Différents courants, tels que le vent d'est, l'agitèrent alors pendant trois minutes, ce qui m'effraya beaucoup. Le vent de sud-ouest devint enfin dominant, et le globe, en s'éloignant de nous par une diagonale, regagna la côte de France. »

« Dans ce moment, sans doute, M. Pilâtre de Rozier, ainsi que nous en étions convenus ensemble, voulant descendre et chercher un courant plus favorable, se sera déterminé à tirer la soupape, qui, mal raccommodée et trop dure, aura exigé auparavant et des efforts et peut-être une secousse violente.

« C'est alors que le taffetas a crevé, que la soupape est retombée dans l'intérieur du globe, et que l'air inflammable tendant à s'élever et voulant sortir par l'issue de dix pouces qui venait de se faire, l'enveloppe, pourrie par des essais inutiles et par un laps de temps considérable, a cédé, et s'est seulement déchirée sans éclater ; car un paysan, éloigné de cent pas, n'a entendu, m'a-t-il dit, qu'un bruit très-léger, tandis qu'une détonation totale en devait produire un très-fort.

« J'ai vu, monsieur, l'enveloppe de l'aérostat retomber sur la montgolfière. La machine entière m'a paru alors éprouver deux ou trois secousses ; et la chute s'est déterminée de la manière la plus violente et la plus rapide. Les deux malheureux voyageurs sont tombés et ont été trouvés fracassés dans la galerie et aux mêmes places qu'ils occupaient à leur départ.

« Pilâtre de Rozier a été tué sur le coup, mais son infortuné compagnon a encore survécu dix minutes à cette chute affreuse : il n'a pas pu parler et n'a donné que de très-légers signes de connaissance.

« J'ai vu, j'ai examiné la montgolfière, qui n'avait rien éprouvé de fâcheux, n'étant ni brûlée, ni même déchirée ; le réchaud, encore au centre de la galerie, s'est trouvé fermé au moment de la chute. La machine pouvait être à environ mille sept cents pieds en l'air ; elle est tombée à cinq quarts de lieue de Boulogne et à trois cents pas des bords de la mer, vis-à-vis la tour de Croy. »

(1) Citons deux de ces épitaphes :

Ci-gît un jeune téméraire
Qui, dans son généreux transport,
De l'Olympe étonné franchissant la carrière,
Y trouva le premier et la gloire et la mort.

Deux monuments furent élevés à Pilâtre et Romain, l'un à l'endroit même de leur chute, l'autre dans le cimetière de Vimille, au-dessus de leur sépulture. Le second porte ces mots (1) :

F. P. DE ROZIER ET P. A. ROMAIN,
E BOLONIA PROFECTI DIE JUNII 15, ANN. 1875,
PLUS 5 MIL. PEDIBUS ALTIORES PRÆCIPITI CASU
PROPE TURREM CROAICAM EXSTINCTI SUNT,
ET HIC AMBO CONSEPULTI.

Ci-gisent qui, des airs franchissant la barrière,
Et planant sur le monde abaissé devant eux,
Du trône le plus glorieux,
Précipités dans la poussière,
Offrent de l'homme, au même instant,
Et la grandeur et le néant.

Voici un quatrain placé au bas du portrait de Pilâtre de Rozier :

Sa gloire, hélas! ne fut qu'un rêve
Dont la fin prouve avec éclat
Que le moment qui nous élève
Touche à celui qui nous abat.

(1) « Une autre inscription, placée sur le mur de l'église de Vimille, fait connaître que des amis de Pilâtre et de Romain ont fondé à perpétuité une messe anniversaire dans cette église. »

Montgolfière de Pilâtre de Rozier.

CHAPITRE XIX

Sommaire : Jauinet et Miollan au Luxembourg.

I

L'aérostation a ses martyrs, et ils sont nombreux : elle a tué les uns, ridiculisé les autres ; et les seconds parfois ont dû envier le sort des premiers.

Pilâtre de Rozier ouvre la liste de ceux à qui leur amour de la science a coûté la vie; quelques mois plus tard, l'abbé Miollan et Janinet ouvrent celle des chercheurs et des inventeurs, qui, pour n'avoir pas trouvé ou n'avoir fait que d'incomplètes découvertes, ont été raillés, bafoués, chansonnés, caricaturés au point de ne plus pouvoir racheter jamais la réputation de sottise qui leur avait éte faite et de voir leur nom devenir pour toujours un objet de moquerie et de risée.

Ce n'est pas d'aujourd'hui en effet que le public, si facile au succès, est inexorable pour l'insuccès, et que, sans examen ni contrôle, il crible de ses quolibets et de ses injures le malheureux coupable de n'avoir point réussi : cette sévérité, cette cruauté, pour mieux dire, envers ceux qui ont échoué, est comme une éternelle, comme une incurable maladie de l'esprit humain, qui s'obstine, au risque d'être manifestement injuste, à ne s'occuper que de l'effet produit, sans s'inquiéter de ses causes.

Et cependant, à combien peu parfois tient l'issue, heureuse ou malheureuse, d'une expérience? de combien peu il s'en faut que tel qui échoue honteusement sorte de l'épreuve le front haut et fier?

Enfin les grandes découvertes ne se font pas tout d'un coup : la science ne les conquiert pour ainsi dire que peu à peu, au prix de longs efforts, à force de tâtonnements et d'expériences dont le plus grand nombre ne répond pas à l'espérance de ceux qui y ont procédé ; l'inventeur ne trouve que lorsque beaucoup ont en vain cherché, et ceux qui ont échoué ont plus de part peut-être que lui-même à l'innovation qu'il propose.

Il y a donc injustice et puérilité à se moquer de ceux dont les efforts n'ont pas atteint le but poposé, et toute tentative mérite notre respect et notre reconnaissance, alors même qu'elle n'a pas réussi.

II

L'abbé Miollan était fanatique d'aérostation. Il crut, comme tant d'autres depuis lors, avoir trouvé le moyen de diriger les ballons (1) et, pour mettre à l'épreuve sa découverte, il s'associa à un certain Janinet.

(1) « Il n'est pas à présumer, dit le *Journal de Paris*, que l'entreprise de MM. l'abbé Miollan et Janinet ait été une spéculation pécuniaire; il paraît qu'ils n'ont pu être conduits que par l'amour de la science et leur enthousiasme pour la superbe découverte de MM. de Montgolfier. Le prospectus qu'ils donnèrent, au mois de mars dernier, annonçait du talent et de la modestie; mais le public, déjà familiarisé avec le plus étonnant des phénomènes, ne s'empressa point de les seconder. Leur persévérance prouve assez sensiblement leur zèle pour les sciences en elles-mêmes; la médiocrité de leur fortune ne fut point un obstacle pour eux; et, s'ils n'ont point rempli plus tôt leurs engagements, c'est sans doute par le défaut d'encouragement de la part du public et la difficulté des avances.

« Ils ont fait, du reste, à d'autres égards, plus qu'ils n'avaient promis; leur prospectus annonçait une montgolfière de 70 pieds de diamètre; ils en ont beaucoup augmenté les dimensions, et conséquemment les frais; leur machine est la plus grande que l'on ait vue jusqu'à ce jour dans la capitale ; il est entré dans sa construction plus de 3 700 aunes de toile; sa hauteur, en y comprenant sa galerie, est de plus de 100 pieds, son diamètre de 84 et sa circonférence de 264. Toutes les expériences faites jusqu'à présent, sous les yeux de la capitale, n'ont présenté que deux voyageurs; cette machine sera

Ils entreprirent en commun la construction d'une immense montgolfière, haute de cent pieds et large de quatre-vingt-quatre.

L'ascension eut lieu le dimanche 12 juillet 1785 (1), dans le jardin du Luxembourg.

montée par quatre, savoir : MM. l'abbé Miollan et Janinet, auteurs de cet aérostat; M le marquis d'Arlandes et M. Bredin, mécanicien.

« Nous avons remarqué que l'attention des auteurs s'est d'abord portée à simplifier l'appareil de la machine. Ils ont supprimé l'estrade où on la plaçait ordinairement, et les mâts extérieurs, et ils les ont suppléés par des mâts portatifs fixés à la galerie et destinés à voyer avec elle. Cette précaution a le triple avantage de permettre la suppression de l'estrade, de donner de la facilité pour remplir la machine dans le premier endroit venu et de la préserver du feu en empêchant, au moment de la descente, le trop grand abaissement des toiles. Enfin les voyageurs se pourvoient d'un étouffoir pour mettre sur le réchaud, d'une certaine quantité d'eau, de quelques éponges, de deux soupapes très-commodes, d'une ancre et d'une échelle de corde.

« MM. l'abbé Miollan et Janinet ne s'étant pas proposé de donner au public un vain spectacle déjà connu, se destinent, dans leurs expériences, à l'essai de deux moyens physiques de direction, dont l'un a été imaginé par M. Joseph de Montgolfier, qui ne l'a point exécuté : il consiste dans une ouverture latérale pratiquée au ballon. L'air dilaté, s'échappant par cette ouverture, frappe l'air extérieur, dont la réaction doit faire avancer la machine en sens contraire, avec une vitesse évaluée par l'auteur à six lieues par heure, en supposant l'ouverture d'un pied de diamètre. Un de nos plus célèbres physiciens, M. de Saussure, dans une lettre écrite au sujet de la grande montgolfière de Lyon, a dit qu'il était à souhaiter que quelqu'un fît l'essai de ce moyen.

« Le même M. de Saussure, après avoir parlé des forces mécaniques appliquées aux aérostats, finit par dire que la connaissance des divers courants de l'atmosphère sera vraisemblablement, un jour, le moyen le plus efficace pour diriger les ballons. C'est pour parvenir à cette connaissance précieuse que MM. l'abbé Miollan et Janinet ont adapté à leur machine deux petits ballons, dont l'un, rempli d'air inflammable, doit s'élever au-dessus de la machine à 150 pieds, et l'autre, plein d'air atmosphérique, est suspendu à la même distance au-dessous. En supposant que l'effet de ces deux espèces de moyens n'ait pas tout le succès que l'on doit en attendre, on ne doit pas moins savoir gré à ces deux physiciens de les avoir essayés les premiers.

« L'aérostat, dans l'état que nous venons de dire, partira dimanche à midi précis. Il s'élèvera de l'enclos séparé du jardin du Luxembourg. On tirera quatre boîtes : la première, une demi-heure avant de rien commencer, pour avertir les personnes rassemblées dans le jardin de passer dans l'enclos : la deuxième, pour annoncer qu'on allume le feu; la troisième, pour indiquer que le ballon est parfaitement plein; et la quatrième pour marquer le moment du départ.

« La distribution des billets se fera demain, jour de l'expérience, seulement dans deux bureaux, dont l'un sera placé dans la rue du Théâtre-Français, chez M. Cicéry, et l'autre à la place Saint-Michel, près le corps de garde. On y trouvera des billets de 6 livres pour entrer dans la première enceinte, ainsi que des billets de 3 livres pour entrer dans l'enclos.

On lit d'autre part dans la *Correspondance secrète de Bachaumont :*

« Point d'expérience aérostatique, depuis celle de M. Charles, qui ait plus occupé le public que celle de MM. l'abbé Miollan et Janinet. Ils y travaillent depuis le mois de mars dernier.

« C'est au Luxembourg, dans la partie vague et dépouillée d'arbres, que l'ascension doit se faire. On n'y entrera que par le Luxembourg, qui lui-même sera fermé. Toutes les précautions sont prises pour qu'on ne puisse être admis que par billet de 3 livres. Le plus grand ordre est établi pour les voitures; et un emplacement destiné pour celles de la famille royale annonce d'augustes personnes.

« Outre le grand aérostat, il est question de deux plus petits, dont l'un marchera 150 pieds au-dessus de lui et l'autre 150 au-dessous; il y a une infinité d'autres circonstances de l'appareil qu'on ne peut rapporter : en général il est très-compliqué, et les bons physiciens n'y ont pas foi. « (10 juillet, t. XXXVI, p. 101.)

(1) On lit à la date du 8 juillet, dans la même correspondance :

« Les dévots sont fort scandalisés que M. l'abbé Miollan ait choisi, pour le jour de son expérience aérostatique, un dimanche, et pour le temps, celui de la matinée, c'est-à-dire l'heure de la messe. On assure que c'est sur les représentations de M. le lieutenant général de police que le choix a été fait pour ne pas détourner les ouvriers. Il a calculé que durant le reste de la semaine ce serait pour eux une perte de plus de cent mille écus. Il a eu le courage de contrarier ainsi le goût de la Reine qui désirait voir ce spectacle et voulait en conséquence que ce ne fût point le dimanche. Sa Majesté a sacrifié son plaisir à une aussi excellence raison. » (T. XXXVI, p. 101.)

Une foule immense, la plus grande qu'ait attiré le départ d'un ballon depuis le jour où Charles s'était élevé des Tuileries, y assistait. L'annonce d'un nouvel appareil de direction, les proportions considérables du globe, le bruit qui s'était fait autour des préparatifs, la présence enfin parmi les voyageurs du marquis d'Arlandes qui, aéronaute du premier ballon monté, n'avait pris depuis lors part à aucune ascension, tout avait attiré la foule et piqué sa curiosité.

Cette curiosité mal satisfaite allait bientôt se changer en colère, presque en rage.

Le gonflement du ballon, apporté le matin de l'Observatoire où il avait été construit, commença à midi.

Il durait encore à 5 heures.

Malgré tous les efforts et toutes les tentatives, la lourde machine avait refusé obstinément de s'enlever.

Le public, exposé depuis dix heures du matin aux rayons d'un soleil de plomb (28°) s'était vite impatienté ; puis de l'impatience il avait passé à l'irritation, de l'irritation à la colère ; il n'était pas loin de passer à la violence.

Déjà les quolibets, les calembours, les railleries, les chansons, avaient fait place aux gros mots, aux injures, aux menaces; aux murmures, isolés et encore voilés, succédèrent les imprécations, les vociférations; et enfin une immense rumeur, pleine de mille bruits divers, un inexprimable brouhaha remplit le Luxembourg.

Les économes voulaient venger leurs trois livres perdues, les grands mangeurs leur appétit méconnu, les délicats leur visage brûlé, beaucoup tous ces mécomptes réunis; et la fureur de la foule, s'excitant elle-même, se grisant de ses cris, montait, montait toujours.

Elle éclata enfin, et la lourde masse des spectateurs, se remuant soudain, tomba, plutôt qu'elle ne se précipita, sur l'enceinte, qu'elle brisa, la galerie, les appareils, les instruments que mit en pièces son effrayant choc.

Au milieu du désordre qu'avait produit cette formidable invasion, le feu prit à l'aérostat.

L'incendie, qui toujours d'ordinaire épouvante les foules et les fait reculer, fit avancer celle-là : elle se rua sur le foyer, disputant à la flamme les lambeaux du globe incandescent, et chacun s'en retourna chez lui en emportant un minuscule fragment de la gigantesque machine.

Recherchés par le public, qui n'eût pas été éloigné de leur infliger le même châtiment qu'à leurs innocents appareils, Miolan et Janinet purent, à la faveur du tumulte, se dérober aux manifestations peu sympathiques de la foule et lui échapper.

MACHINE AÉROSTATIQUE DE MM.^rs L'ABBÉ MIOLAN ET JANNINET.

Cette Machine construite à l'Observatoire, avoit 112 pieds de haut et 84 de diamètre, sa force total étoit environs de 1400. Millier. On en fit deux essais le [illegible] et [illegible] Juin 1784 dans ce dernier, la galerie portant 9 Personnes avec un Lest de 900^{lt} fut enlevée et auroient échapée des mains de plus de 20 Personnes qui la retenoient par des cordes, si l'on eut pas fait cesser le feu. Cette experience fut faite en présence d'un G.^d nombres de Personnes, entr'autres M.^r le Duc de Chaunes, M.^r le Marquis de Cassini qui étoient dans la galerie, avec MM. Jeaurat Mechain et le Comte de Milly, membres de l'Academie des Sciences. Depuis cette experience on avoit augmenté la capacité de ce Ballon de 40 mille pieds Cube, ce qui donnoient plus de 800 livres de force. La Machine ainsi construite, fut transporté au Luxembourg pour y être enlevée publiquement le 11 Juillet à midi, mais plusieurs causes qu'on avoient pus prévoires et surtout la grande chaleur et les rayons du Soleil qui fit monté le Termomètre à l'air libre, au dessus de 28 degrés, empecha la Machine de s'enfler, malgré les peines, les conseils des Scavants et les differents moyens que l'on employa. Bientôt après la populace s'étant introduite dans le Luxembourg, déchira le Ballon, brisa la galerie, l'enceinte les chaises les instruments &c, brula ce qui elle ne put emportée et mis par la les Auteurs hors d'état de remplire leurs engagements envers MM les Souscripteurs.

A Paris chez Basset et Papilly, Rue S. Jacques à la Ville de Coutances

III

Ils ne purent échapper aux chansons et aux caricatures.

L'admiration constante, ininterrompue, nous fatigue, et depuis l'invention des ballons les Parisiens n'avaient cessé de se pâmer ; ils étaient las d'un si long effort, et leur esprit critique demandait à s'exercer sur quelque objet digne de l'inspirer. Ils n'eurent garde de laisser fuir l'occasion propice et, revenant, leur mésaventure subie, à des sentiments de moins cruelle vengeance, ils se contentèrent de remplir leurs maisons de caricatures (1) et leurs rues de chansons (2) contre les malheureux aéronautes, tandis que le théâtre s'emparait à son tour de l'aventure du Luxembourg.

(1) « C'est alors, dit M. Marion, qu'on vit pleuvoir de toutes parts les quolibets et les caricatures. L'abbé Miollan fut désormais représenté en chat orné d'un rabat. Janinet fut métamorphosé en âne. Sur une estampe, on voit une *Réception à l'Académie de Montmartre* : le chat Miollan et l'âne Janinet arrivent en triomphe sur leur fameux ballon et sont reçus à la colline des Moulins-à-Vent par une assemblée solennelle de dindons et d'oies en différentes postures. Sur une autre estampe, on voit une montagne accoucher d'une souris.

« Un grand dessin, à l'aspect plus sérieux, représente une vue de *l'élévation du ballon*, faite par un détachement de gardes-suisses : hauteur exacte, 27 pieds 11 pouces 5 lignes, mesurés à l'aide d'une *perche*. Mille épigrammes ornent la marge de ces estampes. Exemple, celle-ci : « Chacun son métier, les vaches seront bien gardées. »

(2) Voici l'une des plus répandues ; elle se chantait sur l'air : *Où allez-vous, monsieur l'abbé ?*

C'est au Luxembourg aujourd'hui,
Où tout Paris s'est réuni
Pour voir l'expérience.
Eh bien ?
D'un globe de conséquence.
Vous m'entendez bien.

Chacun avec empressement
Se bat pour donner son argent :
Pour voir cette merveille,
Eh bien ?
Qui n'eut pas sa pareille.
Vous m'entendez bien.

On a vu dans cette assemblée,
Même une tête couronnée,
Désirant beaucoup voir,
Eh bien ?
Nos voyageurs en l'air.
Vous m'entendez bien.

On fut quatre heures à regarder
Si ce globe va s'enlever ;
Mais quelle chose étrange.
Eh bien ?
En fumée il se change,
Vous m'entendez bien.

Cet abbé qui fit tant de bruit,
En ce jour perd tout son crédit,
En sortant de sa sphère.
Eh bien ?
Il maudit sur la terre,
Vous m'entendez bien.

Oui-dà, mon très-cher Miollan.
Ce coup est très-déshonorant :
Pour un homme de cœur,
Eh bien ?
C'est le plus grand malheur,
Vous m'entendez bien.

Hélas ! mon pauvre Janinet.
Comme associé de ce projet.
Que tu fis sans malice,
Eh bien ?
Tu suivras ton complice.
Vous m'entendez bien.

Faites le tour de l'univers.
Plutôt à pied que dans les airs.
Avec votre cassette,
Eh bien ?
Qui contient la recette.
Vous m'entendez bien.

Monsieur d'Arlande, assurément.
En vain s'est donné du tourment.
On l'a vu tous les jours,
Eh bien ?
Leur prêter ses secours,
Vous m'entendez bien.

Si donc messieurs les physiciens
Veulent faire des voyages aériens,
Qu'ils imitent les Robert,
Eh bien ?
Qui sont les rois des airs,
Vous m'entendez bien.

La police n'essaya pas de réagir contre l'impopularité des infortunés inventeurs, et on lit à la date du 22 juillet, dans la *Correspondance secrète* de Bachaumont :

« On ne cesse de parler de l'abbé Miolan, et la police semble l'avoir abandonné à la dérision publique, en permettant qu'on le chansonnât dans les rues pour le punir de son espèce d'escroquerie, parce qu'il savait très-bien que son aérostat était de nature à ne pouvoir s'enlever, et qu'il s'était enfui de bonne heure, sous prétexte d'aller chercher quelques ustensiles propres à son expérience, et n'avait point reparu : ce qui a fait retomber sur ses camarades toute la vengeance du peuple, auquel il a fallu les soustraire par ruse. Quoi qu'il en soit, voici l'anagramme qu'on a trouvé dans l'abbé Miolan : *ballon abîmé* (1). »

Et quelques jours plus tard, « on ne cesse de se dédommager, par des chansons, de l'escroquerie de l'abbé Miollan et consorts. On en a fait une sur l'air : *Les capucins sont des gueux*, la meilleure de cette espèce, quoique sans beaucoup de sel encore :

Je me souviendrai du jour
Du globe du Luxembourg ;
Que de monde il y avait,
Monsier Janinet,
Monsieur Janinet,
Que de monde il y avait,
Pour voir s'il s'envolerait !

Lassé d'avoir attendu,
Et de ne l'avoir point vu,
Chacun s'en allait disant :
L'abbé Miollan !
L'abbé Miollan !
Chacun s'en allait disant :
Qu'on nous rende notre argent

C'est à qui veut un lambeau
De votre globe à fourneau ;
J'en ai vu dans tout Paris,
Même à Saint-Denis,
Même à Saint-Denis ;
J'en ai vu dans tout Paris,
Dont vous excitez les ris.

Vous n'aurez jamais beau jeu,
Par le système du feu ;
Le système est plus expert
De Charle et Robert,
De Charle et Robert ;
Le système est plus expert,
Et qui veut trop gagner perd.

Enfin, le 3 août, la même correspondance (2) cite encore une chanson dirigée contre les auteurs de l'expérience du Luxembourg : « elle est censée faite par un

(1) T. XXXVI, p. 129.
(2) T. XXXVI, p. 152.

grivois d'un cabaret de Vaugirard nommé la *Croix blanche*, et sur l'air : *J'avais toujours gardé mon cœur.*

Ma foi, j'ai bien ri vendredi,
Buvant à la Croix blanche :
Un ballon promis pour midi,
M'a fait pleurer dimanche.

On se moque du vendredi,
En mangeant de l'éclanche :
Mais Dieu se venge, et tout Paris
A jeûné le dimanche.

Vous dont on a trompé l'espoir,
Restez dans vos demeures ;
Pauvres badauds, n'allez plus voir
Midi à quatorze heures.

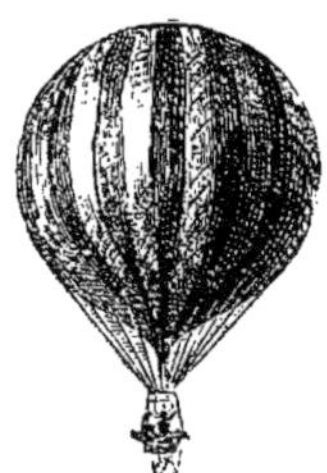

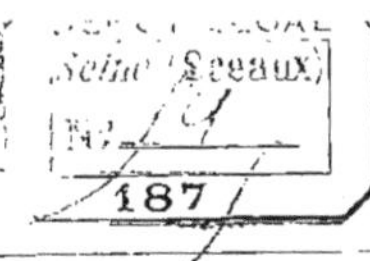

Mort de Pilâtre de Rozier.

CHAPITRE XX

SOMMAIRE : Expériences d'Alban et Vallet.

Populaire en France, partout connue et pratiquée, l'aérostation comptera désormais un nombre plus grand chaque année de dévoués et de fidèles ; mais la plupart des ascensions accomplies ne présentent que peu d'intérêt : identiques les unes aux autres, elles se ressemblent au point de lasser les plus curieux.

Ce qu'il est plus intéressant de suivre, c'est le mouvement qui, dès 1785, entraîne les esprits épris de l'aérostation vers l'étude du problème de la direction des ballons, problème qui s'est posé dès leur découverte et qui, examiné, fouillé, retourné en tous sens depuis près de cent ans, n'a pas encore livré sa solution.

Avant 1785 même, quelques mois à peine après l'invention des aérostats, des efforts, dont nous avons fait mention, avaient été tentés ; mais il nous reste à parler des expériences postérieures qui furent faites.

Il est inutile de nous arrêter aux essais d'un nommé Campemas, ingénieur ordinaire du roi, qui, après avoir bruyamment annoncé sa tentative, avoir ramassé des fonds et entretenu à plusieurs reprises le public (1) de ses efforts, dans des lettres

(1) Voici deux de ses lettres; elles sont adressées au *Journal de Paris* et disent les moyens de direction qu'il devait employer.

AUX AUTEURS DU JOURNAL.

Paris, ce 20 octobre 1784.

« Messieurs,

« Quoique je dusse faire cette semaine mon expérience aérostatique, j'imagine que mes souscripteurs me sauront bon gré de la retarder de quelques jours lorsqu'ils seront instruits des changements que j'y apporte dans ce moment, dans la seule vue de perfectionner cette découverte naissante. J'ai fait pour elle, comme bien d'autres personnes, beaucoup de dépenses infructueuses; aussi je me suis instruit à mes dépens, et je ne crains plus rien.

« Quarante ouvriers travaillent sous mes ordres; je vais détailler ici les occupations de ceux qui sont réunis à la caserne du faubourg du Temple, où l'on continue à voir le ballon en prenant des billets de départ.

« Les uns établissent une machine immense capable de contenir quarante milliers pesant de matières en fermentation pour en extraire le gaz qui doit remplir ma tour aérostatique.

« D'autres font de mon pavillon une longue salle, qui sera très-commode pour les voyageurs.

« Ceux-ci préparent trois moyens différents, qui tous seront mis en mouvement, pour mieux s'assurer de la direction.

« Ceux-là travaillent à la décoration du ballon; ils sont dirigés par un habile décorateur du roi.

« D'autres enfin remplissent peu à peu, et à la volonté des peintres, la tour aérostatique, à mesure qu'on la décore, à l'aide d'une machine disposée pour faciliter ce travail et qui pourra avoir d'autres applications utiles.

« J'ai l'honneur d'être, etc.

« *Signé :* CAMPEMAS. »

(*Journal de Paris* du 24 octobre 1784.)

AUX AUTEURS DU JOURNAL.

« Messieurs,

« Me permettriez-vous d'apaiser par votre journal les personnes qui s'inquiètent sur le retard de mon expérience aérostatique? J'ai surmonté les obstacles que me présentait le défaut de secours. J'ai trouvé quelques ressources chez mes amis; je leur dois les avances des derniers travaux que j'ai annoncés, et, quoi qu'il en soit, ma diligence aérienne partira incessamment, mes travaux étant pour ainsi dire finis. J'espère que les amateurs, les savants, les artistes, et encore plus les mécontents qui ignoraient mes raisons, s'empresseront de venir voir ma machine quand ils auront lu les détails que je vais en donner. Je dirai en passant un mot de l'appareil qui doit servir à remplir le ballon.

« Un foudre en bois de trente-six pieds de circonférence, sur douze de hauteur, est ici en magasin, prêt à être équipé sur le lieu du départ, dans une excavation souterraine, afin de rendre la solidité à toute épreuve. Cette tonne immense est surmontée d'un cylindre de six pieds de hauteur sur neuf de pourtour. Ce cylindre est percé de quarante ouvertures qui forment autant de cheminées par où doit passer dans l'aérostat le gaz inflammable, après s'être filtré dans trois couches d'eau différentes. Deux cônes concentriques sont fixés au pourtour du même cylindre; ils doivent servir de réservoirs condensateurs et en même temps de conducteurs pour le gaz. Le disque supérieur de la tonne est aussi armé d'une soupape de sûreté, d'une éprouvette et d'un tuyau surmonté d'un clapet pour laisser sortir l'air atmosphérique lorsque le gaz en prendra la place; à côté de la tonne sera également engagé dans la terre un réservoir doublé de plomb, qui contiendra dix milliers d'acide vitriolique, et le portera dans la tonne par un rameau souterrain et un robinet à bascule, qui servira à régler toute l'opération; une autre conduite souterraine portera, pendant l'expérience, dans le cylindre condensateur, une gerbe d'eau renversée et formée par un ajustage de plomb. Cette machine, quoique énorme, sera conduite par un seul homme.

« Le ballon, qui d'abord présentait une tour aérostatique, est aujourd'hui un cylindre horizontal terminé par deux cônes : celui de l'avant servira de proue, sa pointe est décorée d'un gros dard entouré de flèches, sa base est ornée de canaux et de moulures garnies de feuilles, de fleurs et de fruits. Le cône de l'arrière est aussi richement décoré, il porte l'appendice nourricière et un nouveau régu-

« qui avaient toute l'enflure d'une gasconnade », semble, à en juger du moins par le silence des journaux, remplis de son nom d'abord, n'avoir jamais fait d'expériences sérieuses.

Alban et Vallet, directeurs de la manufacture de Javel, étudièrent plus sérieusement le problème, et ce fut au grand jour qu'ils opérèrent.

Ils construisirent un ballon dont le comte d'Artois accepta d'être le parrain et qui, d'abord destiné à des ascensions captives, servit bientôt à des ascensions libres.

« Les sieurs Alban et Vallet, directeurs de la manufacture de gaz inflammable établie à Javel, qui ont perfectionné l'art de former et de remplir les aérostats de quelque grandeur qu'ils soient, dans tel délai qu'on peut désirer, ont aussi fait leur spéculation de bénéfice sur la nouvelle découverte, et, dit un recueil du temps, ce sera vraisemblablement la plus utile.

« Ils ont construit une machine aérostatique sous les auspices du comte d'Artois, dont, avec la permission de Son Altesse Royale, elle porte les noms, les armes et la livrée, et ils sont encore encouragés par la bienveillance du baron de Breteuil et de M. de Calonne. Cet aérostat est une Charlotte ou Robertine de 38 pieds de diamètre ; on y a adapté une gondole en osier solidement établie. Elle contiendra

lateur pour les ballons. Le cylindre est en mosaïque, il est enrichi par des caissons garnis de rosaces de feuilles d'eau, et autres ornements disposés par M. Le Crosnier, habile décorateur du roi.

« Le pavillon aérostatique, ou la diligence, qui d'abord était cylindrique, est aujourd'hui un long salon terminé par deux demi-lunes, et surmonté d'un baldaquin en draperies flottantes dans lequel doit se mouvoir un des moyens de direction. Cette galerie est décorée de pilastres, pavaux et corniches en stuc et en marbre de toute espèce ; on y a aussi peint des canons.

« Les moyens de direction sont adaptés à la diligence ; ils sont très-élégants et décorés.

« La partie ultérieure du salon porte un gouvernail de 60 pieds de surface ; il est mobile par le moyen d'une roue et d'un treuil qui, par le secours de deux cordes, fixe le gouvernail à la position désirée des voyageurs.

« Première direction. A la partie antérieure du salon est fixé un châssis quadrangulaire où se meut un axe horizontal armé d'une roue et perforé dans sa longueur pour le jeu de deux verrouillets à ressorts. Ces derniers servent à fixer sur l'axe et à donner les positions possibles à deux grands boucliers disposés pour prendre les déviations et les inclinaisons nécessaires pour la route, et d'un autre côté ces boucliers peuvent tourner comme des rames, prendre dans l'air un appui continuel, et forcer l'aérostat de tenir, en avançant, une marche qu'on dirigera à l'aide du gouvernail.

Deuxième moyen. Aux parties latérales du ballon sont adaptés deux châssis triangulaires armés de colliers et de roulettes pour faciliter le mouvement de deux axes, sur chacun desquels se meuvent librement deux rames qui, tournant toujours du même côté, serviront à faire aller la machine en avant ou en arrière, monter ou descendre sans le secours du lest et sans perte de gaz, tourner de droite et de gauche et aller obliquement à volonté. Ces deux moyens présentent 200 pieds de surface.

« Le troisième moyen de direction ne prendra aucun appui sur l'air ; et comme il est absolument nouveau, je me réserve de le faire connaître au moment d'en faire usage.

« Quatrième et cinquième moyens. Je pourrais encore citer ici deux moyens simples qui me serviront pour la direction. Le premier est composé d'un point vertical et de deux règles mobiles sur des portions de cercle graduées ; il doit servir pour arriver sans déviation à l'endroit positif qu'on aura choisi pour la descente. Le cinquième moyen est composé de quatre petits volets de taffetas adaptés à des ressorts très-flexibles, qui tiendront compte chacun à son tour de la marche de la machine plus ou moins accélérée.

« Croira-t-on, messieurs, d'après ce court détail, que toutes ces choses ainsi réunies, sans compter celles dont je ne parle pas, et qui ont été t ès-dispendieuses, aient pu se faire sans beaucoup de temps et sans beaucoup d'argent ?

« J'ai l'honneur d'être, etc.

Signé : CAMPEMAS.

Ingénieur privilégié du roi, à la caserne du faubourg du Temple.

quatre personnes, indépendamment des deux conducteurs, qui seront l'un à la proue, l'autre à la poupe. Deux cordes attachées à l'équateur du ballon recouvert d'un filet, retenues et guidées à terre, mettront les voyageurs dans le cas de n'aller qu'à la hauteur où ils voudront, de s'étendre, de descendre, et de remonter à volonté. Cet aérostat sera sous une remise couverte, toujours prêt à partir au gré de ceux qui se présenteront. Ce joujou, espèce de roue de fortune pour ceux qui ne chercheront qu'à s'amuser, sera un observatoire ambulant pour les savants, les géographes, les dessinateurs, les physiciens, les astronomes, qui désireront faire des expériences ou des découvertes.

« Du reste, ces artistes se flattent que les cordes même seront bientôt inutiles : ils disent avoir trouvé une manœuvre dont ils ont fait l'expérience sur un bateau, avec laquelle on aura un moyen d'aller en avant et en arrière, de monter et de descendre sans perdre de gaz. »

Les directeurs de la manufacture de Javel exposèrent eux-mêmes leur projet dans une lettre adressée au *Journal de Paris* :

Aux auteurs du journal.

A la manufacture de Javel, ce 8 octobre 1784.

« Le procédé découvert par MM. Montgolfier, et mis si habilement à exécution par M. Pilâtre de Rozier, doit-il être préféré à celui employé à différentes reprises par MM. Charles, Robert et Blanchard ? Il nous convient, moins qu'à personne, de prononcer sur cette question ; notre intérêt pourrait faire suspecter notre avis : chacun des deux a ses avantages et ses inconvénients.

« Le feu est inséparable d'un danger continuel et entraîne de grands embarras pour son aliment.

« Le gaz inflammable est encore dispendieux, difficile à former comme à conserver, et en butte aux inconvénients de la dilatation ou de la compression de l'air atmosphérique.

« Cependant on ne peut pas disconvenir que dans le grand nombre des expériences faites par les montgolfières, il y en a très-peu qui aient eu un succès complet, et que toutes celles faites par la voie du gaz inflammable ont eu l'effet qu'on en attendait.

« Appelés à coopérer à ces dernières, nous avons eu l'occasion de perfectionner l'art de former l'air inflammable de manière à pouvoir remplir les aérostats, de quelque grandeur qu'ils soient, dans tel délai qu'on pouvait désirer. Cette possibilité, à laquelle on ne croyait pas, a été démontrée dans les deux expériences faites par M. Blanchard à Rouen, et dans celle que viennent de faire MM. Robert au jardin des Tuileries. Notre nouvel appareil est devenu simple, moins coûteux, et d'un transport facile. Quelque essentiel que soit cet objet pour l'économie et la sûreté de l'opération, nous sommes bien loin d'y attacher plus d'importance qu'il ne mérite ; c'est avoir fait quelque chose, mais c'est bien peu en raison de ce que l'on doit désirer pour donner à cette intéressante découverte une utilité réelle. Nous avons regretté comme beaucoup d'autres de n'avoir pas à notre disposition une machine sur laquelle nous puissions éprouver des moyens de direction que nous croyons praticables. Les aérostats qui ont eu lieu jusqu'à présent n'ont été entre les mains que d'un très-petit nombre de personnes ; en vain a-t-on imaginé des procédés d'après les principes connus, en vain s'en occuperait-on encore, si l'expérience ne les consacre pas ; on ne pourra même compter essentiellement sur leur efficacité qu'après qu'elle aura été réitérée à plusieurs reprises, et de manière à écarter tous les doutes que peut faire naître l'influence de l'air dans la région supérieure.

« Nous avons aussi été frappés d'une considération qui intéresse l'agrément public; en voyant avec enthousiasme s'élever dans les airs les mortels qui les premiers ont osé en faire la tentative, il y en a beaucoup qui leur ont envié ce bonheur. Témoins personnels de l'empressement qu'on a mis à Rouen pour accompagner M. Blanchard, nous avons considéré qu'on ne pourrait que savoir gré à ceux qui se prêteraient à seconder une curiosité et un goût d'autant mieux placés qu'ils peuvent seuls accélérer les progrès de la découverte.

« Mais fallait-il, messieurs, nous borner à des vœux et à de simples regrets ? C'eût été aussi peu satisfaisant que peu digne de notre zèle; possédant une des matières premières des aérostats et l'art de la faire valoir, il semble qu'il était du devoir de notre manufacture d'offrir au public les ressources qu'il désire pour son instruction et sa curiosité.

« L'honneur et notre goût personnel nous ont donc déterminés à nous occuper d'une machine aérostatique qui puisse devenir à la disposition générale. Encouragés par la bonté qu'a eue monseigneur le comte d'Artois de permettre qu'elle portât son nom, ses armes et sa livrée, et par la bienveillance dont M. le baron de Breteuil et M. de Calonne daignent honorer notre établissement, les citoyens à qui son existence est due n'ont pas craint de faire de nouveaux efforts pour seconder des vues aussi intéressantes. En conséquence, nous avons le plaisir, messieurs, de vous annoncer que nous venons de faire construire, d'après les procédés de MM. Charles et Robert, un aérostat de 38 pieds de diamètre. Nous y avons appliqué une gondole solidement faite en osier; elle contiendra quatre personnes, indépendamment de deux conducteurs qui seront l'un à la proue, l'autre à la poupe; elle sera portée sur un filet pareil à celui qui portait le char de MM. Charles et Robert. Lorsque nous nous en serons servis pour les expériences que nous projetons, cet aérostat sera conservé sous une remise que nous lui avons fait bâtir. Toujours prêt à s'élever, il sera à la disposition de ceux qui, comme nous, voudront faire des essais, ou de ceux qui auront la simple curiosité de s'élever dans les airs.

« Deux cordes attachées à l'équateur du ballon, retenues et guidées à terre, mettront les voyageurs dans le cas de n'aller qu'à la hauteur qu'ils voudront et où ils désireront, de descendre et de remonter à leur volonté. En prévenant ainsi tous les risques, les physiciens pourront se livrer tout tranquillement à leurs essais, et les curieux à leur goût. Ce sera pour toutes les classes un observatoire d'autant plus intéressant, qu'il résidera dans une région inconnue, et qu'à la faveur de bonnes lunettes on embrassera une atmosphère plus étendue qu'aucun observatoire n'a pu encore en procurer. Nous espérons que la précaution des cordes deviendra bientôt inutile, et qu'en adaptant à l'aérostat la manœuvre dont nous avons fait l'épreuve sur un bateau, on aura à ses ordres un moyen d'aller en avant et en arrière, de monter et de descendre sans perdre de gaz. Nos expériences commenceront incessamment; mais nous ne les rendrons publiques que lorsque nous nous serons assuré particulièrement de leur effet. En annonçant alors ce que l'on doit attendre de notre aérostat, nous ferons part du moment et des conditions auxquels on pourra s'en procurer la jouissance; jusque-là, si l'on a quelques idées à nous suggérer, ou quelque demande à nous faire, on pourra les adresser à Paris, etc.

« Nous avons l'honneur d'être, etc.

« *Signé :* ALBAN, VALLET. »

(*Journal de Paris*, 17 octobre 1784.)

Les souscripteurs répondirent à l'appel des directeurs de la manufacture de Javel, et le ballon fut construit; mais leur projet primitif subit des modifications.

« Les sieurs Alban et Vallet, écrivent l'année suivante les auteurs de la *Correspondance secrète de Bachaumont*, directeurs de la manufacture d'air inflammable de Javel, qui avaient, dès l'an passé, annoncé un *ballon de plaisance* qui serait arrêté à terre et servirait seulement à élever sans aucune crainte ceux qui voudraient en essayer, n'ont pas donné suite à ce projet ; ils ont cependant construit dans leur moulin un aérostat nommé le *Comte d'Artois*. Ils ont voulu en offrir les prémices au prince qui leur a permis de se servir de son nom. Instruits que le duc d'Angoulême et le duc de Berry étaient à Bagatelle, ils s'y sont transportés dans leur aérostat et en présence de ces petits princes et de leur cour ont navigué dans les airs jusqu'à Longchamps et sont revenus de Longchamps à Bagatelle.

« Madame la comtesse d'Artois s'étant rendue sur les six heures du soir dans ce château, ils ont recommencé les mêmes manœuvres, et avec plus de facilité encore par l'habitude.

« Ces navigateurs n'avaient pas tenté leur essai à ballon perdu ; ils avaient une corde qui pendait à terre, à l'aide de laquelle ils pouvaient se faire arrêter quand ils voulaient.

« Encouragés par cette expérience, ils vont travailler de plus en plus à perfectionner leurs moyens de direction dont ils ne font pas mystère et qu'ils écrivent être les mêmes que ceux annoncés dans les journaux de Paris des 4 janvier et 4 février 1785 (1). »

Le 23 août 1785, les aéronautes s'élevèrent en ballon libre. Ils voulaient aller à Versailles et avaient la prétention de se diriger.

Partis à 4 heures 25 minutes du matin avec un troisième voyageur, Truchon, leur garçon charpentier, ils rencontrèrent tout d'abord un vent de sud-ouest qui ne leur fut point favorable et, sans monter à plus de 200 pieds, atteignirent la plaine de Boulogne où ils descendirent. Ils se dirigèrent ensuite sur Boulogne et y atterirent « par l'effet de leurs ailes ».

« De là, disent-ils, dans leur relation, nous avons considéré la hauteur des montagnes que nous avions à surmonter : comme nous n'avions pu emporter de lest, nous n'avons pu aussi recourir qu'à nos ailes pour nous procurer l'ascension dont nous avions besoin. Leur battement horizontal de haut en bas nous a si bien servis, que

(1) *Correspondance secrète de Bachaumont*, 19 octobre 1784. T. XXVI, p. 301.

nous nous sommes élevés à plus de 300 pieds malgré la condensation qu'a opérée un nuage qui s'est trouvé au-dessus de nous. Nous avons aussi traversé de nouveau la rivière en nous portant sur les cascades de Saint-Cloud ; de là nous avons manœuvré sur la droite pour éviter les bois du parc qui nous devenaient dangereux faute de lest. A 5 heures 30 minutes nous étions sur le château ; nous avons répondu par le salut de notre drapeau aux cris de joie que nous entendions tant dans le château que dans le village. Nous nous avancions du côté de la plaine de Garches, lorsque le même vent de sud-est s'est accru et nous a assaillis de manière à nous porter en moins de six secondes à l'extrémité de Saint-Cloud vers la maison de M. de Chalut. Hors d'état de résister au vent, nous avons manœuvré pour descendre et nous y sommes parvenus sans difficultés. Nous avons amarré notre ballon dans l'espoir que l'air se calmerait et nous permettrait de continuer notre route ; mais comme le vent augmentait et que nous étions trop exposés, nous avons conduit le ballon jusqu'à la porte jaune du parc de Saint-Cloud, où nous l'avons amarré de nouveau. Là, nous avons encore attendu vainement jusqu'à quatre heures des instants propices ; loin de diminuer, les secousses du vent se sont succédées de si près et ont été si violentes, qu'il n'a rien moins fallu qu'une machine aussi solide que la nôtre pour y résister. Le baromètre ne nous annonçant aucun changement, nous n'avons rien vu de plus prudent que de tenter notre retour à Javel. Nous y sommes heureusement arrivés sains et saufs à huit heures du soir, malgré des ouragans affreux que nous avons essuyés en route, et la difficulté de passer deux fois la rivière. Nous l'avons traversée d'abord dans le bac de Suresne et ensuite au Point-du-Jour dans un batelet. Nous devons au double filet dont est revêtu le ballon, à 16 haubans ou cordes qui sont attachées à l'équateur à distances égales, à la bonne volonté de ceux qui ont été dans le cas de nous prêter la main, et à quelque prudence dans notre conduite, d'avoir triomphé de tous les efforts du vent. »

Pendant de longs mois encore, Alban et Vallet continuèrent leurs expériences, tantôt seuls, tantôt accompagnés de l'un de leurs souscripteurs. Ces infatigables chercheurs ne se lassaient point ; plus ils rencontraient de difficultés à vaincre, et plus leur ardeur semblait grandir. Ils multipliaient leurs voyages ; les jours où le vent était favorable, on pouvait voir le *Comte d'Artois* s'élever deux ou trois fois de l'usine de Javel. Convaincus qu'ils avaient levé un coin du voile, et que la première formule mathémathique de la direction des ballons était trouvée, ils ne cessaient d'entretenir le public de leurs espérances et de leurs succès, de leurs doutes et des difficultés qu'ils avaient encore à vaincre. Peut-être espéraient-ils que quelque chercheur acccourrait à leur secours et les aiderait à résoudre le gigantesque problème. Dans chacune de leurs lettres, on sent combien ils doutent encore, et combien leur confiance est soumise à de rudes épreuves par les échecs qu'ils éprouvent.

« Hier, 28, écrivent-ils au *Journal de Paris*, nous avons fait dans la matinée deux voyages à ballon libre, également instructifs et satisfaisants.

« Nous avons entrepris le premier à cinq heures du matin ; nous n'étions que trois dans notre gondole. Nous portions soixante à soixante-dix livres de lest ; nous nous sommes élevés avec soixante livres d'ascension. Notre projet était de nous porter sur Bellevue, mais le vent d'ouest nous en écartait ; nous avons lutté contre lui, et dans l'espace de 366 toises nous n'avons dérivé que de 30 degrés. Il eût été à propos de pouvoir évaluer la force du vent, pour juger sainement du mérite de nos efforts et de leur résultat. Nous avouons que nous n'étions pas encore pourvus d'un instrument nécessaire pour cet objet. Nous avons redoublé à plusieurs reprises notre combat avec le vent; nous avons observé, d'après la route que nous avons tenue, que nous obtenions toujours à peu près le même avantage.

« Nous nous sommes élevés, pendant ce voyage, à 306 pieds de haut, et nous sommes descendus à deux reprises par la manœuvre seule de nos ailes. Lors de notre rentrée à sept heures et demie dans la manufacture, nous avons éprouvé une dilatation qui ne laissait plus de vide dans notre ballon. Cependant, dans le dessein d'apprécier l'effet de notre double filet, nous l'avons laissé jusqu'à neuf heures exposé à l'ardeur du soleil, qui est devenue de plus en plus considérable. Nous l'avons mis à terre avec une perte d'équilibre qui n'était que de cinq livres. Nous n'étions pas sans inquiétude dans cette observation ; mais le gonflement de l'appendice, qui nous effrayait d'abord, n'a pas varié, et le ballon n'a point rompu son équilibre. C'est avec la plus vive satisfaction que nous avons vu par là combien le double filet dans lequel nous l'avons emprisonné répondait à l'espoir que nous en avons conçu. Il a été confirmé dans la suite de nos expériences.

« Vers les neuf heures nous avons entrepris un second voyage, accompagnés de *M. le marquis de Cubières*, l'un de nos souscripteurs. Nous étions en conséquence quatre voyageurs. Le vent se trouvant alors à l'est, nous avons manœuvré au sud, du côté d'Issy, toujours dans le dessein de favoriser notre descente sur Bellevue.

« Nous devons un hommage de reconnaissance à madame la *duchesse d'Infantado*; nous nous sommes portés sur son jardin : arrivés au milieu, nous y avons jeté notre pique et nous nous y sommes amarrés avec la plus grande facilité. Madame la duchesse étant montée dans notre gondole avec messieurs ses fils, nous les avons promenés à ballon tenu.

« M. le comte de Narbonne, aussi souscripteur, nous ayant rejoints là, a pris place dans la gondole ; nous nous sommes remis en marche à ballon libre, et nous nous sommes rendus au bas des murs de la ferme de Moulinets, qui est près de Bellevue.

« Quoiqu'il fît excessivement chaud, la dilatation que devait éprouver le ballon ne ne nous a occasionné aucune ascension pendant notre route ; elle s'est faite sur une ligne droite.

« Arrivés à cet endroit, nous nous sommes délestés pour gagner la hauteur de la montagne, et nous étions montés à 140 toises d'élévation. Mais le vent s'étant accru et étant devenu sud-est, nous étions trop fatigués pour tenter de le vaincre; nous avons donc manœuvré pour nous descendre à terre. Il était 11 heures.

« Comme nous n'avions point d'ascension à combattre, il nous a été aisé de déterminer notre descension.

« Nous espérions recommencer nos expériences ce matin, mais le vent a été trop considérable.

« Nous nous y portons à présent avec d'autant plus de plaisir que nous nous sommes assurés, par des expériences aussi authentiques que réitérées, du succès de nos moyens de direction.

« Autant nous avons été circonspects à nous en flatter, autant il nous est permis de nous en applaudir lorsqu'ils ne nous laissent aucun doute.

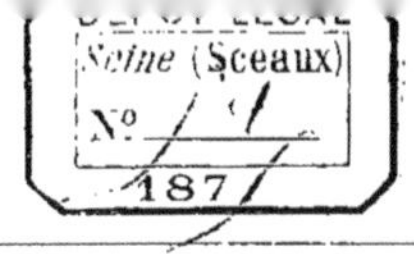

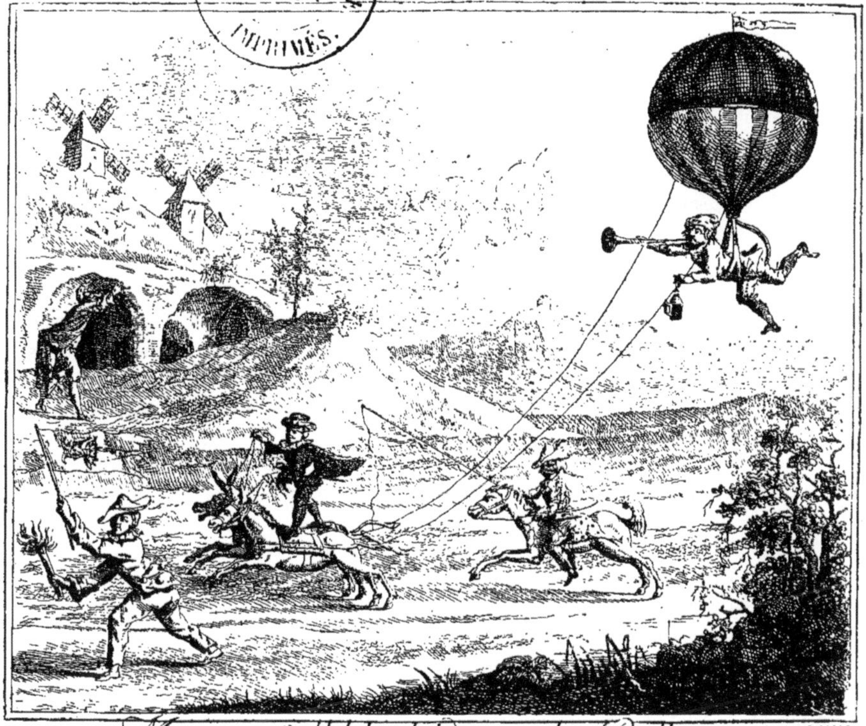

Moyen infaillible de diriger les Ballons

Air de Pierrot

L'art de voler, assurement,
N'est point un art comme on croit si facile
Mais il faudroit préalablement
Se diriger adroitement
Pour que la chose soit facile
Attelez moi deux coursiers en avant.
Voila Messieurs, et voila justement,
Comme on se rend maître du vent

Se vend à Paris rue des Quatre vents

Air de Pierrot

Tels que les Dieux à l'opéra
Fendez les airs volez par méchanique
Le Ciel l'enfer Et cetera.
Tout y va bien [illegible]
Car sans elle danse et musique
Avec [illegible] tomberoient fort souvent
Voila Messieurs et voila justement
Comme on se rend maître du vent

« Nous sommes bien loin de croire que l'on n'en trouvera point qui soient plus efficaces que les nôtres; mais ils le sont et il ne reste plus à cet égard aucune équivoque. Réduits à des forces très-faibles et à ne pouvoir les augmenter avec notre ballon, nous n'avons pu lutter que contre des vents très-légers, ni faire des marches assez longues pour détruire absolument tous les doutes sur notre direction horizontale; mais pourra-t-on dire que le vent nous sert dans l'ascension et dans la descension? Ces manœuvres perpendiculaires ne peuvent y trouver que de l'obstacle. Leur succès est donc entièrement dû à nos moyens, et comme ils sont les mêmes pour la direction horizontale, il est incontestable qu'ils doivent opérer le même effet; s'il n'est pas aussi sensible, c'est parce que les résistances sont plus fortes. Qu'en doit-on conclure? C'est qu'il suffit de pouvoir augmenter les forces pour que les moyens deviennent aussi efficaces qu'on peut le désirer.

« Il faut aussi conclure de ce que nous vous annonçons que les dangers effrayants de l'ascension se trouvent anéantis et qu'il n'y a plus de gaz à perdre pour la descension. »

Le 30 août, Alban et Vallet font encore de nouvelles expériences. Pendant la matinée le *Comte d'Artois* s'est élevé au-dessus de Javel et, le vent aidant, porté au-dessus de la plaine de Boulogne où les aéronautes par deux fois font monter et descendre leur ballon. Enfin, vers midi, ils planent au-dessus de Saint-Cloud où ils sont forcés de s'arrêter jusqu'au soir, le vent étant devenu trop fort pour qu'ils puissent essayer de lutter avec lui.

Une fois de plus, ils avaient pu reconnaître leur impuissance; mais loin d'être découragés ils entreprennent de nouveaux voyages, sans être plus heureux — il est vrai, — le 9 septembre d'abord, puis le 17 et le 18.

Pendant leurs expériences du 17, ils parvinrent à trouver un courant qui les porta sur Versailles où, grâce à ses ailes, disent-ils, le *Comte d'Artois* descendit au milieu de la cour Royale. Tous les seigneurs environnèrent bientôt le ballon, et il ne fut pas jusqu'au roi et à la reine qui ne se firent expliquer par les aéronautes le mécanisme du *Comte d'Artois*, les succès remportés et les échecs subis. Louis XVI, habile mécanicien, était tout heureux de pouvoir étudier la « machine » d'Alban et Vallet, et d'assister à quelques expériences. Malheureusement pour les aéronautes, le vent avait grandi, ils ne purent manœuvrer contre lui; les ailes du *Comte d'Artois* demeurèrent impuissantes et ils durent redescendre aussitôt dans la cour Royale où le roi leur permit d'amarrer leur aérostat.

C'était un grand échec, d'autant plus retentissant qu'il avait eu la cour pour témoin. Alban et Vallet avaient touché la Renommée du doigt et elle s'était enfuie pour porter ailleurs la nouvelle de leur défaite.

Le lendemain, en ramenant tout prosaïquement, sur une charrette, leur ballon à Paris, Alban et Vallet durent songer à la fable de La Fontaine : *Perrette et le Pot au lait*.

CHAPITRE XXI

SOMMAIRE : Les figures-ballons.

I

Les expériences se succédaient; les amateurs d'aérostation avaient la fièvre, et Paris, agité, fébrile, aidait les inventeurs et les charlatans de son argent et de ses bravos.

Les uns et les autres trouvaient appui dans la grande ville, et pour une victime, comme Miolan, combien de saltimbanques ont escompté l'enthousiasme des Parisiens pour l'aérostation!

Les essais qui se répétaient chaque jour entretenaient l'agitation; les ballons excitaient de telles ardeurs que plus d'un bourgeois alla contempler trois ascensions dans une journée.

Bien que « des sots eussent fait de l'art aérostatique l'objet de leur niaiserie et quelques fripons celui de leur cupidité (1) », les Parisiens montraient toujours une jeune ardeur, admirant tout à la fois les expériences scientifiques et les ballons « *pour rire,* » tels que le *Grand Vendangeur du sieur Lhomond,* ou le *Pégase* et le *Mercure* d'un aérostier de profession.

La liste des « *ballons pour rire* » est aussi courte que celle des « *ballons sérieux* » est longue : à peine compte-t-on deux ou trois ascensions du *Pégase,* tandis que tel aérostat, celui de MM. Alban et Vallet, par exemple, en fit plus de soixante.

Dans son numéro du 12 mai 1785, le *Journal de Paris* publia le programme d'une ascension qui devait avoir lieu le lendemain. Le sieur Lhomond qui lançait le *Grand Vendangeur des airs;* c'était la première ascension de ce genre, et, quoique personne ne prît place dans la petite nacelle, le spectacle promettait d'être « *divertissant* » : aussi le *Journal de Paris* inséra-t-il tout au long le prospectus de l'aérostier et les dispositions qu'il avait prises pour prévenir un encombrement de voitures.

(1) Lettre d'un abonné, *Journal de Paris* du 4 septembre 1785.

« Le *Grand Vendangeur* du sieur Lhomond, dit-il, partira demain 13, du jardin des Tuileries. Il sera précédé de l'ascension de trois ballons, dont le premier représentera le soleil et une Gloire et le deuxième une tonne d'or; le troisième, sans décoration, sera rempli de deux tiers d'air déphlogistiqué. A midi précis, le *Vendangeur* s'élèvera, portant sur sa tête un énorme tonneau ou baquet, et tenant à la main droite un ballon sous lequel sera suspendue une gondole représentant l'expérience de MM. Charles et Robert. »

Le lendemain la foule était grande (comme à toutes les expériences d'ailleurs); mais son attente devait être trompée, et dès les premières minutes elle avait pu reconnaître que Lhomond avait abusé de sa candeur. De ballons figurant le soleil et la Gloire, point. De Tonne d'or, pas davantage, et le petit aérostat rempli d'air déphlogistiqué, qui devait éclater à une hauteur considérable, fit explosion à quelques mètres de terre.

Enfin le *Vendangeur* sortit par la fenêtre de l'ancienne salle des concerts des Tuileries : après être resté stationnaire quelques minutes, il s'éleva à une assez grande hauteur, mais pour redescendre aussitôt à quelques pas de Paris, dans la plaine de Grenelle (1).

L'ascension de cette « espèce de mannequin » ne satisfit pas complétement les souscripteurs, qui demandèrent à conférer avec le sieur Lhomond; mais celui-ci n'avait pas attendu la fin de l'expérience, et, modeste entre les modestes, il s'était. . dérobé.

Comme on le voit, quelques hommes industrieux s'étaient faits aérostiers; quand la montgolfière eut fait place à son frère puiné le ballon à gaz, ils fabriquèrent des ballons; enfin ils bâtirent des mannequins qui représentaient un *Vendangeur*, comme le fit le sieur Lhomond, ou un cheval, ou une nymphe, comme ceux du sieur Enslen, quand le public fut blasé sur les ascensions ordinaires.

Le *Pégase*, que fit enlever le 23 octobre 1785 Enslen, était, au dire du *Journal de Paris*, parfaitement construit; les formes étaient pures, et la transparence de l'étoffe

(1) *Ordre pour la marche des voitures.*

L'on n'entrera que par trois portes seulement, savoir : par la porte de la grande Cour royale; par celle du Manége; par celle de l'Orangerie, place Louis XV.

La porte du Pont-Tournant, celle des Foullons et celle du Pont-Royal seront fermées.

Les voitures venant du Pont-Royal et du Pont-Neuf, qui auront des billets pour entrer aux Tuileries, passeront par le grand guichet pour entrer par la cour des Princes et parvenir à la Cour royale, où elles se rangeront.

Elles défileront, après l'expérience, par la cour des Suisses seulement.

Les voitures venant du Marais et du faubourg Saint-Honoré, qui auront des billets pour entrer aux Tuileries, passeront par la rue Saint-Florentin jusqu'à la porte de l'Orangerie, et se rangeront le long des arbres des Champs-Élysées.

Les voitures ne pourront pas entrer par la porte du Manége.

Il ne restera aucune voiture à poste fixe le long du quai des Tuileries ni sur la place Louis XV. Elles iront se ranger le long des arbres des Champs-Élysées ou du petit Cours.

L'expérience commencera à onze heures précises, et, une demi-heure avant, on l'annoncera par une boîte qui sera précédée par une fusée, pour prévenir les cochers de veiller sur leurs chevaux. Aucune voiture, dès ce moment, ne passera sur le Pont-Royal, et une seconde boîte annoncera le moment du départ qui sera à midi précis.

Les souscripteurs auront la complaisance de présenter leur billet tout ouvert, pour être pris par les personnes préposées.

aidait l'imagination à se figurer le Dieu de la poésie prenant son vol vers l'Olympe.

Une *Nymphe* de huit pieds avait été aussi lancée aux acclamations de la foule. Enslen avait su trouver quelque chose de nouveau, il avait son heure de célébrité.

Le lendemain, le *Journal de Paris* publiait les deux notes suivantes :

« Le *Pégase*, lancé hier à une heure 25 minutes, est tombé près de Montmorency à deux heures et demie. Jean Gérard, vigneron de la Barre, petit village situé près de Montmorency, eut le courage de courir après pendant plus d'un quart de lieue. Le cheval rasait la terre et allait cependant avec beaucoup de vitesse, ce qui fit croire au paysan que c'était réellement un être vivant ; il lui cria vingt fois de s'arrêter, qu'il allait se casser le cou ; le coureur marchait toujours.

« La lettre que tenait Bellérophon était surtout ce qui encourageait le plus Gérard à courir après ; il parvint enfin à saisir les jambes de derrière du cheval ; mais effrayé de l'étonnante légèreté d'une si grande figure, il la lâche, et *Pégase* repart. Gérard, revenu de sa surprise, se remet à courir après et s'en empare enfin.

« Il attend l'arrivée d'autres paysans, et on transporte le cheval au château de M. le comte de Belsingues. Son receveur leur explique la lettre, et Gérard, avec deux de ses camarades, part sur-le-champ pour Paris, portant en triomphe *Pégase*, qui n'avait reçu aucune avarie dans sa course aérienne. »

« Aujourd'hui 23 octobre, à deux heures précises, le nommé François Thelemy, habitant de Gennevilliers, a trouvé dans la plaine, à deux cents pas du village, en allant à Épinay, une femme portant une coiffure en globe et fort bien vêtue, chancelant sur ses pieds. En s'approchant, il a cru voir une femme expirante, ce qui l'a intimidé, mais moins encore que trois autres personnes qui étaient avec lui. Il s'est approché de la figure, et l'a saisie à brasse-corps, comptant lui donner du secours. Son étonnement a été extrême lorsqu'il n'a trouvé qu'un corps de vessie, mais imitant parfaitement la nature, tant par sa figure que par son ajustement. Thelemy, n'ayant rien de plus pressé que de le porter chez les personnes plus notables de Gennevilliers, l'a déposé chez M. le chevalier Pouget, qui, après l'avoir vu, lui a permis de garder cette figure chez lui, en le priant d'empêcher que personne l'endommageât. Tout le village faisait foule à la porte du sieur Thelemy ; mais elle n'a été vue que des habitants les plus considérables de l'endroit. Il attend réclamation.

« *Signé* : VILLERS. »

II

Quelques personnes encourageaient ces expériences, espérant qu'ainsi la question aérostatique ne tomberait pas dans l'oubli et que des ascensions répétées aideraient à résoudre le problème de la direction. Ils se trompaient : ils livraient l'aérostation aux saltimbanques, qui surent si bien la conserver, qu'elle est encore aujourd'hui en leur pouvoir.

CHAPITRE XXII

SOMMAIRE : Les ascensions de Blanchard pendant l'année 1785.

Ce n'était point seulement à Paris que l'aérostation régnait en souveraine; dans la *Correspondance secrète de Bachaumont*, on lit : « La manie des aérostats a pénétré jusque dans notre petite ville de Loches. Le 4 octobre dernier nous avons joui du spectacle d'un ballon lancé dans les airs : il était d'une figure hexagonale ; un cône tronqué formait sa base, un prisme son milieu, et son sommet était terminé en pyramide. Une de ses faces représentait les armes de la ville; sur une autre on lisait le quatrain suivant :

Superbe aérostat, dont la noble structure
De l'esprit des humains annonce la grandeur;
Tout émerveille en toi, l'art aide la nature;
Le ciel est ton pays, un homme ton auteur.

« Ce globe s'éleva environ à mille toises ; mais la circonstance la plus extraordinaire, c'est que plusieurs de nos amateurs assurent avoir vu, à l'aide de leurs lunettes, un infinité d'hirondelles se reposer sur lui (1). »

Et quelques jours plus tard c'est une lettre de l'île de France qui rend compte de trois ascensions faites par Cailleau avec un ballon de 32 pieds de diamètre. Enfin, le 10 octobre, un correspondant de Lubeck dit encore à Bachaumont qu'un aérostat à gaz inflammable a parcouru quatre-vingt-douze lieues en quatre heures.

Le *Journal de Paris* du 26 octobre ajoute :

« Le sieur Lunardi a fait le 5 de ce mois une nouvelle expérience aérostatique. Il est parti d'Édimbourg un peu avant 3 heures après midi ; à 4 heures 25 minutes il est descendu sur la côte de Fife (2), entre Dunie et Cérès. Il avait parcouru un espace de 18 milles par mer et de 10 par terre. Il dit qu'à la plus grande hauteur où il s'est élevé son baromètre était à 18 pouces $\frac{5}{10}$. Son voyage, moins long, a été peut-être plus hasardeux que celui du sieur Blanchard : ce dernier, en traversant le Pas

(1) Tome XXVII, p. 12.
(2) Ville d'Écosse.

de Calais, avait devant lui un vaste continent, au lieu que le sieur Lunardi était exposé au danger d'être emporté sur la mer d'Allemagne. »

Londres en vit aussi plusieurs. Blanchard était allé de l'autre côté du détroit, chez nos hospitaliers voisins, où sa renommée était plus grande qu'en France peut-être. Le docteur Jeffries avait servi de patron à l'aéronaute. La gloire de Blanchard, confondue avec celle de l'Anglais, avait grandi et lui avait ouvert les portes et la bourse de nombre de *gentlemen* fanatiques de l'aérostation.

Ce fut le 7 mai que Blanchard fit à Londres sa première ascension. Dès qu'il eut touché terre, il adressa au *Journal de Paris* une relation de son voyage ; car, si Blanchard aimait les bravos et l'admiration des étrangers, il désirait que la France sût qu'il continuait en Angleterre les triomphes qu'il avait eus à Paris.

« Je vous ai promis le détail de mon dernier voyage, écrit-il au *Journal de Paris*, le voici. Je suis parti le samedi 7 mai du milieu de la Cité, à 2 heures 20 minutes ; le vent était..... et très-violent, le ciel clair et le baromètre à 29 pouces. Après avoir fait dans l'enceinte plusieurs évolutions au moyen de ces nouveaux agents, je partis avec 80 livres de lest en comptant quelques petites provisions. Mon ballon qui n'a que 20 pieds de diamètre était si plein, que le matin, au lever du soleil j'avais été obligé de lâcher l'appendice : sa forme était agréable, et comme il n'avait pas le moindre pli, le vent avait peu d'empire sur lui. J'ai inventé d'ailleurs, pour le fixer quand il est plein, des moyens qui le garantissent de la tempête la plus violente. Ces moyens sont simples : il ne s'agit que de deux croisillons de fer ; au milieu de chacun est un piston aussi de fer, mobile, quoique rivé à tête fraisée. Ces deux croisillons s'adaptent solidement à chaque pôle, en sorte que le ballon, rempli et fixé avec quatre cordes à chaque anneau, tourne sur son axe et ne craint aucune espèce de vent.

« Je m'élevai avec le même air inflammable qui m'avait servi le mardi 3, en réparant seulement la déperdition que j'avais été forcé de faire par quelques circonstances. Comme je ne voulais pas monter sur la ville à plus de 600 pieds, j'avais établi mes calculs en conséquence. Je restai un moment stationnaire. Un nuage considérable de fumée vint m'envelopper. Cette fumée était produite par l'embrasement de plusieurs magasins considérables. Mon dessein était de rester longtemps dans un état de station, et j'employai tous mes efforts pour planer ; mais le vent augmenta tellement, qu'il me fut impossible de lui résister ; il m'emporta avec une telle célérité que j'eus bientôt devancé plus de 500 cavaliers qui couraient sous le vent. Je voulus descendre ; mais, ne voyant pour ancrer que des corps trop solides, comme maisons et murs, qui auraient infailliblement occasionné ou la rupture de mon cordage, ou le déchirement de mon globe, je me relevai et fus à 5 ou 6 milles de là, dans une belle prairie, au bord de laquelle était un petit buisson.

« Je jetai mon ancre au milieu de ce buisson ; mais la vitesse de ma course était si violente que j'emportai le buisson. Je jetai 10 livres de lest, je tirai mon cordage, débarrassai mon ancre et m'élevai, d'après mon estimation au baromètre, à environ 2,000 pieds. Le courant me porta sur le milieu de la Tamise. J'entendis plusieurs coups de canon ; je regardai et vis, avec grande satisfaction, que c'étaient des capitaines de vaisseaux qui me saluaient ; je distinguai même, en m'abaissant davantage, que plusieurs arboraient leur pavillon. Ne pouvant leur répondre dans la même langue, je bus à leur santé. Je fis environ dix milles en filant toujours sur cette rivière.

« Je m'aperçus que le vent me portait droit à Ostende. Satisfait de ma longue promenade sur la rivière, je ne voulais point, du moins pour cette fois, m'engager sur la mer; je fis les plus grands efforts pour me déranger de ma direction à force de manœuvres, mais ce fut en vain : le vent me dominait et m'emportait avec violence. Je fis ce qu'on doit faire quand on n'est pas le maître : je pris mon parti; j'examinai mon lest, il m'en restait plus de 60 livres; il n'était pas encore trois heures; je conçus l'espoir d'aller sur les terres de l'Empereur, et je me réjouissais réellement d'avoir encore à planer sur la mer, lorsqu'un malheureux tourbillon vint détruire en un moment toute ma félicité, me porta plusieurs fois d'un bord de la Tamise à l'autre et me prouva que le vent n'était point contraire; je crus qu'il ne serait pas prudent de tenter le passage et qu'il fallait même éviter la Tamise qui devenait fort large. Je jetai une si grande quantité de lest que je montai rapidement à environ 12 000 pieds. Malgré la rapidité de mon ascension je sentis plusieurs courants. Parvenu à l'équilibre, j'usai de mes moyens pour descendre, et me trouvai à 500 pieds de la terre; j'étais assez éloigné de la Tamise pour pouvoir prendre terre, mais je ne le pus à cause de la violence de ma course; il se fit, à cette époque, une si grande dilatation dans mon ballon, que dans une minute je montai, mais à un point si élevé, que la vallée dans laquelle j'étais descendu me parut de niveau. Étonné de cet événement subit et voyant un large coude de la Tamise, sur lequel le vent me portait, j'ouvris ma soupape; la chaleur était si excessive que la soupape ouverte et l'appendice libre suffisaient à peine pour l'évaporation de l'air inflammable qui s'échappait avec la plus grande vélocité. Un petit air frais vint condenser le reste de l'air inflammable; je descendis très-rapidement; pour parer à tous les inconvénients, j'attachai la portion entière du lest qui me restait à une grosse corde qui sortit du char à environ 100 pieds. Aussitôt que ce corps grave toucha la terre, je restai balançant dans l'air sans avoir éprouvé la plus légère secousse; je glissais ainsi sur la terre avec une vitesse qui, par ses déviations, son oblicité et les courbes que j'ai décrites, a été évalué de 60 milles par heure.

« Mon ancre, qui s'était entortillée, avait changé de situation et allait à *reculons*, si je puis me servir de cette expression, de façon qu'il ne pouvait absolument s'accrocher; mais un arbre couché de la prairie arrêta mes sacs de sable, ce qui me fit baisser. J'avais eu soin d'en descendre d'autres avec une corde plus courte; quand cette dernière toucha la terre, je reposai avec douceur.

« Je crois que c'est le meilleur moyen de descendre sans commotion trop forte, ce qui ne pourrait manquer d'arriver dans une tempête. Un autre moyen infaillible pour s'arrêter à volonté consiste dans un ancre double, c'est-à-dire qu'il faut qu'à chaque bout d'une verge de fer il y ait des dents courbées au nombre de 5 ou 6, à peu près dans la forme de celles d'un grappin avec lequel on retire un sceau dans un puits; il faut que chaque crochet soit au moins de deux pieds et demi de longueur.

« Ainsi arrêté au milieu de cette prairie, je m'occupais à vider mon ballon, lorsque dix ou douze paysans, dans l'intention de me servir, mais ne pouvant entendre mon langage, détruisirent ma machine entière et la mirent absolument hors d'état de faire un autre voyage. Quatre hommes en chargèrent les lambeaux sur leurs

Le Comte d'Artois.

épaules et me conduisirent chez un fermier auquel, moitié par signe, moitié en parlant, je demandai où j'étais; il m'écrivit avec un crayon que je lui présentai : « Hilles-Hall, 35 milles de Londres. »

« J'ai l'honneur d'être, etc.

« *Signé :* BLANCHARD,

« *Citoyen de Calais et pensionnaire du Roi.*

« *P.-S.* — La ville de Calais ayant bien voulu me prêter son ballon pour quelques jours, je partirai samedi 21 avec le colonel Torthon, si toutefois ce ballon est en état, car je n'ai pu encore le visiter. J'aurai l'honneur de vous rendre compte des expériences que nous devons faire. »

Puis, le 10 juillet, c'est de la Haye qu'on écrit au même journal que Blanchard ouvre une souscription pour construire un ballon dans lequel il s'enleva quelques jours après.

Cette ascension faillit se terminer d'une manière tragique. Le ballon, construit trop à la hâte et mal gonflé, ne s'éleva que lentement; encore les aéronautes — un officier de la légion de Maillebois accompagnait Blanchard — durent-ils sacrifier tout leur lest, abandonner leurs habits, leurs chapeaux, leurs instruments de physique pour éviter les cheminées que l'aérostat heurtait violemment.

La force d'ascension, peu considérable d'ailleurs, diminua rapidement, et au bout de quelques minutes la terre se rapprocha avec une effrayante rapidité.

La chute devait être terrible.

Malgré les efforts de Blanchard, la nacelle frappa violemment la terre, rejetant sur le sol l'officier aéronaute qui, moins familier que Blanchard avec les atterrissements, n'avait pu résister à l'effrayante secousse que venait d'éprouver la nacelle.

La soupape était ouverte, le gaz s'échappait librement, le ballon fut bientôt dégonflé; mais une troupe de paysans, peu enthousiaste de l'aérostation, fondit tout à coup sur les aéronautes, réclamant à grands cris des dommages-intérêts pour les dégâts que le ballon avait commis au moment de la descente. L'attitude menaçante des campagnards, les bâtons, les fourches, les fusils dont ils étaient armés prouvèrent à Blanchard qu'il devait faire contre fortune bon cœur, laisser briser sa nacelle, déchirer son ballon, et payer dix ducats au propriétaire du champ, s'il ne voulait point lui-même être mis en pièces.

Ce n'étaient point là les démonstrations et l'accueil auxquels il était accoutumé : aussi la manifestation des paysans dut-elle lui sembler plus cruelle encore.

C'étaient dix ducats de dépensés, un ballon perdu et sa réputation qu'il avait compromise dans sa fausse ascension de la Haye.

Les insuccès avaient peu de prise sur Blanchard : persuadé de sa grandeur et de sa valeur, les défaites ne l'atteignaient point. Au temps de sa popularité, il demeura toujours le même qu'aux jours où il était pensionnaire de l'abbé Viennay; à peine avait-il éprouvé un échec qu'il cherchait avec ardeur l'occasion d'en éprouver un autre; il rencontra souvent le succès sur sa route, mais quelquefois — souvent même — il laissa aux buissons du chemin un lambeau de sa réputation.

Moins de quinze jours après l'ascension de la Haye, Blanchard venait à Lille et ouvrait une nouvelle souscription. A Lille comme à Gand, comme à la Haye, comme à Francfort, ni l'argent ni les spectateurs ne firent défaut, et si Blanchard aimait les bravos il dut être satisfait : les triomphes ne lui manquèrent pas. Les parachutes, fixés à de petits ballons, qu'il lançait chaque jour, étaient pour les Lillois autant de sujets d'admiration et d'enthousiasme. Blanchard trouvait, lui aussi, un avantage à lancer ces petits aérostats, puisque le ballon qui devait servir à son ascension était loin d'être prêt et que les Lillois se montraient fort impatients de jouir du spectacle que le *citoyen de Calais* leur avait promis.

Hélas! ici-bas rien n'est immortel, tout a une fin, et la patience des Lillois n'échappa point à cette loi terrible et infaillible. Après avoir accordé un, puis deux, puis trois sursis à Blanchard, le *public* commença à murmurer, à se plaindre, à lancer contre l'aéronaute les accusations les plus infâmes. Le camp des mécontents fit tant et si bien que les magistrats de la ville eux-mêmes furent pris de terreur et crurent que Blanchard allait s'enfuir en emportant le montant de la souscription.

La peur ne raisonne pas; la défiance ne s'analyse pas. De même que l'antipathie ou la sympathie sont des sentiments innés que l'on ne peut vaincre, la confiance ne s'impose pas : Blanchard le sentit. Malgré tous ses efforts, il ne put convaincre les magistrats, qui lui assurèrent qu'ils *croyaient* en la parole d'un homme de sa valeur, mais... qu'il lui fallait se résigner à être gardé à vue jusqu'au moment de son départ.

L'outrage était sanglant. Blanchard le dédaigna. Le lendemain, il se vengeait de ses persécuteurs en entendant les milliers de bravos et les hommages qu'il recevait en saluant du haut de sa nacelle le vulgaire qui restait attaché à la terre.

Ce fut à Servan-en-Clermontois que Blanchard et son compagnon de voyage, le chevalier de L'Épinard, prirent terre. Servan est à 63 lieues de Lille : ils avaient parcouru cette distance en trois heures!

La nouvelle de leur arrivée se propagea vite. L'agitation était grande une heure plus tard à Sainte-Menehould; la municipalité avait envoyé un courrier vers Blanchard pour le prier de venir à Sainte-Menehould recevoir les félicitations de toute une ville d'enthousiastes.

L'envoyé trouva la besogne toute faite; Blanchard, dès les premiers mots, accepta l'ovation qu'on lui voulait faire.

Pendant ce temps, Sainte-Menehould se parait; ses *chevaliers de l'Arquebuse* brossaient les parements de leurs habits, faisaient briller leurs boutons, et les membres de la municipalité préparaient les phrases qu'ils devaient adresser au grand aéronaute.

Le lendemain, Blanchard faisait son entrée à Sainte-Menehould, placé au milieu de la municipalité qui était allée à sa rencontre jusqu'aux portes de la ville; les chevaliers de l'Arquebuse s'étaient joints aux magistrats pour faire cortège au « célèbre physicien ».

C'était une marche triomphale dans les rues de Sainte-Menehould. Blanchard supportait aisément le poids de la popularité, et ce fut avec une « grâce charmante » qu'il répondit aux compliments que lui adressèrent les échevins en lui offrant le vin d'honneur.

« Le soir, écrit un témoin oculaire au *Journal de Paris*, M. Blanchard fut de la dernière courtoisie au dîner et au bal que lui offrit la municipalité. »

Lille ne resta pas en arrière. Elle envoya des députés à Blanchard pour le complimenter, et décida qu'elle ajouterait 1 200 livres à la somme qu'elle avait déjà offerte à l'aéronaute.

Blanchard fut reconnaissant, dit-on, et oublia les procédés peu amicaux des juges de Lille.

Il n'aimait pas, paraît-il, qu'on lui rappelât cette histoire.

Quelque temps après, Blanchard alla à Francfort « pour faire une ascension, à la prière d'un grand nombre de princes ».

L'expérience avait été fixée aux derniers jours d'octobre, mais au moment où Blanchard prenait congé de ses visiteurs le ballon éclata. L'ascension ne put avoir lieu. L'aéronaute se trouva mal, ou plutôt fit semblant de s'évanouir.

Le 3 octobre, il put s'élever dans un nouveau ballon de 40 pieds de large sur 20 de haut.

C'était la quinzième ascension de Blanchard.

« Si l'on en croit une lettre particulière du sieur Blanchard, son quinzième voyage aérien lui a procuré encore plus d'honneurs qu'il n'en avait reçus, et de très-extraordinaires.

« Son buste a été couronné à la salle de spectacle de Francfort-sur-le-Mein ; le comte de Romanzow, l'ambassadeur de Russie, chez lequel il soupait, ne pouvant résister aux acclamations du public, le conduisit sur son balcon deux bougies à la main, et le présenta de la sorte au peuple. Des hommes s'attelèrent à son carrosse et voulurent lui servir de chevaux pour le conduire à la comédie où on se le passait de loge en loge ; enfin, l'avant-veille de son départ, comme il était au spectacle, le théâtre se changea en un superbe palais, son buste s'éleva sur un trône magnifique dans le temple de Mémoire, dont Apollon et les neuf sœurs gardaient l'entrée, et les trois Grâces, avec de petits amours, lui chantèrent des couplets et vinrent le couronner en personne dans sa loge. Les récompenses lucratives ne lui ont pas manqué : il a reçu des boîtes d'or, des montres, des médailles et de l'argent, sans doute, qu'il appelle *un très-honnête cadeau*.

« Du reste, tous les princes et toutes les princesses, qui étaient alors à Francfort au nombre de 122, ont souscrit pour une machine aérostatique capable d'enlever 50 personnes. Le sieur Blanchard est choisi pour le conducteur et le pilote, et elle doit être prête pour le couronnement du Roi des Romains, s'il a lieu ; on sait que la cérémonie s'en fait dans cette ville. »

Le 21 décembre, Blanchard faisait à Gand une autre expérience ; suivant lui, il était monté à 32 000 pieds, assertion qui lui attira un démenti formel de l'astronome Lalande, auquel Blanchard adressa la lettre suivante par la voie du *Journal de Paris :*

« Messieurs,

« Si je n'ai point répondu plus tôt à la lettre que vous a adressée M. de Lalande sur une prétendue erreur au sujet de mon voyage à Gand, dans lequel je dis m'être élevé à la hauteur de 32 000 pieds, ce n'est point faute de moyens ; je ne le ferai pas même aujourd'hui, me réservant de discuter son opinion d'une manière plus étendue dans la collection des journaux de mes voyages que je me propose de donner au public. La nature de votre journal, messieurs, ne me permettrait point une aussi longue discussion.

« M. de La Condamine, dit mon illustre antagoniste, est le seul homme qui ait observé le baromètre au degré le plus bas, et il l'a observé, ajoute-t-il, à 15 pouces 11 lignes. Il ne servirait de rien de lui rappeler que j'ai dit l'avoir vu à 14 pouces dans mon voyage de Lille avec le chevalier de L'Épinard, et plus bas encore en Angleterre, parce que des paroles n'étant pas des preuves, il conserverait à cet égard la même incrédulité. Connaissant toute la supériorité de M. de Lalande, je n'ai garde de lutter avec lui qu'avec des armes victorieuses ; et comme des faits démentent quelquefois les calculs les plus sûrs, je me borne dans ce moment-ci à l'inviter, ainsi que je viens de le faire par une lettre particulière, à me faire l'honneur de m'accompagner dans ma prochaine ascension; il sera pour lors convaincu que les raisonnements les mieux fondés ne sont rien contre la certitude d'un fait.

« J'ai l'honneur d'être, etc.

« *Signé :* BLANCHARD,

« *Citoyen de Calais, pensionnaire du roi.* »

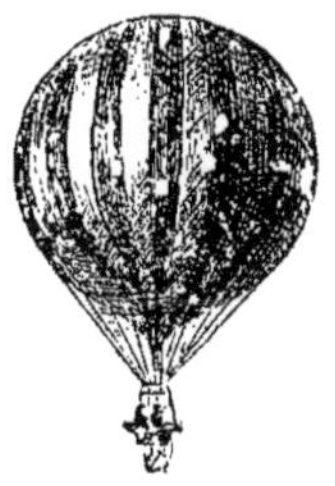

CHAPITRE XXIII

SOMMAIRE : Expériences de Testu Brissy pendant l'année 1786.

Les concurrents de Blanchard étaient loin d'être nombreux, et si quelque « amateur » se décidait à tenter un voyage aérien, c'était le plus souvent aux côtés de Blanchard, sous la protection de « l'aéronaute infatigable ». Cependant, dès l'année 1786, Testu Brissy fit sa première ascension.

Dès le 13 juin, dans un entrefilet placé à la première page, le *Journal de Paris* annonçait l'expérience du Luxembourg : « Le sieur Têtu, physicien et mécanicien, annonce qu'il vient de construire à l'Observatoire royal un ballon aérostatique à air inflammable, fait avec un très-grand soin et enduit d'un nouveau vernis, simple, brillant et imperméable. Comme le sieur Têtu partira seul et que son ballon a une grande force d'ascension, il se munira d'une suite d'instruments météorologiques propres à acquérir de nouvelles connaissances sur cette partie de la physique.

« Il se propose de rester au moins vingt-quatre heures en l'air, ce qui n'a encore été exécuté par aucun aéronaute, et il a adapté à son ballon des moyens mécaniques qui lui laissent concevoir des espérances sérieuses pour la direction. Cette expérience se fera incessamment, et l'on sera averti du lieu du départ et des endroits où l'on pourra se procurer les billets. »

Quelques jours plus tard, le même journal annonçait que l'ascension aurait lieu le lendemain 18 juin.

Les terrains dépendants du Luxembourg avaient été choisis par Testu pour gonfler et lancer son ballon. Dès midi, la foule affluait de toutes parts; à deux heures, le gonflement commença ; à quatre heures, un petit ballon montra la direction du vent. Cinquante minutes plus tard, Testu Brissy avait entrepris ce voyage, dont il adressa la relation au *Journal de Paris*.

« M'étant occupé, dit-il, depuis la naissance des aérostats, des moyens de rendre le taffetas imperméable et y étant parvenu, j'ai fait un aérostat de 37 pieds de diamètre, dans lequel je suis parti du terrain du Luxembourg, en présence de M. le comte de Nellembourg et d'un nombreux concours, le 18 de ce mois, à quatre heures cinquante et une minutes, avec une force ascensionnelle de cinq livres, n'ayant pu me munir que de très-peu de lest parce que l'air inflammable dont mon aérostat a été rempli ou n'avait pas la légèreté spécifique convenable, ou était mêlé d'air atmosphérique; cependant, ne voulant avoir rien à me reprocher, j'avais employé la manufacture de Javel.

« Lors de mon départ, le baromètre était à 27 pouces 10 lignes, le thermomètre marquait 23 degrés au-dessus de zéro, l'hygromètre 65 degrés, le soleil ne se montrait que par intervalles, à travers des nuages épais.

« Ayant acquis de la légèreté, parce que la chaleur avait desséché mon filet qui avait été mouillé par la pluie qui était tombée le matin, je descendis à l'aide de mes rames dans la plaine de Montmorency, à cinq heures vingt-six minutes, pour y prendre du lest. La curiosité fit accourir de toutes parts; on m'entoura.

« Le propriétaire du champ, assisté des messieurs du lieu, me voulurent faire payer les dégâts que les curieux avaient fait en marchant dans son champ.

« J'employai les prières et les menaces, et parvins à m'échapper avec perte d'air inflammable, parce qu'on avait ouvert une soupape avec mes cordes. J'en fus quitte pour mes rames cassées, mon manteau et mon marteau qui me furent pris.

« A six heures quarante-cinq minutes, je m'abaissai aux environs de l'abbaye de Royaumont, et me tins pendant un certain temps à très-peu de hauteur de terre, en suivant la rivière d'Oise. Douze minutes après, je jetai du lest et m'élevai à 374 toises; le thermomètre était à 15 degrés, l'hygromètre à 45 degrés.

« A huit heures, je mis pied à terre entre Écouen et Vareville pour me débarrasser du support de mes rames et me munir de lest. J'y fus aperçu par des chasseurs, qui accoururent à moi, et qui m'instruisirent du lieu où j'étais.

« En partant de ce lieu, je me trouvai à la hauteur de 678 toises, dans des nuages électriques au-dessus desquels je m'élevai; le thermomètre était à 4 degrés au-dessus de la congélation. Les bords de mon char étaient couverts de grésil; j'étais obligé d'en rejeter la neige et les grêlons qui m'appesantissaient.

« La nuit étant arrivée, je m'abaissai un peu et me trouvai au milieu des nuages d'où partaient à chaque instant des éclairs accompagnés d'un tonnerre violent. Je me trouvais attiré et repoussé par les nuages chargés de plus ou moins d'électricité. Mon pavillon, qui portait les armes de France en or, était étincelant de lumière.

« Suivant l'élévation où je me portais, je reconnaissais l'électricité positive ou négative, à l'aide d'une pointe de fer placée dans mon char. Il sortait de cette pointe une gerbe de feu, lorsque l'électricité était positive; quand je m'élevais un peu plus haut dans le nuage, la pointe de fer n'offrait qu'un point lumineux, parce que l'électricité était négative.

« Je restai plus de trois heures dans le nuage orageux, sans éprouver d'autre accident que la perte d'une partie de la dorure de mon drapeau, qui fut troué par la force de l'électricité naturelle.

« On voit que le tonnerre m'a fait beaucoup moins de mal que les paysans de Montmorency.

« Le calme ayant succédé à l'orage, je restai longtemps stationnaire.

« Je profitai de ce calme pour manger, en attendant le jour; alors, me trouvant manquer de lest, je descendis à quatre heures moins un quart du matin dans le village de *Campremi*, où je fus accueilli de la manière la plus affable par le curé de ce lieu. Les habitants de Breteuil, distant de deux lieues, vinrent me chercher et me conduisirent chez eux avec la plus grande joie, en criant : *Vive le roi! vive la reine!* MM. les Bénédictins de Breteuil me reçurent et m'accueillirent de la manière la plus honnête.

« Si je ne restai que onze heures en l'air, si, pendant cet espace de temps, je n'ai fait qu'environ vingt-cinq lieues, c'est que j'ai été contrarié par l'orage et par les causes dont j'ai rendu compte dans le commencement de cette relation. Quoique j'aie exercé des manœuvres qui confirment une partie de ce que j'ai conçu sur la direction des aérostats, je ne les expose pas ici parce qu'il faut plus d'une expérience pour les bien constater. »

Les péripéties qui signalèrent son voyage ne furent pas nombreuses; l'attitude des paysans de la vallée de Montmorency parut à plusieurs fort outrée, et la rectification du curé de Montmagny trouva plus d'un partisan. A en croire le prêtre, Testu aurait dramatisé sans pudeur sa descente dans la vallée, et au lieu de sauvages — en matière d'aérostation s'entend — il aurait trouvé au contraire des campagnards hospitaliers à l'excès, naïfs comme des enfants qui cassent un joujou pour l'admirer, serviables sans intérêt. La vivacité avec laquelle il défend ses ouailles témoigne de l'affection qu'il a pour elles, et un peu aussi sa sincérité.

« J'ai lu dans votre feuille du samedi, n° 175, écrit-il au *Journal de Paris*, le détail du voyage aérostatique de M. Têtu, physicien, où il se trouve des faits injurieux aux habitants de la vallée de Montmorency.

« M. Têtu est descendu à l'heure qu'il indique.

« Instruit que l'on apercevait le ballon, que j'avais vu précédemment à l'Observatoire, je sortis du château de Montmagny, où j'étais, pour le regarder; et m'apercevant qu'on jetait quelque chose et qu'il paraissait descendre, je le suivis et j'arrivai à environ 500 toises de chez moi, où il était réellement descendu.

« Je trouvai M. Têtu déjà environné d'un grand nombre d'habitants de Groflai, Pierrefitte, et surtout de Montmagny, ma paroisse, que la curiosité y avait conduits.

« L'on eut l'honnêteté de me faire place pour aborder la nacelle, et je demandai à M. Têtu s'il n'avait pas besoin de rafraîchissements, qu'il pouvait demander ce qu'il jugerait à propos.

« Il me remercia fort honnêtement.

« Le procureur fiscal de madame de La Rochefoucauld, dame de chez moi, fut aussi lui offrir tout ce dont il pourrait avoir besoin.

« M. Têtu demanda seulement qu'on lui procurât des pierres, et aussitôt plusieurs habitants de ma paroisse et autres en allèrent chercher et lui en apportèrent ; ils s'empressèrent même de lever la nacelle lorsqu'il voulut partir.

« Voilà les mauvais traitements qu'on a faits à M. Têtu.

« Quelques jeunes gens, sans en connaître les suites, tiraient la corde de la soupape de son ballon ; je fus à eux, je leur dis de cesser, qu'ils faisaient perdre l'air inflammable, et ils cessèrent aussitôt.

« M. Têtu annonce qu'on lui a pris son manteau.

« Il l'a jeté, ou il est tombé naturellement, selon sa position, au lieu dit *les Faucilles* de ma paroisse, distant d'environ 150 toises de mon clocher, étant alors à peu près à 200 pieds de haut; peut-être l'a-t-il jeté pour se décharger, ainsi qu'un pain de deux livres et des sacs de sable.

« Quelques paysans, il est vrai, lui dirent qu'il devait les dédommager du tort qu'avait fait la descente de son ballon, mais ils s'en tinrent là et le laissèrent

« Vous voyez que M. Têtu a reçu des honnêtetés de plusieurs habitants de la vallée de Montmorency, qu'aucuns ne lui ont fait tort.

LE DOCTEUR POTAIN,

« Le manteau a été ramassé par une jeune fille, ainsi que le pain ; elle n'a ni le droit, ni la volonté de le garder, et est prête à le lui rendre. Plusieurs de mes habitants, que j'assure honnêtes gens, m'ont certifié que M. Tètu avait son manteau dans la nacelle lorsqu'il est parti.

« Empressé de lui procurer ce dont il pouvait avoir besoin, je suis aussi empressé de rendre justice aux habitants en général de la vallée de Montmorency et en particulier de mes paroissiens. »

Il va sans dire que Testu s'inscrivit en faux contre le curé de Montmagny.

« Cependant, dit-il dans une lettre qu'il adresse au *Journal de Paris*, lorsque je suis descendu dans la vallée de Montmorency pour y prendre du lest seulement, la curiosité fit accourir de toutes parts, je fus entouré : à l'instant, un homme escorté de deux messiers armés de leurs hallebardes voulut me mettre à contribution en exigeant que je payasse le dégât que les paysans avaient fait dans son champ pour voir mon ballon; inutilement je leur représentai que ne leur ayant fait personnellement aucun tort, je ne leur devais rien; ils insistèrent, et me voyant disposé à prendre ma volée pour me sauver de leurs mains, ils saisirent les cordes de ma gondole; plusieurs paysans se joignirent à eux; un des messiers me menaça de percer mon ballon avec sa hallebarde, si je ne descendais pour venir au château pour payer le dégât; j'employai en vain les prières et les menaces; ne me voyant pas disposé à leur livrer ma bourse, ils brisèrent mes rames, tirèrent la corde de la soupape de mon ballon, en firent échapper une partie de l'air inflammable.

« Voilà, messieurs, la réception que l'on m'a faite à ma descente dans la vallée de Montmorency.

« J'avoue que sans M. le curé de Montmagny, qui ne survint qu'après tout ce désastre, qui fit écarter les habitants, qui me fit les offres les plus honnêtes, me fit donner les pierres que je demandais pour me servir de lest, et me procura ma délivrance, privé de mes rames, de mon manteau et de mon marteau qui m'avaient été enlevés, j'aurais été peut-être encore plus maltraité.

« M. le curé convient de la plus grande partie de ces faits; il tâche d'adoucir ce qu'ils ont de révoltant, mais ils n'en sont pas moins certains; il ne parle pas de mes rames brisées, mais elles sont encore entre les mains de mes oppresseurs. Si mon manteau a été trouvé à quelque distance du lieu de mon départ, il est plus naturel de penser que celui qui l'avait pris, craignant les suites d'une action aussi répréhensible, l'aura jeté dans l'endroit où on l'a trouvé; cette présomption est bien plus simple que l'idée singulière que M. le curé me suppose d'avoir jeté, pour me donner du lest, mon manteau qui m'était absolument nécessaire, devant passer toute la nuit en l'air, au lieu de jeter les pierres qu'il m'avait vu prendre pour me servir de lest.

« Le zèle avec lequel M. le curé de Montmagny prend la défense de ses paroissiens est très-louable sans doute, mais il ne doit pas se trouver offensé, si désirant me conserver la confiance et l'estime du public je prouve avec la plus grande évidence que je ne lui en ai point imposé.

« La privation de mes rames brisées, de mon manteau, de mon marteau, qui sont actuellement au pouvoir des habitants de la vallée de Montmorency, la perte d'une partie de l'air inflammable de mon ballon qu'ils ont occasionnée, sont des torts très-réels, puisqu'ils m'ont empêché de compléter mon expérience aérostatique. »

Testu-Brissy ne se laissa pas abattre par ce demi-échec, et dans les années qui vont suivre nous le verrons répéter ses expériences et prendre place au premier rang parmi les physiciens qui se sont occupés d'aérostation.

CHAPITRE XXIV

SOMMAIRE : Les ascensions de Blanchard pendant l'année 1787.

Blanchard poursuivait sans relâche ses triomphes, parcourant l'Europe à la poursuite de nouveaux bravos et d'ovations enthousiastes.

Le 1er janvier 1787, c'est à Liége qu'il s'élève avec le ballon qui lui a servi à traverser le Pas-de-Calais. Quelques jours plus tard, c'est à Strasbourg que Blanchard effectue sa vingt-deuxième ascension.

Le 27 mars, Blanchard était à Valenciennes, où il s'élevait dans une nacelle fixée à cinq petits ballons.

C'était là une innovation que l'on avait soumise à Blanchard, qui trouva dans ce système un moyen de faire de nouvelles expériences sur la direction des aérostats ; mais mal lui en prit. Les ballons, insuffisamment fixés à la nacelle, se séparèrent les uns des autres ; l'un d'eux s'accrocha au clocher, tandis que les autres entraînaient quelques minutes plus tard Blanchard sur des cheminées que la nacelle brisait comme si elles eussent été de petits fétus de paille.

Dix minutes après son départ de Valenciennes, Blanchard prenait terre, jurant mais un peu tard de ne plus essayer de diriger cinq ballons à la fois. Il revint à l'unité, sans être plus heureux il est vrai.

La population de Valenciennes n'en avait pas moins été fortement impressionnée du spectacle de l'ascension de Blanchard ; le courage et le sang-froid dont il avait fait preuve lui gagnèrent le cœur et l'admiration de tous les spectateurs.

La municipalité de Valenciennes suivit l'exemple de Calais, de Lille et de nombre d'autre villes; elle donna un bal en l'honneur de Blanchard, lui fit de riches cadeaux, le reçut citoyen de Valenciennes et lui délivra un procès-verbal flatteur que Blanchard adressa au *Journal de Paris*.

Procès-verbaux de la 23e expérience aérostatique de M. BLANCHARD, *faite à Valenciennes.*

« Nous, Prévôt, Jurés et Échevins de la ville de Valenciennes, certifions avoir été témoins de la 23e ascension de M. Blanchard, qu'il a faite dans cette ville, au moyen de cinq aérostats artistement adaptés à son char.

« Cette expérience ayant été tentée le 27 mars pendant un vent violent, les aérostats furent rapidement portés contre le clocher de l'hôpital général, lieu de l'ascension; l'un d'eux s'y accrocha; une crainte subite se répandit dans toute l'assemblée, chacun tremblait pour les jours de cet aéronaute, qui, seul, éloigné de tout secours, se dégagea du clocher avec un courage qui ranima les spectateurs effrayés; mais la crainte redoubla lorsqu'on vit la nacelle et les cinq ballons descendre avec célérité sur des toits voisins, renversant les cheminées qu'il rencontrait et paraissant se précipiter dans les fortifications de la ville ou dans la rivière de l'Escaut dont il n'était pas éloigné; la joie succéda à la crainte lorsqu'on vit cet aéronaute, adroitement échappé des chocs et du naufrage, s'élever majestueusement dans les airs, saluant avec la plus grande gaieté la foule immense des spectateurs qui se trouvait sur son passage, montrant par ses manœuvres l'état le plus tranquille et la sécurité la plus parfaite; bientôt la rapidité de sa course, qui était à raison de 30 lieues par heure, nous le déroba non sans crainte pour ses jours, étant dénué de lest, d'ancre, etc., enfin de toute espèce de moyens pour se fixer à la terre; cependant, au bout de dix minutes, il termina son voyage heureusement, à cinq lieues et demie de l'endroit d'où il était parti, à deux heures vingt minutes.

« De retour à Valenciennes le lendemain, à la satisfaction générale, nous avons cru qu'à l'instar des villes où M. Blanchard a fait des expériences aérostatiques, nous devions le recevoir citoyen de notre ville et joindre des cadeaux et des fêtes particulières dans notre hôtel aux applaudissements du public au spectacle, pour convaincre cet aéronaute de l'estime que nous faisons de sa personne, de ses talents et de son courage.

« Le présent procès-verbal dressé à l'Hôtel de Ville de Valenciennes, le 29 mars 1787.

« *Signé :* WAROQUET,
« *Greffier civil.* »

« Ce jourd'hui 27 mars 1787, à deux heures et demie précises, est descendu dans notre village de Wasmes cinq ballons qui portaient M. Blanchard, qui nous a dit être parti de Valenciennes à deux heures vingt minutes le même jour, et qu'ayant aperçu une abbaye dont il ignorait le nom, il s'était déterminé à s'y arrêter; nous avons été témoins des manœuvres intéressantes de cet aéronaute, qui étaient d'autant plus nécessaires que le vent qui régnait était extrêmement violent; malgré la difficulté de se fixer à la terre, l'abordage qui ne paraissait pas sans danger a eu le plus heureux succès.

« Nous certifions que M. Blanchard était très-gai et très-bien portant au moment de son arrivée sur la terre, en foi de quoi nous avons signé les jours et an que dessus.

« *Signé :* Jacques-Joseph MICHEL, Vromer VILAIN, Pierre CUVIELLIER, FERDINAND, LAURENT. »

La vingt-quatrième ascension de Blanchard eut lieu à Nancy et fut aussi brillante que celle de Valenciennes, si nous en croyons le récit d'un Lorrain adressé au *Journal de Paris*.

« Sur l'annonce de la vingt-quatrième ascension de M. Blanchard, une foule de troupes s'est rendue à Nancy.

« Le 1er juillet, jour marqué pour l'expérience aérostatique, le public fut averti, vers les huit heures du matin, qu'elle aurait lieu, par plusieurs décharges de boîtes et de canons.

« Les troupes étaient sous les armes.

« M. Blanchard avait fait construire une vaste cabane en planches, sous laquelle était l'appareil destiné à remplir l'aérostat. A 11 heures précises, comme il l'avait promis, une nouvelle décharge de canons annonça le départ.

« Aussitôt une des faces de la cabane fut abattue d'une seule pièce et comme d'un coup de baguette, et offrit aux regards l'aérostat qui en fut sorti et conduit au milieu du bassin.

« M. Blanchard monta dans sa nacelle.

« Le ballon, aux acclamations du public, se leva majestueusement et avec rapidité; il était surmonté d'un autre ballon d'une grosseur inférieure, d'où pendait un parachute.

« En moins de trois minutes, la machine fut à une hauteur extraordinaire; elle resta stationnaire pendant quelque temps; ensuite on la vit percer un gros nuage, — le ciel alors était couvert — et enfin disparaître.

« Au bout de cinq minutes, la machine reparut. M. Blanchard, qui avait annoncé qu'il ferait une expérience et non pas un voyage, ouvrit sa soupape.

« On vit alors le globe descendre avec rapidité : le parachute s'ouvrit et présenta la forme d'un vaste parasol. M. Blanchard le fit descendre à une lieue environ du lieu de son ascension.

« Le soir, à la comédie, M. Blanchard reçut de grands applaudissements. Au milieu de la première pièce, on vit tomber sur le théâtre des vers qui furent lus par un des acteurs. Les applaudissements recommencèrent. M. Blanchard remercia le public, et aussitôt une dame de la plus haute distinction le couronna de lauriers.

« M. Blanchard, pour témoigner sa reconnaissance, indiqua pour le lendemain après midi une seconde ascension. Elle eut lieu quoiqu'il fît un vent très-violent. Les avis n'étaient pas favorables : aussi M. Blanchard descendit-il après avoir fait l'expérience du parachute.

« Il avait mis un petit chien dans un panier; il le jeta de la hauteur de plus de trois mille pieds; le parachute s'ouvrit au même instant, et le petit animal tomba lentement à terre, sans avoir le moindre mal.

« Le vent était nord-est. On aura une idée de sa force quand on saura que M. Blanchard a fait une demi lieue en moins de trois minutes, et qu'ayant jeté son ancre, la corde qui porte plus de six mille fut cassée. »

Puis, le 9 octobre, Blanchard adresse une autre lettre au *Journal de Paris* :

« Leipsick, ce 9 octobre 1787.

« Messieurs,

« Je ne vous ai point parlé de mon ascension à Strasbourg ; le temps était si épouvantable, que je l'ai faite seulement pour satisfaire la foule étonnante d'étrangers qui s'y était rendue de toutes parts. Tout le monde parut enchanté de cette expérience; mais je vous avoue, messieurs, que je n'en suis pas satisfait : elle ne m'a rien offert de nouveau, ni d'intéressant, si j'en excepte un seul phénomène. Parvenu à une hauteur d'environ 1 000 toises, j'abandonnai un chien appendu à un parachute qui, au lieu de descendre doucement, fut porté rapidement, par un tourbillon, au-dessus des nuages; peu après je le rencontrai descendant lentement; l'animal, reconnaissant son maître, jeta quelques cris; j'allais saisir les bords du parachute, lorsqu'un autre tourbillon le releva de nouveau; je ne le vis qu'au bout de six minutes, au moyen de mon télescope : il me parut que l'animal dormait tranquillement dans sa nacelle. Battu et contrarié par la violence de divers courants, je me décidai à terminer mon voyage de l'autre côté du Rhin, après avoir passé directement sur Kell. Je descendis près d'un village afin d'avoir du secours; une trentaine d'hommes arrivèrent fort à propos et me fixèrent à la terre; le vent était si violent que ni ancres, ni cordes, n'en auraient été capables; j'avais cependant joint un ballon de moyenne grosseur au gros aérostat, lequel, ayant une force ascensionnelle de 60 livres, devait me fixer, en l'abandonnant à l'approche de la terre; mais malgré cette précaution, le secours des hommes me fut très-nécessaire. Le parachute planait encore dans les airs, et ne descendit que 12 minutes après moi.

« Ma 27e ascension s'est faite à Leipsick, le 29 septembre, au milieu de la plus brillante assemblée; le ciel était le plus beau possible; le temps était si calme que mes amis et une foule immense me suivaient aisément à pied et à cheval; souvent ils croyaient me tenir, je touchais la terre et me relevais aussitôt; cependant ils me saisirent un instant dans un bois où j'étais descendu; mais feignant de leur donner le spectacle de m'élever au cordeau, je le coupai et m'élevai de nouveau; toutes ces évolutions furent remarquées de la ville et des environs; je me rendis enfin aux instances du public, et je rentrai dans la ville en ballon, suivi d'un grand concours de monde. Le lendemain, je transvasai l'air inflammable dans un autre ballon que je voulais bien sacrifier, et je l'abandonnai chargé d'une nacelle dans laquelle était un chien; le ballon parvenu à une hauteur considérable fit explosion par la partie inférieure, ainsi que je l'avais disposé et prévu, de sorte que l'animal se trouva doucement posé à terre.

« Avant hier 7, ayant répété cette expérience à la demande du public et disposé un ballon à faire explosion par la partie supérieure, j'y joignis un parachute au bas duquel étaient appendus les deux animaux; ils montèrent à une telle hauteur que, malgré la pureté du ciel, le ballon se perdit dans l'immensité; les meilleurs télescopes devinrent inutiles; j'augurai que les chiens périraient par le froid, mais ils descendirent, au bout de deux heures, sains et saufs, dans la ville de Delitzsch, à trois milles de Leipsick; je fus hier les réclamer, je les trouvai sur la ville planant en parachute; messieurs les officiers de la garnison les avaient déjà jetés plusieurs fois du clocher devant les habitants assemblés. Je trouvai aussi le ballon déposé à l'hôtel de ville. D'après les observations que j'ai faites sur l'état du ballon et sa rupture d'équilibre, je calcule son élévation à 4 200 toises.

« *Signé :* BLANCHARD,

« *Pensionnaire du roi.* »

CHAPITRE XXV

Sommaire : Expériences de Blanchard pendant l'année 1786.

L'année 1786 fut le théâtre d'un assez grand nombre d'ascensions ; Blanchard, qui est toujours au premier rang parmi les aéronautes de son époque, ne se laissa devancer par personne et fit de nombreuses ascensions.

La ville de Douai avait demandé à Blanchard de faire une ascension dans ses murs ; l'aéronaute n'avait eu garde de refuser, et dès le 24 mars son ballon était disposé au milieu d'une des places de la ville et prêt à être gonflé ; mais les vents terribles qui régnèrent sans cesse pendant les journées des 25, 26 et 27 empêchèrent Blanchard de tenter sérieusement l'ascension.

Cependant, le 26, Blanchard avait cédé à de vives sollicitations, et malgré ses appréhensions il s'était décidé à monter dans la nacelle. Le ballon s'éleva, mais arrivé à une certaine hauteur, « des bourrasques de vent tourbillonnant sur son pôle supérieur le rejetèrent trois fois à terre. »

L'épreuve était décisive, et malgré quelques protestations l'aéronaute se rendit de fort bonne grâce aux raisons des magistrats de la ville qui lui conseillaient d'attendre des vents plus favorables.

L'avis était sage mais les impatients durent attendre jusqu'au 18 avril pour admirer la science et l'habileté de l'aéronaute.

L'attente n'enleva rien à la surprise, puisque, suivant un correspondant du *Journal de Paris*, « l'ascension fut superbe. On ne saurait dépeindre ni le sang-froid et la tranquillité de l'aréonaute, ni les sentiments d'admiration et d'attendrissement des spectateurs.

« On l'a suivi des yeux environ une demi-heure ; alors, étant entré dans un nuage, on le perdit de vue.

« La pompe de son départ, la multitude des spectateurs, les difficultés que lui faisait éprouver la violence des vents, la majesté de son ascension, tout met cette expérience au nombre des plus brillantes de cet aéronaute. »

Ce fut pendant cette ascension que Blanchard adressa au *Journal de Paris* cette lettre, dont l'originalité... spirituelle semble fort contestable :

Aux auteurs du Journal de Paris.

En l'air, ce 18 avril 1786.

« Messieurs,

« On me trouve quelquefois original : j'ai beaucoup de plaisir à l'être ; c'est pourquoi, dans ce moment, appuyé sur le bord de mon char, vacillant, planant à trois mille toises du globe terrestre, embrassant d'un coup d'œil l'orbe de l'univers, foulant l'immensité à mes pieds, je vous adresse la présente, que je me propose de jeter sur la première ville que je pourrai découvrir en descendant.

« Je vous ferai part de mes observations lorsque, solidement appuyé sur la terre, je pourrai à mon aise faire le résultat de mes calculs.

« J'ai l'honneur d'être, etc.

« *Signé* : BLANCHARD,

« *Citoyen de Calais, pensionnaire du Roi.* »

Sur l'adresse de cette lettre était écrite la note suivante :

Trouvée à Saint-Amand-en-Artois, distant d'Arras de cinq lieues, par le sieur Lefelz, fermier audit lieu, à 3 heures précises, après avoir vu passer le ballon, le 18 avril.

Deux heures plus tard, Blanchard descendait à l'Étoile, en Picardie, à 32 lieues de Douai.

Les gros temps qui avaient forcé Blanchard à retarder l'ascension lui firent aussi différer celle qu'il devait exécuter à Bruxelles dans les derniers jours du mois d'avril. La violence du vent l'empêcha pendant quelque temps de gonfler son ballon, qui, battu par la tempête, ne pouvait recevoir le gaz inflammable.

Ce ne fut que le 27 mai que le gonflement put être commencé.

Dès midi, le ballon contenait déjà 14 142 pieds cubes d'air inflammable ; des ouvriers passaient sur l'étoffe une couche de vernis imperméable, d'autres mettaient la dernière main à la nacelle, lorsque tout à coup un brusque changement de température provoqua la dilatation du gaz. En un instant, la force ascensionnelle de l'aérostat fut triplée, quadruplée, les cordages qui le retenaient à terre brisés, les ferrures placées dans le mur arrachées, les poulies cassées et le ballon de Blanchard à 1 000 pieds au-dessus du sol ; mais plus l'aérostat atteignait des régions élevées et plus la dilatation du gaz s'augmentait rapidement, tendait l'étoffe et préparait l'explosion qui ne tarda pas à se produire.

Blanchard ne put que ramasser les morceaux de toile qui retombèrent sur la terre et faire construire un nouveau ballon pour donner aux Bruxellois ce qu'il leur avait promis : le spectacle d'une ascension.

Le 25 juin, malgré un temps très-orageux, Blanchard s'éleva dans un nouveau ballon. « Il ne s'était proposé que de faire une excursion très-courte et de revenir à Bruxelles dans son ballon.

Mr. BLANCHARD
Citoyen de Calais et de plusieurs autres Villes par adoption Pensionaire de S. M. T. C. et de plusieurs Academies

« Quelques amis le suivirent à cheval et arrivèrent près de Saint-Pierre-Woluwe, à une lieue de la ville, au moment où après une demi-heure de navigation aérienne il allait descendre dans une pièce de seigle : ils se saisirent des cordes du ballon et le ramenèrent ainsi à Bruxelles, en le promenant à la hauteur des toits dans les différents quartiers de la ville, aux acclamations des habitants. »

Le lendemain, Blanchard partait pour Hambourg où il était appelé (1).

(1) Extrait d'un procès-verbal dressé le 23 août dernier, au fort de l'Etoile-Sternufchauze, à Hambourg :

« M. Blanchard, après avoir rempli son aérostat de 5 577 pieds cubes, ainsi qu'un autre de 900 pieds

Au mois de décembre de la même année, il lui arriva la plaisante mésaventure qu'il raconte ainsi au *Journal de Paris* :

« Lundi, 18 de ce mois, à onze heures précises, à la citadelle de la ville de Liége, mon aérostat était rempli d'air inflammable de la légèreté d'un à dix respectivement à l'air atmosphérique; j'avais extrait cet air du fer sans le secours d'aucun acide.

« Quarante livres de lest et un porte-voix étaient dans mon char; je fis appuyer deux hommes dessus afin d'en sortir pour aller présenter mon hommage au prince de Liége et prendre congé de Son Altesse; mais, malheureusement, pendant cette cérémonie, l'un de ces hommes ayant lâché prise, l'autre se sentant enlevé, et ne voulant pas voyager en l'air, abandonne la nacelle; aussitôt l'aérostat, montant avec une rupture d'équilibre de cent quinze livres, fut dans un instant se perdre dans les nuées; j'envoyai sur-le-champ des courriers à sa poursuite sous le vent, mais ils reviennent tous les uns après les autres sans en rapporter des nouvelles, ce qui ne me surprend point, parce que cet aérostat est le meilleur que j'aie jamais fait; toutes ses parties sont extrêmement fermées, excepté l'appendice, qui a la facilité de s'ouvrir en cas de dilatation ; il n'y a même que ce seul événement qui me fasse espérer qu'il descendra, car sans la raréfaction il pourrait être encore en l'air dans six mois.

« Comme il a pris sa route sur les forêts des Ardennes, s'il y est descendu il court grand risque de n'être jamais retrouvé. »

L'opinion de Blanchard sur le séjour de son aérostat dans l'air excita plus d'un sourire, et Bachaumont, dans sa *Correspondance secrète*, dit, le 17 janvier 1787 : « Nulle autre nouvelle du ballon de M. Blanchard, parti sans la permission de son maître, retrouvé depuis dans la forêt des Ardennes et reparti une seconde fois à l'improviste avec une nichée d'écureuils, qui, suivant les craintes de l'auteur, pourrait rester six mois en l'air avec ces animaux qui n'en seraient pas plus contents. »

cubes, destiné à enlever un mouton et un parachute de son invention, s'est élevé à 4 heures et demie avec les applaudissements d'un très-grand nombre de spectateurs. Parvenu à la hauteur de 900 toises environ, M. Blanchard a abandonné le mouton qui, soutenu par le parachute, est descendu en 7 minutes, et s'est abaissé sur terre doucement, plein de vie et de santé. L'aéronaute s'est élevé ensuite à une hauteur d'environ 1 000 toises, et est descendu peu de temps après, suivant sa promesse ; il a été remorqué au moyen d'un cordeau de 160 pieds de longueur, et conduit ainsi au milieu de la foule des spectateurs, jusqu'au fort de l'Étoile, lieu de son départ. »

CHAPITRE XXVI

SOMMAIRE : Expériences de Blanchard pendant l'année 1788.

I

Pendant l'année 1788, Blanchard fit encore un grand nombre d'ascensions. Les journaux sont remplis de lettres où il rend compte de ses expériences. Et cependant c'est presque exclusivement en commerçant qu'il traite la science; il s'est constitué le grand-maître de la science aérostatique, et, à force de le répéter aux autres et à lui-même, il a convaincu son époque et sa personne de sa grandeur. La découverte des Montgolfier n'était point reléguée au dernier rang: bien des savants, et des moins obscurs, cherchaient à déchiffrer ce rébus : la direction des ballons. Mais tandis que les journaux reproduisaient les communications de Blanchard sur les ascensions de la Haye, de Lille ou de Nuremberg (1), qui ne sauraient présenter aucun intérêt scientifique, ils repoussaient les procès-verbaux dressés par les savants qui, s'ils étaient moins séduisants et moins dramatiques, auraient pu être utilement publiés.

Aussi est-il presque impossible de reconstituer l'histoire de l'aérostation pendant ces quelques années; les documents manquent absolument; à peine aperçoit-on quelques traces des milliers d'expériences qui furent faites à cette époque : telle ascension de Blanchard occupe deux pages du *Journal de Paris*, tandis que telle autre d'un savant(2) n'obtient qu'un compte rendu d'une dizaine de lignes, et comme par grâce.

Il faut donc ne parler que de Blanchard.

Ce fut à Bâle qu'il fit sa 30ᵉ ascension, chez le margrave de Bade, écrit-il au *Journal de Paris;* mais « elle ne s'est pas faite comme il l'espérait ».

« Malgré tous mes soins, dit-il, le ballon destiné à enlever la nacelle, la mécanique avec tous ses accessoires, le tout pesant 140 livres, s'étant trouvé ouvert de 6 pouces sous la partie équatoriatle, ç'a été en vain que j'ai fait doubler et accélérer les opérations : mes procédés ont été infructueux; l'aérostat, après avoir acquis en une heure une force ascensive de 130 livres, ne gagna plus rien depuis quatre heures jusqu'à six; ne pouvant en deviner la cause, et ne voulant pas ennuyer le public, ni

(1) Septembre 1787.

(2) Telle est l'ascension faite à Dublin par le docteur Potain.

fatiguer la troupe qui attendait l'ascension depuis plusieurs heures, je pris le parti d'abandonner ailes, nacelle, parachute, etc.; et sans confier mon dessein à personne, crainte d'opposition, après avoir défendu le signal du drapeau qui devait avertir le canonnier, j'attachai quatre cordes au bas de mon ballon, et m'étant assis dessus, je fis couper à l'instant celles qui me retenaient à la terre, et au moment qu'on s'y attendait le moins, on me vit partir sans savoir comment j'étais tenu; je donnai moi-même le signal au canonnier en passant sur le rempart.

« Il me parut que l'effroi était général : un morne silence régnait partout ; ce ne fut qu'après avoir agité plusieurs fois mon drapeau pour assurer le public de ma tranquillité, que j'entendis les applaudissements; mais bientôt mon élévation fut telle que je ne distinguai plus rien que des montagnes sur lesquelles j'allais bientôt planer; je fus saisi d'un froid insupportable, j'étais sans habit dans une position gênante; il m'était impossible d'y résister plus longtemps; le ciel était calme; il n'existait pas un seul nuage dans l'atmosphère, je jouissais du plus beau coup d'œil possible sur le cercle de montagnes qui m'environnaient; ce ne fut qu'à regret que je me vis forcé de descendre, après une demi-heure de promenade; j'ouvris mon ballon, j'aperçus la rupture qui s'était opposée à son parfait remplissage, je tirai le cordon de la soupape; je me sentis descendre, les objets grandirent et devinrent visibles à ma vue; dénué de toute espèce de moyens pour choisir le lieu de ma descente, et craignant d'être porté sur des maisons ou une forêt voisine, je tirai de nouveau le cordon ; mais malheureusement la soupape se détacha; son diamètre étant de 14 pouces, l'air inflammable s'échappa avec abondance et je descendis d'environ 200 toises avec une rapidité extrême; assis sur des cordes, mes pieds reçurent le premier choc, j'en fus quitte pour une entorse, c'était bien le plus léger accident qui pût m'arriver dans une telle circonstance, puisque descendu à terre à peu de distance de la ville, le ballon pouvait à peine se porter lui-même. Le Sénat à qui j'ai fait hommage de mon drapeau, vient de m'annoncer qu'il allait être déposé à l'arsenal pour servir dans les fêtes et réjouissances publiques, et qu'un procès-verbal de cette expérience étonnante serait pareillement déposé dans les archives de la ville. »

La blessure que s'était faite Blanchard était plus grave qu'il ne voulait l'avouer : pendant plus de quinze jours, il dut rester alité. Cependant Blanchard était attendu à Metz où il devait faire sa trente et unième ascension du 20 au 25 mai. Malgré la douleur qu'il éprouvait, il se mit en route, mais, arrivé à Mulhouse, il dut se reposer pendant plusieurs jours.

Mulhouse sut bientôt que « l'infatigable aéronaute » était dans ses murs : la réputation de Blanchard était si considérable qu'il était peu de citadins en France qui ne s'intéressassent à ses expériences : aussi la municipalité se rendit-elle à l'hôtel où Blanchard était descendu « pour lui présenter ses hommages » et le prier de faire une ascension. Le voyageur ne pouvait se rendre aux sollicitations des magistrats de Mulhouse. Pour « les indemniser », il leur promit de faire le surlendemain « une expérience d'un genre absolument neuf. »

Au jour dit, le 15 mai, Blanchard fit disposer, au milieu d'une des places de la ville, l'appareil nécessaire au gonflement de son ballon qui ne cubait pas moins de 9 500 pieds.

La foule était énorme ; de toutes parts les curieux accouraient ; le bruit que

M. Blanchard ferait une ascension s'était vite répandu, et il n'était pas un villageois à vingt lieues à la ronde qui ne voulût voir s'élever un ballon. A midi, Blanchard apparut, fit sa moisson de bravos et sa dépense habituelle de saluts, puis commença le gonflement de l'aérostat. Dans la nacelle, on avait renfermé une chèvre qui devait descendre en parachute.

II

« A une heure (1), le ballon s'éleva dans l'air avec une effrayante rapidité, atteignit en un instant la hauteur de mille toises où, « au commandement, une mécanique coupa la corde du parachute, et l'animal, abandonnant le ballon, descendit en planant lentement dans le vague des airs; le ballon ainsi délesté, par une autre mécanique, se renversa, se vida de son air et arriva à terre beaucoup avant le parachute. »

Après quelques jours de repos, Blanchard se rendit à Metz où il fit, le 27 juin, l'ascension qu'il avait annoncée.

« M. Blanchard, écrit un correspondant du *Journal de Paris*, notre compatriote, vient de nous donner le spectacle d'une nouvelle ascension qui est sa trente et unième.

« Il avait annoncé, il y a plusieurs jours, qu'il s'élèverait dans les airs à 5 heures précises, accompagné d'une dame qui ne se ferait connaître qu'au moment du départ. Le secret fut en effet bien gardé; et avant-hier, jour fixé pour cette ascension, ce fut avec une surprise mêlée du plus grand intérêt que l'on vit madame de Turmermans, Brabançonne, arriver près du ballon, conduite par M. le marquis de Journiac de Saint-Méard, capitaine de chasseurs au régiment du roi, et entrer dans la nacelle avec autant de courage que de gaieté.

« A 5 heures sonnantes, les deux aéronautes s'élevèrent au bruit du canon et d'une musique militaire, ainsi qu'aux acclamations d'une foule innombrable de spectateurs, et on les perdit bientôt de vue.

« Après une heure de voyage, ils dirigèrent leur descente entre les bois de Sorbet et de Fontini, à trois lieues de cette ville, où ils furent ramenés en triomphe.

« Hier, M. Blanchard, au moyen d'un aérostat de 900 pieds cubes, envoya à 200 toises de la terre une corbeille dans laquelle étaient deux chiens A cette élévation qu'il avait fixée, la corbeille, tenant à un parachute, abandonna le ballon qui se perdit dans les airs, tandis qu'elle descendit doucement avec les deux animaux, elle paraissait vouloir se relever à l'approche du sol; et les blés ne se courbèrent que lentement sous le poids de la corbeillle.

« Le même jour, M. Blanchard et sa compagne se rendirent au spectacle qui avait été retardé à l'occasion de cette expérience, et y reçurent les applaudissements de toute l'assemblée. »

Mais deux mois après Blanchard était à Brunswick d'où il adressait la relation suivante :

(1) Le gonflement de l'aérostat ne dura pas plus de douze minutes.

« Suivant ma promesse, voici un détail de l'expérience que j'ai faite à Brunswick.

« J'arrivai dans cette ville le 22 juillet; je trouvai un nombre infini de charpentiers occupés, par ordre du souverain, aux plus grandes et aux plus superbes préparations pour ma trente-deuxième ascension.

« Le 9 de ce mois, tous les travaux, à l'instar de l'amphithéâtre de Vérone, étaient finis, et il y avait place pour avoir des milliers de personnes.

« Monseigneur le duc régnant m'envoya, le lendemain 10, son carrosse de cérémonie pour me conduire sur cette place; à quatre heures tout était rempli, le coup d'œil était superbe; les personnes illustres qui composaient cette brillante assemblée en augmentaient l'éclat.

« Le ciel était pur, l'air était tranquille, enfin les hommes et les éléments me favorisaient; de mon côté, j'avais mis tout en œuvre pour répondre aux intentions du prince.

« En peu de temps trois ballons furent remplis.

« Monseigneur le duc voulut en lancer un qui prit la route d'ouest. Au deuxième j'adaptai un parachute immense que je fixai à ma nacelle par sa partie inférieure, et laissant cet aérostat surmonter le troisième d'environ quatre-vingt-dix pieds, j'attachai mes ailes aux machines qui leur étaient préparées et je me disposai à partir.

« Le baromètre lors de mon départ, était de 28 pouces 1 ligne; l'air atmosphérique déplacé pouvait peser plus de 327 livres; il s'en fallait exactement une livre pour que je fusse d'équilibre à la surface de la terre. Je chargeai le char de 89 livres, je pressai par conséquent le sol de 90 livres; au premier mouvement de mes ailes, ce poids me paraissant résister à leur action, je le diminuai de 20 livres; à l'instant je m'élevai en employant mes forces, il était cinq heures précises; dans quinze minutes, je me portai sur le milieu de la ville de Brunswick; chaque coup d'ailes donnait une telle agitation au char, qu'il fallait que je cessasse le mouvement pour consulter le baromètre, qui se trouva à 24 pouces, ce qui, selon le module barométrique, donnait 3 640 pieds d'élévation; pendant cet examen, je descendis insensiblement de 92 pieds; mes ailes étendues et fixées horizontalement produisaient l'effet d'un parachute.

« L'air était tranquille, la partie du ciel que j'occupais était pure, je repris mon travail, et, abandonnant vingt livres de lest, je restai une demi-heure à la même élévation, planant sur la ville et décrivant différents angles; j'avais le projet de venir descendre au lieu de mon départ, d'où je n'étais plus fort éloigné; mais le fruit de mes tentatives, pour y parvenir, fut de louvoyer et de dévier; quelquefois, donnant aux ailes un plan incliné, je tentais à revenir contre le courant d'air; mais quoiqu'il fût très-faible, je ne pouvais le vaincre : tout mon pouvoir était de rester en place.

« En exécutant ces manœuvres, j'avais 50 livres de lest à soutenir; mes forces s'épuisaient, j'allais descendre sur la ville, lorsque j'abandonnai encore vingt livres de lest, ce qui allégea beaucoup mon travail; il me restait encore trente livres à soutenir; je réussissais aisément, mais je ne pouvais m'élever davantage; il y avait déjà 32 minutes que je travaillais, mes ailes agissaient avec moins de célérité; je jetai de nouveau vingt livres de lest; il ne me fut pas difficile alors de monter; je quittai la ville et parvins à la hauteur de 4 085 pieds.

« Le thermomètre, qui était à 20 degrés à mon départ, se trouva à 9; le froid, quoique vif, était supportable; je me débarrassai du lest qui me restait; alors, avec une légère poussée d'ailes, à 5 heures 35 minutes, je parvins à 5 869 pieds; je pris à ce moment la route de sud-ouest vers ouest de 70 degrés de boussole.

« Je m'étais porté à cette élévation à l'aide de mes ailes, je ne pouvais m'y soutenir qu'en les agitant; dès que je cessais les manœuvres, je descendais aussitôt; le baromètre se trouvait à 21 pouces 6 lignes et le thermomètre à 5 degrés sur zéro.

« J'avais beaucoup travaillé au produit chimique pour remplir le ballon, je m'étais beaucoup échauffé à ces manœuvres aériennes; le froid me saisit, je voyais mon haleine sortir comme dans un hiver rigoureux; mes essais étant finis, et ne croyant pas devoir hasarder ma santé, j'étendis mes ailes sous leur plus grand volume et me laissai descendre; j'arrivai sur un bois où un calme plat me retint environ 5 minutes, j'en sortis à tire-d'ailes et me portai sur une vaste plaine où plus de cent cavaliers me tendaient les bras; on saisit mon ancre, et au moyen de mes ailes étendues et du parachute qui se déploya à temps, j'abordai la terre avec la légèreté d'un oiseau : je descendais cependant avec une pesanteur assez considérable, ayant perdu dans mon voyage 29 livres d'énergie par la dilatation; je pesais alors 30 livres. On s'empara du cordeau pour me remorquer vers la ville, mais je ne pus me relever qu'à l'aide de mes ailes; je les démontai ensuite dans la crainte qu'elles ne se brisassent contre des arbres ou des maisons, ce qui mit bien des entraves à mon retour, ne pouvant franchir aisément ni les ponts-levis ni les fortifications.

« Cependant je parvins à briser ces obstacles à l'aide de certaines manœuvres que je fis exécuter : je remisai mon ballon directement au lieu de son départ.

« Le carrosse du prince qui m'attendait me conduisit au spectacle. Ce souverain, ami des arts et protecteur des artistes, avait ordonné qu'on me préparât la loge parallèle à celle de Son Altesse; j'y fus reçu avec tous les applaudissements possibles; on donna une pièce analogue à la circonstance.

« Je fus comblé d'honneurs et de bienfaits de la cour : monseigneur le duc régnant me donna un diamant précieux; le prince Frédéric, son frère, une bague; la princesse, sa sœur, une montre; S. A. R. madame la duchesse régnante m'envoya une tabatière; S. A. R. madame la duchesse douairière, une montre, et la princesse royale de Prusse y joignit un étui d'or; à ce moment même, le prince Charles héréditaire m'envoie une tabatière d'or.

« Monseigneur le duc régnant a accepté avec bonté le drapeau que j'ai eu l'honneur de lui présenter; Son Altesse, en m'assurant qu'il serait déposé dans ses archives comme un monument mémorable à la postérité, a bien voulu me donner des marques de sa bonté et de sa protection.

« Vous voyez combien il est flatteur pour un artiste de venir faire l'essai de son art sous les yeux d'une cour si respectable; aucune en effet ne peut exciter davantage l'émulation d'un artiste.

« Il résulte de cette nouvelle expérience que si mes ailes ne m'ont pas donné une direction parfaite, elles ont au moins produit des effets sensibles. J'espère qu'en leur donnant un degré de perfection de plus, j'en pourrai tirer le parti le plus avantageux.

« *Signé :* Blanchard,

citoyen de Calais, etc., etc., *pensionnaire du Roi, membre et correspondant de plusieurs Académies.* »

III

Depuis longtemps, Blanchard était en instances auprès du roi de Prusse pour obtenir l'autorisation de faire sous ses yeux une expérience aérostatique. Après plusieurs années de démarches, de sollicitations, Blanchard obtint *la grâce* qu'il *ambitionnait*. Le 21 août 1788, il se rendit à Berlin, d'où il adressa au roi de Prusse la lettre suivante :

« Berlin, ce 4 septembre 1788.

« Sire,

« Il manquait à ma *gloire* et à la célébrité de l'aérostation d'en faire l'expérience sous les yeux d'un héros et d'un des grands rois qui font aujourd'hui l'admiration de l'Europe et l'amour de leurs sujets.

« Cette découverte était trop intéressante pour n'en faire hommage qu'à ma patrie. *L'aiguillon de la gloire m'a soutenu dans mes laborieuses recherches* et dans mes travaux. L'homme qui se consacre au progrès des sciences appartient à l'Univers : sous ce rapport, j'ai parcouru une partie de l'Europe ; plusieurs cours ont daigné m'accueillir et me laisser les témoignages les plus flatteurs de leur satisfaction et de leur estime ; daignez, Sire, permettre à mon zèle et à mon courage de mériter la vôtre.

« J'attends les ordres de Votre Majesté relatifs au jour et au lieu qu'elle daignera me fixer.

« Je suis de Votre Majesté, etc., etc.

« *Signé :* BLANCHARD. »

Le lendemain, Blanchard recevait du roi la réponse suivante :

« Postdam, le 5 septembre 1788.

« Je consens, monsieur, à voir l'ascension que suivant votre lettre du 4 vous désirez faire en ma présence le 21 ou le 27 de ce mois à Berlin ; mais avant que vous l'exécutiez, je serais bien aise de vous parler ici auparavant, et de faire la connaissance d'un homme de votre réputation. Sur ce, je prie Dieu qu'il vous ait en sa sainte garde.

« *Signé :* FRÉDÉRIC-GUILLAUME. »

Blanchard se rendit aussitôt à l'invitation du roi et fixa de concert avec lui le jour où devait avoir lieu l'ascension : le 27 septembre fut choisi.

Laissons Blanchard raconter lui-même, avec une abondance excessive de détails, son ascension.

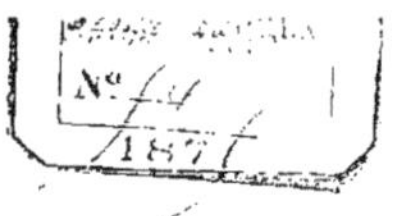

« Après une correspondance que S. M. le roi de Prusse a daigné entretenir avec moi, je me suis rendu à Postdam le 6 du mois dernier, où, m'étant mis au pied du trône, je reçus l'ordre du roi relativement à ma 33e ascension. Sa Majesté, après m'avoir donné le choix de la place et fixé le jour, eut la bonté de donner des ordres en conséquence.

« Le 25, la place des revues particulières de Sa Majesté qui a 1 000 toises de circonférence, fut totalement fermée par des toiles immenses qui servent ordinairement à entourer les forêts pendant les chasses du roi.

« Une compagnie de hussards garda cette enceinte jour et nuit, et le 27 la garde fut augmentée de 2 000 hommes.

Sa Majesté arriva avec la reine à deux heures et quart, suivie des princes ses fils et de toute sa cour.

« Elle daigna entrer dans la grande salle qui avait été construite pour loger l'aérostat, et me faire les questions les plus intéressantes relativement au procédé chimique pour remplir l'aérostat, au parachute et aux instruments de physique propres à faire des observations. Ce n'était plus un roi, mais un artiste qui s'entretenait familièrement avec un artiste. Après 50 minutes de conversation, j'adaptai le char au ballon, et tout fut prêt. Le roi prenait un tel plaisir à mes opérations, qu'il ne s'apercevait pas que la salle était remplie des princes, de seigneurs de sa cour; je ne pouvais exécuter les manœuvres nécessaires pour faire sortir l'aérostat de dessous sa remise; alors je pris la respectueuse liberté de lui adresser ces mots à voix intelligible : *Sire, si Votre Majesté l'ordonne, le roi sortira suivi de toute sa cour, afin qu'à mon tour je puisse sortir.*

« Le roi rit beaucoup et me dit : *A la minute, monsieur, vous allez être servi.* Sa Majesté se retira, et à l'instant je me trouvai seul avec mes ouvriers. Aussitôt, par une machine que j'avais pratiquée, il se fit à la salle une ouverture de 36 pieds carrés, par laquelle le ballon sortit devant le roi. Sa Majesté qui, dans les lettres dont elle a daigné m'honorer, avait eu la bonté de me témoigner ses craintes, fut bien rassurée sur mon sort, quand elle me vit entrer dans mon char l'épée au côté et le chapeau sous le bras. Après avoir disposé mes instruments et calculé la force ascensive du ballon, je laissai mes hommages aux pieds du roi et de la reine et mon admiration pour la belle et nombreuse assemblée ; puis, après avoir calculé ma rupture d'équilibre, jeté le lest nécessaire, j'abandonnai la terre à 3 heures 10 minutes. Le vent ouest-sud-ouest était violent, il me fallait une force d'ascension considérable pour ne point être terrassé. Quoique je montasse avec célérité, j'eus néanmoins le temps de fixer la place, la ville et ses environs; et j'avoue qu'excepté au Champ-de-Mars, à Paris, je n'ai jamais vu tant de monde. Les toiles qui entouraient cette vaste plaine tombèrent au commandement, et dans une minute la place fut couverte, dans toute son étendue, d'un peuple immense.

« Bientôt tous les objets terrestres diminuèrent à mes yeux, la grande et superbe ville de Berlin me parut une miniature et la terre même n'offrait plus à mes regards qu'une carte géographique grisâtre. Ce que je remarquai facilement, fut un tourbillon de poussière qu'un nombre infini de carrosses et de chevaux qui couraient après le ballon faisaient élever jusqu'à la région des nuages. J'avais totalement oublié mon ballon pour ne m'occuper que de l'étendue immense que mon œil embrassait. Le ciel, qui était pur au moment de mon départ, se trouva couvert d'épais nuages à l'horizon.

« Cette observation faite, je repris mes travaux, et je jugeai qu'il était temps, vu la position où je me trouvais, de détacher mon parachute et de jeter hors de ma nacelle une corbeille contenant deux chiens, qui, à l'aide du parachute, descendirent avec beaucoup de douceur en suivant la direction du vent. Dégagé de ce lest, j'atteignis un parfait équilibre à 5 674 pieds de la terre.

« Le thermomètre descendit de 10 degrés.

« J'avais oublié ma pelisse ; mon léger habit de taffetas ne me garantissait guère du froid ; j'en ressentais peu la rigueur.

« En examinant les nuages s'unir et s'amonceler, quelquefois en fixant la terre elle me semblait trembler ; de légères vapeurs qui s'amalgamaient en flottant dans le vague des airs produisaient ce singulier effet.

« L'air inflammable dilaté, qui sortait en abondance par la partie inférieure du ballon, semblait plonger l'aérostat dans un nuage diaphane. A cette région supérieure régnait un calme parfait. A quatre heures, le froid devenu plus vif fit cesser la dilatation, le ballon diminua de volume et je descendis. La terre s'agrandit, les objets devinrent remarquables et varièrent avec célérité sous mes pieds ; le vent me repoussant rapidement à la région inférieure, je traversai un village et j'allai de l'autre côté descendre vers un petit bois que je franchis par le moyen d'une portion de lest calculée ; je longeai ensuite sur une vaste plaine qui, d'en haut, m'avait paru être un lac, et que je reconnus ensuite n'être qu'une surface sablonneuse sur laquelle mon ancre formait une traînée, sans pouvoir s'accrocher. Retenu ainsi dans l'air à la hauteur de 160 pieds, je filais avec une vitesse extrême ; je voulus arrêter cette célérité et aborder la terre : pour y réussir, j'ouvris la soupape du ballon ; mais le cordon se cassa à la partie supérieure et me tomba dans la main.

« Aussitôt mon ballon, comme un cheval furieux, devint indomptable, redoubla de vitesse, et allait me porter sur une forêt voisine, lorsque j'attachai un instrument tranchant au manche de mon drapeau, afin de l'ouvrir à sa partie équatoriale : c'était le seul moyen qui me restait pour descendre. J'allais le déchirer au moment que j'aperçus la plaine couverte de cavaliers qui arrivaient de toutes parts ; ils eurent bien de la peine à m'approcher ; leurs chevaux, saisis d'effroi à l'aspect de cette machine colossale, reculèrent épouvantés. Enfin plusieurs de ces cavaliers forçant leurs chevaux, parvinrent à saisir la corde de l'ancre et, réunissant leurs forces, me descendirent à terre malgré le vent.

« De mon côté, je facilitai l'abordage au moyen d'une forte corde avec laquelle je tendis et fixai le pôle inférieur du ballon à la pièce inférieure du char. L'aérostat ainsi attaché n'offrait plus qu'un cône renversé, sur lequel le vent avait peu d'empire : six personnes suffirent pour me fixer à terre. En peu de minutes le ballon fut vidé sans aucune espèce de dommage. M. Dufour, secrétaire des commandements du roi, arriva dans une voiture de Sa Majesté ; il perça la foule, m'approcha, et me dit : « Je viens, monsieur, de la part du roi, pour vous féliciter sur votre magni-
« fique ascension et sur votre heureuse descente. Sa Majesté m'a chargé de vous
« remettre cette boëte avec une bourse que voici. Elle m'a ordonné en outre de
« vous ramener en ville dans son carrosse, et de vous conduire au spectacle dans
« une loge qui, par ordre du roi, vous est réservée à côté de celle de la reine. »

« Confus des bontés du monarque, je pris place dans la voiture du roi ; les courriers de Sa Majesté, ceux de la reine et des princes, arrivèrent de tous côtés ; bientôt la foule fut si grande qu'il fallut que la voiture, attelée de six chevaux, allât au pas crainte d'accident.

« Arrivé à Berlin, tous les postes prirent les armes ; on eut besoin de secours pour parvenir jusqu'à la salle des spectacles ; elle était totalement remplie. Le roi et la reine daignèrent applaudir les premiers ; tout le monde suivit l'exemple de

Leurs Majestés. J'entrai ensuite dans les loges du roi et de la reine, à la demande de Leurs Majestés, et leur rendis compte de mon voyage.

« Je remarquai avec un vrai plaisir que la reine et toutes les princesses de la cour, dames d'honneur, etc., etc., avaient toutes des chapeaux représentant le ballon et le parachute. La reine avait envoyé ces chapeaux à toutes les princesses la veille de l'expérience.

« Le lendemain, je fis hommage de mon drapeau à Sa Majesté; elle l'accepta avec bonté et le fit à l'instant déposer à l'Académie royale. Je crus ne pouvoir mieux témoigner mon respect et ma reconnaissance au roi qu'en allant à Postdam faire une expérience de parachute sous les yeux de Sa Majesté.

« Le roi suivit mon opération avec la plus grande attention; pendant ce temps, le peuple, qui était au nombre de plus de 5 à 6 mille hommes, environnait le château, et sans être retenu par aucun garde du corps, pas un seul ne sortit de dessous les colonnades qui forment une rotonde superbe au milieu de laquelle je faisais l'expérience. Ce coup d'œil magnifique fit le plus grand plaisir au roi; toute la plaine sur laquelle le château est en amphithéâtre était remplie de monde. A quatre heures et demie, j'abandonnai un ballon qui enleva un parachute autour duquel était appendue une corbeille qui renfermait un chat et un oiseau. J'annonçai au roi, la montre à la main, qu'au bout de quatre minutes le parachute abandonnerait le ballon; je comptai les minutes et les secondes, l'effet se fit au temps marqué. Le ciel était pur : le roi jouit entièrement de la beauté du spectacle; le parachute fut 12 minutes à descendre, et le ballon, ainsi que je l'avais annoncé, se renversa, se vida et arriva sur la terre avant les animaux. Le roi, enchanté de ce succès, me dit : *Vous commandez supérieurement en l'air, monsieur; voilà une expérience qui vous fait infiniment d'honneur*. Sa Majesté se retira et me permit de répéter cette expérience le dimanche suivant à Berlin; c'est ce que j'ai fait hier, au profit des pauvres, dans le jardin de la Loge nommée la *Royale York de l'amitié;* cette expérience, qui a eu le même succès que devant le roi, a fait le plus grand plaisir à la ville et le plus grand bien aux pauvres. »

IV

Blanchard quitta Berlin et se rendit à Varsovie où il faillit faire, bien à contre cœur, sa première expérience du parachute.

« J'étais arrivé hier à Varsovie, dit-il, où, à cause de la foule innombrable d'étrangers que la diète attire dans cette capitale, je trouve difficilement un appartement; cependant je parviens à me loger à l'hôtel de Pologne, au deuxième étage sur le devant. La nuit, vers une heure, j'entends des cris épouvantables de toutes parts; on sonne l'alarme et le tocsin; je saute de mon lit, passe une robe-de chambre, et je vois la rue toute en feu. Je suppose que l'hôtel brûle, à cause de la fumée et des étincelles flamboyantes qui entrent par ma croisée; je veux me sauver, je cours à la porte que je trouve fermée; mon domestique, selon son habitude, en avait emporté la clef; je sonne, je crie, j'appelle, point de réponse.

Dans cette cruelle alternative, je me souviens qu'une de mes malles renferme, par hasard, un parachute : aussitôt ma crainte cesse ; je fouille à tâtons, je trouve ce parachute. J'étais déjà monté sur le bord de la croisée, et j'allais m'élancer dans la rue, qui était aussi éclairée qu'en plein midi, lorsque j'entendis un voisin qui enfonçait ma porte ; alors je remis mon expérience à un moment de crise plus malheureux, et je profitai de l'escalier. J'en fus quitte pour la peur.

« Qu'un parachute, messieurs, est d'un grand secours dans une telle circonstance ! Comme il tranquillise ! Non-seulement on n'emportera plus ma clef, mais on ne me trouvera jamais couché à un second sans parachute, car la porte serait ouverte en vain si l'escalier était enflammé. »

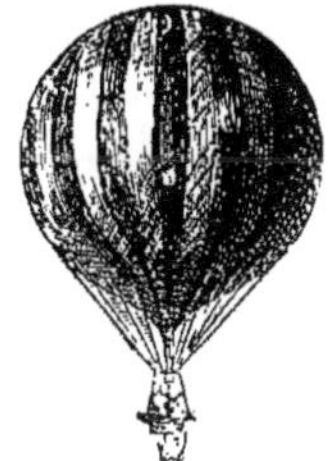

CHAPITRE XXVII

SOMMAIRE : L'aérostation depuis 1788 jusqu'en 1793. — L'aéronaute de 1791

Dès l'année 1789, les grands mouvements politiques qui agitèrent la France à la fin du XVIIIe siècle détournèrent l'attention publique des expériences aérostatiques ; la politique absorba tout d'un coup la vie de tous, et, jusqu'à l'organisation des aérostiers militaires, il n'est plus fait mention que d'une seule ascension.

Lors de la proclamation de la Constitution de 1791, la municipalité chargea un aéronaute de faire une ascension aux Champs-Élysées.

Le voyageur aérien nous a laissé une relation de son voyage.

« A la gloire de la nation française, au nom et sous les auspices de la municipalité de Paris, le deuxième jour du troisième mois de l'an troisième de la Liberté, et de l'ère vulgaire le 18 septembre 1791, jour de la proclamation de la Constitution, à cinq heures trois quarts de l'après-midi !...

« Après avoir éprouvé tous les tourments *d'un homme pressé*, et jaloux de répondre à l'attente d'un heureux succès, mon ballon de 30 pieds de diamètre aux trois quarts plein, représentant, sous quatre médaillons couronnés par des génies, la Liberté, l'Amour de la Patrie, la France et la Loi...

« Ma gondole, sous la figure d'un coq, de 11 pieds de long, sur 3 de large et 3 de haut, emportant avec moi environ 220 livres de lest, une ancre, une boussole, une foule d'exemplaires de la Constitution, un morceau de pain, deux cuisses de volaille, mon *énergie* d'environ 60 livres, le vent ouest...

« Je me suis élevé à l'extrémité des Champs-Élysées, au milieu de la tempête, à l'*admiration* de tout Paris assemblé. Debout, découvert, tenant la Constitution à la main, j'ai passé en ligne droite sur les Champs-Élysées, les Tuileries, le Louvre, la rue et le faubourg Saint-Antoine ! Un peuple immense, depuis Chaillot et les lieux que je parcourais, m'accompagnait de ses applaudissements ! J'étais à 1 500 pieds à peu près de haut ; la région était froide ; les nuages se précipitaient avec force les uns contre les autres ; le vent augmentait de distance en distance. Tout à coup j'entends le canon, les cris de joie succèdent : il se répand autour de moi une sorte de magnétisme ; mes sens sont enivrés ; mon ballon, entouré de nuages, s'élève avec majesté ; ma gondole ressemble à une gloire ; le tableau de la nature ajoute à mon ravissement : je regarde, et je vois Paris, Boulogne, Versailles, les forêts de Saint-Germain, l'Isle-Adam ; dans les lointains, Saint-Léger et Chantilly ; au-dessous, Vincennes, Bondy ; en avant, Armainviller; des deux côtés, les forêts de Crécy, de Sénart et de Fontainebleau, les rivières de Seine et Marne, une foule de villages et d'étangs ; tout semblait soumis à mon empire !... Élevé à 4 000 pieds à peu près, le vent était là nord-ouest, la région chaude, et le soleil encore caché ne le fut plus pour moi.

« Dégagé des secousses de la tempête, la douceur du calme pénétra mon âme d'admiration. Comme les hommes sont petits, me disais-je ! Que ne sont-ils isolés comme moi dans ce grand vide ! C'est ici qu'on se fait une idée de la majesté du Créateur ; tout se rapporte à lui.

« *J'allais devenir rêveur;* je jetai plusieurs exemplaires de la Constitution, je les vis voltiger ; mon ballon craque... je regarde... il était tendu comme un tambour : la dilatation était grande et mes appendices fort éloignés de moi. Embarrassé, j'aperçois les dangers d'une explosion ; je me mets en chemise, je monte dans le filet ; je délie avec peine le premier appendice ; je me sers de mes dents pour venir à bout du second, j'y parviens : mais après avoir été longtemps suspendu, et avec la plus grande peine. J'étais alors à 10 000 pieds environ ; l'ascension était excessive, l'air inflammable sortait avec éclat ; la région était tempérée ; un bruit sourd continuait; je distinguais encore quelques bravos...

« Devenu plus tranquille à mesure que l'air inflammable cessait de pétarder, l'ascension moins rapide, je jetai les yeux sur Paris; les nuages, bien au-dessous de moi, couraient avec la plus grande force : quelques-uns étaient noirs, mais pas assez épais pour que je ne visse pas la terre : le lieu d'où j'étais parti était d'une couleur blanchâtre : j'entendis quelques coups de canon. Parfaitement à mon aise, je mangeai un morceau de pain, je pris ma bouteille, *je bus à la santé* et à la liberté de tous les peuples de l'univers. Arrivé à 12 000 pieds à peu près, il était six heures, j'acquittai là, au nom de tous les Français, le devoir d'un patriote courageux et intrépide : *je lus à haute voix* la Déclaration des droits de l'homme; l'Éternel reçut mon serment, et je descendis en jetant çà et là des exemplaires de la Constitution !...

« Une bourrasque me jette sur les bois d'Armainviller ; je les *appréhende*, ainsi que les étangs qu'ils renferment : je jette beaucoup de lest et remonte en droite ligne. Arrivé à 6 000 pieds environs, j'éprouve de la *dilatation;* il était six heures un quart; je revois Paris avec plaisir, j'entends de nouveau le canon ; je vois un feu brillant au-dessous de moi ; je monte, je revois le soleil ; j'ouvre un appendice, je descends, je quitte le soleil, et je reste à planer sur un château près Crécy ; des personnes qui se promenaient dans les jardins m'ont prié de descendre : je leur ai répondu qu'il n'était pas temps : j'avais promis à la municipalité de faire au moins 10 lieues !...

« Descendu extrêmement bas sur diverses fermes et très-près des maisons, plusieurs femmes eurent peur et se sauvèrent ; plus loin, d'autres, moins effrayées, crièrent, me demandèrent qui j'étais, d'où je venais, où j'allais : je leur répondis, en leur jetant des exemplaires de la Constitution, que j'en étais le messager, que je venais de Paris. Hommes, femmes, enfants, tous coururent après moi. J'entends : « Vous devez avoir froid; descendez, vous boirez avec nous, cela vous réchauffera. » Les jeunes filles prennent la queue du coq pour des rubans : elles crient : « En-« voyez-nous donc des rubans à la maison. » J'eusse voulu en avoir ma pleine gondole. Je disparus comme un éclair : « Bonsoir ! bonsoir! »

« Je m'élève et suis porté par un courant d'air sur la petite ville de Rozay; un peuple nombreux me dit de descendre : cela n'était pas commode ; je jetai le reste des exemplaires de la Constitution. Le vent me pousse encore sur les bois ; je suis agité, je crains la nuit, je m'élève, je descends; je passe sur le village de Breuil ; les filles dansaient, les bergers revenaient des champs; mon aérostat fait peur aux animaux. Bœufs, vaches, moutons, chiens, canards, tout fait un vacarme épouvantable : les enfants crient : « Papa ! maman ! » tout le village se soulève... et j'avais tout à craindre.

« Disparu rapidement, je me trouve entre des bois et des collines ; je veux parler, ce que je dis est répété jusqu'à trois fois ; je crus d'abord qu'on se moquait de moi ; je reconnus ensuite que c'était un écho. »

Enfin l'aéronaute put prendre terre à 15 lieues de Paris, à Gastin en Brie, déchiré, moulu, sans chapeau, « fait comme un diable ». Il faillit passer la nuit dehors ; les paysans effrayés refusaient de lui ouvrir leurs portes.

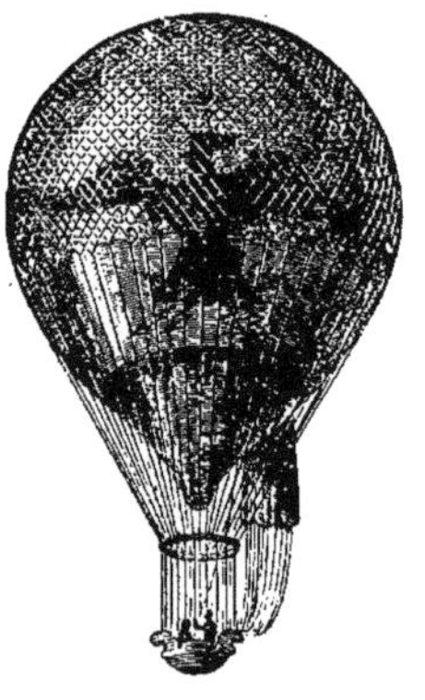

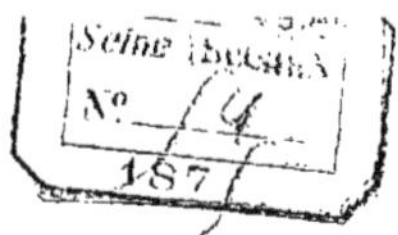

Manœuvre des aérostiers militaires.

CHAPITRE XXVIII

SOMMAIRE : L'aérostation militaire.

I

L'Europe était en feu, la guerre était partout.

Pour tenir tête à ses ennemis, la France, appauvrie et affaiblie par la monarchie, trouva tout d'un coup en elle des ressources immenses ; les soldats jaillirent du sol, les généraux s'improvisèrent, les moyens de défense se multiplièrent.

Les partisans de l'aérostation ne restèrent pas inactifs.

Dès les premières années de la Révolution, plusieurs *aérostiers* avaient soumis au gouvernement l'idée d'utiliser les ballons pour observer les mouvements de l'ennemi ; mais comme il s'agissait d'appliquer des théories sur la direction des ballons, les pétitions demeurèrent sans effet.

Dès 1793, le commandant Chanal, enfermé dans une place forte, essaya de faire passer par ballons au général Dampierre les dépêches qu'il ne pouvait lui transmettre ; mais le résultat fut tout autre que celui qu'il attendait : l'aérostat, au lieu de descendre dans le camp français, alla tomber dans celui des ennemis.

C'était une malheureuse expérience, qui prouva que les ballons libres ne pouvaient être d'aucune utilité puisqu'il était impossible de leur imprimer une direction.

Ce fut Guyton de Morveau qui trouva et proposa au Comité de salut public le moyen d'utiliser les aérostats.

II

Guyton de Morveau n'était point un savant de profession : c'était un jurisconsulte et un magistrat.

Fils d'un professeur de droit (1), il avait dû demander une dispense d'âge pour remplir les fonctions d'avocat général au parlement de Dijon, fonctions qu'il avait obtenues à l'âge de 18 ans (2).

Il y montra une science profonde du droit, une habileté singulière de parole, une impartialité et une hauteur de vues dignes d'un magistrat ; mais toutes ces qualités ne trouvèrent pas grâce devant ses collègues qui ne lui faisaient qu'un reproche, mais capital à leurs yeux, celui d'aimer la physique et la chimie.

Il les aimait en effet, s'était fait recevoir membre de l'Académie de Dijon qui l'avait nommé son chancelier, avait en 1774 demandé et obtenu des États de Bourgogne la création de cours publics de chimie, de minéralogie et de « matière médicale », avait même accepté de remplir l'une des chaires instituées sur sa sollicitation (3). Il entretenait en même temps une correspondance active avec les principaux chimistes d'Europe (4).

(1) Antoine Guyton.

(2) En 1755 ; il était né à Dijon le 4 janvier 1737.

(3) Celle de chimie, qu'il occupa treize ans.

(4) « En 1773, dit Cuvier, il fit la précieuse découverte du pouvoir des fumigations acides contre les miasmes contagieux. L'ouverture d'un caveau dans la cathédrale de Dijon avait produit un typhus mortel, qui ne put être arrêté que par l'acide muriatique oxygéné. L'année suivante, les prisons de cette ville furent désinfectées par le même procédé, qui, perfectionné depuis par son auteur, est devenu d'un usage général dans les hôpitaux, les prisons, les vaisseaux, et tous les lieux où l'accumulation des êtres vivants produit des germes de mort. On peut dire que ses procédés de désinfection ont presque

Ces travaux, ces études, ces préoccupations n'étaient point du goût des membres du parlement de Dijon, qui l'eussent voulu garder tout entier pour leur compagnie et qui manifestèrent de mille façons leur mécontentement à Guyton de Morveau. Le savant avocat général tint d'abord peu de compte de ces susceptibilités, mais il finit par s'émouvoir des tracasseries continuelles dont il était l'objet et se démit de sa charge en 1782, après vingt-sept ans d'exerçice.

Nommé avocat général honoraire et libre désormais de tout lien officiel, Guyton de Morveau se consacra avec plus d'ardeur encore et tout entier à ses chères études. Afin de faciliter ses travaux, il se partagea désormais entre Dijon et Paris (1).

A la Révolution, il prit parti pour l'idée nouvelle et, quittant son laboratoire paisible pour l'enceinte agitée des assemblées nationales, alla représenter son pays natal à la Législative et à la Convention. Malgré ses origines aristocratiques et son passé parlementaire, il fut de ceux qui allèrent jusqu'au bout (2), firent la République et défendirent victorieusement leurs œuvres contre l'Europe; mais le révolutionnaire ne tua pas en lui le chimiste: il profita des facilités que lui donnait son rôle politique pour être utile à la science et sauver, quand elle fut menacée, la vie de ses fidèles; il mit lui-même au service de son pays le fruit de ses travaux (3).

III

Guyton de Morveau avait fait à Dijon de nombreuses expériences aérostatiques; plus que tout autre, il pouvait facilement faire accepter le projet qu'il avait médité.

Guyton de Morveau avait été envoyé à la Convention nationale.

En 1794, il proposa à ses collègues de la Commission scientifique de faire construire,

anéanti la fièvre d'hôpital et que ce sont eux qui ont principalement arrêté les progrès de l'affreuse épidémie de ce genre que des armées battues et manquant de tout apportèrent à leur suite en 1813 et 1814. »

(1) « Le premier loisir que lui rendit sa retraite fut un plan de nomenclature méthodique pour la chimie, qu'il proposa aux savants en 1782, et qui fut reproduit dans le *Journal de physique* de mai de la même année. Il ne l'appliquait encore qu'à la théorie de Stahl; mais les avantages d'une telle entreprise étaient trop sensibles pour que tout inventeur d'une théorie nouvelle ne s'empressât pas d'en tirer parti. C'est ce qui détermina Lavoisier à se réunir à Guyton, et à quelques autres chimistes et physiciens, pour créer une nomenclature appropriée à la théorie pneumatique; nomenclature dont la facilité a infiniment contribué à propager cette théorie, et même à répandre le goût de la chimie en général. Elle parut en 1787, et le nom de Guyton fut placé le premier parmi ceux des auteurs, comme étant le premier qui eût conçu l'idée d'une semblable réforme. Une entreprise qui supposait un bien plus grand travail fut celle du *Dictionnaire de chimie de l'Encyclopédie méthodique*. Guyton en fit paraître le premier tome en 1786, et y rassembla avec une vaste érudition tout ce que les étrangers avaient fait de plus récent et de plus exact. L'article *acide* de ce volume a toujours passé pour un chef-d'œuvre. L'Académie des sciences décerna à Guyton, à cette occasion, le prix qu'elle distribuait chaque année pour l'ouvrage le plus utile. Ce dictionnaire a été traduit en allemand, en anglais et en espagnol. »

(2) Il vota la mort de Louis XVI.

(3) « Il dirigea une partie des recherches que l'on fit pour seconder le génie de la guerre par celui des sciences, et la chimie, aussi bien que tous les arts utiles, tira beaucoup de parti des grandes opérations qu'il provoqua. »

pour être envoyés aux armées, des ballons qui devaient servir à étudier les mouvements de l'ennemi.

Persuadé que les ballons libres ne pouvaient être d'aucun secours, Guyton imagina de se servir de ballons captifs qui, retenus au moyen d'une longue corde, pourraient, quand il en serait besoin, être facilement ramenés à terre. Un officier d'état-major devait être placé dans la nacelle et transmettre, au moyen de signaux, les renseignements dont le général en chef pourrait avoir besoin.

La Commission scientifique (1) accueillit la proposition et l'appuya auprès du Comité de salut public qui accepta de tenter la réalisation du projet de Guyton de Morveau, à la condition toutefois que les aérostiers militaires pourraient produire du gaz sans acide sulfurique.

La condition que le Comité de salut public avait mise à l'acceptation du projet de Guyton eût paru, quelques années auparavant, un obstacle insurmontable ; mais Lavoisier venait de faire des expériences dans lesquelles il avait obtenu de l'hydrogène pur en décomposant de l'eau par le fer rougi à blanc.

Guyton de Morveau courut chez lui et reconnut qu'en effet l'acide sulfurique pouvait être suppléé dans la fabrication du gaz nécessaire.

Le Comité de salut public fut, dès le lendemain, informé du résultat des essais tentés par Guyton et Lavoisier.

IV

Guyton de Morveau avait préparé le succès de l'aérostation militaire, mais retenu à la Convention il ne pouvait lui-même compléter son œuvre. Il choisit pour le suppléer un de ses amis, Coutelle, qui s'était depuis longtemps déjà fait un nom dans la science.

Voici « comment il procéda à la préparation du gaz. Il établit un grand fourneau, dans lequel il plaça un tuyau de fonte d'un mètre de longueur et de quatre décimètres de diamètre, qu'il remplit de cinquante kilogrammes de rognures de tôle et de copeaux de fer.

« L'un de ces tubes servait à amener le courant de vapeur d'eau, qui se décomposait au contact du métal ; l'autre dirigeait dans le ballon le gaz hydrogène résultant de cette décomposition (2). »

Lorsque Coutelle eut disposé son appareil et qu'il fut à peu près certain de la réussite de son expérience, il pria les professeurs Charles et Jacques Conté d'y assister.

Malgré toutes les précautions qu'avait prises Coutelle et en dépit de toutes ses prévisions, le gonflement de son ballon ne laissa pas que de durer longtemps. Pendant trois jours et trois nuits, les chimistes surveillèrent la fabrication du gaz ; le quatrième au matin, le ballon était gonflé et l'appareil de Coutelle avait produit 170 mètres cubes d'hydrogène pur.

(1) Monge, Berthollet, Carnot et Fourcroy en faisaient partie.

(2) Figuier, *Merveilles de la science*.

Le lendemain de l'expérience, Coutelle reçut l'ordre de partir pour la Belgique et d'aller proposer au général Jourdan le nouveau mode d'observations.

Les deux armées de la Moselle et de la Sambre, fortes à elles deux de 100 000 hommes, venaient d'être réunies sous le commandement du général Jourdan. La nouvelle armée avait pris le nom de *Sambre-et-Meuse*.

Coutelle partit aussitôt pour rejoindre le général de la République à Maubeuge que bloquaient les Autrichiens; mais Jourdan avait quitté Maubeuge et le quartier général était établi à six lieues de la ville, près du village de Beaumont. Coutelle, sans perdre un instant, essaya de gagner Beaumont. La pluie avait détrempé les chemins : il arriva aux avant-postes français couvert de boue et ses habits déchirés. Son aspect inspira peu de confiance aux sentinelles qui le conduisirent devant le représentant en mission à l'armée de Sambre-et-Meuse.

Duquesnoy était un de ces hommes dont le patriotisme sut enflammer les jeunes troupes républicaines; peu soucieux de sa vie, il sut à l'armée du Nord réchauffer le zèle des plus tièdes par son exemple. Duquesnoy était brusque et peu partisan des innovations : aussi dès les premières paroles de Coutelle entra-t-il dans une colère affreuse. « Des ballons, dit-il, des ballons dans le camp... qu'est-ce que cela veut dire? Mon garçon, vous m'avez tout à fait l'air d'un suspect et pour ne pas discuter plus longtemps je vais vous faire fusiller. »

L'accueil était peu cordial et il serait superflu de dire que ce n'était pas celui qu'attendait Coutelle. Cependant l'envoyé du Comité de salut public essaya de convaincre le terrible Duquesnoy qui roulait de gros yeux en pensant que les ballons pourraient être utilisés pour la défense du pays : enfin il se rendit sans peine à l'évidence, s'enthousiasma pour le projet de Guyton de Morveau, et renvoya Coutelle au général en chef.

Jourdan comprit lui aussi tout le parti qu'on pouvait tirer d'un tel mode d'observation et accepta de seconder Coutelle autant qu'il serait en son pouvoir; mais, les Autrichiens étaient à peu de distance de Beaumont qu'ils pouvaient attaquer d'un instant à l'autre; il ne fallait donc pas songer à commencer des expériences.

Coutelle revint à Paris rendre compte de sa mission au Comité de salut public, qui décida de commencer immédiatement des expériences complémentaires. Le château de Meudon fut aussitôt mis à la disposition de Coutelle nommé *directeur des expériences aérostatiques*.

Conté, dont nous aurons occasion de parler longuement plus tard, fut à ce moment adjoint à Coutelle.

V

Coutelle et Conté étaient deux hommes de génie qui surent créer de toutes pièces l'art de l'aérostation militaire. Ingénieurs et savants, ils surmontèrent en quelques jours les difficultés qui arrêtaient les plus ardents depuis dix ans.

Lorsque le Comité de salut public eut décidé la création de l'école pratique de Meudon et adjoint Conté à Coutelle, les deux physiciens, sans perdre un jour, commencèrent les expériences définitives que Coutelle n'avait fait qu'effleurer dans le cabinet de Lavoisier.

Moins de quinze jours après l'installation des deux savants à Meudon, un ballon de soie de grande dimension était construit, et un fourneau, capable de fournir en peu de temps une quantité de gaz considérable, élevé. Le fourneau avait été placé dans le parc et tout auprès du château; sept tuyaux de fonte, longs de 3 mètres et de 3 décimètres de diamètre, trouvaient place dans ses flancs (1). Le gaz fut bientôt obtenu si abondamment qu'en moins de quinze heures l'aérostat était gonflé; mais en dépit de toutes les précautions prises l'hydrogène s'échappait rapidement.

C'était là une des difficultés qui faisaient douter de la possibilité d'utiliser les aérostats aux armées : il serait en effet bien difficile, pour ne pas dire impossible, que des aéronautes pussent gonfler, quand il en serait besoin, leur ballon au milieu d'un camp, en quelques instants et dans les conditions les plus défavorables.

Coutelle et Conté, eux, ne se laissèrent pas décourager par l'exemple des milliers d'expériences inutiles faites depuis quelques années; ils se mirent à l'œuvre. Quelques jours plus tard, ils informèrent le Comité de salut public qu'ils étaient prêts à faire, devant la Commission scientifique, les expériences qui devaient décider du rejet ou de l'acceptation du projet de Guyton de Morveau.

La Commission délégua trois de ses membres, Fourcroy, Guyton de Morveau et Monge, qui se rendirent dès le lendemain à Meudon.

Le rapport de la Commission fut rédigé et envoyé immédiatement au Comité de salut public; Fourcroy, qui avait été nommé rapporteur, reconnaissait que l'on était en droit d'attendre et d'exiger beaucoup de l'aérostation militaire; les manœuvres faites devant les délégués de la Commission scientifique avaient prouvé que l'aéronaute pourrait facilement communiquer avec les personnes restées à terre; qu'il pouvait aisément reconnaître les mouvements de l'ennemi, soit à l'œil nu, soit à l'aide d'une lunette.

Quatre jours plus tard, le Comité de salut public instituait une compagnie d'aérostiers militaires par un décret en date du 13 germinal an II, et ainsi conçu :

« Vu le procès-verbal de l'épreuve faite à Meudon, le 9 de ce mois, d'un aérostat portant des observateurs, le Comité de salut public désirant faire promptement servir à la défense de la République cette nouvelle machine, qui présente des avantages précieux, arrête ce qui suit :

« Art. 1er. Il sera incessamment formé, pour le service d'un aérostat près l'une des armées de la République, une compagnie qui portera le nom d'aérostiers.

« Art 2. Elle sera composée d'un capitaine, ayant les appointements de ceux de 1re classe; d'un sergent-major, qui fera en même temps les fonctions de quartier-maître; d'un sergent, de deux caporaux et de vingt hommes, dont la moitié au moins aura un commencement de pratique dans les arts nécessaires à ce service, tels que maçonnerie, charpenterie, peinture d'impression, chimie, etc.

« Art. 3. La compagnie sera, pour le surplus de son organisation et pour la solde, à l'instar d'une compagnie, et recevra le supplément de campagne, comme les autres troupes de la République, conformément à la loi du 30 frimaire.

« Art. 4. Son uniforme sera habit, veste et culotte bleus, passe-poil rouge,

(1) Chaque tuyau renfermait 200 kilogrammes de rognures de fer.

collets, parements noirs, boutons d'infanterie avec pantalon et veste de coutil bleus pour le travail.

« Art. 5. L'armement de ladite compagnie consistera en un sabre et deux pistolets.

« Art. 6. Le citoyen Coutelle, qui a dirigé jusqu'à ce jour les opérations ordonnées à ce sujet par le Comité, est nommé capitaine de ladite compagnie et chargé de lui remettre incessamment la liste de ceux qui se présenteront pour y être admis, et qu'il jugera capables de remplir les différents grades.

« Art. 7. Aussitôt que ladite compagnie sera formée, et même avant qu'elle soit complète, ceux qui y seront reçus se rendront sur-le-champ à Meudon pour y être exercés aux ouvrages et manœuvres relatifs à cet art.

« Art. 8. La compagnie des aérostiers, lorsqu'elle sera à l'armée ou dans une place de guerre, sera entièrement soumise pour son service au régime militaire, et prendra les ordres du commandant en chef. Quant à la dépense résultant des dépenses relatives à l'aréostat et des appointements de la compagnie, elle sera prise sur les fonds à la disposition de la commission des armes et poudres, qui fera passer les sommes nécessaires au sergent-major et recevra les comptes.

« Signé au registre : *Les membres du Comité de salut public :*

« C.-A. Prieur, Carnot, Robespierre.
Lindet, Billaud-Varennes, Barère.

« Pour extrait :

« Barère, Billaud-Varennes, Carnot,
C.-A. Prieur. »

Coutelle avait été nommé capitaine de la première compagnie d'aérostiers militaires. Le décret n'accordait qu'un effectif de vingt hommes pour cette compagnie, mais Coutelle parvint à obtenir trente hommes. Elle était ainsi composée : un capitaine, un lieutenant, un sous-lieutenant, un sergent-major faisant fonctions de quartier-maître, quatre sous-officiers et vingt-six soldats. Coutelle avait choisi lui-même ses coopérateurs : son premier lieutenant était un ancien maître maçon nommé Delaunay, dont l'intelligence et les connaissances pratiques devaient être appréciées plus d'une fois durant la campagne ; le sous-lieutenant était chimiste distingué et physicien déjà renommé ; les soldats avaient été presque tous choisis parmi les ouvriers qui pouvaient, grâce à leur profession, aider à la construction ou à la réparation de l'aérostat ou des instruments nécessaires pour le gonflement ; le plus grand nombre étaient charpentiers, tailleurs, maçons et cordiers. L'équipement des aérostiers était en tout conforme à celui des artilleurs, si l'on en excepte les boutons, qui portaient la légende *Aérostiers*.

VI

Le décret qui créait une compagnie d'aérostiers militaires était rendu depuis un mois à peine, lorsque le Comité de salut public donnait ordre à Coutelle d'aller à Maubeuge, dont l'armée française venait de s'emparer.

« Le Comité de salut public, considérant que les avantages qu'il s'est promis de l'envoi d'un aérostat à Maubeuge ne peuvent se réaliser que par sa plus prompte exécution ;

« Charge la Commission de l'organisation et mouvements des armées de faire recevoir, dans le jour, la compagnie d'aérostiers dont il a ordonné la formation par son arrêté du 13 germinal, dans l'état où elle se trouve, sauf à la compléter et à lui faire fournir ce qui lui manque après son arrivée à Maubeuge ;

« D'expédier l'ordre au capitaine et au lieutenant de ladite compagnie de partir sextidi prochain 16, et de se rendre en poste à Maubeuge pour s'occuper sans délai des premières dispositions ;

« Enfin, de faire partir au plus tard le 17 courant, pour la même destination, le restant de ladite compagnie, d'après l'état qui lui en sera remis par le capitaine, même sur des ordres de route individuels, s'il est nécessaire.

« Signé au registre : *Les membres du Comité de salut public,*

« Billaud-Varennes, C.-A. Prieur, Carnot,
B. Barère, Couthon, Lindet.

« Pour extrait :

« C.-A. Prieur, Carnot, Barère. »

Coutelle mit aussitôt sa compagnie en marche vers Maubeuge, tandis qu'il partait en poste, accompagné de son premier lieutenant.

Maubeuge était déjà assiégée par les Autrichiens lorsque Coutelle arriva sous ses murs. Une seule route donnait encore accès dans la ville : la compagnie des aérostiers en profita pour transporter tout son matériel.

Coutelle s'installa aussitôt dans le jardin du collége et construisit un fourneau identique à celui de Meudon pour obtenir le gaz hydrogène dont il avait besoin pour gonfler son aérostat, qui reçut le nom d'*Entreprenant*.

Ce n'était point chose facile que de créer tout d'un coup un moyen de défense nouveau, d'aménager ainsi en plein air, au milieu d'un camp, une sorte de cabinet de physique, de construire un fourneau relativement immense, de remplir les tuyaux énormes de fer, de maintenir le feu toujours égal afin de favoriser l'évaporation du gaz.

« Aussi, dit le baron de Selle-Beauchamp, notre travail était fort rude : il fallait faire tous les métiers, maçons, charpentiers, serruriers, scieurs de bois, tout ce dont nous n'avions jamais eu la moindre idée était entrepris et terminé par la seule force

Transport de l'*Entreprenant.*

de volonté de réussir, et surtout par l'exemple de notre chef, qui se mettait toujours le premier à la besogne et nous prouvait, en en venant à bout, qu'il n'y a rien d'impossible au zèle et à l'intelligence. Nous étions quelquefois honteux de voir un homme de plus de cinquante ans plus actif et plus infatigable que des jeunes gens de notre âge. »

Et plus loin il ajoute :

« Nos procédés étaient tellement coûteux et devaient être entrepris sur une si grande échelle qu'ils ne pouvaient convenir qu'à un gouvernement décidé à ne reculer devant aucune dépense nécessaire pour accroître ses moyens de défense. L'idée seule de transporter au milieu des camps une machine de trente pieds de diamètre, remplie de gaz inflammable, de la manœuvrer à volonté, d'y placer deux observateurs qui, à dix-huit cents pieds d'élévation, inspectassent tous les mouvements de l'ennemi, et en rendissent un compte instantané et exact, n'est-ce pas une de ces conceptions gigantesques qui n'appartiennent qu'à cette époque? Et, en effet, que d'obstacles un tel projet ne présentait-il pas! La fragilité d'une enveloppe de soie gommée, d'un volume extraordinaire, se trouvant journellement exposée aux vents, aux orages, aux arbres des forêts et des routes, au passage resserré des villes; de plus, l'altération infaillible du gaz, par la combinaison de l'air atmosphérique dont aucune gomme, aucun vernis n'avaient encore pu l'isoler entièrement; les difficultés qu'on devait rencontrer pour faire suivre à une telle machine les marches et les contre-marches d'une armée, de manière à la tenir toujours prête à servir de tour d'observation dans un combat ou une bataille, n'y avait-il pas là de quoi faire faire plus d'une réflexion? Il est vrai qu'il n'était pas encore question de suivre l'armée; on se bornait pour le moment à l'emploi des aérostats dans les places assiégées, et c'est ce qui motivait notre envoi à Maubeuge. Cette place est très-difficile à bloquer complétement, à cause d'un camp retranché qui augmente de beaucoup son circuit et nécessite conséquemment une armée de siége considérable. Aussi les Autrichiens s'étaient-ils bornés à la cerner de trois côtés, laissant libre la route de France défendue par le camp retranché. Le collége, où nos travaux s'organisaient, touchait par son jardin aux remparts et se trouvait couvert par un bastion hérissé de canons qui répondaient souvent à ceux des redoutes ennemies.

« Les premiers essais de remplissage d'un ballon avaient été faits à Meudon, sous les auspices du physicien Conté et du représentant Guyton de Morveau. Ils étaient parvenus à dégager le gaz hydrogène de l'oxygène, par la décomposition de l'eau sur le fer rougi à blanc, mode qu'on avait préféré à l'emploi de l'acide sulfurique, comme moins coûteux; pour arriver à ce résultat, voici comment on opérait. Nous construisions sur le lieu même un grand fourneau à réverbère garni de deux cheminées à chaque bout; ce fourneau, en briques, solidement établi, on y plaçait sept tubes de fonte venant du Creuzot, que l'on emplissait préalablement de limaille et de tournure de fer vannée et purgée de rouille, comme on vanne du grain, manipulation qui, pour le dire en passant, était une de nos plus pénibles corvées; puis ces tubes remplis et lutés aux deux bouts étaient placés dans le fourneau par quatre dessous et trois au-dessus, clos et mastiqués par d'autres briques, de manière à ce qu'il ne restât que deux ou trois regards, afin de surveiller l'incandescence : d'un côté du fourneau se plaçait une cuve longue et élevée, pour fournir l'eau à chaque tube par de petits tuyaux adaptés à la cuve; de l'autre côté se trouvait une autre grande cuve carrée remplie d'eau saturée de chaux, dans laquelle le gaz devait s'échapper pour s'y purger de son carbone; ces préparatifs terminés, on faisait dans chacune des cheminées un grand feu de menu bois, qui y était entretenu jusqu'à ce que les tubes de fonte fussent rougis à blanc; l'eau, descendant de la cuve supérieure dans chacun des tubes ainsi rougis, y déposait sa portion d'oxygène, tandis que l'hydrogène passait dans la cuve supérieure, et, s'y purgeant du carbone, se rendait par son excès de légèreté dans un tuyau de caoutchouc qui l'introduisait dans le globe aérostatique, se gonflant à mesure qu'il se remplissait. Toutes ces opérations exigeaient les soins les plus minutieux ; le feu devait être entretenu de manière que la chaleur et la flamme restassent également réparties sur tous les tubes ; il fallait veiller à ce qu'il ne se formât pas sur l'un d'eux ni couleur ni fente qui pussent donner passage au gaz, ce qu'on apercevait facilement par une petite flamme bleuâtre qui se manifestait à cet endroit : ces fuites étaient fort difficiles à arrêter dans cet état d'incandescence ; cependant on en venait à bout, non sans peine et même sans danger. L'opération du remplissage durait assez ordinairement de trente-six à quarante heures, pendant lesquelles il ne s'agissait pour nous ni de dormir, ni presque de manger : aussi vîmes-nous plus d'un soldat mis en réquisition, pendant que quelques-uns de nos hommes étaient aux hôpitaux, n'attendre qu'avec grande impatience le moment de retourner à leur corps.

« Revenons maintenant à notre première opération que je viens de décrire, et dont la réussite nous fit oublier toutes nos fatigues. C'était, en effet, le beau côté de la médaille ; l'aérostat, magnifiquement gonflé, enlevait facilement deux personnes et 120 à 140 livres de lest ; ce lest se composait de sacs en toile ou canevas, que l'on emplissait de terre ou de sable, et que l'on vidait à mesure de la déperdition de la force ascensionnelle ; on sent bien que le but que l'on se proposait en élevant cette tour d'observation eût été manqué, si, au lieu de s'élever à ballon captif, c'est-à-dire retenu par deux cordes, on fût monté à ballon libre, car la descente ne s'effectuant pas au point de départ, les rapports des observateurs, retardés par l'éloignement, n'eussent pas conservé l'à-propos qui en faisait le mérite : il avait donc fallu forcer l'aérostat à rester stationnaire, et le seul moyen avait été d'adapter à la corde hémisphérique du filet deux autres cordes filées exprès, qui portaient environ 400 mètres de longueur, que l'on pouvait, en cas de besoin, allonger encore jusqu'à 1 800 pieds. »

Quelque multiples, absorbantes, fatigantes que fussent les occupations des aérostiers, les autres militaires ne regardaient pas sans une certaine défiance ces nouveaux soldats dont les fonctions consistaient à « faire bouillir sept tuyaux pour remplir un ballon » ou à retenir l'aérostat lorsque leur capitaine était en observation ; plus d'un vieux soldat était loin d'avoir une opinion favorable des aérostiers et de croire à leur bravoure. Quelques plaisanteries, quelques rixes, quelques coups d'œil moqueurs montrèrent à Coutelle que pour faire accepter ses soldats par le reste de l'armée il devait les envoyer au feu au moins une fois et leur procurer l'occasion de recevoir le baptême de la poudre brûlée. Coutelle alla trouver Jourdan qui accepta son offre. Une sortie devait avoir lieu le lendemain ; la petite troupe reçut l'ordre de se préparer.

Le lendemain, les aérostiers combattirent au milieu des troupes, firent vaillamment leur devoir, payèrent, avec deux hommes blessés grièvement, leur tribut à la guerre et à la pusillanimité de leurs camarades. Le soir, ils faisaient bien réellement partie de l'armée.

Cependant les derniers préparatifs étaient achevés et deux ou trois jours plus tard *l'Entreprenant* gonflé, tout prêt à s'élever, n'attendait plus que les ordres du général en chef. Jourdan donna l'ordre de faire deux ascensions par jour ; souvent le général ne dédaigna pas de venir lui-même surveiller les mouvements de l'ennemi.

Le baron de Selle-Beauchamp raconte aussi les premières ascensions de *l'Entreprenant* :

« Notre première ascension se fit au bruit du canon et aux hourras de la garnison de la place. Le rapport fait à la descente par l'officier du génie qui avait accompagné le capitaine fut tellement clair et circonstancié, qu'il paraissait impossible désormais à l'ennemi de faire un mouvement qui ne fût pas aussitôt connu dans la place. On s'aperçut, par exemple, que le nombre de tentes apparentes dans le camp devait être bien supérieur à celui nécessaire pour l'effectif qui les habitait, car nos observateurs avaient pu en juger approximativement; nos lunettes permettaient de compter les carreaux de vitres à Mons, distant de cinq lieues de pays. L'effet moral produit dans le camp autrichien par ce spectacle si nouveau fut immense; il frappa surtout les chefs, qui ne tardèrent pas à s'apercevoir que leurs soldats croyaient avoir affaire à des sorciers. Pour combattre cette opinion et relever leur courage, on résolut, dans leur conseil, d'abattre, s'il était possible, une aussi fatale machine; or, dès qu'il fut reconnu que chaque jour l'aérostat s'élevait dans le même emplacement, derrière le même cavalier, ils firent placer deux pièces de canon dans un chemin creux, et lorsque l'aérostat s'éleva le matin majestueusement dans les airs, un premier boulet, passant au-dessus de l'enveloppe, alla tomber à toute volée dans le camp retranché, puis aussitôt un autre boulet frisa le dessous de la nacelle portant notre capitaine, qui accueillit la double détonation au cri de *vive la République!* Cette explosion ne nous mit pas, nous autres, en si belle humeur, car nous calculions que, si l'effet des boulets manquait son but, l'ennemi pourrait bien s'aviser de procéder par la bombe ou l'obus, qui, tombant dans le jardin où nous tenions les cordes, auraient bien pu déranger le personnel et le matériel de l'ascension. Cette idée ne leur vint pas, ou plutôt on ne leur en donna pas le temps, car, dès le lendemain, on fit venir de Lille un certain sergent d'artillerie qui, sur le seul aspect du terrain, promit au général de démonter les pièces qu'on pourrait amener au lieu d'où elles avaient tiré; probablement cette promesse fut connue de l'ennemi, qui ne se présenta pas, et nous laissa dorénavant faire tranquillement nos observations.

« Au milieu de tous ces travaux, de toutes ces fatigues, sous le canon de l'ennemi dont les boulets passaient journellement par-dessus nos têtes pour aller tomber dans le camp retranché, ne nous vint-il pas à l'esprit de donner un bal aux dames de Maubeuge !

« Le beau sexe était rare dans cette ville; tout ce qui tenait à l'aristocratie avait déserté depuis longtemps; il ne restait que le petit commerce, les femmes et les filles d'employés. Nous trouvâmes tout cela encore trop bon pour nous qui n'avions aucune raison de nous montrer difficiles, car, à nous voir dans nos tristes costumes d'ouvriers, on n'aurait guère soupçonné de jeunes fashionables sous une pareille écorce; mais ce jour-là nous revêtîmes l'uniforme bleu, à parements et revers noirs, avec les boutons aérostiers, et c'est dans cette parure que nous nous préparâmes à nous présenter en galants chevaliers.

« Notre petite fête se passa fort bien; on dansa beaucoup, parce que cela n'arrivait pas souvent et que nous avions nos jambes de vingt ans; les rafraîchissements furent très-exigus et se bornèrent à de la bière et à des échaudés. La pâtisserie manqua, mais la gaieté et l'entrain ne se ralentirent que vers le matin.

« Chacun enfin se retirait content, lorsque cette soirée si joyeuse faillit avoir pour moi des suites tragiques; j'avais dansé presque toute la soirée avec une certaine demoiselle, fille d'un libraire de la ville, venue au bal avec une tante, et courtisée, disait-on, par un de nos camarades; ladite demoiselle, apparemment contente de son danseur, lui avait fait de ces petites agaceries qui permettaient d'espérer mieux et l'avaient mis en goût d'en faire l'épreuve.

« Lorsqu'on se retira, la tante s'empara du bras du soupirant qui offrait à ces dames de les éclairer au moyen d'une torche de résine qu'il portait à la main, et je me présentai bien vite à la nièce qui accepta mon bras.

« Nous voilà donc cheminant doucement derrière la tante, nous tenant le plus possible à distance, car les doux propos allaient leur train, si bien qu'au détour d'une rue, la lueur de la torche venant à nous manquer, nous nous trouvâmes forcés de nous parler de plus près pour nous entendre.

« Nous marchions ainsi absorbés dans cet entretien particulier, lorsqu'en arrivant au détour de cette même rue où le rival et la tante s'étaient arrêtés pour nous attendre, la lumière nous atteignit dans une position si rapprochée qu'il était difficile de douter de ce que nous nous disions. Il ne souffla mot dans le premier moment, mais je lui avais vu faire une terrible grimace, et en nous quittant au retour il me dit d'un ton fort rogue que nous nous reverrions le lendemain; je dus m'attendre alors à quelque méchante affaire, et, pour m'y préparer, je descendis dès le matin dans les casemates pratiquées pour se mettre à l'abri des bombes, où, rencontrant quelques-uns de nos camarades, je proposai de nous exercer à tirer le pistolet ; notre armement ne se composait que d'un sabre (briquet) et d'une paire de pistolets d'arçon qui n'étaient pas en trop bon état, comme toutes nos fournitures.

« Nous voilà à charger nos armes, à préparer un but, et comme nous étions embarrassés pour ce dernier, un des nôtres offre son couteau, c'est-à-dire un de ceux qu'on nomme *eustaches*, dont le manche est pendant; on le place dans une gerçure de la muraille, et chacun approche plus ou moins de ce but improvisé: quand vient mon tour, je me place, je vise à peine, et de ma première balle je casse en morceaux le malheureux manche; tout le monde se réveille, on me félicite; j'ai beau dire que c'est un coup de raccroc, on n'en veut rien croire, et mon cher rival, qui était arrivé pendant toutes nos épreuves, est un des premiers à me faire des compliments sur mon adresse; il ne fut pas plus question de son humeur de la veille que s'il n'en avait jamais eu; ma foi! de mon côté, je ne réveillai pas le chat qui dormait, fort aise d'en être quitte à si bon marché.

« Je lui laissai sa belle, à laquelle je pense qu'il chanta une autre gamme, ce dont je m'inquiétai fort peu. »

VII

Cependant les armées de la République étaient victorieuses et Maubeuge presque débloqué. Jourdan se préparait à investir Charleroi qui devait lui livrer la route de Bruxelles. Coutelle, dont le général en chef reconnaissait les éminents services, reçut l'ordre de se rendre sous les murs de Charleroi pour étudier les moyens de défense que les assiégés avaient entre leurs mains.

Maubeuge est distant de Charleroi de douze lieues. La nécessité de faire des reconnaissances aussitôt l'arrivée de l'aérostat ne permettant pas de transporter le matériel nécessaire au gonflement de l'*Entreprenant;* l'obligation de passer devant les lignes ennemies sans donner l'alarme : telles étaient les difficultés presque insurmontables qui se dressaient devant les aérostiers.

Coutelle n'en tint aucun compte. Son parti fut vite pris : l'*Entreprenant* ne serait pas dégonflé, et le lendemain la compagnie serait au milieu de l'armée d'investissement.

Le plan de Coutelle était hardiment conçu ; l'exécution devait être plus hardie encore.

Maubeuge était encore gardé d'un côté par les Autrichiens, qui s'étaient solidement établis dans des tranchées ou des bastions, à peu de distance des murs et du chemin que devait suivre la compagnie des aérostiers ; il fallait donc sortir de la ville à la faveur de la nuit, et dérober aux yeux des sentinelles un ballon de 9 mètres de diamètre, élevé au moins d'une dizaine de mètres au-dessus du sol.

Dès 10 heures du soir, les derniers préparatifs étaient achevés. Seize cordes avaient été attachées au filet du ballon et remises entre les mains de seize aérostiers qui purent ainsi faire franchir à l'*Entreprenant* les maisons et les arbres qui se trouvaient sur leur passage.

A 2 heures du matin on était arrivé au premier rempart. La descente commença. On avait, dans la journée, posé des échelles sur les versants des trois enceintes.

Huit hommes descendirent d'abord, tandis que leurs camarades retenaient le ballon et donnaient à la corde la longueur nécessaire : puis, quand les premiers eurent touché le fond du fossé, ils descendirent à leur tour pour maintenir l'aérostat pendant l'ascension de l'autre versant. On franchit ainsi sans éveiller l'attention de l'ennemi les trois enceintes. Le jour n'était pas encore venu que l'*Entreprenant* dominait toute la plaine qui s'étend à droite et à gauche de la route de Namur.

Il fallut 15 heures pour parcourir la distance qui sépare Maubeuge de Charleroi. C'était à la fin du mois de juin : la chaleur était accablante : le soleil dardait sur la poussière de houille qui couvrait les chemins, brûlait le corps des aérostiers, augmentait la dilatation du gaz et les menaçait à chaque minute de l'explosion de l'*Entreprenant.* La poussière noire, fétide, horrible du charbon de terre, couvrait leur corps à demi nu, s'introduisait dans leurs poumons et leurs yeux, les aveuglait et provoquait une soif horrible, inextinguible. Les paysans s'enfuyaient à la vue de ces hommes noirs, à l'air rébarbatif et féroce bien plus qu'à la vue de leur aérostat. Les enfants et les femmes se jetaient à genoux, implorant leur clémence en fendant l'air de leurs cris ; heureusement quelques Flamands, moins superstitieux et plus éclairés, comprirent les souffrances horribles qu'enduraient les malheureux soldats et leur offrirent de l'eau, du vin et quelque nourriture.

Enfin ils arrivèrent en vue du camp ; les premières sentinelles furent vite signalées ; leur martyre allait finir.

Mais quelle ne fut pas leur surprise lorsque, à 500 mètres des avant-postes, ils entendirent les fanfares sonner leurs marches les plus triomphantes, retentir les acclamations les plus enthousiastes, et l'état-major s'avancer vers eux. L'*Entreprenant* avait été signalé; l'armée récompensait ainsi les aérostiers de toutes les fatigues qu'ils venaient d'éprouver, et payait un tribut d'hommages à leur bravoure bien connue.

La lassitude disparut aussitôt devant cet accueil, et le soir même une reconnaissance fut faite par Coutelle accompagné d'un officier supérieur.

Le lendemain, une seconde ascension fut faite dans la plaine de Jumey. Coutelle resta pendant huit heures aux côtés du général Morelot, qui s'assurait que la ville pressée par les Français ne pouvait tenir plus longtemps.

En effet, le lendemain, le général hollandais signa la capitulation de Charleroi. Au moment où il défilait avec ses soldats prisonniers devant l'armée, on entendit sur les hauteurs une vive fusillade : c'était l'armée autrichienne qui s'avançait au secours de Charleroi. « Messieurs, dit le général prisonnier, si j'avais entendu ce signal plus tôt, vous ne seriez pas dans Charleroi. »

Charleroi était pris, et plus d'un officier assura que sans le secours de l'*Entreprenant* la ville ne se serait pas rendue aussi vite, ce qui aurait permis aux secours d'arriver à temps, de battre peut-être l'armée assiégeante, et de compromettre ainsi le succès de nos armes pendant cette campagne.

Charleroi était pris, mais les Autrichiens s'avançaient toujours. Le prince de Cobourg, qui commandait, vint camper sur les hauteurs de Fleurus.

Ce fut là qu'eut lieu cette célèbre bataille où l'armée française battit si complètement les troupes bien supérieures en nombre du prince autrichien.

Le rôle de l'*Entreprenant* fut considérable pendant cette journée. Coutelle, sur l'ordre de Jourdan, resta pendant huit heures en observation, transmettant sans cesse au général en chef des nouvelles, l'informant des mouvements de l'ennemi.

On peut dire que l'aérostation fut pour beaucoup dans le résultat de la journée.

Beaucoup d'écrivains ont cherché à diminuer la part de gloire qui revenait aux aérostiers. Pour leur répondre, il suffit d'invoquer le témoignage de Jourdan, qui, mieux que tout autre, pouvait juger en connaissance de cause.

« Charleroi rendu, dit le baron de Selle, nous reçûmes l'ordre de nous reporter en avant avec le quartier général, qui s'établit au village de Gosselies, centre des opérations de l'armée ; les Autrichiens s'avançaient de leur côté, sous les ordres du général prince de Cobourg, et tout annonçait une collision prochaine. Parmi les représentants en mission aux armées, se trouvait seul, auprès du général en chef, le fameux Saint-Just, qui lui promettait la victoire. Nous couchâmes dans une grange, et dès 4 heures du matin, le 8 messidor (26 juin 1792), un aide de camp nous apporta l'ordre de nous rendre sur le plateau du moulin de Jumey, où se plaçait momentanément le quartier général. La plaine de Fleurus peut se comparer à nos plaines de la Beauce, où l'œil parcourt aisément dix lieues d'horizon ; le moulin de Jumey s'élevait à peu près au centre de nos positions, et se détachait sur un petit monticule de cette planimétrie que peuplaient plusieurs gros villages. Deux de nous (et j'étais un des deux) étaient détachés pour aller chercher nos vivres dans un de ces hameaux, placés entre la ligne du quartier général et celle où l'action était déjà engagée entre les avant-postes ; le temps était clair, on distinguait parfaitement la fumée des feux d'artillerie auxquels ceux de la mousqueterie commençaient à se mêler d'une façon très-active. Nous fîmes très-activement aussi notre course nécessaire, et en revenant seuls et isolés au milieu de ce calme précurseur de la tempête, nous réfléchissions au contraste qu'allaient offrir bientôt ces plaines, les unes si vertes, les autres si brillantes de leurs moissons dorées, envahies dans quelques instants par des masses armées pour se détruire, dépouillées de leur verdure et de leurs moissons, foulées aux pieds des hommes et des chevaux, et bientôt couvertes par des cadavres. Ces réflexions, bien sombres peut-être pour de jeunes têtes comme les nôtres, furent bientôt effacées dès que nous eûmes rejoint nos camarades, ce qui fut très-facile, l'aréostat s'étant élevé pendant notre absence et son disque éclatant nous servant de point de ralliement. Nous trouvâmes au pied du moulin le général Jourdan et le représentant Saint-Just en grande conférence ; ce dernier me parut un jeune homme d'une figure assez douce, peu imposante, sur le front duquel perçait quelque inquiétude ; mais, dans ce moment, nous ne songions qu'à déjeuner, pendant que notre capitaine et le général de division *Morelot*, élevés à plus de 1 200 pieds, s'occupaient de leurs observations. Vers midi, les communications des observateurs avec la terre devinrent plus fréquentes : j'ai déjà dit que ces communications avaient lieu au moyen de sacs de lest dont on annonçait l'envoi par des signaux ; car nous en étions pourvus pour les différentes manœuvres : lorsqu'il s'agissait, comme ici, de communications plus détaillées, les sacs contenaient un écrit et n'étaient confiés qu'à l'officier des aérostiers, chargé lui-même de les remettre entre les mains de qui de droit, ordinairement du général. Ces fréquentes missions nous parurent avoir une signification, qui se manifestait encore par le rembrunissement des figures de messieurs de l'état-major. Le canon semblait se rapprocher dans toutes les directions, ce qui annonçait assez clairement que l'ennemi avançait, et deux heures ne s'étaient pas écoulées sans que le mouvement de retraite fût très-prononcé ; nous nous amusions cependant à considérer les nombreux prisonniers de toute arme que l'on amenait au quartier général ; tous ces hommes, de différentes nations, Hollandais, Allemands, Moldaves, Valaques, regardaient d'un œil stupide cette énorme machine élevée dans les airs, semblant s'y soutenir seule, car à peine apercevait-on les cordes ; quelques-uns étaient prêts à se jeter à genoux et à l'adorer, tandis que d'autres, lui montrant le poing d'un air féroce, répétaient dans leur langue : *Espions, espions, pendus si vous êtes pris!* prédiction qui nous amusait médiocrement ; mais comme nous ne voulions pas mourir de faim en attendant la pendaison, et que nous avions trouvé du lait pour la soupe, nous nous apprêtâmes à la manger, quand vint à passer le représentant Saint-Just, non plus accompagné de courtisans, comme le matin, mais seul et la mine fort allongée. Ma foi ! nous crûmes devoir l'inviter à partager notre très-frugal repas, mais il nous remercia et passa son chemin, peu curieux de se mêler à des sans-soucis comme nous.

« Cependant l'aérostat restait immobile, et déjà la retraite s'effectuait sur toute la ligne : on voyait défiler au galop l'artillerie, les caissons, les vivandières ; la route de Charleroi était obstruée, et nous entendions dire autour de nous que l'ennemi cherchait à la couper en nous rejetant sur la Sambre. L'inquiétude nous prit à notre tour : la perspective d'être pendus à nos propres cordes n'avait rien de réjouissant, et nous vîmes enfin, avec un sensible plaisir, le signal de descendre l'aérostat et de suivre le mouvement de retraite. On sent bien que le zèle ne nous manqua pas ; chacun croyait la bataille perdue, il était cinq heures du soir, et la route, couverte de tous les charrois de l'armée, ne nous promettait pas une marche prompte et facile, quand tout à coup le canon, qui tout à l'heure se rapprochait,

Transport de l'*Entreprenant.*

s'éteignit à l'aile gauche de l'ennemi, et ne résonna plus que faiblement, en ne jetant ses feux que par intervalles. Ce changement à vue nous surprit fort agréablement; mais nous n'en apprîmes la raison qu'en arrivant à Charleroi, et voici ce qu'on nous dit : Nos deux ailes de bataille avaient faibli pendant toute cette journée; notre centre seul avait maintenu ses positions, et le prince de Cobourg, ignorant la reddition de Charleroi, avait porté sur ce point sa plus formidable colonne, espérant nous prendre à revers; mais aussitôt que cette colonne avait paru devant Charleroi, l'artillerie des remparts avait ouvert un feu épouvantable, et l'effroi causé par la surprise avait été tel, que les canonniers autrichiens avaient coupé les traits des chevaux, abandonné leurs pièces, et qu'une déroute totale s'en était suivie. La journée était donc *nôtre;* nous rentrions à Charleroi mourants de faim et de fatigue; l'aérostat avait été élevé pendant dix heures consécutives, et sans prétendre ridiculement qu'on lui devait le gain de la bataille, on ne peut nier que son effet matériel et moral n'ait participé au succès; nous sûmes d'une manière positive que l'aspect de cette magnifique tour, improvisée au milieu d'une plaine où rien ne gênait l'observation, avait porté une espèce de découragement parmi les soldats étrangers qui n'avaient aucune idée d'une chose pareille. Les mouvements de l'artillerie et des masses ennemies avaient été signalés au général Jourdan aussitôt qu'effectués, et s'ils étaient changés ou modifiés, une communication du général Morelot en prévenait sur-le-champ, et cet avantage était immense; malgré cela, sans la reddition de Charleroi, il est probable que nous nous en serions fort mal tirés. »

VIII

L'armée française était victorieuse et marchait sur Bruxelles; la compagnie des aérostiers la suivait, faisant chaque jour de nouvelles reconnaissances. Non loin des houillères qui avoisinent Namur, un homme ayant lâché une des cordes qui retenaient l'aérostat, le vent, très-violent à ce moment, précipita l'*Entreprenant* sur les branches d'un pommier qui se trouvait près de là : lorsque les aérostiers voulurent relever le ballon, une large déchirure laissait échapper le gaz.

Coutelle prévenu aussitôt reconnut bientôt que le désastre était irréparable. Il partit pour Maubeuge où devait se trouver un ballon, le *Céleste*, expédié de Meudon, mais le *Céleste* n'était point arrivé. Coutelle se rendit à Paris pour le ramener lui-même. Quelques jours plus tard, il était au milieu de l'armée, mais le *Céleste* avait été mal construit et la forme cylindrique qu'on avait cru devoir lui donner le rendait impropre à presque toutes les manœuvres. Le *Céleste* fut réemballé et dirigé sur Meudon sans avoir pu servir à une seule ascension. L'*Entreprenant* avait été réparé pendant ce temps : ce fut lui qui entreprit une nouvelle campagne.

L'armée allait toujours en avant; déjà elle était au cœur de la Belgique, à quelques pas de Bruxelles. La compagnie des aérostiers la suivait, faisant chaque jour de nombreuses reconnaissances pour les généraux qui commandaient les différents corps.

Ce fut pendant une de ces reconnaissances que l'*Entreprenant* fut victime d'un nouvel accident qui faillit le détruire tout à fait. La compagnie des aérostiers descendait la Meuse pour se rendre à peu de distance de Bruxelles lorsque le vent poussa le ballon sur une « pointe de bois » : le gaz sortait abondamment par la déchirure qui cédait de plus en plus à la pression de l'hydrogène. Coutelle fit aussitôt aborder puis, au milieu du camp il répara l'accroc qui ne laissait pas que d'être fort grave. La force ascensionnelle du ballon fut diminuée, mais l'*Entreprenant* put rejoindre les avant-postes quatre jours plus tard.

Pendant que l'*Entreprenant* suivait ainsi l'armée, le Comité de salut public, comprenant tous les services qu'avait rendus et que pouvait rendre encore l'aérostation, avait formé dès 1794 — le 23 juin — une 2e compagnie d'aérostiers militaires et plus tard — octobre 1795 — il avait créé l'*École nationale aérostatique de Meudon* par un décret ainsi conçu :

« Le Comité de salut public, considérant que le service des aérostiers exige des connaissances et une pratique dans les arts que l'on ne peut espérer de réunir qu'en préparant par des études et des exercices appropriés les hommes qui s'y destinent, et voulant assurer ce service et en étendre les ressources, soit auprès des armées, où l'expérience a constaté déjà son utilité, soit par l'application que l'on peut faire de ce nouvel art pour le figuré du terrain sur les cartes,

« Arrête ce qui suit :

« Art. 1er. Il sera établi dans la maison nationale de Meudon une École d'aérostiers, dans laquelle, indépendamment des exercices pour les former à la discipline militaire, et des travaux de construction et de réparation des aérostats auxquels ils sont employés, ils recevront des leçons de physique générale, de chimie, de géographie et des différents arts mécaniques relatifs à l'aérostation.

« Art. 2. Cette École sera composée de soixante aérostiers, y compris ceux déjà reçus pour entrer dans la nouvelle compagnie que le Comité avait été chargé de former. Ils seront logés dans la partie de la maison nationale de Meudon qui leur sera assignée ; ils auront le même uniforme que celui qui a été réglé pour la 2e compagnie d'aérostiers, et recevront également la solde de canonniers de première classe.

« Art. 3. Les soixante aérostiers seront divisés en trois sections, chacune de vingt hommes.

« Art. 4. Il y aura pour chaque section un officier ayant le grade de sous-lieutenant, un sergent et deux caporaux, lesquels seront assimilés aux officiers d'artillerie du même grade, et jouiront des traitement et solde qui leur sont attribués.

« Art. 5. L'École des aérostiers aura pour chef un directeur chargé de diriger toutes les opérations de construction et de réparation des aérostats, de régler et ordonner les exercices et manœuvres et de maintenir l'ordre et la discipline. Il correspondra avec la commission des armes et poudres, lui adressera les demandes des matières nécessaires, et l'informera de ce qui pourra être mis à sa disposition pour le service des aérostats en campagne. Les appointements seront de six mille livres.

« Art. 6. Il y aura un sous-directeur aux appointements de quatre mille livres, chargé des mêmes fonctions sous les ordres et en l'absence du directeur.

« Art. 7. Il y aura pour les trois sections un quartier-maître chargé du décompte et des menues dépenses du matériel, pour lesquelles il lui sera remis un fonds d'avance sur la proposition de la commission des armes et poudres. Il en comptera tous les quinze jours à ladite commission sur mémoires visés par le directeur.

« Art. 8. Un tambour sera attaché à ladite École.

« Art. 9. Il y aura dans l'École un garde-magasin chargé de tenir registre de l'entrée et sortie de toutes matières, soit de consommation, soit destinées aux épreuves et constructions, ainsi que de veiller à la conservation des meubles, ustensiles, livres et machines servant à l'instruction; il lui sera donné un aide ou sous-garde lorsqu'il sera jugé nécessaire.

« Art. 10. Le directeur présentera incessamment à l'approbation du Comité un règlement sur la distribution du temps pour les leçons et exercices, de manière que les élèves aérostiers reçoivent l'instruction qui leur est nécessaire dans les sciences physiques et mathématiques, et se forment dans la pratique des arts mécaniques, autant néanmoins que le permettront les travaux de la fabrication et les exercices des opérations et manœuvres.

« Art. 11. Le citoyen Conté, chargé de la conduite des travaux de Meudon relatifs à l'aérostation, est nommé directeur. Le citoyen Bouchard, reçu aérostier de la 2e compagnie dont la levée avait été ordonnée, est nommé sous-directeur.

« Art. 12. Le directeur présentera à l'approbation du Comité la nomination des citoyens qu'il jugera propres à remplir les places d'officiers, sous-officiers et garde-magasin.

« Art. 13. Il présentera de même à son approbation la nomination des instructeurs pour les diverses parties, lesquels seront pris, autant qu'il sera possible, parmi les aérostiers reçus qui ont donné des preuves de capacité.

« Art. 14. Le présent arrêté sera adressé aux représentants du peuple à la maison nationale de Meudon, qui sont invités à prendre les mesures qu'ils jugeront convenables pour assurer le succès de cet établissement, maintenir l'ordre et la discipline de l'École, et empêcher qu'il n'en résulte aucun inconvénient pour les autres opérations mises sous leur surveillance.

« Art. 15. Expédition du présent arrêté sera pareillement envoyée à la commission des armes et poudres, chargée de concourir à son exécution en ce qui la concerne.

« Signé :

« L.-B. Guyton, Fourcroy, J.-F.-B. Delmas,
Prieur, Pelet, Merlin, Cambacérès.

« Pour copie conforme :

« *Le directeur de l'École nationale aérostatique*,
« *Signé* : Conté. »

Conté, nommé directeur de l'École aérostatique, continua ses expériences avec plus d'ardeur que jamais et construisit en peu de temps deux nouveaux ballons, l'*Intrépide*, l'*Hercule*, qui devaient former le matériel de la 2e compagnie plus tard envoyée à l'armée du Rhin. La 2e compagnie d'aérostiers avait été créée par un décret du Comité de salut public en date du 23 juin 1794 et conçu en ces termes :

« Le Comité de salut public arrête :

« Il sera formé une deuxième compagnie d'aérostiers conposée de la même manière que celle qui est actuellement au service de l'aérostat de l'armée du Nord.

« Cette compagnie sera établie à Meudon, où, sous les ordres du citoyen Conté, elle sera occupée d'abord aux travaux de la construction des aérostats, et ensuite à toutes les opérations relatives au service des machines.

« Le citoyen Conté est chargé de prendre toutes les mesures nécessaires à l'exécution du présent arrêté. »

Le 23 mars 1795, la 2e compagnie des aérostiers fut organisée définitivement et Coutelle qui était à Aix-la-Chapelle reçut, en même temps que son brevet de *chef de bataillon commandant* le corps des aérostiers, l'ordre de venir à Paris régler la formation de ce nouveau corps d'aérostiers.

Coutelle, profitant du décret du Comité de salut public, augmenta l'effectif de la 1re compagnie qu'il porta à 55 hommes ainsi répartis : 1 capitaine, 2 lieutenants, 1 lieutenant quartier-maître, 1 sergent-major, 1 sergent, 1 fourrier, 3 caporaux, 1 tambour et 44 soldats.

La 2e compagnie fut organisée de même.

Au printemps de l'année 1799, le corps des officiers d'aérostiers était ainsi composé :

1re COMPAGNIE

Capitaine. . . . . Lhomond.
1er *Lieutenant*. . . . . Plazanet.
2e *Lieutenant*. . . . . Gancel.
Lieutenant quartier-maître. . . . . Varlet.

2e COMPAGNIE

Capitaine. . . . . Delaunay.
1er *Lieutenant*. . . . . Merle.
2e *Lieutenant*. . . . . De Selle de Beauchamp.
Lieutenant quartier-maître. . . . . Deschard.

IX

Dès les premiers jours d'avril, la 2e compagnie des aérostiers reçut l'ordre d'aller rejoindre l'armée du Rhin qui bloquait Mayence depuis plus de onze mois.

Coutelle prit le commandement de la 2e compagnie, laissant la 1re sous les ordres du capitaine Lhomond.

Il serait difficile de se représenter par la pensée l'aspect des environs de Mayence si l'on n'avait été enfermé dans Paris pendant le long siége que lui firent subir les Prussiens. Mayence, comme Paris, était réduite aux dernières extrémités : les paysans avaient dévasté les abords de la place avant de s'enfermer dans la ville ; l'armée de siége avait achevé d'enlever à ce malheureux pays ses dernières ressources ; aussi, lorsque la 2e compagnie des aérostiers arriva devant Mayence, les soldats devaient-ils aller à plus de trois lieues pour trouver quelques vivres.

Cette nouvelle difficulté venant s'ajouter à toutes celles qu'avaient déjà à supporter des hommes peu habitués encore à la manœuvre fatigante des aérostats, n'arrêta cependant pas les nouveaux aérostiers. Fiers de la réputation qu'avaient créés à l'aérostation leurs devanciers, ils se multiplièrent pour pourvoir à leurs besoins et accomplir le grand nombre d'ascensions que réclamait le général Lefebvre, qui commandant l'armée assiégeante.

A Mayence comme à Maubeuge, les ballons n'aidèrent pas le général Lefebvre seulement par leurs observations. Les soldats de l'armée ennemie étaient envahis d'une crainte superstitieuse qui devait seconder puissamment le général français. Les officiers autrichiens eux-mêmes ne cessaient d'admirer cette manière « aussi hardie que savante » d'observer. Involontairement, ils se sentaient gagner par une espèce de respectueuse sollicitude pour des hommes qui faisaient si bon marché de leur vie. Pendant un armistice de quelques jours, les officiers ennemis demandèrent au général Lefebvre l'autorisation d'assister à une ascension. Coutelle et un officier du génie prirent place dans la nacelle et planèrent pendant plus d'une heure au-dessus des remparts. L'enthousiasme des officiers autrichiens était à son comble, et comme le commandant Coutelle leur représentait qu'ils pouvaient eux aussi avoir des compagnies d'aérostiers, l'un d'eux ajouta tristement : « Il n'y a que les Français capables d'imaginer et d'exécuter une pareille entreprise! »

Les ressources des assiégeants s'épuisaient rapidement sans qu'il leur fût possible de les renouveler. La reddition était inévitable. Autrichiens et Français l'attendaient d'un instant à l'autre.

C'était surtout dans les derniers jours d'un siége que les compagnies d'aérostiers devenaient rigoureusement indispensables ; l'officier qui était dans la nacelle cherchait des yeux le point faible de la place et pouvait dire au général : « Frappez là. »

Un jour, Coutelle reçut l'ordre d'aller s'assurer des brèches que l'artillerie française avait faites dans les fortifications de la ville. Malgré le vent furieux qui balayait la poussière avec une violence épouvantable, le commandant des aérostiers n'hésita pas. Il choisit quelques hommes vigoureux pour seconder ses aérostiers et vint placer son poste d'observation entre les avant postes et les remparts.

Il semblait que le vent eût, ce jour-là, fait alliance avec les Autrichiens. A chaque pas que faisaient les aérostiers, les nuages marchaient plus vite, la poussière se faisait plus fine et était projetée avec une plus grande force. L'orage se faisait d'instant en instant plus terrible.

Enfin Coutelle monte dans la nacelle et l'aérostat s'élève rapidement de toute la hauteur des cordes. Comme si la tempête avait attendu cet instant pour se déchaîner, elle éclate tout à coup, renversant arbres et maisons sur son passage. L'*Entreprenant* ne peut lui échapper, il marche avec elle Retenu par soixante-quatre hommes qui se cramponnent à lui, il ne peut soutenir la lutte et il est lancé à terre. Trois fois le ballon s'élance dans l'air, trois fois il est rejeté sur le sol. Les planches qui forment le fond de la nacelle sont brisées, les aérostiers ont les mains en sang, le corps meurtri, l'aéronaute lui-même peut être tué raide; et cependant Coutelle, toujours impassible, brave jusqu'à la témérité, donne le signal de laisser le ballon remonter dans les airs.

Les officiers autrichiens assistaient du haut des remparts à cette lutte de la science contre les éléments.

Mais la lutte était trop longue et l'homme allait être vaincu.

Tout à coup cinq officiers autrichiens sortent de la ville agitant des mouchoirs blancs fixés à la pointe de leur épée. Les sentinelles reconnaissent en eux des parlementaires et les conduisent devant le général Lefebvre qui se trouvait non loin de là.

— Général, lui dirent-ils, nous vous demandons, en grâce, de faire descendre le brave officier qui monte l'aérostat. Il va périr par la bourrasque, et il ne faut pas qu'il soit victime d'un accident étranger à la guerre. Nous lui apportons de la part du commandant de Mayence l'autorisation d'entrer dans nos lignes, pour examiner en toute liberté l'intérieur de nos fortifications.

Coutelle fut informé de l'offre des Autrichiens au moment où une terrible rafale venait de le précipiter à terre une fois de plus. Pour toute réponse, il cria : « Lâchez tout ; » et quelques secondes plus tard il planait de nouveau au-dessus de Mayence.

X

L'action de Coutelle augmenta encore la réputation de bravoure qu'avaient su se faire les aérostiers ; mais quelques jours plus tard le commandant, atteint de fièvres intermittentes, dut quitter l'armée. L'hiver était arrivé. L'*Entreprenant*, sans abri, très-endommagé par ses deux campagnes et les intempéries de la saison, dut être dirigé vers Frankental, petite ville des bords du Rhin où la compagnie des aérostiers hiverna.

XI

« A mon retour au parc de l'aérostat, je le trouvai transporté à Molsheim, gros bourg sur le canal de Mutzig, et nous nous apprêtâmes à suivre l'armée qui s'avançait en Allemagne.

« Pendant les travaux préparatoires, je fus atteint de fièvres intermittentes qui me tourmentèrent tout le temps que je demeurai en Alsace. Seulement elles me quittaient dès que nous entrions en campagne et que nous avions passé le Rhin, et me reprenaient aussitôt que nous rentrions à Strasbourg.

« Je n'étais malheureusement guère en état de me faire traiter : mes affaires personnelles étaient en fort mauvais ordre ; mon tuteur, pendant ma minorité, avait reçu des remboursements d'assignats qui, par négligence ou autre cause, n'avaient pas été replacés ; la banqueroute des deux tiers avait presque annihilé la fortune de ma mère, et nos appointements, payés en assignats ou en mandats, ne passaient par nos mains que pour arriver à celles des juifs, qui nous rançonnaient à qui mieux mieux. Nous étions donc fort satisfaits quand nous entrions en pays ennemi, où je trouvais, du moins pour ma part, la santé et la gaieté si nécessaires à la jeunesse.

« L'armée avait déjà passé Rastadt quand nous la rejoignîmes, et se dirigeait sur Stuttgard ; avant d'y arriver, nous faillîmes incendier un bois dans lequel nous avions bivouaqué et ce fut tout harassés et noirs de charbon que nous fîmes notre entrée dans cette ville. »

La campagne recommença au printemps de l'année suivante. L'*Entreprenant* reprit son poste à l'avant-garde ; mais arrivé près de Manheim le ballon fut victime d'un accident qui sembla tout d'abord irréparable.

L'armée était arrivée près de Manheim et les aérostiers, afin d'éviter la ville dont les maisons et les remparts gênaient le transport du ballon, campèrent près de Necker. Le ballon avait été laissé dans une enceinte entourée de piquets et de cordes, sous la garde d'une sentinelle.

Vers huit heures du soir, les soldats étaient dispersés çà et là, les officiers étaient occupés dans leurs tentes à se préparer au départ qui devait avoir lieu le lendemain matin. Tout à coup une explosion retentit, la sentinelle crie : *Aux armes!*

On se précipite du côté de l'aérostat que l'on trouve criblé de déchirures. La sentinelle elle-même était blessée.

Un Autrichien s'était glissé, favorisé par une nuit sombre, jusqu'à l'enceinte qui enfermait le ballon, puis il avait déchargé son arme dans les flancs du pauvre *Entreprenant*.

Les aérostiers se mirent à la poursuite du malfaiteur, mais en vain. Après deux heures de recherches, ils durent rentrer au camp et dégonfler l'*Entreprenant* qui perdait tout son gaz.

Quelques jours plus tard, la 2e compagnie d'aérostiers militaires reçut l'ordre de se rendre à Strasbourg où devait être établi un parc d'aérostation.

C'était la fin de la première partie de la campagne des aérostiers à l'armée du Rhin.

Moreau ayant été nommé général en chef en remplacement de Pichegru, la campagne recommença et l'armée pénétra en Allemagne.

Le baron Selle de Beauchamp, dont nous avons déjà parlé, raconte ainsi l'entrée des aérostiers en Allemagne :

« Je dois garder pour mes souvenirs intimes une aventure assez piquante qui m'arriva pendant le court séjour que nous fîmes à Stuttgard. Je vais pourtant en rapporter ici ce qui concerne l'aérostation, parce que le fait d'une dame assez hardie pour monter à cette époque dans un aérostat ne se représenta qu'une fois à notre 1re compagnie, où le capitaine Lhomond s'éleva avec une dame, à Wurtzbourg, tandis que j'en faisais autant à Stuttgard : la différence était que ma compagne de voyage était une demoiselle ; qu'en la ramenant à terre j'en étais fort amoureux, et que, selon mon habitude, du reste fort morale, je voulais à toute force me marier. Ici, comme à Aix-la-Chapelle, après quatre jours d'un feu inextinguible, nous reçûmes l'ordre de partir par Donawert, où était le quartier général, et il fallut se séparer pour ne jamais se revoir. J'avais pourtant bien promis de revenir et de l'enlever, s'il était nécessaire; mais l'homme propose et les événements disposent; force me fut de manquer encore une fois à ces serments.

« Ma première distraction fut au village de Neresheim. Avant d'arriver à Donawert, nous nous y étions arrêtés pour nous reposer en faisant un modeste repas; je dis modeste, parce que le paysan allemand est en général fort sobre et se contente de pâtes cuites à l'eau que nous partagions dans nos marches, quand il nous les offrait.

Descente en parachute.

« Il n'en était pas de même de *l'épouse* de notre capitaine, laquelle suivait son mari, était gourmande comme une chatte, et qui, abusant de l'autorité conjugale, se comportait comme en pays conquis et avait déjà failli nous commettre avec les paysans allemands, qui ne sont pas plus commodes que de raison. Nous étions donc fort tranquillement dispersés chez les habitants du village, attendant l'heure du départ, quand tout à coup je remarquai une certaine agitation dans le pays; les habitants s'avertissaient mutuellement, s'armaient de fourches, de faux, de bâtons, et me semblaient se diriger vers le lieu où était placé l'aérostat. Mon hôte lui-même, jusqu'à ce moment de la meilleure humeur du monde, reçut par la fenêtre un signal qui parut me concerner, car il sortit aussitôt comme pour fermer la porte; mais je ne lui en laissai pas le temps : saisir mon sabre, le gagner de vitesse, le pousser dans la rue, où il tomba, et sauter par-dessus lui, ce fut l'affaire d'un moment, et je courus vers le parc en appelant par leur nom tous les soldats qui se trouvaient logés sur mon passage; ils étaient déjà, pour la plupart, enfermés chez leurs hôtes, mais à ma voix chacun eut bientôt ouvert ou brisé la fenêtre, et je me vis à la tête d'une petite troupe avant d'arriver à notre rendez-vous. Là j'appris que le gros des paysans assiégeait le capitaine dans la maison où il était logé et barricadé tant bien que mal, et tout cela, parce que *madame*, avant de partir, avait voulu emporter sans payer une magnifique volaille qui avait excité sa convoitise. Le quartier-maître et le second lieutenant m'ayant rejoint, nous nous portâmes au secours de la maison assiégée, en prenant la précaution d'envoyer chercher du renfort au quartier général, car le village était considérable, et nous n'avions d'autres armes que nos sabres; les officiers seuls avaient des pistolets. Arrivés devant la maison, que nous trouvâmes investie, nous jugeâmes à propos de ne pas exaspérer cette foule, mais de tenter la négociation, qui nous faisait gagner du temps; la difficulté était de s'entendre; on sait qu'en Allemagne les idiomes diffèrent beaucoup, et nous n'étions ni les uns ni les autres bien ferrés sur la mère-langue. La négociation était d'autant plus difficile que la dame ne voulait, pour rien au monde, se séparer du sujet de la querelle. Les assiégeants voulurent bien cependant permettre au quartier-maître de pénétrer dans la maison pour porter des paroles de traité; mais le capitaine, fort têtu de son naturel, ne voulait rien céder, et de notre côté nous haranguions en vain nos paysans qui, se sentant en force, ne comprenaient pas celle de nos arguments.

« Pendant ces colloques, le temps avait marché, et tout à coup le bruit se répandit parmi nos adversaires qu'on voyait s'approcher un assez gros corps de cavalerie; à cette annonce, les paysans craignant d'avoir à compter avec ce renfort, qui ne se contenterait peut-être pas pour une volaille, se dispersèrent, rentrèrent chez eux, et notre capitaine, trop heureux d'être débloqué, ne se fit pas prier pour donner l'ordre du départ, que nous exécutâmes lestement.

« Nous arrivâmes le même soir au quartier général, à Donawert, et le lendemain nous dûmes faire une ascension pour reconnaître où se trouvaient les principales forces de l'ennemi dont l'armée garnissait l'autre rive du Danube. Nous ne laissions pas que d'être inquiets de cette opération, parce que nous nous étions aperçus pendant la marche que l'aérostat, rempli et suivant l'armée depuis deux mois, avait perdu de sa force ascensionnelle, et que nous craignions de rester court, si l'on nous donnait quelque gros général pour compagnon de voyage. Dans ces occasions, c'était toujours moi que regardait la corvée, en ma qualité de plus jeune et de plus mince. Ce jour-là, il manqua m'en coûter cher.

« L'ennemi avait reculé pendant la nuit, et le général averti à temps avait fait franchir le fleuve sans nous attendre; mais avant de partir il avait envoyé un aide de camp inviter notre capitaine à laisser monter dans la nacelle le prieur d'un couvent de bernardins où il avait logé, lequel prieur désirait fort avoir une idée de ce qu'on éprouvait en s'élevant vers le ciel.

« Nous nous préparâmes à obéir, et le capitaine, en voyant le bon moine, annonça qu'il n'était pas besoin de *lest*. En effet, lorsqu'ils furent à une soixantaine de toises, je vis paraître le signal d'arrêter, et bientôt après celui de descendre. Le prieur était saisi de vertiges, et comme il avait amplement déjeuné le mal de cœur l'avait pris, et il avait instamment prié qu'on le ramenât sur la terre. Nous le reçûmes plus pâle qu'il n'était parti, et lorsqu'il nous eut bien remerciés en promettant qu'on ne l'y prendrait plus le capitaine me dit, en me remettant un ordre qu'on venait d'apporter :

« — Tiens, voilà la demande d'un rapport à faire ; monte vite et fais-le. »

« Je montai dans la nacelle, en demandant qu'on m'apportât du *lest*.

« — Et pourquoi faire? me dit le capitaine ; l'aérostat n'enlève plus ; nous avons eu bien de la peine à arriver à soixante toises.

« — C'est vrai, lui répliquai-je ; mais vous étiez deux, et le prieur pèse au moins deux cents.

« — Bon, bon, me dit le capitaine, est-ce que tu as peur? »

« A ce mot, je réponds en jetant le drapeau de départ, et me voilà parti, mais parti comme une flèche lancée par le plus robuste archer.

« Dès le premier instant, je vis le danger, car à la manière dont je montais je sentis que mes jeunes gens étaient dominés par l'énorme force ascensionnelle qui m'emportait. A chaque instant, j'entendais craquer les cordes d'ascension, ainsi que le filet dont les mailles s'échappaient : je calculais que je n'avais aucun moyen de déperdition pour le gaz, puisque depuis longtemps on n'utilisait plus la soupape ; que si l'une des cordes cassait, il était clair que le globe de taffetas s'élèverait et irait se perdre dans les nues, pendant que le filet, la nacelle et celui qui l'occupait tomberaient comme une pelote au milieu de ses camarades. Toutes ces combinaisons n'étaient pas plaisantes, et pourtant je les faisais d'assez grand sang-froid. Pendant ce temps, je montais toujours sans me ralentir autrement que par des secousses qui attestaient qu'on faisait en bas tout ce qu'on pouvait pour me sauver. C'est dans cette espèce d'agonie expectante que j'arrivai à deux cents toises, et je remarquai alors que le poids des cordes rendait le mouvement moins accéléré; j'essayai de donner le signal d'arrêt, et ce ne fut pas sans une assez vive satisfaction que je sentis l'aérostat obéir et rester stationnaire. Je respirai alors, et je jetai les yeux autour de moi ; en vérité, je me crus payé de mon alerte par l'admirable spectacle qui frappait mes regards : ma vue s'étendait sur plus de vingt lieues du majestueux fleuve qui coulait en serpentant à mes pieds; l'armée autrichienne se retirait en disputant le terrain devant l'armée française, dont les dernières colonnes s'occupaient encore à traverser le Danube. Quelques escarmouches d'avant-postes se dessinaient à ma gauche, tandis qu'une batterie ennemie cherchait à retarder le passage de quelques-uns de nos bataillons. Tout ce magnifique panorama se développait pour moi, pour moi seul, qui planais en ce moment dans les airs comme l'aigle de ces montagnes que l'on apercevait dans l'éloignement. Je rédigeai tranquillement mon rapport, puis j'ordonnai la descente, qui ne se fit pas sans secousses; mais enfin j'arrivai à terre.

« Mes camarades me reçurent comme un échappé du Cocyte ; chacun me fit voir la paume de ses mains saignante et sciée par les cordes, en m'expliquant que, pour ne pas les lâcher, une partie d'entre eux se laissait enlever de terre jusqu'à ce que l'autre moitié fût bien assurée d'être enlevée à son tour, et c'est ce qui avait produit ces secousses et ces craquements que j'avais ressentis. On s'étonnait que des cordes, grosses seulement comme le petit doigt, eussent été capables d'y résister. Le capitaine s'était absenté quand je descendis ; j'en fus fort aise, parce que mon premier mouvement eût fort bien pu m'écarter des règlements de la discipline ; mais lorsque je le retrouvai tête à tête, je lui dis que j'avais eu la niaiserie de jouer ma vie sur un de ses sots propos, mais que, dorénavant, je n'en ferais qu'à ma tête, lorsque ses ordres me paraîtraient ridicules : il n'en fut que cela, et nous partîmes pour Augsbourg (1). »

La compagnie des aérostiers ne resta pas longtemps à Augsbourg. L'armée battait en retraite depuis que Jourdan était forcé de fuir devant le prince Charles.

Moreau fit alors la fameuse retraite de la Forêt-Noire.

L'aérostat ne pouvait plus être transporté tout gonflé ; la route que devaient suivre les aérostiers était déjà sillonnée par des groupes de cavalerie autrichienne qui n'auraient pas manqué de tenter un coup de main pour s'emparer de l'*Entreprenant*. Le ballon fut vidé et placé sur un fourgon qui prit place dans un convoi d'artillerie partant le lendemain.

Les aérostiers redoutaient fort de rencontrer un de ces détachements de cavalerie ennemie qui précèdent les armées et vont en éclaireurs à des distances quelquefois considérables ; leur petite troupe se composait de deux cents hommes mal armés, quelques-uns malades, mais tous fort décidés à ne laisser entre les mains des Autrichiens ni un canon ni une maille du filet de l'*Entreprenant*. Les deux premiers jours, ils ne furent point inquiétés ; mais en sortant de Rastadt ils aperçurent sur les collines qui bordent la ville un régiment de hussards autrichiens. Les artilleurs se précipitèrent sur leurs pièces, décidés à vendre chèrement leur vie. Leur attitude en imposa aux hussards, qui suivirent le détachement pendant deux jours sans oser l'attaquer. L'*Entreprenant* dut son salut à la pusillanimité des Autrichiens, qui se seraient facilement emparés du convoi : à peine y avait-il dans les caissons deux gargousses pour chaque pièce de canon.

Dix jours après, les aérostiers étaient campés à Molsheim où était établi le parc de l'aérostat.

La 2e compagnie des aérostiers avait vécu. Elle resta dans l'inaction, pendant trois années, jusqu'au jour où Hoche, qui avait remplacé Jourdan, demanda le licenciement des aérostiers. Hoche n'avait jamais voulu laisser les aérostiers faire des expériences et le convaincre. Aussi, le 30 août 1797, écrivait-il au ministre de la guerre :

« Citoyen ministre,

« Je vous informe qu'il existe à l'armée de Sambre-et-Meuse une compagnie d'*aérostatiers* qui lui est absolument inutile ; peut-être pourrait elle servir *utilement* dans la 17e division militaire, où le voisinage de la capitale et du *thélégraphe* pourrait lui faire faire des découvertes *essentilles* au bien public ; je vous engage donc à me permettre de diminuer l'armée de cette troupe qui ne peut être qu'à sa charge.

« L. HOCHE. »

(1) *Souvenirs*, etc., p. 65-67.

Malgré la demande de Hoche, les aérostiers ne furent pas licenciés, mais ils restèrent, il est vrai, dans l'inaction, malgré les supplications de Delaunay et de Selle de Beauchamp.

La 2e compagnie d'aérostiers languit dans l'inaction ; la fortune réservait le même sort à la 1re.

Nous avons vu que Lhomond, qui avait été nommé capitaine lorsque Coutelle avait pris le commandement de la 2e compagnie, s'était rendu à Worms et à Manheim où il fit plusieurs reconnaissances. A Ehrenbreistein, Lhomond fit une ascension magnifique au milieu d'une pluie de boulets et de bombes. Mais là devait finir l'aérostation militaire. Le jour de la bataille de Wurtzbourg, l'aérostat était demeuré toute la journée en observation ; au moment de la retraite, il fut gravement endommagé, et les aérostiers durent entrer dans la place avec leur matériel. Bientôt Wurtzbourg capitula et les aérostiers durent abandonner leur ballon pour aller en captivité.

Cependant le traité de Léoben leur rendit la liberté. Aussitôt Lhomond et son lieutenant Plazanet coururent à Meudon demander à Coutelle de faire reconstituer leur compagnie.

La campagne d'Égypte allait commencer, et Conté avait obtenu de faire partie de la Commission scientifique qui accompagnait le premier consul ; aussi lui fut-il facile de demander à Bonaparte que la 1re compagnie d'aérostiers fût de l'expédition.

Mais il semblait que la mauvaise fortune eût pris l'aérostation militaire à partie : à peine les aérostiers étaient-ils arrivés que le bâtiment qui amenait tout leur matériel fut pris et coulé par les Anglais. Les soldats furent répartis dans les régiments, les officiers passèrent dans d'autres corps (1). Coutelle s'en alla faire un voyage d'exploration dans la Haute-Égypte, tandis que Conté (2) mettait au service

(1) « Quoique quelques récits de l'expédition d'Égypte ne relatent aucune ascension aérienne, il paraît qu'une montgolfière tricolore, en papier, de 45 pieds de diamètre, s'était élevée majestueusement au milieu des fêtes pompeuses célébrées au Caire à l'occasion du 9 vendémiaire. Le genre étranger des costumes égyptiens, mêlés à nos uniformes militaires, devait ajouter encore à l'effet pittoresque du départ d'un ballon au milieu d'une grande multitude.

« On voit quel parti Bonaparte savait tirer de la supériorité de nos lumières et du secret de nos découvertes sur l'esprit des plus doctes muftis, par la conversation qu'il eut avec plusieurs d'entre eux dans la grande pyramide de Chéops, le 25 thermidor an VI.

« *Mussamed.* — Noble seigneur, successeur de Scandar (Alexandre), honneur à tes armes invincibles et à la foudre inattendue qui sort du milieu de tes guerriers à cheval.

« *Bonaparte.* — Crois-tu que cette foudre soit une œuvre des enfants des hommes? le crois-tu? Allah l'a fait mettre en mes mains par le génie de la guerre.

« *Ibrahim.* — Nous reconnaissons à tes armes que c'est Allah qui t'envoie. Serais-tu vainqueur si Allah ne l'avait permis? Le Delta et tous les pays voisins retentissent de tes miracles.

« *Bonaparte.* — Un char céleste montera par mes ordres jusqu'au séjour des nuées, et la foudre descendra vers la terre le long d'un fil de métal dès que je l'aurai commandé. » (F. MARION, *les Ballons.*)

L'ascension d'un aérostat construit par Conté réussit en effet à merveille ; mais les Africains n'en montrèrent aucune surprise ; on vit bon nombre d'individus de tous les rangs traverser la grande place Usbé-Kiek sans daigner lever la tête à l'instant où le ballon planait majestueusement sur la ville.

(2) Conté était né à Saint-Cencri, près Séez. Sa famille, peu aisée, le mit chez une de ses tantes qui lui apprit à écrire et le fit entrer comme aide-jardinier dans un couvent de la ville. Conté s'y fit bientôt remarquer par son intelligence ; la supérieure elle-même s'intéressa à lui et lui fit continuer ses études. Madame de Presmelé, instruite des dispositions artistiques de Conté, lui proposa de peindre plusieurs

de l'armée ce génie inventif qui en faisait dans toutes les circonstances un homme précieux.

L'aérostation militaire avait vécu.

A son retour d'Égypte, Bonaparte licencia les deux compagnies, ferma l'École de Meudon et fit vendre tout le matériel.

Telle fut la fin de l'aérostation militaire.

tableaux religieux pour l'église de l'hospice. On imaginera aisément qu'il entreprit ce travail avec crainte, mais ce qui est plus difficile à croire, il y réussit.

Conté se livra à la peinture du portrait, en y joignant l'étude des sciences physiques et mécaniques, pour lesquelles il se sentait un goût particulier. Il eut bientôt une grande réputation dans la province. Sur les instances de l'intendant d'Alençon, il se décida à aller à Paris pour se perfectionner à la fois dans la peinture et dans les sciences qu'il affectionnait. Quelque temps après, il était presque aussi connu à Paris qu'à Alençon.

Ce fut alors que la Révolution éclata et qu'il fut nommé directeur de l'École aérostatique de Meudon.

Pendant la campagne d'Égypte, Conté rendit de grands services à l'armée, pour laquelle il contruisit des moulins, des fours, et jusqu'à des métiers pour tisser le drap.

Monge disait de lui : « Il a toutes les sciences dans la tête et tous les arts dans la main. »

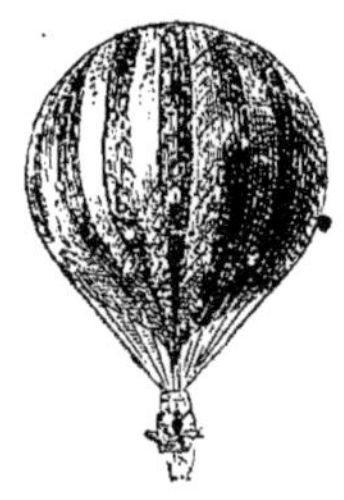

CHAPITRE XXIX

SOMMAIRE : Le parachute ; Jacques Garnerin.

I

« Si, d'une fenêtre ou d'une terrasse élevée, dit Dupuis-Delcourt, on précipite librement dans l'air un poids de 1 kilogramme, on le verra sans surprise, obéissant à la loi commune, *tomber*, et suivre dans sa chute l'accélération qui rend sa vitesse, on le sait, égale au carré des temps employés à les parcourir. En peu de secondes, il aura touché le sol.

« Remontez ce même poids de 1 kilogramme à la station élevée où nous l'avons vu d'abord ; armez-le, au moyen de quelques fils, d'une surface en toile ou en papier, pouvant se développer, et égale à un mètre superficiel environ ; vous pourrez observer alors que ce même poids de 1 kilogramme ne *tombe* plus, mais seulement *descend* (1) avec la même lenteur que mettrait à descendre la plume la plus légère abandonnée à elle-même. »

Tel est le phénomène qui a inspiré la pensée première du *parachute*.

On pourrait dire d'ailleurs que son invention a devancé la découverte même des aérostats.

Dès le XVIIe siècle, un certain Lavin, trop habile calligraphe qui avait fabriqué de faux mandats du Trésor, et qui avait été condamné à la prison perpétuelle, tenta de s'échapper du fort Miolan (2), où il était détenu, au moyen d'une sorte de parachute improvisé. Étant parvenu à se procurer un parapluie, il en lia solidement les bords au manche ; puis, profitant de l'obscurité de la nuit, il se cramponna désespérément à son extrémité inférieure et se lança dans les airs : il accomplit heureusement sa téméraire descente et alla tomber dans le fleuve, d'où il regagna sans peine le rivage (3).

(1) « Selon la plupart des physiciens, un développement de surface de cinq mètres suffit pour rendre très-lente la descente d'un poids de 100 kilogrammes. »

(2) « Le fort Miolan est placé au-dessus de l'Isère, qu'il domine d'une grande hauteur ; de sorte qu'on ne jugeait pas à propos de placer une sentinelle au bord de l'eau, c'est-à-dire au pied du rempart. »

(3) Le succès de son entreprise ne lui donna pas cependant la liberté : il fut repris, réintégré au fort et y vécut jusqu'à l'âge de 92 ans.

Ce que Lavin avait tenté par amour de la liberté, Sébastien Lenormand (1) le tenta par amour de la science.

Frappé des relations de divers voyageurs qui racontent que, dans certains pays, des esclaves, habiles à distraire leur roi, s'élancent d'une grande hauteur dans le vide en tenant à la main un parasol et atteignent le sol sans se blesser le moins du monde, sans même ressentir le moindre choc, Lenormand voulut tenter la même expérience : il attacha au manche de deux parasols de trente pouces les extrémités de leurs baleines, et, en tenant un dans chaque main, se laissa tomber de la hauteur d'un premier étage.

Cette expérience préparatoire (26 novembre 1783), bien que faite en secret, avait eu pour témoin un passant qui courut la rapporter à l'abbé Bertholon, alors professeur de physique à Montpellier. Lenormand, interrogé, avoua sa tentative, en confirma le succès, et les deux savants convinrent de poursuivre ensemble les recherches commencées.

A un parasol de la même dimension que ceux dont s'était déjà servi Lenormand furent attachés divers animaux ; lancés du haut de la tour de l'Observatoire de Montpellier, ils touchèrent terre sans encombre.

« D'après cette expérience, dit Lenormand, je calculai la grandeur du parasol capable de garantir d'une chute, et je trouvai qu'un diamètre de quatorze pieds suffisait, en supposant que l'homme et le parachute n'excèdent pas le poids de deux cents livres, et qu'avec ce parachute un homme peut se laisser tomber de la hauteur des nuages sans risquer de se faire de mal (2). »

Sans tenter de descendre d'aussi haut, Lenormand voulut au moins exécuter lui-même l'expérience qu'il venait d'imposer à des animaux qui représentaient son poids et sa grosseur. Pendant la session des États du Languedoc (décembre 1783), il se jeta du haut de la tour de l'Observatoire et prit terre heureusement.

Six ans plus tard, un prisonnier encore demanda au parachute sa délivrance. Drouet, le maître de poste qui avait arrêté Louis XVI à Varennes et qui avait été envoyé par la Marne à la Convention, fut en 1793 capturé par les Autrichiens, emmené par eux à Bruxelles, puis à Luxembourg, et enfin enfermé en 1794 dans la forteresse deSpielberg, en Moravie (3). Se souvenant alors des parachutes que, sous ses yeux, Blanchard avait tant de fois jetés du haut des airs, Drouet tenta de fabriquer un appareil identique. Il fit avec les rideaux de son lit une sorte de parasol et se jeta dans le vide ; mais le parachute mal confectionné sans doute ne répondit point à son espoir : il se blessa en tombant et fut réintégré dans sa prison.

C'est en prison aussi, c'est de même l'impossibilité de conquérir autrement que par la voie des airs la liberté qui inspira à Jacques Garnerin, le premier qui se soit en se confiant à un parachute jeté du haut d'un ballon à terre, la pensée et le désir de le tenter.

Élève du physicien Charles, Jacques Garnerin, qui avait embrassé les idées révolutionnaires et avait été très-jeune encore (4) envoyé comme commissaire à l'armée du Nord, fut pris dans un combat d'avant-poste à Marchiennes et traîné pendant

(1) Plus tard professeur de technologie au Conservatoire des arts et métiers.

(2) *Annales de physique et de chimie*, tome XXXVI, p. 97.

(3) Silvio Pellico a immortalisé cette prison.

(4) Né en 1770.

Première expérience du parachute, faite par Sébastien Lenormand qui se jeta du haut de la tour de l'Observatoire de Montpellier.

plusieurs années de prison en prison : il se rappela l'expérience faite par Lenormand à Montpellier, et s'efforça de réunir les objets nécessaires pour la tenter à son tour ; mais ses préparatifs furent découverts et force lui fut de renoncer à ses projets.

Il ne cessa point d'y songer cependant.

« L'amour de la liberté, dit-il dans le programme de sa première descente en parachute, si naturel à un prisonnier, m'inspira plus d'une fois le désir de m'affranchir de ma rigoureuse détention. Surprendre la vigilance de mes sentinelles, briser d'énormes grilles de fer, percer des murs de dix pieds d'épaisseur, se précipiter du haut en bas d'un rempart, sans se fracasser, sont des projets qui me servirent quelquefois de récréation. L'idée de Blanchard de présenter de grandes surfaces à l'air, pour neutraliser, par sa résistance, l'accélération du mouvement dans la chute des corps, me parut n'avoir besoin que d'une bonne théorie pour être employée avec succès. Je me suis appliqué à en poser les bases. Après avoir déterminé les dimensions d'un parachute, pour se précipiter du haut d'un rempart ou d'une montagne très-escarpée, je m'élevai, par une progression naturelle, jusqu'aux proportions que devrait avoir un parachute destiné à un voyageur aérien dont le ballon ferait explosion à trois ou quatre mille toises. »

Dès qu'il fut libre (1797), Jacques Garnerin en profita pour tenter l'expérience qu'il n'avait eu prison que trop longtemps méditée.

« Le 1er brumaire an VI (22 octobre 1797), raconte l'astronome de Lalande, à 5 heures 28 minutes du soir, le citoyen Garnerin s'éleva à ballon perdu au parc de Monceau ; un morne silence régnait dans l'assemblée, l'intérêt et l'inquiétude étaient peints sur les visages. Lorsqu'il eut dépassé la hauteur de 350 toises (1), il coupa la corde qui joignait son parachute et son char avec l'aérostat, ce dernier fit explosion, et le parachute sous lequel le citoyen Garnerin était placé descendit très-rapidement. Il prit un mouvement d'oscillation si effrayant (2) qu'un cri d'épouvante échappa aux spectateurs, et des femmes sensibles se trouvèrent mal. Cependant le citoyen Garnerin descendit dans la plaine de Monceau ; il monta à cheval sur-le-champ et revint au parc de Monceau, au milieu d'une foule immense qui marquait son admiration pour le talent et le courage de ce jeune aéronaute. En effet, le citoyen Garnerin est le premier qui ait osé entreprendre cette expérience hasardeuse. J'allai annoncer ce succès à l'Institut national qui était assemblé, et l'on m'entendit avec un extrême intérêt. »

Garnerin a lui même écrit une relation de son ascension et de sa descente en parachute :

« On ne saurait croire tous les obstacles qu'il me fallut vaincre pour arriver à l'expérience du parachute, que j'ai faite au parc de Monceau. J'ai été obligé de construire mon parachute en deux jours et deux nuits. Pour que le parachute fût prêt le jour indiqué, je fus non-seulement contraint de renoncer aux projets de précaution que commandait la prudence dans un essai de cette importance, mais je fus encore obligé de supprimer beaucoup des agrès nécessaires à ma sûreté. Le 1er brumaire, jour indiqué pour l'expérience, j'éprouvai encore d'autres contre-temps. A deux heures, je n'avais pas encore reçu une goutte d'acide sulfurique, pour obtenir le gaz inflammable propre à remplir mon aérostat. L'opération commença plus tard ; un vent violent contrariait les manœuvres ; à quatre heures et demie, je doutais encore que mon ballon pût m'enlever avant la nuit. Le ballon d'essai, qui devait m'indiquer la direction que j'allais suivre, manqua ; en suspendant le parachute au ballon, le tuyau qui lui servait de manche se rompit, et le cercle qui le tenait se cassa. Malgré

(1) 1 000 mètres.

(2) « La nacelle éprouvait des oscillations énormes, qui résultaient de ce que l'air accumulé au-dessous du parachute, et ne rencontrant pas d'issue, s'échappait tantôt par un bord, tantôt par un autre. »

tous ces accidents, je partis, emportant avec moi cent livres de lest, dont je jetai subitement le quart dans l'enceinte même, pour franchir les arbres sur lesquels je craignais d'être porté par le vent. Je dépassai rapidement la hauteur de trois cents toises, d'où j'avais promis de me précipiter avec mon parachute.

« Je fus porté sur la plaine de Monceau, qui me parut très-favorable pour consommer l'expérience aux yeux des spectateurs. Aller plus loin, c'eût été en diminuer le mérite pour eux, et c'était prolonger trop longtemps leur inquiétude sur l'événement. Tout combiné, je prends mon couteau et je tranche la corde fatale au-dessus de ma tête. Le ballon fit explosion sur-le-champ, et le parachute se déploya en prenant un mouvement d'oscillation qui lui fut communiqué par l'effort que je fis en coupant la corde, ce qui effraya beaucoup le public.

« Bientôt j'entendis l'air retentir de cris perçants. J'aurais pu ralentir ma descente en me débarrassant d'un lest de 75 livres qui restait dans ma nacelle ; mais j'en fus empêché par la crainte que les sacs qui le contenaient ne tombassent sur la foule des curieux que je voyais au-dessous de moi. L'enveloppe du ballon arriva à terre longtemps avant moi.

« Je descendis enfin sans accident dans la plaine de Monceau où je fus embrassé, caressé, porté, froissé et presque étouffé par une multitude immense qui se pressait autour de moi.

. . . .

« Je laisse aux témoins de cette scène le soin de décrire l'impression que fit sur les spectateurs le moment de ma séparation du ballon et de ma descente en parachute; il faut croire que l'intérêt fut bien vif, car on m'a rapporté que les larmes coulaient de tous les yeux, et que des dames, aussi intéressantes par leurs charmes que par leur sensibilité, étaient tombées évanouies (1). »

(1) Le *Journal de Paris*, qui publia cette lettre, la fit suivre des réflexions suivantes :

« On a tremblé, on a pleuré, on s'est évanoui à la vue du péril imminent que courait le jeune et intéressant physicien. Nous achevions de lire la relation de son voyage et de sa captivité, et, du point de Montmartre où nous nous étions rendu le 1er brumaire, nous avons fermé les yeux au moment où l'aéronaute a coupé la corde. Malheureux! nous sommes-nous écrié, c'est toi, ce n'est pas la Parque qui tranche le fil de tes jours. Nous sommes rentré sans avoir eu le courage d'aller apprendre le résultat, en cherchant tristement à deviner comment un jeune homme échappé aux horreurs de la plus barbare et de la plus longue captivité, et dont la vie pouvait être encore utile à la République, avait pu avoir seulement la pensée de l'immoler en une minute à quoi, à qui, et par quel motif? Qu'il réussisse, on dira : Il a pourtant réussi, et voilà tout. Qu'il périsse, on dira : Qu'allait-il faire dans cette galère?

« O Éléonore! qui vîtes partir des prisons de Bude ce Français devenu votre amant, avec espoir de le revoir un jour, eussiez-vous consenti à cette hasardeuse expérience?

« Et vous, ami Horace, qui n'étiez pas le plus brave des Romains, sans pourtant être un Panurge, qu'eussiez-vous dit de l'auteur d'un pareil spectacle?

« Vous traitiez de téméraire à triple cuirasse celui qui, le premier, brava les flots de la mer sur un bon navire; qu'eussiez-vous dit de l'enthousiaste Garnerin, s'élançant de la terre aux nues dans un frêle ballon, et s'en précipitant à l'aide de la plus frêle égide, d'un maudit parachute non même achevé et perfectionné? — O Horace! pour parler bon français, vous eussiez dit : Cet homme a bien le diable au corps! C'est pour le coup que s'appliquerait votre mot : *Nil mortalibus arduum est, cœlum ipsum petimus stultitia.* Nous cherchions donc à nous expliquer cette inexplicable audace, et nous avons trouvé cette explication dans la relation que vient de donner le citoyen Garnerin de sa détention en Hongrie.

« Nous avons admiré un jeune homme de 25 ans, qui accepte du Comité de salut public, en 1793, une commission hasardeuse, qui fait la revue du camp de Ronsonnet, qui se bat à Marchiennes, qui est pris par les Anglais, qui, interrogé par eux, fait des réponses dignes d'un fier républicain; livré ensuite par les Anglais aux Autrichiens, conduit à Bude, endurant dix-huit mois les traitements les

Garnerin avait réussi; mais les oscillations qu'avait subies son parachute pendant la descente lui avaient prouvé qu'il y devait apporter encore quelques perfectionnements : dès sa seconde ascension, en effet, l'appareil dont il se servit avait à son sommet une ouverture circulaire, que surmontait un tuyau d'un mètre de hauteur : l'air avait ainsi une issue assurée.

Le parachute qui est employé aujourd'hui encore est exactement celui qu'employait Garnerin (1).

plus barbares, n'ayant pas changé de paille et n'ayant pas montré un instant de faiblesse, pas perdu un atome de la dignité française, etc.; et nous avons cessé d'appeler folie la descente de Monceau.

« Ce jeune homme, nous sommes-nous dit, n'aura pas voulu qu'un autre qu'un Français eût la gloire de l'expérience du parachute. Cela lui a suffi : gloire nationale d'une part, engagement personnel d'une autre. Et de là nous avons conclu que, quand même sa belle Éléonore eût été présente, elle n'y eût fait œuvre. Il n'y a amour qui tienne contre une âme sincèrement éprise du nom français, sous quelque face qu'elle se présente. »

(1) « C'est une sorte de vaste parasol, de cinq mètres de rayon, formé, dit M. L. Figuier, de trente-six fuseaux de taffetas, cousus ensemble et réunis au sommet à un rondelle de bois. Quatre cordes partant de cette rondelle soutiennent la nacelle ou plutôt la corbeille d'osier dans laquelle se place l'aéronaute. Trente-six petites cordes fixées au bord du parasol viennent s'attacher à la corbeille; elles sont destinées à l'empêcher de se rebrousser par l'effort de l'air. La distance de la corbeille au sommet du parachute est d'environ dix mètres.

« Lors de l'ascension, l'appareil est fermé, mais seulement aux trois quarts environ : un cercle de bois léger de 1m 30 de rayon, concentrique au parachute, le maintient un peu ouvert, de manière à favoriser, au moment de la descente, l'ouverture et le développement de la machine, par l'effet de la résistance de l'air.

« Le parachute qui avait été inventé par Garnerin pour offrir à l'aéronaute un moyen de sauvetage n'a cependant jamais répondu à cette intention. On ne connaît pas un seul cas dans lequel le parachute ait servi à terminer une ascension périlleuse. Il est, en effet, assez difficile de comprendre comment on pourrait, au milieu des airs, descendre de la nacelle du ballon dans la petite corbeille d'osier placée sous le parachute, et qui se trouve suspendue à la nacelle par une corde. Il n'y a pas d'acrobate capable d'accomplir ce tour de force, c'est-à-dire de descendre de la nacelle du ballon à la nacelle du parachute, quand il se trouve en l'air, à 2 000 mètres de hauteur. »

CHAPITRE XXX

Sommaire : L'aérostation de 1797 à 1804. — Robertson ; ses expériences aérostatiques. — Expériences de Biot et Gay-Lussac. — Olivari. — Zambeccari. — La Minerve de Robertson. — Testu Brissy. — Garnerin. — Le ballon du couronnement.

I

La découverte des aérostats remontait à quinze années déjà, et cependant peu de progrès s'étaient accomplis. A peine avait-on pu employer les ballons dans les armées, mais ils n'avaient certes pas fait avancer la science d'un pas. Le découragement ne tarda pas à envahir l'âme des plus fervents; l'aérostation tomba peu à peu en discrédit, surtout parmi les savants.

Un Flamand, Robertson, devait donn r un renouveau de popularité à l'aérostation.

Robertson (1) ne s'était point, jusqu'en 180 : occupé d'aérostation. Dans sa jeunesse, il avait étudié à Liége la théologie, pensa t qu'il entrerait, suivant les désirs de sa famille, dans les ordres; mais le grand mouvement que provoqua en Europe la Révolution française le fit renoncer à la prêtrise. Il se consacra tout entier, dès lors, à l'étude des sciences physiques.

Au bout de peu de temps, il était déjà connu dans le monde savant et obtint au concours une chaire de physique au collége du département de l'Ourthe. Il n'y resta pas longtemps. Son esprit aventureux et le désir insatiable de popularité qui le possédait lui firent quitter le professorat pour venir à Paris.

Dans les premiers temps, le succès ne répondit pas à son appel. Malgré l'amitié que lui témoignait Volta, dont il avait le premier fait connaître les travaux en France, il végétait misérablement et voyait la gloire le fuir. Ce fut alors que Robertson, ébloui par la popularité qui s'attachait au nom de Blanchard, se fit connaître.

Une année s'était à peine écoulée que Robertson avait atteint son but: il était connu, on parlait de lui dans toute l'Europe.

(1) Il se nommait Robert, mais au moment où il accomplit sa première ascension il ajouta à son nom la syllabe *son* et en fit son pseudonyme *Robertson*.

Ce fut surtout l'ascension qu'il fit le 18 juillet 1803, à Hambourg, qui popularisa son nom.

Les savants s'intéressèrent vivement aux expériences que Robertson avait faites en l'air pendant les cinq heures et demie qu'il y était demeuré. Les partisans de l'aérostation firent force commentaires sur la distance parcourue (25 lieues) et l'altitude qu'il avait atteinte (7 400 mètres).

Jusqu'alors aucune expérience sérieuse n'avait été faite dans ces hautes régions de l'atmosphère; Robertson était le premier qui se livrait à des tentatives véritablement scientifiques. Aussi le mémoire suivant, qu'il adressa à l'Académie de Saint-Pétersbourg, provoqua-t-il une grande émotion dans le monde savant :

« Depuis trop longtemps, écrit Robertson, les ascensions, si coûteuses pour les physiciens, ont été sacrifiées à la frivolité et à l'amusement de la multitude, tandis qu'elles pouvaient avoir un but plus noble et plus utile, celui d'ajouter quelque chose à nos connaissances météorologiques et physiques. Pour obtenir des résultats utiles et pouvoir s'élever dans les régions les plus hautes de l'atmosphère, il fallait un aérostat dont la capacité fût assez grande pour se prêter à l'effet de la dilatation et de la raréfaction de l'atmosphère, sans perdre son gaz hydrogène. Je trouvai tous ces avantages dans un ballon sphérique de 30 pieds 6 pouces de diamètre, que des circonstances particulières m'avaient procuré à Paris. Ce ballon a été construit avec le plus grand soin à Meudon, sous la surveillance de M. Conté; il était destiné pour les armées.

II

« L'expérience fixée au 22 juin fut contrariée par un ouragan; le 18 juillet, par un temps calme, un ciel pur et le plus beau jour de la nature, je la répétai à mes frais dans le jardin d'un ami. Pour obtenir mon gaz, j'employai le zinc pour utiliser le résidu, le sulfate de zinc étant alors très-recherché à Hambourg. Je commençai l'opération à 5 heures du matin, et à 8 heures l'aérostat était plein aux deux tiers et pouvait enlever 455 livres, sans compter le poids de la machine et du filet.

« Je partis à 9 heures du matin, accompagné de M. Lhoest, mon condisciple et compatriote français, établi dans cette ville; nous avions 140 livres de lest. Le baromètre marquait 28 pouces, le thermomètre de Réaumur 16°. Malgré un faible vent du nord-ouest, l'aérostat monta si perpendiculairement et si haut, que dans toutes les rues chacun croyait l'avoir à son zénith. Pour accélérer notre élévation, je détachai un parachute de soie d'une forme parabolique, et ayant dans sa périphérie des cases dont le but était d'éviter les oscillations. L'animal qu'il soutenait, enfermé dans une corbeille, descendit avec une lenteur de deux pieds par seconde, et d'une manière presque uniforme. Dès l'instant où le baromètre commença à descendre, nous ménageâmes notre lest avec beaucoup de prudence, afin d'éprouver d'une manière moins sensible les différentes températures par lesquelles nous allions passer.

« A 10 heures 15 minutes, le baromètre était à 19 pouces et le thermomètre à

3 degrés au-dessus de zéro. Sentant arriver graduellement toutes les incommodités d'un air raréfié, nous commençâmes à disposer quelques expériences sur l'électricité atmosphérique... L'électricité des nuages que j'ai obtenue trois fois a toujours été vitrée.

« Nous fûmes souvent détournés dans ces différents essais par la surveillance qu'il fallait accorder à l'aérostat, dont le taffetas se distendait avec violence, quoique l'appendice fût ouvert; le gaz en sortait en sifflant et devenait visible en passant dans une atmosphère plus froide; nous fûmes même obligés, crainte d'explosion, de donner deux issues au gaz hydrogène en ouvrant la soupape. Comme il restait encore beaucoup de lest, je proposai à mon compagnon de monter encore; aussi zélé et plus robuste que moi, il m'en témoigna le plus grand désir, quoique fort incommodé. Nous jetâmes du lest pendant quelque temps; bientôt le baromètre indiqua un mouvement progressif; enfin le froid augmenta, et nous ne tardâmes pas à le voir descendre avec une extrême lenteur. Pendant les différents essais dont nous nous occupions, nous éprouvions une anxiété, un malaise général; le bourdonnement d'oreilles dont nous souffrions depuis longtemps augmentait d'autant plus que le baromètre dépassait les 13 pouces. La douleur que nous éprouvions avait quelque chose de semblable à celle que l'on ressent lorsque l'on plonge la tête dans l'eau. Nos poitrines paraissaient dilatées et manquaient de ressort; mon pouls était précipité. Celui de M. Lhoest l'était moins; il avait, ainsi que moi, les lèvres grosses, les yeux saignants; toutes les veines étaient arrondies et se dessinaient en relief sur mes mains. Le sang se portait tellement à la tête, qu'il me fit remarquer que son chapeau lui paraissait trop étroit. Le froid augmenta d'une manière sensible; le thermomètre descendit assez brusquement jusqu'à 2 degrés et vint se fixer à 5 degrés et demi au-dessous de la glace, tandis que le baromètre était à 12 pouces 4/100. A peine me trouvai-je dans cette atmosphère, que le malaise augmenta; j'étais dans une apathie morale et physique; nous pouvions à peine nous défendre d'un assoupissement que nous redoutions comme la mort. Me méfiant de mes forces, et craignant que mon compagnon de voyage ne succombât au sommeil, j'avais attaché une corde à ma cuisse, ainsi qu'à la sienne; l'extrémité de cette corde passait dans nos mains. C'est dans cet état, peu propre à des expériences délicates, qu'il fallut commencer les observations que je me proposais (1).

. . . . (2).

« A 11 heures et demie, continue Robertson, le ballon n'était plus visible pour la ville de Hambourg; du moins personne ne nous a assuré nous avoir observés à cette heure-là. Le ciel était si pur sous nos pieds, que tous les objets se peignaient à nos yeux dans un diamètre de plus de vingt-cinq lieues avec la plus grande précision, mais dans la proportion de la plus petite miniature. A 11 heures 25 minutes, la ville de Hambourg ne paraissait plus que comme un point rouge à nos yeux; l'Elbe se dessinait en blanc comme un ruban très-étroit. Je voulus faire usage d'une lunette de Dollon; mais ce qui me surprit, c'est qu'en la prenant, je la trouvai si froide que

(1) *Mémoires récréatifs, scientifiques et anecdotiques du physicien-aéronaute E.-G. Robertson*, tome II, in-8, Paris, 1840, pages 66 et suivantes.

(2) Ici Robertson décrit plusieurs de ses expériences que nous trouverons contredites ou approuvées par MM. Biot et Gay-Lussac..

je fus obligé de l'envelopper dans mon mouchoir pour la maintenir. Lorsque nous étions à notre plus grande élévation, il s'éleva du côté de l'est quelques nuages sous nos pieds, mais à une distance telle, que mon ami crut que c'était un incendie de quelque ville. La lumière, étant différemment réfléchie par les nuages que sur la terre, leur fait prendre des formes arrondies, et leur donne une couleur blanchâtre et éblouissante comme la neige; beaucoup d'objets tels que des habitations, des lacs ou des bois, nous paraissaient des concavités.

« Ne pouvant supporter aussi longtemps que nous l'aurions désiré la position pénible où nous nous trouvions, nous descendîmes après avoir perdu beaucoup de gaz et de lest. Notre descente nous offrit le spectacle de la terreur que peut inspirer un aérostat aussi grand que le nôtre, dans un pays où l'on n'a jamais vu de semblables machines : elle s'effectuait justement au-dessus d'un pauvre village appelé Badenbourg, placé au milieu des bruyères du Hanovre; notre apparition y jeta l'alarme, et l'on s'empressa de ramener les bestiaux des campagnes.

« Pendant que notre aérostat descendait avec assez de vitesse, nous agitions nos chapeaux, nos banderolles, et nous appelions à nous les habitants; mais notre voix augmentait leur terreur. Ces villageois nous prenaient pour un oiseau qu'ils croyaient invulnérable, et que le préjugé leur fait connaître sous le nom d'*oiseau de fer* ou *aigle d'acier*. Ils couraient en désordre, jetant des cris affreux; ils abandonnaient leurs troupeaux, dont les beuglements augmentaient encore l'alarme. Lorsque l'aérostat toucha la terre, chacun s'était enfermé chez soi. Ayant appelé inutilement à plusieurs reprises, et craignant que la frayeur ne les portât à quelques violences, nous jugeâmes qu'il était prudent de remonter, et je m'y déterminai avec d'autant plus de plaisir que je désirais faire un troisième essai sur l'électricité, que deux fois j'avais trouvée positive.

« Cette seconde ascension épuisa tout à fait notre lest; nous en pressentions le besoin, car le ballon, ayant longtemps nagé dans une atmosphère raréfiée, était flasque et avait perdu beaucoup de gaz; nous fîmes cependant encore dix lieues. Je prévis que notre descente serait extrêmement accélérée; comme il ne me restait plus de lest, je rassemblai tout ce qu'il y avait dans la nacelle, tels que les instruments de physique, le baromètre même, le pain, les cordes, les bouteilles, les effets et jusqu'à l'argent que nous avions sur nous; je déposai tous ces objets dans trois sacs, qui avaient contenu le sable, je les attachai à une corde que je fis descendre à cent pieds au-dessous de la gondole. Ce moyen nous préserva de la secousse. Le poids parvint à terre avant l'aérostat, qui se trouva allégé de plus de cinquante livres. Il descendit plus lentement, sur la bruyère, entre Wichtenbeck et Hanovre, après avoir parcouru vingt-cinq lieues en cinq heures et demie. »

III

Les opinions émises par Robertson ne furent pas acceptées sans discussion; bon nombre de savants s'inscrivirent en faux contre le récit de l'aéronaute. Aussi lorsque Robertson arriva à Saint-Pétersbourg, où il était appelé par l'Académie

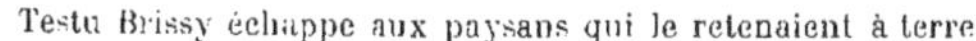

Testu Brissy échappe aux paysans qui le retenaient à terre.

russe, avait-il contre lui tout le monde savant d'Europe. Pour se justifier et démontrer d'une manière irrécusable l'exactitude de ses affirmations, il demanda à l'Académie des sciences de Saint-Pétersbourg de déléguer un de ses membres pour l'accompagner dans une des prochaines ascensions qu'il se proposait de faire.

Quelques jours plus tard, Robertson et le représentant de l'Académie, M. Zuccharoff, s'élevaient à Moscou. Pendant plusieurs heures, les deux physiciens renouvelèrent les expériences de Robertson sur l'électricité et le magnétisme.

Le rapport de M. Zuccharoff confirmait plusieurs assertions de Robertson, surtout celles qui étaient relatives à l'affaiblissement graduel de l'action magnétique de la terre.

La relation de M. Zuccharoff donna lieu à de grandes discussions dans toutes les villes de l'Europe. A Paris, les membres de l'Institut se divisèrent en deux partis : l'un ajoutait foi aux observations de Robertson, l'autre protestait contre les hérésies scientifiques qui venaient de voir le jour. Partisans et adversaires de Robertson discutèrent longtemps sans pourtant se convaincre; les uns opposaient à leurs adversaires les vérités jusqu'alors évidentes, les autres invoquaient les expériences qui dataient de la veille. Bien des années se seraient écoulées sans que la difficulté fût tranchée; mais, à la fin d'une séance orageuse, Laplace, mieux inspiré que ses collègues, proposa de faire de nouvelles expériences. La proposition fut aussitôt adoptée, et Biot et Gay-Lussac, professeurs de physique, furent désignés pour accomplir les expériences qui devaient mettre fin à ces luttes intestines.

L'ascension eut lieu le 20 août 1804 (1). Elle est restée célèbre dans l'aérostation et dans la science. Biot et Gay-Lussac firent quelques jours plus tard un rapport à l'Académie des sciences qui contredisait presque en tout point les affirmations de Robertson et Zuccharoff.

« Depuis que l'usage des aérostats est devenu facile et simple, les physiciens désiraient qu'on les employât pour faire les observations qui demandent que l'on s'élève à de grandes hauteurs, loin des objets terrestres. Le ministère de M. Chaptal offrait particulièrement une occasion favorable pour réaliser ces projets utiles aux sciences. MM. Berthollet et Laplace ayant bien voulu s'y intéresser, ce ministre s'empressa de concourir à leurs vues, et nous nous offrîmes, M. Gay-Lussac et moi, pour cette expédition. Nous venons de faire notre premier voyage, et nous allons en rendre compte à la classe; empressement d'autant plus naturel que plusieurs de ses membres nous ont éclairés de leurs expériences et de leurs conseils.

« Notre but principal était d'examiner si la propriété magnétique éprouve quelque diminution appréciable quand on s'éloigne de la terre. Saussure, d'après des expériences faites sur le *col du Géant*, à 3 435 mètres de hauteur, avait cru y reconnaître un affaiblissement très-sensible et qu'il évaluait à 1/5. Quelques physiciens avaient même annoncé que cette propriété se perd entièrement, quand on s'éloigne de la terre dans un aérostat. Ce fait étant lié de près à la cause des phénomènes magnétiques, il importait à la physique qu'il fût éclairci et constaté; du moins, c'est ainsi qu'ont pensé plusieurs membres de la classe, et l'illustre Saussure lui-même, qui recommande beaucoup cette observation sur laquelle il est revenu plusieurs fois dans ses voyages aux Alpes.

« Pour décider cette question, il ne faut qu'un appareil fort simple. Il suffit d'avoir une aiguille aimantée, suspendue à un fil de soie très-fin. On détourne un peu l'aiguille de son méridien magnétique, et on la laisse osciller; plus les oscillations sont rapides, plus la force magnétique est considérable. C'est Borda qui a imaginé cette excellente méthode, et M. Coulomb a donné le moyen d'évaluer la force d'après le nombre des oscillations. Saussure a employé cet appareil dans son voyage

(1) Elle avait été fixée à un jour antérieur, mais au moment du départ l'aérostat avait laissé ses entraves et était aller se faire de graves déchirures sur un arbre placé à peu de distance. Biot et Gay-Lussac durent renoncer ce jour-là à faire leurs expériences.

sur le col du Géant. Nous en avons emporté un semblable dans notre aérostat. L'aiguille dont nous nous sommes servis avait été construite avec beaucoup de soin par l'excellent artiste Fortin; et M. Coulomb avait bien voulu l'aimanter lui-même par la méthode d'Œpinus. Nous avons essayé à plusieurs reprises sa force magnétique, lorsque nous étions encore à terre. Elle faisait vingt oscillations en cent quarante et une secondes de la division sexagésimale; et comme nous avons obtenu ce même résultat un grand nombre de fois, à des jours différents, sans trouver un écart d'une demi-seconde, on peut le regarder comme très-exact. Nous nous servions, pour observer, de deux excellentes montres à secondes qui nous avaient été prêtées par M. Lépine, habile horloger.

« Outre cet appareil, nous avons emporté une boussole ordinaire de déclinaison et deux boussoles d'inclinaison : la première pour observer la direction du méridien magnétique ; la seconde pour connaître les variations d'inclinaison. Ces appareils, beaucoup moins sensibles que le premier, étaient seulement destinés à nous indiquer des différences, s'il en était survenu qui fussent très-considérables. Afin de n'avoir que des résultats comparables, nous avions placé tous ces instruments dans la nacelle, lorsque nous avons observé, à terre, les oscillations de la première aiguille. Du reste, il n'entrait pas un morceau de fer dans la construction de notre nacelle ni dans celle de notre aérostat. Les seuls objets de cette matière que nous emportâmes (un couteau, des ciseaux, deux canifs) furent descendus dans un panier au-dessous de la nacelle à 8 ou 10 mètres de distance (vingt-cinq ou trente pieds), en sorte que leur influence ne pouvait être sensible en aucune manière.

Outre cet objet principal, dans ce premier voyage, nous nous proposions aussi d'observer l'électricité de l'air, ou plutôt la différence d'électricité des différentes couches atmosphériques. Pour cela, nous avions emporté des fils métalliques de diverses longueurs, depuis 20 jusqu'à 100 mètres (60 à 300 pieds). En suspendant ces fils à côté de notre nacelle, à l'extrémité d'une tige de verre, ils devaient nous mettre en communication avec les couches inférieures et nous permettre de puiser leur électricité. Quant à la nature de cette électricité, nous avions, pour la déterminer, un petit électrophore, chargé très-faiblement, et dont la résine avait été frottée à terre avant le départ.

« Nous avions aussi projeté de rapporter de l'air puisé à une grande hauteur. Nous avions pour cela un ballon de verre fermé, dans lequel on avait fait exactement le vide, en sorte qu'il suffisait de l'ouvrir pour le remplir d'air. On devine aisément que nous nous étions munis de baromètres, de thermomètres, d'électromètres et d'hygromètres. Nous avions avec nous des disques de métal pour répéter les expériences de Volta, ou l'électricité développée par le simple contact. Enfin nous avions emporté divers animaux, comme des grenouilles, des oiseaux et des insectes.

« Nous partîmes, du jardin du Conservatoire des arts, le 6 fructidor, à 10 heures du matin, en présence d'un petit nombre d'amis. Le baromètre était à $0^{m},765$ (28 ^{po},31); le thermomètre, à 16°,5 de la division centigrade (13°,2 de Réaumur); et l'hygromètre à 88°,8, par conséquent assez près de la plus grande humidité. M. Conté, que le ministre de l'intérieur avait chargé, dès l'origine, de tous les préparatifs, avait pris toutes les mesures imaginables pour que notre voyage fût heureux, et il le fut en effet.

« Nous l'avouerons, le premier moment où nous nous élevâmes ne fut pas donné à nos expériences. Nous ne pûmes qu'admirer la beauté du spectacle qui nous environnait. Notre ascension, lente et calculée, produisit sur nous cette impression de sécurité que l'on éprouve toujours quand on est abandonné à soi-même, avec des moyens sûrs. Nous entendions encore les encouragements qui nous étaient donnés, mais nous n'en avions pas besoin : nous étions parfaitement calmes et sans la plus légère inquiétude. Nous n'entrons dans ces détails que pour montrer que l'on peut accorder quelque confiance à nos observations.

« Nous arrivâmes bientôt dans les nuages. C'étaient comme de légers brouillards, qui ne nous causèrent guère qu'une faible sensation d'humidité. Notre ballon s'étant gonflé entièrement, nous ouvrîmes la soupape pour abandonner du gaz, et en même temps nous jetâmes du lest pour nous élever plus haut. Nous nous trouvâmes aussitôt au-dessus des nuages, et nous n'y rentrâmes qu'en descendant.

« Ces nuages, vus de haut, nous parurent blanchâtres, comme lorsqu'on les voit de la surface de la terre. Ils étaient tous exactement à la même élévation ; et leur surface supérieure, toute mamelonnée et ondulante, nous offrait l'aspect d'une plaine couverte de neige.

« Nous nous trouvions alors vers 2 000 mètres de hauteur. Nous voulûmes faire osciller notre aiguille, mais nous ne tardâmes pas à reconnaître que l'aérostat avait un mouvement de rotation très-lent, qui faisait varier sans cesse la position de la nacelle par rapport à la direction de l'aiguille, et nous empêchait d'observer le point où les oscillations finissaient. Cependant la propriété magnétique n'était pas détruite; car, en approchant de l'aiguille un morceau de fer, l'attraction avait encore lieu. Ce mouvement de rotation devenait sensible quand on alignait les cordes de la nacelle sur quelque objet terrestre, ou sur les flancs des nuages, dont les contours nous offraient des différences très-sensibles. De cette manière, nous nous aperçûmes bientôt que nous ne répondions pas toujours au même point. Nous espérâmes que ce mouvement de rotation, déjà très-peu rapide, s'arrêterait avec le temps, et nous permettrait de reprendre nos oscillations.

« En attendant, nous fîmes d'autres expériences; nous essayâmes le développement de l'électricité par le contact des métaux isolés; elle réussit comme à terre. Nous apprêtâmes une colonne électrique avec vingt disques de cuivre et autant de disques de zinc; nous obtînmes, comme à l'ordinaire, la saveur piquante. Tout cela était facile à prévoir, d'après la théorie de Volta, et puisque l'on sait d'ailleurs que l'action de la colonne électrique ne cesse pas dans le vide; mais il était si facile de vérifier ces faits, que nous avions cru devoir le faire. D'ailleurs tous ces objets pouvaient nous servir de lest au besoin. Nous étions alors à 2 723 mètres de hauteur selon notre estime.

« Vers cette élévation, nous observâmes les animaux que nous avions emportés; ils ne paraissaient pas souffrir de la rareté de l'air ; cependant le baromètre était à 20 pouces 8 lignes : ce qui donnait une hauteur de 2 622 mètres. Une abeille violette (*Apis violacea*), à qui nous avions donné la liberté, s'envola très-vite et nous quitta en bourdonnant. Le thermomètre marquait 13° de la division centigrade (10°,4 Réaumur). Nous étions très-surpris de ne pas éprouver de froid ; au contraire, le soleil nous échauffait fortement; nous avions ôté les gants que nous avions mis d'abord, et qui ne nous ont été d'aucune utilité. Notre pouls était fort accéléré : celui de M. Gay-Lussac, qu bat ordinairement soixante-deux pulsation par minute, en battait quatre-vingts; le mien, qui donne ordinairement soixante-dix-neuf pulsations, en donnait cent onze. Cette accélération se faisait donc sentir, pour nous deux, à peu près dans la proportion. Cependant notre respiration n'était nullement gênée, nous n'éprouvions aucun malaise, et notre situation nous semblait extrêmement agréable.

« Cependant nous tournions toujours, ce qui nous contrariait fort, parce que nous ne pouvions pas observer les oscillations magnétiques tant que cet effet avait lieu. Mais en nous alignant, comme je l'ai dit, sur les objets terrestres, et sur les flancs des nuages, qui étaient bien au-dessous de nous, nous nous aperçûmes que nous ne tournions pas toujours dans le même sens; peu à peu le mouvement de rotation diminuait et se reproduisait en sens contraire. Nous comprîmes alors qu'il fallait saisir ce passage d'un des états à l'autre, parce que nous restions stationnaires dans l'intervalle. Nous profitâmes de cette remarque pour faire nos expériences. Mais comme cet état stationnaire ne durait que quelques instants, il n'était pas possible d'observer, de suite, vingt oscillations comme à terre; il fallait se contenter de cinq ou de six au plus, en prenant bien garde de ne pas agiter la nacelle, car le plus léger mouvement, celui que produisait le gaz quand nous le laissions échapper, celui même de notre main quand nous écrivions, suffisait pour nous faire tourner. Avec toutes ces précautions, qui demandaient beaucoup de temps, d'essais et de soins, nous parvînmes à répéter dix fois l'expérience dans le cours du voyage, à diverses hauteurs. En voici les résultats dans l'ordre où nous les avons obtenus :

Hauteurs calculées.	Nombre des oscillations.	Temps.
2 897 mètres	5	35ˢ
3 038 —	5	35ˢ
Id. —	5	35ˢ
Id. —	5	35ˢ
2 862 —	10	70ˢ
3 145 —	5	35ˢ
3 665 —	5	35ˢ,5
3 589 —	10	68ˢ
3 742 —	5	35ˢ
3 977 — (2 040 toises)	10	70ˢ

« Toutes ces observations, faites dans une colonne de plus de 1 000 mètres de hauteur, s'accordent à donner 35ˢ pour la durée de cinq oscillations. Or les expériences faites à terre donnent 35ˢ 1/4 pour cette durée. La petite différence d'un quart de seconde n'est pas appréciable, et dans tous les cas elle ne tend pas à indiquer une diminution.

« On en peut dire autant de l'expérience qui a donné une fois 68 degrés pour dix oscillations, ce qui fait 34 pour chacune; elle n'indique pas non plus un affaiblissement.

« Il nous semble donc que ces résultats établissent avec quelque certitude la proposition suivante :

« *La propriété magnétique n'éprouve aucune diminution appréciable depuis la surface de la terre jusqu'à 4,000 mètres de hauteur : son action dans ces limites se manifeste constamment par les mêmes effets et suivant les mêmes lois.*

« Il nous reste maintenant à expliquer la différence de ces résultats avec ceux des autres physiciens dont nous avons parlé. Et d'abord, quant aux expériences de

Saussure, il nous semble, si nous osons le dire, qu'il s'y est glissé quelque erreur. On le voit clairement par les nombres mêmes qu'il a rapportés (1). Lorsqu'il voulut déterminer la force magnétique de son aiguille à Genève, il trouva, pour le temps de vingt oscillations, 302s, 290s, 300s, 280s, résultats très-peu comparables, puisque leur différence va jusqu'à 12s. Au contraire, dans les expériences préliminaires que nous avons faites à terre avant de partir, nous n'avons jamais trouvé une demi-seconde de différence sur le temps de vingt oscillations. De plus, il existe encore une autre erreur dans le calcul fait par Saussure pour comparer les forces magnétiques sur la montagne et dans la plaine; et, d'après tout cela, il n'est pas étonnant que ses résultats diffèrent de ceux que nous avons obtenus. Mais il nous semble que les nôtres sont préférables, parce qu'ils paraissent s'accorder davantage, et parce que nous nous sommes élevés beaucoup plus haut.

« Quant à cette autre observation faite par quelques physiciens, relativement aux irrégularités de la boussole quand on s'élève dans l'atmosphère, il nous semble qu'on peut facilement l'expliquer par ce que nous avons dit précédemment sur la rotation continuelle de l'aérostat. En effet, ces observateurs ont dû tourner comme nous, puisque la seule impulsion du gaz qui s'échappe en ouvrant la soupape suffit pour produire cet effet. S'ils n'ont pas fait cette remarque, l'aiguille, qui ne tournait pas avec eux, leur a paru incertaine et sans aucune direction déterminée; mais ce n'est qu'une illusion produite par leur propre mouvement.

« Enfin il nous reste à prévoir un doute que l'on pourrait élever sur nos expériences : on pourrait craindre que nos montres ne fussent déréglées dans le voyage, de sorte qu'il aurait pu arriver quelque variation dans la force magnétique sans que nous l'eussions aperçue. Mais, puisque nous n'y avons observé aucune différence, il faudrait, dans cette supposition, que la force magnétique et la marche de notre montre eussent varié en sens contraire, précisément dans le même rapport et de manière à se compenser exactement; hypothèse extrêmement improbable et même tout à fait inadmissible.

« Nous n'avons pas pu observer aussi exactement l'inclinaison de la barre aimantée; ainsi nous ne pouvons pas affirmer avec autant de certitude qu'elle n'éprouve absolument aucune variation. Cependant cela est-très probable, puisque la force horizontale n'est point altérée. Mais nous sommes assurés du moins que ces variations, si elles existent, sont très-peu considérables; car nos barres magnétiques, équilibrées avant le départ, ont constamment gardé pendant tout le voyage leur situation horizontale : ce qui ne serait pas arrivé si la force qui tendait à les incliner eût changé sensiblement.

« Enfin la déclinaison avait été aussi l'objet de nos recherches; mais le temps et la disposition de nos appareils ne nous ont pas permis de la déterminer exactement. Cependant il est également probable qu'elle ne varie pas d'une manière sensible. Au reste, nous avons maintenant des moyens précis pour la mesurer avec exactitude dans un autre voyage : nous pourrons aussi évaluer exactement l'inclinaison.

« Pour ne pas interrompre cet exposé, nous avions passé sous silence quelques autres expériences moins importantes, auxquelles il est nécessaire de revenir.

« Nous avons observé nos animaux à toutes les hauteurs; ils ne paraissaient

(1) *Voyage dans les Alpes*, t. IV, p. 312 et 313.

souffrir en aucune manière. Pour nous, nous n'éprouvions aucun effet, si ce n'est cette accélération du pouls dont j'ai déjà parlé. A 3 400 mètres de hauteur, nous donnâmes la liberté à un petit oiseau que l'on nomme un *verdier;* il s'envola aussitôt, mais revint presque à l'instant se poser sur nos cordages; ensuite prenant de nouveau son vol, il se précipita vers la terre, en décrivant une ligne tortueuse peu différente de la verticale. Nous le suivîmes des yeux jusque dans les nuages, où nous le perdîmes de vue. Mais un pigeon, que nous lâchâmes de la même manière à la même hauteur, nous offrit un spectacle beaucoup plus curieux : remis en liberté sur le bord de la nacelle, il y resta quelques instants, comme pour mesurer l'étendue qu'il avait à parcourir; puis il s'élança en voltigeant d'une manière inégale, en sorte qu'il semblait essayer ses ailes, mais après quelques battements il se borna à les étendre et s'abandonna tout à fait. Il commença à descendre vers les nuages en décrivant de grands cercles, comme font les oiseaux de proie. Sa descente fut rapide, mais réglée; il entra bientôt dans les nuages, et nous l'aperçûmes encore au-dessous.

« Nous n'avions pas encore essayé l'électricité de l'air, parce que l'observation de la boussole, qui était la plus importante et qui exigeait que l'on saisît des occasions favorables, avait absorbé presque toute notre attention; d'ailleurs nous avons toujours eu des nuages au-dessous de nous, et l'on sait que les nuages sont diversement électrisés. Nous n'avions pas alors les moyens nécessaires pour calculer leur distance d'après la hauteur du baromètre, et nous ne savions pas jusqu'à quel point ils pourraient nous influencer. Cependant, pour essayer au moins notre appareil, nous tendîmes un fil métallique de 80 mètres (240 pieds) de longueur, et, après l'avoir isolé de nous, comme je l'ai dit plus haut, nous prîmes de l'électricité à son extrémité supérieure, et nous la portâmes à l'électromètre : elle se trouva résineuse. Nous répétâmes deux fois cette observation dans le même moment : la première en détruisant l'électricité atmosphérique par l'influence de l'électricité vitrée de l'électrophore; la seconde, en détruisant l'électricité vitrée tirée de l'électrophore, au moyen de l'électricité atmosphérique. C'est ainsi que nous pûmes nous assurer que cette dernière était résineuse.

« Cette expérience indique une électricité croissante avec les hauteurs, résultat conforme à ce que l'on avait conclu par la théorie, d'après les expériences de Volta et de Saussure. Mais maintenant que nous connaissons la bonté de notre appareil, nous espérons vérifier de nouveau ce fait par un plus grand nombre d'essais dans un autre voyage.

« Nos observations du thermomètre nous ont indiqué au contraire une température décroissant de bas en haut, ce qui est conforme aux résultats connus. Mais la différence a eté beaucoup plus faible que nous ne l'aurions attendu; car, en nous élevant à 2 000 toises, c'est-à-dire bien au-dessus de la limite inférieure des neiges éternelles à cette latitude, nous n'avons pas éprouvé une température plus basse que 10°,5 au thermomètre centigrade (8°,4 Réaumur); et, au même instant, la température de l'Observatoire, à Paris, était de 17°,5 centigrades (14° Réaumur).

« Un autre fait assez remarquable, qui nous est aussi donné par nos observations, c'est que l'hygromètre a constamment marché vers la sécheresse, à mesure que nous nous sommes élevés dans l'atmosphère, et, en descendant, il est graduellement revenu vers l'humidité. Lorsque nous partîmes, il marquait 80°,8 à la température de 16°,5 du thermomètre centigrade; et à 4 000 mètres de hauteur, quoique la température ne fût qu'à 10°,5, il ne marquait plus que 30°. L'air était donc beaucoup plus sec dans ces hautes régions qu'il ne l'est près de la surface de la terre.

« Pour nous élever à ces hauteurs nous avions jeté presque tout notre lest : il nous en restait à peine quatre ou cinq livres. Nous avions donc atteint la hauteur à laquelle l'aérostat pouvait nous porter tous deux à la fois. Cependant, comme nous désirions vivement terminer tout à fait l'observation de la boussole, M. Gay-Lussac me proposa de s'élever seul à la hauteur de 6 000 mètres (3 000 toises), afin de vérifier nos premiers résultats; nous devions déposer tous les instruments en arrivant à terre, et n'emporter dans la nacelle que le baromètre et la boussole. Lorsque nous eûmes pris ce parti, nous nous laissâmes descendre, en perdant aussi peu de gaz qu'il nous était possible. Nous observâmes le baromètre en entrant dans les nuages. Il nous donna 1 223 mètres (600 toises) pour leur élévation. Nous avons déjà remarqué qu'ils paraissaient tous de niveau, en sorte que cette observation indique pour cet instant leur hauteur commune. Lorsque nous arrivâmes à terre, il ne se trouva personne pour nous retenir, et nous fûmes obligés de perdre tout notre gaz pour nous arrêter. Si nous eussions pu prévoir ce contre-temps, nous ne nous serions pas pressés de descendre sitôt. Nous nous trouvâmes vers une heure et demie dans le département du Loiret, près du village de Mériville, à dix-huit lieues environ de Paris.

« Nous n'avons point abandonné le projet de nous élever à 6 000 mètres et même plus haut, s'il est possible, afin de pousser jusque-là nos expériences sur la boussole. Nous allons préparer promptement cette expédition, qui se fera dans peu de jours, puisque l'aérostat n'est nullement endommagé. M. Gay-Lussac s'élèvera d'abord; ensuite, s'il le croit lui-même nécessaire, je m'élèverai seul à mon tour pour vérifier ses observations. Lorsque nous aurons ainsi terminé ce qui concerne la boussole, nous désirons entreprendre de nouveau plusieurs voyages ensemble, pour faire, s'il est possible, des recherches exactes sur la qualité et la nature de l'électricité de l'air à diverses hauteurs, sur les variations de l'hygromètre, et sur la diminution de la chaleur en s'éloignant de la terre; objets qui paraissent devoir être utiles dans la théorie des réfractions.

« Nous ne désespérons pas non plus de pouvoir observer des angles pour déterminer trigonométriquement notre position dans l'espace; ce qui donnerait des notions précises sur la marche du baromètre, à mesure qu'on s'élève. Le mouvement de l'aérostat est si doux, que l'on peut y faire les observations les plus délicates; et l'expérience de notre premier voyage, ainsi que l'usage de nos appareils, nous permettra de recueillir en peu de temps un grand nombre de faits. Tels sont les désirs que nous formons aujourd'hui, si nous sommes assez heureux pour que les recherches que nous venons de faire paraissent à la classe de quelque utilité. »

Bien que Biot et Gay-Lussac eussent établi la fausseté des allégations de Robertson sur plusieurs points (1), un grand nombre d'objections subsistaient

(1) Biot et Gay-Lussac avaient surtout pour but de rechercher s'il était vrai, ainsi que l'affirmait Robertson, que les propriétés magnétiques diminuent graduellement en s'éloignant de terre. Ainsi qu'on l'a vu dans le rapport de M. Biot, les mouvements de l'aiguille aimantée prouvent que la propriété magnétique ne diminue réellement pas lorsqu'on s'élève dans les hautes régions de l'atmosphère. Biot et Gay-Lussac reconnurent aussi dans ce voyage que les appareils de l'électricité fonctionnent également

Biot et Gay-Lussac dans la nacelle. (Ascension du 20 août 1804.)

encore ; quelques partisans de Robertson, d'autant plus attachés à leur opinion et à leur système qu'ils avaient été plus attaqués, étaient encore loin de s'avouer vaincus ; une seconde ascension était nécessaire. L'Institut décida que Gay-Lussac la ferait seul.

Elle eut lieu le 16 septembre 1804.

Gay-Lussac s'éleva à une grande hauteur (7 016 mètres au-dessus du niveau de

à une grande hauteur ou sur le sol. Ils constatèrent aussi que la quantité d'électricité augmentait avec la hauteur et que la sécheresse devenait plus grande à mesure qu'ils s'éloignaient de terre.

la mer). « Un thermomètre centigrade à mercure, à deux hygromètres, deux baromètres dont il suffisait d'observer le niveau supérieur, deux ballons en verre et un ballon en cuivre jaune, tous trois vides à un millimètre près : tels étaient les moyens d'investigation préparés d'avance avec tous les soins que permettait alors l'état de la science.

Parvenu à la hauteur de 3 032 mètres, il commença à faire osciller l'aiguille horizontale, et, quoique le ballon fût toujours soumis au mouvement de rotation, il put mesurer la durée de vingt, trente et même quarante oscillations. A cette hauteur, *dix* oscillations duraient quarante et une secondes et demie ; à la dernière observation, c'est-à-dire à 6 977 mètres, elles durèrent quarante et une secondes sept dixièmes. Tous les autres nombres obtenus entre ces limites ne diffèrent pas assez du nombre obtenu à terre, quarante-deux secondes un sixième, et pour admettre un changement appréciable dans l'intensité magnétique : leurs différences en divers sens peuvent raisonnablement être attribuées aux difficultés de l'expérience elle-même.

A la hauteur de 3 863 mètres, Gay-Lussac trouva que l'inclinaison de l'aiguille, en prenant le milieu de l'amplitude de ses oscillations, était sensiblement 31° *sur le cercle transparent*, ce qui répondait par conséquent à 70°,5, comme à terre. Il lui fut impossible de recommencer ailleurs cette mesure, mais aux deux hauteurs de 4 511 et de 6 107 mètres, il reconnut, ce qui avait été reconnu déjà dans l'autre voyage, qu'une clef agissait sur une petite aiguille aimantée et s'aimantait promptement elle-même, comme sur la terre. La question soulevée par Saussure seize ans auparavant, pouvait donc paraître résolue presque définitivement et l'assertion de Robertson réduite à néant, puisqu'il était prouvé (1) que l'action magnétique de la terre se montrait sensiblement la même jusqu'à une hauteur de près de 7 000 mètres. Gay-Lussac démontre aussi rigoureusement que l'air recueilli à 6 500 mètres d'élévation est identique à celui que nous respirons. L'analyse à laquelle il soumit une certaine quantité d'air, recueilli à près de 7 000 mètres de hauteur, ne laisse subsister aucun doute.

Gay-Lussac rend compte en ces termes de son voyage aérien et de ses expériences.

« Tous nos instruments étant prêts, dit Gay-Lussac, le jour de mon départ fut fixé au 29 fructidor. Je m'élevai ce jour-là, en effet, du Conservatoire des arts et métiers, à 9 heures et 40 minutes, le baromètre étant à 76°,525, l'hygromètre à 57°,5 et le thermomètre à 27°,75. M. Bouvard, qui fait tous les jours des observations météorologiques à Paris, avait jugé le ciel très-vaporeux, mais sans nuages. A peine me fus-je élevé de 1 000 mètres, que je vis en effet une légère vapeur répandue dans toute l'atmosphère au-dessous de moi, et qui me laissait voir confusément les objets éloignés.

« Parvenu à la hauteur de 3 032 mètres, je commençai à faire osciller l'aiguille horizontale, et j'obtins, cette fois, vingt oscillations en 83″, tandis qu'à terre et d'ailleurs dans les mêmes circonstances il lui fallait 84″,43 pour en faire le même nombre. Quoique mon ballon fût affecté du mouvement de rotation que nous avions déjà reconnu dans notre première expérience, la rapidité du mouvement de notre

(1) A. Fargaud, *Gay-Lussac, etc.*

aiguille me permit de compter jusqu'à vingt, trente et même quarante oscillations.

« A la hauteur de 3 863 mètres, j'ai trouvé que l'inclinaison de mon aiguille, en prenant le milieu de l'amplitude de ses oscillations, était sensiblement de 31″ comme à terre. Il m'a fallu beaucoup de temps et de patience pour faire cette observation, parce que, quoique emporté par la masse de l'atmosphère, je sentais un petit vent qui dérangeait continuellement la boussole, et, après plusieurs tentatives infructueuses, j'ai été obligé de renoncer à l'observer de nouveau. Je crois néanmoins que l'observation que je viens de présenter mérite quelque confiance.

« Quelque temps après, j'ai voulu observer l'aiguille de déclinaison; mais voici ce qui était arrivé : la sécheresse, favorisée par l'action du soleil dans un air raréfié, était telle que la boussole s'était tourmentée au point de faire plier le cercle métallique sur lequel étaient tracées les divisions, et de se courber elle-même. Les mouvements de l'aiguille ne pouvaient plus se faire avec la même liberté; mais indépendamment de ce contre-temps j'ai remarqué qu'il était très-difficile d'observer la déclinaison de l'aiguille avec cet appareil. Il arrivait en effet que, lorsque j'avais placé la boussole de manière à faire coïncider avec une ligne fixe l'ombre du fil horizontal qui servait de style, le mouvement que j'avais donné à la boussole en avait aussi imprimé un à l'aiguille, et lorsque celle-ci était à peu près revenue en repos, l'ombre du style ne coïncidait plus avec la ligne fixe. Il fallait encore mettre la boussole dans une position horizontale : et pendant le temps qu'exigeait cette opération tout se dérangeait de nouveau. Sans vouloir persister à faire des observations auxquelles je ne pouvais accorder aucune confiance, j'y ai renoncé entièrement, et, libre de tout autre soin, j'ai donné toute mon attention aux oscillations de l'aiguille horizontale. Je me suis pourtant convaincu, en reconnaissant les défauts de notre boussole, qu'il est impossible d'en employer une autre plus convenable, qui déterminerait la déclinaison avec assez de précision. Je fais remarquer que, pour tenter cette expérience, j'avais descendu isolément les autres aiguilles dans des sacs de toile, à 15 mètres au-dessous de la nacelle.

« Pour qu'on puisse voir facilement l'ensemble de tous les résultats que j'ai obtenus, je les ai réunis dans le tableau qui est à la fin de ce mémoire; et ils y sont tels qu'ils se sont présentés à moi, avec les indications correspondantes du baromètre, du thermomètre et de l'hygromètre. Les hauteurs ont été calculées, d'après la formule de M. Laplace, par M. Gouilly, ingénieur des ponts et chaussées, qui a bien voulu prendre cette peine; le baromètre n'ayant pas varié sensiblement le jour de mon ascension depuis 10 heures jusqu'à 3, on a pris, pour calculer les diverses élévations auxquelles j'ai fait des observations, la hauteur du baromètre, 76,568, qui a eu lieu à terre à 3 heures, hauteur qui, conformément aux observations faites par M. Bouvard à l'Observatoire, est plus grande de $0^m,43$ que celle qui avait été observée au moment du départ. Les hauteurs du baromètre dans l'atmosphère ont été ramenées à celles qu'aurait indiquées un baromètre à niveau constant placé dans les mêmes circonstances, et l'on a pris pour chaque hauteur la moyenne entre les observations des deux baromètres. La température à terre ayant également peu varié entre 10 et 3 heures, on l'a supposée constante et égale à $30^\circ,75$ du thermomètre centigrade.

« En fixant maintenant les yeux sur le tableau, on voit d'abord que la température suit une loi irrégulière relativement aux hauteurs correspondantes; ce qui provient sans doute de ce qu'ayant fait des observations tantôt en montant, tantôt en descendant, le thermomètre aura suivi trop lentement ces variations. Mais si l'on ne considère que les degrés du thermomètre qui forment entre eux une série continue décroissante, on trouve une loi plus régulière. Ainsi la température à terre étant de 27°,75, et à la hauteur de 3 691 mètres de 8°,5, si l'on divise la différence des hauteurs par celle des températures, on obtient d'abord 191m,7 (98 toises) d'élévation pour chaque degré d'abaissement de température En faisant la même opération pour la température 5°,25 et 0°,5, ainsi que pour celles 0°,6 et 9°,5, on trouve, dans l'un et l'autre cas, 141m,6 (72toises,6) d'élévation pour chaque degré d'abaissement de température : ce qui semble indiquer que vers la surface de la terre la chaleur suit une loi moins décroissante que dans le haut de l'atmosphère, et qu'ensuite, à de plus grandes hauteurs, elle suit une progression arithmétique décroissante. Si l'on suppose que depuis la surface de la terre, où le thermomètre était à 30°,75, jusqu'à la hauteur de 6 977 mètres (3 580 toises) où il était descendu à — 9°,5, la chaleur a diminué comme les hauteurs ont augmenté, à chaque degré d'abaissement de température correspondra une élévation de 173m,3 (88toises,9).

« L'hygromètre a eu une marche assez singulière. A la surface de la terre, il n'était qu'à 57°,5, tandis qu'à la hauteur de 3 032 mètres il marquait 62°; de ce point, il a été continuellement en descendant, jusqu'à la hauteur de 5 267 mètres où il n'indiquait plus que 27°,5, et de là à la hauteur de 6 884 mètres il est remonté graduellement à 34°,5. Si l'on voulait, d'après ces résultats, déterminer la loi de la quantité d'eau dissoute dans l'air à diverses élévations, il est clair qu'il faudrait faire attention à la température; en y joignant cette considération, on verrait qu'elle suit une progression extrêmement décroissante.

« Si l'on considère maintenant les oscillations magnétiques, on remarque que le temps pour dix oscillations faites à diverses hauteurs est tantôt au-dessus, tantôt au-dessous de 42s,16 qu'elles exigent à terre. En prenant une moyenne entre toutes les oscillations faites dans l'atmosphère, dix oscillations exigeraient 42s,20, quantité qui diffère bien peu de la précédente; mais en ne considérant que les dernières observations qui ont été faites aux plus grandes hauteurs, le temps pour dix oscillations serait un peu au-dessous de 42s,16, ce qui indiquerait, au contraire, que la force magnétique a un peu augmenté. Sans vouloir tirer aucune conséquence de ce léger accroissement apparent, qui peut très-bien tenir aux erreurs qu'on peut commettre dans ce genre d'expériences, je dois conclure que l'ensemble des résultats que je viens de présenter confirme et étend le fait que nous avions observé, M. Biot et moi, et qui prouve que, de même que la gravitation universelle, la force magnétique n'éprouve point de variations sensibles aux plus grandes hauteurs où nous puissions parvenir.

« La conséquence que nous avons tirée de nos expériences pourra paraître un peu trop précipitée à ceux qui se rappelleront que nous n'avons pu faire des expériences sur l'inclinaison de l'aiguille aimantée. Mais si l'on remarque que la force qui fait osciller une aiguille horizontale est nécessairement dépendante de l'intensité et de la direction de la force magnétique elle-même, et qu'elle est représentée par le cosinus de l'angle d'inclinaison de cette dernière force, on ne pourra s'empêcher de conclure avec nous que, puisque la force horizontale n'a pas varié, la force magnétique ne doit pas avoir varié non plus, à moins que l'on ne veuille supposer que la force magnétique a pu varier précisément en sens contraire et dans le même rapport que le cosinus de son inclinaison, ce qui n'est nullement probable. Nous aurions d'ailleurs, à l'appui de notre conclusion, l'expérience de l'inclinaison qui a été faite à la hauteur de 3 863 mètres (1 982 toises), et qui prouve qu'à cette élévation l'inclinaison n'a pas varié d'une manière sensible.

« Parvenu à la hauteur de 4 511 mètres, j'ai présenté à une petite aiguille aimantée, et dans la direction de la force magnétique, l'extrémité inférieure d'une clef; l'aiguille a été attirée, puis repoussée par l'autre extrémité de la clef que j'avais fait descendre parallèlement à elle-même. La même expérience, répétée à 6 107 mètres, a eu le même succès : nouvelle preuve bien évidente de l'action du magnétisme terrestre.

« A la hauteur de 6 561 mètres, j'ai ouvert un de nos deux ballons de verre, et à celle de 6 636 j'ai ouvert le second; l'air y est entré dans l'un et dans l'autre avec sifflement. Enfin, à 3 heures 11 secondes, l'aérostat était parfaitement plein, et, n'ayant plus que 15 kilogrammes de lest, je me suis déterminé à descendre. Le thermomètre était alors à 9°, 5 au-dessous de la température de la glace fondante, et le baromètre à 32,88; ce qui donne pour ma plus grande élévation au-dessus de Paris 6 977^{m}, 37, ou 7 016 mètres au-dessus du niveau de la mer.

« Quoique bien vêtu, je commençais à sentir le froid, surtout aux mains, que j'étais obligé de tenir exposées à l'air. Ma respiration était sensiblement gênée, mais j'étais encore bien loin d'éprouver un malaise assez désagréable pour m'engager à descendre. Mon pouls et ma respiration étaient très-accélérés : ainsi, respirant fréquemment dans un air très-sec, je ne dois pas être surpris d'avoir eu le gosier si sec qu'il m'était pénible d'avaler du pain. Avant de partir, j'avais un léger mal de tête, provenant des fatigues du jour précédent et des veilles de nuit, et je le gardai toute la journée sans m'apercevoir qu'il augmentât. Ce sont là toutes les incommodités que j'ai éprouvées.

« Un phénomène qui m'a frappé de cette grande hauteur a été de voir des nuages au-dessus de moi et à une distance qui me paraissait encore très-considérable. Dans notre première ascension, les nuages ne se soutenaient pas à plus de 1 169 mètres, et au-dessus le ciel était de la plus grande pureté. Sa couleur au zénith était même si intense, qu'on aurait pu la comparer à celle du bleu de Prusse; mais dans le dernier voyage que je viens de faire je n'ai pas vu de nuages sous mes pieds; le ciel était très-vaporeux et sa couleur généralement terne. Il n'est peut-être pas inutile d'observer que le vent qui soufflait le jour de notre première ascension était le nord-ouest, et que dans la dernière c'était le sud-est.

« Dès que je m'aperçus que je commençais à descendre, je ne songeai plus qu'à modérer la descente du ballon et à la rendre extrêmement lente. A 3 heures 45 minutes, mon ancre toucha terre et se fixa, ce qui donne trente-quatre minutes pour le temps de ma descente. Les habitants d'un petit hameau voisin accoururent bientôt, et pendant que les uns prenaient plaisir à ramener à eux le ballon en tirant la corde de l'ancre, d'autres, placés au-dessous de la nacelle, attendaient impatiemment qu'ils pussent y mettre les mains pour la prendre et la déposer à terre. Ma descente s'est donc faite sans la plus légère secousse et le moindre accident, et je ne crois pas qu'il soit possible d'en faire une plus heureuse. Le petit hameau à côté duquel je suis descendu s'appelle Saint-Gougon; il est situé à six lieues nord-ouest de Rouen.

« Arrivé à Paris, mon premier soin a été d'analyser l'air que j'avais rapporté. Toutes les expériences ont été faites à l'École polytechnique, sous les yeux de MM. Thénard et Gresset, et je m'en suis rapporté autant à leur jugement qu'au mien. Nous observions tour à tour les divisions de l'eudiomètre sans nous communiquer, et ce n'était que lorsque nous étions parfaitement d'accord que nous les écrivions. Le ballon dont l'air a été pris à 6 636 mètres a été ouvert sous l'eau, et nous avons tous jugé qu'elle avait au moins rempli la moitié de sa capacité; ce qui prouve que le ballon avait très-bien tenu le vide, et qu'il n'y était pas entré d'air étranger. Nous avions bien l'intention de peser la quantité d'eau entrée dans le ballon pour la comparer à sa capacité; mais n'ayant pas trouvé dans l'instant ce qui nous était nécessaire, et notre impatience de connaître la nature de l'air qu'il renfermait étant des plus vives, nous n'avons pas fait cette expérience. Nous nous sommes d'abord servis de l'eudiomètre de Volta, et nous l'avons analysé comparativement avec de l'air atmosphérique pris au milieu de la cour d'entrée de l'École polytechnique. »

Ici Gay-Lussac décrit les procédés d'analyse qu'il a mis en usage et qui lui ont permis d'établir l'identité de composition de cet air avec l'air pris à la surface de la terre; il continue en ces termes :

« L'identité des analyses des deux airs faites par le gaz hydrogène prouve directement que celui que j'avais rapporté ne contenait pas de ce dernier gaz; néanmoins je m'en suis encore assuré, en ne brûlant avec les deux airs qu'une quantité de gaz hydrogène inférieure à celle qui aurait été nécessaire pour absorber tout le gaz oxygène; car j'ai vu que les résidus de la combustion des deux airs avec le gaz hydrogène étaient exactement les mêmes.

« Saussure fils a aussi trouvé, en se servant du gaz nitreux, que l'air pris sur le col du Géant contenait, à un centième près, autant d'oxygène que celui de la plaine; et son père a constaté la présence de l'acide carbonique sur la cime du mont Blanc. De plus, les expériences de MM. Cavendish, Maccarty, Berthollet et Davy ont confirmé l'identité de composition de l'atmosphère sur toute la surface de la terre. On peut donc conclure généralement que la constitution de l'atmosphère est la même depuis la surface de la terre jusqu'aux plus grandes hauteurs auxquelles on puisse parvenir.

« Voilà les deux principaux résultats que j'ai recueillis dans mon premier voyage : j'ai constaté le fait que nous avions observé, M. Biot et moi, sur la permanence sensible de l'intensité de la force magnétique lorsqu'on s'éloigne de la surface de la terre, et de plus, je crois avoir prouvé que les proportions d'oxygène et d'azote qui constituent l'atmosphère ne varient pas non plus sensiblement dans des limites très-étendues. Il reste encore beaucoup de choses à éclaircir dans l'atmosphère, et nous désirons que les faits que nous avons recueillis jusqu'ici puissent assez intéresser l'Institut pour l'engager à nous faire continuer nos expériences. »

Malheureusement la prière de Gay-Lussac ne fut pas entendue, les expériences scientifiques furent interrompues : ce n'est que cinquante ans plus tard que MM. Barral et Bixio feront deux ou trois ascensions scientifiques.

L'expérience scientifique de Biot et Gay-Lussac avait réussi au delà de toutes les espérances; c'était un nouveau titre de reconnaissance et de gloire que l'aérostation venait de conquérir; une cause nouvelle d'enthousiasme pour ses partisans, de déception pour ses adversaires. Mais hélas ! pendant cette année (1804) et celles qui vont suivre, les détracteurs de la science aérostatique pourront aisément l'attaquer. Les accidents vont se multiplier pendant quelque temps avec une vertigineuse rapidité.

Depuis la mort de Pilâtre de Roziers et Romain, la nécrologie aérostatique n'avait pas eu à enregistrer le nom d'une seule victime jusqu'au jour où un aéronaute, François Olivari, tenta à Orléans de s'élever dans l'air avec le secours d'une montgolfière.

Quelques dangers que présentât l'usage de la montgolfière, certains aéronautes s'obstinaient encore à s'en servir, dédaignant l'emploi des ballons à gaz hydrogène dont la direction leur semblait plus difficile, les frais de gonflement plus considérables. Olivari était au nombre des partisans de la montgolfière. Plusieurs fois déjà il s'était élevé à Orléans et avait effectué ses voyages avec un plein succès; mais la construction défectueuse de son frêle esquif inspirait cependant à ses amis de sérieuses inquiétudes. Malgré leurs représentations et leurs prières, le 25 novembre 1802, Olivari fit une nouvelle ascension.

Le temps était magnifique, l'air était calme, et le vent peu violent portait doucement Olivari vers l'ouest. Tout à coup un charbon tombé du réchaud enflamme la provision de combustible que l'aéronaute avait déposée dans la nacelle ; malgré tous ses efforts, en quelques secondes l'incendie fait d'immenses progrès, gagne les parois du panier d'osier, puis le corps de la montgolfière, composé de petites bandes de papier. En un instant, le drame est arrivé à son dénouement : le malheureux Olivari est précipité dans l'espace d'une hauteur considérable. Son corps fut retrouvé à peu de distance d'Orléans, affreusement mutilé et presque carbonisé.

Un terrible exemple venait d'être donné aux partisans de la montgolfière : au moins était-on en droit de penser que cette fatale machine, aussi dangereuse qu'inutile dans les grandes expériences, allait être abandonnée et qu'Olivari serait sa dernière victime.

Malheureusement, il n'en fut point ainsi. La montgolfière eut encore ses admirateurs et ses jours de funèbres succès.

L'un des partisans les plus convaincus de la direction des montgolfières, Zambeccari, devait, lui aussi, trouver la mort dans une des ses expériences.

Zambeccari, tour à tour étudiant en droit, littérateur et marin, ne s'était jamais occupé de sciences jusqu'au jour où la direction des ballons lui apparut comme un grand problème qu'il serait beau de résoudre. Enthousiaste, il se mit résolûment à l'œuvre, ne reculant ni devant l'immensité de la tâche ni devant les difficultés innombrables qui se dressaient à chaque pas. Les sciences physiques lui devaient être un auxiliaire utile, il les étudia. Les expériences pratiques étaient indispensables, il fit des ascensions. Hélas ! il devait échouer où tant d'autres échouèrent, et la mort devait être sa récompense.

L'enfance de Zambeccari s'était écoulée tout entière à Bologne, sa patrie, au sein de sa famille qui comptait parmi les plus illustres de la ville. Destiné à succéder à son père le comte de Zambeccari, qui occupait alors une haute fonction administrative, il se livra d'abord à l'étude du droit; mais son imagination, amie des aventures et des grandes émotions, s'accommodait mal de ces travaux arides où l'imprévu et les situations terribles ne peuvent trouver place. Depuis longtemps, la mer avec ses tempêtes, ses gouffres insondables, son immensité, son effrayante majesté, l'attirait. Il prit du service dans la marine espagnole. Il trouva enfin ce qu'il cherchait; quelques mois à peine après son engagement, il avait assisté à plusieurs combats contre les Turcs, essuyé deux tempêtes et nombre de coups de feu; mais la fortune qui jusqu'alors s'était montrée complaisante l'abandonna tout à fait: Zambeccari fut le même jour grièvement blessé et fait prisonnier par les Turcs qui l'envoyèrent au bagne de Constantinople.

Peu de temps avant son entrée dans la marine espagnole, Zambeccari avait entendu parler de la découverte des frères Montgolfier; un sentiment de curiosité lui avait fait rechercher les comptes rendus des ascensions multiples qui se faisaient chaque jour en France; quelques mois plus tard, Zambeccari n'était plus seulement un curieux vulgaire, avide des émotions que procure le récit d'une entreprise hasardeuse, mais bien un admirateur fervent de la science aérostatique.

Ce fut dans le courant de cette même année 1784 que Zambeccari prit la mer. Les préoccupations de sa nouvelle vie détournèrent pendant quelque temps son esprit de l'aérostation. Tout entier à la marine, il négligeait et repoussait tout ce qui ne s'y rattachait pas directement.

Cependant, lorsque les Turcs l'eurent enfermé dans le bagne de Constantinople, l'aérostation rentra en grâce près de Zambeccari. Comment en aurait-il été autrement? Pendant les longues heures que le prisonnier employait au travail matériel, sa pensée toute entière ne s'attachait-elle pas à découvrir un moyen d'évasion? Les heures de la servitude sont longues et l'imagination vive et indépendante de Zambeccari devait plus que toute autre être soumise à une rude épreuve. Aussi pendant les moments de désespérance du prisonnier, Zambeccari se rappelait-il la découverte des papetiers d'Annonay, s'efforçait-il de reconstruire, dans sa mémoire d'abord et en réalité ensuite, une montgolfière qui lui permît d'échapper à ses bourreaux. Deux ou trois entreprises échouèrent, non que ses gardiens eussent conçu des doutes, mais simplement parce qu'ils éprouvaient une joie indicible à détruire ce que le forçat construisait avec tant de soins. Zambeccari ne se laissait pas décourager et, avec une patience admirable, réédifiait en plusieurs mois ce que ses surveillants anéantissaient en un instant.

Zambeccari fut mis en liberté. Il était resté trois ans à Constantinople (1787-1790). La dure captivité qu'il venait de subir porta un coup terrible à ses aspirations maritimes; guéri, par cette rude école, de l'amour des combats, Zambeccari donna sa démission et rentra à Bologne.

Dès lors, il se consacra tout entier à l'étude de la navigation aérienne.

Plusieurs années s'écoulèrent pendant lesquelles Zambeccari étudia le côté théorique de la dirigeabilité et publia une brochure qu'il soumit à l'appréciation des savants bolonais. Ses compatriotes encouragèrent ses essais, lui firent espérer le succès et allèrent même jusqu'à obtenir du gouvernement pontifical quelques allocations. C'est de cette époque que datent les premières expériences de Zambeccari.

Ce fut à Bologne que Zambeccari effectua sa première ascension; mais si les théories qu'il avait développées dans sa brochure lui assurèrent l'appui de bon nombre de savants, cette tentative devait montrer tous les dangers et toutes les difficultés que présentait le projet qu'il voulait exécuter.

Le 26 vendémiaire, an VII, Testu-Brissy s'élève à Bellevue, monté sur un cheval placé dans la nacelle. (Page 303.)

Le plus grand était, certes, la lampe à esprit-de-vin munie de 24 becs qui devaient augmenter ou diminuer la force d'ascension (1).

(1) La lampe servait aussi à diriger la montgolfière, Zambeccari pensant que, lorsque la machine serait en équilibre avec l'air, il lui suffirait de porter la flamme à droite ou à gauche pour diriger son ballon.

« Le système employé par Zambeccari est décrit dans un rapport adressé à la *Société des sciences* de Bologne le 22 août 1804. Zambeccari employait une lampe à esprit-de-vin, de forme circulaire, percée sur son pourtour de vingt-quatre trous, garnie d'une mèche et recouverte de sortes d'éteignoirs, ou écrous, qui permettaient d'arrêter, à volonté, la combustion sur un des points de la lampe. Il est proba-

La première expérience de Zambeccari avait été annoncée longtemps à l'avance, le nom illustre de l'aéronaute et les brillants succès qu'il venait de remporter augmentaient d'autant l'attrait qu'offre toujours le spectacle d'une ascension. Dès midi, — bien que le gonflement ne dût avoir lieu qu'à trois heures, — la foule avait envahi une des places de la ville, choisie par Zambeccari ; l'aristocratie, la bourgeoisie, le peuple, étaient venus l'encourager de leurs bravos.

A trois heures cinq minutes, Zambeccari prenait place dans la nacelle, après avoir embrassé sa femme et ses deux petits enfants dont les larmes et les prières l'avaient fait hésiter un instant ; mais surmontant son émotion il cria le traditionnel : « Lâchez tout ! »

Un instant après, un cri d'horreur s'élève jusqu'au ciel. La montgolfière poussée par le vent s'est précipitée sur une maison ; la secousse a été telle que la lampe à esprit-de-vin, dont s'était muni Zambeccari, vient de se répandre sur le malheureux aéronaute qui apparaît aux yeux de la multitude comme un immense globe de feu. Mille cris de pitié retentissent à la fois tandis que Zambeccari s'envole, enveloppé par les flammes, vers des hauteurs immenses. Sa femme ne peut résister à cette scène et elle tombe évanouie.

Le sang-froid de Zambeccari le sauva cependant cette fois. Avec quelques linges mouillés qui se trouvaient dans la nacelle, il put éteindre le feu qui l'entourait et redescendre à peu de distance de la ville, mais couvert de blessures profondes. Ce fut sur une charrette que Zambeccari rentra dans Bologne, au bruit des acclamations de ses concitoyens qui venaient de donner à sa femme les marques de la plus affectueuse sympathie.

Malgré ce terrible accident qui eût fait renoncer les plus hardis à leur projet, Zambeccari ne désespéra point. Il annonça bientôt de grandes expériences pour lesquelles le gouvernement lui accorda une subvention de huit mille écus. Mais une fatalité inexorable semblait poursuivre le malheureux aéronaute. Pendant plusieurs mois, les intempéries de la saison l'empêchèrent de remplir ses promesses. Quelques-uns de ses ennemis profitèrent de ces contre-temps pour attaquer sa réputation ; et le public, toujours prêt à recevoir sur son autel l'offrande d'une victime, fit cause commune avec eux. Enfin, le 7 octobre 1804, Zambeccari abreuvé d'outrages, écœuré par l'injustice de ses concitoyens, résolut de faire l'ascension qu'il remettait depuis si longtemps.

« Le 7 septembre, dit Zambeccari, le temps parut se lever un peu ; l'ignorance et le fanatisme me forcèrent d'effectuer mon ascension, quoique tous les principes que j'ai établis moi-même dussent me faire augurer un résultat peu favorable. Les préparatifs exigeaient au moins douze heures, et comme il me fut impossible de les commencer avant une heure après midi, la nuit survint lorsque j'étais à peine à moitié, et je me vis sur le point d'être encore privé des fruits que j'attendais de mon

ble, quoique le rapport n'en dise rien, que le calorique ne se transmettait pas directement à l'air situé dans le voisinage du gaz, mais que l'on chauffait une enveloppe destinée à communiquer ensuite le calorique à l'air, et de là au gaz hydrogène.

« Dans ce rapport, signé de trois professeurs de physique de Bologne, Saladini, Conterzoni et Avonzini, on s'attache à combattre les craintes qu'occasionnait l'existence d'un foyer près du gaz hydrogène. On prétend que Zambeccari s'est dirigé à volonté au moyen de son appareil, et qu'il a pu décrire un cercle en planant au-dessus de la ville de Bologne. »

(L. Figuier, Les *Aérostats*, p. 547.)

expérience. Je n'avais que cinq jeunes gens pour m'aider : huit autres que j'avais instruits, et qui m'avaient promis leur assistance, s'étaient laissé séduire et m'avaient manqué de parole. Cela, joint au mauvais temps, fut cause que la force ascendante du ballon n'augmentait pas en proportion de la consommation des matières employées à le remplir. Alors mon âme s'obscurcit, je regardai mes huit mille écus comme perdus. Exténué de fatigue, n'ayant rien pris de toute la journée, le fiel sur les lèvres, le désespoir dans l'âme, je m'enlevai à minuit, sans autre espoir que la persuasion où j'étais que mon globe, qui avait beaucoup souffert dans ses différents transports, ne pourrait me porter bien loin.

« La lampe qui était destinée à augmenter la force ascendante nous devint inutile. Nous ne pouvions observer l'état du baromètre qu'à la lueur d'une lanterne, et très-imparfaitement. Le froid insupportable qui régnait dans la région élevée où nous nous trouvions, l'épuisement où m'avait mis le défaut de nourriture depuis plus de vingt-quatre heures, le chagrin qui accablait mon âme, tout cela réuni m'occasionna une défaillance totale, et je tombai sur le bas de la galerie dans une espèce de sommeil semblable à la mort. Il en arriva autant à mon compagnon Grassetti. Andréoli fut le seul qui resta éveillé et bien portant; sans doute parce qu'il avait l'estomac bien garni et qu'il avait bu du rhum en abondance. A la vérité, il souffrait aussi beaucoup du froid, qui était excessif, et fit pendant longtemps de vains efforts pour me réveiller. Enfin il réussit à me remettre sur les pieds, mais nos idées étaient confuses; je lui demandai, comme si je fusse sorti d'un rêve : « Qu'y a-t-il de nou-« veau? où allons-nous? quelle heure est-il? d'où vient le vent? »

« Il était deux heures. La boussole était à bas, par conséquent elle nous devenait inutile; la bougie qui était dans notre lanterne ne pouvait pas brûler dans un air aussi raréfié; sa lumière s'affaiblissait de plus en plus et finit par s'éteindre. Nous descendîmes lentement à travers une couche épaisse de nuages blanchâtres; et lorsque nous fûmes au-dessous, Andréoli entendit un bruit sourd et presque imperceptible, qu'il reconnut bientôt pour être le mugissement des vagues dans le lointain. Il m'annonça aussitôt avec effroi cette nouvelle. J'écoutai et ne tardai pas à me convaincre qu'il avait dit la vérité. Il était indispensable d'avoir de la lumière pour examiner, par l'état du baromètre, à quelle hauteur nous nous trouvions, et pour prendre nos mesures en conséquence. A force de secouer Grassetti, nous parvînmes à le réveiller un peu. Andréoli brisa cinq mèches phosphoriques sans qu'une seule prît feu. Cependant nous réussîmes, avec infiniment de peine et à l'aide d'un briquet, à rallumer la lanterne. Il était trois heures du matin. Le bruit des vagues, qui se brisaient l'une contre l'autre, se faisait entendre de plus en plus, et je reconnus bientôt la surface de la mer violemment agitée. Je me saisis bien vite d'un gros sac de lest; mais au moment où j'allais le jeter, la galerie s'enfonçait déjà, et nous nous trouvâmes tous dans l'eau. Dans le premier moment d'effroi, nous jetâmes loin de nous tout ce qui pouvait alléger la machine; notre lest, tous les instruments, une partie de nos vêtements, notre argent et jusqu'aux rames, dont une s'était brisée non loin de Bologne. Comme, malgré tout cela, la machine ne s'élevait pas, nous jetâmes aussi notre lampe à la mer; après avoir arraché, coupé tout ce qui nous parut ne pas être d'une indispensable nécessité, le globe, ainsi allégé, remonta tout d'un coup, mais avec une telle rapidité, et à une si prodigieuse élévation, que nous avions de la peine à nous entendre, même en criant; je me trouvai mal, et il me prit un vomissement considérable. Grassetti saigna du nez : nous avions tous deux la respiration courte et la poitrine oppressée. Comme nous étions trempés jusqu'aux os au moment où la machine nous avait transportés dans ces hautes régions, le froid nous saisit rapidement, et nous fûmes couverts en un instant d'une couche de glace. Je n'ai pu me rendre compte de la raison pour laquelle la lune, qui était dans son dernier quartier, se trouva en parallèle avec nous, et nous parut rouge comme du sang.

« Après avoir parcouru pendant une demi-heure ces régions immenses, et avoir été portés à une hauteur incommensurable, la machine recommença à descendre lentement, et nous retombâmes encore une fois dans la mer; il était environ quatre heures du matin. Je ne puis déterminer précisément à quelle distance de la terre ferme se fit notre chute ; la nuit était trop obscure, la mer trop houleuse, et nous-mêmes dans une situation d'esprit qui nous rendait incapables de faire des observations. Ce devait être dans le milieu de la mer Adriatique, c'est-à-dire à peu près dans la direction de Rimini. Quoique notre chute se fût faite doucement, la galerie s'était enfoncée ; nous avions la moitié du corps dans l'eau, et souvent nous étions entièrement couverts par les vagues. Le ballon s'étant relâché de plus de moitié par suite de toutes ces variations et de ces événements, il donnait prise au vent, qui pouvait s'y engouffrer comme dans une voile, en sorte que nous fûmes ainsi traînés et ballottés pendant plusieurs heures, au gré des flots agités.Au point du jour, nous nous orientâmes, et nous nous trouvâmes vis-à-vis de Pesaro, à 4 milles environ de la côte. Nous nous flattions d'y aborder heureusement, lorsqu'un vent de terre nous repoussa avec violence vers la pleine mer. Il était grand jour, et nous ne voyions autour de nous que l'eau, le ciel et une mort inévitable. A la vérité, notre bonne étoile nous envoya bien quelques bâtiments ; mais du plus loin qu'ils apercevaient cette machine flottante et qui brillait sur l'eau, ils étaient saisis d'épouvante, et faisaient force de voile pour s'éloigner de nous. Nous n'avions donc plus d'autre espoir que d'aborder sur les côtes de Dalmatie, qui étaient bien loin vis-à-vis de nous. Hélas ! cette espérance était très-faible, et nous aurions été indubitablement engloutis par les vagues, si le ciel, qui voulait notre délivrance, n'eût dirigé vers nous un navigateur qui, plus instruit sans doute que ceux qui nous avaient fui, reconnut notre machine pour un ballon, et nous envoya bien vite sa chaloupe. Ses matelots nous jetèrent un gros câble, que nous attachâmes à la galerie, et au moyen duquel on nous hissa, exténués et mourants. Le ballon, ainsi allégé, ne tarda pas à s'élever encore dans les airs, malgré tous les efforts des mariniers qui voulaient l'attirer à eux. La chaloupe était fortement secouée ; le danger devenait très-iminent, et les matelots se hâtèrent de couper la corde. Aussitôt le globe remonta avec une rapidité incroyable et se perdit dans les nuages, où il disparut tout à fait à notre vue. Il était huit heures du matin quand nous arrivâmes à bord du vaisseau. Grassetti était comme mort ; à peine donnait-il encore quelques signes de vie. Il avait les mains mutilées ; le froid, la faim et ces angoisses horribles m'avaient totalement épuisé. Le brave marin qui commandait ce navire fit tout ce qui dépendit de lui pour nous restaurer. Il nous conduisit heureusement au port de Ferrada, d'où l'on nous transporta à Pola, où nous fûmes accueillis de la manière la plus affectueuse et où un habile chirurgien fit l'amputation de mes doigts. »

Zambeccari avait, une fois de plus, trompé la mort. Malgré ces terribles épreuves, son amour pour l'aérostation ne fut pas diminué; les vicissitudes qu'il avait éprouvées, les mesquines taquineries de la presse bolonaise et de ses compatriotes, qu'il avait essuyées, firent plus grande encore sa passion pour la science aérostatique. Il avait eu raison de ses ennemis, il était vainqueur; tout autre se fût contenté de la victoire qu'il venait de remporter, mais Zambeccari, semblable à ces infatigables lutteurs dont la vie est un combat perpétuel, se précipita de nouveau dans la vie d'aventures. Sa fortune avait depuis longtemps reçu de graves atteintes, et ce n'était pas seulement la gloire qu'il avait à disputer à ceux qui l''attaquaient, mais encore le pain quotidien de sa famille.

Bologne lui refusa bientôt l'argent dont il avait besoin pour ses expériences; la misère et l'envie l'avaient vaincu! Zambeccari s'adressa alors au roi de Prusse, qui lui fit remettre les sommes qui lui étaient nécessaires.

Pendant plusieurs années, l'aéronaute fit des ascensions qui lui semblèrent décisives, et il annonça qu'une expérience publique aurait lieu le 21 septembre 1812.

Malgré toutes les attaques dont il avait été l'objet, les Bolonais ne l'avaient point oublié; une foule énorme vint, le jour de l'ascension, l'acclamer au moment de son départ. Hélas! ces bravos étaient les derniers qu'il dût entendre : à peine avait-il atteint la hauteur des arbres, que son ballon s'accrocha à l'un d'entre eux. La lampe à esprit-de-vin, qui devait lui aider à diriger son aérostat, s'étant renversée, la montgolfière fut aussitôt enveloppée par les flammes, et Zambeccari retomba sur le sol d'une hauteur considérable.

Ainsi mourut Zambeccari.

Il fut l'un de ceux qui étudièrent avec le plus d'ardeur les moyens de diriger les aérostats; sa vie presque tout entière fut employée à résoudre ce problème, que quelques-uns prétendent insoluble (1). Il fut martyr de sa foi et de sa passion.

Kotzebue disait de lui : « C'est un homme dont la physionomie annonce bien ce qu'il a fait depuis longtemps; ses regards sont des pensées. »

IX

Cependant couraient par le monde Blanchard, Garnerin, Testu-Brissy, Robertson, et ces aéronautes forains ne gagnaient pas péniblement par chaque ascension leur pain de la semaine; ils faisaient leur fortune, et bien des savants authentiques pouvaient à bon droit envier celle du charlatan qui avait, par les récits de ses ascensions de Hambourg et de Saint-Pétersbourg, si longtemps mis aux prises toutes les académies de l'Europe.

Estimant que l'attention publique avait besoin d'être réveillée par quelque *great attraction*, Robertson conçut le projet d'une grande machine aérostatique, que mieux que personne, à coup sûr, il savait inexécutable, mais dont le pompeux prospectus devait frapper la curiosité, et ramener sur lui et ses ascensions une faveur prête d'aller à d'autres.

(1) On prétend que dans une de ses expériences Zambeccari dirigea sa montgolfière au moyen de sa lampe à esprit-de-vin et qu'il fit plusieurs voyages, se fixant à l'avance son itinéraire.

Il ne s'agissait de rien moins que de construire une sorte de vaisseau aérien, destiné à faire un voyage au long cours et à promener autour du monde des délégués de toutes les sociétés savantes de l'Europe.

Voici le programme que partout sur son passage semait Robertson :

« La machine aérostatique appelée *la Minerve*, que propose le professeur *Robertson*, aura 150 pieds de diamètre, et sera capable d'élever 72 934 kilogrammes, équivalant à 149 037 livres de France. Les précautions et les soins qu'on prendra pour l'exécution de cette immense machine en assureront la solidité et son imperméabilité ; elle pourra comporter toutes les choses nécessaires à la sûreté, à la commodité et à l'entretien de soixante personnes instruites, choisies par les académies, et qui s'embarqueront pour plusieurs mois, afin de s'élever à toutes les hauteurs, de parcourir tous les climats, et, dans toutes les saisons, faire des observations sur la physique, la météorologie et l'astronomie, etc. Cet aérostat, en pénétrant dans des déserts, en visitant sans fatigue des montagnes inaccessibles aux moyens ordinaires de voyage, et franchissant les lieux où l'homme n'a jamais pu pénétrer, servirait à des découvertes géographiques ; et lorsque, sous la ligne, la chaleur du soleil rendrait le voisinage de la terre insupportable, nos voyageurs aériens s'élèveraient dans une région où l'air est frais et d'une température presque toujours égale ; ou bien, lorsque leurs observations, leurs besoins ou leurs plaisirs l'exigeraient, ils pourraient voyager à une faible distance de la terre et planer à quinze toises, de manière à tout voir, à dessiner, dresser des plans, se faire entendre et pouvoir même arrêter la marche de l'aérostat en jetant l'ancre. Il serait peut-être possible, en profitant des vents alizés, de faire le tour du globe. L'expérience apprendra peut-être un jour aux hommes étonnés qu'une navigation aérienne présente moins d'inconvénients, moins d'écueils que celle de l'Océan.

« L'immensité des mers semble seule présenter des dangers insurmontables ; mais quel espace immense ne peut-on pas franchir, en six mois, avec une machine aérostatique, pourvue de tout ce qui est nécessaire à la vie et à la sûreté des aéronautes ? D'ailleurs, si par l'imperfection attachée à tout ce que crée l'industrie humaine ; si par accident ou par vétusté l'aérostat, dirigé au-dessus des mers, devenait incapable de porter les voyageurs, il est pourvu d'un navire qui peut tenir la mer et assurer le retour des aéronautes (1). »

V

Les grands événements qui remplirent les dix dernières années du XVIIIe siècle avaient laissé dans l'ombre l'aérostation ; la politique absorbait les instants de tous, aussi les expériences aérostatiques furent-elles de plus en plus rares. Les aéronautes de profession désertèrent la France, l'Europe même, et allèrent en Amérique exciter l'admiration et la curiosité des Yankees. Blanchard, Testu-Brissy, pour ne parler que des plus célèbres, quittèrent Paris et allèrent ailleurs chercher des spectateurs moins patriotes, mais plus généreux. On les vit cependant reparaître

(1) Garnerin.

dès les premiers jours du Consulat. Testu-Brissy dont nous avons déjà parlé (1), fit, en 1798, une ascension équestre. Depuis de longs mois déjà elle était annoncée, plusieurs dates avaient été fixées, mais, le jour venu, l'aéronaute s'excusait auprès du public. Les journaux qui reproduisaient les lettres de Testu protestèrent enfin contre ces lenteurs et la réputation de bravoure de l'aéronaute fut quelque peu compromise.

Le 26 vendémiaire an VII, Testu-Brissy s'éleva à Bellevue. Si blasé que fût le public sur l'ascension, celle de Testu-Brissy avait excité quelque curiosité : l'aéronaute avait annoncé qu'il s'élèverait, monté sur un cheval placé dans la nacelle. Mais, malgré toutes les précautions prises par Testu, le succès ne répondit pas à son attente : le ballon, qui possédait une faible force ascensionnelle, alla se précipiter sur une des cheminées du château. La violence du choc fut telle qu'une large déchirure laissa bientôt échapper le gaz. « L'aéronaute, sans s'effrayer, jeta sur-le-champ une corde, à l'aide de laquelle il a été ramené à terre sans aucun accident. Le cheval, pendant ce danger et ces manœuvres, était resté immobile. Le citoyen Brissy, après avoir fait fermer l'ouverture, voulait repartir, mais le public s'y opposa (2) ».

C'était plus qu'il n'en fallait pour apaiser les mécontents qui reconnurent que « l'on avait eu tort de mettre en doute le courage de Testu ».

Quelques jours plus tard, le ballon fut réparé et Testu-Brissy recommença son expérience qui, cette fois, réussit au delà de toutes les espérances. L'aéronaute alla tomber dans la plaine de Nanterre, après avoir observé que les grands animaux perdaient du sang par les narines et les oreilles à une hauteur où les hommes ne ressentent aucun malaise.

L'expérience de Testu-Brissy n'était pas une expérience scientifique; depuis longtemps déjà l'aéronaute, marchant sur les traces de Blanchard, faisait de l'aérostation un métier. Garnerin suivit les exemples de ses devanciers et, après quelques ascensions scientifiques, se consacra tout entier à l'aérostation des fêtes publiques.

Le parachute dont il avait le premier fait l'essai était un spectacle nouveau que Garnerin sut exploiter après l'expérience dont nous avons parlé (3). Garnerin fit de nombreuses ascensions à Paris et à l'étranger. Les journaux de l'époque reproduisent ses lettres — moins nombreuses et moins longues toutefois que celles du citoyen de Calais, — comme ils avaient inséré celles de Blanchard. Pendant de longues années, Garnerin fut l'aéronaute favori du public.

Le 4 messidor an VII, Garnerin fit à Paris une ascension très-brillante. Depuis quelques jours l'expérience était annoncée. Tout le Paris élégant s'était donné rendez-vous dans les jardins du Tivoli pour applaudir au courage de Garnerin. A huit heures du soir, le ballon s'éleva en quelques minutes à une hauteur de 1 200 mètres ; l'aéronaute coupa alors la corde qui retenait le parachute à l'aérostat. Le parachute descendit lentement au bruit des bravos et des cris d'enthousiasme des spectateurs.

Deux ans plus tard, Garnerin fit à Paris une ascension que la violence du vent

(1) Voir page 214 et gravure, page, 81.

(2) *Gazette nationale ou le Moniteur universel. — septidi 27 vendémiaire an VII de la République française une et indivisible.*

(3) Page 272.

rendait très-périlleuse. Arrivé à une hauteur considérable, l'aéronaute s'aperçut que les cordes qui retenaient les rebords du parachute s'étaient enroulées autour du câble principal. Malgré le danger, Garnerin coupa la corde qui le retenait au ballon et descendit à terre, violemment secoué par le vent et les mouvements de rotation que subissait le parachute. Les périls très-grands que bravait ainsi Garnerin augmentaient sa popularité. Bientôt il fut de toutes les ascensions et de toutes les fêtes. Sans en avoir encore le titre, il était en fait « l'aéronaute officiel ». Le 25 prairial an IX, il donna chez le ministre de la guerre une fête aérostatique qui se termina par le départ d'un énorme ballon auquel étaient attachés des lampions qui tracèrent dans l'air le nom de *Marengo* (1).

L'année suivante, Garnerin fit en Angleterre une série d'ascensions, dont la plus intéressante est celle que raconte le capitaine Sowden dans une lettre adressée à un journal de Londres.

« ..... Parvenus à la hauteur (2) de 3 000 pieds, je priai M. Garnerin de ne pas s'élever davantage jusqu'à ce que nous eussions dépassé la capitale, afin que ses habitants pussent jouir plus longtemps du plaisir de nous voir. Quand nous fûmes à une certaine distance de Londres, nous montâmes en traversant quelques nuages très-gris, dont j'aperçus trois couches bien distinctes. Arrivés dans la partie la plus basse de ces nuages, nous trouvâmes le vif-argent du thermomètre à quinze degrés, et je fus obligé de mettre mon manteau; mais en nous élevant nous eûmes un air plus tempéré, et le vif-argent monta graduellement à cinq degrés au-dessus de la chaleur d'été. Il nous sembla dans ce moment que nous étions stationnaires. Nous ne nous sentions pas plus remués que si nous eussions été assis sur notre chaise. Je proposai alors à M. Garnerin de visiter notre cantine : nous y trouvâmes un jambon, une volaille froide, un gâteau et deux bouteilles d'orgeat, car le vin et les liqueurs spiritueuses sont dangereuses à cause de la raréfaction de l'air. Le froid que nous avions éprouvé en traversant les nuages nous avait donné de l'appétit. Nous nous fîmes des siéges de notre char, une table que nous posâmes sur nos genoux; le repas fut exquis.

. . . .

« Je montrai sur la carte notre course à M. Garnerin, lui faisant observer que nous ne tarderions pas à voir la mer. Effectivement, nous la découvrîmes très-peu de temps après. M. Garnerin me dit que nous n'avions pas un moment à perdre, et qu'il nous fallait descendre le plus promptement possible; en même temps, me montrant un nuage très-noir qui était presque sous nos pieds, il me dit : « *Il faut que nous passions à travers ce drôle-là ; accrochez-vous ferme, car nous allons nous casser le cou. — De tout mon cœur,* lui répondis-je. Il ouvrit alors la soupape et nous descendîmes avec rapidité. En fondant sur le nuage, je trouvai, ainsi que je l'avais conjecturé, qu'il contenait une rafale de vent et de pluie, la plus violente que j'eusse jamais sentie. L'attraction de l'eau, la force du vent, et l'émission continuelle du gaz par la soupape, nous jetaient avec tant de vélocité vers la terre, que je m'attendais à voir la prédiction de M. Garnerin se réaliser; mais je vous assure que mes idées, dans ce moment, ne s'accordaient pas avec la réponse que je lui avais faite.

(1) Le ministre de la guerre donnait ce jour-là un grand dîner suivi d'un bal en l'honneur de la bataille de Marengo.

(2) Reproduite dans le *Moniteur* du 19 messidor an X.

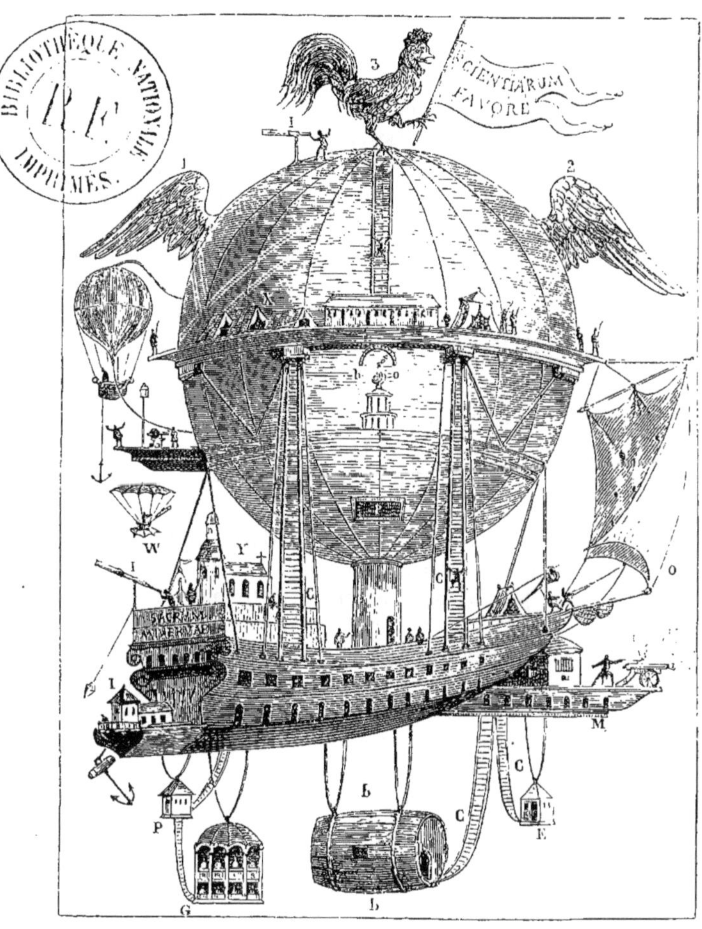

La *Minerve* de Robertson (1).

« M. Garnerin, cependant, conservait toute sa présence d'esprit et tout son sang-froid; et, pendant que nous descendions avec cette vitesse extrême, il m'avertit d'empoigner fortement le cerceau qui était attaché au fond du filet auquel le char

(1) Voici l'explication de la gravure qui était jointe au prospectus et que nous reproduisons ci-dessus:

Le coq (n° 3) est le symbole de la vigilance; il est aussi le point le plus élevé de l'aérostat : un observateur, intérieurement placé à l'œil de ce coq, surveille tout ce qui peut arriver dans l'hémisphère supérieur du diamètre du ballon; il annonce aussi l'heure à tout l'équipage. Sans doute les ailes indiquées de chaque côté (1 et 2) sont uniquement dessinées pour l'effet et flatter l'imagination.

Le ballon, de 150 pieds de diamètre, en soie écrue fabriquée exprès à Lyon, est verni intérieurement et extérieurement avec le caoutchouc. Ce globe enlève un navire qui réunit toutes les choses nécessaires aux commodités, aux observations et même aux plaisirs des voyageurs.

I. Un petit navire, pourvu de sa voilure, agrès, et capable de tenir la mer, afin que si le ballon, était suspendu, et de grimper dans le filet; sans cette précaution nous eussions été brisés.

« Le ballon ne remonta pas aussitôt, mais il nous traîna le long de la terre, avec une vitesse étonnante, l'espace d'environ trois champs, avant que l'ancre eût pu mordre. Nous nous regardâmes comme sauvés, parce que nous étions près d'une ferme, d'où plusieurs personnes sortirent pour nous voir. Mais, quoique nous leur eussions jeté des cordes, en implorant leur secours, ces pauvres gens étaient si consternés que nous ne pûmes rien obtenir d'eux, ni par les prières ni par les menaces, car, ainsi que je l'ai appris plus tard, ils nous prenaient pour deux sorciers : en effet, c'était une chose assez extraordinaire que de voir deux hommes descendre des nues en poste.

« En travaillant à préparer les cordages pour les jeter aux gens de la ferme, M. Garnerin avait laissé échapper la corde qui tenait à la soupape, et, en conséquence de cet accident, le fond du ballon était poussé en haut par le vent. M. Garnerin me dit de tâcher de rattraper la corde; j'y parvins en grimpant dans le filet, quoique la force du vent agitât tellement les tubes d'étain attachés au fond du ballon, et par lesquels la corde passait, et m'en frappât le visage avec tant de roideur, que je fus presque étourdi du coup. La corde ayant été rattrapée, nous redescendîmes, mais nous fûmes portés avec tant de violence à travers la campagne, quelquefois à rase terre et quelquefois en l'air, que je proposai à M. Garnerin d'abandonner le ballon et de nous sauver; mais il s'y opposa constamment et me rappela la parole que je lui avais donnée de ne pas le quitter. Sur ces entrefaites, nous allâmes heurter contre plusieurs arbres, dont un pensa nous tuer. Comme j'avais dans ce moment le dos tourné, je reçus à la tête un coup qui m'étendit tout de mon long au fond du char. M. Garnerin, en essayant de me secourir, fut presque jeté hors du char; deux des cordes qui tenaient le char se rompirent, et au même instant des branches d'arbre déchirèrent le ballon : « Nous voilà sauvés! s'écria M. Garnerin, le ballon est déchiré. »

« Un autre coup de vent nous dégagea de l'arbre, et nous touchâmes terre encore une fois; la secousse était moins violente qu'auparavant. Nous sortîmes tous les deux, mais tellement épuisés de fatigue, que nous eûmes à peine la force

porté sur l'Océan, venait, par vétusté, à cesser de servir, les voyageurs eussent le moyen de se séparer de l'aérostat et de revenir par mer.

b. Un grand magasin ou cave pour conserver l'eau, le vin et toutes les substances alimentaires nécessaires à l'expédition; il sert en même temps de contre-poids au ballon.

CC. Des échelles de soie pour communiquer facilement avec tous les points du globe.

E. Water-closets.

G. Un logement pour quelques *dames curieuses* (cage suspendue à côté du tonneau). Ce pavillon est éloigné du grand corps de logis, de crainte de donner des distractions aux voyageurs.

H. Logement du garde-gouvernail.

L. Un observatoire où sont les boussoles, les instruments astronomiques et les quarts de cercle pour prendre la latitude.

Une salle destinée aux récréations, à la promenade et aux exercices gymnastiques.

M. La cuisine sans cheminée, et très-éloignée du ballon : c'est le seul endroit où il soit permis de faire du feu. A la suite, un atelier pour la menuiserie, la serrurerie, la mécanique et la buanderie, etc.

P. Chambre du médecin.

V. Un théâtre, salon pour la musique, orgue, etc.

Une salle d'étude, des cabinets de physique et d'histoire naturelle, etc.

X. Les tentes des gardes, etc., etc.

de suivre le ballon, qui alla retomber à environ deux cents pas plus loin. Nous nous en rendîmes complétement maîtres en nous jetant dessus, et en le pressant pour en faire sortir le reste du gaz. Il tombait une pluie si forte, que je proposai à M. Garnerin de laisser le ballon dans les champs, et d'aller chercher une maison pour nous mettre à l'abri et nous reposer. Nous en gagnâmes, comme nous pûmes, une que nous avions aperçue à un demi-mille de là; elle appartenait à M. Kingsbery.

« Notre arrivée donna lieu à une méprise assez plaisante. Nous demandâmes à parler au maître de la maison, et M. Kingsbery parut: mais voyant deux personnes d'une figure assez étrange (M. Garnerin avait un chapeau à la française avec une cocarde nationale et un drapeau aux trois couleurs; j'étais en habit de matelot, et je tenais à la main le pavillon à l'union), il crut que c'était l'élection qui nous amenait, et sans nous donner le temps de lui adresser la parole, il nous dit : « Messieurs, quoique je sois franc-tenancier, j'ai résolu de ne voter ni pour un parti ni pour un autre. » Il était si fortement préoccupé de cette idée, que nous fûmes quelque temps sans pouvoir lui faire comprendre que nous n'avions rien à voir à l'élection, mais qu'en trois quarts d'heure nous étions venus, en ballon, de Londres chez lui; que nous étions fatigués, brisés; que nous lui demandions assistance et asile. Il nous fit alors l'accueil le plus hospitalier; non-seulement il nous donna des rafraîchissements et des habillements secs, mais encore il nous offrit des lits, nous dit de disposer de sa maison et de ses chevaux, et envoya aussitôt quelques fermiers avec un chariot, pour apporter le ballon et le mettre en sûreté. »

Le lendemain, les aéronautes étaient de retour à Londres. Les détails de l'ascension furent publiés dans tous les journaux et le nom de Garnerin devint si populaire, que l'aéronaute français dut quelques jours plus tard (16 messidor) faire une nouvelle ascension. Dès huit heures du matin, quelques amis de Garnerin s'efforcèrent de le décider à remettre l'ascension au lendemain; mais Garnerin, instruit par l'exemple de Testu-Brissy et Pilâtre de Rozier, s'opposa à tout retard. Dans l'après-midi, le vent devint plus violent, et une pluie torrentielle vint ajouter aux difficultés que Garnerin éprouvait déjà pour le gonflement de son aérostat. Malgré le mauvais temps, une foule considérable se pressait à Bow-street; lorsque le ballon s'éleva, elle fit à Garnerin une chaude ovation qui le dédommagea du maigre résultat financier de la journée. S'il faut en croire le journal anglais, une souscription publique fut ouverte pour indemniser l'aéronaute des pertes qu'il avait subies. Les voleurs de la bande de Conolly (1) — s'ils étaient reconnaissants — ont dû se montrer généreux, car « on ne peut se faire une idée du nombre de gens qui étaient, le jour de l'ascension, occupés à vider les poches pendant que l'aéronaute remplissait son ballon (2) ».

Honoré de la faveur impériale, Garnerin fut désigné par Napoléon pour diriger la partie aérostatique des fêtes données à l'occasion de son couronnement. 30 000 francs furent mis à sa disposition pour la construction d'un immense aérostat qui devait, livré aux airs, aller apprendre aux extrémités de l'Europe qu'il y avait un empereur de plus.

Le 16 décembre 1804, à 11 heures du soir, illuminé de trois mille verres de cou-

(1) Célèbre pick-poket anglais.
(2) *Traveller* du 5 juillet 1802.

leur, surmonté d'une couronne impériale et portant sur sa circonférence cette inscription : *Paris, 25 frimaire an XIII, couronnement de l'empereur Napoléon par Sa Sainteté Pie VII*, un immense ballon s'éleva de la place du Parvis-Notre-Dame.

Le lendemain matin, lumineux encore, le colossal aérostat apparut, aux yeux des Romains étonnés, au-dessus de la coupole de Saint-Pierre, s'abaissa si près de terre qu'il parut vouloir descendre dans la ville même, effleura le sol, puis, se relevant quelque peu, s'en alla tomber dans le lac Bracciano, après avoir laissé au monument appelé le *Tombeau de Néron* une partie de sa couronne impériale.

Ce hasard fut exploité par les ennemis de Napoléon, et les journaux italiens, peu sympathiques en général à l'empereur nouveau, en prirent occasion pour faire de ce qui n'avait été qu'un caprice du vent un arrêt de la Providence. Le bruit de ces railleries vint jusqu'aux oreilles du maître, et le vainqueur de Marengo, qui n'aimait point qu'on se rît de lui, qui, comme plus d'un homme de génie, n'était point d'ailleurs exempt de superstition, punit la mésaventure dont sa couronne avait été victime sur l'innocent Garnerin qui perdit la faveur de l'empereur et le privilége de faire les ascensions officielles.

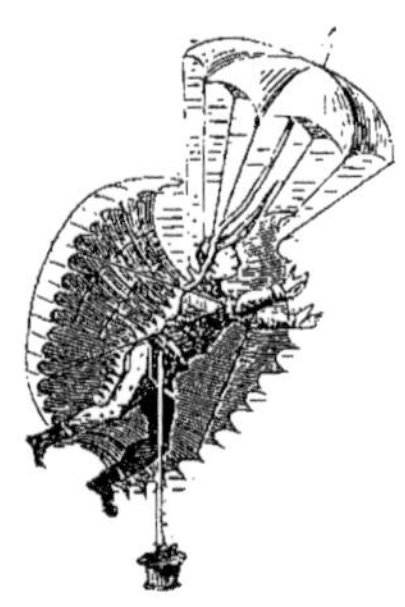

CHAPITRE XXXI

SOMMAIRE : Blanchard; ses dernières expériences; Blanchard et Lalande; mort de Blanchard. — Madame Blanchard; mort de madame Blanchard. — Harris; mort d'Harris.— Sadler; mort de Sadler.

I

Pendant que Garnerin marchait d'un pas rapide à la popularité, Blanchard était à l'étranger où la fortune se montrait envers lui tantôt avare, tantôt prodigue de ses dons.

En 1792, Blanchard avait quitté la France pour courir le monde. Mal lui en prit; peu de temps après son départ, l'ex-pensionnaire de plusieurs rois était arrêté dans le Tyrol, enfermé dans la forteresse de Kustein, et accusé de propager les principes révolutionnaires!

Sa captivité ne dura pas longtemps, mais, un peu désillusionné par ces quelques mois de prison, Blanchard passa la mer et alla en Amérique où il fit en 1796 son quarante-sixième voyage aérien.

Les succès de Garnerin, qui peu à peu le faisaient oublier, forcèrent Blanchard à rentrer en France vers 1798. Pour attirer sur lui l'attention du public, Blanchard annonça qu'il s'élèverait à Rouen dans une flottille aérienne. En effet, quelques jours plus tard, cinq ballons, soulevant une immense nacelle, emportèrent seize personnes qui descendaient une heure plus tard à Bazancourt, près de Gournay.

Malgré tous les efforts de Blanchard, l'ascension de Rouen ne lui fit pas retrouver sa popularité et Garnerin demeura le favori de la foule. L'oubli dans lequel il était tombé exaspéra le citoyen de Calais, qui eut la faiblessse d'exhaler son humeur dans plusieurs lettres adressées aux journaux : Garnerin lui répondit. Cette polémique dura fort longtemps et ne prit fin qu'après une ascension de Blanchard dans laquelle, relevant un défi de Garnerin, il descendit en parachute (1).

Le 26 juillet 1799, Blanchard fit, avec Lalande, une ascension qui eut un certain retentissement.

Les deux aéronautes partirent du Tivoli à 7 heures trois quarts dans une nacelle

(1) Blanchard partit en juillet 1799 du Tivoli, traversa la Seine et alla descendre dans un jardin, à Boulogne.

suspendue à un groupe de cinq aérostats. Une ancre fixée à l'extrémité d'une longue corde maintint la flottille à la même hauteur pendant quelques heures. Les journaux du temps prétendent que Blanchard fit, ce jour-là, un nouvel essai de direction. Quoi qu'il en soit, l'expérience ne donna aucun résultat; Lalande fit peu d'observations et Blanchard ne découvrit certainement rien de nouveau, puisqu'il n'adressa pas aux journaux la moindre lettre.

Quatre années plus tard, Blanchard faisait sa cinquante-cinquième ascension. Le temps était très-mauvais, la grêle tombait avec force, et, lorsque Blanchard atteignit les hautes régions de l'atmosphère, les glaçons couvraient son ballon. Ce ne fut qu'après cinq heures de voyage que l'aéronaute put ouvrir la soupape de l'aérostat et prendre terre.

Cinq années s'écoulèrent pendant lesquelles Blanchard fit quelques ascensions, aujourd'hui oubliées. Dans les premiers jours de février 1808, il fit au château du Boys, près de la Haye, sa soixantième ascension.

Depuis longtemps déjà Blanchard n'était plus « l'aéronaute des cours royales d'Europe » : aussi était-ce avec joie qu'il avait accepté de faire devant Louis Bonaparte, roi de Hollande, une expérience aérostatique.

A trois heures de l'après-midi, Blanchard s'éleva dans une montgolfière; mais, au moment où il venait d'alimenter le feu, il fut foudroyé par une attaque d'apoplexie.

Quelques minutes plus tard, la montgolfière retombait à terre, ensevelissant dans ses plis le corps de l'aéronaute. Bientôt les spectateurs qui avaient assisté à l'ascension arrivèrent et prodiguèrent à Blanchard les premiers soins. Quelques jours plus tard, il était ramené à Paris où il mourut l'année suivante (7 mars 1809).

II

Blanchard mourut impopulaire et pauvre. Il vit la popularité aller à Garnerin et la fortune déserter son foyer pour faire place à la misère. La gêne qu'il éprouva pendant quelques années fut si grande qu'il disait à sa femme : « Tu n'auras après moi, ma chère amie, d'autre ressource que de te noyer ou de te pendre. »

Blanchard se trompait.

Très-énergique et très-active, madame Blanchard ne se laissa pas abattre par l'adversité. Mariée très-jeune (1) à Blanchard, elle était familière avec les dangers que son mari avait courus et qu'il aimait à raconter. A vingt-six ans, elle accompagnait son mari dans plusieurs ascensions. Dès 1805, elle faisait seule, à Toulouse, une ascension qui dura deux ou trois heures.

Après la mort de son mari, madame Blanchard fit son métier de ce qui jusqu'alors n'avait été qu'un jeu pour elle. Grâce au nom qu'elle portait et à son intrépidité,

(1) Marie-Madeleine-Sophie Armant naquit le 25 mars 1778 à Trois-Cantons, près de la Rochelle. On raconte que sa mère étant grosse vit un voyageur qui lui promit d'épouser l'enfant dont elle devait accoucher, si c'était une fille. Ce voyageur était Blanchard.

elle put multiplier ses voyages aériens et acquérir en peu de temps une petite fortune.

La plupart de ses ascensions, accomplies dans des fêtes publiques, sont aujourd'hui oubliées. Cependant l'histoire de l'aérostation a enregistré celles de Rome et de Naples, en 1811 ; celle de Turin du 26 avril 1812, pendant laquelle l'aéronaute éprouva un froid tel qu'une hémorragie se déclara aussitôt. Ce ne fut qu'en approchant de la terre que le sang cessa de couler. En quelques années, madame Blanchard accomplit plus de cinquante ascensions, malgré la « concurrence » de madame Élisa Garnerin. Le 21 septembre 1817, madame Blanchard faisait à Nantes sa cinquante-troisième ascension.

Ce fut ce jour-là que l'aéronaute, croyant descendre dans une prairie, vit sa nacelle s'enfoncer dans un marais situé entre Couërnon et Saint-Étienne-de-Montluc. Heureusement quelques paysans qui avaient aperçu le ballon purent la secourir à temps.

Le 6 juillet 1819, il y avait grande fête dans les jardins du Tivoli de la rue Saint-Lazare ; madame Blanchard fut chargée de faire l'ascension qui devait terminer la journée.

Depuis quelques jours, tous les journaux avaient annoncé l'ascension, qu'on se promettait très-brillante. Une foule considérable se pressait dans les jardins, autour de l'enceinte réservée pour le ballon et brillamment illuminée par des feux de Bengale. A 8 heures trois quarts, l'aéronaute monta dans sa nacelle, puis le ballon s'éleva lentement, majestueusement, tandis qu'à terre retentissaient les acclamations.

Quelques secondes plus tard, le feu d'artifice, que madame Blanchard portait suspendu au-dessous de sa nacelle (1), marqua d'un sillon lumineux la route suivie

(1) « Aux lanternes, aux verres de couleur de Garnerin, madame Blanchard avait substitué des pièces d'artifice, dont la disposition, cependant, était si bien combinée, qu'elle avait pu vingt fois déjà, jusqu'au jour de l'événement fatal, promener impunément dans l'air sa couronne de feu.

« Son ballon, dont nous possédons quelques débris, était en soie, de petite dimension. On le remplissait de gaz, à la manière habituelle. La nacelle en osier, le cercle qui maintenait l'écartement des cordes, étaient en tout semblables à ceux qu'on emploie encore aujourd'hui. Voici en quoi consistait l'agencement de son artifice :

« Au-dessous de la nacelle, on suspendait, au moment du départ, par un fil-de-fer de dix mètres de longueur et d'une force proportionnée au poids qu'il devait porter, un cercle en bois d'un grand diamètre, autour duquel étaient disposées et fixées d'avance les pièces d'artifice qui devaient suivre l'aéronaute dans l'air. Cette espèce d'auréole, d'étoile, ou de *gloire*, comme disent les artificiers pour désigner tous les feux fixes, était composée de pièces placées de manière à produire leur effet en contre-bas ; elles étaient mêlées de flammes de Bengale et de feux de couleur, qui, dès le moment du départ, éclairaient la marche du ballon. C'était vraiment un beau spectacle, mais qu'il est toujours plus sage et sans inconvénient de reproduire à l'aide d'un ballon perdu. Des *retards*, sorte de mèches dont la durée est calculée d'avance, ne communiquaient le feu à l'ensemble de l'artifice qu'au moment où le ballon avait atteint une élévation convenable.

« L'aéronaute, on le voit, n'avait aucune communication avec l'étoile d'artifice ; quand le feu était éteint, on pouvait même, et c'est ce que faisait habituellement madame Blanchard, se séparer du cercle en bois et du fil-de-fer amarré au fond de la nacelle. Elle laissait tomber le tout en pleine campagne, afin de n'en être point embarrassée au moment de la descente.

« Que s'était-il donc passé ? dit Dupuis-Delcourt ; comment le feu s'était-il communiqué au gaz du ballon ?

« C'est ici que se révèle la haute imprudence de l'infortunée madame Blanchard, et que nous allons voir se dérouler la série de circonstances fatales qui ont pesé sur cette expérience et en ont amené la déplorable fin.

« L'aéronaute avait en effet voulu augmenter, ce jour-là, le spectacle ordinaire de ses ascensions à

GUYTON DE MORVEAU.

par l'aérostat; une pluie d'étincelles dorées et argentées, rouges, vertes, bleues, descendit vers la terre. Ce spectacle dura cinq minutes, puis tout retomba dans

ballon garni d'artifices; elle avait réellement préparé *une surprise* à ses nombreux spectateurs. Et cette pensée, cette surprise, ont été la première et la principale cause de sa mort. Pour *faire du nouveau*, madame Blanchard avait préparé et emporté avec elle un petit parachute de deux mètres environ de diamètre. Après l'extinction du feu de la couronne, elle devait lâcher ce petit parachute, en allumant l'artifice qui le lestait et qui se terminait par une *bombe à pluie d'argent*. Elle avait calculé que le parachute, déployé dans l'air, et éclairé en dessous par la flamme de Bengale, offrirait un gracieux spectacle; puis, pensait-elle, au moment où tous les regards seront fixés sur lui, au milieu de sa course, la flamme communique le feu à la bombe, qui éclate : tout disparaît. Cela sera charmant! Et, pour mettre le feu à son parachute, elle place dans sa nacelle, tressée en simple osier à claire-voie, garnie de papier peint et doré, une *lance* tout allumée, sorte de mèche bien connue des artificiers, espèce de feu grégeois que rien ne peut éteindre.

« Quand un ballon s'élève de terre, il rencontre, en montant, des couches d'air de moins en moins pesantes, et le gaz hydrogène dont il est rempli se dilate en même proportion que décroît la pesanteur de l'air. Habituellement, les ballons sont assez grands pour que, remplis à moitié ou aux deux tiers seulement, ils puissent emporter les poids dont on doit les charger, et cette dilatation du gaz hydrogène se fait sans inconvénient à l'intérieur de l'enveloppe. Le ballon augmente de volume, mais les conditions d'équilibre restent les mêmes, voilà tout.

« Madame Blanchard, très-petite de taille, fort légère, et ne faisant que des ascensions de fêtes, avait la mauvaise habitude, pour épargner les frais de remplissage, de se servir d'un ballon fort petit. Celui du 6 juillet 1819 n'avait pas sept mètres de diamètre; et pour pouvoir s'élever avec l'artifice et ses accessoires, elle était obligée de le remplir de gaz jusqu'à la gorge, ce qui est une faute. Du moment où elle quittait le sol, le gaz hydrogène dilaté fusait par l'appendice inférieur, et il s'établissait sur la ligne parcourue par le ballon une trace de gaz hydrogène, une véritable traînée de poudre, à laquelle bien des fois le feu aurait pu prendre si on ne considérait, d'une part, que le gaz hydrogène, plus léger que l'air ambiant, se disséminait très-promptement et tendait à monter; et de l'autre, la grande distance

Un crochet de fer arrêta brusquement la nacelle. — « A moi! » cria madame Blanchard. (Page 314.)

l'ombre : la fête était finie, et, suivant le programme, madame Blanchard devait aller descendre à peu de distance de Paris.

Les derniers bravos venaient de cesser, lorsque tout à coup une lueur inat-

(quinze ou vingt mètres environ) qui existait entre la bouche inférieure du ballon et de l'étoile d'artifice.

« Mais le jour de sa fatale et dernière expérience, ce fut elle-même, c'est de sa propre main que madame Blanchard mit le feu à son gaz. Au moment où, tenant d'une main, en dehors de sa nacelle, le petit parachute, elle prit de l'autre la lance d'artifice, elle la fit passer à travers la colonne de gaz qui fusait par l'appendice, et tout aussitôt le gaz dut s'enflammer. On vit alors la courageuse aéronaute tendue surprend les spectateurs. On croit à une surprise ménagée par l'aéronaute et des bravos frénétiques vont dire à madame Blanchard que le public la remercie.

Quelques secondes plus tard, la flamme se montre dans la nacelle où l'on aperçoit l'aéronaute s'efforçant de l'éteindre. A-t-elle réussi? Mais non. Une immense gerbe de feu surmonte l'aérostat.

A la clarté de la flamme, on vit le ballon descendre lentement; le dénouement du drame était proche.

Enfin la grosse machine disparaît derrière les maisons, tandis que les bravos redoublent et que quelques spectateurs se précipitent du côté de la rue de Provence. Ils arrivèrent en face du numéro 16 lorsque le ballon, entièrement dégonflé, laissait traîner la nacelle sur un toit. Malheureusement, un crochet de fer l'arrêta brusquement. La secousse fut telle que l'aéronaute, lancée la tête en avant sur le pavé de la rue, fut tuée sur le coup.

— A moi! avait crié madame Blanchard.

On se précipita à son secours, mais on ne releva qu'un cadavre affreusement mutilé.

La nouvelle de la mort de madame Blanchard fut vite connue dans les jardins du Tivoli. D'abord on ne voulut pas y croire, mais il fallut se rendre à l'évidence. Une souscription ouverte à l'instant même produisit quelques mille francs dont on ne sut que faire le lendemain. Deux mois plus tard, on les employa à élever le monument sous lequel repose madame Blanchard dans le cimetière du Père-Lachaise.

III

Malgré la mort de Pilâtre de Rozier, d'Olivari et de Zambeccari, les montgolfières furent encore employées, mais toujours avec le même succès; à chacune des ascensions, il était bien rare que quelque accident ne se produisit pas. En 1812, un aéronaute allemand, Bittorf, s'élève dans une montgolfière de papier, doublée de toile. Comme Olivari, comme Zambeccari, il paya de la vie son imprudence; à peine

quittant précipitamment le parachute et la mèche, se lever et chercher une première fois, puis une seconde, à éteindre, à comprimer l'appendice du ballon : mais presque aussitôt une colonne de feu se fit voir au haut de la machine, et madame Blanchard, cessant alors des efforts superflus, fut distinctement aperçue assise dans sa nacelle, cherchant à voir le lieu où allait s'abaisser son ballon, s'occupant enfin des moyens de se sauveter.

« La combustion du gaz hydrogène dura plusieurs minutes, et le ballon s'amoindrissait de plus en plus, descendait toujours. — Mais enfin il descendait, ce n'était pas une chute!

« Une heure avant le départ du ballon, le vent soufflait de l'est ; l'aéronaute aurait été portée par le vent dans les plaines de Monceau, où elle aurait touché terre, un peu rudement peut-être, mais sans péril pour elle. — Au moment du départ, le vent avait fraichi et fait en quelque sorte le tour de l'horizon. Il soufflait du nord-ouest et porta le ballon sur Paris. Il y avait alors aux environs de la maison, rue de Provence, 16, formant le coin de la rue Chauchat, peu de constructions et d'immenses jardins. Là encore l'aéronaute pouvait descendre ou tomber sans danger : c'est précisément sur le toit de la maison que le ballon et la nacelle portent. Enfin le toit a naturellement deux pentes; l'une conduit du côté du jardin, l'autre sur la rue, et c'est de ce côté que glisse l'apparei .

Le choc n'a pas été considérable, puisque de minces chevrons en bois, faisant partie du comble, n'ont pas été enfoncés. »

avait-il dépassé les plus hautes maisons de Manheim, que le réchaud communiqua le feu à sa machine. Bittorf fut précipité sur le toit d'une maison où il se rompit les os.

Quelques années auparavant, en 1806, un autre aéronaute, Mosment, avait été victime de son imprudence. A un ballon de gaz hydrogène, Mosment suspendait une planche attachée aux mailles du filet, et s'en servait en guise de nacelle; vingt fois il avait entrepris ce rude voyage, et vingt fois il avait réussi. Un jour, on lui demanda de faire une expérience de parachute, Mosment y consentit. Il annonça que le lendemain, dans une expérience publique, il lancerait du haut des airs un chien attaché à un parachute. Il tint parole; mais au moment où il voulut couper la corde qui retenait le parachute au ballon, les mouvements du chien lui firent perdre l'équilibre. Le malheureux aéronaute fut précipité vers le sol, tandis que le ballon délesté s'enfuyait vers le ciel.

Quelques habitants de la ville retrouvèrent, le lendemain, le corps de Mosment dans un fossé.

Ce fut aussi en 1812 qu'eut lieu à Paris l'expérience malheureuse de Deghen.

Jacob Deghen était horloger à Vienne, lorsque les frères Montgolfier firent à Annonay leur première expérience. Deghen embrassa aussitôt avec ardeur la cause de l'aérostation, s'intéressa à tous les essais de direction et chercha lui-même le mot de l'énigme. Pendant de longues années, il travailla seul dans l'ombre, soldat obscur d'une cause qui avait pour elle tant d'hommes illustres. Vers 1810, Deghen crut avoir découvert le moyen d'imprimer une direction aux aérostats. Il multiplia, paraît-il, les expériences pendant deux années, et chaque essai sembla lui donner raison. Enfin, persuadé de l'excellence de son système, il vint à Paris livrer au monde savant son secret, et aussi chercher le triomphe et la gloire. Mais Deghen fut cruellement désabusé : son ballon s'éleva lentement à une très-petite hauteur, puis retomba sur le sol. La populace, « excitée sans doute contre l'*Autrichien* par la police impériale », rossa le pauvre aéronaute et mit sa machine en pièces.

Harris, ancien officier de marine, s'était, comme Zambeccari, adonné tout entier à la science aérostatique. Après avoir fait quelques ascensions à Londres avec l'aéronaute Graham, il quitta la marine et commença des expériences. Deux années plus tard, il fit à Londres une ascension publique avec un ballon auquel il avait adapté une machine qui devait le diriger dans l'air.

Tout d'abord l'expérience réussit admirablement. Le ballon s'éleva dans l'air et atteignit promptement une hauteur considérable. Harris, plus que tout autre, jouissait de son succès et faisait part de ses espérances à une jeune dame qu'il avait emmenée avec lui et qu'il aimait passionnément.

Après une course vertigineuse — le vent était violent — qui dura trois heures, Harris voulut opérer la descente; il ouvrit la soupape pour laisser s'échapper le gaz.

Le ballon se mit à descendre avec rapidité. Harris voulut fermer la soupape, mais malgré tous ses efforts elle resta ouverte : un vice de construction l'empêcha de manœuvrer.

Alors commença une lutte horrible contre la mort!

Le ballon descendait avec une rapidité vertigineuse; le malheureux aéronaute jeta hors de la nacelle tout ce qui était susceptible d'alléger l'aérostat : les sacs de lest, les couvertures de voyage, ses vêtements, ceux de sa compagne, sans que la vitesse de la chute en fût diminuée.

La terre se rapprochait. les aéronautes étaient à cinq cents mètres à peine du sol ; dans quelques minutes on serait au port, mais le port devait être la mort.

Harris prend tout à coup une résolution sublime : il embrasse sa compagne et se précipite dans l'espace. La jeune femme épouvantée voit son ami s'enfoncer dans le sol, tandis qu'elle est déposée doucement à terre.

Des paysans, qui avaient vu descendre le ballon, s'élancent vers la jeune femme pour lui aider à sortir de la nacelle. A toutes leurs questions, elle répond : « Il est mort. » Puis, tout à coup, elle laisse échapper un rire strident et rauque.

Elle était folle.

Harris était mort le 8 mai 1824.

Quelques mois plus tard (29 septembre 1824), un autre aéronaute, Sadler, trouvait la mort près de Bolton.

Sadler était un aéronaute de profession : une longue habitude des ascensions lui avait donné une confiance en lui-même qui lui fut fatale ce jour-là.

Le 29 septembre, il fit une ascension publique à la suite d'une grande fête qui avait eu lieu à Bolton; mais ayant voulu prolonger son séjour dans l'air, il épuisa tout son lest. La nuit était venue lorsque Sadler opéra sa descente : le défaut de lest l'empêcha de choisir un endroit propice, et le vent, qui s'était fait plus fort, jeta la nacelle sur une cheminée d'usine. La violence du choc fut telle que Sadler, précipité hors de la nacelle, alla se rompre les os sur le sol.

Un de ses amis, qui se promenait dans la campagne, le retrouva le lendemain matin.

CHAPITRE XXXII

SOMMAIRE : Les expériences de Dupuis-Delcourt; la flottille aérienne; recherche des courants aériens; l'*électro-substracteur;* le ballon de cuivre; l'ascension du 29 juillet 1831. — Les ballons dirigeables de Genet et de Lennox. — Cocking et son parachute. — Un drame dans les airs.

I

Ce fut en 1824 qu'eurent lieu les premières expériences de Dupuis-Delcourt.

Depuis longtemps déjà, Dupuis-Delcourt s'occupait d'aérostation; encore sur les bancs de l'École dont il devait sortir ingénieur, il avait adressé un mémoire à l'Académie des sciences sur les courants aériens.

Persuadé que la direction des aérostats réside tout entière dans la connaissance des courants atmosphériques qui règnent à une certaine hauteur, Dupuis-Delcourt entreprit en 1824 de reconnaître ces futurs agents des voyages aériens (1).

(1) En 1823, Dupuis-Delcourt avait publié un mémoire sur l'aérostation, où il disait dans la préface :

« ..... Il m'a semblé nécessaire, avant de rien proposer et surtout avant de rien tenter de nouveau, de connaître par moi-même cet océan de l'air, duquel tout doit avoir un aspect si nouveau et si grand; j'ai pensé qu'il serait bon d'imiter la prudence du navigateur qui ne s'élance pas sans précaution sur des mers nouvelles, dans des routes inconnues, mais qui part du point où ont commencé les autres, et ne se hasarde à tenter de nouvelles entreprises qu'après avoir profité des lumières de la pratique et de l'expérience.

« Je prépare en ce moment une expérience aérostatique qui aura lieu au Champ-de-Mars dans les premiers jours du mois de juin de cette année (1824), et que je compte faire suivre, si les circonstances le permettent, d'un voyage aérien d'une assez longue durée pour m'assurer, par des essais pratiques faits dans le sein même de l'air, que mes spéculations théoriques ne m'ont point trompé. Je serai accompagné dans une partie de ce voyage par M. J.-M. Richard, dont la coopération m'a été d'un grand secours dans les constructions difficiles que nous venons de terminer. Cette expérience, quoique consacrée à des observations et à des essais particuliers, n'offrira au public que l'apparence d'une expérience ordinaire, à l'exception toutefois que l'appareil pompeux d'une *flottille aérienne* devra présenter un spectacle nouveau et brillant.

« Entre autres essais que je me propose de tenter dans le cours de cette expérience, je puis indiquer ici, comme assez important par cette facilité qu'il donnerait pour les recherches relatives à la direction, un moyen inaperçu jusqu'à présent de monter et descendre à volonté, sans faire usage d'aucune espèce de soupape ni de lest. On pourrait dès lors faire durer les expériences et les essais aussi longtemps que cela serait nécessaire, puisqu'on pourrait s'élever et s'abaisser à toutes et de toutes les hauteurs où il soit possible à l'homme de parvenir, sans être obligé de perdre le gaz, qui seul soutient l'aérostat et constitue son existence. » (*Mémoire sur l'aérostation et la direction aérostatique, par* DUPUIS-DELCOURT. *Paris*, 1824. PONTHIEU, *libraire au Palais-Royal.*)

L'ascension avait d'abord été fixée au 10 juin 1824, mais « un concours de circonstances la fit remettre au mois d'août suivant; la maladie du roi Louis XVIII, sa mort arrivée en septembre, la retardèrent de nouveau. Enfin elle eut lieu cette même année, le 7 novembre 1824, chez M. le duc d'Aumont, un des premiers gentilshommes de la chambre, dans son habitation de Montjean, près Paris (1). »

La *Flottille aérostatique* (2) avait été transportée quelques jours auparavant à Montjean.

Dupuis-Delcourt, prit place dans la nacelle, accompagné de son ami J.-M. Richard et d'un chien nommé Talloch : qui devait être dans les airs l'objet de plusieurs expériences.

Tout d'abord le succès sembla répondre aux efforts des aéronautes : les cinq ballons s'élevèrent majestueusement, conservant la place que leur avait assignée l'inventeur de la flottille aérostatique. Mais arrivés à une certaine hauteur les petits ballons offrirent une grande résistance, se couchèrent sur les vergues qui, gonflées par l'humidité, ne gardaient plus l'écartement et le parallélisme nécessaires aux manœuvres.

Dupuis-Delcourt fut obligé de prendre terre sans avoir pu observer les courants atmosphériques qu'il voulait découvrir (3). Cet échec ne découragea pas notre ingé-

(1) Aérostation *ou guide pour servir à l'histoire ainsi qu'à la pratique des ballons, par* Dupuis-Delcourt, page 154.

(2) La flottille se composait d'un ballon principal, de grande dimension, portant à sa base un cercle très-résistant d'où partaient quatre grandes vergues, s'écartant à angles droits les unes des autres, et munies à leurs extrémités de poulies renfermées dans leurs chappes en cuivre; quatre ballons, de bien moindres dimensions que le ballon amiral (ils avaient chacun quatre mètres de diamètre seulement dans l'expérience du 7 nov. 1824), étaient placés à l'extrémité des vergues, retenus par des cordes passant sur la poulie correspondante et qui venaient s'enrouler sur les treuils ou moulinets placés à chacun des angles de la nacelle.

Les quatre ballons accessoires étaient destinés à prendre à volonté position à diverses hauteurs au-dessus du ballon principal. Ils pouvaient monter à mille mètres environ, ou demeurer stationnaires à des hauteurs intermédiaires. Ils étaient destinés à servir d'indicateurs pour étudier et chercher les divers courants à l'aide desquels on pourrait se diriger.

(3) PROCÈS VERBAUX.

EXPÉRIENCE DU 7 NOVEMBRE 1824.

« Nous soussignés certifions avoir été témoins ce jour du départ de la flottille aérostatique montée par MM. Dupuis-Delcourt et J.-M. Richard. Les cinq ballons, après une ascension rapide, ont été perdus de vue dans les nuages du côté de Paris.

« Montjean, ce 7 novembre 1824.

« Albert-Marie Chertemps de Seuil, marquis d'Aumont, le baron de Margueritttes, Noémi Armit, Antoinette d'Aumont, le baron Amédée de Margueritttes fils, L. Luzarche, Menoret, Charles de Chatillon, Petit, Delaborne, Vallot, Bunten, Savardan, D. M. P. Bollé fils, Richard jeune, Minet. »

« Nous soussignés habitants de Choisy-le-Roi, et en l'absence de M. le maire de cette commune, certifions avoir été témoins, ce jour, à quatre heures cinq minutes, de la descente de la flottille aérostatique partie de Montjean, montée par MM. Dupuis-Delcourt et Richard. Le *chien placé dans la nacelle paraissait parfaitement calme.* En foi de quoi nous avons délivré le présent.

« Fait à Choisy-le-Roi, en la demeure de M. Lubbert, habitant de Choisy-le-Roi.

Signé : Benisfeld, *brigadier de gendarmerie*; Guillouet, *instituteur*, Chalon, *curé*; Fournier, H. Lubbert.

« Vu à la mairie de Choisy, pour la légalisation des signatures ci-dessus.

« 21 novembre 1824.

« *Le Maire,*

« Genty. »

nieur-aéronaute. Pendant plusieurs années, il continua ses expériences, tantôt en prélevant sur ses propres deniers les frais des ascensions, tantôt en se faisant, pour continuer ses études, aéronaute de fêtes publiques.

En 1826, il fit, au profit de la souscription ouverte pour favoriser l'émancipation des Hellènes, une ascension qui dura un jour et demi et dans « laquelle il fut assez heureux pour faire quelques observations importantes ».

Cependant ses expériences devinrent de plus en plus rares : la fortune de Dupuis-Delcourt, peu considérable d'ailleurs, avait été gravement compromise par les premières ascensions, et la seule ressource qui lui restât, les ascensions publiques étaient souvent fort éloignées en date les unes des autres. Un ami de Dupuis, fort bien en cour, le fit nommer, vers 1830, *aéronaute officiel*. Ce fut en cette qualité que la ville de Paris le chargea de faire, le 29 juillet 1831, une ascension en l'honneur de l'anniversaire des « trois grandes journées ».

Dupuis-Delcourt nous a laissé la relation de ce voyage qui est demeuré célèbre.

. . . .

« A ce navire heureux, plus léger que les vents,
« Hâtons-nous d'ajouter ou la rame ou la voile :
« Que d'un art tout nouveau le secret se dévoile. »

« Chargé par la ville de Paris de faire une ascension aérostatique au mois de juillet 1831, lors des fêtes publiques destinées à célébrer l'anniversaire des trois jours, j'employai pour cette expérience un ballon en soie et baudruche de grande dimension, magnifiquement décoré, et dont l'équateur, chargé de lettres en or, portait pour exergue la devise de la fête du jour : *Anniversaire des* 27, 28 *et* 29 *juillet* 1830.

« Le départ était indiqué pour trois heures ; un malentendu le fit retarder de quelques instants. Il était trois heures trente-cinq minutes du soir lorsque nous nous élevâmes de terre (1). Le soleil de juillet avait reparu, et le temps, constamment mauvais depuis le commencement du mois, était redevenu beau comme il l'était aux jours de 1830. Un vent d'est-nord-est, assez violent, se faisait néanmoins sentir, et une force d'ascension considérable fut laissée à l'aérostat, pour qu'il pût vaincre les écueils qui environnaient le point du départ. Un naufrage au port eût été chose cruelle dans une circonstance aussi importante, et devant la brillante assemblée alors réunie dans l'enceinte même où était placé l'appareil qui venait de développer, en moins de deux heures, neuf mille pieds cubes de gaz hydrogène.

« A l'extérieur, une foule innombrable de peuple, de gardes nationales et de militaires de toutes armes garnissait les boulevards et les quais, de la porte Saint-Antoine à la barrière de l'Étoile. Au moment de l'ascension et à travers les applaudissements qui nous furent prodigués, je pus même entendre les cris de joie, joints à l'agitation des masses et au cliquetis des armes, qui m'arrivaient encore à plus de cinq cents toises d'élévation, comme le bruit confus d'un mouvement qui s'éteint..

« C'était pour la dixième fois qu'une nacelle aérostatique m'élevait dans l'air au-dessus de Paris. La place Saint-Antoine était le point de départ. Tout auprès, je re-

(1) « J'eus pour compagnon de voyage dans cette ascension le fils aîné du professeur Robertson, aéronaute célèbre, dont le second fils, *Dimitri Robertson*, avait été aussi mon compagnon dans plusieurs de mes ascensions précédentes. »

L'appareil de Deghen.

marquai, principalement en montant, le projet du monument à élever aux victimes de Juillet, et, non loin de là, l'éléphant colossal dont il a pris la place; à droite, la barrière du Trône, Vincennes. Mon imagination frappée relevait la Bastille, ses tours, son affreux donjon, et me faisait assister au réveil du peuple de Paris, lorsque, le 14 juillet 1789, il avait donné, à cette même place, le gage de ce qu'il s'est montré partout il y a un an. Tels étaient le spectacle et les idées qui se confondaient en ce moment dans ma pensée.

« Le ballon plana longtemps sur l'île Saint-Louis et les deux bras de la Seine, qu'il venait de traverser. Je reconnus simultanément le collége de Henri IV, le Pan-

Harris prend tout à coup une résolution sublime : il embrasse sa compagne et se précipite dans l'espace! (Page 316.)

théon, le Jardin des Plantes; au nord, le Louvre, l'arc de triomphe de l'Étoile et le Champ-de-Mars entièrement désert, mais où se voyaient encore les enceintes tracées qui avaient servi aux courses de la veille.

« Certain alors du succès complet de l'expérience, je serrai la main de mon compagnon de voyage, et, fier de la mission qui m'était confiée, glorieux de voir les drapeaux tricolores qui ombrageaient ma tête flotter, pour la première fois depuis si longtemps, devant tout un peuple, des cris d'enthousiasme et de liberté m'échappèrent.

« Ils vibraient encore dans la concavité inférieure du ballon, lorsque des cris partis de terre attirèrent notre attention. Nous avions déjà dépassé Paris, et nous étions en ce moment portés sur *Bicêtre*, dont les infortunés habitants nous appelaient du geste et de la voix. En faisant usage à propos de la soupape et du lest, je m'abaissai au-dessus des cours, dans lesquelles deux ou trois cents prisonniers étaient en ce moment réunis. Ces saluts joyeux, leurs *vivat* prolongés, m'attristèrent. Rien n'afflige l'homme comme la vue de la dégradation de ses semblables, et il suffisait de jeter les yeux en arrière pour avoir le triple spectacle de malheur que m'offraient *Bicêtre*, *Sainte-Pélagie* et *la Force*, dont l'élévation du ballon rapprochait la distance, et qui, pour moi, semblaient se toucher. — On eût dit les premiers anneaux de cette chaîne hideuse qui part chaque année pour le bagne, où elle conduit et confond tant d'êtres divers, que bien souvent une faute seule, un crime social, a rendus coupables. Je demeurai pensif et profondément attristé.

« J'étais resté immobile, mon drapeau dans les mains; je n'entendais plus aucune des voix qui saluaient le passage du ballon. Il me vint en ce moment la pensée subite du danger qu'il y aurait à m'abaisser jusqu'à la portée des bâtiments. Je jetai du sable, et l'aérostat allégé s'éleva d'un mouvement progressif et lent, qui le porta, en dix minutes, à mille toises d'élévation. Le froid et la sensation de plaisir et de bien-être qui se renouvelle à chaque ascension me remenèrent au sentiment de ma position.

« A gauche, la Seine et la Marne, leurs îles et leurs nombreux détours, se développaient au loin, tout resplendissants de lumière. A droite, on distinguait principalement Versailles, dont les eaux reflétaient aussi le soleil, et me semblaient autant de miroirs couchés à terre.

« Le ballon subit ici une déviation légère. Porté sur *Bourg-la-Reine* et le parc de *Sceaux*, je fus bientôt à même de voir le château de Montjean, où je fis, en 1824, une ascension destinée à des recherches curieuses sur la direction des courants supérieurs de l'air. Je considérais sur le terrain même la marche de la flottille que je montais alors avec M. J.-M. Richard, et qui décrivit une sorte d'ellipse, dans la plaine immense située entre la Seine et la Marne, pour me ramener en définitive, après une heure de séjour dans l'air, à cinq quarts de lieue du point de départ.

« Mon attention fut attirée par la tour de *Montlhéry*. Telle était la sérénité de l'air, que, malgré l'éloignement où j'en étais alors, et de la hauteur d'environ sept cents toises, il était possible de juger des restes d'architecture que le temps a conservés à ce castel, où gémit, pendant trois ans, sous le règne d'un roi Philippe, l'intéressante Lucienne, fille de Guy dit le Rouge, et qui fut depuis témoin, en 1465, de la défaite des Bourguignons. L'envie me prit de l'aborder pour en admirer de plus près la structure et les détails. Je descendis.

« Linas et Montlhéry sont deux petites villes qui se touchent et n'en forment, pour ainsi dire, qu'une seule, située le long de la colline et sur le penchant de la montagne où se trouve élevée la tour de Montlhéry. Les habitants de ce pays n'aperçurent vraisemblablement pas le ballon, ou s'en montrèrent si peu curieux que, bien que nous rasâmes le sol au pied de la tour même, quelques-uns se firent à peine remarquer par l'empressement avec lequel ils accoururent vers nous.

« Mon séjour dans la basse région ne fut pas de longue durée. En peu de minutes, je regagnai une élévation plus considérable que celle dont j'étais descendu pour venir visiter la tour. Les habitants de la ville d'Arpajon, bien différents de ceux de Linas, se mirent en mouvement dès que le ballon, en prenant de la hauteur, fut à portée d'être vu. Selon ce que rapporte *Dulaure*, ce pays se nommait autrefois Châtres. Le seigneur qui lui donna, à une époque très-reculée, le nom qu'il porte aujourd'hui, aimait, dans ce temps où les seigneurs détroussaient quelquefois les passants sur les routes, à fréquenter aussi les grands chemins pour arrêter les voyageurs et leur demander le nom de la ville qu'ils avaient devant eux. Il récompensait magnifiquement ceux qui lui répondaient : *Arpajon*, et accueillait, au contraire, à grands coups d'étrivières ceux qui avaient le malheur de ne pas employer la dénomination nouvelle, sous laquelle il voulait que son château fût connu. Cet Œdipe du moyen-âge, s'il se fût trouvé en ce moment sur la route, eût été fort embarrassé pour nous adresser sa question favorite, et force lui eût été de nous dispenser de son gracieux accueil, car le ballon passa sur Arpajon à une hauteur de quinze cent quatre-vingts toises.

« Cette élévation est la plus considérable que nous ayons tenue pendant le voyage, qui n'a été qu'une promenade charmante sous un ciel éclatant, et une suite presque continuelle de descentes et de réascensions. Je n'avais pas d'autre but, dans cette expérience toute d'apparat, et ma nacelle, pavoisée de drapeaux, n'était garnie d'aucun autre instrument que d'un baromètre et d'un excellent thermomètre ; je ne rendrai donc pas compte de mes observations, celles faites pendant le voyage se ressemblant à peu de chose près, et n'ayant eu pour but que la gouverne de l'aérostat.

« Un petit nuage blanc qui s'élevait de la région inférieure nous prit en flanc, et vint agiter quelques instants le ballon. Nous perdîmes momentanément la vue de la terre, et une sensation de froid très-prononcée nous surprit. Je pus bientôt après jouir, de cette hauteur, de la vue des campagnes qui se développaient sous mes pieds. Les villes, les villages, les bois, les rivières et les routes se dessinaient avec une netteté admirable. Le soleil éclairait de nouveau la scène, et une vapeur légère qui s'élevait de terre bornait au loin, d'un horizon fantastique et bizarre, l'immense plateau que je pouvais embrasser d'un seul regard. C'était comme un plan en relief, et l'homme placé dans cette position extraordinaire a besoin de toute sa raison pour se persuader que ce qu'il a sous les yeux soit bien cette même terre qu'il a quittée peu d'instants auparavant. Souvent, dans mes ascensions, j'ai été frappé de la ressemblance qu'il y a entre une carte bien coloriée dressée sur une échelle un peu grande, et la vue dont jouit l'aéronaute à douze ou quinze cents toises d'élévation.

« Le ballon semblait rester stationnaire et sans aucun mouvement aux habitants d'Arpajon, qui le virent pendant trois quarts d'heure au zénith de leur ville, comme une perle brillante suspendue au ciel. Cependant il marchait ; et je me voyais avancer, mais lentement, en raison de la hauteur, sur la route d'Orléans, où je ne désespérais pas d'arriver avant la nuit. Dès ce moment, et au milieu de la foule de villages et de bourgs répandus çà et là, je distinguai *Étampes*, dont la forme allongée, terminée en pointe du côté de Paris, avec *Étrechy*, qui en est comme une fraction détachée, semblait former, par rapport à moi, un énorme point d'exclamation (**!**) placé sur mon passage, et qui se détachait en couleur sombre dans les campagnes diaprées des environs. Cette idée singulière me plut. Je me rappelai le *clocher jauni*, et la lune *comme un point sur un i*, de M. Alfred de Musset. Je ris en moi-même, et me mis à rechercher sur la terre des ressemblances nouvelles, absolument comme lorsque en d'autres jours je me complaisais aussi à mettre mon imagination en jeu pour trouver des paysages, des figures ou des rochers dans les formes si variées des nuages, aux approches de la nuit.

« L'esprit de l'aéronaute voyageant dans l'air est constamment tendu par le spectacle merveilleux dont il jouit, et les sensations nouvelles et inattendues dont il se trouve assailli. Son imagination, à l'aise pour ainsi dire dans ce séjour de féerie, le rend on ne peut plus impressionnable, et l'homme physique, dans le cours d'un voyage aérien, a toujours à lutter contre l'homme moral qui s'égare en pensées gigantesques, merveilleuses, qui lui font oublier à tous moments qu'il n'est suspendu dans l'espace que par un fil.

« C'est ainsi qu'un rayon de soleil réfracté par la vapeur brumeuse amoncelée à l'horizon vint soudainement me frapper de stupeur et d'admiration. Plongé dans une contemplation profonde, et laissant aux vents le soin de conduire l'aérostat, mes idées prirent naturellement le caractère de grandeur qui leur était donné par la nature du spectacle qui s'offrait alors à mes regards. L'idée de la divinité s'offrit à ma pensée ; et bientôt, jetant un coup d'œil sur moi-même, je fus tenté de me demander ce que ne pourraient un jour l'audace et le génie de l'homme réunis, lorsque je me vis, faible créature dont la moindre piqûre peut détruire le fragile édifice, à une hauteur et dans un élément au sein duquel je n'étais point appelé à vivre ; suspendu dans les airs comme par enchantement, moi qui étais condamné à ramper sur la terre sans pouvoir jamais m'en éloigner...

« Il était six heures; et le froid se prononçait de plus en plus depuis quelques instants. L'agitation des drapeaux me fit juger d'un changement de position. Une forte condensation de gaz s'opérait ; le mercure remontait dans le tube barométrique, et les objets terrestres semblaient grandir et se détacher mieux du sol : je descendais. Il m'eût été facile de demeurer, mes ressources en lest étaient loin d'être épuisées. Plusieurs sacs étaient encore à mes pieds ; j'avais en outre un panier renfermant quelques provisions ; une bouteille vide, des cordages et autres objets dont j'aurais pu me débarrasser pour prolonger mon séjour dans l'air. Je préférai de nouveau prendre terre momentanément et faire acte de présence à Étampes, au-dessus duquel le ballon planait alors directement.

« J'étais d'ailleurs curieux de voir de près la tour de Guitel, autre monument de l'ancienne France, qui se voit encore debout, mais entièrement ruiné, sur une éminence à droite en venant de Paris. C'est de ce lieu que voulut partir, dans le siècle dernier, le chanoine *Desforges*, qui tenta de s'élever dans l'air avec des ailes de son invention ; moyen dangereux, borné dans ses résultats, et dont on ne saurait attendre de grands services. Les ballons ouvrent un champ bien plus vaste aux combinaisons de la future aéronautique.

« Les ressources qu'ils offrent à l'aéronaute, toutefois, sont excessivement bornées aujourd'hui par la petitesse des machines actuellement employées. J'en fis bientôt l'expérience. Dans mes fréquentes ascensions et descentes, j'avais perdu beaucoup de gaz, ce souffle léger à qui le globe qui me portait devait sa brillante et trop éphémère existence. Forcé, pour accélérer la descente, d'ouvrir de nouveau la soupape, malgré l'amoindrissement déjà bien marqué du ballon, je jetai sur ce qui m'entourait un regard d'orgueil et de satisfaction. — Je vous quitte, contrées aériennes, pour la possession desquelles l'homme a tant de fois formé de stériles vœux ; je vous quitte : mais bientôt, demain, si telle est ma volonté, forcé par la puissance irrésistible dont s'est armé le génie de *Montgolfier*, vous prêterez de nouveau votre mobile appui à mon char si léger.

« A mesure que le ballon baissait, je voyais augmenter le nombre des personnes qui, le suivaient. Je n'étais plus qu'à une faible distance de la terre. Le courant d'air entraînait l'aérostat avec tant de lenteur, qu'une foule de paysans, de femmes, de jeunes filles et d'enfants le suivaient sans peine. L'après-midi était superbe ; le soleil, encore très-élevé sur l'horizon, dardait ses rayons et répandait ses flots de lumière sur les belles contrées au-dessus desquelles je planais. Aussi loin que ma vue pouvait porter, j'apercevais les habitants des campagnes quittant précipitamment leurs instruments aratoires, et accourant en élevant les bras comme pour m'inviter à les attendre. J'avais devant moi les fertiles coteaux de l'Orléanais, et au loin, sur la droite, d'immenses plaines sablonneuses terminées par des montagnes, colorées de diverses teintes, suivant leurs différents aspects. C'est dans une position comme celle-ci, c'est au milieu d'un tel spectacle que *Sterne*, ou le sentimental *Vernes*, de Genève, nous eussent tracé le tableau le plus pur de l'être pensant. « Heureux villageois ! se seraient-ils écriés, qui courez en folâtrant au-devant de ce globe léger qui fuit devant vous, vous goûtez le bonheur le plus pur, celui du plaisir innocent, que ne peut troubler aucun souvenir amer, vous jouissez sans inquiétude de vos sensations, et, plus sages que nous, vous n'en détruisez pas la douceur, en vous efforçant d'en rechercher la cause ! »

« Le ballon avait touché terre dans un champ déjà moissonné. Le choc le fit, comme de coutume, se relever à une centaine de pieds environ, et il bondit ainsi quelques instants avant de s'arrêter définitivement. Une fois fixé à terre, il fut aussitôt entouré. C'était un bourdonnement, un bruit, des exclamations à ne pas s'entendre. Cent questions m'arrivaient à la fois. « D'où venez-vous ? Restez ici ! Avez-vous vu le roi ? » et mille autres propos aussi naïfs. J'obtins enfin un moment de silence, et à mon tour je leur demandai comment se nommait leur pays. — Nous étions à *Mesnil-Girault*, département de Seine-et-Oise, une lieue et demie au delà d'Étampes, que ma préoccupation m'avait fait dépasser.

« Au nombre des habitants qui avaient accompagné le ballon depuis la ville jusqu'à la descente, il en était un bien avisé, qui, au lieu de courir à travers champs comme les autres, avait trouvé plus agréable de suivre en voiture et par les chemins ordinaires ; sa précaution nous fut utile. La nacelle que nous n'abandonnâmes pas fut fixée à la voiture, et, le ballon toujours flottant dans l'air avec ses drapeaux, nous fûmes remorqués de la sorte, et au pas, jusqu'à la ville où nous fîmes une entrée tout à fait solennelle. Je doute que jamais triomphateurs anciens ou modernes aient été fêtés plus miraculeusement que ne le fut notre apparition aux portes d'Étampes.

« Une circonstance que j'appris bientôt ajoutait à l'enthousiasme, et était pour beaucoup dans le mouvement général qui se faisait remarquer dans la ville. La même nouvelle d'une victoire des Polonais qui avait circulé le matin à Paris, à la revue du roi, venait d'arriver à Étampes peu d'heures avant le ballon ; et, par suite de la sympathie que la Pologne trouve pour sa gloire et son indépendance dans les cœurs français, il n'était pas un habitant qui n'éprouvât le besoin de manifester tout haut la joie qu'il en ressentait : aussi les cris de *France et Pologne* se mêlèrent-ils bien souvent autour de nous...

« Étampes, administrée paternellement, n'est point peut-être ce qu'on appellerait une ville *riche*. Il n'y a point de grandes manufactures ni de gros établissements en aucun genre. Mais le sol y est fertile ; sa position géographique est heureuse ; chacun y est propriétaire plus ou moins important; et chaque habitant *possède* l'industrie qui le fait exister, et qui fonde ou entretient le bien-être de la famille : aussi n'y voit-on que des gens heureux sans ambition, et d'un esprit pour la plupart éclairé, chacun relativement à sa position. Les principes de la Révolution de 1830 y ont été franchement admis et généralement adoptés. Il devait en être ainsi d'une ville qui a compté parmi ses magistrats *Henry Simonneau*, mort en 1792 victime de sa fidélité à ses devoirs et de son amour pour les lois, qu'il ne voulut pas laisser violer au nom même de la liberté.

« Le ballon, tenu par des cordes et accompagné d'une foule immense, fut conduit de rue en rue jusqu'auprès de la *place Notre-Dame*. Déjà en plusieurs endroits il avait fallu le laisser s'élever très-haut, en raison des difficultés qu'on éprouvait à lui faire franchir des saillies de maisons et des édifices élevés; ici il fallut s'arrêter tout à fait, à cause du jour qui baissait, et du danger qu'il y aurait eu à pénétrer plus avant dans l'obscurité.

« La bienveillance de l'accueil qui nous était fait, le charme que je trouvais en mon particulier à obliger tant de braves gens, qui demandaient qu'on fît élever de nouveau le ballon, nous détermina à rester à Étampes, où s'est bornée notre course aérostatique. Le temps était superbe, l'air d'un calme absolu; la lune n'était point encore sur l'horizon, mais le ciel entièrement étoilé, et le peu de lumière que donnait un reste de crépuscule, suffisaient à la manœuvre. Nous nous livrâmes à des ascensions à ballon captif, qui se prolongèrent fort avant dans la soirée, au grand contentement d'une partie de la population accourue sur les lieux pour être témoin de ce spectacle inattendu. M. Boivin-Chevalier, maire, a bien voulu, par un double procès-verbal, rendre compte de ces faits. Ils seraient attestés, au besoin, par tous les habitants d'Étampes, qui conserveront longtemps le souvenir du ballon de Juillet. »

Savant en même temps qu'aéronaute, Dupuis-Delcourt eut l'idée, vers 1836, d'aller chercher, pour s'en emparer, la foudre dans le ciel même : au lieu de l'écarter simplement au moyen du paratonnerre, il tenta d'amener, par un fil métallique s'élevant jusqu'aux nuages, la foudre dans le sol même afin d'en neutraliser l'effort : Montgolfier et l'abbé Bertholon avaient eu cette pensée, mais n'en avaient pas essayé l'application.

Dupuis-Delcourt inventa un instrument qu'il appela *électro-substracteur*, et qui n'était autre qu'un petit ballon : la forme en était cylindro-conique, l'enveloppe imperméable au gaz hydrogène et il se terminait par deux pointes métalliques; une corde, en partie métallique aussi, le retenait à la terre et devait amener la foudre jusque dans son sein. L'aérostat, destiné à être rempli de gaz hydrogène et à se maintenir à une hauteur d'environ 1000 ou 1500 mètres, était attaché de façon à pouvoir tourner à tous vents.

Bien qu'Arago fût favorable à cette tentative et qu'il l'eût plus d'une fois signalée à ses confrères de l'Académie, jamais un électro-substracteur ne fut construit et l'essai resta incomplet. Dupuis-Delcourt, néanmoins, frappé des difficultés presque insolubles que rencontrerait le choix d'un tissu absolument imperméable à l'air hydrogène, eut l'idée de construire en métal le ballon-paratonnerre et en fit en effet fabriquer un de petit modèle : composé de lames de cuivre très-légères, l'aérostat minuscule s'éleva dans l'air à plusieurs reprises et s'y maintint.

Ce petit succès devait naturellement inspirer à Dupuis-Delcourt un plus grand projet et de plus vastes espérances ; il se demanda si un grand ballon construit en cuivre ne serait pas plus apte que tout autre à la navigation aérienne, et, convaincu que la solution de l'éternel problème était là, il se mit à l'œuvre ; un aérostat ainsi édifié ne devait-il pas conserver tout son gaz et l'une des plus grosses difficultés (le dégonflement graduel de l'aérostat) n'était-elle point ainsi vaincue ?

Plus riche de convictions que d'argent, Dupuis-Delcourt parvint cependant, à force de patience, de courage et d'efforts, à fabriquer un ballon, qui, tout entier construit en cuivre rouge, ne mesurait pas moins de 10 mètres de diamètre et dont la surface était de 350 mètres carrés.

Mais construire l'aérostat n'était point tout ; il en fallait faire l'essai. Une tentative première ne réussit qu'à demi et le bailleur de fonds se découragea ; l'Académie des sciences ne voulut pas donner à l'inventeur d'appui plus efficace que celui de ses platoniques sympathies et Dupuis-Delcourt, incapable de continuer à payer même le loyer de l'atelier où avait été construit son cher aérostat, dut le transporter dans une fonderie du faubourg du Roule.

Quelques mois plus tard (janvier 1845), Dupuis-Delcourt, à bout de forces, dut se reconnaître vaincu et renoncer à son rêve tant caressé ; il lui fallut vendre au poids le géant de cuivre, sans même avoir pu le soumettre à une sérieuse expérience.

Dupuis-Delcourt ne se retira cependant pas de la lutte. Il continua ses ascensions officielles et aussi ses expériences scientifiques.

Quelques années auparavant, en 1842, il avait fait une ascension qui est restée célèbre.

« Mon ascension du 18 juin 1842, dit Dupuis-Delcourt, avait été préparée sous les plus graves auspices. Il s'agissait de recherches météorologiques importantes ; M. Peltier avait créé un nouvel instrument pour observer l'électricité des nuages ; je devais rapporter de l'air des hautes régions dans des ballons de verre, parfaitement préparés, qui m'avaient été confiés par M. Dumas, de l'Académie des sciences de Paris ; enfin MM. Andraud et Tessié du Motay m'avaient remis, au moment du départ, un petit appareil destiné à reconnaître et à constater les effets du froid dans les régions moyennes.

« L'art aérostatique n'a présenté qu'un petit nombre d'inconvénients dans sa pratique, quand elle a été rationnelle et sage. Les accidents survenus, et dont quelques aéronautes ont été victimes, sont tous dus, je crois l'avoir démontré, à l'imprévoyance, à l'incurie. Ils sont étrangers à l'art. Quant à moi, jusqu'alors mes expériences ne m'avaient présenté que des occasions d'étude pleines d'intérêt ; et presque toujours une ascension avait été pour moi une promenade agréable, une distraction charmante. Cette fois, cependant, j'ai failli périr ; mais, comme je vais l'établir en peu de mots, l'accident qui m'est arrivé a été le résultat d'un manque de foi déplorable, d'une insouciance bien malheureuse.

« Pour ce jour-là, j'avais tout spécialement agrandi mon ballon ; au moyen de trois zones d'étoffes nouvelles, j'avais porté son diamètre vertical à 15 mètres. Il cubait 700 mètres, et je m'étais ainsi assuré les moyens de prolonger, bien au

DUPUIS-DELCOURT.

delà du terme ordinaire, mon séjour dans l'atmosphère. Ne pouvant disposer que d'une somme assez modique pour les frais de cette expérience, il me fallut, par économie, rechercher les moyens de remplir le ballon avec du gaz d'éclairage. On me mit en rapport avec le directeur de l'usine d'éclairage par le gaz des Batignolles-Monceaux. Le mode particulier de production de gaz employé dans cet établissement offrait de grands avantages, puisque, pour obtenir de l'hydrogène pur, tel que Lavoisier l'avait obtenu, tel que les compagnies d'aérostiers aux armées de Sambre-et-Meuse et du Danube l'ont mis en pratique pendant quatre années, il ne fallait que substituer, dans des appareils tout montés, le fer au charbon, et supprimer la carburation, que, dans l'état ordinaire des choses, et pour les besoins de l'éclairage, on produisait par la décomposition des huiles de schiste.

« Ces conditions avaient été imposées et acceptées. Une infraction qui y fut faite me devint fatale. J'avais fourni la tournure de fer nécessaire à l'opération. Le fer avait été décapé et mis en ma présence dans les cornues ; mais, pendant la nuit,

Parachute fermé.

les ouvriers mal surveillés, trouvant que le fer exigeait une température plus haute et bien plus soutenue que le charbon pour être maintenu à l'état incandescent, et ne comprenant pas l'importance de ce fait, changèrent la préparation et substituèrent, dans plusieurs parties de l'appareil, le charbon au fer. Le gaz dont le ballon fut rempli n'était donc plus de l'hydrogène pur, mais de l'hydrogène chargé d'une quantité considérable d'oxyde de carbone, dont quelques parties suffisent, on le sait, pour donner la mort.

« Lorsque le matin, à cinq heures, je procédai au remplissage; quand le gazomètre mis en charge laissa écouler dans le ballon la masse de gaz qu'il contenait, je m'aperçus immédiatement, au peu de puissance qu'acquérait la machine en raison de son volume, que le gaz n'était pas dans les conditions normales. J'en fis l'observation : on me disait de remettre l'expérience à un autre jour, de ne point partir ; mais cela était-il possible? J'avais le plus vif désir de procéder aux expériences convenues; il y avait là des savants, des hommes éclairés fort en état de juger les circonstances de ce départ; comme pas un d'eux, ni moi-même, n'avions entrevu ce danger singulier de l'asphyxie en plein air, dont le fait seul pouvait donner la preuve, et qu'en apparence il n'y avait de sacrifices à faire que sur l'étendue et l'importance de l'expérience elle-même, je me résignai à me priver de quelques instruments et d'une grande partie de mon lest; — je partis.

« L'ascension fut majestueuse, comme toujours. Ici la beauté du spectacle qu'offrit le départ du ballon fut augmentée encore par l'éclat du matin d'un beau jour, par la sérénité de l'atmosphère, dans laquelle on ne voyait pas flotter le moindre nuage. J'eus peine à me défendre du sentiment d'orgueil et de satisfaction dont l'homme se trouve saisi quand il se voit miraculeusement porté dans l'espace, et que son œil peut embrasser le spectacle imposant de la nature, spectacle immense, sans limites! Je m'occupai quelques instants à considérer Paris, et le périmètre étendu de ses fortifications, dont quelques parties, non terminées alors, accusaient encore mieux les contours; mais je revins rapidement au but de mon expérience, et, sans négliger l'observation des instruments ordinaires, je me livrai avec ardeur à l'étude de la marche du nouvel électromètre de M. Peltier.

« A 1 500 mètres environ d'élévation, et quand la moindre pression de l'air ambiant permit au gaz hydrogène de se dilater, il fusa par l'appendice inférieur du ballon et vint environner la nacelle. Mon asphyxie commença. Il faut ici se représenter exactement la position d'un ballon dans l'atmosphère, afin de pouvoir s'expliquer cette *asphyxie en plein air*.

« Dans l'état actuel de l'aérostation, un ballon, quand il voyage horizontalement, se trouve, relativement à l'air dont il est environné, dans la plus complète immobilité. Il n'a aucun mouvement qui lui soit propre; ce n'est pas lui qui marche, mais bien la masse d'air dans laquelle il est immergé et comme enclavé. C'est à ce point que l'aéronaute n'éprouve en aucune façon l'action de l'air. Tout est immobile autour de lui : les drapeaux ne sont point agités, ils ne ressentent pas l'action du vent; des bulles de savon qu'il place devant lui sur une tablette y demeurent dans un état complet de repos, et la flamme d'une bougie placée dans la nacelle, même quand le ballon fait vingt lieues à l'heure, ne s'y éteindrait pas. Il est exactement comme une boule de bois qu'on abandonne au courant d'un ruisseau ; elle avance, mais est-ce la boule de bois? non, c'est l'eau dans laquelle elle est plongée.

« Asphyxié une première fois dans les airs, puis une seconde fois à terre, en voulant éviter à la foule qui m'entourait le mal que des émanations délétères pouvaient lui occasionner, des soins énergiques, prolongés, n'ont laissé d'autre trace de cet événement sur mon organisation qu'une sensibilité singulière, une répulsion invincible pour les vapeurs du gaz acide carbonique. Le moindre sentiment d'odeur de charbon en combustion m'incommode, et je perçois cette sensation avec une étrange faculté. D'une extrémité à l'autre d'un appartement, je pressens pour ainsi dire la vapeur empoisonnée, cette odeur méphitique, ce goût *sui generis* qui accompagne et révèle la combustion du charbon.

« Comme le soldat placé dans un poste avancé, j'aurais pu, en cette circonstance, payer de ma personne mon dévouement au culte d'un art, hélas! trop peu encouragé, et pour lequel j'ai fait déjà de bien grands sacrifices. Une question de détail, la recherche d'une mince économie dans les frais de l'expérience, aurait été cependant la cause première d'un événement qui aurait probablement retardé, pour longtemps encore, le progrès et la solution de la question. — Heureusement il ne devait pas en être ainsi. »

Ce fut vers la fin de l'année 1846 que se fonda à Bruxelles la *Société générale de navigation aérienne*, dont Dupuis-Delcourt fut nommé, pour quinze ans, secrétaire général.

La Société, qui avait été constituée *par devant* NOTAIRE, comptait parmi ses membres des banquiers français, anglais, belges, au milieu desquels étaient quelques savants.

Le fondateur de la Société, le docteur van Hecke, voulait faire connaître et exploiter *un nouveau système de direction des ballons* qu'il avait inventé.

Quelques mois après la constitution de la Société et la distribution de nombreux prospectus, une première expérience avait lieu à Bruxelles. Dupuis-Delcourt et le docteur van Hecke avaient pris place dans la nacelle.

Les deux voyageurs aériens descendirent à Charleroi, d'où Dupuis-Delcourt repartit quelques minutes plus tard pour traverser toute la Belgique et venir atterrir en France (1).

(1) « En nous élevant, vers deux heures, de la prairie située près de l'usine à gaz de MM. Semet et Cie, à Saint-Josse-ten-Noode, nous avions eu le soin de mettre le ballon à l'état du plus parfait équilibre. Il ne pouvait monter seul, il descendait à peine, et se trouvait dans la position des plateaux d'une bonne balance abandonnée à elle-même. En cet état, le ballon était maintenu à la main, par l'une des personnes présentes à l'expérience, à 1 mètre environ du sol. Au moment de partir, M. van Hecke fit placer près de lui, sur la banquette de sa gondole, un sac de sable pesant 2 kilogrammes, et l'on donna à tout l'appareil, en le soulevant, une légère impulsion.

« C'est alors que nous partîmes; et l'ascension assez accélérée qu'on put observer à la machine, et avec laquelle cette dernière gagna en dix ou douze minutes la hauteur des premiers nuages (1 100 mètres), fut due à l'effort des pales.

« Une remarque généralement faite par les nombreux spectateurs de l'ascension, et dont je puis attester l'exactitude, c'est que, ayant arrêté d'un commun accord, M. van Hecke et moi, le mouvement de la machine quelques secondes avant notre immersion dans les nuages, nous cessâmes subitement de monter; le ballon oscilla un moment et se mit à descendre. Nous pûmes constater un abaissement d'environ 100 mètres, puisque le mercure dans le tube barométrique remonta de 0,01 c.

« Nous étions encore en ce moment au-dessus de la ville. Je venais de faire remarquer à mon compagnon de voyage le Béguinage, la Grand'Place et le Parc; M. van Hecke insistait pour s'abaisser davantage, mais il y aurait alors eu imprudence à le faire. On ne pouvait pas compter, la suite l'a bien prouvé, sur la solidité d'un appareil aussi légèrement construit que l'était celui qui nous portait alors, et je dus, au contraire, reprendre la manœuvre précédente. De nouveau nous obtînmes un effet ascensionnel, à l'aide duquel nous gagnâmes la partie supérieure des nuages.

« Là s'est bornée, pour cette première fois, l'expérimentation des appareils de M. van Hecke. Ces faits auraient eu besoin d'être constatés terre à terre pour ainsi dire, au moyen d'une ascension à ballon tenu, et c'est même ce qui avait été indiqué et convenu. Une très-prochaine expérience, toute démonstrative, viendra fournir au public une preuve décisive et claire, dont le gouvernement et M. le docteur van Hecke lui-même ont également besoin, on le comprend.

« Le principe de l'invention du docteur van Hecke est exact et n'a plus besoin d'aucune approbation, puisque les Académies des sciences de France et de Belgique l'ont constaté; l'application en est certaine; mais nous avons reconnu le trop de fragilité et l'insuffisance des moyens adaptés à l'élégante et trop faible embarcation du docteur van Hecke. La nouvelle nacelle mécanique dont il s'occupe en ce moment devra réunir les conditions de solidité et de puissance nécessaires.

« DUPUIS-DELCOURT. »

(*Moniteur belge*, N° 276, 3 octobre 1847.)

L'expérience eut assez de retentissement pour qu'un certain van Essechn, qui avait eu avec le docteur van Hecke, « dix ans auparavant, des pourparlers relatifs aux ballons, » réclamât une part de propriété dans l'invention.

Les deux compétiteurs en appelèrent aux tribunaux; pendant ce temps, la Société de navigation aérienne se dissolvait, entraînant avec elle dans le néant le procédé du docteur belge (1).

Dupuis-Delcourt revint à ses expériences. Mais il fit peu parler de lui jusqu'à sa mort (1864).

Dupuis-Delcourt est mort pauvre : sa vie tout entière a été consacrée à l'aérostation : il succomba là où d'autres réussiront peut-être (2).

« (1) Le docteur van Hecke renonce formellement à l'idée de prendre un point d'appui sur l'air pour se mouvoir en sens contraire du vent : son système consiste, comme celui de Meusnier, à chercher à diverses hauteurs des courants favorables à la direction qu'il veut suivre; mais son procédé diffère de celui de Meusnier, qui voulait comprimer ou dilater l'air dans une capacité intérieure au ballon. La question que s'est proposée M. van Hecke se réduit donc à trouver un moyen facile de monter et de descendre verticalement sans employer, comme on le fait ordinairement, une perte de lest ou une perte de gaz, l'une et l'autre évidemment irréparables.

« M. van Hecke a cherché, dans un moteur artificiel, une force capable d'élever ou de déprimer l'aérostat à volonté, et il s'est adressé naturellement à l'un de ces moteurs qui, tels que les ailes du moulin à vent, l'hélice, les turbines, etc., transforment, sans réaction latérale, un mouvement rotatoire en mouvement rectiligne, suivant l'axe, ou réciproquement. Un appareil analogue, à ailes gauches, a été mis sous les yeux de votre Commission, et, par sa réaction sur l'air, a produit facilement une force ascensionnelle ou descensionnelle de 2 à 3 kilogrammes, ce qui, avec les quatre moteurs pareils que M. van Hecke adapte à sa nacelle, constituerait une force d'environ 10 à 12 kilogrammes. Ajoutons que cet effet, loin d'être exagéré, a été obtenu, sans grand effort, avec des ailes à peu près carrées, dont la dimension était seulement d'un demi-mètre de côté; ainsi rien n'empêche d'admettre qu'avec une puissance suffisante on pourrait arriver à se procurer, par ce procédé, 50, 60 ou même 100 kilogrammes de lest ascendant. »

(*Rapport* fait à l'Académie des sciences de Paris, *sur un Mémoire de M. le docteur van Hecke, ayant pour titre :* Nouveau système de locomotion aérienne. *Rapporteur :* Babinet.)

(2) Dans la préface des *Mémoires du Géant*, M. Nadar rend à Dupuis-Delcourt un légitime hommage :

« Aujourd'hui dimanche 3 avril 1864, vers quatre heures, nous nous sommes rencontrés une trentaine dans une misérable maison de la rue de Lourcine.

« Nous avons été de là, sous une petite pluie continue, enterrer au nouveau cimetière d'Ivry le doyen des aéronautes français, Jean-Baptiste Dupuis-Delcourt, né le 25 mars 1802.

« Dupuis-Delcourt avait autrefois occupé de lui le monde littéraire et le monde scientifique. Mais les quelques succès qu'il avait obtenus comme auteur dramatique n'avaient jamais pu le détourner de sa passion dominante, l'aérostation.

« Il avait connu J. Montgolfier et aussi le physicien Charles qui imagina le premier de gonfler les ballons au gaz hydrogène.

« Il avait assisté à l'expérience de ce malheureux Degben, l'homme volant, pauvre horloger venu exprès de Vienne en Autriche, — qui manqua si piteusement en séance publique à sa promesse de s'envoler de l'École militaire sur le Trocadéro, — fut en conséquence houspillé et battu, — et qui la veille, à la répétition, s'était parfaitement envolé, m'a-t-on assuré, du Trocadéro jusqu'à l'École militaire

« Il avait vu mettre en lambeaux par la populace, au Champ-de-Mars, le ballon où le colonel de Lennox avait engagé ses derniers cent mille francs : les morceaux de taffetas de six aunes s'en vendaient deux sous jusque sur la place de la Concorde.

« Il avait serré la main de Jacques Garnerin, de Robertson, du docteur Le Berrier.

« Il avait presque relevé le cadavre de l'imprudente madame Blanchard, tombée rue de Provence de son ballon incendié.

« Il avait fait lui-même nombre d'ascensions, — l'une sous cinq ballons à la fois, ce qu'il appelait la *flottille aérostatique*.

« Le duc d'Aumont l'avait présenté au roi Louis XVIII qui lui avait adressé un très-beau compliment en lui faisant cadeau d'un non moins beau diamant monté en épingle, et Louis-Philippe n'eût jamais voulu entendre parler d'un autre aérostier que Dupuis-Delcourt.

« Tout le monde l'aimait, ce savant aimable et bon, jusqu'à l'Académie elle-même qui, en cinq occa-

II

La tentative de Dupuis Delcourt ne fut pas la seule qui signala la période dont nous retraçons l'histoire dans ce chapitre.

Charles Genet fit en Amérique, vers 1832 ou 1833, une expérience qui ne donna pas de résultats appréciables.

Genet, d'abord attaché d'ambassade près des cours de Russie et d'Angleterre, fut

sions, nommait des commissions pour l'examen des communications scientifiques qu'il lui envoyai avec un zèle infatigable.

« Il avait collaboré avec le grand Arago à l'*électro-substracteur*, un instrument qui, quand on le voudra, nous délivrera de la grêle en l'empêchant, non pas de tomber, mais simplement de se former.

« Élève de Dumas, il avait professé cinq ans la chimie à l'Athénée royal; il avait conféré maintes fois au *Cercle agricole*, à celui des *Chemins de fer*.

« Dans l'orangerie du Luxembourg, il avait, avant bien d'autres, fait des démonstrations publiques de l'hélice aérienne, et son auditeur le plus assidu s'appelait Geoffroy Saint-Hilaire.

« Il avait fondé la *Société aérostatique et météorologique de France*, dont il était l'âme et qui, par reconnaissance, l'avait acclamé son secrétaire perpétuel.

« Même après l'anathème de Marey-Monge contre les enveloppes d'aérostats métalliques, il avait achevé de se ruiner en construisant un ballon de cuivre. Le ballon achevé, il lui manquait les quelques derniers cent francs pour les accessoires et il porta lui même de désespoir le premier coup à son œuvre, si coûteuse en peine et en argent. Les chaudronniers dépeceurs lui rendirent trois cent cinquante francs pour son grand espoir brisé!

« Il avait publié vingt volumes ou brochures, — entre autres le *Manuel de l'aérostier*, un des meilleurs livres de l'utile collection Roret.

« Il laisse encore, presque terminé, un important ouvrage, le *Traité complet, historique et pratique des aérostats*. — *Ce sera probablement*, — écrivait-il, hélas! — *la grande affaire de ma vie*. Il avait fondé un journal de navigation aérienne, et, plein de foi fervente dans l'avenir de cette science, il avait de sa chétive bourse, à force de privations, collectionné le plus curieux, le plus instructif, le seul musée aérostatique qui existe dans le monde entier. Ce musée se compose d'environ 1 300 numéros, comprenant et renfermant toute l'histoire des quatre-vingts ans de l'aérostation, depuis les modèles en plan et en exécution, les livres, pamphlets, relations, — les gravures noires et coloriées, dessins, portraits, caricatures, — les médailles, clichés, fixés, toiles, jeux, — les nacelles, grappins, soupapes et débris historiques, — jusqu'à 300 programmes et affiches d'expériences diverses en tous pays, collectionnés et classés, — sans parler des pièces rares ou uniques : autographes, lettres, procès-verbaux, dossiers divers, etc., etc.

« Cette collection, c'était sa joie, son orgueil, sa vie.

. . . .

« Deux détails pour finir :

« Cet hiver, Dupuis-Delcourt s'occupait surtout de vérifier les expériences du fameux quinquet à l'effet de remplacer le gaz des aérostats par la vapeur maintenue à l'état vésiculaire. Mais ses recherches étaient difficiles : il manquait de feu, même pour se chauffer, et comme il n'en disait rien à personne, ce n'est qu'à la fin de l'hiver et par hasard qu'un brave charpentier, son coreligionnaire en navigation aérienne, lui expédia tardivement une petite provision.

« C'est dans la nuit du 2 que l'apoplexie surprit Dupuis-Delcourt. Il connaissait cet ennemi, l'ayant déjà vaincu deux fois, et il appelait la saignée. On courut chez un médecin voisin : il était trois heures du matin. Le médecin, dans ce quartier de pauvres gens, s'informe, parlemente, finit par déclarer *qu'il ne se soucie pas de se déranger la nuit*, et rentre le nez sous la couverture. — A-t-il pu se rendormir?

« Je sais son nom. — Mais à quoi bon?...

. . . .

« Dupuis-Delcourt était du petit, tout petit nombre de ceux qui aiment mieux recevoir les pierres que de les jeter.

« Le voilà mort, partant quitte — peut-être!

« Qu'un autre vienne prendre cette place d'avant-garde, s'il a le courage, la foi, le dévouement et surtout l'osbtinée résignation. »

obligé, dès les premiers jours de la Révolution, de résigner ses fonctions et de s'en aller vivre aux États-Unis. Durant son exil, il se consacra à l'étude de la physique.

« Il publia en 1825 son *Mémoire sur les forces ascendantes des fluides*, après s'être muni d'une patente du gouvernement des États-Unis pour diverses applications de ce principe, et notamment pour sa machine aérostatique dirigeable. Comme Montgolfier, il proposait aussi d'employer la force ascendante des ballons à divers procédés industriels, principalement à l'élévation et au transport des fardeaux les plus pesants, pour les cas encore si nombreux où les agents mécaniques d'une autre nature ne peuvent être appliqués que difficilement et à grands frais. »

L'insuccès de Genet eut peu de retentissement; il n'en devait pas être de même de l'expérience de M. de Lennox, qui eut lieu à Paris le 17 avril 1834.

M. de Lennox, qui croyait avoir, lui aussi, découvert un système de direction, put, grâce à sa fortune, tenter d'appliquer ses théories. Dès 1833, la construction du navire aérien l'*Aigle* était commencée.

Suivant le programme officiel de l'expérience, distribué à profusion, cette immense machine n'avait pas moins de 150 pieds de longueur et 45 de hauteur; la nacelle était longue de 70 pieds et pouvait contenir seize personnes; l'enveloppe était en soie imperméable conservant le gaz pendant plus de quinze jours. Les moyens de direction consistaient en une vessie natatoire, des rames tournantes et un gouvernail.

La description de l'*Aigle*, publiée dans tous les journaux, avait surexcité la curiosité publique : aussi, le jour de l'expérience, la foule était-elle considérable au Champ-de-Mars.

Le ballon avait été transporté, dès le matin, des ateliers de construction au lieu de l'ascension; mais pendant ce court trajet il avait été facile de prévoir le résultat de l'expérience. L'*Aigle*, bien loin de posséder une force ascensionnelle suffisante pour enlever seize personnes, se soutenait difficilement lui-même, et ce fut avec beaucoup de peine qu'il atteignit le terme de son court voyage. Au moment de l'ascension, il fut impossible de faire quitter la terre au ballon et, comme dans toutes les expériences malheureuses, l'inventeur fut bafoué, insulté, son aérostat mis en pièces par la foule (1).

III

En 1835, l'expérimentation d'un nouveau système de parachute eut une issue plus lamentable encore.

(1) Dupuis-Delcourt, qui avait connu l'inventeur de l'*Aigle*, dit :

« M. de Lennox était un homme d'honneur. Son expérience, ses projets étaient sérieux. Il avait rencontré, au début de ses travaux, vers 1830, un véritable artiste, une âme élevée, sincère, le docteur Leberrier. Ils avaient fait ensemble, à Paris, les 27-28 août 1832, une ascension aérostatique des plus remarquables. Malheureusement, M. de Lennox, qui était riche alors et d'un caractère généreux et facile, se laissa circonvenir; il eut le tort d'éloigner, ou plutôt de laisser s'éloigner de lui le docteur Leberrier, pour s'entourer d'hommes inexpérimentés, de parasites incapables; et malgré tout l'argent employé, il a complétement échoué dans une expérience dont le principe était bon. Les fautes commises alors sont incalculables. »

Ce fut la première descente en parachute qui fut fatale à celui qui l'avait accomplie : encore n'est-ce point le parachute qu'il en faut rendre responsable, mais bien les modifications qu'avait apportées l'aéronaute à la disposition ordinaire de cet appareil.

Grand amateur d'aérostation, l'anglais Cocking crut avoir découvert une forme nouvelle de parachute : il voulait simplement, le renversant, placer en haut son extrémité inférieure. Le principe sur lequel est basé cet appareil cessait dès lors d'être applicable et la catastrophe qui se produisit ne pouvait point ne pas se produire.

M. Green, qui avait cependant une longue habitude de l'aérostation, consentit à faciliter à Cocking l'expérimentation de son appareil, et, le 27 septembre 1846, Cocking s'éleva du Wauxhall de Londres avec M. Green (1).

Lorsque l'aérostat eut atteint 1 200 mètres, M. Green coupa la corde qui retenait le parachute au ballon : une minute plus tard, l'appareil gisait à terre, brisé en mille pièces, et à ses côtés l'imprudent inventeur.

M. Green lui-même vit la mort de près quelques mois plus tard.

Dans une de ses mille ascensions, il emmena avec lui un amateur qui, lorsque le ballon eut atteint une certaine hauteur, tira un couteau de sa poche et se mit tranquillement à couper les cordes qui rattachaient la nacelle au ballon : Green se précipite sur l'original, s'empare de son couteau et le jette par-dessus le bord du panier.

L'aéronaute se croyait sauvé : c'était une erreur. L'Anglais se lève et tente de se jeter à terre. Green, comprenant que le ballon, délesté d'un grand poids, l'entraînerait dans les régions mortelles de l'atmosphère, et que lutter de vive force contre son importun compagnon est inutile, prend le parti de lui parler raison.

« Vous voulez sauter, c'est bien ; je veux en faire autant, et, comme vous, me précipiter dans l'espace. Mais nous sommes encore trop bas ; il faut nous élever plus haut, afin de mieux jouir d'une aussi belle chute. Laissez-moi faire, je vais accélérer notre ascension. »

Green se pend désespérément à la corde de la soupape et le ballon, subitement dégonflé, descend avec une vertigineuse rapidité ; il touche terre, et le capricieux voyageur saute, sans mot dire et l'attitude calme, de la nacelle sur le sol. Il s'éloigna d'un pas tranquille, comme si rien d'extraordinaire ne se fût passé là-haut.

Le même aéronaute accomplit deux mois plus tard, après la mort de Cocking, le plus long voyage aérien qui ait été exécuté.

Le ballon qui le portait, et qui cubait 2 500 mètres, partit de Londres le 1er novembre 1836. Il emportait avec M. Green deux autres voyageurs : MM. Holland et Monk-Mason ; tous trois, ignorant où le vent les porterait, s'étaient munis de passeports pour tous les États de l'Europe.

A une heure et demie, le ballon s'éleva avec majesté, se dirigeant vers le sud-est, et à quatre heures la mer apparut aux voyageurs. Le vent tourna subitement et poussa l'aérostat vers la mer d'Allemagne ; M. Green, jugeant imprudent de s'enga-

(1) On prétend que Cocking, vaincu par les représentations de ses amis, allait se rendre à l'évidence et renoncer à son entreprise, quand un des assistants s'écria : « A quoi bon ces réflexions ? M. Cocking s'est tellement avancé auprès du public qu'il vaudrait mieux, pour lui, mourir que de reculer. » Cocking écarta ceux qui lui conseillaient de rester à terre et sauta dans le panier.

ger, à la nuit tombante, sur cette route-là, jeta une partie de son lest. Le ballon monta et rencontra dans la région supérieure qu'il atteignit un courant qui le conduisit au-dessus de Douvres : il allait franchir le détroit.

« Il était quatre heures quarante-huit minutes, dit un des voyageurs, quand nous vîmes la première ligne des vagues se briser sur la plage au-dessous de nous, et nous pûmes dire que nous avions véritablement quitté les côtes de notre pays pour commencer notre voyage au-dessus des régions jusqu'ici si redoutables sur la mer. Il aurait été impossible de ne pas se sentir ému à la grandeur du spectacle qui s'offrait alors à nos yeux. Derrière nous, la ligne des côtes d'Angleterre avec ses falaises blanches à demi perdues dans l'obscurité, brillant de l'éclat des lumières qui augmentaient à chaque instant, parmi lesquelles le feu de Douvres se fit remarquer pendant longtemps et nous servit de jalon pour calculer la direction de notre marche. Au-dessous, de chaque côté, l'océan nous offrait un espace non interrompu de vagues entrelacées, s'étendant aussi loin que les ténèbres de la nuit, qui couvraient déjà l'horizon, permettaient à notre vue de descendre. Vis-à-vis de nous, une barrière de nuages épais, semblable à une muraille, surmontée dans toutes ses coupures d'une manière bizarre de parapets, de tours, de bastions, s'élevait de la mer et paraissait placée là pour nous en barrer le passage. Peu de minutes après, nous étions déjà dans les fleuves humides, enveloppés dans une obscurité qui augmentait en raison des vapeurs qui nous entouraient et de la nuit qui avait commencé. Nous n'entendions plus aucun son. Le bruit des vagues battant sur la côte d'Angleterre avait cessé, et notre position nous éloignait depuis longtemps de tous les bruits de la terre. »

Une heure plus tard, le phare de Calais se montrait aux yeux des voyageurs.

« L'obscurité était alors à son comble ; ce n'était que par les lumières, tantôt isolées et tantôt réunies, qui se montraient de tous côtés au-dessous de nous, que nous pouvions espérer d'obtenir connaissance de la nature du pays que nous traversions, et nous former une idée des villes et des villages que chaque moment présentait à nos regards. La scène qui suivit alors surpassa toute description. La surface entière de la terre, sur plusieurs lieues à la ronde, aussi loin que l'œil pouvait porter, n'offrait que les lumières éparses d'une population qui veillait, et déployait à nos pieds une plaine qui semblait rivaliser avec les feux les plus éloignés de la voûte céleste. A chaque instant, pendant la première partie de la nuit, avant que les hommes fussent livrés au repos, de grandes masses de lumières, nous indiquant l'existence d'une population nombreuse, se découvraient à l'horizon et nous donnaient l'idée d'un incendie lointain. A mesure que nous approchions, cette masse confuse d'éclairage paraissait augmenter, et se répandait sur un plus vaste espace, jusqu'à ce que, parvenus directement au-dessus, elle semblât se diviser en différentes parties, et, se prolongeant en rues ou se partageant de diverses manières en carrés, nous dessinait le plan exact d'une ville, diminué seulement d'après l'élévation plus ou moins grande où il arrivait que nous fussions alors. Il serait difficile de donner une idée quelconque de l'effet qu'une pareille scène, dans une pareille circonstance, devait nécessairement inspirer. Se trouver transporté dans les ténèbres de la nuit, au milieu des vastes solitudes de l'air, inconnu et inaperçu, en secret et en silence, traversant des royaumes, explorant des territoires, regardant des villes qui se succédaient avec une rapidité qui ne permettait pas de les examiner en

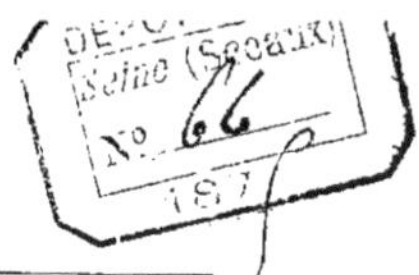

Enfin le ballon s'abaisse vers la terre... Aux cris de Guérin, on accourt et, sans même toucher terre, dans les bras de ceux qui ont entendu ses appels, il tombe doucement. — Page 340.

détail, en voilà assez pour rendre sublimes des scènes qui auraient eu en elles-mêmes moins d'intérêt. Si l'on ajoute à cela l'incertitude qui commença à régner dans notre voyage, incertitude qui, augmentant à mesure que nous avancions dans la nuit, couvrait tout des voiles du mystère et nous mettait dans un embarras pire que l'ignorance même, ne sachant où nous étions, où nous allions, quels étaient les objets que nous tâchions de découvrir, on pourra se faire quelque idée de notre singulière position. »

Parcourant plus de dix lieues à l'heure, le ballon continua sa course. A minuit, il passa au-dessus de Liége et ses voyageurs purent distinguer, à la clarté du gaz, les rues, les places, les édifices; mais l'heure était proche où tout s'éteint, où tous reposent, et bientôt la terre fut ensevelie à leurs yeux dans la plus profonde des obscurités.

« Jusqu'au point du jour, dit M. Mason, tout ce qui se passa se sentit de l'intensité de la nuit. L'aspect de la nature étant entièrement caché à nos yeux, nos observations durent se borner à un recueil de sensations mêlées de conjectures vagues et enveloppées des mystères que l'obscurité et l'incertitude ne pouvaient manquer de jeter sur notre expédition. La lune ne se montra pas. Le ciel, toujours plus sombre quand on le regarde des régions supérieures qu'il ne paraît aux habitants d'en bas, nous semblait noircir encore davantage, tant les ténèbres étaient épaisses. D'un autre côté, par un singulier contraste, les étoiles, redoublant d'éclat, brillaient au ciel comme des étincelles semées sur la voûte d'ébène qui nous environnait. Dans le fait, rien ne pouvait excéder l'intensité de la nuit qui régnait pendant cette première partie de notre voyage. Un abîme noir et profond nous entourait de tous côtés, et, comme nous tâchions de pénétrer dans ce gouffre mystérieux, nous avions de la peine à nous défendre de l'idée que *nous formions un passage à travers une masse immense de marbre noir* dont nous étions enveloppés, et qui, solide à quelques pouces de nous, paraissait s'amollir à notre approche, afin de nous laisser parvenir plus avant dans ses flancs froids et obscurs. Les feux de Bengale que de temps en temps nous lancions de la nacelle, au lieu de diminuer les ténèbres, ne faisaient que les augmenter, et, à mesure qu'ils descendaient, on eût dit qu'ils se frayaient leur chemin par la chaleur qu'ils répandaient autour d'eux. »

Le voyage se continuait paisible quand tout à coup trois explosions successives ébranlèrent l'aérostat : l'élévation à laquelle il était parvenu (4 000 mètres) et l'humidité du tissu raidi par le froid (1) avaient seules produit ces craquements dé l'étoffe, dont nul accident d'ailleurs ne fut la conséquence.

Les premières lueurs du jour apparurent enfin.

« De temps en temps, continue M. Mason, de grandes masses écumeuses de nuages, occupant les basses régions de l'atmosphère et couvrant toute la terre d'un voile blanchâtre, interceptaient notre vue et nous laissaient quelque temps dans l'indécision si ce n'était pas une suite de ces mêmes plaines couvertes de neiges que nous avions déjà remarquées. De ces masses de vapeurs, plus d'une fois, pendant la nuit, il paraissait sortir un bruit qui ressemblait tellement à une immense chute d'eau ou à des vagues se brisant sur une grande étendue de côtes, qu'il nous fallait toute la force du raisonnement, jointe à une connaissance certaine de la direction de notre route, pour détruire l'idée que nous approchions de la mer et que, poussés par le vent, nous étions transportés vers les rives de la mer du Nord ou près d'atteindre les plages plus éloignées de la mer Baltique. A mesure que le jour approcha, ces symptômes disparurent. Au lieu de la surface unie de la mer, nous découvrîmes graduellement l'aspect irrégulier d'un pays cultivé, au milieu duquel coulait un fleuve majestueux, qui, après avoir partagé le paysage, se perdait dans

(1) « Il ne fut pas difficile aux voyageurs de conjecturer que, le ballon s'étant élevé trop haut, la force d'expansion du gaz avait naturellement tendu à s'élargir, et que le filet, rempli d'humidité et raidi par la gelée, n'avait pu céder à cette impulsion que par saccades. » (*Magasin pittoresque*, t. VIII, p. 179.)

des directions opposées au milieu des vapeurs qui bordaient encore notre vue à l'horizon. »

Ce fleuve, c'était le Rhin, et c'est dans le duché de Nassau qu'à sept heures et demie du matin descendirent les voyageurs : par une étrange coïncidence, Blanchard était descendu au même lieu et les pavillons des deux aéronautes décorent le palais ducal.

Green et ses compagnons avaient traversé l'Angleterre, la France, la Belgique, la Prusse, et passé au-dessus de Londres, Cantorbéry, Douvres, Calais, Ypres, Courtrai, Lille, Bruxelles, Namur, Liége et Coblentz.

IV

Moins long, mais bien moins agréable fut le voyage forcé de cet apprenti nantais (1) dont la mésaventure est restée célèbre.

Au moment où l'aéronaute, un nommé Kirsch (2), attachait la nacelle au filet, une corde se rompit tout à coup et le ballon, presque entièrement gonflé, s'éleva de terre à une trentaine de mètres : la nacelle, attachée par un seul côté à l'aérostat, pendait à demi et l'ancre balayait le sol.

(1) Nantes avait été l'une des villes de France qui avaient accueilli avec le plus d'enthousiasme l'invention des aérostats : dès le 24 juin 1784, un ballon s'était élevé de cette ville. Il était monté par MM. Coustard de Massi et le R. P. Mouchet, de l'Oratoire, professeur au collége de la ville.

(2) « Kirsch, un Bavarois, que nous avons vu, dit Dupuis-Delcourt, il y a quelques années à Paris, pour éluder les ordres du gouvernement, qui proscrivent d'une manière absolue, en France, l'usage des montgolfières (*a*), avait trouvé l'ingénieux moyen de rendre encore plus dangereux, s'il est possible, l'emploi de ces sortes de machines.

« Kirsch, comme M. Godard, se servait d'une montgolfière, c'est-à-dire d'une grande enveloppe de toile ou de papier, sous laquelle on raréfie l'air au moyen du feu. Cela fait, c'est-à-dire après avoir combustionné au-dessous de sa machine une certaine quantité de paille et d'autres matières, notre aéronaute allemand, comme le fait aujourd'hui M. Godard, retirait brusquement son appareil de dessus le feu, suspendait rapidement sa gondole au ballon ; et si celui-ci était rempli d'air suffisamment échauffé, il s'élevait, *sans emporter de feu.* Il restait, de cette manière, quelques minutes à peine dans l'atmosphère, puis redescendait plus rapidement encore qu'il n'était monté, car l'air du ballon ne tardait pas à se refroidir, à se condenser au contact de l'air froid ; le ballon diminuait de volume, changeait de forme ; on voyait la vaste enveloppe s'allonger démesurément, flotter incertaine, puis se précipiter inévitablement, fatalement, quel que fût le lieu au-dessus duquel le vent l'avait portée.

« Comme les frais de l'élévation d'une montgolfière à la façon de Kirsch sont de 20 à 30 francs à peine, quand ceux d'une ascension ordinaire sont de 12 à 1 500 francs, on a vu de ces physiciens ambulants monter avec leur ballon dans nos villes, du milieu d'un carrefour ou de la place publique, sans rétribution autre que celle toute bénévole que le public accordait, en mettant quelques menues pièces de monnaie dans l'escarcelle de la femme du pauvre *aéronaute*, faisant le tour de la société, quand son mari était parvenu à se mettre en l'air sans avoir vu son ballon brûler sur place ou sans avoir accroché quelque toit des édifices environnants.

« Non, ce n'est pas là de l'aérostation ; c'est bien plutôt un exercice, et un dangereux exercice d'acrobate ; et il est bon, dans l'intérêt d'une question pleine d'avenir, et nécessairement appelée un jour à remplir de grandes destinées, que le public, qui voit toujours dans tout cela un ballon et un aéronaute, ne confonde pas le métier avec l'art. »

(*a*) 1784-1785, ordres et instructions du contrôleur-général ; 1818, circulaire du ministère de l'intérieur relative aux ascensions aérostatiques.

Un apprenti charron, garçon de douze ans, considérait cet assez singulier spectacle, quand il se sent enlevé subitement de la fenêtre sur laquelle il était assis : l'ancre du ballon a accroché le bas de son pantalon, l'a déchiré jusqu'à la hanche et, le prenant par sa ceinture, l'entraîne dans les airs.

Le ballon monte à plus de 300 mètres ; les hommes apparaissent, à l'aéronaute malgré lui, des nains ; l'aérostat est par le vent poussé sur la Loire, et la corde à laquelle il s'est cramponné à deux mains, craignant que son pantalon ne se déchire, tourne si rapidement sur elle-même que la terre, les maisons, les champs, Nantes et les Nantais tourbillonnent sous ses regards éperdus dans la plus effrénée des rondes.

Un quart d'heure dure ce supplice.

Enfin le ballon s'abaisse vers la terre et la délivrance est prochaine ; mais le choc ne va-t-il pas briser cet enfant ? Lui-même se le demande et, à demi mort de frayeur, en vient presque à redouter cette descente qui va le sauver. A ses cris pourtant, on accourt et, sans même toucher terre, dans les bras de ceux qui ont entendu ses appels, il tombe doucement.

V

Quoique toute volontaire, bien plus dramatique encore fut l'ascension qu'exécuta à Trieste, le 8 septembre 1846, l'aéronaute français Arban.

Depuis plusieurs jours, l'état de l'atmosphère retenait Arban à terre : las d'attendre et de faire attendre, il était résolu à ne pas différer davantage et à partir, dans quelques conditions que ce fût.

Le gonflement commença, mais il fut bien vite reconnu que la quantité de gaz hydrogène disponible était insuffisante : l'ascension avait été annoncée pour 4 heures, et à 6 le ballon gisait encore à terre. La foule murmurait, impatiente.

Arban voulut en finir.

Sans s'arrêter à tout ce qu'une semblable entreprise offrait de périlleux, Arban se décide à partir sans nacelle, en s'accrochant aux cordes du filet de son ballon : ayant sous un prétexte éloigné le commissaire de police qui se serait opposé à son départ effectué dans de telles conditions et sa femme qui devait l'accompagner (1), il détache la nacelle, lie ensemble les cordes qui devaient la retenir et s'assoit sur le nœud ainsi formé.

Sur son ordre, le ballon est livré à lui-même : il s'élève.

Arban salue de la main droite, tandis que de la gauche il tient le filet, et Trieste, applaudissant celui que tout à l'heure elle huait, assiste à la plus téméraire des ascensions faites jusqu'alors.

Les nuages bientôt le cachèrent à tous les yeux, mais l'inquiétude n'en fut que plus forte, car le vent avait changé et poussé le ballon au-dessus de l'Adriatique.

Barques de pêcheurs et canots d'amateurs s'élancent à la recherche du témé-

(1) Elle avait déjà fait vaillamment deux ascensions avec lui : l'une à Vienne, l'autre à Milan.

raire, mais la nuit tombe avant qu'il ait été d'aucun d'eux aperçu, et les bateaux rentrent au port sans apporter de nouvelles.

Sa femme, les yeux fixés sur cette mer qui ne lui disait rien du sort de l'audacieux, passa la nuit entière à l'extrémité du môle : chaque flot, en venant se briser à ses pieds, lui mit au cœur une angoisse plus lourde ; et le jour la trouva plus incertaine encore qu'à la nuit tombante du destin de son mari.

Il vivait pourtant.

Pendant deux heures, Arban, cramponné au filet, avait, au gré des vents, erré au-dessus de l'Adriatique ; puis le ballon lentement se dégonfla et descendit. A 8 heures du soir, il rasait, comme un esquif léger, la surface des flots et parfois même il l'effleurait au point de s'y sembler reposer. Ainsi jusqu'à 11 heures du soir se traîna au-dessus de l'eau, tantôt ballon et tantôt barque, l'aérostat, que soutenait encore un reste de gaz et que de temps à autre poussait un coup de vent. Attaché fébrilement aux cordes, Arban se disputait à chaque instant à la mort et les flots n'avaient pu encore avoir raison de lui.

Il était à bout de forces cependant, et de courage et d'efforts ; et le ballon, de plus en plus dégonflé, l'allait bientôt livrer sans défense à la mer, quand deux pêcheurs l'aperçurent : ils firent force de rames et arrivèrent à temps pour recueillir encore un être vivant et mettre fin à cette longue agonie.

Jeté dans leur barque, Arban rentra le lendemain matin à 8 heures dans le port de Trieste, rapportant avec lui les débris de son ballon. Quelques jours de fièvre punirent seuls une témérité que son courage à en vaincre les conséquences avait déjà d'ailleurs glorieusement rachetée.

CHAPITRE XXXIII

SOMMAIRE : Première expérience de M. Godard à Lille; la *Ville-de-Paris* en Belgique; incendie de la *Ville-de-Paris* à Marseille. — Le navire aérien de M. Pétin. — Mort de l'aéronaute George Gale. — Le ballon à hélice de M. Giffard. — Expériences de M. Welsch à Londres. — Mort de l'aéronaute Deschamps à Nîmes. — Mort d'un homme-volant, Leturr, à Londres. — Ascensions scientifiques de M. Glaisher.

I

L'histoire de l'aérostation offre peu de faits intéressants dans la période que nous venons de traverser : la question n'a point avancé d'un pas depuis la Révolution et il semble que la science s'en désintéresse.

Pendant le demi-siècle que nous venons de parcourir, des aéronautes de profession, fort ignorants pour la plupart, se sont presque seuls occupés d'aérostation : plusieurs y ont gagné une fortune, tous leur vie, mais l'aéronautique seule n'y a rien gagné. Le métier a prospéré, mais c'est au détriment de la science et, au lieu de rendre les services dont ils sont capables, les ballons n'ont été qu'un amusement pour la foule, une partie du programme de toutes les fêtes. Rassasié d'ascensions, le public lui-même commence à s'en lasser : l'art déjà est négligé depuis longtemps, le métier paraît se gâter, et tandis que Blanchard, Robertson, Testu-Brissy, Garnerin ont facilement battu monnaie avec l'aérostation, Dupuis-Delcourt, supérieur pourtant à la plupart d'entre eux, gagne à peine de quoi ne pas mourir de faim. Il semble que le ballon se meure et que cette invention, accueillie à ses débuts avec un véritable délire d'enthousiasme, auxiliaire de nos armées pendant la Révolution, amusement du monde pendant près de soixante-dix ans, va s'éteindre et tomber dans l'oubli sous l'indifférence et l'incuriosité générales.

C'est au contraire une renaissance qui se prépare.

La science va ressaisir le problème et reprendre son étude interrompue; des essais sérieux, consciencieux, vont être tentés et le siége de Paris, prouvant une fois de plus de quelle utilité peuvent être les ballons, accélérera encore ce mouvement d'investigation et de laborieuse recherche : l'esprit public regarde aujourd'hui de ce côté et ceux qui cherchent ne se reposeront que lorsque le problème sera résolu.

II

C'est cependant d'un aéronaute de profession que nous avons à nous occuper d'abord : M. Godard, qui avait débuté deux ans plus tôt sur la scène aérostatique (1), partit de Paris à 5 heures et demie du soir, le 6 octobre 1850 (2), et descendit à 10 heures du soir à Gits, près Hooglède. Aucun incident ne marqua d'ailleurs ce voyage, remarquable seulement par la longueur de la distance franchie.

Peu de temps après, le ballon qui avait servi à cette ascension, la *Ville-de-Paris*, fut près de Marseille consumé par les flammes : la façon dont le feu avait pris à l'aérostat est restée ignorée (3).

(1) C'est à Lille en 1848 que M. Godard fit sa première expérience. « Son ballon, dit Dupuis-Delcourt, en simple papier, chauffé par de la paille enflammée, était lourdement retombé sur un toit après s'être élevé à 40 mètres environ ; mais, s'était heureusement accroché aux tuiles ; il fut sauvé par une lucarne.

« Au mois de juillet de cette même année 1848, M. Godard avait fait successivement deux ascensions au *Chalet*, à Paris, avec une montgolfière construite cette fois en toile de coton. Le premier jour, après s'être élevé à une médiocre hauteur, il en avait été quitte pour une descente rapide dans un champ, derrière Javelle ; et la semaine suivante, à sa seconde expérience, cinq minutes après son départ des Champs-Élysées, il tomba en pleine Seine, un peu au-dessous du pont de Grenelle. Entièrement submergé et embarrassé dans les cordages de sa nacelle, l'aéronaute n'a dû son salut qu'à la présence des pêcheurs stationnant habituellement en ce lieu, et qui ont pu se porter rapidement à son secours : il se noyait. C'est avec ce même appareil à feu, sans doute réparé depuis, que M. Godard avait tenté à Boulogne sa quatrième ascension.

« L'art aérostatique a rendu déjà de grands services à la science. Il a été appliqué utilement à la guerre ; il est destiné à devenir bientôt peut-être le point de départ, la base assurée de transports réguliers par air. L'aéronautique, dans sa grande et pure acception, ne saurait accepter la solidarité de ces expériences dangereuses qui n'ont, en quelque sorte, rien de commun avec l'aérostation que le nom. »

(2) Le ballon la *Ville-de-Paris* était monté, outre MM. Eugène Godard et Louis Godard, par MM. Gaston de Nicolay, Julien Turgan, Louis Deschamps (régisseur de l'Hippodrome, d'où s'éleva l'aérostat), et Maxime Mazen.

(3) « Une foule considérable, disait le *Nouvelliste* de Marseille, occupait hier l'enceinte d'où le ballon de M. Godard devait s'élever dans les airs. La promenade du Prado était également remplie d'une affluence inouïe de curieux, attendant le départ de l'aérostat. Le temps était magnifique, mais un léger mistral se faisait sentir ; aussi, quand la *Ville-de-Paris* est montée, majestueusement balancée, sur la tête des nombreux spectateurs, elle a pris la direction de la mer et s'y portait avec une telle rapidité que, malgré les instances des autres voyageurs, au nombre de quatre, M. Godard a voulu opérer une descente, qui s'est heureusement effectuée dans la campagne de M. Peyssel, non loin de Sainte-Marguerite. Il était alors quatre heures cinq minutes. On s'est décidé néanmoins à faire une nouvelle ascension, et on s'est de nouveau pourvu de lest pour remonter et aller retomber derrière les collines de la Gineste.

« Ces opérations terminées, on a essayé de monter ; mais le ballon, qui avait perdu beaucoup de gaz, n'a pu s'élever, même après avoir rejeté le lest, et il a fallu que deux des voyageurs consentissent à ne pas prendre part à l'ascension. En conséquence, madame Deschamps et M. Laugier sont restés à terre. M. Laugier, dans cette circonstance, a bien voulu se retirer en faveur de M. Crémieux, qui devait s'absenter et n'aurait pu prendre part à l'ascension projetée pour dimanche.

« Ainsi allégé, l'aérostat s'éleva lentement, emportant MM. Godard, Deschamps et Crémieux ; il était alors cinq heures. On l'a vu suivre la même direction qu'auparavant et se perdre derrière les collines de Cassis. M. Godard, se voyant en face de la mer, vers laquelle le vent poussait rapidement, fit les préparatifs de descente. On jeta d'abord une longue corde, dont l'effet est de ralentir la marche

III

La même année, un projet nouveau vit le jour : c'était ce fameux *vaisseau aérien* de M. Pétin qui donna lieu à tant de discussions, rencontra de si acharnés détracteurs et de si chauds partisans.

L'attention publique s'empara du système proposé, et, bien qu'il fût présenté par un simple bonnetier de la rue Saint-Denis, les plus doctes durent s'en occuper. La *Revue des Deux-Mondes* elle-même condescendit jusqu'à parler du navire de M. Pétin : « Aujourd'hui, disait-elle, le problème de la direction des aérostats vient d'être remis à l'ordre du jour. Un inventeur que n'a point découragé l'insuccès de ses nombreux devanciers, M. Pétin, a tracé le plan d'une sorte de *vaisseau aérien.* Il réunit en un système unique quatre aérostats à gaz hydrogène, reliés par leur base à une charpente de bois, qui forme comme le pont de ce nouveau vaisseau. Sur ce pont s'élèvent, soutenus par des poteaux, deux vastes châssis garnis de toiles disposées horizontalement. Quand la machine s'élève ou s'abaisse, les toiles présentent une large surface qui donne prise à l'air, et elles se trouvent soulevées ou dépri-

de l'aérostat par le frottement, en traînant sur la terre. On lâcha du gaz et l'on jeta l'ancre en même temps.

« On se trouvait, en ce moment, à une élévation de 100 mètres; le vent soufflait avec force au milieu des montagnes, et l'ancre, qui ne put mordre aucune part dans une contrée dépouillée d'arbres et tout à fait aride, courait avec bruit sur les rochers, faisant jaillir une traînée d'étincelles. Cependant l'aérostat s'abaissait vers la terre, et la nacelle, rasant les inégalités du sol, éprouvait de fortes secousses. MM. Deschamps et Crémieux s'étaient couchés dans la nacelle par le conseil de M. Godard, qui restait debout, cherchant à manœuvrer de manière à arrêter la marche de l'aérostat. Un choc lance l'aéronaute en avant de la nacelle et le fait tomber à terre.

« M. Godard se relève aussitôt, et, ne songeant qu'au danger de ses compagnons, court après le ballon, qui venait de parcourir 5 ou 6 kilomètres en quelques minutes, et leur crie de tirer la corde de la soupape, que M. Deschamps tenait d'une main, tandis qu'il se retenait de l'autre à la nacelle. En même temps, M. Crémieux, qui a montré dans cette circonstance un sang-froid admirable, s'occupait à couper les cordes de la nacelle, afin de la séparer du ballon, au moment où l'on se trouverait tout à fait près de terre.

« Un nouveau choc a jeté M. Crémieux hors de la nacelle, sans que sa chute lui ait occasionné aucune blessure grave, et M. Deschamps s'est alors laissé glisser à terre. Entraîné quelque temps par une corde qui s'était embarrassée à ses pieds, il a reçu quelques blessures à la tête et une entorse.

« La *Ville-de-Paris* a continué sa marche encore quelque temps, et s'est abattue à une demi-heure de là, près Cassis.

« Cependant M. Godard, inquiet sur le sort de ses deux compagnons, a continué de courir dans la direction qu'ils avaient suivie, et les a pu rejoindre, non loin d'une habitation isolée, où ils ont été transportés, et dans laquelle on leur a donné les soins que leur état réclamait.

« Moins grièvement contusionné que ces messieurs, M. Godard est aussitôt parti pour Cassis, afin de se procurer une voiture pour les transporter à Marseille.

« Arrivé au détour d'une colline, il aperçut à quelque distance une grande clarté qui éclatait tout à coup et sillonnait la campagne : c'était la *Ville-de-Paris* qui brûlait; le gaz qu'elle contenait encore s'était enflammé, on ignore encore par quelle cause. Des paysans se trouvaient à l'entour de l'aérostat et ont pu annoncer à M. Godard, qui les a interrogés de loin, que son aérostat était entièrement consumé, sauf l'extrémité, et que l'explosion du gaz n'avait occasionné aucun mal aux rustiques spectateurs qui semblaient se réjouir autour de cet incendie comme autour d'un feu de joie. »

mées uniformément par la résistance de ce fluide; mais, si l'on vient à en replier une partie, la résistance devient inégale et l'air passe librement à travers les châssis ouverts; il continue, cependant, d'exercer son action sur les châssis encore munis de leurs toiles, et de là résulte une rupture d'équilibre qui fait incliner le vaisseau et le fait monter ou descendre à volonté, en sens oblique, le long d'un plan incliné. Là est toute la nouveauté du projet de M. Pétin. Il n'est pas impossible que cette disposition permette, en effet, d'imprimer à la machine une sorte de marche oblique dans un sens déterminé, et ne donne ainsi les moyens de substituer à la marche verticale, à laquelle les aérostats ont obéi jusqu'ici, une direction oblique; mais ces mouvements, provoqués par la résistance de l'air, ne peuvent évidemment s'exécuter que pendant l'ascension ou la descente; le mouvement est impossible quand le ballon est en équilibre ou en repos. Il est indispensable, pour provoquer ces effets, d'élever ou de faire descendre le ballon, en jetant du lest ou en perdant du gaz; on n'atteint donc le but désiré qu'en usant peu à peu la cause de son mouvement. Il y a là un vice essentiel qui frappe au premier aperçu. Là n'est pas encore, toutefois, le défaut radical de ce système. Ce défaut, auquel nous ne savons point de remède, c'est l'absence de tout véritable moteur. Le jeu de bascule que donne l'emploi des châssis pourra bien peut-être imprimer, dans un temps calme, un mouvement à l'appareil; mais, pour surmonter la résistance des vents et des courants atmosphériques, il faut évidemment faire intervenir une puissance mécanique. Cet agent fondamental, c'est à peine si M. Pétin y a songé, ou du moins les moyens qu'il a indiqués sont tout à fait puérils. L'hélice est, en définitive, le moteur adopté par M. Pétin. Or les hélices ont été essayées bien des fois pour les usages de la navigation aérienne, et toujours sans le moindre succès. Quant à faire fonctionner ces hélices par le moyen des petites turbines qui figurent sur le dessin de l'appareil, cette idée n'est pas discutable. Outre que leurs faibles dimensions sont tout à fait hors de proportion avec le volume énorme de la machine, il nous semble douteux que les roues de ces turbines atmosphériques puissent fonctionner seules à l'aide de la résistance de l'air, car elles sont plongées tout entières dans le fluide, condition qui doit s'opposer à leur jeu. D'ailleurs, cet effet fût-il obtenu, il ne pourrait s'exercer que pendant l'ascension ou la descente de l'aérostat, et dès lors la difficulté dont nous parlions plus haut se présenterait encore, car il faudrait, pour provoquer la marche, jeter du lest ou perdre du gaz, c'est-à-dire user peu à peu le principe même ou la cause du mouvement. L'auteur se tire assez singulièrement d'embarras, en disant que l'hélice serait mue, dans ce cas, par la main des hommes ou par tout autre moyen mécanique; mais c'est précisément ce moyen mécanique qu'il s'agit de trouver, et en cela, forcément, consiste la difficulté qui s'est opposée, jusqu'à ce jour, à la réalisation de la navigation aérienne (1). »

(1) Théophile Gautier, au contraire, était au nombre des défenseurs de M. Pétin.

« La grande dimension de cet appareil, écrivait-il dans *la Presse*, qui présente quelque chose comme la nef de Notre-Dame ou un vaisseau de guerre avec sa mâture, n'a rien qui doive étonner. Dans l'air, ce n'est pas la place qui manque, et M. Pétin a eu raison d'en user largement. En augmentant ainsi le poids de son navire, il accroît sa force de résistance contre les courants d'air horizontaux, et, d'ailleurs, ne sait-on pas que le même vent qui fait chavirer une nacelle n'émeut seulement pas un navire à trois ponts? La proportion gigantesque du navire de M. Pétin est donc une garantie de sécurité. Le mouvement se fait au moyen d'un centre de gravité et d'une rupture d'équilibre aux extrémités. Jusqu'à présent, on n'avait pas trouvé pour les ballons ce centre de gravité, et voilà pourquoi toute marche était impossible. Il existait pourtant, et le mérite de M. Pétin est d'avoir su le trouver. Ce point d'appui, il se l'est procuré par un moyen d'une simplicité extrême. Il a établi sur le second pont de son navire, dans l'endroit que laissent libre les ballons, de vastes châssis posés horizontalement et garnis de toiles à peu près comme des ailes de moulin à vent. Ces châssis se remploient à volonté. Les ailerons se ramènent sur les ailes aisément et rapidement, de manière à offrir plus ou moins de résistance dans l'ascension et la descente, selon les mouvements qu'on veut produire. Au centre de ce plancher mobile sont disposés parallèlement, car la nature procède toujours ainsi, deux demi-globes fixés sur leurs bords et libres de se gonfler dans un sens ou dans l'autre. Lorsqu'on monte, l'air s'engouffre dans leur cavité et les arrondit par sa pression, qui est immense comme on sait. Les deux demi-sphères décrivent un arc ren-

Pour recueillir la somme nécessaire à l'exécution de son projet, M. Pétin entreprit un long voyage à travers la France; dans chaque ville, il exposait ses vues sur la navigation aérienne et donnait au nombreux public qui accourait à ses conférences la description de son ballon dirigeable.

Quelques mois plus tard (septembre 1851), la machine était terminée et l'ascension fixée au mois d'octobre suivant. Mais M. Pétin avait, paraît-il, excité par son langage l'irritation de quelques savants officiels : une cabale fut organisée contre lui et le préfet refusa l'autorisation nécessaire.

L'expérience n'eut pas lieu et les adversaires de M. Pétin en profitèrent pour l'attaquer avec plus de fureur que jamais.

versé du côté de la terre, et retardent cette force d'ascension verticale qui opère par éloignement de la circonférence et dans le sens du rayon.

« Lorsqu'on se rapproche de la terre, les deux globes se retournent, prennent l'apparence de coupoles et ralentissent la descente. — Tout à l'heure le point d'appui était au-dessus de l'appareil; maintenant il est au-dessous; aussi l'un retient et l'autre soutient. Voilà le centre de gravité, le point d'appui trouvé. Nous allons voir comment M. Pétin en tire parti. Les ailes du plancher horizontal, qui forme le second pont de son navire, lorsqu'elles sont étendues également, présentent à l'air une résistance uniforme dans le sens ascensionnel ou descensionnel. Mais, en repliant les toiles des extrémités vers le centre, la résistance devient inégale, l'air passe librement, et l'un des côtés se trouve plus chargé que l'autre; il y a rupture d'équilibre, la balance représentée par le plancher horizontal, et dont les coupoles déterminent le centre de gravité, penche et glisse sur le plan incliné formé par l'air sous-jacent; ou bien, si le mouvement se fait en sens inverse, l'appareil remonte en suivant une ligne diagonale, en dessous d'un plan incliné formé par l'air supérieur.

« Voici donc, et là est tout l'avenir de la navigation, la fatale ligne perpendiculaire rompue. Procéder en ligne diagonale, c'est avancer, et tout corps lancé sur une pente reçoit de cette projection le mouvement.

« Jusqu'à présent, M. Pétin ne s'est servi que de l'air-résistance, dont l'action est verticale, et non de l'air-vitesse, dont l'action est horizontale, et qui procède par éloignement du rayon dans le sens de la circonférence. Un des plus grands obstacles à la direction des ballons, ce sont les courants d'air qui peuvent faire dévier le ballon de sa route.

« Comme M. Pétin peut, en levant ou en abaissant la proue de son navire, se faire prendre en dessus ou en dessous par le courant d'air arrêté dans les ailes, et filer en montant ou en descendant, sans surmonter tout à fait la force de l'air-vitesse, lorsqu'elle est contraire, il la rompt et la brise, et diminue son recul à la façon d'un vaisseau qui louvoie contre le vent. Mais les diagonales ascendantes ou descendantes déterminées par la rupture d'équilibre, qui suffiraient dans un air tranquille ou avec un courant favorable, n'auraient pas assez de force dans des circonstances moins propices ou quand on voudrait obtenir une plus grande rapidité. M. Pétin a imaginé d'appliquer à son vaisseau aérien l'hélice inventée pour les bateaux à vapeur par Sauvage, ce grand génie si longtemps méconnu. Deux hélices mises en mouvement par deux turbines posées autour des globes parachutes et paramontes se vissent, pour ainsi dire, dans l'air, et opèrent des tractions énergiques. Lorsqu'on veut virer de bord, on laisse aller une poulie folle; une des hélices suspend sa rotation, et l'aérostat tourne sur lui-même ou décrit une courbe; enfin il devient susceptible d'exécuter toutes les manœuvres d'un steamer.

« Ces hélices peuvent être tournées à la main ou par tout autre moyen mécanique, si l'on ne veut pas employer les turbines, qui ont le mérite d'utiliser une force qui ne coûte rien, la force ascendante et descendante.

« S'il est permis d'affirmer une chose encore à l'état de projet, l'on n'avance rien que de parfaitement raisonnable et logique en disant que, dès aujourd'hui, le problème de la locomotion aérienne est résolu, ou bien toutes les lois physiques sont fausses et la statique n'existe pas.

« L'appareil de M. Pétin offre plus de sûreté aux voyageurs que tout autre moyen de locomotion. Ses trois ou quatre ballons crèveraient tous, ce qui est impossible, que les deux coupoles et les ailes rendraient la chute si lente qu'elle serait sans danger, car son vaisseau est *inchavirable* et insubmersible. On tomberait dans la mer qu'on ne se noierait pas pour cela. Nous en sommes tellement certain que nous avons retenu notre place pour le premier voyage. »

Le navire de M. Pétin resta longtemps exposé rue Marbeuf, aux Champs-Elysées. Il avait 70 mètres de longueur sur 10 de largeur, 1216 mètres de superficie, et sa force ascensionnelle était égale à 15 090 kilogrammes.

M. Pétin passa en Angleterre, puis en Amérique, où il exécuta plusieurs ascensions avec un aéronaute de profession, Chevalier, qui s'était attaché à sa fortune (1).

Ce fut à la Nouvelle-Orléans que, pour la première fois, M. Pétin tenta de s'élever avec la machine qui lui avait coûté tant de peines et de soins. Le gonflement eut lieu sur la *place du Congo;* mais par une fatalité étrange les usines de la ville ne purent lui fournir une quantité de gaz assez considérable et il dut renoncer à son projet.

Quelques années plus tard, M. Pétin revint à Paris où, fatigué de ses longs et infructueux efforts, il accepta une place modeste dans un établissement industriel.

IV

Pendant que Pétin courait à travers la France, deux expériences scientifiques avaient lieu à Paris.

Depuis l'ascension de Biot et Gay-Lussac, en 1804, la science n'avait tenté aucun effort pour étudier, au moyen des aérostats, la physique de l'atmosphère. Ce furent deux savants, l'un ancien élève de l'École polytechnique, l'autre médecin, MM. Barral et Bixio, qui entreprirent de reprendre et de continuer les expériences scientifiques commencées cinquante ans plus tôt.

Les deux aéronautes se proposaient d'étudier à grande hauteur plusieurs phénomènes météorologiques encore imparfaitement observés (2). Dupuis-Delcourt avait mis son ballon à leur disposition, et de nombreux instruments garnissaient le cercle qui était placé au-dessus de la nacelle.

L'ascension eut lieu dans la cour de l'Observatoire, le 29 juin 1850; mais elle s'accomplit dans de mauvaises conditions : le ballon de Dupuis-Delcourt, vieux et usé, avait, le matin même, reçu une pluie torrentielle et avait été déchiré en plusieurs endroits par les rafales. Raccommodé en toute hâte, gonflé avec du gaz hydrogène pur, il emporta dans les airs à 10 heures et demie du matin ses courageux voyageurs que ni les prières de leurs amis et des savants, ni la violence de la tempête n'avaient pu retenir à terre.

(1) M. Pétin accomplit les ascensions qu'il fit en Amérique dans un des ballons qui composaient son appareil. La première eut lieu à New-York. Peu s'en fallut que les deux aéronautes ne perdissent la vie ce jour-là : ils allèrent tomber en pleine mer et ils y eussent été ensevelis sans le secours de quelques pêcheurs.

La seconde eut lieu à la Nouvelle-Orléans. Ce jour-là encore, leur voyage aérien se termina par une chute dans l'eau : ils tombèrent dans le lac Pontchartrain.

Enfin la dernière ascension eut lieu à Mexico.

(2) « Il s'agissait de déterminer la loi du décroissement de température avec la hauteur; la loi du décroissement de l'humidité ; de décider si la composition chimique de l'atmosphère est la même partout; de doser l'acide carbonique à diverses élévations; de comparer les effets calorifiques des rayons solaires dans les plus hautes régions de l'atmosphère, avec ces mêmes effets observés à la surface de la terre ; de constater s'il arrive en un point donné la même quantité de rayons calorifiques de tous les points de l'espace ; de rechercher si la lumière réfléchie et transmise par les nuages est ou n'est pas polarisée, etc. »

Le ballon s'était élevé comme une flèche; pendant un quart d'heure, les voyageurs, perdus dans une nuée noire, restèrent dans la plus profonde des obscurités; mais, au sortir de cette nuit, la voûte bleue de l'immense coupole apparut à leurs yeux toute pleine d'une calme et resplendissante lumière. Il n'y avait plus d'orage là-haut. Les deux savants commencèrent leurs observations (1).

Tandis qu'ils se livraient, attentifs, à leurs expériences, le ballon, sous l'influence de l'air sec qu'il traversait, perdait son humidité, par suite une grande partie de son poids. Ainsi délesté, l'aérostat s'élevait avec une rapidité qu'augmentait encore la chaleur du soleil dilatant le gaz. Le ballon se gonflait démesurément, et la nacelle ayant été, par surcroît de malechance, accrochée avec des cordes si petites qu'elle touchait presque au filet, il ne tarda pas à la couvrir presque entièrement. Absorbés dans leurs calculs (2), ignorants d'ailleurs des choses aérostatiques, les voyageurs ne s'étaient encore aperçus de rien : l'un d'eux, par hasard, ayant levé la tête, vit avec épouvante le ballon, monstrueusement enflé, atteindre déjà le haut de la nacelle, menaçant de les emprisonner dans leur panier d'osier.

Brusquement rendus au sentiment de la réalité, les deux savants songèrent naturellement tout d'abord à ouvrir la soupape; mais il était trop tard : la corde, prise dans le filet, ne jouait plus.

Le ballon pourtant enflait toujours, la nacelle même commençait à être envahie par ses protubérances et tout mouvement devenait impossible aux voyageurs : ils se voyaient déjà mourant, étouffés et par l'air des hautes régions et par le ballon lui-même au fond de cet étroit cachot.

Enfin M. Barral prit ce parti désespéré auquel, en pareille circonstance, avait eu recours le duc de Chartres : il ouvrit son couteau et fit au ballon une large blessure.

L'aérostat se mit tout de suite à descendre, mais la nacelle qui portait le duc de Chartres et ses compagnons n'était pas aussi rapprochée du ballon que cette nacelle à demi envahie par lui : le gaz, s'échappant en quantité considérable par une ouverture d'un mètre et demi, remplit le panier, et les deux aéronautes, pris de vomissements violents, de syncopes réitérées, se demandaient si, après avoir échappé à l'air qui tue, ils allaient périr asphyxiés par le gaz du ballon, quand la terre apparut à leurs yeux troublés : la terre, c'était la vie, mais c'était encore une troisième menace de mort, car la descente était tellement rapide qu'elle ressemblait plutôt à une chute et que le choc les devait briser.

M. Barral, à demi asphyxié déjà, comprit qu'il fallait, si épuisé et si malade qu'il fût, faire un effort encore, l'effort dernier qui si souvent sauve : il saisit, avec la fiévreuse hâte de celui pour qui chaque instant de retard est une nouvelle chance de mort, tout ce qu'il y a encore dans la nacelle et pêle-mêle jette à terre neuf sacs de sable, des couvertures de laine et jusqu'à ses bottes : par un respect presque admirable à cette minute-là, il se refusa à sacrifier les instruments scientifiques à lui confiés.

La descente du ballon ainsi délesté se ralentit, et quelques instants plus tard il s'arrêtait près de Lagny, dans une vigne « dont le terrain était heureusement détrempé. Les laboureurs et les vignerons accoururent, trouvèrent les deux physiciens

(1) Ils n'étaient qu'à 4 242 mètres au-dessus du niveau de la mer. Le thermomètre indiquait 7 degrés.

(2) Ils venaient d'essayer le polarimètre d'Arago et notaient l'élévation indiquée par le baromètre : 5 893 mètres.

se tenant par les jambes et les bras enlacés dans les ceps de vigne, afin de neutraliser autant que possible le mouvement horizontal de la nacelle ; ils leur prêtèrent les secours les plus empressés. »

L'ascension n'avait duré que quarante-sept minutes, la descente sept.

Si peu agréable qu'eût été cette ascension, ses péripéties ne refroidirent point l'aérostatique ardeur de MM. Bixio et Barral : un mois plus tard (27 juillet 1850), ils reprenaient la route des airs (1).

Cette ascension ne fut point à beaucoup près aussi dramatique que la première (2),

(1) Les voyageurs emportaient avec eux « deux baromètres à siphon, gradués sur verre ; trois thermomètres, dont les réservoirs présentaient des états de surface différents. L'un rayonnait par sa surface naturelle de verre ; le second était recouvert de noir de fumée, et le troisième était protégé par une enveloppe d'argent poli ; tous trois étaient destinés à être impressionnés directement par le rayonnement solaire. Un quatrième thermomètre, entouré de plusieurs enveloppes concentriques et espacées, était destiné à donner la température à l'ombre. Il y avait enfin deux autres thermomètres, dont la boule était entourée d'un linge mouillé. Les aéronautes emportaient des ballons vides, des tubes pleins de potasse caustique et de fragments de pierre ponce imbibée d'acide sulfurique, destinés à s'emparer de l'acide carbonique de l'air injecté par des corps de pompe d'une capacité connue, et qui devaient servir à déterminer la richesse en acide carbonique de l'air pris à de grandes hauteurs. Le thermomètre *à minima* de M. Walferdin, qui fonctionne tout seul, et un baromètre imaginé par M. Regnault, qui agit d'après le même principe, étaient enfermés dans des boîtes métalliques à jour, et protégés par un cachet qu'on ne devait briser qu'au retour. La plupart de ces instruments portaient des échelles arbitraires, afin de laisser les observateurs à l'abri de toute préoccupation de leur part, qui aurait pu réagir involontairement sur les résultats. Pour étudier la nature de la lumière des espaces célestes, on emporta le petit *polariscope* d'Arago. »

(2) « Les instruments divisés que nous avons emportés, disent MM. Barral et Bixio dans leur *Journal de voyage*, ont été construits par M. Fastré, sous la direction de M. Regnault. Les tables de graduation ont été dressées dans le laboratoire du Collége de France ; elles n'étaient connues que de M. Regnault.

« Le ballon est celui de M. Dupuis-Delcourt, qui a servi à notre première ascension : il est formé de deux demi-sphères ayant pour rayon 4^{m},08, séparées par un cylindre ayant pour hauteur 3^{m},08 et pour base un grand cercle de la sphère. Son volume total est de 729 mètres cubes. Un orifice inférieur, destiné à donner issue au gaz pendant sa dilatation, se termine par un appendice cylindrique en soie, de 7 mètres de longueur, qui reste ouvert pour laisser sortir librement le gaz pendant la période ascendante. La nacelle se trouve suspendue à 4 mètres environ au-dessous de l'orifice de l'appendice, de manière que le ballon complétement gonflé est resté distant de la nacelle de 11 mètres et qu'il n'a pu gêner en rien les observations. Les instruments sont fixés autour d'un large anneau en tôle qui s'attache au cerceau ordinaire en bois portant les cordes de la nacelle. La forme de cet anneau est telle que les instruments sont placés à une distance convenable des observateurs.

« Notre projet était de partir vers 10 heures du matin ; toutes les dispositions avaient été prises pour que le remplissage de l'aérostat commençât à 6 heures. MM. Véron et Fontaine étaient chargés de cette opération.

« Malheureusement, des circonstances indépendantes de notre volonté, et provenant de la nécessité de bien laver le gaz, pour qu'il n'attaquât pas le tissu de l'aérostat, ont occasionné des retards, et le ballon ne fut prêt qu'à une heure. Le ciel, qui avait été très-pur jusqu'à midi, se couvrit de nuages, et bientôt une pluie torrentielle s'abattit sur Paris. La pluie ne cessa qu'à 3 heures ; la journée était trop avancée, et les circonstances atmosphériques trop défavorables, pour que nous pussions avoir l'espoir de remplir le programme que nous nous étions proposé. Mais l'aérostat était prêt, de grandes dépenses avaient été faites, et des observations, dans cette atmosphère troublée pouvaient conduire à des résultats utiles. Nous nous décidâmes à partir. Le départ eut lieu à 4 heures ; il présenta quelque difficulté à cause de l'espace très-rétréci que le jardin de l'Observatoire laissait à la manœuvre. Le ballon était très-éloigné de la nacelle, comme on vient de le voir, et, emporté par le vent, il prit le devant sur le frêle esquif dans lequel nous étions montés ; ce ne fut que par une série d'oscillations, à une assez grande distance de chaque côté de la verticale, que nous finîmes par être tranquillement suspendus à l'aérostat. Nous allâmes frapper contre des arbres et contre un mât ; il en résulta qu'un des baromètres fut cassé et laissé à terre. Le même accident arriva au thermomètre à surface noircie.

« Nous transcrivons ici les notes que nous avons prises pendant notre ascension.

« 4^{h}3^{m}. *Départ.* — Le ballon s'élève d'abord très-lentement, en se dirigeant vers l'est ; il prend un mouvement ascendant plus rapide, après la projection de quelques kilogrammes de lest. Le ciel est complétement couvert de nuages, et nous nous trouvons bientôt dans une brume légère.

Heures.	*Baromètre.*	*Thermomètre.*	*Hauteur.*
4h, 6m	694mm,70	+ 16°	757m
4 8	674 96	»	999
4 9 3s	655 57	+ 13,0	1 244
4 11	636 68	+ 9,8	1 483

« Au-dessus de nous s'étend une couche continue de nuages; au-dessous, nous apercevons çà et là des nuages détachés qui semblent rouler sur Paris. Nous sentons un vent frais.

Heures.	*Baromètre.*	*Thermomètre.*	*Hauteur.*
4h, 13m	597mm,73	+ 9°,0	2 013m
4 15	558 70	+ »	2 567
4 20	482 20	— 0°,5	3 751

« Le nuage dans lequel nous pénétrons présente l'apparence d'un brouillard ordinaire très-épais; nous cessons de voir la terre.

Baromètre.	*Thermomètre.*	*Hauteur.*
405mm,41	— 7°,0	5 121m

« Quelques rayons solaires deviennent perceptibles à travers les nuages.

« Le baromètre oscille de 366mm,99 à 386mm,42; le thermomètre marque 7°,0; le calcul donne de 5 911 à 5 492 pour la hauteur à laquelle nous sommes parvenus en ce moment.

« Le ballon est entièrement gonflé; l'appendice, jusqu'ici resté aplati sous la pression de l'atmosphère, est maintenant distendu, et le gaz s'échappe par son orifice inférieur sous forme d'une traînée blanchâtre; nous sentons très-distinctement son odeur. On aperçoit une déchirure dans le ballon à une distance de 1m,05 environ de l'origine de l'appendice; cette déchirure augmente seulement l'étendue de l'issue donnée au gaz; comme elle est à la partie inférieure, elle ne diminue que faiblement la force ascensionnelle de l'aérostat.

« Une éclaircie se manifeste et laisse voir vaguement la position du soleil.

« Le ballon reprend sa marche ascendante, après un nouvel abandon de lest.

« 4h,25m. — Des oscillations du baromètre entre 347mm,75 et 367mm,04 indiquent une nouvelle station de l'aérostat; le thermomètre varie de 10°,5 à 9°,8; la hauteur à laquelle nous sommes parvenus varie de 6 330 à 5 902 mètres.

« Le brouillard, beaucoup moins intense, laisse apercevoir une image blanche et affaiblie du soleil.

« Un nouvel abandon de lest détermine une nouvelle ascension du ballon qui arrive à une nouvelle position stationnaire indiquée par de nouvelles oscillations du baromètre. Nous sommes couverts de petits glaçons, en aiguilles extrêmement fines, qui s'accumulent dans les plis de nos vêtements. Dans la période descendante de l'oscillation barométrique, par conséquent pendant le mouvement ascendant du ballon, le carnet ouvert devant nous les ramasse de telle façon qu'ils semblent tomber sur lui avec une sorte de crépitation. Rien de semblable ne se manifeste dans la période ascendante du baromètre, c'est-à-dire pendant la descente de l'aérostat.

Le thermomètre horizontal vitreux marque. . . . . 4°,69
Le thermomètre argenté. . . . . 8°,95

« Nous voyons distinctement le disque du soleil à travers la brume congelée; mais en même temps, dans le même plan vertical, nous apercevons une seconde image du soleil, presque aussi intense que la première; les deux nuages paraissent disposés symétriquement au-dessus et au-dessous du plan horizontal de la nacelle, en faisant chacun avec ce plan un angle d'environ 30 degrés. Ce phénomène s'observe pendant plus de dix minutes.

« La température baisse très-rapidement; nous nous disposons à faire une série complète d'observations sur les thermomètres du psychromètre; mais les colonnes mercurielles sont cachées par les bouchons, parce que l'on n'avait pas prévu un abaissement aussi brusque de la température. Le thermomètre des enveloppes concentriques en fer-blanc marque 23°,79.

« Nous ouvrons une cage où se trouvent deux pigeons; ils refusent de s'échapper; nous les lançons dans l'espace; ils étendent les ailes, tombent en tournoyant et en décrivant de grands cercles et disparaissent bientôt dans le brouillard qui nous entoure. Nous n'apercevons pas au-dessous de nous l'ancre qui est attachée à l'extrémité d'une corde de 50 mètres de long que nous avons déroulée.

« 4h,32m. — Nous jetons du lest et nous nous élevons davantage. Les nuages s'écartent au-dessus de nous, et nous voyons dans le ciel une place d'un bleu d'azur clair, semblable à celui que l'on voit de la

Parachute ouvert.

terre par un temps serein. Le polariscope n'indique de polarisation dans aucune direction, sur les nuages en contact avec nous ou plus éloignés. Le bleu du ciel est, au contraire, fortement polarisé.

« Les oscillations du baromètre indiquent que nous cessons de monter; nous jetons du lest, ce qui détermine un nouveau mouvement ascendant.

Heures.	*Baromètre.*	*Thermomètre.*	*Hauteur.*
3h,45m	338,mm05	— 35°	6512m

« Nos doigts sont roidis par le froid, mais nous n'éprouvons aucune douleur d'oreilles et la respiration n'est nullement gênée. Le ciel est de nouveau couvert de nuages, mais laisse encore apercevoir le soleil voilé et son image. Nous pensons qu'il y a intérêt à voir si le froid augmentera si nous parvenons à nous élever davantage. Nous jetons du lest, ce qui détermine une nouvelle ascension.

« $4^h,50^m$. — Le baromètre marque $315^{mm},02$. L'extrémité de la colonne du thermomètre du baromètre

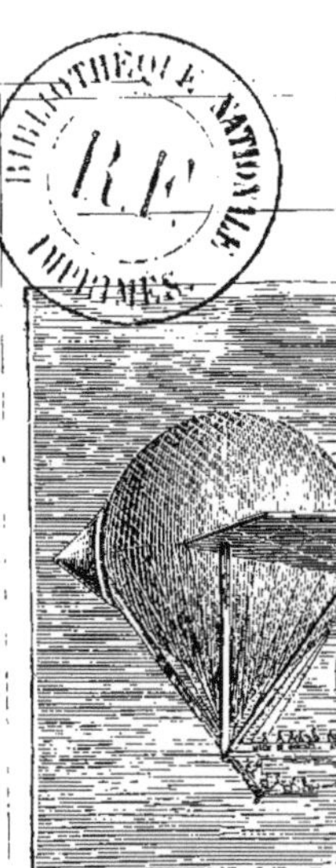

Navire aérien de M. Pétin. (Page 347).

est inférieure, de 2 degrés environ, à la dernière division tracée sur l'instrument. Cette division est 37 degrés ; la température était donc de 39 degrés environ ; la hauteur à laquelle nous sommes arrivés est de 7 039 mètres.

« Le baromètre oscille de 315mm, 02 à 320mm, 20 ; ainsi l'aérostat oscille de 7 039 mètres à 6 798. Il ne nous reste plus que 4 kilogrammes de lest, que nous jugeons prudent de conserver pour la descente. D'ailleurs il est inutile de chercher à monter davantage avec des instruments désormais usuels ; le mercure se congèle. Tout au plus pouvons-nous chercher à nous maintenir quelque temps à cette hauteur ; mais, bien que l'appendice soit relevé pour éviter la sortie du gaz par son orifice, le ballon commence son mouvement descendant. Nous faisons nos prises d'air. Le tube de l'un de nos ballons se casse sous les efforts que nous faisons pour tourner le robinet, le second se remplit d'air sans accident. Mais le froid paralyse tous nos efforts ; les observations sont devenues impossibles ; nos doigts sont inhabiles à toute opération. Nous nous laissons descendre.

Heures.	*Baromètre.*	*Température.*	*Hauteur.*
5h, 2m	436mm, 40	— 9°	4 502m

« Nous rencontrons encore les petites aiguilles de glace.

Heures.	*Baromètre.*	*Température.*	*Hauteur.*
5h, 7m	483mm, 16	— 7°	3 688m
5 10	540 39	— 3	2 796
4 12	559 70	— 1	2 452
5 14	582 90	0	2 185

Le thermomètre marque. . . . . + 2°,50

Le thermomètre argenté. . . . . + 1,91 et les observations faites donnèrent des résultats « extraordinaires et tout à fait inattendus », d'après Arago (1).

V

Mentionnons seulement la mort de l'aéronaute Gale, qui trouva à Bordeaux une mort dont l'aérostation ne doit très-probablement pas être rendue responsable (2),

« 5h,16m. — Le baromètre oscille de 598mm,05 à 618mm,0, parce que nous jetons notre lest, ce qui arrête notre descente ; la température est de 1°,8 : la hauteur varie de 1 973 à 1 707 mètres.

« Les oscillations sont prolongées par les dernières portions de lest que nous jetons. Nous ne nous occupons plus que de modérer la descente, en sacrifiant tout ce que nous avons de disponible, hors les instruments, et nous mettons les thermomètres dans leurs étuis.

« 5h,30m. — Nous touchons à terre au hameau de Deuze, commune de Saint-Denis-lez-Rebais, arrondissement de Coulommiers (Seine-et-Marne), à quelques pas de la demeure de M. Brulfert, maire de cette commune, située à 70 kilomètres de Paris.

« Nous avons eu le bonheur de ne casser aucun instrument à la descente. Nous ne trouvons au village qu'une charrette pour nous transporter à la station la plus voisine du chemin de fer de Strasbourg, éloignée de 18 kilomètres. Le trajet fut pénible dans les chemins de traverse, par un ouragan violent et des pluies continuelles ; le cheval s'abattit. Deux des appareils que nous tenions le plus à rapporter intacts à Paris furent brisés ou mis hors de service : le ballon à l'air et l'instrument indicateur du minimum de pression barométrique. Heureusement le thermomètre à minima de M. Walferdin fut rapporté intact, avec son cachet, au Collége de France.

« Le cachet a été enlevé par MM. Regnault et Walferdin, et le minimum de température, déterminé par des expériences directes, a été trouvé de − 39°, 67, par conséquent très-peu différent de la plus basse température que nous avons observée nous-mêmes sur le thermomètre du baromètre. »

(1) « Venons maintenant, dit Arago, au résultat le plus extraordinaire, au résultat tout à fait inattendu qu'ont fourni les observations thermométriques. Gay-Lussac, dans son ascension par un temps serein ou plutôt légèrement vaporeux, avait trouvé une température de 9°, 5 au-dessous de zéro, à la hauteur de 7 016 mètres. C'est le minimum qu'il ait observé. Cette température de 9°, 5 au-dessous de zéro, MM. Barral et Bixio l'ont trouvée dans le nuage, à la hauteur d'environ 6 000 mètres ; mais à partir de ce point-là, et dans une étendue d'environ 600 mètres, la température varia d'une manière tout à fait extraordinaire et hors de toute prévision. Ils ont vu à la hauteur de 7 040 mètres, à quelque distance de la limite supérieure du nuage, le thermomètre centigrade descendu à 39° au-dessous du zéro. C'est 30° au-dessous de ce qu'avait trouvé Gay-Lussac à la même hauteur, mais dans une atmosphère sereine.

« Cette hauteur de 7 049 mètres a été déduite des calculs de M. Mathieu, en tenant compte de la diminution de la pesanteur à ces grandes hauteurs, de l'influence de l'heure de la journée sur la mesure barométrique des hauteurs, c'est-à-dire à 33 mètres au-dessus de celle où Gay-Lussac s'est élevé. Il est juste de dire que les formules à l'aide desquelles on calcule les hauteurs reposent sur l'hypothèse d'un décroissement de température à peu près uniforme, et que, dans ce cas-ci, un changement de hauteur, que l'on peut évaluer à 600 mètres, a donné lieu à une variation d'environ 30°, tandis que, dans l'air serein, la variation n'aurait été que de 4 à 5°. »

(2) Georges Gale était un ancien lieutenant de la marine anglaise, qui, associé à un de ses compatriotes, Cliffort, promena à travers la France un magnifique ballon, dans lequel il faisait des ascensions équestres.

Gale, qui avait l'habitude de consommer, avant de monter en ballon, une grande quantité de liqueurs alcooliques, en consomma le jour de son ascension de Bordeaux (9 septembre 1850) plus encore que d'ordinaire. Son voyage cependant s'accomplit sans encombre, mais, lors de la descente, les paysans qui étaient, à son appel, venus l'aider, comprirent mal ses ordres et lâchèrent les cordes de l'aérostat, après avoir descendu à terre le cheval. Ainsi délesté, le ballon s'élança en l'air avec une telle violence que l'aéronaute, à ce moment debout dans la nacelle, fut renversé au fond du panier.

Quatre heures plus tard, le ballon à demi gonflé encore fut retrouvé dans une lande ; il était en bon état, mais Gale avait disparu.

« Le lendemain, à la pointe du jour, un pâtre qui menait ses vaches à une demi-lieue de cet enet arrivons tout de suite aux très-sérieuses expériences que tenta en 1852 M. Henri Giffard sur la direction des ballons.

Après avoir fait de nombreuses ascensions afin de connaître la pratique de l'aérostation comme il en savait déjà la théorie, ce jeune ingénieur pensa d'abord que la forme des aérostats devait être modifiée.

« Que faire, dit-il, pour réduire au minimum la résistance du milieu, ou, en d'autres termes, pour faciliter au plus haut point le passage de cette masse à travers l'atmosphère? La réponse se fait naturellement, et d'ailleurs les peuples les plus anciens et les moins civilisés, en construisant leurs flèches ou leurs canots, nous en ont indiqué le moyen. Il faut donner au volume gazeux le plus grand allongement possible dans le sens de son mouvement, de telle sorte que l'étendue transversale qu'il offre, et de laquelle dépend en grande partie la résistance, soit diminuée dans la même proportion. »

Le second moyen qu'il estimait efficace était l'application de la vapeur aux aérostats : une machine à vapeur mettait en mouvement une hélice motrice, et le sable était remplacé par l'eau de la chaudière qui, en s'évaporant, délestait peu à peu le ballon (1).

droit s'aperçut qu'un de ses animaux s'enfonçait dans un fourré de bruyères, et y flairait avec bruit. Il s'approcha et vit un homme étendu sur la terre. Le croyant endormi, il s'avança pour l'appeler; mais il fut saisi d'horreur au spectacle qui s'offrit à lui. Le cadavre de l'infortuné aéronaute était couché sur la face, les bras brisés et ployés sous la poitrine. Le ventre était enfoncé, et les jambes fracturées en plusieurs endroits; la tête n'avait plus rien d'humain : elle avait été à moitié dévorée par les bêtes fauves. »

(1) Voici la description de l'appareil de M. Giffard, d'après la description qu'il en a donnée lui-même dans *la Presse* du 26 septembre 1852 :

« Ce ballon était de forme allongée, représentant par sa section à peu près celle d'un navire; deux pointes le terminaient de chaque côté. Long de 44 mètres, large en son milieu de 12 mètres, il contenait environ 2 500 mètres cubes de gaz, et était enveloppé de toutes parts, sauf à sa partie inférieure et aux pointes, d'un filet, dont les extrémités en pattes d'oie venaient se réunir à une série de cordes, fixées à une traverse horizontale de bois de 20 mètres de longueur. Cette traverse portait à son extrémité une espèce de voile triangulaire, assujettie par un de ses côtés à la dernière corde partant du filet, et qui lui tenait lieu de charnière ou axe de rotation.

« Cette voile représentait le gouvernail et la quille; il suffisait, au moyen de deux cordes qui venaient se réunir à la machine, de l'incliner de droite à gauche, pour produire une déviation correspondante à l'appareil, et changer immédiatement de direction; à défaut de cette manœuvre, elle revenait aussitôt se placer d'elle-même dans l'axe de l'aérostat, et son effet normal consistait alors à faire l'office de quille ou de girouette, c'est-à-dire à maintenir l'ensemble du système dans la direction du vent.

« A 6 mètres au-dessous de la traverse était suspendue la machine à vapeur, et tous ses accessoires.

« Cette machine à vapeur était posée sur une espèce de brancard de bois, dont les quatre extrémités étaient soutenues par les cordes de suspension, et dont le milieu, garni de planches, était destiné à supporter les personnes et l'approvisionnement d'eau et de charbon.

« La chaudière était verticale et à foyer intérieur sans tubes à feu : elle était entourée en partie, extérieurement, d'une enveloppe de tôle qui, tout en utilisant mieux la chaleur du charbon, permettait aux gaz de la combustion de s'écouler à une plus basse température. Le tuyau de cheminée était renversé, c'est-à-dire dirigé de haut en bas, afin de ne pas mettre le feu au gaz. Le tirage s'opérait dans ce tuyau, au moyen de la vapeur, qui venait, comme dans les locomotives, s'y élancer avec force à sa sortie du cylindre, et qui, en se mélangeant avec la fumée, abaissait encore considérablement sa température, tout en projetant rapidement cette vapeur dans une direction opposée à celle de l'aérostat.

« Le charbon brûlait sur une grille complétement entourée d'un cendrier, de sorte qu'il était impossible d'apercevoir extérieurement la moindre trace de feu. Le combustible employé était du coke.

« La vapeur produite se rendait aussitôt dans la machine proprement dite.

« Nous représentons à part (fig. 326) cette machine à vapeur. Elle se compose d'un cylindre verti-

L'expérience tentée le 25 septembre 1852 par M. Henri Giffard, qui partit seul de l'Hippodrome à 5 heures et quart pour aller quelques heures plus tard tomber près de Trappes, ne fut pas, bien que pas encore décisive, défavorable à son système.

« Le problème à résoudre, dit l'inventeur, pouvait être envisagé sous deux points de vue principaux : la suspension convenable d'une machine à vapeur et de son foyer sous un aérostat de forme nouvelle plein de gaz inflammable, et la direction proprement dite de tout le système dans l'air. Sous le premier rapport, il y avait déjà des difficultés à vaincre. En effet, jusqu'ici les appareils aérostatiques enlevés dans l'atmosphère s'étaient bornés invariablement à des globes sphériques ou ballons. En l'absence de tout fait antérieur, suffisamment concluant, et malgré les indications de la théorie, je devais encore concevoir certaines craintes sur la stabilité de l'appareil ; l'expérience est venue pleinement me rassurer à cet égard, et prouver que l'emploi d'un aérostat allongé, le seul que l'on puisse espérer diriger convenablement, était, sous tous les autres rapports, aussi avantageux que possible, et que le danger résultant de la réunion du feu et du gaz inflammable pouvait être complétement illusoire. Pour le second point, celui de la direction, les résultats obtenus ont été ceux-ci : dans un air parfaitement calme, la vitesse du transport en tous sens est de 2 ou 3 mètres par secondes ; cette vitesse est évidemment augmentée ou

cal, dans lequel se meut un piston, qui, par l'intermédiaire d'une bielle, fait tourner l'arbre coudé placé au sommet.

« Cet arbre porte à son extrémité une hélice à trois palettes de 3m,40 de diamètre, destinée à prendre le point d'appui sur l'air et à faire progresser l'appareil. La vitesse de l'hélice est d'environ cent dix tours par minute, et la force que développe la machine pour la faire tourner est de trois chevaux, ce qui représente la puissance de vingt-cinq à trente hommes.

« Le poids du moteur proprement dit, indépendamment de l'approvisionnement et de ses accessoires, était de 100 kilogrammes pour la chaudière et de 50 kilogrammes pour la machine ; en tout, 150 kilogrammes, ou 50 kilogrammes par force de cheval, ou bien encore 5 à 6 kilogrammes par force d'homme, de sorte que s'il avait fallu obtenir le même effet mécanique à bras d'homme, il aurait fallu enlever vingt-cinq à trente individus, représentant un poids moyen de 1 800 kilogrammes, c'est-à-dire un poids douze fois plus considérable, et que l'aérostat n'aurait pu porter.

« De chaque côté de la machine étaient deux bâches, dont l'une contenait le combustible et l'autre l'eau destinée à remplacer, dans la chaudière, celle qui disparaissait par l'évaporation. Une pompe, mue par la tige du piston, servait à refouler cette eau dans la chaudière. Cette dépense d'eau remplaçait, circonstance intéressante, le lest ordinaire des aéronautes. Ce lest d'un nouveau genre avait pour effet, étant dépensé graduellement par la disparition de l'eau en vapeurs, de délester peu à peu l'aérostat, sans qu'il fût nécessaire d'avoir recours à des projections de sable, ou à tout autre moyen que l'on emploie dans les ascensions ordinaires.

« L'appareil moteur était monté tout entier sur quelques roues, mobiles en tous sens, ce qui permettait de le transporter facilement à terre.

« Gonflé avec le gaz de l'éclairage, l'aérostat à vapeur de M. Giffard avait une force ascensionnelle de 1 800 kilogrammes environ, distribués comme il suit :

Aérostat avec la soupape	320 kil.
Filet	150
Traverses, cordes de suspension, gouvernail, cordes d'amarrage	300
Machine et chaudière vide	150
Eau et charbon contenus dans la chaudière au moment du départ	60
Châssis de la machine, brancard, planches, roues mobiles, bâches à eau et à charbon	420
Corde traînante pour arrêter l'appareil en cas d'accident	80
Poids de la personne conduisant l'appareil	70
Force ascensionnelle nécessaire au départ	10
Total	1 560 kil.

« Il restait donc à disposer d'un poids de 240 kilogrammes, que l'on avait affecté à l'approvisionnement d'eau et de charbon, et par conséquent de lest. »

diminuée, par rapport aux objets fixes, de toute la vitesse du vent, s'il y en a, et suivant qu'on marche avec ou contre, absolument comme un bateau montant ou descendant un courant quelconque; dans tous les cas. l'appareil a la faculté de dévier plus ou moins de la ligne du vent et de former avec celle-ci un angle qui dépend de la vitesse de ce dernier (1). »

M. Giffard reprit en 1855 ses expériences et construisit un aérostat de forme beaucoup plus allongée encore. L'essai ne réussit pas moins bien, mais cependant M. Giffard, connaissant que les usages à lui fournis par l'aéronautique d'alors étaient insuffisants pour lui permettre de construire un ballon capable de remonter des courants aériens, même de moyenne force, renonça temporairement aux tentatives et reprit le cours de ses études.

VI

Les très-intéressantes expériences de M. Giffard à Paris furent suivies de près à Londres des voyages scientifiques de M. Welsh (2), qui ne furent que la préface

(1) « Malheureusement, ajoute M. Marion, le vent avait une vitesse bien supérieure à 3 mètres par seconde, et le premier ballon à vapeur ne put remonter le courant aérien. Mais sa déviation de la ligne du vent, sa rotation sous le jeu du gouvernail, sa parfaite stabilité dans l'air, furent victorieusement démontrées. »

(2) « En juillet 1852, le comité de direction de l'Observatoire de Kew, près de Londres, résolut, dit Arago, de faire faire une série d'ascensions aéronautiques, dans le but d'étudier les phénomènes météorologiques et physiques qui se produisent dans les régions les plus élevées de l'atmosphère terrestre. Cette résolution fut approuvée par le Conseil de l'Association britannique pour l'avancement des sciences. Les instruments furent immédiatement préparés : ce furent un baromètre de Gay-Lussac, des thermomètres secs et mouillés, un aspirateur, un hygromètre condensateur de M. Regnault, un hygromètre de Daniell, un polariscope et des tubes en verre pour recueillir l'air. Le ballon employé fut celui de M. Green, qui accompagna constamment M. John Welsh, chargé des observations; il fut rempli de gaz d'éclairage. Quatre ascensions furent exécutées le 17 et le 26 août, le 21 octobre, le 10 novembre 1852. Dans les deux premiers voyages, M. Nicklin accompagna aussi M. Welsh. Le point de départ fut le jardin royal du Wauxhall.

« Dans la première ascension, du 17 août, les voyageurs partirent à $3^h,49^m$ du soir, et touchèrent terre à $5^h,20^m$, à vingt-trois lieues au nord de Londres. Ils s'élevèrent jusqu'à une hauteur de 5947 mètres; la plus basse pression qu'ils obtinrent fut de $364^{mm},5$, et la température de $-13^o,2$. A terre, le baromètre marquait $755^{mm},1$, et le thermomètre $+21^o,8$. Un nuage couvrait l'horizon; sa limite inférieure fut atteinte à 762 mètres environ, et sa limite supérieure à 3 963 mètres au delà. Le ballon fut alors plongé dans un air pur, mais il régnait au-dessus, à une grande hauteur, une masse nuageuse épaisse. Une neige formée de flocons étoilés tomba de temps à autre sur le ballon.

« La seconde ascension, du 26 août, commença à $4^h,43^m$ du soir, et fut terminée à $7^h,35^m$; la descente eut lieu à dix lieues à l'ouest-nord-ouest de Londres. Le ballon s'éleva à une hauteur de 6 096 mètres, et la température la plus basse observée fut de $-10^o,3$. A terre, la pression était de $760^{mm},9$, et la température de $+19^o,1$. Quelques nuages étaient suspendus dans l'atmosphère, à une hauteur de 900 mètres environ; au delà, le ciel était pur et d'un beau bleu.

« La troisième ascension eut lieu le 21 octobre, à $2^h,45^m$; les voyageurs descendirent à $4^h,20^m$, à douze lieues environ à l'est de Londres. Ils ne s'élevèrent qu'à une hauteur de 3 853 mètres; la plus basse pression observée a été de $475^{mm},5$, et la plus basse température de $-3^o,8$. A terre, le baromètre marquait $750^{mm},2$, et le thermomètre $+14^o,2$. Entre 254 et 853 mètres, le ballon rencontra des nuages détachés et irréguliers; à environ 915 mètres, il pénétra dans une couche nuageuse continue, dont la partie supérieure se terminait à 1 093 mètres. A sa sortie des nuages, le ballon projeta sur leur surface peu irrégulière une ombre entourée de franges. La lumière, directement réfléchie par le nuage, ayant été étudiée avec le polariscope, ne présenta aucune trace de polarisation.

« La plus grande hauteur à laquelle M. Welsh est parvenu a été atteinte dans le quatrième voyage, pour ainsi dire des belles ascensions faites en 1861 (1), 1862 et 1863 par M. Glaisher.

L'*Association britannique pour l'avancement des sciences* ayant en 1861 voté des fonds considérables pour l'accomplissement d'une série d'ascensions scientifiques, M. Glaisher, chef du bureau météorologique de Greenwich, accepta de les exécuter.

Accompagné de l'aéronaute Coxwell, il commença en juin 1861 ses voyages aériens, qui ont révélé un grand nombre de faits importants pour la science (2).

« M. Glaisher a exécuté trente voyages aériens, pendant lesquels il s'est peu à peu aguerri à affronter les effets de la raréfaction de l'air et de l'abaissement de la température. Comme l'a dit souvent l'illustre savant anglais, il est bon de *s'entraîner* par des tentatives préliminaires, quand on a l'ambition de planer dans les régions aériennes éloignées du sol ; il est utile de procéder par phases successives,

exécuté le 10 novembre. Le départ eut lieu à $2^h.21^m$. et la descente à $3^h.43^m$, près de Folkstone, à vingt-trois lieues à l'est-sud-est de Londres. Le ballon s'éleva jusqu'à 6 989 mètres, et la température minimum observée fut de — 23°,6 ; le baromètre indiqua une pression minimum de 310^{mm},9. A terre, le baromètre marquait 761^{mm},1, et le thermomètre + 9°,6. Un premier nuage fut rencontré à 152 mètres de hauteur ; sa surface supérieure se terminait à 600 mètres. Venait ensuite un espace de 620 mètres de hauteur, libre de tout brouillard. A 1 220 mètres se trouvait un nuage qui se terminait à 1 494 mètres. Au delà, il n'y avait plus que quelques cirrus placés à une très-grande hauteur.

« On voit que, dans leurs voyages, les aéronautes anglais n'ont pu qu'une seule fois approcher, mais sans l'atteindre, de la hauteur de 7 000 mètres, à laquelle sont parvenus Gay-Lussac et MM. Barral et Bixio. La température très-basse de — 23°,6, observée par M. Welsh dans l'ascension du 10 novembre 1852, eût paru certainement extraordinaire si l'expédition faite par nos compatriotes, le 27 juillet 1850, n'avait montré un nuage ayant une température beaucoup plus basse.

« L'air rapporté par M. Welsh a été analysé par M. Milles, qui lui a trouvé la composition de l'air normal.

« Enfin les observations hygrométriques, faites avec soin et en grand nombre par M. Welsh, à l'aide du psychromètre et de l'hygromètre de M. Regnault, n'ont pas indiqué d'extrême sécheresse ; au contraire, même dans les plus hautes régions, l'humidité atmosphérique relative s'approchait beaucoup de la saturation. » (ARAGO, *Œuvres complètes*, t. IX, pages 529, 532. (*Voyages scientifiques*.)

(1) Entre 1852 et 1861, nous devons signaler la mort d'un aéronaute de profession, Deschamps, qui, le 27 novembre 1853, périt à Nîmes par suite de la violence du vent qui avait mis en pièces son ballon.

Rappelons aussi la mort d'un nommé Leturr qui avait inventé des ailes et les essaya au Crémorne à Londres, le 27 juin 1854. Il espérait voler au moyen d'ailes formant rames, mais par précaution il n'avait pas voulu se lancer dans les airs sans autre sauvegarde que son invention, et s'était attaché à un parachute. Par une incroyable fatalité, la prudence de Leturr ne le sauva pas. « Quand l'aérostat qui avait enlevé l'appareil fut près du sol, l'aéronaute anglais ne comprit pas que Leturr lui criait de détacher le parachute. Leturr, qui était attaché à une longue corde de quatre-vingts mètres, fut lancé contre les arbres et se fracassa la tête. Il perdit connaissance et tomba violemment à terre, où son cadavre, mis en lambeaux, fut ramassé au milieu des débris de sa machine. »

(2) « De toutes les ascensions consacrées à la science, les plus complètes sont celles de M. Glaisher, de l'Observatoire de Greenwich. Commencées en 1862, elles s'élèvent aujourd'hui au nombre de trente. Elles embrassent l'étude des problèmes fondamentaux de la météorologie. Les résultats obtenus par le savant astronome sont surtout concluants en ce qui concerne la loi de la décroissance de la température de l'air selon la hauteur, selon l'état du ciel et selon les époques, loi dont la connaissance est due tout entière à M. Glaisher. Les résultats relatifs aux variations de l'humidité atmosphérique ne sont pas moins remarquables, quoique moins décisifs.

« M. Glaisher a fait, sur la propagation des sons, plusieurs expériences intéressantes. On entendait à 3 kilomètres l'aboiement d'un chien, le sifflement d'une locomotive ; on entendit même, par une atmosphère extrêmement humide, à 6 *kilomètres et demi* de hauteur. C'est la plus grande élévation à laquelle l'oreille ait pu percevoir des bruits partis de la surface terrestre. Dans la même ascension, exécutée à la fin du mois de juin 1863, M. Glaisher entendit le vent mugir sous lui, lorsqu'il se trouvait à 3 kilomètres d'élévation. Le 31 mars, le sourd murmure de Londres s'entendait encore à 2 kilomètres de hauteur ; un autre jour, au contraire, les cris de plusieurs milliers de personnes n'étaient plus perceptibles au-dessus de 1 500 mètres.

de s'habituer peu à peu à vivre dans des milieux où la pression barométrique est de plus en plus faible. C'est ainsi que M. Glaisher a pu dépasser à trois reprises différentes dans ses voyages, de Wolverhampton à Solihull, de Cristal-Palace (1) à Newhaven et de Wolverton à Ely, l'altitude de 7 000 mètres, où Gay-Lussac n'avait conduit son ballon qu'une fois avant lui. Mais le véritable titre de gloire du savant anglais est son ascension du 5 septembre 1862, exécutée avec M. Coxwell. »

(1) Voici quelques détails sur cette ascension :

« Le 31 mars et le 18 avril 1863, M. Glaisher fit des observations très-intéressantes sur le *spectroscope*, c'est-à-dire l'instrument d'optique qui permet d'examiner la nature de la lumière décomposée et d'observer les raies obscures qui existent dans ce spectre.

« Le 31 mars 1863, M. Glaisher partait du palais de Sydenham, à 4 heures du soir, par une température de + 10 degrés. A plus de 2 kilomètres de hauteur, il entendait encore le murmure lointain de Londres. A 5 kilomètres, la vue était admirable : la grande ville, avec ses faubourgs et les campagnes qui l'environnent, se développait en un panorama magnifique. On distinguait Brighton, Yarmouth, Douvres et la falaise de Margate. Au nord, le ciel était voilé de nuages. Au sud et sous le ballon même, on apercevait quelques *cumulus* semblables à des flocons de coton épars sur la terre. On voyait ailleurs des nuages solitaires entourés d'un ciel bleu et serein.

« Le but de cette ascension était l'étude des raies noires de Frauenhofer dans le spectre solaire et dans le spectre provenant de la lumière diffuse de l'atmosphère. M. Glaisher avait emporté avec lui un spectroscope, composé d'un tube muni d'un prisme, d'un objectif et d'une lunette dirigée sur le prisme. C'est le même appareil qui avait déjà servi dans l'expédition astronomique envoyée au pic de Ténériffe.

« Comme on ne pouvait faire dans un aérostat des mesures micrométriques, on dut se borner à constater l'aspect du spectre à différentes hauteurs. Au niveau du sol, on s'assura que la raie noire B dans l'extrême rouge et la raie G dans le violet étaient les limites visibles du spectre de la lumière diffuse du ciel. Le spectre solaire direct s'étendait à peu près jusqu'à la raie H, dans le violet. On y distinguait, en outre, les raies C, D, F, G, et beaucoup de lignes intermédiaires.

« Voici maintenant les altérations qui furent constatées dans le spectre solaire par M. Glaisher, à mesure qu'il s'élevait. A 800 mètres de hauteur, les raies extrêmes B et G semblèrent un peu affaiblies. A 1 600 mètres (un mille anglais), le spectre était raccourci aux deux extrémités : la raie B était invisible, C douteuse. A 3 200 mètres, la raie G disparut aussi, et la région violette du spectre se ternit ; on ne vit rien au delà des deux raies D et F. A 4 800 mètres d'élévation, le violet s'effaça avec la raie F. Dès lors, le spectre se raccourcit de plus en plus ; à la hauteur de 6 400 mètres, il n'en restait plus qu'une petite nuance jaune. A 7 240 mètres (4 milles et demi), on ne vit plus rien. En descendant de nouveau à la hauteur de 4 800 mètres, où l'on arriva à 5 heures 43 minutes, après l'avoir atteinte pour la première fois une heure auparavant, on ne vit pas de spectre ; M. Glaisher ouvrit la fente du spectroscope, et il aperçut alors une faible trace de couleur. Ce dernier fait suggéra l'idée que le spectre se raccourcissait à mesure que le soleil se rapprochait de l'horizon et que le jour baissait. On toucha terre à 6 heures et demie, juste au coucher du soleil. »

Dans une nouvelle ascension, qui eut lieu le 18 avril 1863, à 1 heure de l'après-midi, M. Glaisher emporta avec lui le même appareil, « et il le couvrit de drap noir, pour éviter la lumière diffuse latérale. Au bout de deux minutes, on s'était élevé de 1 kilomètre ; à 2 heures et demie, on atteignit la plus grande hauteur, 4 milles et demi (7 250 mètres). Quelque temps avant d'atteindre le quatrième mille, M. Glaisher perdit toute trace du spectre en observant la région nord du ciel ; le soleil n'était pas visible à cause de la position du ballon. Il conçut alors des inquiétudes, croyant d'abord qu'il y avait quelque chose de dérangé dans le spectroscope. Mais tout était en bon état. Il était évident que la lumière diffuse du ciel sans nuage est trop faible pour donner un spectre, excepté dans le voisinage du soleil. Quand le tournoiement du ballon permettait d'approcher le tube de l'astre radieux, le spectre reparaissait enfin direct ; un rayon de lumière solaire frappa la fente du spectroscope, et M. Glaisher vit immédiatement le spectre dans tout son éclat, depuis la raie A jusqu'au delà de H. Il distinguait d'innombrables raies noires, beaucoup plus que lorsqu'il se trouvait au niveau du sol ; tandis qu'on aurait dû s'attendre à voir s'effacer peu à peu un certain nombre de raies telluriques, dues à l'absorption de l'atmosphère terrestre.

« M. Glaisher tire, de ce fait, la conclusion, prématurée selon nous, qu'il n'y pas de raies telluriques ; il aurait fallu, pour décider cette question, faire quelques observations.

« La descente de l'aérostat fut très-périlleuse. M. Coxwell, qui dirigeait ses regards vers la terre, s'aperçut tout à coup qu'on s'approchait de la côte de la Manche. Pour ne pas tomber à la mer, il résolut de redescendre à toute vitesse. On donna donc issue au gaz, et le ballon s'abattit avec une effrayante

Ce jour-là, les deux voyageurs s'élevèrent à plus de 10000 mètres au-dessus du niveau de la mer : peu s'en fallut qu'ils ne revinssent pas. « Tout à coup, dit M. Glaisher, je me sentis incapable de faire aucun mouvement. Je voyais vaguement M. Coxwell dans le cercle, et j'essayais de lui parler, mais sans parvenir à remuer ma langue impuissante. En un instant, des ténèbres épaisses m'envahirent; le nerf optique avait subitement perdu sa puissance. J'avais encore toute ma connaissance, et mon cerveau était aussi actif qu'en écrivant ces lignes. Je pensais que j'étais asphyxié, que je ne ferais plus d'expériences et que la mort allait me saisir... D'autres pensées se précipitaient dans mon esprit, quand je perdis subitement toute connaissance, comme lorsque l'on s'endort... Ma dernière observation eut lieu à 1 heure 54, à 9 000 mètres d'altitude. Je suppose que 1 ou 2 minutes s'écoulèrent avant que mes yeux cessassent de voir les petites divisions des thermomètres, et qu'un même laps de temps se passa avant mon évanouissement; tout porte à croire que je m'endormis à 1 heure 57 d'un sommeil qui pouvait être éternel. » M. Coxwell avait conservé jusque-là toutes ses facultés : il veut se hisser jusqu'au cercle pour tirer la corde de la soupape, mais il s'aperçoit que ses forces l'abandonnent, que ses mains deviennent noires comme celles d'un cholérique et qu'il ne peut plus remuer les bras. Seuls heureusement ils sont atteints : avec ses dents, il saisit la corde de la soupape, et, la tirant avec vitesse, sauve la vie de son savant compagnon et la sienne.

A 8 000 mètres, le thermomètre était descendu à 21° au-dessous de zéro (1).

Les expériences de M. Glaisher étaient les plus intéressantes, les plus complètes et les plus savantes qui eussent été faites jusqu'alors; n'auraient-elles eu aucune valeur (et elles en ont une incontestable), leur auteur n'eût-il rien fait autre que de donner à M. Paul Bert et ses vaillants amis un exemple qui a été suivi, qu'il aurait droit encore à toute la reconnaissance du monde savant.

rapidité. Heureusement la nacelle était construite en forme de parachute, et l'on put ralentir la vitesse en jetant du lest. Néanmoins les trois derniers kilomètres furent franchis en quatre minutes seulement, et le choc fut si violent que la plupart des instruments furent brisés. On ne conserva que quelques ballons d'air recueillis dans les plus hautes régions. » Il était 2 heures 50 minutes quand Coxwell et Glaisher descendirent à Newhaven.

(1) « La marche des températures, dans les ascensions de M. Glaisher, s'est montrée, dit M. Marion, fort irrégulière : le mercure s'est maintenu au même niveau pendant un certain temps, lorsqu'on traversait un courant d'air chaud, et est même quelquefois monté de plusieurs degrés pendant que le ballon s'élevait. Ainsi, le 17 juillet 1862, la température resta à — 3° jusqu'à 4 kilomètres de hauteur; elle se maintint à + 5°, 6 vers 6 kilomètres, et tomba rapidement à — 9° à 8 kilomètres. Des irrégularités analogues ont été observées les 18 août, 5 septembre, etc.

« On a pu néanmoins former un tableau donnant la moyenne de la température pendant l'élévation. Il en résulte que la quantité dont il faut s'élever pour avoir un abaissement d'un degré s'augmente constamment avec la hauteur. Si à la surface du sol elle n'est que de 50 à 100 mètres, à 8 kilomètres, elle est de 530; le décroissement est donc devenu dix fois moins rapide qu'à la surface de la terre. Quand le ciel est couvert, le décroissement dans le premier kilomètre est moindre que lorsque le temps est serein; ce qui se comprend facilement, les nuages empêchant le rayonnement de la chaleur terrestre.

« A 6 ou 7 kilomètres, l'humidité n'est plus que les 12 ou 16 centièmes de ce qu'elle est quand l'air est saturé de vapeur d'eau.

« L'électricité est positive; elle diminue avec la hauteur également : à 700 mètres, l'électroscope n'en accuse plus de traces.

« On a trouvé en général que le mouvement du pouls était accéléré; mais ce phénomène est peu constant et diffère selon les personnes. Les mains et les lèvres de M. Glaisher bleuirent plusieurs fois entre 6 et 7 000 mètres de hauteur. »

Ascension de M. Gaisler à Glaisher Palace. (Page 359.)

CHAPITRE XXXIV

Nadar. — Comment vient la passion des ballons. — Un désir satisfait. — *Être le plus fort pour ne pas être battu.* — La Landelle ; Amécourt. — Triumvirat. — Le manifeste de l'Autolocomotion aérienne. — Babinet. — Vive le plus lourd! — Le *Géant.* — Première ascension. — Deuxième ascension du Champ-de-Mars. — En Hanovre. — *Traînage.* — *Le Géant* à Londres. — Ascension de Bruxelles. — Ascension de Lyon et d'Amsterdam. — Le *Géant* à l'Exposition ; mort du *Géant.* — La *Société d'Autolocomotion aérienne.*

I

« Ce qui a tué, depuis quatre-vingts ans tout à l'heure qu'on la cherche, la direction des ballons, c'est les ballons. »

Ainsi débutait un *Manifeste de l'autolocomotion aérienne* qui parut dans *la Presse* du 31 juillet 1864.

Qui donc rompait aussi audacieusement avec l'aérostation officielle et plantait avec tant de crânerie au haut d'un paradoxe voulu son étendard ?

Qui ?

« Un ancien faiseur de caricatures, dessinateur sans le savoir, assez impertinent, pêcheur à la ligne dans les petits journaux, médiocre auteur de quelques romans dédaignés de lui tout le premier, et réfugié finalement dans le Botany-Bay de la photographie.

« Comme unique bagage d'érudit, parrain, de par le catalogue de l'entomologiste Chevrollat, d'un *Bupreste* et d'une variété *Copris* (environs de Paris). Intelligence superficielle, ayant effleuré beaucoup trop de choses pour avoir eu le temps d'en approfondir une. — N'ayant commencé l'étude de la médecine que pour lui tourner le dos aussitôt, et n'en sachant pas plus d'ailleurs, en fait de physique et de chimie, que ce qu'il a oublié de ce qu'il n'avait guère appris étant au collége, où il passait son temps à crosser du pied les bordures en buis taillé du *Jardin des racines grecques.* — Un de ces hommes dénués de respect, qui appellent les savants « des bêtes à *x* », comme d'autres disent des vers à soie ; — se compromettant, comme à plaisir, à affecter une ignorance plus grande encore que la sienne réelle, et à se faire attribuer la paternité de formules dans le genre de celle-ci : — « La chimie, c'est ce « qui pue ! »

« Voilà pour l'autorité scientifique.

« Comme caractère général ou caractères généraux, la plus solide et la mieux établie des réputations de cerveau brûlé sur le territoire parisien et *extra muros*. Un vrai casse-cou, toujours en quête des courants à remonter, bravant l'opinion, inconciliable avec tout esprit d'ordre, se vantant d'avoir ses quarante ans bien sonnés, quand tout le monde sait bien qu'il n'en compte que douze ou treize au plus; — touche à tout, riant à gauche, pinçant à droite, mal élevé jusqu'à appeler les choses par leur nom et les gens aussi, et n'ayant jamais raté l'occasion de parler de cordes dans la maison de gens pendus ou à pendre. Sans mesure ni retenue, exagéré en tout, impatient à la discussion, violent en paroles, obstiné plutôt que persévérant, enthousiaste à propos de rien, sceptique à propos de tout, ramasseur de gens à terre, bougeant toujours et dès lors marchant sur les pieds de tout le monde, ce que les gens qui ont des cors ne pardonnent pas. — Imprudent jusqu'à la témérité et téméraire jusqu'à la folie, ayant passé sa vie à se jeter par la fenêtre de tous les sixièmes étages pour retomber sur ses pieds, à fournir de légendes la badauderie universelle, et poursuivi comme malgré lui par un acharnement d'heureuse chance à faire grincer des dents aux plus bénins, puisqu'il n'a jamais pu réussir à se noyer tout à fait. — Personnalité bruyante, absorbante, gênante, agaçante, forçant la curiosité, qui s'en irrite, — et dès lors couché en joue de derrière chaque angle de carrefour; rebelle né vis-à-vis de tout joug, impatient de toutes convenances, alerte comme lièvre devant la porte de toutes les maisons où on ne met pas ses pieds sur la cheminée, n'ayant jamais su répondre à une lettre que deux ans après, et — afin que rien ne lui manque, pas même un dernier défaut physique, pour combler la mesure de toutes ces vertus attractives et lui rassembler quelques bons amis de plus — poussant la myopie jusqu'à la cécité, et conséquemment frappé du plus impertinent manque de mémoire devant tout visage qu'il n'a pas vu plus de vingt-cinq fois à quinze centimètres de son nez.

« Mais que dire de plus — car je n'en finirais pas! — d'un garçon tellement dépourvu de cervelle qu'il n'eut jamais le premier bon sens pratique — ô monsieur Prud'homme! — de se prendre un seul instant de sa vie au sérieux et de commencer par se croire quelqu'un pour le persuader aux autres!

« Tireur de pétards, casse-carreaux, chien de jeu de quille, prototype de terreur pour les beaux-pères : — voilà l'homme qui avait l'insolence de se poser face à face avec la question de l'autolocomotion aérienne, — à peu près comme ferait un chien devant un évêque. »

Ce portrait, où son auteur, par habitude sans doute, a grossi certains traits comme il eût fait en une caricature (médaille qui est admirablement ressemblante à condition de la retourner et de la regarder à l'endroit), n'a pas deux originaux dans Paris : il n'y a pas dans la ville la plus spirituelle du monde deux garçons aussi spirituels que cet inépuisable Nadar, qui a dépensé dans les menues conversations de chaque jour de quoi bonder quarante volumes et qui, après avoir jeté sa poudre à tous les moineaux rencontrés depuis quarante ans dans la moins retirée des vies d'artistes, détient encore en sa cartouchière de quoi faire royale chasse.

II

Quel point de contact, quelle relation pourrait-il exister entre le crayon léger qui a créé tant de caricatures populaires, la plume délicate qui a écrit la *Robe de Déjanire* et *Quand j'étais étudiant*, la main experte qui a fait d'une industrie un art, et ce gros mot d'*autolocomotion aérienne?*

M. Nadar nous l'a expliqué dans ses *Mémoires du Géant.*

Il nous raconte comment, attiré vers l'aérostation par l'une de ces impressions enfantines dont le souvenir ne s'efface plus (1), il eut, après s'être posé, pendant de longues années lui aussi, le problème de la direction des ballons, la première idée du *plus lourd que l'air :*

(1) La scène que décrit M. Nadar se passait aux Champs-Élysées en 1828 ou 1829 : il avait huit ou neuf ans.

. . . .

« Une forme venait de passer au-dessus de nous, rasant les arbres avec une rapidité tellement vertigineuse, que j'eus à peine le temps de reconnaître, d'après mes images, un ballon et, au-dessous, dans le petit panier d'osier qu'on appelle nacelle et qui lui venait à peine aux genoux, un être humain, homme ou femme, qui se cramponnait aux cordages...

« La vision avait aussitôt disparu qu'apparu, et, avec une longue clameur, tout le monde traversait en courant l'avenue des Champs-Élysées, à la poursuite de cette masse précipitée....

« J'eus un horrible serrement de cœur...

« — Le pauvre diable doit être déjà en pièces! dit mon père, qui était pâle...

« Jamais cette scène dramatique ne s'est effacée de ma pensée. Combien de fois au dortoir, avant de m'endormir, ai-je eu un soubresaut de frisson en voyant, à travers mes paupières fermées, ce globe lancé dans l'espace comme une pierre, frôlant les arbres à en casser avec fracas les hautes branches, pour aller se briser sur les tuiles de quelque toit, avec son infortuné voyageur!

« Il n'en fut rien cependant — que j'aie jamais su, tout au moins.

« Mais j'avais été profondément frappé, — et toujours j'avais devant les yeux ce vol d'ouragan du ballon de la fête du roi...

« Chaque fois aussi que je trouvais une image de ballon, j'en avais pour des heures à la contempler, et je me serais fait vingt fois écraser par les fiacres, dès que j'étais braqué sur une affiche d'ascension.

« Le père Hugand, un vieil ami à nous, possédait un trésor, le seul, je crois, que j'aie de toute ma vie secrètement envié : c'était, sur sa tabatière ronde, un petit *fixé* sous sa glace représentant une montgolfière. Aussi quelle fête, le jeudi, jour où le père Hugand avait son couvert mis à la maison! Avec quelle impatience je guettais son arrivée, pour courir me jeter dans ses jambes et lui demander de me montrer la précieuse tabatière! Et comme j'attendais le dessert pour la lui redemander encore! — Il y avait pendant le dîner entr'acte de tabatière — par ordre! — Et combien de fois ma bonne me réclamait-elle pour me conduire au lit, une fois absorbé sur la fascinante montgolfière!

« Un jour, plusieurs années après, je ne sais plus ni où ni par qui, j'entendis devant moi parler d'un système de direction des ballons. — Il n'y avait eu qu'une ou deux paroles dites, auxquelles, sur le moment, je ne m'étais pas trouvé prêter grande attention.

« Mais les jeunes cerveaux ruminent, et ce bout de conversation, que j'avais à peine entendu, compris moins encore, revint à ma pensée. — Comment s'y prendront-ils? me demandai-je. — Et ma petite imagination travaillait.

« Et je méditais toujours, quand l'idée ballonnesque venait à se jeter à travers ma petite cervelle.

« Combien de fois ai-je suivi de l'œil, jusque par-dessus le mur de nos voisins, les prisonniers de Clichy (— j'irai les délivrer un jour avec cela! pensais-je), — les montgolfières en papier que je lançais de la cour de la pension! Combien de fois aussi ai-je senti mon cœur se faire tout petit quand mes chétives machines allaient, poussées par le vent, s'écraser contre le grand mur!... »

« Les années étaient venues, et avec les années un peu de réflexion.

« Le souvenir de la course folle de mon ballon de 1828 ou 29 ne m'avait jamais quitté : j'avais toujours sous les yeux cette furieuse dérive, — et, comme je lisais un des prospectus fantastiques du sieur Pétin, la lumière de vérité vint à se faire pour moi.

« — Quel mécanisme assez puissant, me demandai-je, pourrait-il jamais employer pour faire résister à l'ouragan une masse aussi considérable et tellement plus légère que l'air? »

« Je venais d'être subitement frappé comme saint Paul sur la route de Damas.

« Le problème se trouvait posé du coup dans ses véritables termes : — Pour résister à l'air, être d'abord plus *lourd* que l'air (plus dense, si vous voulez), comme l'oiseau qui n'est pas du tout un ballon, mais une mécanique. »

C'est ainsi que Nadar conçut la pensée de l'aviation ; mais il ne connaissait encore que la théorie de l'aérostation et il avait hâte de soumettre à l'épreuve de la pratique le projet qui germait en lui : il saisit avec empressement l'occasion qui s'offrit à lui et fit avec les frères Godard plusieurs ascensions (1). Chacun de ses voyages aériens fortifiait en lui la conviction acquise : « A chaque ascension nouvelle où je m'ajoutais un chevron, plus nettement et absolument se formulait dans mon esprit l'axiome : — *Être plus lourd que l'air pour lutter contre l'air*, ou, en termes encore plus élémentaires, et comme l'a articulé mon coadjuteur de La Landelle :

« — *Être le plus fort pour ne pas être battu.*

« Ce n'est pas avec l'éponge que vous entamez le verre, c'est avec le diamant (2). »

(1) « Je rencontrai enfin l'occasion que j'avais tant de fois rêvée : un jour d'Hippodrome, L. Godard, que je ne connaissais pas, vint à moi et m'offrit de prendre place dans son ballon. J'acceptai avec empressement, non pas cependant sans m'être d'abord assuré discrètement que nul voyageur payant ne m'envierait cette place gratuitement offerte. — Et me voici en l'air, jouissant à pleins pores de cette volupté infinie, unique, de l'ascension. Je n'avais jamais causé avec L. Godard, puisque je le voyais pour la première fois. Je savais seulement qu'il avait une certaine pratique des aérostats.

« Ma première question, à peine à 500 mètres du sol, fut celle-ci :

« — Et vous, croyez-vous à la possibilité de diriger vos ballons? — Jamais! — A la bonne heure! —Nous descendîmes, je ne me rappelle plus où cette première fois ; — et je n'eus plus qu'une pensée, que comprendront tous ceux qui ont fait une ascension : recommencer au plus tôt. — Je guettais les occasions. Ne me jugeant pas assez riche pour me payer toutes les semaines, au prix de cent francs, une heure de plaisir, je m'accoudais sur la barrière de l'enceinte, épiant comme ennemie toute figure nouvelle qui venait parler à Godard, et quand l'heure du départ sonnait enfin, par bonheur, si la place était restée vide, je ne mettais pas longtemps à enjamber la barricade et à sauter dans le panier. »

(2) « Plus je faisais d'ascensions, plus j'appréciais cette force, pour ainsi dire incalculable, qui s'appelle le vent, et l'absolue et radicale impossibilité de lutter contre le moindre courant avec cette surface énorme d'une part, si légère de l'autre, qui est un ballon.

« J'avais regardé et j'avais vu. Par l'observation, par la réflexion, ce qui m'était resté tout d'abord uniquement de mon souvenir d'enfance comme d'une vision terrible, cela se mûrissait peu à peu en théorie, se formulait en principes, s'affirmait en conviction. — La raison me conduisait à la foi.

« Comment n'aurais-je pas cru?

« Ne voyais-je donc pas l'oiseau, n'avais-je donc jamais regardé l'insecte, ces deux admirables machines qui s'élèvent, se maintiennent et se dirigent dans l'air en étant spécifiquement plus lourdes que lui? Et jusque dans les autres ordres du règne animal, la chauve-souris et le poisson volant ne sont-ils pas plus denses que l'air?

« Pourquoi les morceaux du journal déchiré que je laissais tomber du balcon, et que je m'amusais à suivre de l'œil, arrivaient-ils à terre en trajectoires et à temps inégaux?

« Le plan incliné du cerf-volant, dont le fils d'Euler disait, dès 1765, à l'Académie de Berlin : « Ce

III

Tandis que Nadar, de plus en plus épris de son idée, se laissait peu à peu envahir par elle au point de ne plus pouvoir agir, parler ni penser en dehors d'elle (1) ; tandis qu'il était jour et nuit poursuivi par elle et ne se pouvait plus un instant dérober à cette tyrannie d'une pensée unique, absolue, qui fait en vous le vide à son profit, d'autres, parvenus par la même route à la même conviction, étaient travaillés des mêmes angoisses et devenaient la proie des mêmes agitations : la rencontre devait se faire entre ces hommes et elle se fit.

M. G. de La Landelle et M. Ponton d'Amécourt (2) s'unirent à lui et une campagne d'ardente propagande fut entreprise.

« jouet d'enfant, méprisé des savants, peut cependant donner lieu aux réflexions les plus profondes... » — mon cerf-volant, spécifiquement plus lourd que l'air, ne s'enlevait-il pas à la seule condition de couper cet air en contre-courant, — et n'avais-je pas senti mon bras soulevé par la ficelle dont l'autre bout faisait mon cerf tenir tête à la nue?

« La fusée, plus lourde que l'air, ne s'élève-t-elle pas dans l'air, emportant son moteur avec elle?

« Petits papiers, cerf-volant, oiseau, papillon, fusée m'enseignaient.

« Donc, — et irrémissiblement :

« Être plus lourd que l'air pour commander a l'air. »

(1) « L'idée que je couvais depuis tant d'années, à laquelle je revenais toujours à travers les agitations, les nécessités, les soucis ou même les plaisirs d'une existence déjà remplie plus que de besoin, cette idée s'était emparée de moi, de plus en plus maîtresse chaque jour. Elle m'avait pris comme prenait autrefois ses gens le diable d'enfer au moyen âge. — J'avais passé par l'obsession, j'arrivais à la possession.

« Elle en était venue peu à peu à faire place nette autour d'elle, trop jalouse pour supporter une rivalité, trop grande pour ne pas envahir le terrain tout entier, si chétif qu'il fût. — Un jour se leva où tout avait disparu autour de moi : travaux caressés à moitié achevés, modestes ambitions maintenant méprisées, devoirs sacrés et de toute nature oubliés désormais.

« De tout cela, qui avait toujours fait jusqu'à ce jour ma vie remplie, il ne restait rien qu'une volonté unique, fervente, âcre.

« Je ne me suis pas interrogé, je ne me suis rien promis, je n'ai pas pesé mes forces, — heureusement! Je n'ai pas pensé à regarder la route ; dès qu'elle menait vers le but, et, sans me demander par où je passerais, j'ai marché. »

(2) « Je reçus un matin la visite d'un de mes confrères. C'était l'enseigne de vaisseau démissionnaire connu depuis par plusieurs succès comme romancier maritime, G. de La Landelle. La Landelle suivait depuis trois ans la même piste sur laquelle plusieurs autres, m'apprit-il, s'étaient déjà vainement lancés avant lui et moi. — Donc La Landelle travaillait opiniâtrément depuis trois ans à la grande besogne, négligeant, oubliant pour elle les nécessités de son labeur littéraire et de sa vie quotidienne. Avait-il eu l'initiative ou avait-il reçu l'impulsion de M. de Ponton d'Amécourt, son habile collaborateur? Ce détail personnel m'était aussi indifférent que s'il se fût agi de moi-même, du moment que La Landelle, tout au courant de l'historique de la question, m'apprenait que nous n'étions aucun des trois le premier.

« De cette collaboration, et grâce à la fortune considérable de M. d'Amécourt, était résulté un fait, une preuve de notre théorie, — preuve matérielle, évidente, palpable : une série de modèles de petits hélicoptères s'enlevant à deux ou trois mètres de hauteur avec un mouvement d'horlogerie. — Ces trois petits hélicoptères constituaient sur le spiralifère connu, qui s'enlève sous une pression extérieure, un progrès d'une importance très-réelle à cette heure, puisqu'ils emportaient avec eux leurs moteurs, où était préalablement, il est vrai, emmagasinée la force.

« Mon confrère de La Landelle, dans sa visite, ne m'apporta pas, mais me raconta lesdits hélicoptères. Il m'exposa ensuite le motif qui l'amenait chez moi. — Non pas découragé, — il est des choses

Le 30 juillet, M. Nadar réunit chez lui plus de six cents personnes pour leur exposer le système du *plus lourd que l'air*, et le lendemain paraissait dans *la Presse* le manifeste de la doctrine nouvelle (1), manifeste qui, tiré à plusieurs milliers d'exemplaires, fut envoyé à tous les journaux du monde.

si grandes que devant elles le découragement est impossible, — mais fatigué de trois années de travaux encore inféconds et d'un prêche sans relâche par la parole et par la plume, — lassé, me dit-il, de traîner le boulet d'un travail apparemment abandonné de son collaborateur, il me proposait de joindre ses efforts aux miens, et, puisque nous étions convaincus tous deux de la vérité, de tirer ensemble sur la corde, sans nous arrêter, jusqu'à ce qu'elle fût enfin irrémissiblement et sans conteste hors du puits.

. . . .

« Je mis ma main dans la main de La Landelle, et je lui dis : — « Nous marcherons ensemble. »

(1) Voici les principaux passages de ce manifeste, que sa longueur nous interdit de citer tout entier :

« Vouloir lutter contre l'air en étant plus léger que l'air, c'est folie.

« A la plume, — *levior vento,* si le physicien laisse parler le poëte, — à la plume vous aurez beau ajuster et adapter tous les systèmes possibles, si ingénieux qu'ils soient, d'agrès, palettes, ailes, rémiges, roues, gouvernails, voiles et contre-voiles, vous ne ferez jamais que le vent n'emporte pas du coup ensemble, au moment de sa fantaisie, plume et agrès.

« Le ballon, qui offre à la prise de l'air un volume de 500 à 1 000 mètres cubes d'un gaz de dix à quinze fois plus léger que l'air, le ballon est à jamais frappé d'incapacité native de lutte contre le moindre courant, quelle que soit l'annexe que vous lui dispensez comme force motrice résistante.

« De par sa constitution et de par le milieu qui le porte et le pousse à son gré, il lui est à jamais interdit d'être vaisseau : il est né lovée et il restera lovée.

« Étant donnés le poids qu'enlève chaque mètre cube de gaz et la quotité de mètres cubés par votre ballon d'une part, et, d'autre part, la force de pression du vent dans ses moindres vitesses, établissez la différence — et concluez.

« Il faut reconnaître enfin que, quelle que soit la forme que vous donniez à votre aérostat, sphérique, conique, cylindrique ou plane, que vous en fassiez une boule ou un poisson; de quelque façon que vous distribuiez sa force ascensionnelle en une, deux ou quatre sphères; de quelque attirail que vous l'attifiez, vous ne pourrez jamais faire que 1, je suppose, vaille 20, — et que les ballons soient, vis-à-vis de la navigation aérienne, autre chose que les bourrelets de l'enfance.

« Voulez-vous demander historiquement aux faits la confirmation de la théorie? Contemplez cet interminable défilé des inventeurs de systèmes connus pour l'impossible « direction des ballons », vous n'en trouverez pas un qui, en dépit de ses peines et quelquefois d'une intelligence réelle vainement dépensée, ait prouvé quelque chose et fait avancer la question d'un seul pas.

« Pour lutter contre l'air, il faut être spécifiquement plus lourd que l'air.

« De même que spécifiquement l'oiseau est plus lourd que l'air dans lequel il se meut, ainsi l'homme doit exiger de l'air son point d'appui. — Pour commander à l'air, au lieu de lui servir de jouet, il faut s'appuyer sur l'air et non plus servir d'appui à l'air. — En locomotion aérienne, comme ailleurs, on ne s'appuie que sur ce qui résiste.

« L'air nous fournit amplement cette résistance, l'air qui renverse les murailles, déracine les arbres centenaires et fait remonter par le navire les plus impétueux courants.

« De par le bon sens des choses, — car les choses ont leur bon sens, — de par la législation physique, non moins positive que la légalité morale, toute la puissance de l'air, irrésistible hier quand nous ne pouvions que fuir devant lui, toute cette puissance s'anéantit devant la double loi de la dynamique et de la gravité des corps, et, de par cette loi, c'est dans notre main qu'elle va passer. Nous allons à son tour faire servir l'air en esclave, — comme l'eau à qui nous imposons le navire, — comme la terre que nous pressons de la roue.

« La première nécessité pour l'Autolocomotion aérienne est donc de se débarrasser d'abord absolument de toute espèce d'aérostat. Ce que l'aérostation lui refuse, c'est à la dynamique et à la statique qu'elle doit le demander.

« C'est l'hélice — *la sainte Hélice,* comme disait un jour un mathématicien illustre — qui va nous emporter dans l'air; c'est l'hélice qui entre dans l'air comme la vrille entre dans le bois, emportant avec elles, l'une son moteur, l'autre son manche. Vous connaissez ce joujou qui a nom spiralifère? Quatre petites palettes, ou, pour dire mieux, spires en papier bordé de fil de fer, prennent leur point d'attache sur un pivot de bois léger. Ce pivot est porté par une tige creuse à mouvement rotatoire sur un axe immobile qui se tient de la main gauche. Une ficelle, enroulée autour de la tige et déroulée d'un coup bref par la main droite, lui imprime un mouvement de rotation suffisant pour que l'hélice en miniature se détache et s'élève à quelques mètres en l'air, — d'où elle retombe, sa force de départ dépensée. Veuillez supposer maintenant des spires de matière et d'étendue suffisantes pour supporter un

Les adhésions arrivèrent à M. Nadar, en grand nombre et de partout; la plus précieuse de toutes fut celle d'un grand savant, Babinet, qui prit ouvertement parti pour le plus lourd que l'air (1).

moteur quelconque, vapeur, éther, air comprimé, etc.; — que ce moteur ait la permanence des forces employées dans les usages industriels, — et, en le réglant à votre gré comme le mécanicien fait sa locomotive, vous allez monter, descendre ou rester immobile dans l'espace, selon le nombre de tours de roues que vous demanderez par seconde à votre machine.

« Nous pouvons, je crois, admettre que le plus difficile est fait, — dès que l'hélice nous donne la puissance ascensionnelle, soit verticale, — graduée et facultative.

« L'hélice va compléter son œuvre en nous fournissant le propulseur à pivot horizontal, dont la rapidité, qui sera presque toujours supérieure à celle de l'hélice ascensionnelle, va s'accroître encore de celle obtenue par les plans inclinés, — et nous avons la direction.— Observons le parachute en ses effets :

« Le parachute est une manière de parapluie où le manche est remplacé à son point d'insertion par une ouverture destinée à donner satisfaction au trop-plein de la prise d'air, pour éviter les oscillations trop fortes, principalement au moment du développement.— Des cordelles, partant symétriquement des divers points de la circonférence, viennent se rejoindre concentriquement au panier d'osier dans lequel se tient l'aérostier.

« Au-dessus de ce panier et à l'entrée du parachute au repos, c'est-à-dire fermé dans l'ascension, un cercle fixe d'un diamètre suffisant doit faciliter, au moment de la chute, l'entrée de l'air qui, s'engouffrant sous la pression, développe plus facilement et plus rapidement les plis.

« Or le parachute, — où le poids de la nacelle, du gréement et de l'aérostier est équilibré avec l'envergure de la voilure, — le parachute qui semble, d'après son nom même, n'avoir d'autre but et ne présenter d'autre ressource que de modérer la chute, — le parachute est dirigeable, et les aérostiers qui le pratiquent n'ont garde d'oublier cette faculté.— Si le courant vient à pousser l'aérostier placé dans la nacelle du parachute sur un point dangereux pour la descente, une rivière, une ville, une forêt, — l'aérostier, qui voit à sa droite, je suppose, la plaine la plus propice, tire sur les cordelles qui l'entourent à droite, et, imbriquant ainsi son toit d'étoffe, glisse dans l'air qu'il fend obliquement vers la droite voulue.— Toute chute se détermine, en effet, du côté maximum du poids, — c'est-à-dire ici de l'inclinaison. Les inclinaisons — ou déclinaisons plutôt, imprimées à la plate-forme de votre locomotive aérienne et combinées avec la faculté ascensionnelle dont elle dispose, lui fournissent donc, indépendamment de l'hélice horizontale, un moyen assuré de locomotion.

« Si Pascal a eu raison d'appeler les fleuves « des chemins qui marchent », Franklin, qui entrevoyait peut-être dans les horizons de l'avenir l'Autolocomotion aérienne centuplant les vitesses alors connues et humiliant l'océan, Franklin n'avait pas tort de s'écrier à la nouvelle de la première montgolfière : « Ce n'est qu'un enfant, mais il grandira! »

« On comprendra qu'il ne saurait nous appartenir de déterminer dès à présent, dans cet exposé général et primordial, ni mécanismes, ni manœuvres.— Nous ne nous aviserons pas davantage de fixer, même approximativement, la rapidité future des Autolocomoteurs aériens.— Que la pensée cherche seulement à évaluer d'aussi loin que ce soit la marche probable d'une locomotive glissant dans les airs sans déraillements possibles, sans mouvement de lacet, sans le moindre obstacle; — supposez que cette locomotive se rencontre, dans sa route, au milieu et dans le sens d'un de ces courants qui donnent jusqu'à 30 et 40 lieues à l'heure; — additionnez ensemble ces données formidables, — et votre imagination va reculer en ajoutant encore à ces vitesses vertigineuses la rapidité d'une machine tombant dans un angle de descente de 4 à 5 000 mètres, par gigantesques zigzags, et faisant le tour du globe en quelques enjambées fantastiques.....»

(1) « Deux jours après (la publication du manifeste) entrait chez moi un vieillard grand et fort, un peu voûté, de figure singulièrement intelligente, les cheveux gris emmêlés sur le front, décoré.

« — Je viens vous dire que vous avez raison! me dit sans autre bonjour ce personnage. — Mais vous usez bien inutilement de l'encre pour prouver l'absurdité des prétendus directeurs de ballons. Si ces imbéciles-là veulent voir clair, ils n'ont qu'à ouvrir les yeux! Je m'appelle Babinet.»

« Jamais je ne me fusse attendu à cet honneur, jamais je n'eusse osé concevoir seulement la pensée d'aller déranger de ma visite profane les travaux de ce savant vénéré de tous, — et c'était lui qui venait à moi! Homme d'imagination, ayant au plus quelque sentiment des probabilités, je croyais de toute la force de ma foi, mais sans trop savoir encore, dans mon ignorance, pourquoi je croyais; et cet homme des plus illustres parmi ceux qui savent pourquoi ils croient venait me tendre la main et me dire : — « Persévérez! »

« Un pareil encouragement ne pouvait manquer de centupler mes forces.

« Le célèbre académicien m'annonça son intention de faire, le dimanche suivant, sa leçon, à l'As-

A ce moment, nous apercevons devant nous, menaçante en haut de son remblai, perpendiculaire à notre course, une locomotive en marche traînant son tender et deux wagons... (Page 376.)

sociation polytechnique, sur la question de la Navigation aérienne au moyen d'appareils *plus lourds* que l'air. Je l'engageai vivement à utiliser, pour la démonstration, les petits appareils hélicoptères de MM. d'Amécourt et de La Landelle; ce qui fut fait devant l'assistance considérable entassée dans le grand amphithéâtre de l'École de médecine.

« Des applaudissements enthousiastes et réitérés accueillirent la leçon du maître, — leçon que je pus recueillir en me rappelant mon ancien métier de sténographe aux Chambres.

« ... J'ai vu et acheté autrefois chez Giroux, marchand de jouets, alors rue du Coq, un joujou qui était alors fort à la mode et s'appelait *strophéore.* Ce joujou se composait d'une petite hélice libre se détachant de son support sous le jeu d'une ficelle enroulée et rapidement tirée. L'hélice était assez lourde, pesant bien un quart de livre, et ses ailes étaient en fer-blanc plein très-épais. Cette hélice ne volait pas impunément : son essor était si violent dans les appartements que souvent elle allait briser la glace de la cheminée, mais cet inconvénient n'arrêtait pas les amateurs, parce que généralement, au moment où la glace volait en éclats, il fallait courir à l'enfant dont l'œil était crevé du même coup. — Voici l'un de ces joujoux, comme j'en ai trouvé beaucoup en Belgique et en Allemagne et dont la force d'ascension est telle que j'en ai vu un passer par-dessus la cathédrale d'Amiens, qui est un des monuments les plus élevés du globe. Vous voyez qu'en effet l'air de dessous est aspiré et fait le vide en passant sous les électres, tandis que l'air de dessus les remplit et fait donc le plein, et par ce double effet l'appareil monte.

« Mais le problème n'est pas encore résolu par ces joujoux, dont le moteur est extérieur.

« MM. Nadar, de Ponton d'Amécourt, de La Landelle nous apportent mieux que cela, bien que les ailes de leurs différents modèles soient tout à fait rudimentaires et réellement peu dignes de gens qui veulent montrer quelque chose à ceux qui ont la vue courte. Ce n'est encore que l'enfance du procédé, mais il est bon, dès lors qu'on peut seulement établir que voici des appareils qui montent en l'air tout seuls : nous avons là, messieurs, — *ville gagnée!* — car — *ce résultat, si petit qu'il soit, est fondamental.* L'hélice n'est donc pas une chose nouvelle. On a fait des hélices avant de les nommer. Les moulins à vent ne sont que des hélices : le vent appuie sur des ailes disposées en conséquence et les fait tourner. Dans les turbines, où vous voyez des chutes d'eau de 300 mètres utilisées par un mécanisme qui n'est pas plus gros qu'un chapeau, le phénomène est le même, seulement le vent est remplacé par l'eau.

« L'hélice aérienne présente de grandes difficultés ; mais, si on parvient par elle à enlever le moindre poids, *nous sommes certains d'enlever d'autant mieux un poids plus lourd.* Le moteur étant en proportion de la capacité, et la partie agissante proportionnellement beaucoup moindre, il en résulte qu'— *une grande machine est toujours plus efficace qu'une petite.*

« Je le répète *et l'affirme :* — *votre hélice qui, sans moteur extérieur, enlève une souris, emportera dix fois plus aisément un éléphant.*

« Ces hélices, qui ne semblent d'abord servir qu'à monter et descendre, résolvent de plus le problème de la direction contre un vent modéré. Mademoiselle Garnerin paria une fois de se diriger avec le parachute du point de sa chute à un endroit déterminé et assez éloigné. Par les inclinaisons combinées qu'elle put donner à son parachute, on la vit en effet, très-distinctement, manœuvrer et tendre vers la place désignée, et son pari fut presque gagné, à quelques mètres près.

« J'ai souvent examiné dans les montagnes des oiseaux qui planent, et j'ai bien remarqué que leur procédé est absolument celui-là : une fois qu'ils ont atteint le maximum d'ascension voulu, ils planent et se laissent tomber les ailes ouvertes en parachute sur le point qu'ils ont choisi. Le maréchal Niel me racontait qu'il avait bien des fois observé cette manœuvre des grands oiseaux dans les montagnes de l'Algérie.

« En résumé, il est positif que vous avez le moyen de vous transporter par le fait seul que vous avez possession du moyen de vous élever. La seule hauteur vous donne la direction. *Dès que vous avez obtenu l'élévation, vous avez employé et placé un capital de force que vous n'avez plus qu'à dépenser comme vous l'entendez.*

« *La cause est plus qu'entendue, et ce n'est plus que l'affaire de la technologie, j'en mettrais ma tête à couper!* »

« Quelques jours plus tard, dans *le Constitutionnel*, Babinet écrivait :

« Qu'avons-nous maintenant à demander? sur quel point le génie insatiable de l'humanité progressante va-t-il porter se efforts? On devine, d'après mon dernier article, que je veux parler de la locomotion aérienne sous les noms de MM. Ponton d'Amécourt, de La Landelle et Nadar. Voyons ce qui a été fait et ce qui reste à faire.

« Généralement, toute question bien posée est plus qu'à moitié résolue quand elle ne contrarie aucune des quatre grandes lois de la nature, lois de mécanique, lois de physique, lois de chimie et lois de physiologie. *Or la navigation aérienne ne contrarie aucun de ces codes. Elle est donc possible.*

« MM. Nadar, de La Landelle et d'Amécourt ont entrepris à grand bruit la solution de cette belle question, savoir de faire une machine à hélice qui puisse enlever un homme et le soutenir indéfiniment dans les airs ; enfin de lui permettre de se mouvoir jusqu'à un certain point dans le sens et vers le but désiré. *Or, c'est ce que je maintiens d'une exécution infaillible.*

« On me dira : Pourquoi adoptez-vous avec tant de chaleur les idées et les espérances de ces messieurs?

« Je répondrai : Parce que ce sont dès longtemps les miennes. Depuis plus de quinze ans, je prêche la navigation aérienne par l'hélice. J'en ai conféré avec toutes nos célébrités mécaniciennes, et si MM. Ponton d'Amécourt et de La Landelle n'avaient pas réalisé, comme ils l'ont fait, des appareils automoteurs qui emportent leur force vive avec eux, je me regarderais, aussi bien qu'un grand nombre de géomètres et de physiciens, comme autorisé à réclamer l'idée de l'hélice voyageuse dans l'air, et, de plus, *je pourrais produire tous les calculs mathématiquement infaillibles qui garantissent le succès de cette navigation aérienne.* Ces calculs sont analogues, pour ne pas dire identiques, à ceux que l'on a faits pour l'aile du moulin à vent, pour les vannes de la turbine, pour les ventilateurs, et enfin pour l'hélice maritime. Pour tous ces moteurs, le résultat a été le même que celui qu'indiquaient les formules mécaniques.

« Avec les petits modèles mis sous les yeux du public à une réunion nombreuse chez M. Nadar et par moi dans une conférence de l'*Association polytechnique* dans l'amphithéâtre de l'École de médecine, devant un millier d'auditeurs, on a vu ces appareils pourvus de ressorts bandés par une force médiocre s'enlever et se soutenir en l'air pendant tout le temps de l'action du ressort. Or, si un petit appareil à vapeur facile à imaginer eût rendu au ressort moteur la tension qu'il perd en mettant

De tels concours étaient d'un bon augure pour le projet Nadar, de La Landelle et Ponton d'Amécourt; mais il manquait encore ce nerf de toutes les expériences comme de la guerre, l'argent.

Pour en réunir, M. Nadar s'avisa de construire un immense ballon, qui, édifié dans de gigantesques proportions, ne pourrait manquer d'attirer à ses ascensions les deux mondes et donnerait ainsi aux inventeurs les ressources nécessaires pour tenter la grande épreuve : ainsi l'aérostation eût elle-même fourni à ses ennemis le moyen de la détrôner.

Il fallait se hâter, car l'hiver approchait.

M. Nadar fit des prodiges, de vrais miracles; sans argent, il paya plus de 80 000 francs; ennemi politique du gouvernement, il s'empara — on peut le dire — du Champ-de-Mars et de facilités administratives rarement accordées; par une exception sans exemple, il fut de la Compagnie du gaz l'objet d'extraordinaires faveurs: enfin il emporta tout à la pointe de son enthousiasme et au jour fixé (4 octobre) il était prêt.

Formé de deux enveloppes superposées en taffetas blanc, *le Géant* cubait 6 000 mètres; sa hauteur était de 40 mètres. La nacelle, composée de deux étages, pesait 1 200 kilogrammes.

L'énorme machine emporta avec elle treize voyageurs et, après un tranquille voyage, descendit sans encombre à Meaux.

l'hélice en mouvement, le mécanisme en question se fût indéfiniment élevé, soutenu et dirigé au milieu de l'atmosphère.

« Dans une publication du Triumvirat hélicoptéroïdal, ces messieurs font observer avec juste raison qu'une machine à vapeur de dix chevaux pèse incomparablement moins que dix machines à un cheval. On dit en fortification : *Petite place, mauvaise place* ; il est encore plus vrai de dire en mécanique : *petit moteur, mauvais moteur*. La plupart des déceptions qui ruinent les inventeurs proviennent de ce qu'ils jugent de l'effet d'une machine par celui d'un petit modèle qui est ce qu'on appelle un chef-d'œuvre, non susceptible de fonctionner en grand; c'est encore le cas des gens qui calculent le produit d'un champ par le rendement d'une culture faite dans une caisse posée sur leur fenêtre.

« Tandis que MM. Ponton d'Amécourt et de La Landelle construisaient leurs petits automoteurs, M. Nadar, qui avait aussi, comme bien d'autres, pensé à l'hélice, mais qui de plus avait l'expérience de l'aérostation et de son insuffisance, fut mis en rapport avec les deux partisans de l'hélice. Il entra avec ardeur et grand fracas dans le triumvirat dont j'ai parlé. En réalité, il devint le promoteur efficace de l'idée commune. Voici entre ces messieurs et moi le plan adopté pour avancer sûrement dans la voie de la navigation aérienne par l'hélice. Un petit modèle à échelle précise sera construit à frais modérés. Une petite machine à vapeur à haute pression sera formée d'un tube mince et d'un piston léger, et sa force sera appliquée au ressort moteur des appareils déjà construits et remontera continuellement ce ressort en lui rendant la force qu'il aura perdue par son action sur la double hélice ascensionnelle. Une fois en possession d'un appareil qui s'élèvera en emportant seulement 1 kilogramme, on pourra calculer la dépense d'une machine capable d'enlever un homme ou un poids quelconque, et susceptible, avec des propulseurs aériens, de se diriger (avec certaines limites de vitesse) dans une atmosphère qui ne sera pas dominée par un vent trop violent. Remarquons que l'hélice, dont les ailes sont à peu près horizontales, ne donne que peu de prise au vent qui entraîne irrésistiblement l'aérostat ordinaire.

« Une fois en possession d'un hélicoptère de force moyenne, ce sera une affaire d'argent que d'en construire un d'une force supérieure, et alors la dépense sera facilement couverte par une association qui trouvera, dans la curiosité publique ou autrement, une rémunération assurée des premiers frais. »

IV

M. Nadar avait hâte de réparer l'effet désastreux qu'avait produit dans le public la descente forcée du *Géant* à Meaux, et une seconde ascension eut lieu le 18 octobre.

Ce n'est plus auprès de Paris que tombèrent cette fois les voyageurs : ils passèrent près de Senlis, de Compiègne, de Noyon, de Chauny, de Saint-Quentin, d'Avesnes, entrèrent à Erquelines en Belgique, traversèrent la Hollande, franchirent le Rhin et allèrent tomber en Hanovre, après avoir parcouru en seize heures et quelques minutes plus de trois cent soixante-dix lieues.

La descente fut terrible : M. Nadar a fait de ce long et horrible traînage un récit fort beau (1) et qu'il est impossible de lire sans ressentir cette émotion qui vous prend à la gorge et vous étrangle.

(1) . . . .

« Le *Géant*, dont les manœuvres commencent à se sécher des humidités de la nuit et dont le gaz se dilate rapidement aux rayons du soleil levant, monte de plus en plus... Nous dépassons certainement l'altitude de 4 000 mètres.

« Aux vastes et grasses prairies succèdent les landes incultes et des marais encore. Mais bientôt, de l'immense tapis que le vent de l'ouest continue à dérouler sous nous, nous ne pouvons plus distinguer que vaguement les fertilités inégales.

« Voici un grand lac et deux rivières dont le vif-argent nous perce les yeux. La boussole et la carte semblent nous indiquer le lac de Dümmersée et l'Yssel, — à moins que ce ne soit le Weser ; mais nous n'avons pas de certitude.

« Voici une grande ville :

« Quelqu'un, qui n'en sait rien du tout, parle de Bentheim.

« Est-ce Bentheim ? Est-ce Munster ?

« Il y a de la fatigue à bord, une grande fatigue. Ainsi que je l'ai dit, Louis, Jules et Yon, — la partie militante de l'équipage, n'ont pas voulu se relayer de quart la nuit dernière. Si j'ajoute à la lassitude de cette nuit celle de la rude journée précédente au Champ-de-Mars, sans parler encore de l'excès de nos labeurs à tous et de nos veilles depuis ces deux rudes mois, je n'ai pas de peine à comprendre que, loin de passer une seconde nuit en l'air, comme je l'ai espéré, notre équipage voudra bientôt chercher à terre le repos dont nous avons, en effet, tous assez besoin. L'incertitude du point précis où nous nous trouvons vers la solution pressentie, — car, bien qu'on y voie clair à cette heure, les théories géographiques continuent à se donner beau jeu et le spectre des mers se dresse toujours à chaque point de l'horizon... Une voix propose d'atterrer; la majorité est évidemment de cet avis, et il n'y a plus l'ombre d'une hésitation, quand celui de nous qui s'est plus spécialement chargé de la boussole et des cartes déclare que la mer est à six lieues.

« Je n'accepte cette indication de latitude que sous toutes réserves, — mais j'ai depuis quelques instants une bien autre préoccupation.

« Plus nous montons, plus le gaz dilaté gonfle le ballon, dont j'aperçois l'enveloppe se tendre avec violence sous le filet... — Or j'ai raconté mes luttes avec mon constructeur Godard quant aux dimensions de la soupape. Il est par trop évident que l'appendice, de disproportion non moins absurde, ne donne pas non plus suffisant passage à l'excédant de ces 6 000 mètres de gaz qui se dilatent à la fois sous la double action du soleil et de notre ascension croissante.

« A ce moment, je regarde et vois la dilatation du *Géant* devenir réellement inquiétante. L'enveloppe se gonfle davantage de seconde en seconde, jusqu'à éclater... Entre chaque maille du filet, elle capitonne avec violence...

« D'une explosion d'aérostat à 50 ou 100 mètres de hauteur, on peut, à la rigueur, se tirer si la déchirure est partielle, l'étoffe, sous elle-même refoulée dans la chute, formant parachute. Mais à la terrible hauteur où nous sommes il n'y aurait pas de grâce à attendre.

« Je n'hésite pas à engager Louis à donner un coup de soupape, ne fût-ce que pour nous voir un peu plus près de terre.

« Notre voyage est trop beau pour être déjà fini. Le ciel est magnifique et le vent nous porte si bien en ligne droite, sur plein est! — Je veux me dire qu'avant d'atterrir, et si notre bon vent ne se modifie pas dans les couches inférieures, notre angle de descente va nous porter sur Berlin, la Saxe, — et qui sait? Si nous nous décidions à oublier enfin la mer un instant, peut-être atteindrons-nous le Grand-Duché — ma terre promise!

« Mais ce n'est qu'un rêve, — et je vois bien vite que le sort en est jeté. Louis n'y va pas de main morte sur la corde de soupape. Il n'y a plus à s'en dédire : nous descendons, et avec une telle rapidité, que l'air, en soulevant nos cheveux, siffle à nos oreilles.

« Inutile de dire que tout le monde est sur le pont. Comme pressentant ce qui va se passer, aucun passager nouveau n'a eu l'idée de descendre dans l'intérieur. — Encombré d'objets divers, n'offrant aucune ressource comme point d'attache, l'intérieur serait, en cas de secousses, — comme pour la souris la ratière, — le plus dangereux des refuges.

« Les aérostats de dimensions ordinaires atterrissent rarement, à moins d'aides extérieurs, sans un ou deux chocs plus ou moins légers. Si l'on se rend compte des tâtonnements inévitables du pesage avant toute ascension, — équilibre rigoureux, à un gramme près, ai-je dit, entre la force ascensionnelle et le lest, — on comprend facilement que le dégagement du gaz déterminé par le coup de soupape pour la descente peut être mesuré bien moins précisément et rapidement encore que le poids du lest pour le départ.

« Avec les proportions excessives du *Géant*, ces difficultés augmentent. A moins de circonstances exceptionnellement bénignes, — emplacement tout à fait propice, absence complète de vent, — il est difficile d'espérer qu'un chargement de 4 500 kilogrammes, — dont la pesanteur acquise a d'abord, comme je vais le dire, dû se mettre d'accord avec le délest depuis 3 à 4 000 mètres d'altitude, — se dépose à terre et s'assoie à premier essai sans tâtonner, par quelques *coups de tampon*, pour employer l'expression technique.

« Tout indique donc ici la nécessité de précautions plus qu'ordinaires, — et, en première ligne, cet arrêt préalable en équilibre, à quelques dizaines de mètres du sol, arrêt qui permet à l'aéronaute d'apprécier sans confusion ni hâte la position, — d'attendre et de choisir son instant et sa place. — Puis nous allons évidemment lancer le précieux *guide-rope*, si utilement inventé par Green, et dont le traînage prolongé, précédant et préparant le jeu de l'ancre, ralentit à point la marche de l'aérostat.

« A mon extrême surprise, je vois, — tout à coup et sans autres préliminaires, — sur le commandement de Louis, — Jules filer la première ancre : l'amarre glisse et grince sur l'osier de notre bordage. — De guide-rope, de lest, tout prêt, sous la main de nos conducteurs, il ne paraît pas être question...

« Et cependant notre course furieuse continue... Ce n'est pas une descente, c'est une chute... La terre se rapproche de nous avec une effrayante rapidité... Une trentaine de mètres nous en séparent encore. — Deux ou trois secondes, et nous touchons!...

« Et au-dessous de nous, je vois les arbres se courber sous le vent...

« Pourquoi, — lorsqu'à ma connaissance personnelle nous avons encore une vingtaine de sacs de lest à fond de cale, — pourquoi notre conducteur ne saisit-il pas cet instant, qu'il doit guetter, où quelques kilos pesant, lancés par lui hors de la nacelle, vont comme suspendre tout à coup cette chute précipitée et permettre, en toute liberté d'esprit, de reconnaître si le terrain est favorable, si le vent n'est pas trop violent? Qui le presse donc tant de descendre? Pourquoi?...

« Mais il n'y a ni une parole à dire, ni surtout une seconde à perdre!

« J'attire brusquement à moi ma femme dans un angle de la plate-forme, — je pose ses mains sur deux des câbles du cercle, que je saisis ensuite moi-même autour d'elle en la couvrant...

« ... Et j'attends!...

« Le vent souffle d'une telle force près de terre, que l'accélération verticale de notre chute, malgré la vitesse acquise, en est, sinon ralentie, du moins dérangée.

« Notre énorme masse précipitée dérive en fendant l'air... — Notre chute, diagonale de venue, est bientôt plus qu'oblique, — horizontale...

« Le cri sacramentel en toute descente se fait entendre, — véhément, — bref, — sans réplique :

« — Tenez-vous bien!... Tenez-vous bien!!!... »

« — Ah!!!... — Telle a été l'effroyable violence du choc, que toutes les mains, descellées, ont lâché prise, — et plusieurs en sont renversés... L'aérostat a rebondi d'un gigantesque élan...

« Du coup l'appendice, retenu et tendu, a été tranché comme par la faux, et il est tombé sur l'étoile du cercle, — drapeau dont le porteur est tué.

« Le pont de la nacelle, qui vient de repartir sous son maître par les airs, présente le spectacle de la plus inextricable, indescriptible confusion...

« Mais tous ont au plus vite repris leur place, devinant bien que la partie vient seulement de s'engager...

« — Attention!... — Tenez-vous bien!!!... »

« Des villages, des vergers filent sous nous comme des éblouissements...

« — Tenez-vous bien!!... »

« Seconde secousse, non moins formidable... Le *Géant*, qui n'en a que l'écho, en frémit dans tout l'ensemble de sa manœuvre...

« L'amarre de notre première ancre, comme un simple fil, vient de se briser : nous ne nous en sommes même pas doutés.

« Le vent furieux qui nous emporte redouble.....

« Notre seconde ancre est déjà par-dessus bord, filée par Jules et Yon.

« L'amarre vient à frapper mes yeux.

« — Mais ces gens-là sont-ils donc fous? — Cette amarre, — qui porte une ancre de 60 kilogrammes et qui doit arrêter d'un coup une force lancée de plusieurs milliers de chevaux, — cette amarre est grosse comme deux doigts à peine... Et dix câbles comme celui-ci, tressés ensemble et ménagés encore par des *serpentins*, seraient à peine suffisants... »

« Je me penche par-dessus le bord et je vois, courant éperdue derrière nous, à travers les guérets, notre ancre folle qui égratigne la terre, bondit et rebondit, soulevant après elle un long nuage poudreux...

« Le ballon se rapproche de terre...

« — Tenez-vous bien!!!... »

« Tous les muscles sont tendus, les mains crispées sur les cordes...

« Un choc encore!... Puis un autre, — puis un autre, coup sur coup.

« — *La seconde ancre est perdue!* s'écrie Jules. — Nous sommes tous morts!!!... »

« Cri plus qu'inutile! — L'évidence est là!...

« Car vient de commencer cette course furibonde, échevelée, qui a nom le *traînage*...

« Comme pour ajouter encore à la vitesse de cette course forcenée, la partie inférieure du ballon, déjà vide et flasque, — un tiers à peu près, — que l'appendice brisé ne retient plus, s'est appliquée contre la partie pleine et fait voile.

« Les chocs se multiplient, se pressent, à ne plus les compter. — Comme dans les ricochets sans fin de la balle élastique, que réveille et renouvelle la main d'un joueur infatigable, la nacelle rebondit à des hauteurs alternées depuis 5 et 10 mètres jusqu'à 30 et 40, 50, peut-être... — Par une fatale imprévoyance, elle s'est trouvée, dès le principe, inégalement chargée, tout le lest vivant de notre équipage, sans pratique et sans conseil, s'était porté machinalement d'un seul côté, — et elle retombe toujours, inflexiblement et sans aucune déviation rotatoire, sur la paroi qui nous supporte tous. — Tous les coups donc, directement et jusqu'à la fin, nous les essuierons.

« Quelle rapidité vertigineuse! Quelle succession de chocs pressés, haletants, crépitants comme grêle! Quelle contention de muscles, d'attention et de volonté!... Car, la moindre défaillance, l'inadvertance d'une seconde, — la tête tournée seulement! — et, lancé dans l'espace, vous êtes brisé!

« Et chaque heurt broie nos muscles, rompt nos poignets, désarticule nos épaules; — chaque contre-coup nous meurtrit les uns contre les autres, victimes et bourreaux réciproques...

« Ayant charge de deux corps, ma part est la plus lourde, et il me semble que chacun de ces horribles ébranlements est le dernier que j'aurai pu soutenir... — Mais c'est aussi la pauvre créature, — que j'étreins contre ma poitrine, entre mes deux bras autour d'elle soudés comme du fer aux câbles du cercle, — c'est elle aussi qui ravive à chaque affaissement la source de ma force déjà vingt fois épuisée.

« A ce regard doux et profond du pauvre être broyé, mais résigné toujours et muet, à cette suprême et fervente communion de nos deux âmes, — je sens bien que sa vie même est ma vie, et que ma mort seule sera, puisqu'elle l'a voulu, sa mort; — et cette mort, à mon tour, je la défie de nous séparer, car elle n'a que le droit de nous prendre ensemble!

« Mais nous sommes bien condamnés!

« Si insuffisante que soit l'ouverture maudite de notre soupape, nous pourrions nous raccrocher, à la rigueur, encore à cette maigre chance de salut et soutenir, — peut-être! — l'interminable série de ces cahots forcenés jusqu'au moment où, — notre force ascensionnelle enfin épuisée, — le *Géant* s'arrêterait.

« Mais l'inexorable fatalité n'aura pas voulu nous laisser même l'invraisemblable éventualité de ce recours en grâce.

« Trouble d'esprit, défaillance de main, accidents fortuits, — par une cause inexpliquée encore, — la corde elle-même de cette soupape n'est plus entre les mains de nos conducteurs...

« *Elle leur a échappé!* — et elle fouette l'air au-dessus du cercle...

« Nous roulerons donc, sans espoir, sans appel, de bonds en bonds, — jusqu'à l'instant dernier...

« — Mais pourquoi donc souffrir toutes ces morts? — Et n'y a-t-il bien aucun moyen de s'y soustraire?

« Puisque le vent est si terrible, — puisque nos ancres sont perdues, — puisque nous n'avons même plus cette chétive ressource de notre soupape dérisoire, — puisque cette terre irritée ne veut pas de nous et nous repousse avec tant de violence, — pourquoi ne pas regagner, — tout simplement, tout bonnement, — ce domaine de l'air qui est nôtre, bienveillant et hospitalier toujours, où l'ouragan lui-même nous caresse?...

« Pourquoi ne pas laisser tomber hors de notre bord, puisqu'il va être broyé tout à l'heure, et nous avec lui, quelques pincées de ce lest dont il nous reste ces vingt sacs encore, — vingt fois, quarante fois plus qu'il n'en faut pour remonter — *chez nous* — en paix?

« Pourquoi ne pas nous dire que cette bourrasque n'est que passagère peut-être, que rien au monde ne nous force à prendre terre, et que, si nous remontons, nous n'avons plus qu'à choisir, soit aujourd'hui, soit demain, soit après-demain même, — le *Géant*, avec sa double enveloppe, a la vie longue! — l'heure calme et tout à fait clémente, cette heure de la tombée du jour, par exemple, si propice d'ordinaire et comme réservée à l'aérostation?

« Que pouvons-nous donc perdre, — dans cette revanche de Meaux, — à prolonger encore ce long voyage et à inscrire une trajectoire tout à fait inouïe dans nos fastes aérostatiques!

« Et enfin,— quoi qu'il arrive! —quel risque courons-nous de trouver pis que ce qui est devant nous, pis que cet atterrage meurtrier, implacable?...

« Pourquoi!!!...

. . . .

. . . .

« — Mais, — va-t-on peut-être me dire, — après les ascensions que je compte déjà derrière moi et avec ma pratique acquise dans ce métier si facile et banal, j'aurais dû, moi, suppléer ici à ce qui faisait défaut et agir intelligemment à la place de qui n'agissait pas. Et on aura raison, — le fait étant là!

« Je réponds que, payant pour cela un homme dont c'était le métier et l'unique soin, je me laissais conduire, sans penser que j'eusse à m'occuper des rencontres de la route. Il m'avait été déjà assez pénible d'intervenir virtuellement la nuit précédente,— dans tel cas à l'avance prévu par moi,— et on ne peut raisonnablement tenir un revolver braqué en permanence sur la figure d'un compagnon de route.

« En plein et beau jour, — avec les énormes ressources de force ascensionnelle ou de lest, c'est tout un, à notre disposition, — le moindre accident devait me paraître et était cent fois impossible: je n'avais pu croire à une descente volontaire, que seulement alors que je m'étais vu à quelques dizaines de mètres du sol, et j'avais eu, sur le coup, un soin particulier et immédiat, une préoccupation trop absorbante, — on voudra peut-être bien l'admettre, — pour chercher dans mon imagination des alternatives et ne pas m'en tenir aux efforts désespérés d'une préservation plus que personnelle, suffisante et au delà.

« J'avoue, si nette dans tout dangers que je me croie la vue, j'avoue que le péril *d'une seule* m'empêcha de songer au salut de tous, — même dont elle! — et que, brusquement surpris par la plus inattendue, la plus insupposable des catastrophes, — entre ces terribles chocs, — une grêle! qui ne me permettaient même pas de respirer, je ne trouvais pas, dans ma paresse d'esprit, à ce moment sans doute, le temps de chercher à placer une critique contre mon aéronaute, ni de motiver un erratum. Je n'ose parler après cela de l'irrésistible absorption, de l'ivresse du *spectacle*, seule suffisante à paralyser, à engourdir toute volonté d'action...

« A plus fort je passe en toute humilité la main.

« Mais à la condition que je le verrai tenir la partie...

« Si c'était de nuit, nos destinées seraient déjà décidées. Nulle force humaine en effet ne saurait se maintenir tendue, même quelques minutes, avec cette exaspération de muscles, cet éréthisme de volonté.

« Ici, du moins, il nous est permis de voir chaque coup avant de le recevoir; nous pouvons prendre, juste à temps, avec la respiration, notre élan de résistance, et, entre deux chocs, ne fût-ce que pendant une seconde, — distendre nos nerfs contractés, nos mains et nos avant-bras roidis au câble de salut.

« Mais de ces intermittences même qui ne nous démontrent, ne nous affirment que mieux notre fin prochaine, irrévocable, — combien avons-nous de temps, plus qu'épuisés déjà que nous sommes, à pouvoir accepter le dérisoire bienfait?

« Chance de recours en grâce, ou plutôt raffinement d'infernale cruauté, — il se trouve qu'une autre cause doit encore prolonger notre supplice.

« Du sol qui ne saurait le nourrir, l'homme s'éloigne. — Sur la terre qui lui donne sa subsistance, l'homme se manifeste par le plan de la haie, de l'arbre; par l'élévation de la butte, de la cabane, de la maison: tout ce qui, en se résumant constituerait, à ce moment pour nous, — l'*obstacle vertical*.

« Or, la terre est ingrate par les vastes espaces que nous dévorons, steppes arides, marais, tourbières, bruyères à perte de vue. Pas de trace de la vie humaine dans ces sites désolés, dans l'ensemble uniforme des sauvages aspects de cet immense horizon...

« (— Dans cette Brie fertile où l'homme se dispute la place, à Meaux et de nuit,— avec un vent dix fois moindre, nous n'aurions pas eu le temps de compter dix secondes!...)

« La rapidité de notre projection ne permet à nos yeux que d'en saisir quelques épisodes.

« De bien loin en bien loin, un arbre isolé, perdu, accourt sur nous, — rapide comme l'éclair.

« Nous venons de le briser comme un fêtu, et nous n'en avons même pas tressailli.

« Deux chevaux épouvantés, les naseaux en terre, la crinière au vent, s'efforcent ventre à terre de fuir devant nous.

« Mais nous brûlons les distances. Ils sont déjà bien loin derrière...

« Un parc de moutons éperdus passe au-dessous de nous entre deux de nos bonds, — comme un rêve...

« Mais voici le danger, — le vrai danger!

« A ce moment où, harassés déjà, nos compagnons doivent ressentir comme moi ces fourmillements, ces crampes qui engourdissent et paralysent mes articulations, — nous apercevons devant nous, menaçante en haut de son remblai, perpendiculaire à notre course, une locomotive en marche traînant sous tender et deux wagons...

« Quelques tours de plus, — et tout est bien fini! — car une fatalité géométrique veut que nous nous précipitions avec elle, par une coïncidence infernale de temps et de lieu, juste sur le même sommet d'angle!

« Que va-t-il arriver?

« Précipités dans notre vol d'ouragan, nous allons soulever du coup et renverser la lente machine et ce qu'elle traîne, — ceci ne fait pas l'ombre d'un doute! — mais nous sommes broyés!...

« Quelques mètres à peine nous séparent de l'ennemi.

« De nos poitrines s'échappe un cri, un seul! — mais quel cri!..

« Il a été entendu!

« Le sifflet de la locomotive nous répond... — Elle a ralenti sa marche; elle s'arrête, comme semblant hésiter... — et recule enfin, tout juste à temps pour nous livrer passage... — et le mécanicien nous salue, sa casquette au bout de son bras tendu...

« Gare aux fils!!!..

« Les voici en effet sur nous, ceux-là que nous n'avons pas aperçus, les quatre fils du télégraphe électrique, — quatre guillotines!!!...

« Nous avons baissé nos têtes...— Heureusement nous nous trouvons raser bas, à ce moment précis.

« C'est sur le cercle et ses gabillots inférieurs qu'a eu lieu la rencontre : un ou deux de nos câbles seulement ont porté sur ces rasoirs...

« Et nous entraînons ces câbles pendants derrière nous comme la queue d'une comète échevelée, — avec les tringles télégraphiques sans fin et ces poteaux qui les soutenaient tout à l'heure...

« Combien de temps va durer encore l'invraisemblable agonie de ces bonds?

« Si seulement nous la tenions, cette malheureuse corde de soupape! Depuis que nous souffrons tous ces supplices, le ballon eût au moins eu le temps de perdre quelque chose de sa force meurtrière!

« Si, au moins encore, elle était à sa place désignée, la prudente échelle de corde, — notre vie peut-être en ce moment! — que Delessert avait préparée, mais qui, dédaignée par Louis Godard comme nouveauté superflue, gît pour l'heure à fond de cale... comme à cent lieues de nous!

« Vain regret! fouettant de ses zigzags, — bien au-dessus de nos têtes et comme pour l'exciter encore, — la bourrasque trop lente à son gré contre ces téméraires qui ont appelé la mort, — la damnée corde semble se rire de nous...

« — Jules!... *Monte sur le cercle!...* » s'écrie Louis.

« Le jeune homme lève les yeux, — et sa tête se baisse avec découragement.

« — Impossible!... a-t-il répondu d'une voix étranglée.

« Trop impossible, en effet, même à la souplesse exercée de ce gymnaste de vingt ans! En supposant que ses muscles meurtris ne soient pas déjà hors de service comme les nôtres, — comment trouverait-il, entre ces bonds dévergondés, les quelques secondes de calme à peu près parfait pour se hisser des deux ou trois brasses qui nous séparent du cercle...

« Pourtant c'est là, là seulement pour tous, que peut s'entrevoir une lueur de salut... — « Monte!!! » dit l'aîné. — Obéissant, il tente, — et d'un choc — retombe haletant sur la plate-forme oblique... — « Monte!!! »

« — Je ne pourrai jamais! — dit l'autre avec désespoir. — Je suis trop las!... »

« Il essaye encore, pourtant... et retombe encore...

« C'était trop certain! Pourquoi alors cette tentative folle? Notre destin à tous n'est-il donc pas décidé? Est-il une puissance humaine qui puisse nous arracher à l'arrêt prononcé? N'en avons-nous pas pris notre parti, tous, tant que nous sommes là? — Pourquoi donc séparer et dépêcher avant nous celui-ci? Ce n'est pas le dévouement que vous lui imposez, c'est le sacrifice!... — un sacrifice plus qu'inutile, inique!...

« — Monte!!!... — dit l'aîné encore. — Monte!!!... »

« Deux voix — que je connais — s'élèvent :

« — Ne montez pas, Jules! vous vous tuez! »

« — Ne montez pas, monsieur!... »

« Thirion, — j'en étais sûr, — a eu la même pensée, — car il parle de décharger son revolver dans le ballon.

Ballon captif de M. Giffard.

(*Exposition universelle de* 1867.)

« Je lui crie de n'en rien faire... Que produiraient six balles chétives sur cette immensité? — Et puis, le temps, — le temps seulement de tirer l'arme de sa poche!... — lorsque nos deux poignets ensemble ne suffisent même pas à nous retenir?... — Quant au risque d'inflammation du gaz par l'explosion de la poudre, cette alternative, à l'heure qu'il est, n'offre guère d'intérêt...

« Pour la troisième fois le jeune homme est en l'air... sur les épaules d'Yon et de Thirion, les plus valides et les moins empêchés, qui sont parvenus à se rapprocher sous lui; — l'échelle vivante se tasse et se relève... Il monte!... Un dernier effort encore!... Il y est!!!

« Nos poitrines se dégagent...

« Bientôt il a saisi la corde rebelle qu'il passe à son frère et à Yon, au-dessous de lui. -- La voici, enfin! arrêtée et tendue!...

« Mais combien de temps prendra le dégagement de notre gaz par l'issue relativement microscopique qui lui est seule réservée?

« D'ici là, nos forces épuisées tiendront-elles? — Désarticulés, rompus, écrasés dès les premiers assauts, que pouvons-nous attendre encore de la surexcitation désespérée qui nous a soutenus jusqu'ici, lorsque nos muscles surmenés semblent se demander si réellement la vie vaut tant d'efforts et de tortures, — marchandant, comme s'ils étaient des intelligences, les services qu'ils ne peuvent plus rendre, — lorsque nos membres meurtris ne veulent plus que se laisser aller à l'apathique et homicide indifférence de la lassitude?...

« Et, encore, — combien de temps consentira-t-elle à traîner son équipage funèbre, cette carcasse si merveilleusement solide et élastique qu'elle était hier? Ébranlée à chaque secousse jusque dans la dernière de ses mailles d'osier, heurtée contre les arbres isolés qu'il faut bien qu'elle touche pour les briser comme verre, quand va-t-elle se résigner enfin à défaillir?... — Combien de minutes encore avons-nous à compter jusqu'à l'instant où s'effondrera sous nous le parement, déjà disloqué en partie, qui nous supporte?...

« Le combat se trouve en effet maintenant de tout près engagé. De par le gaz qui commence à se perdre, notre nacelle ne s'écarte presque plus du sol, que son énorme remorqueur, le ballon, touche parfois lui-même. — Et, comme la rapidité du vent ne s'est pas démentie, tout au contraire, — il semble que la cruelle machine s'acharne, pour en finir, et veuille broyer, user enfin contre les aspérités terrestres ce qui nous reste de volonté et d'espoir.

« Les secousses se suivent maintenant de plus près : ce n'est plus une grêle, c'est un roulement de furie. Comme notre nacelle, tout à fait sur le côté traînée, racle littéralement la terre, nous nous trouvons en contact immédiat, et nous voilà, — un supplice de plus! — aveuglés, littéralement étouffés, asphyxiés, et par la poudre aride et par la boue noire des tourbières que nous écumons violemment.

« Que de bruyères!... Fauchées par nous avec la rapidité d'une moissonneuse de vingt lieues à l'heure, ces millions de millions de petites capsules, séchées et durcies au soleil d'été, reviennent irritées sur nous, cinglant nos mains, nos visages avec une furieuse et suffocante profusion... — Que de bruyères! Moi — je me rappelle — qui les aime tant dans mon appartement! — Mais ici, réellement, il y en a trop!

« Il est inutile de m'interrompre ici, je pense, pour dire que, le plus léger doute ne pouvant nous être laissé sur la fin finale de tout ceci, et forcément d'accord pour l'acceptation, il ne nous est resté, faute d'autres, qu'un parti à prendre, raisonnable et digne d'honnêtes gens : attendre, se taire, regarder...

« Les coups, on ne les compte plus, on ne les sent plus — à la lettre — tant ils pleuvent! Et moi qui ai toute ma vie redouté cent fois plus la douleur que la mort, — moi qui deviens dolent, inapprochable, insupportable pour le moindre *bobo*, — je comprends pour la première fois ce que je n'aurais jamais supposé possible : — c'est qu'on peut *s'habituer* à tout au monde, même à ceci, — et que le supplice de la roue a été calomnié : ce devait être fort supportable.

« C'est très-sérieusement que je parle.

« On rêve!...

« Une fois donc pris ce parti de me tenir pour absolument désintéressé dans la question désormais, — je m'abandonne (je n'ose dire, après Proudhon, *à la Sublime Horreur*... mais comme c'est vrai!), — je me livre tout entier, sans distraction, sans réserve, à cette dernière jouissance de *voir*, mieux encore, de contempler...

« A quelque distance devant moi, il se passe depuis un instant un phénomène, un rien qui m'occupe et m'intrigue. — C'est bien peu de chose, d'ailleurs, excusez-moi! — mais nous n'avons pas le choix des distractions.

« Le phénomène se produit au bout d'une des cordes d'équateur du ballon qui nous remorque. L'aérostat debout, ces cordes, utiles dans la manœuvre, arrivent à terre, — comme, l'aérostat en l'air, elles pendent, marquant chacune un point d'une large circonférence autour de la nacelle.

« Mais ici, le *Géant* qui nous remorque étant couché oblique, elles se trouvent traîner sur le sol, — et il me semble voir à l'extrémité d'une de ces cordes un nœud, un nœud assez gros...

« Comment est-il au bout de cette corde, ce nœud insolite? — Pourquoi? quelle idée ont-ils eue d'aller faire là un nœud?...

« Ce nœud me semble se rapprocher... Il se rapproche... Le voici!...

« Ce n'est pas un nœud : c'est un pauvre diable de lièvre, ahuri, effaré, perdant haleine à fuir plus vite que nous...

« Compétition vaine!... — Nous arrivons sur lui, et, sous notre masse, comme sous le doigt une cigarette, il a roulé...

« C'était bien un lièvre... en voici un autre, un autre encore!... Que de lièvres par ici! et comme je trouverais qu'ils courent bien, — si je ne courais pas plus vite encore!

« Mais voici quelque chose de plus sérieux :

« Que peut être, — bien loin encore, — ce point qui s'obstine depuis un instant devant nous?

« Il approche, droit devant toujours : il est rouge, — d'un rouge de sang versé, — ce point sombre, fascinant, qui grossit de seconde en seconde comme une sinistre menace...

« Il avance vers notre œil, — sûr comme la balle visée... le voici... — Il n'y a plus à douter.

« C'est une large et haute maison !

« C'est la Mort, pour ce coup !

« Eh bien ! — non : — elle vient de changer d'avis au moment dernier, cette maison du bourreau !... — La voilà qui se précipite sur notre gauche... — Elle est bien loin !...

« Le vent s'en irrite : sa tâche devait finir là ! — Et il se reprend comme d'abord à souffler par saccades. Il nous soulève et nous laisse retomber tour à tour comme dans cet horrible supplice du marin qui s'appelait la *cale*...

« Mais est-ce bien le vent qui recommence la partie ? — Si peu que ce soit, au contraire, — il me semble que, par l'issue de notre soupape, nous avons dû lui céder déjà quelque chose de notre résistance, et commencer à le calmer, plutôt.

« — Ça va mieux ! ! ça va bien ! » disait lui-même l'aîné des Godard il n'y a qu'un instant.

« Et pourtant notre fuite qui ne pouvait que se ralentir, — qui se ralentissait, — le ralentissement pour nous c'est le salut, c'est la vie !... — cette fuite semble s'exaspérer !...

« Que se passe-t-il donc ?... Non plus devant moi, mais autour de moi, je regarde... Nous étions neuf tout à l'heure. — Où donc est le neuvième ? — où le huitième ?... Misère humaine ! ! ! — Guettant entre deux chocs le moment précis, — le *point mort*, — où la nacelle touche et va quitter le sol, — bien posté en tout dégagement combiné, en parfaite disposition et méditée précieusement pour saisir au vol ce point précieux, il en est un, — un premier ! qui a eu le courage de cette lâcheté : — il a déserté, il a assassiné ses compagnons pour sauver sa vie !...

« Le drame était incomplet, il n'avait pas encore assez duré. Il lui fallait quelques péripéties de plus. Pourquoi s'en tenir à l'horrible ? — Il y avait l'odieux encore et l'infâme !

« Le lecteur, qui n'a pas besoin d'être aéronaute, se rend-il bien compte qu' — une fois notre soupape ouverte et maintenue ouverte, — chaque seconde de plus c'était un recours en grâce ! De seconde en seconde — jusqu'à l'arrêt aspiré — la force homicide qui nous entraînait s'épuisait par l'issue désormais libre.

« Il n'y avait plus qu'un danger : — la chute de quelque épave, neutralisant le bénéfice de la force ascensionnelle déjà perdue, en venant nous enlever de nouveau par les airs pour recommencer la lutte épuisée. — Mais nous pouvions être tranquilles de ce côté : — après tant de secousses, notre pont de nacelle s'était depuis bien longtemps débarrassé de tout lest possible.

« Pour le présent, donc, la durée même du supplice nous ouvrait l'inespérable espoir. — Qu'elle se prolongeât encore quelques instants, la torture, — et la vie était gagnée !

« C'était alors, quand, noués ensemble par la fraternité du péril passé, quand, — après cette solennité sacrée de notre communion devant la mort, nous commencions à entrevoir une possibilité de salut, — quand nous n'avions plus que quelques minutes à attendre, — c'était alors qu'un de ces condamnés, — dans un instant gracié avec tous, — se sauvait ! — et, pour se sauver, exécutait lui-même ses frères de danger, — dont une femme !

» Avait-on bien raconté la *vraie* pièce, — et le lecteur connaissait-il cet acte-là ?

« Le *nom* ? — le *nom* de ce *premier* ?

« Dégoût, tristesse, horreur, — honteux, comme pour mon compte, de cet acte félon commis à côté de moi, chez moi, — j'ai détourné la tête, je n'ai pas voulu demander ce nom...

« Je ne veux pas le savoir — aujourd'hui...

« A quoi bon d'ailleurs ! — et devant quel tribunal, cette fois, devant quel conseil jeter ce meurtrier ?

« Où est ici la législation qui s'indigne et qui venge ?

. . . .

« La conséquence, vous ne l'attendrez pas.

« Un cri étranglé, strident, lamentable :

« — Arrêtez !... Arrêtez !... — Arrêter !... — Le pauvre insensé ! C'est le malheureux Saint-Félix, faible et chétif, détaché du bord par une de ces nouvelles secousses, et que la nacelle est en train d'écraser... — Disparu !... — Plus horrible encore, cet autre cri : — Grâce !...

« C'est Montgolfier, pris à son tour sous l'angle de l'énorme masse... Je ne vois que le haut de son corps, — va-t-il être en deux coupé ? — Et ses grands yeux noirs, épouvantablement ouverts, qui se trouvent tournés vers moi !...

« Vous ai-je raconté pourtant s'il est vaillant aussi et à tout décidé, cet enfant qui me suppliait avec tant d'instance de l'emmener avec nous, parce que *quelqu'un avait dit autrefois* — en 1783, plus d'un demi-siècle avant qu'il fût au monde ! — *que les Montgolfier n'étaient pas braves...*

« Encore un de moins ! — Mais, de moins, combien donc sont-ils ?

« Notre pont est presque désert... Les uns, comme ces deux pauvres-ci, auront été arrachés ; — les autres seront tombés ; — d'autres enfin, le *sauve qui peut* une fois lâché, auront sauté d'exemple, croyant pouvoir faire, — après ce *premier !...*

« Ils ont pu oublier un point : c'est qu'il restera jusqu'à la fin quelqu'un qui ne saurait sauter comme eux...

« Je me croyais seul avec elle.

« — Monsieur Nadar ! faites sauter madame... »

« C'est Godard aîné, tapi dans un angle. — Il était donc encore là, celui-là ?

« Perd-il tout à fait l'esprit pour le quart d'heure ? Et ces osiers éraillés sous nous comme autant de pointes de herse, menaçantes aux vêtements de femme ? Veut-il donc qu'il ne reste pas un lambeau de la dernière victime de son imprudence et de son entêtement obtus ?...

« Mais me voilà débarrassé de ses conseils. — Si peu leste qu'il soit, il aura trouvé son *embelli*, lui aussi, enfin ! — car il vient de déloger.

« Et repart d'autant mieux notre course furibonde...

« Nous voilà bien seuls, cette fois, — courant à toute volée, tous deux ensemble, vers l'éternité...

« Car nous sommes rivés là, nous deux !

« Et du train dont se précipite plus que jamais le ballon, — délesté, dès à présent, jusqu'au dernier, — nous ne sommes pas près de nous arrêter...

« Elle ne parle pas. Pourquoi faire, parler, — puisque nous pensons ensemble ?... — Et de côté, ne pouvant détourner plus son corps martyrisé, elle me regarde...

« Nos deux corps ne faisant qu'un, tous ses mouvements ont dû être les miens.

« Debout au départ et cramponnés aux cordages, nous avions été forcés bien vite de nous accroupir aux premiers chocs ; aux suivants, nous nous étions tout à fait tassés, de notre long étendus, — les câbles en mains, toujours. — Mes bras, mon corps, mes jambes, la protègent.

« Protection bien peu suffisante, mais plus que jamais nécessaire, car, plus inexorablement que jamais, la nacelle, tout à fait horizontale, traîne sur un seul et même côté, le nôtre !

« Tous les objets renfermés sous nous auront dû, à force de secousses, s'entasser sur le même point.

« La bande d'osier tressé qui nous servait de bordage et qui maintenant, avec une ou deux des cordes de cercle, nous supporte seule, — horizontale devenue avec la nacelle, — cette bande, si élastique qu'elle soit, n'a pu faire résistance éternelle. Froissée, éraillée, usée jusqu'à l'âme par le sol qui la lime opiniâtrément, quand il ne l'attaque pas au plus vif par des chocs qui la percent et déchirent, elle a à peu près disparu, effondrée enfin sous nous, — et c'est immédiatement, directement à nos membres maintenus, pressés dorénavant par les seuls câbles que parle l'interminable ruban de terrain qui se dévide sous nous.

« Plus un accident du sol dont nous n'ayons à faire la connaissance douloureuse ; — plus un choc qui nous épargne, — plus un caillou qui nous fasse grâce ! Tout porte.

« (— Et dire que, si tous nos compagnons étaient restés là, le ballon épuisé, vaincu, cédant enfin sous le nombre, aurait eu déjà le temps, à l'heure qu'il est, de s'arrêter tout à fait dix fois pour une !...)

« C'est surtout sur ma jambe gauche, de son long tendue, et sur mes deux pieds, croisés autour de deux autres pieds plus faibles, — qu'arrivent, comme sur des ouvrages avancés — ces premières rencontres.

« Après tant de heurts et de pressions, sous lesquels je les ai sentis vingt fois craquer et se disjoindre, — comment tant de coups peuvent-ils tenir sur une seule place ?

« Mes pieds engourdis sont devenus tout à fait insensibles...

« Si... par un miracle !... un miracle est toujours possible... (— Écoutez là l'homme, l'homme éternel, tenace, qui proteste, jusque dans le tombeau, contre la mort !...) — si nous échappions !... il faudrait... oui, certainement... il le faudra !... me couper ces deux pieds... luxés, broyés, en bouillie. Une double amputation de pieds !... Rappelons-nous notre ancienne clinique du major Bonnet... à Lyon... — Comment cela se supporte-t-il, à mon âge ?...

. . . .

« Plus grave ! — voici un arbre... — plusieurs arbres... (— N'est-ce pas une forêt, là-bas derrière ?...) Ils sont épars, il est vrai, ces arbres, et de grosseur moyenne. Mais s'il s'en présente un sur le point juste que nous occupons, ce n'est plus le fond de la nacelle comme tout à l'heure qui aura charge de l'écraser, mais notre propre corps qui racle terre...

« Ai-je dit que, parmi ces flaques bourbeuses, nous avions traversé, — un éclair, comme le reste ! — un petit cours d'eau vive ? Tel du moins m'a-t-il semblé par cette vitesse qui ne laisse guère le temps de rien préciser.

« En voici un autre, — cette fois, bien certainement, un petit bras de rivière...

« Nous y sommes aussitôt plongés, dès le bord, avec furie, — et pour le coup l'immersion est plus que complète !... L'eau qui nous a pénétrés aussitôt, bouillonne et bourdonne à nos oreilles... Raclant le fond, comme je le sens bien, je pense tout à coup, — plus rapide que la lumière est dans ces instants la pensée ! — je pense que cette eau, qui couvre et envahit en ce moment notre nacelle, va tout à l'heure, à l'immersion, — la charger d'autant dans son ensemble, comme elle va charger encore tous les objets multiples qu'elle porte en elle, — nos vêtements mêmes...

« Ce lest inespéré ne serait-il point, — par impossible — le salut ?... — Mais que l'autre bord s'approche vite, alors !... — Plus vite ! Plus vite encore ! car nous suffoquons déjà...

« Sera-t-il temps ?...

« Oui ! — car nous sortons de l'eau avec une lenteur bien vraiment rassurante !... Il est vaincu, le ballon ! il n'a plus assez de force pour nous traîner, — car c'est tout droit, enfin, que se soulève péniblement notre bâtiment d'osier !...

« Elle vivra ! ! ! — Profitant de cette bienheureuse lenteur de notre machine alourdie, et sans lui laisser cette précieuse seconde qu'elle ne me rendrait peut-être plus, — je vais, avec nos bras qui me restent à peu près, dégager ma pauvre amie des deux seuls câbles qui nous retiennent à peine, et, — de côté, ne pouvant rien autre, me laisser aller avec elle et glisser — tout doucement, tout bonnement — à terre... — Qu'il aille où il voudra, lui, le ballon enragé, — on le retrouvera bien toujours quelque part — et si on ne le retrouve pas, eh bien, nous en ferons un aut... — Ah ! misérables que nous sommes ! ! ! — Cette eau, cette eau maudite était basse : — ce bord, c'est une berge escarpée, un talus, — un talus qu'il faut gravir !... Ce n'est pas l'eau seule qui nous faisait si lents, — c'est l'obstacle de cette pente qu'avait rencontré le pied de notre nacelle, — et contre lequel elle tâtait déjà la lutte.

« Inconjurable, le ballon, — à moitié plein encore, — n'a pas un instant dévié.... L'énorme masse est toujours penchée devant nous... — et toujours elle nous entraîne...

« Elle ne cédera pas à cette résistance, qui ne fait que l'irriter, — et, pour en avoir raison, c'est toute la grande paroi, la nôtre, toujours !... qui, s'inclinant de nouveau à mesure de la résistance, grimpe — lentement, lourdement — contre l'infernal talus, qu'elle racle, qu'elle tasse, qu'elle écrase, — nivelant tout sous elle...

« Nos pieds sont pris les premiers... De là, où je croyais l'engourdissement définitif, l'insensibilité gagnée, le néant acquis, — une subite et atroce douleur, lancinante, suraiguë, m'annonce que voilà, — ce coup-ci ! — le vrai commencement de la vraie lutte, — et que tout ce que nous avons souffert ne compte pas ! — La pauvre femme !... De quelles tortures elle prend sa moitié !...

« La pression monte, — suivant la gradation déterminée par l'inclinaison croissante de la nacelle contre l'escarpement. C'est tout à fait, à ce moment, l'angle — sur lequel tant de coups nous ont comme figés, — c'est cet angle qui porte et qui racle l'escarpement, qui ne saurait, lui, reculer... — Mais il ne recule pas non plus, le ballon damné qui tire toujours devant, — et qui tirera plutôt jusqu'à rompre les vingt câbles qui pressent de plus en plus sur nous le millier de livres que pèse l'énorme nacelle... Je sens nos genoux broyés sous l'écrasement... Une pierre — que serait-ce autre ? — s'est rencontrée sous ma cuisse, — et il m'est commandé que cette pierre cède !...

« Mais elle résiste : elle se fait sa place dans les chairs, qui s'effondrent... — C'est l'os, le fémur, qui se présente, son rang venu...

« A ce moment où je sens qu'il cède lui-même, l'horrible étreinte a gagné plus haut... Elle nous envahit, elle nous tient maintenant tout entiers... Déjà je respire à peine... Mes bras, ces bras qui l'entourent et qui ne la tenaient jamais assez étroitement tout à l'heure, je veux les dégager, — en vain ! les écarter d'elle, ces bras qui l'oppriment, qui la serrent davantage de seconde en seconde, — qui vont l'étouffer... Toute ma force centuplée, toute ma volonté éperdue se tendent pour résister à l'étranglement de cet étau, — de cet assassin qui me veut complice... — Efforts dérisoires !... Sous l'effroyable, incommensurable poids qui nous écrase, — c'est moi qui l'étoufferai plus vite !... La force surhumaine la tue... par moi !..

« J'entends, comme un murmure, le râle d'une plainte étranglée... la première !... — la dernière !... — Une lourde main, une main de fonte, rapproche, froisse durement ma tête contre sa tête... Ses cheveux dénoués, mouillés, se collent contre mon visage... dans ma bouche entrés, ils m'étranglent. — Je sens dans nos deux poitrines des craquements sinistres... — Un flot de sang a jailli de sa bouche : mes yeux qui s'obscurcissent n'ont vu devant eux, — vaguement — qu'une large tache rouge qui, — comme l'huile qui gagne... semblait se répandre sur un plan grisâtre, vertical...

« L'ombre augmente... « — *Ici c'est la mort !...* » — Tout mon être s'anéantit... La nuit s'est faite...

« ... Je ne pense plus.....

« ... Je ne sens plus.....

. . . .

. . . .

« ... Un pâle soleil fait jouer sur mes paupières fermées, des ombres rapides et des lumières alternées... J'ouvre les yeux... et, avant ma pensée obscurcie, lourde... mon corps se réveille...

« Je suis sur le dos... dans de hautes herbes... comme elles poussent à l'infini et diverses dans les fonds humides... Des buissons sauvages, des arbres autour de moi... Le vent agite les feuilles... pas d'autre bruit... avec les trois notes grêles, métalliques, monotones, — que je sais bien, — d'une mésange à tête noire...

Il n'y eut pas de morts, mais que de blessés ! Que de plaies, que de sang, que de souffrances endurées !

La catastrophe du Hanovre était-elle une défaite ? Non, c'était un accident et si quelque partisan du *plus léger* se fût trouvé à bord du *Géant*, si quelque inventeur d'hélice eût été dans la nacelle, Nadar, au moment où il était cramponné aux cordes, s'exposant aux plus rudes chocs pour préserver l'héroïque madame Nadar, aurait pu lui dire : « Quand trouverez-vous une force qui puisse lutter contre celle qui nous entraîne ? » A qui revenait la responsabilité de l'événement ? Pas à lui : il avait quelque peu jeté sa confiance à tous vents et ceux qui l'avaient ramassée en avaient largement usé. C'était si peu une défaite pour *le plus lourd*, que de tous les points de l'Europe affluèrent des lettres signées Victor Hugo, Louis Blanc, Barbès, Georges Sand, et bien que Nadar ne fût pas de ceux qui mendient les faveurs des puissants, plus d'une dépêche princière se mêla à celles des proscrits.

Le promoteur du *plus lourd* resta deux mois cloué sur son lit de douleur, le corps bleui et enflé, comme celui d'un noyé. Pendant ce temps, ses ennemis l'attaquaient à qui mieux mieux et frappaient à tout rompre sur celui qui ne pouvait leur répondre. On le mettait au défi de faire une nouvelle ascension avec son ballon : il ramassa le défi, — comme il en avait ramassé tant d'autres, — et, le jour du trente-quatrième anniversaire de l'indépendance de la Belgique, il s'élevait à Bruxelles dans cette nacelle où il avait failli trouver la mort.

Le 26 septembre 1864, à six heures du soir, le *Géant* s'éleva du *Jardin zoologique* de Bruxelles au bruit des cris d'enthousiasme. Quatre heures plus tard, il descendait à Ypres (près de Nieuport), sur le bord de la mer (1).

« Cette lumière papillotante me gène !... — Mais une insoulevable pesanteur colle sous moi mes membres anéantis, dénoués...

« Lentement, avec effort, ma tête seule se tourne... et se soulève un peu...

« A quelques pas, l'eau...

« — Malheur !!! — Je suis réveillé ! Je me rappelle tout ! Je vois tout !!!

« — Je suis seul, tout seul !... — Si elle n'est pas là, elle est donc repartie.. le ballon l'a remportée... *Elle est morte !!!*...

« O la pauvre chère, — que je ne verrai plus jamais... — Jamais !!!... et c'est pour me sauver qu'elle est venue !... et celui qui vit c'est moi — qui l'ai tuée !... — C'est moi qui me suis abandonné d'elle... après qu'elle m'avait donné toutes ces bonnes années de sa tendresse infinie, de son inaltérable bonté, de sa douceur, de ses pardons — de son âme entière !

« Et je vois l'enfant, grandi, se dressant, sévère, devant moi, et me disant :

« — Qu'as-tu fait de ma mère ?... Elle m'appartenait comme à toi. Tu commandais, tu étais le maître. De quel droit l'as-tu laissée disposer d'elle, dont j'avais la moitié ? »

« Ah ! l'exécrable folie de mon entreprise vaine ! C'est mon misérable orgueil qui s'obstinait ! — *L'humanité !* est-ce qu'elle valait, à elle toute, — est-ce qu'elle me rendra cette amie que j'ai perdue...— perdue à jamais !!!...

« Les pleurs amers m'étouffent, les sanglots me suffoquent... Bien plus que mon corps sous le poids de tout à l'heure, — je me sens écrasé, effondré sous ma peine éternelle...

« Moi qu'indignait, qu'irritait autrefois une larme sur le visage d'un homme, — suis-je assez puni, à la fin, d'avoir méprisé l'homme qui pleure !!!...

. . . .

. . . .

. . . . »

(1) M. Georges Barral, qui avait pris place à bord du *Géant* pendant cette troisième ascension, rendit compte du voyage dans une note lue à une des séances de l'*Association scientifique :*

« Ce ne fut qu'à 5 heures 45 minutes du soir, dit-il, que M. Médor put enfin crier le fameux : *Lâchez tout !* La ville de Bruxelles n'avait fourni que fort tard (à midi trois quarts) les 6 000 mètres cubes de gaz nécessaires pour gonfler le *Géant*.

« Au moment du départ, on s'aperçut que ce gaz, excellent pour l'éclairage, était très-lourd et n'avait qu'une force ascensionnelle très-faible. Le ballon ne voulut s'enlever qu'après la descente de quatre voyageurs. Lui qui, en captivité et en plein Champ-de-Mars, à Paris, avait emporté trente-cinq artilleurs avec tout le matériel, refusait à Bruxelles treize aéronautes. Nous restâmes neuf, et le *Géant* quitta la terre aux applaudissements prolongés d'une foule immense.

« A 3 heures, nous avions reçu la dépêche suivante, due à la courtoise sollicitude de M. Le Verrier :

« *Paris, Observatoire, 1 heure 30 minutes.*

« Beau. Nuages élevés, marchant E. à O. Girouette est un quart nord est faible. Baromètre 771 mil. 4.

« Ce matin, beau et vent faible sur nord France et Belgique. »

« — Nous n'irons donc pas en Allemagne ou en Russie. » Telle fut l'exclamation générale de la part des voyageurs.

« — Le ciel est pur ; le vent est doux : nous sommes plus favorisés que vous ne le croyez, messieurs, reprit M. Nadar. Souhaitons de ne pas tomber dans la mer, et remercions M. Le Verrier. »

« Le désir de M. Nadar eût été de faire un très-long voyage, de passer toute la nuit en ballon, et de commencer les observations scientifiques le lendemain, dès l'apparition de l'aurore. Mais pour cela un vent soufflant de l'ouest eût été nécessaire. Le contraire s'est présenté : il fallait bien faire contre mauvaise fortune bon cœur.

« La commission scientifique, nommée par le gouvernement belge et composée de MM. Sterckx, aide de camp du ministre de la guerre ; Léon de Rote, ingénieur des ponts et chaussées ; Frédérik, lieutenant d'infanterie, — se mit alors à placer dans la nacelle tous nos instruments (baromètre à siphon de Fortin, hygromètre condenseur de M. Regnault, thermomètre à minima de Walferdin, boussole à réflexion, etc.) — avec un certain regret, car elle prévoyait — on vient de le voir, — que nous ne serions pas dans les airs, le lendemain, pour faire au grand jour toutes nos expériences.

« Au moment du départ, le baromètre Fortin de la nacelle indiquait une pression de 769mm,72 après réduction à 0, et le thermomètre marquait 15 degrés.

« Nous traversâmes Bruxelles de l'est à l'ouest, et nous prîmes la direction de Ninove, qui se trouve à l'ouest de la ville. Il était 5 heures 50.

« La boussole à réflexion, que nous avons consultée, donnait pour l'angle de notre direction avec le nord 372 degrés. Nous allions donc vers l'ouest avec 2 degrés nord.

« Le baromètre marquait 715mm,12, et le thermomètre 12 degrés. Nous étions donc à une hauteur de 620 mètres.

« Nous fûmes spectateurs d'un splendide coucher de soleil. L'horizon était cerclé d'une bande de feu d'un rouge éclatant, qui se bronza bientôt et fut éteinte par une nuit sans lune et très-noire. Les étoiles brillaient d'une vive splendeur dans un fond sombre et répandaient comme une vague lumière, mais insuffisante pour nous voir d'un bout à l'autre de la nacelle ; nous ne pouvions lire ni l'heure à nos montres, ni les gradations de nos instruments, à moins de nous servir d'une lampe de Davy, allumée à l'avance, mais éclairant trop peu pour permettre de bonnes observations.

« Nous avons souvent senti sur la nacelle une légère brise, qui devait coïncider avec chaque changement de direction et de courant. C'est M. Nadar, le premier, qui a observé ce fait dans ses précédents voyages, contrairement au dicton aérostatique disant qu'une bougie allumée dans la nacelle ne serait jamais éteinte.

« A 7 heures, nous passions au-dessus de Ninove ; à 8 heures, nous planions au-dessus d'Audenarde. Nous demandâmes avec un porte-voix où nous étions, et nous entendîmes très-distinctement répondre : « Audenarde. »

« A 8 heures 36 minutes, nous passions sur Courtrai. Jusqu'à 9 heures 30 minutes, nous nous sommes dirigés vers le nord-ouest. A partir de ce moment, le ballon prit une direction vers la droite, c'est-à-dire plus boréale. Ce changement a été constaté par les aéronautes. Le *Géant* même sembla s'arrêter un instant, hésiter et attendre une décision de la part du vent, qui était très-faible.

« Au bout de quelques minutes, nous reprîmes la direction du nord-ouest, non sans nous être promenés dans divers sens au-dessus de la Flandre occidentale, poussés et repoussés tour à tour par le vent d'est, qui nous avait amenés, et la brise de la mer qui soufflait de la côte en sens presque opposé.

« Quand nous avons changé de direction, après avoir passé au-dessus de Courtrai, nous avons alors suivi une route mieux déterminée, et notre vitesse s'est accélérée. Nous avons pris la résultante de la rencontre des deux courants d'est et de nord-ouest. Nous avons vérifié ce fait, le lendemain matin, en relevant à la boussole à réflexion la direction du *guide-rope* tendu derrière la nacelle et que traînait le ballon sur le sol. Il nous a donné la projection horizontale de la route tracée dans l'air par le *Géant*, et nous avons trouvé qu'il allait de l'E.-N.-E. à l'O.-S.-O., c'est-à-dire que, si nous n'étions pas descendus à Ypres, l'aérostat passait au-dessus de Boulogne, traversait la Manche, en suivant le sud de l'Angleterre, et allait se perdre dans l'océan Atlantique.

« Lorsque nous avons vu que l'aérostat accélérait sa vitesse et que nous allions rapidement vers la

Quelques mois plus tard, M. Nadar fut appelé à Lyon pour y faire au palais Saint-Pierre une conférence au profit des ouvriers sans travail.

Sollicité, à la suite du succès obtenu par lui, de venir faire une ascension dans la ville qui avait vu s'élever le seul ballon dont les dimensions pussent être comparées à celles du *Géant*, le *Flesselles*, le promoteur de l'Autolocomotion aérienne se rendit au vœu qui lui était exprimé. Le gigantesque aérostat prit vent vers le soir, emmenant avec lui, outre son propriétaire, deux passagers (1), et descendit (2), vers minuit, dans l'Ardèche, sur le Fouans-d'Astier, pic des Cévennes (3).

La Hollande à son tour appela M. Nadar, curieuse de voir planer au-dessus de ses dunes la formidable machine (4). L'ascension eut lieu à Amsterdam, la seule ville d'Europe peut-être qui n'eût jamais vu un ballon planer au-dessus d'elle (5).

Le *Géant* quitta la terre vers deux heures de l'après-midi (6), au milieu des applaudissements d'une foule énorme que des trains de plaisir avaient amenée de toutes les parties de la Hollande, de la Belgique et de l'Allemagne même (7), s'engagea sur le Zuyderzée, revint, par un caprice du vent, vers Amsterdam, au-dessus duquel il passa à la tombée de la nuit, et s'en alla tomber dans le lac de Harlem, d'où les voyageurs furent retirés sains et saufs.

V

Ce fut la dernière ascension du *Géant* sous les ordres de Nadar. Lors de l'Exposition universelle de 1867, il fut cédé à une compagnie qui fit disposer, au milieu de l'esplanade des Invalides, une enceinte qui ne s'ouvrait que devant des spectateurs payant 20, 10 ou 1 franc, suivant les places. Le *Géant* fournit quatre

mer, M. Nadar a ordonné la manœuvre pour la descente. A ce moment, nous sentions un froid très-vif; malheureusement, il nous a été impossible d'observer le thermomètre. Au bout de dix minutes, nous touchions mollement la terre, à 10 heures du soir, après quatre heures quinze minutes de navigation aérienne.

« Nous demandâmes où nous étions à des paysans qui s'enfuirent d'abord et ne revinrent auprès de nous qu'avec mille précautions, et ils nous répondirent : « Hameau de Saint-Julien, à 6 kilomètres au-« dessus d'Ypres, à 26 kilomètres de la mer et à 105 kilomètres de Bruxelles. »

(1) L'un d'eux, M. de Vauxonne, est depuis tombé sous les balles prussiennes.

(2) L'atterrissage, cette fois encore, ne s'était pas accompli sans difficulté. Le *Géant*, dans ses bonds prodigieux, cassa soixante-dix pins qu'il fallut payer le lendemain, et s'arrêta enfin, après avoir entraîné avec lui dans sa course rapide un pin énorme qui, arraché par le guide-rope, s'était, comme une queue gigantesque, attaché au monstre.

(3) L'ascension exécutée à Lyon par le *Géant* attira une telle foule que les recettes de l'octroi s'accrurent pendant cette semaine de 400 000 francs. La recette fut supérieure à celle des deux ascensions de Paris, bien que les places fussent moins chères : les places qui coûtaient 20 francs et 1 franc à Paris coûtaient 5 francs et 50 centimes à Lyon.

(4) Le *Géant* y était resté exposé quatre jours dans le palais de l'Industrie.

(5) Amsterdam, en effet, entouré d'eau presque de toutes parts, a toujours été de la part des aéronautes l'objet d'une méfiance très-justifiée.

(6) Il emmenait entre autres voyageurs un jeune journaliste hollandais, M. Tersteg, qui avait, à la veille de l'ascension, répandu dans toute la Hollande une sorte de manifeste où la doctrine de l'Autolocomotion aérienne était exposée, défendue avec chaleur, et qui avait pour titre : *Qu'est-ce que Nadar? Que veut-il?*

(7) Un de ces trains de plaisir venait de Francfort.

Une foule énorme attendait le départ de l'*Armand-Barbès* et du *George-Sand*. (Page 397.)

voyages, mais ceux qui l'avaient acheté renoncèrent à ces exhibitions : le public était depuis longtemps blasé et les expériences aérostatiques simples n'avaient plus le don d'exciter sa curiosité.

VI

Le *Géant* avait vécu ! M. Nadar avait-il atteint le but qu'il se proposait? Malheureusement non. Le langage brutal, mais toujours mathématiquement véridique des chiffres le démontre trop éloquemment (1).

Cependant M. Nadar avait créé la *Société de navigation aérienne par les appareils plus lourd que l'air*, qui comptait parmi ses membres MM. Landur, Arwed, Salives, Frion, de Lacy, Pline, Michel Loup (de Lyon), About, Allou, Asselineau, Babinet, Barral, Charles Bataille, Bixio, Louis Blanc, Brière de Boismont, Claye. Dentu, Maxime du Camp, Alexandre Dumas, Alexandre Dumas fils, Paul Féval, Émile de Girardin, Yves Guyot, Victor Hugo, Louis Jourdan, Méry, van Monckooven, prince Poniatowski, George Sand, Sardou, Scholl, baron Taylor, Vandal, Jules Verne et bien d'autres qui avaient embrassé la cause nouvelle.

Cette société dont MM. Babinet et Barral avaient accepté la présidence, dont MM. de La Landelle et Ponton d'Amécourt étaient vice-présidents, tint pendant trois ans des séances hebdomadaires dans le vaste atelier photographique de M. Nadar.

On peut dire que de là est parti le grand mouvement qui entraîna vers la théorie de l'aviation la plupart de ceux qui se livraient à des études aéronautiques.

La société de l'aviation faisait appel aux inventeurs de tous les pays; son seul but était de constituer aux chercheurs un capital d'essais. Tel était aussi le but que s'était proposé M. Nadar en créant le *Géant;* et disons en passant que cette spéculation, tant raillée depuis, n'était point aussi mauvaise qu'il a plu à certains de l'affirmer, puisque ses ascensions ou ses exhibitions, à Paris comme à Londres, à Amsterdam comme à Lyon, attirèrent des foules immenses. Ce qui de cette excellente opération fit une déplorable entreprise, ce fut l'absence d'une direction ferme, habile, d'un *impressario* actif, habitué aux affaires et surtout honnête.

Mal secondé, M. Nadar, loin de pouvoir constituer des rentes à l'aviation par les spéculations entreprises, s'y ruina au contraire.

Bientôt son journal *l'Aéronaute*, dont il supportait seul les frais, dut suspendre sa publication : la Société de navigation aérienne suspendit aussi ses séances, comme une loge maçonnique « frappée de sommeil ».

C'est alors que M. Hureau de Villeneuve vint demander à M. Nadar de lui céder le titre de *l'Aéronaute :* M. Nadar lui concéda sans hésiter le titre du journal qui

(1) « Quoique à tous les points de vue accomplies dans des conditions mauvaises, les trois ascensions du *Géant* et quelques jours d'exhibition à Londres ont rapporté 101 000 francs, ainsi répartis :

1re ascension (Paris)	36 000
2e — —	24 000
3e — (Bruxelles)	20 000
Deux passagers payants sur 21 personnes (dans les trois ascensions)	2 000
Exhibition (Londres)	19 000
TOTAL	101 000

« Les frais effectifs, directs et indirects, de l'entreprise s'élèvent à près de 200 000 francs. Ce chiffre considérable porte beaucoup moins encore sur le coût de la fabrication, où le taffetas entre seul pour 60 000 francs, que sur les dépenses de roulement et frais divers : personnel, voyages, gaz, etc.

« Pour ne citer que deux articles, la fourniture du gaz au Champ-de-Mars et la canalisation ont coûté 16 000 francs, et le chiffre total, *certifié par pièces*, des dépenses de notre séjour en Hanovre, pendant les huit jours après la catastrophe, se monte seul à 4 940 francs! » (*Mémoire pour Félix Tournachon (Nadar) contre les frères Louis et Jules Godard.*)

reparut aussitôt, et dont la publication n'a pas été interrompue depuis lors, M. Hureau, plus expérimenté sur ce point que M. Nadar, ayant réussi finalement à ce que le journal se suffît à lui-même.

Suivant les errements de ses prédécesseurs, M. Hureau, en même temps que leur journal *l'Aéronaute*, reprit l'idée de leur société d'encouragement. Il ne se montra pas absolu et exclusif comme ses devanciers et accepta les cotisations de tous ceux qui s'occupaient d'aérostation, quelque point de vue qu'ils eussent choisi et de quelque côté qu'ils dirigeassent leurs efforts. En même temps, il apportait dans ses rapports avec la science officielle des ménagements dont M. Nadar n'avait pas donné l'habitude aux Académies. Cette attitude prudente et habilement observée a produit des résultats que l'élan, la générosité et le courage des premiers apôtres du *plus lourd que l'air* avaient été loin d'atteindre : l'Académie elle-même a adhéré au principe de l'aviation en la personne de plusieurs de ses membres, parmi lesquels il n'est pas sans intérêt de citer le célèbre ingénieur de la marine impériale, M. Dupuy de Lôme.

Le mouvement en même temps se généralisait et partout se fondaient des sociétés créées à l'exemple et avec les statuts de Paris : à Londres, le duc d'Argyle, ministre de la marine et des colonies, le duc de Sutherland, lord Grosvenor et M. Glaisher fondaient une société qui a déjà prouvé sa force en organisant à Cristal-Palace-Sydenham une exposition spéciale internationale ; à Lyon, une associatian dévouée au même principe était fondée par un simple ouvrier, Michel Loup ; il n'était pas jusqu'à l'Amérique qui ne voulût avoir ses sociétés d'aérostation ; il en existe une à la Havane.

Cette propagande, nous ne devons pas l'oublier, ainsi que le font quelques mémoires volontairement courtes peut-être, fut l'œuvre des trois « anabaptistes de l'hélicoptère », suivant la pittoresque expression de l'un d'eux. M. Nadar fut le principal agent de l'agitation immense créée en 1863 en faveur du *plus lourd* et nous citerons comme conclusion les derniers mots de la préface écrite par M. Babinet pour les *Mémoires du Géant* : « *Il est bien établi que M. Nadar demande aux exhibitions des aérostats flottants l'argent nécessaire pour construire de vraies machines volantes avec des mouvements opérés suivant la volonté du voyageur aérien. En supposant même que le résultat qu'il espère ne finisse pas par répondre à son infatigable persévérance, il lui restera dans l'histoire du vol humain le mérite, j'ose dire la gloire, d'avoir été celui par qui la Providence de Bossuet a dit à la société :* MARCHE. »

CHAPITRE XXXV

SOMMAIRE : Les expériences de M. Delamarne. — Les ballons captifs de M. Giffard. — Observations astronomiques de M. Camille Flammarion.

I

La grande campagne entreprise par les partisans du plus *lourd que l'air* fit éclore un grand nombre de mémoires sur la direction des ballons ; les ennemis du *plus lourd* se multiplièrent pour amener le triomphe du *plus léger*. Les moyens de direction proposés à cette époque se comptent par milliers; quelques-uns des théoriciens essayèrent de réaliser leurs projets. En 1866, un aéronaute, Delamarne, fit au Luxembourg l'essai d'un ballon mû par des rames en forme d'hélice. L'inventeur avait annoncé qu'il décrirait en l'air plusieurs cercles pour bien démontrer l'excellence de son système. Mais, hélas! ses promesses ne se réalisèrent point. Le ballon s'éleva lentement, fortement incliné, et, en dépit de toutes les manœuvres, suivit le premier courant aérien qu'il rencontra.

Quelques jours plus tard, un nouvel essai de la même machine eut lieu au Champ-de-Mars, en présence de Napoléon III ; mais l'issue en fut encore plus déplorable que lors de l'ascension du Luxembourg. Dans les premières manœuvres du départ, une des branches de l'hélice accrocha le ballon et lui fit au flanc une large blessure. L'accident était trop grave pour être réparé.

Ce fut la dernière expérience de M. Delamarne.

II

L'année suivante, lors de l'Exposition universelle de 1867, eurent lieu les premières ascensions en ballon captif, organisées par M. Giffard. M. Giffard était déjà connu par les expériences aérostatiques dont nous avons parlé plus haut; aussi, lorsque le gouvernement voulut faire construire un ballon qui devait soulever une nacelle contenant plusieurs personnes, fut-il chargé d'établir un aérostat possédant une grande force ascensionnelle et présentant toutes garanties de sécurité.

A la fin du mois d'octobre 1867, on pouvait voir, avenue Suffren, un immense ballon qui ne cubait pas moins de 5 000 mètres s'élever toutes les après-midi, emportant avec lui une vingtaine de personnes; l'ascension durait quelques instants; arrivés à la hauteur moyenne (330 mètres), les voyageurs stationnaient là quelques minutes; puis le câble, qui était fixé à la nacelle, ramenait doucement le ballon à terre. Lors de la clôture de l'Exposition, le ballon de M. Giffard fut transporté dans un autre emplacement, afin de permettre au public de faire aussi souvent qu'il le désirerait des ascensions captives.

Deux ans plus tard, M. Giffard construisit pour l'exposition de Londres, un nouveau ballon captif semblable à celui de Paris, en tenant compte seulement des différences de dimension.

Donner la description de l'un est faire celle de l'autre :

« Représentez-vous une charpente circulaire de la hauteur d'une maison de cinq étages, toute garnie de toiles, et formant un cylindre de 175 mètres de diamètre. Au milieu de cette arène se dresse l'aérostat qui n'a pas moins de 12 000 (1) mètres cubes et dont la hauteur totale est de 37 mètres. Le captif est suspendu au-dessus d'une grande cuvette au fond de laquelle le câble est retenu par une poulie de fer : il est maintenu en outre par une centaine de cordes attachées à son équateur et fixées à la charpente circulaire. Le câble, qui a 650 (2) mètres de longueur, pèse environ 3 000 (3) kilogrammes et a été éprouvé à une tension de 20 000 kilogrammes (4); attaché au ballon par l'intermédiaire d'un peson, il s'engage autour d'une poulie mobile, située au fond de la cuvette, et s'étend ensuite dans un tunnel souterrain pour s'enrouler autour de l'immense bobine de fer que fait agir la vapeur. Le cylindre où s'enroule le câble a 7 mètres de longueur (5) et 2 mètres de diamètre (6); le nombre de spires faites par la corde est de 100. Deux machines à vapeur de la force de 150 chevaux (7) mettent en mouvement tout ce mécanisme.

« Le ballon captif est gonflé avec du gaz hydrogène pur, et son étoffe est complétement imperméable. Elle est formée de plusieurs tissus superposés ; une feuille de caoutchouc est enveloppée dans deux tissus de toile, puis le tout est couvert d'une seconde couche de caoutchouc, d'un tissu de mousseline, au-dessus de laquelle on applique une couche de vernis à la gomme laque et six couches de vernis à l'huile. L'étoffe du ballon captif ne pèse pas moins de 2 800 kilogrammes, sa surface est de 2 500 mètres carrés, et pour coudre tous les fuseaux il a fallu faire 4 kilomètres de couture ! »

Telle est la description qui a été donnée du *Great-Eastern* de l'air, de ce gigantesque appareil qui enlevait à la fois 32 passagers à une hauteur de 600 mètres d'altitude.

(1) Celui de Paris ne cubait que 500 mètres.
(2) Celui de Paris n'avait que 330 mètres.
(3) Celui de l'Exposition de Paris ne pesait que 900 kilogrammes.
(4) Celui de l'Exposition de Paris n'avait été soumis qu'à une tension de 12 000 kilogrammes.
(5) A Paris, il en avait 6.
(6) A Paris, il n'avait que 1 mètre de diamètre.
(7) A Paris, elle était d'une force de cinquante chevaux.

III

Dès 1867, des astronomes français avaient repris les études que M. Glaisher avait commencées en Angleterre et qu'il n'avait pu compléter par suite de la position géographique des Iles Britanniques. M. Camille Flammarion, accompagné de M. Eugène Godard, poursuivit la solution de plusieurs problèmes sur l'état physique et hygrométrique des nappes de nuages, la formation des nuées au lever du soleil, leur hauteur variable selon les heures, la rapidité des vents et des courants, ainsi que leur direction, etc.

La relation de ces voyages fut adressée par lui à l'Institut, et M. Delaunay en donna lecture dans les séances du 23 mai 1868, 10 juillet, etc.

Nous emprunterons à un ouvrage de M. Flammarion le résumé des principaux comptes rendus.

Le premier a pour objet les *lois de la variation de l'humidité dans l'air suivant l'altitude.*

« Dans dix séries d'observations spéciales représentant environ cinq cents positions différentes, dit-il, la distribution de la vapeur d'eau dans les couches atmosphériques a suivi une règle constante que l'on peut énoncer en ces termes :

« 1° L'humidité de l'air s'accroît à partir de la surface du sol jusqu'à une certaine hauteur; 2° elle atteint une zone où elle reste à son maximum; 3° elle décroît à partir de cette zone et diminue constamment ensuite à mesure que l'on s'élève dans les régions supérieures.

« La zone à laquelle je donnerai le nom de *zone d'humidité maximum* varie de hauteur suivant les heures, suivant les époques et suivant l'état du ciel.

« Je ne l'ai trouvée qu'en de rares circonstances (principalement à l'aurore) voisine de la surface du sol.

« Cette marche générale de l'humidité est constante, que le ciel soit pur ou couvert, et elle se manifeste dans les observations faites pendant la nuit aussi bien que dans les observations diurnes.

« Les tableaux hygrométriques construits après chaque voyage montrent avec évidence la permanence de cette loi (1). »

(8) D'autres rapports offrent encore assez d'intérêt, et entre autres ceux sur :

« 1° *La circulation des courants. — Leur déviation giratoire et les mouvements généraux de l'atmosphère. — Intensité et vitesse.*

« Immergé dans le courant atmosphérique qui l'emporte, l'aéronaute se trouve situé dans la meilleure condition possible pour connaître la direction constante du courant, comme pour en mesurer la vitesse. J'ai eu soin, dans chaque voyage, de tracer exactement sur la carte de France ou d'Europe la projection de la ligne aérienne suivie par l'aérostat, à l'aide de points de repère qu'on prend avec la plus grande facilité lorsque le ciel est pur, et qu'on peut toujours arriver à obtenir, même sous un ciel nuageux, soit en profitant des éclaircies, soit en descendant de temps en temps au-dessous des nuages.

« L'aérostat marque si bien la direction et la vitesse absolues du courant, que la première sensation éprouvée en naviguant dans les airs est celle d'une immobilité complète. C'est une impression toute particulière et toujours surprenante de se voir voguer avec la vitesse du vent et de ne sentir aucun souffle d'air, la moindre brise, le plus léger mouvement, même lorsqu'on se trouve emporté avec furie dans l'espace par la plus violente tempête. Je n'ai éprouvé qu'une seule fois une bonne brise, le 15 avril dernier, pendant quelques minutes; je l'attribue à ce que l'aérostat, lancé alors avec une vitesse de 55 kilomètres à l'heure, est arrivé dans une région où l'air se déplaçait moins rapidement.

« Un fait capital ressort avec évidence du tracé de mes différentes lignes aériennes. Ces routes inclinent les unes et les autres dans le même sens, en vertu d'une déviation giratoire générale.

« Ainsi, par exemple, le 23 juin 1867, l'aérostat, conduit par un vent du nord, file d'abord dans la direction du sud, puis il forme vers l'ouest un angle léger avec la ligne du méridien de Paris; cet angle, d'abord très-faible, puisque le ballon passe à l'est d'Orléans en traversant le 48e degré de latitude, s'accuse ensuite de plus en plus. En traversant le 47e degré, la direction vient sud-sud-ouest. En arrivant au 46e, elle est tout à fait sud-ouest, et c'est ainsi que nous descendons à quatre heures vingt minutes du matin à la Rochefoucauld, près Angoulême. Étant partis de Paris la veille à quatre heures quarante-cinq minutes, nous avions parcouru 480 kilomètres en onze heures trente-cinq minutes, avec des vitesses croissantes dont il sera question ci-après.

« Le 15 avril 1868, parti du Conservatoire, l'aérostat vogue d'abord vers le sud-sud-ouest, passe au zénith de l'Observatoire, laisse à l'ouest Bourg-la-Reine et Longjumeau et passe sur Arpajon et Étampes. Nous suivons sensiblement la ligne du chemin de fer d'Orléans, en laissant à notre droite Angerville, Arthenay, Chevilly; puis, traversant la forêt d'Orléans, nous arrivons bientôt sur la Loire, en tournant de plus en plus vers le sud-ouest. Après avoir laissé Orléans à la gauche de notre route, nous suivons le cours de la Loire pour descendre à Beaugency, ayant de la sorte constamment dessiné un arc de cercle nous emportant vers le sud-ouest.

« Il me paraît difficile de croire que ces observations constantes ne révèlent pas un fait général. Au-dessus de la France, les courants atmosphériques sont déviés suivant un cercle qui paraît marcher dans le sens sud-ouest-nord-est-sud.

« 2° *Nuages, formes, dimensions, état hygrométrique et calorifique*, etc. — La multitude des formes revêtues par les nuages, que les météorologistes ont essayé de classer sous huit dénominations distinctes, me paraît être à chaque instant une cause d'erreur pour l'observateur. On ne s'entend généralement pas sur la véritable signification de chaque nom, et au surplus cette signification précise n'a pu être déterminée. C'est pourquoi je me bornerai à deux désignations plus simples et plus spécialement caractéristiques. J'appellerai *cumulo-stratus* les nuages qui couvrent ordinairement la surface du sol, ressemblent à d'énormes bouffées de vapeur grise, à des balles de coton, lorsqu'on regarde au zénith, et paraissent se toucher en vertu de la perspective, lorsque le regard approche de l'horizon. J'appellerai *cirrus* les petites nuées blanches qui apparaissent dans les hauteurs de l'azur, sont légères, colorées le soir, parfois pommelées, et planent ordinairement sous la forme de filaments déliés. Je laisserai de côté les *stratus*, qui n'existent pas pendant le jour et paraissent n'être qu'une forme due à la perspective, et les *nimbus*, qui ne désignent que l'aspect du nuage au moment où il se résout en pluie. Il n'y aurait ainsi que deux grandes classes spéciales.

« Les premiers, les cumulo-stratus, sont situés à la distance moyenne de 1 000 à 1 500 mètres de la terre. On en rencontre au-dessous comme au-dessus de ces limites.

« Les seconds, les cirrus, ne sont pas inférieurs à cinq fois cette distance moyenne des premiers.

« Pendant la journée du 23 juin 1867, le temps était resté brumeux, et les nuages s'étendaient comme une immense nappe grise formée de vastes cumulo-stratus. A cinq heures du soir, nous atteignîmes la surface inférieure de cette nappe à la hauteur de 630 mètres. La surface supérieure était à 810 mètres. Ainsi ces nuages, qui ne laissaient pas percer le soleil, n'avaient pas 200 mètres d'épaisseur.

« Le maximum d'humidité relative s'est manifesté sous la surface inférieure des nuages. L'hygromètre, marquant là 90°, marque 89 à 650 mètres, 88 à 680, 87 à 720, 86 à 800, 85 à 840, au-dessus de la surface supérieure des nuages; puis il continue de décroître.

« La chaleur s'accroît, d'autre part, à mesure qu'on s'élève dans le sein des nuages. Le thermomètre, qui marquait 20° au niveau du sol, est descendu jusqu'à 15 à 600 mètres. En entrant dans la nue, il s'élève à 16 à 650 mètres, à 17 à 700, à 18 à 750, à 19 à 810 mètres; puis il décroît à l'ombre et continue d'augmenter au soleil.

« En me reportant à cette première traversée des nuages dans l'aérostat solitaire, je ne puis m'empêcher de noter ici l'impression qui correspond dans l'âme à ces variations sensibles. En sortant de la sphère inférieure, grise, monotone, sombre et triste, et en s'élevant dans les nues, on éprouve une sensation de joie indéfinissable, résultant sans doute de ce qu'une lumière inconnue se fait insensiblement autour de nous, dans cette région vague qui blanchit et s'illumine à mesure qu'on s'élève dans son sein. Et lorsque, parvenu au niveau supérieur, on voit tout à coup se développer sous ses regards l'immense océan des nuages, on se trouve toujours agréablement surpris de planer dans un ciel lumineux, tandis que la terre reste dans l'ombre. Un effet inverse se produit lorsqu'on redescend sous les nuages. On éprouve quelque tristesse à se voir retomber du ciel dans l'obscurité vulgaire et sous le lourd plafond qui couvre si souvent notre globe.

« Le 15 juillet 1867, au lever du soleil, j'ai pu observer lentement la formation des nuages au-dessus du bassin du Rhin. Nous voyons le soleil se lever à trois heures quarante minutes; l'aérostat plane à 2 000 mètres de hauteur au-dessus d'Aix-la-Chapelle. A quatre heures vingt-cinq minutes, des nuages commencent à se former bien au-dessous de nous, dans une zone située à la moitié de notre hauteur environ. La terre, qui jusqu'à ce moment était restée visible, est dérobée ici et là par d'immenses flocons.

« Suspendus légèrement dans le sein de l'atmosphère, les nuages se dissipent sur un point, s'épaississent sur un autre avec une étonnante facilité. De plus, les lambeaux qui flottent de part et d'autre se rapprochent comme par attraction.

« Le soleil devient plus chaud à mesure qu'il s'élève davantage au-dessus de l'horizon, et fait monter notre ballon. Le même effet se produit sur les nuages; ils s'élèvent sensiblement et relativement plus vite que nous. En une heure, ils se sont élevés de 800 mètres, et leur surface supérieure arrive presque à notre nacelle comme un marchepied.

« Peu à peu ils se fondent avec la même facilité qu'ils sont apparus; les derniers errent çà et là et disparaissent bientôt.

« Le thermomètre marque 2°.

« L'hygromètre s'est incliné à la sécheresse, allant de 82° à 62°, de 1 900 à 2 400 mètres. En opérant un peu plus tard notre mouvement de descente, nous avons trouvé 90° à 1 600 mètres, 98° à 1 100 mètres, 90° à 706, 84° à 240 et 82° à la surface.

« En résumé, la hauteur moyenne des deux couches principales de nuages est celle que j'ai signalée au commencement de cette note. Le maximum d'humidité n'est pas dans leur sein, mais dans le plan de leur surface inférieure. La température à l'ombre est plus élevée dans les nuages cumulo-stratus qu'au-dessous comme au-dessus. Ces nuages ne sont pas autre chose qu'un état visible de la vapeur d'eau répandue dans l'air sous forme ordinairement invisible. Ils marchent avec l'air et peuvent redevenir invisibles en traversant certaines régions. Leur hauteur varie selon les heures; c'est vers le milieu du jour qu'elle est le plus élevée. »

EXPÉRIENCES DIVERSES.

« *A. Transmission du son, intensité, vitesse.* — L'intensité des sons émis à la surface de la terre se propage sans s'éteindre jusqu'à de grandes hauteurs dans l'atmosphère. Pour en citer quelques exemples, le sifflet d'une locomotive s'étend à 3 000 mètres de hauteur, le bruit d'un train à 2 500 mètres, les aboiements jusqu'à 1 800 mètres; un coup de fusil se perçoit à la même distance; les cris d'une population se transmettent parfois jusqu'à 1 600 mètres, et l'on y discerne également bien le chant du coq et le son d'une cloche. A 1 400 mètres, on entend très-distinctement les coups de tambour et tous les sons d'un orchestre. A 1 200 mètres, le cahot des voitures sur le pavé est bien perceptible. A 1 000 mètres, on reconnaît l'appel de la voix humaine; pendant la nuit silencieuse, le cours d'un ruisseau ou d'une rivière un peu rapide produit à cette hauteur l'effet de chutes d'eau puissantes et sonores. A 900 mètres, le coassement des grenouilles laisse entièrement apprécier son timbre plaintif. Il n'est pas jusqu'aux bruits crépusculaires du grillon champêtre (*cri-cri*) qu'on n'entende très-distinctement jusqu'à 800 mètres de hauteur.

« Il n'en est pas de même pour les sons dirigés de haut en bas. Tandis que nous entendons une voix qui nous parle à 500 mètres au-dessous de nous, on n'entend pas clairement nos paroles à plus de 100 mètres.

« B. *Optique. Ombre lumineuse du ballon.* — En même temps que le ballon vogue, emporté par le courant, son ombre voyage, soit sur la campagne, soit sur les nuages. Cette ombre est ordinairement noire, comme toute ombre. Mais il arrive fréquemment aussi qu'elle se détache en clair sur le fond de la campagne et paraît ainsi lumineuse.

« En examinant cette ombre à l'aide d'une lunette, on trouve qu'elle se compose d'un noyau foncé et d'une pénombre en forme d'auréole. Cette auréole, souvent très-large relativement au diamètre du noyau central, s'éclipse à la simple vue, de sorte que l'ombre tout entière paraît comme une nébuleuse circulaire se projetant en jaune sur le fond vert des bois et des prés. J'ai remarqué qu'en général cette ombre lumineuse est d'autant plus accentuée que l'humidité est plus grande à la surface du sol.

« Sur les nuages, cette ombre présente parfois un aspect étrange. Il m'est arrivé plusieurs fois, en sortant du sein des nues et en arrivant dans le ciel pur, d'apercevoir tout à coup, à 20 ou 30 mètres de moi, un second aérostat parfaitement dessiné se dégageant en gris sur le fond blanc des nuages. Ce phénomène se manifeste au moment où l'on revoit le soleil. On distingue les plus légers détails de l'armature de la nacelle, et notre ombre reproduit curieusement nos gestes.

« Le 15 avril dernier, l'ombre du ballon nous est apparue environnée de cercles concentriques

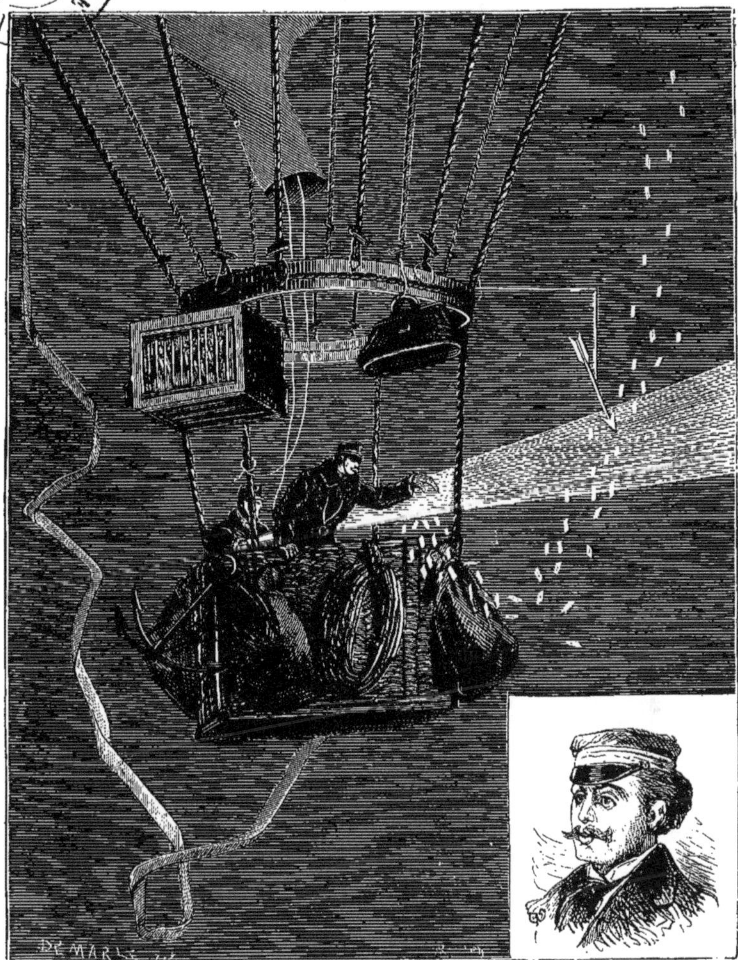

La *Ville-d'Orléans* et M. Rolier, son aéronaute.

colorés, dont la nacelle formait le centre. Elle se détachait admirablement sur un fond jaune blanc. Un cercle bleu pâle ceignait ce fond et la nacelle en forme d'anneau. Autour de cet anneau s'en dessinait un second jaunâtre, puis une zone rouge-gris, et enfin, comme circonférence extérieure, une légère nuance de violet se fondant insensiblement avec la tonalité grise des nuages.

« La scintillation des étoiles est plus faible dans les hauteurs de l'atmosphère qu'à la surface du sol.

« D. *Couleur et transparence du ciel.* — Au-dessus de 3 000 mètres de hauteur, le ciel paraît obscur et impénétrable. Sa nuance est un gris bleu foncé dans les régions qui environnent le zénith; il est bleu azur dans la zone élevée de 40 à 50°; bleu pâle et blanchissant en approchant de l'horizon. L'obscurité du ciel supérieur est ordinairement proportionnelle à la décroissance de l'humidité. Lorsque l'atmosphère est très-pure, il semble qu'un léger voile bleu transparent s'interpose au-dessous de nous, entre la nacelle et les intenses colorations de la surface terrestre.

« Je ne puis mieux terminer cette communication qu'en émettant le vœu que ces sortes d'observations et d'études se multiplient dans notre pays. Le but de la météorologie, dirai-je en interprétant une assertion de Humboldt, doit être « de reconnaître l'unité dans l'immense variété des phénomènes « et de découvrir, par le libre exercice de la pensée et par la combinaison des observations, la con- « stance des phénomènes au milieu de leurs changements apparents. » Le monde atmosphérique est encore voilé pour la science, et c'est par le nombre autant que par la sévérité de nos investigations que nous parviendrons à arracher à la nature quelques-uns de ses secrets (1). »

(1) Camille Flammarion. *Comptes rendus des séances de l'Académie des sciences*, 13 juillet 1868.

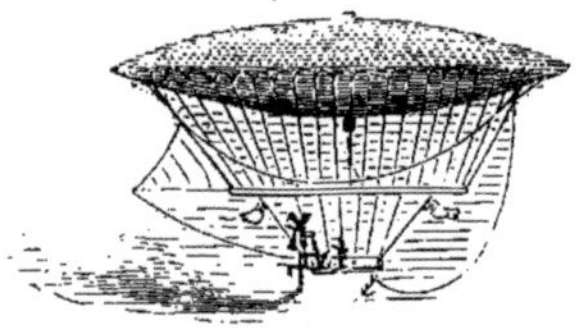

CHAPITRE XXXVI

SOMMAIRE : La poste aérienne pendant le siége de Paris.

I

Un jour de juillet 1870, Paris apprit que la guerre était déclarée. Deux mois plus tard, Paris était assiégé.

La Prusse avait dit : « Nous ne faisons pas la guerre au peuple français. » L'Empire renversé, la France attendit. Les troupes allemandes s'avancèrent rapidement vers Paris.

Paris menacé se prépara à résister.

Le 21 septembre, Paris était bloqué : le grand siége commençait.

Paris pouvait beaucoup; mais encore fallait-il qu'il sût ce que pouvait, ce que voulait, ce que faisait la province. Les Prussiens, gens pratiques, — trop pratiques, hélas ! — espéraient faire le vide autour de Paris et le séparer du reste de la France, et, suscitant quelque discorde civile, en avoir facilement raison. « Deux millions d'hommes ne peuvent supporter un long siége, » disaient-ils.

Aussi, dès le 21 septembre, pas un seul piéton ne pouvait-il franchir les lignes ennemies. Tout d'abord, on essaya de renfermer des dépêches dans des bouchons creux confiés à la Seine, mais les Prussiens avaient tendu des filets, et les messagers furent saisis. Les piétons porteurs de dépêches ne furent pas plus heureux : deux ou trois réussirent, les autres furent pris par l'ennemi et fusillés! Il fallut encore renoncer à ce moyen. Les fils télégraphiques avaient été coupés : on essaya de les rejoindre par de petits conducteurs invisibles; mais les Prussiens faisaient bonne garde, et les courageux auteurs de cette entreprise, MM. de Janvelle et Forivon, durent, après mille dangers courus, renoncer à mener leur œuvre à bonne fin.

Ce fut alors que M. Steenackers songea aux ballons. L'aérostation étant une science française, on ne l'utilisa qu'après avoir essayé maintes combinaisons. M. Nadar, qui avait déjà organisé spontanément et à ses propres frais le poste de la place Saint-Pierre, fut chargé de diriger le départ *du premier ballon-poste*, dont il confia le commandement à M. Duruof, l'un de ses anciens équipiers du *Géant*. Ce premier voyage réussit à merveille. Parti à 8 heures du matin de Paris, l'aéronaute descendit trois heures plus tard à Craconville, près d'Évreux.

Les Prussiens étaient vaincus au moins sur ce terrain, et le premier ballon qui passa, comme pour le narguer et le défier au-dessus de Versailles, arracha à M. de Bismarck une exclamation de colère : « Ce n'est pas loyal! » s'écria-t-il.

Quelques jours plus tard, l'administration des postes reconnaissait l'excellence de la poste aérienne et passait avec plusieurs entrepreneurs des traités pour la construction d'un grand nombre d'aérostats (1).

Deux jours après le départ de Duruof dans le *Neptune*, la *Ville-de-Florence* emportait deux voyageurs qui descendirent à Vernouillet (Seine-et-Oise); puis, le 29 septembre, les *États-Unis* s'élèvent à leur tour; le lendemain, c'est le *Céleste*, monté par M. G. Tissandier, qui descend à Dreux.

Chacun de ces aérostats emportait une énorme quantité de lettres et dépêches qui variait suivant la force ascensionnelle et, outre les passagers qui prenaient place dans la nacelle, quelques pigeons voyageurs qui devaient rapporter dans Paris assiégé des nouvelles de la province.

L'emploi des pigeons voyageurs comme messagers aériens remonte aux temps les plus reculés. Sans nous arrêter à l'arche de Noé et à la colombe qui lui rapporta dans son bec la branche d'olivier, nous citerons l'exemple de la première croisade, pendant laquelle le sultan de Damas envoya dans Tyr, assiégé par les croisés, des avis sur les manœuvres des ennemis, et, parcourant rapidement l'histoire, nous voyons les habitants de Leyde, assiégés en 1574 par l'armée espagnole, lancer des pigeons voyageurs ; hier encore, en 1849, Venise, grâce aux messagers ailés, put dire à l'Italie avec quelle ardeur enthousiaste elle résistait aux Autrichiens. Jamais cependant, dans aucun siége, les pigeons voyageurs n'avaient été si souvent et avec un tel succès employés. L'organisation de ce service, très-simple d'ailleurs, doit être attribuée à la société colombophile dite *de l'Espérance* et à son président, M. van Roosebecke, qui l'un des premiers quitta Paris avec le ballon le *Washington*, emmenant avec lui quelques-uns de ses pensionnaires. Les pigeons qui quittaient Paris étaient remis à Tours entre les mains de l'administration des postes et lancés quelques jours plus tard d'Orléans, de Blois ou du Mans, emportant dans un petit tuyau, attaché à leur queue, une pellicule de collodion sur laquelle étaient photographiées plusieurs milliers de dépêches.

(1) « Les ballons devaient être de la capacité de 2 000 mètres cubes en percaline de première qualité, vernie à l'huile de lin, munis d'un filet en corde de chanvre goudronné, d'une nacelle pouvant recevoir quatre personnes et de tous les appareils nécessaires : soupape, ancres, sacs de lest, etc.

« Les ballons devaient supporter l'expérience suivante : remplis de gaz, ils devaient demeurer pendant dix heures suspendus, et, après ce temps d'épreuve, soulever encore un poids net de 500 kilog. Les dates de livraison étaient échelonnées à époque fixe : 50 francs d'amende étaient infligés aux constructeurs pour chaque jour de retard. Le prix d'un ballon remplissant ces conditions était de 4 000 francs dont 300 francs pour l'aéronaute que procurait le constructeur. Le gaz était à part. C'est ce prix qui a été primitivement payé par la direction générale des postes, au comptant, aussitôt l'ascension effectuée, le ballon hors de vue.

« Il a été réduit postérieurement à 3 500 francs, plus 500 francs, dont 300 francs pour le gaz et 200 francs pour l'aéronaute. A ces frais, il faut ajouter des sommes pour valeurs d'accessoires, dont le montant a varié de 300 à 600 francs par ascension. » (*Journal officiel*, 2 mars 1871.)

II

La poste aérienne, ainsi fondée et organisée, fonctionna jusque dans les derniers jours du siége. Les départs de ballon avaient lieu régulièrement, et dans Paris assiégé chacun d'eux excitait la joie qu'éprouvent les Européens, exilés dans le Nouveau-Monde, à voir partir un paquebot qui emporte leurs lettres vers la patrie. Les Parisiens assistaient sur la butte au départ des ballons, et c'étaient, comme sur les bords de la mer, des signaux d'adieu, des mouchoirs blancs agités, jusqu'au moment où la masse inconsciente disparaissait dans les flocons blancs des nuages.

Les adieux étaient parfois déchirants ; une femme et des enfants pleuraient en voyant un aéronaute volontaire, bonnetier, industriel, ingénieur, rentier jusque-là, aller affronter les terribles rafales de la tempête qui vous emporte dans ses flancs avec une joie furieuse jusqu'au moment où, lasse de son jouet, elle le brise contre terre.

Le cinquième ballon qui franchit les lignes prussiennes emportait avec lui M. Gambetta qui, nommé ministre de l'intérieur, s'en allait organiser en province la défense nationale. L'*Armand-Barbès* s'était élevé en même temps qu'un autre ballon frété par l'administration des postes, le *George-Sand*. Le voyage des deux aérostats fut rempli d'incidents assez dramatiques, que tous les journaux reproduisirent alors.

« Une foule énorme (1) attendait ce matin sur la place Saint-Pierre, à Montmartre, le départ des ballons l'*Armand-Barbès* et le *George-Sand ;* ce n'était pas un vain sentiment de curiosité qui excitait l'avide anxiété de cette population : on venait d'apprendre que chacun de ces aérostats emportait des voyageurs entreprenant courageusement ce périlleux voyage avec d'importantes missions.

« Dans la nacelle de l'*Armand-Barbès,* conduit par M. Trichet, prirent place Gambetta et son secrétaire Spuller; dans celle du *George-Sand,* dirigé par M. Revillod, montaient MM. May et Raynold, citoyens américains, chargés d'une mission spéciale pour le gouvernement de la Défense, et un sous-préfet.

« On remarquait dans l'enceinte Charles et Louis Blanc, MM. Rampont et Charles Ferry et le colonel Husquin.

« MM. Nadar, Dartois et Yon dirigeaient, avec l'autorité et l'entrain qu'on leur connaît, le double départ. Les dernières poignées de mains échangées au milieu de l'émotion générale, au cri de : « Lâchez tout ! » les deux ballons s'élèvent majestueusement.

« Il était onze heures dix minutes.

« Une immense clameur de : « Vive la République ! » retentit sur la place et sur la butte ; les hardis voyageurs agitaient leurs chapeaux, et leurs voix répétaient comme un écho lointain le cri de la foule.

« Par une illusion d'optique, lorsque les ballons franchissent la butte Montmartre,

(1) *Gaulois* du 7 octobre 1870.

ils se dirigeaient vers le nord-est; l'on crut qu'ils descendaient et allaient échouer dans la plaine. La foule, désespérée, anxieuse, tumultueuse, escalada la butte. Les factionnaires marins eurent toutes les peines du monde à la retenir; il fallut qu'elle vît les deux ballons continuer leur route poussés par un vent qui (d'après les observations faites) filait six lieues à l'heure. »

Le surlendemain, le *Moniteur universel* (édition de Tours) publiait le récit suivant :

« Poussés par un vent très-faible, les deux aérostats ont laissé Saint-Denis sur la droite; mais à peine avaient-ils dépassé la ligne des forts qu'ils furent accueillis par une fusillade partie des avant-postes prussiens. Quelques coups de canon ont été aussi tirés sur eux. Les ballons se trouvaient alors à la hauteur de 600 mètres, et les voyageurs aériens ont entendu siffler les balles autour d'eux; ils se sont alors élevés à une altitude qui les a mis hors d'atteinte; mais, par suite de quelque accident ou de quelque fausse manœuvre, le ballon qui portait le ministre de l'intérieur s'est mis à descendre rapidement, et il est venu prendre terre dans un champ traversé quelques heures avant par des régiments ennemis, et à une faible distance d'un poste allemand. En jetant du lest, il s'est relevé et a continué sa route. Il n'était qu'à 200 mètres de hauteur, lorsque, vers Creil, il a reçu une nouvelle fusillade, dirigée sur lui par des soldats wurtembergeois. En ce moment, le danger était grand : heureusement les soldats ennemis avaient leurs armes en faisceau; avant qu'ils les eussent saisies, le ballon, allégé de son lest, remontait à 800 mètres, les balles ne l'ont pas plus atteint que la première fois, mais elles ont passé bien près des voyageurs, et M. Gambetta a eu même la main effleurée par un projectile.

« L'*Armand-Barbès* n'était pas au terme de ses aventures. Manquant de lest, il ne se maintint pas à une élévation suffisante : il fut encore exposé à une salve de coups de fusil partie d'un campement prussien, placé sur la lisière d'un bois, et alla, en passant par-dessus la forêt, s'accrocher aux plus hautes branches d'un chêne où il resta suspendu; des paysans accoururent, et, avec leur aide, les voyageurs purent prendre terre, près de Montdidier, à 3 heures moins un quart. Un propriétaire du voisinage passait avec sa voiture; il s'empressa de l'offrir à M. Gambetta et à ses compagnons, qui eurent bientôt atteint Montdidier et se dirigèrent sur Amiens. Ils y arrivèrent dans la soirée et y passèrent la nuit.

« Le voyage du second ballon a été marqué par moins de péripéties. Après avoir essuyé la première fusillade, il a pu se maintenir à une assez grande hauteur pour éviter un nouveau danger de ce genre; il est allé descendre à 4 heures, à Cremery, près de Roye, dont les habitants ont très-bien accueilli les voyageurs. M. Bertin, fabricant de sucre et maire de Roye, a donné l'hospitalité pour la nuit à l'aéronaute; son adjoint a logé chez lui les deux Américains.

« Le lendemain, samedi, l'équipage du second ballon rejoignait celui du premier à Amiens, et l'on partait ensuite de cette ville à midi. A Rouen, où l'on arriva ensuite, M. Gambetta fut reçu par la garde nationale... et prononça un discours qui excita l'enthousiasme. De Rouen, M. le ministre et ses compagnons se dirigèrent sur le Mans; ils y couchèrent et en partirent le lendemain dimanche, à 10 heures et demie. »

Ce ne fut que quelques jours plus tard que le gouvernement de Paris connut l'issue du voyage du ministre de l'intérieur, et, malgré les appréhensions de tous les aéronautes, le 12 octobre, un nouveau ballon, le *Washington*, quittait Paris à son tour.

Le *Washington*, gonflé à la gare d'Orléans, emportait avec lui 300 kilogrammes de dépêches, 25 pigeons, deux voyageurs, M. van Roosebecke, le célèbre colombophile, M. Lefebvre, consul de Vienne. M. Bertaux, aéronaute, dirigeait l'aérostat. Soit que le gaz d'éclairage ne possédât pas une assez grande force ascensionnelle, soit que la nacelle fût trop chargée, le départ, effectué dans les plus déplorables conditions, put faire prévoir aux aéronautes l'issue de leur voyage.

Le *Washington*, après avoir atteint une hauteur de 500 mètres, resta stationnaire, traversant les lignes prussiennes avec une lenteur désespérante. Malgré la nuit (il était neuf heures du soir), les sentinelles prussiennes aperçurent le ballon, et une vive fusillade éparpilla autour du *Washington* une multitude de balles. Au prix de tout leur lest et de quelques objets qu'ils emportaient avec eux, les voyageurs purent atteindre une altitude de 1 200 mètres; mais bientôt le *Washington* se mit à redescendre avec une rapidité effrénée. Heureusement un vent du sud emporta les aéronautes. La chute se précipitait de plus en plus et les voyageurs n'avaient plus de lest. Enfin le *Washington* n'est plus qu'à quelques mètres de la terre: M. Bertaux veut détacher l'ancre, mais il s'embarrasse dans les cordes et tombe violemment sur le sol. Le ballon délesté de ce poids remonte dans l'air; le vent très-violent entraîne les deux passagers qui, privés de leur capitaine, ne savent quelles manœuvres doivent être faites : à tout hasard, M. van Roosebecke tire la corde de la soupape et deux minutes plus tard les mouvements de la nacelle avertissent les aéronautes que l'ancre traîne à terre. Déjà les deux voyageurs se félicitaient de leur manœuvre, lorsque la nacelle éprouva une secousse terrible, et le consul de Vienne put voir son compagnon précipité à terre tandis que le *Washington* reprenait la route des nuages. Sans perdre une seconde, le diplomate, aérostier bien malgré lui, grimpe dans les mailles du filet et éventre le ballon. Quelques secondes plus tard, la nacelle reposait doucement à terre.

Malgré sa descente, M. van Roosebecke ne s'était fait aucun mal et, lorsque le consul arriva près de lui, ils purent se mettre à la recherche de leur compagnon. Après avoir parcouru un kilomètre, ils découvrirent M. Bertaux au milieu d'un groupe de paysans qui, le prenant pour un Prussien, ne parlaient rien moins que de le pendre haut et court.

A l'arrivée de ses deux compagnons, tout s'expliqua et ce fut au milieu des cris de : « Vive la France ! » que les voyageurs gagnèrent la ville la plus proche, Cambrai.

Le même jour que le *Washington*, s'élevait à la place Montmartre le ballon le *Louis-Blanc*.

Son capitaine, M. Farcot, s'occupait depuis longtemps déjà d'aérostation. Quoique « incurable plus léger », il avait connu M. Nadar, et plus d'une fois ils avaient discuté le pour et le contre du « plus lourd ou du plus léger ». Aussi, dès l'organisation du poste de la place Saint-Pierre, était-il venu se ranger aux côtés de l'aéronaute. Le concours que M. Farcot apportait à M. Nadar n'était point synonyme de conversion : il espérait bien, s'il sortait de Paris, y rentrer en adaptant à son ballon un petit système à hélice de son invention.

Le 12 octobre, après avoir vu deux ballons partir sans lui, M. Farcot reçut l'ordre de se tenir prêt pour le lendemain matin.

La journée fut bien employée. Il fallait réunir ballonneaux, banderolles, cartes, compas géographiques et autres objets indispensables pour le voyage; préparer sa famille à la séparation et dire adieu à ses amis, car la route n'était pas sûre, et, lorsqu'un aéronaute montait dans son esquif, il lui était permis de croire qu'il ne reviendrait peut-être jamais. Enfin l'heure du départ arriva.

« De tous côtés, on apportait des lettres en demandant l'aéronaute partout, dit-il, et je me multipliais pour répondre à toutes les demandes. C'était un soldat, un marin, un mobile qui, voyant le départ, avait précipitamment écrit et me présentait sa lettre. J'étais obligé de me dérober aux recommandations qui devenaient interminables; il semblait à chacun que je dusse descendre dans sa famille, où l'on me promettait des bénédictions à l'arrivée.

« Les voitures de la poste et du télégraphe arrivèrent : le moment du départ approchait. On me fit alors les dernières recommandations, plus importantes et bien autrement sérieuses : on me fit distinguer, parmi les autres, un grand sac de dépêches, et l'on me dit : « Si vous êtes menacé par l'ennemi et que vous n'ayez plus « de lest, ne jetez ce sac que le dernier; mais, avant, ouvrez-le et sortez-en ce sac « plus petit, celui-là, il faut le garder à tout prix; sauvez-vous dans les bois, où « vous pourrez, mais enfin préservez-le ! »

« D'autre part : « Voici, pour les placer dans votre portefeuille, les dépêches du « gouvernement; vous les remettrez au premier bureau télégraphique français que « vous trouverez; absolument il ne faut pas qu'elles tombent entre les mains de l'en- « nemi; si ce malheur vous arrivait, faites plutôt disparaître le paquet à *tout prix!* »

« A bon entendeur, salut! Je promis que, si je me sentais perdu, je les ferais entièrement disparaître, ayant assez bon estomac. Puis je reçus un passeport de l'administration des postes, signé Rampont, visé du gouverneur de Paris et contresigné du général Schmidt, etc. »

Pendant ce temps, les bagages avaient été suspendus au cercle et les instruments placés dans la nacelle. Sur un mot de Nadar, l'aéronaute sauta dans la nacelle, et en quelques minutes l'équilibrage du *Louis-Blanc* fut terminé. Le traditionnel « lâchez tout! » fut prononcé, et les cris de : *Vive la République! Vive la France!* résonnaient encore, lorsque l'aérostat dépassait la ligne des fortifications.

M. Farcot avait trouvé dans la nacelle un compagnon de voyage, M. Traclet, colombophile amateur, chargé d'acompagner à Tours les pigeons qui devaient rapporter à Paris des nouvelles de la province. Il était apprêteur sur étoffes et s'était occupé, pendant les loisirs que lui laissait son commerce, d'élever des pigeons, comme M. Farcot s'était occupé de ballons dirigeables. Ils en étaient là de leurs confidences, lorsqu'un crépitement parti d'en bas et des balles arrivées en haut leur rappelèrent que les Prussiens avaient les yeux fixés sur eux et leurs fusils dirigés sur le *Louis-Blanc* : c'était un avertissement dont les aéronautes devaient tenir compte; ils en remercièrent leurs ennemis en leur lançant un sac de lest et une pluie de proclamations signées : LOUIS BLANC ou VICTOR HUGO. Le ballon bondit en l'air comme le cheval mordu par l'éperon, et le vent d'ouest, très-fort à cette hauteur, l'emporta avec violence.

Le baromètre indiquait une hauteur de 400 mètres.

Les voyageurs, munis d'une longue-vue, regardaient de ci de là, cherchant à surprendre au milieu des grands bois la retraite de leurs ennemis. Le paysage se

Le *Jacquard* emportant Prince vers la mort. (Page 412.)

déroulait rapidement devant eux. Ici un village dévasté, là une ferme ou un château rempli de Prussiens, plus loin la grande route solitaire ou obstruée par les convois qui apportaient vivres et vêtements aux assiégeants.....

Tout à coup une canonnade se fait entendre, et les deux aéronautes de braquer leurs lunettes vers l'endroit d'où vient le bruit; mais une grêle d'obus s'éparpille autour du ballon. Deux sacs de lest et quelques milliers de proclamations les sauvent une fois encore... Les mugissements aigus des obus se font encore entendre; déjà le *Louis-Blanc* traverse un nuage de pluie à 1500 mètres, le dépasse à 2000, puis monte toujours; à 2500, le soleil frappe sur l'orifice du ballon et provoque la dilatation du gaz. M. Farcot laisse le *Louis-Blanc* en agir à sa guise, puisque son principe d'aéronaute, de « rester toujours à une petite hauteur », a failli les perdre. « La mauvaise odeur de l'hydrogène carboné, dit-il, déborda l'enveloppe et nous entoura; nous fûmes forcés de faire des éventails avec nos journaux : ce n'était pas le moment d'allumer un cigare.

« L'équilibre passager que donnent de telles ascensions s'établit peu à peu, et nous restâmes suspendus à 3800 mètres, ayant sous nos pieds une immense mer de nuages blancs, floconneux et ondulés, qui réfléchissaient les rayons solaires. — C'était un spectacle magnifique, et, dans mon enthousiasme, j'entonnai un chant patriotique qui nous avait salués au départ. Mais, là, tout seuls, sans écho, au milieu de ce vide immense, de ce silence neutre, effrayant, cela n'avait pas sa raison d'être, et je me tus après le premier couplet; il me semblait que c'était parler — quoique en musique — à un monde que cela n'intéressait pas.

« Ce fut donc avec recueillement que nous payâmes au passage, comme d'autres sous la Ligne, notre tribut d'admiration aux mers éthérées. Dans ces hautes régions, ce n'est plus la tête qui gouverne, mais, pour ainsi dire, l'âme qui se révèle et fait parler le cœur. La contemplation reste le seul refuge de la pensée, qui s'égare dans l'immensité, dans l'infini! »

La réalité avec ses exigences matérielles les tira bientôt de leur extase, et passant à une contemplation plus prosaïque, ils dirigèrent leurs yeux sur le sac de nuit qui servait de garde-manger; mais celui qui l'avait amarré au cercle s'était acquitté de sa tâche avec un tel soin que, malgré tous leurs efforts, ils ne purent l'attirer à eux, et il leur fallut se contenter d'un peu de pain et d'une bouteille de vin qui gisaient dans la nacelle. Les pigeons, qui roucoulaient plaintivement dans leur cage d'osier, eurent les miettes du festin, et tout ce monde, presque joyeux, continua sa route.

Le ballon commençait cependant à perdre son gaz, et bientôt la terre apparut aux voyageurs. Le vent les entraînait avec une rapidité vertigineuse; les champs succédaient aux champs, les villages aux villages. Ils reconnurent Mantes, « Mantes-la-Jolie avec ses trois tours percées à jour, » puis, le courant qu'ils suivaient les ayant abandonnés, Amiens, les phares de la baie d'Étaples. Le vent changeant de nouveau, la direction fut tout autre : Douai, les places fortes du Nord défilèrent devant les voyageurs, sans qu'ils aient pu deviner où ils étaient entraînés. Les places fortes ne leur disaient rien qui vaille, la mitraille que leur avaient envoyé les Krupp bourdonnait encore à leurs oreilles.

Enfin les routes noires de la Belgique furent un indice, et les voyageurs, après s'être préparés (1), résolurent de tenter la descente. Elle fut terrible.

(1) « Je consultai mon baromètre, dit M. Farcot, et suivis la marche de son aiguille : puis je regardai à terre les objets qui grossirent, mais le temps me paraissait long. Cependant nous filions toujours de l'avant, et des villes que nous apercevions au loin furent dépassées avant d'être à portée de la voix.

« Nous arrivâmes enfin assez près pour essayer de nous faire entendre. — Je fais tenir à Traclet un sac de lest ouvert et tout prêt, afin de pouvoir en jeter aussitôt la réponse obtenue, et, d'autre part, pour être en mesure de nous garer des clochers ou autres obstacles qui, je l'ai dit, semblent surgir inopinément. En passant au-dessus d'un grand village, je criai :

Peu s'en fallut que les aéronautes ne fussent mis en pièces. Ils durent s'estimer heureux d'en être quitte pour quelques contusions douloureuses, mais sans gravité.

III

Les ascensions devenaient de plus en plus fréquentes. Deux jours après le départ du *Louis-Blanc*, c'était le tour du *G.-Cavaignac* et du *Jean-Bart;* le 16 octobre, le *Jules-Favre* et le *Lafayette* emportaient lettres et passagers. Le *Lafayette* était le pre-

« — Dans quel département sommes-nous ? »

« Mais, soit qu'on me répondît en flamand ou que je ne comprisse pas, je n'entendis qu'une immense rumeur, au milieu de laquelle dominait le mot « Paris!... Ballon! » Une seconde après, et nous étions loin. — J'avisai ensuite un homme isolé, dans un champ, se trouvant sur notre route; je le hèle au passage et, changeant de formule, je lui crie de toute ma force :

« — Dans quel pays sommes-nous? »

« Nous le passons encore comme un éclair, mais j'eus la satisfaction d'entendre une voix qui me criait :

« — Belgique ! »

« — Bravo! » répondis-je. Car je me sentis à moitié sauvé; ce n'était pas une mince satisfaction que de se savoir en pays ami.

« Tout heureux, je me retourne alors vers Traclet, impassible, son sac de lest à la main...

« J'aperçois en même temps un monticule qui, comme une vague énorme, dépassait toute la hauteur de notre ballon et s'avançait vers nous avec la rapidité de l'éclair; je n'eus que le temps de saisir le sac de mon compagnon et de le précipiter en entier hors de la nacelle, tout en criant :

« — Couchez-vous, il n'est que temps! »

« Au même instant, nous recevons un choc épouvantable. Ma tête et ma poitrine, dépassant la nacelle qui se couche, vont frapper la terre, et je reçois sur le front et sur le nez le plus grand coup de battoir que l'on puisse imaginer. Immédiatement l'aérostat remonte dans l'air comme une flèche. Nous retrouvons là le calme apparent, comme si de rien n'était. Nous avions tous deux nos coiffures perdues; moi, je saigne du nez et prends mon mouchoir pour débarrasser ma figure des graviers qui s'y étaient incrustés; ma joue gauche, complétement éraillée, saigne aussi. Mais cela ne fait rien : il faut faire bonne contenance, être calme et ne rien laisser paraître pour rassurer mon compagnon.

« Je le cherche et le trouve étendu, affaissé dans le coin du panier, gémissant et se tenant les côtes.

« — Avez-vous donc quelque chose de cassé? lui demandai-je.

« — Non, me dit-il, mais je n'en puis plus. Quel coup!

« — Ça va se remettre, mais attendez un peu. »

« Je ne me sentais pas beaucoup mieux que lui; mais pour le rassurer et en même temps le prévenir, je ne laissais rien voir. Je lui dis :

« — Mon cher ami, vous le voyez, l'atterrissage va être dur et il y aura du tirage, comme dit Godard. »

. . . .

« Je tirai mon couteau, je coupai l'amarre qui retenait roulé le guide-rope et le laissai filer; j'en fis autant de la corde d'ancre que je donnai à tenir à Traclet, et nous voilà l'œil à l'horizon, la main à la soupape, tous deux bien préparés et décidés à affronter les chocs inévitables dont notre faux atterrissage de tout à l'heure nous garantissait la violence.

« Les forêts sans doute sont rares dans cette contrée de la Belgique, car j'attendis longtemps. — Enfin je vis un bois à l'avant, et aussitôt je me mis à donner le coup de soupape bien mesuré, en ayant sous la main le sac de lest réglementaire ; nous approchons, mais en bas le vent tourbillonne et nous passons à côté du bois. — C'est à recommencer. Un peu de lest dehors, et nous remontons, continuant d'avancer en attendant une occasion meilleure. Un autre bois se présente après un certain laps de temps : même manœuvre et même descente ; encore une fois même tourbillonnement qui nous porte encore à côté. Mais à ce moment j'aperçois devant nous une métairie entourée de pommiers bien massés, bordés eux-mêmes d'une rangée de peupliers si serrés qu'ils semblent une avant-garde placée là tout exprès pour nous recevoir de la bonne façon.

« Les maisons, dans une descente en ballon, sont un des plus grands écueils; mais celle-là était mier ballon monté par un marin; à la descente, l'aéronaute coupa les cordes qui retenaient la nacelle au ballon : l'enveloppe de soie rebondit dans l'air, tandis que la nacelle restait à terre sans avoir eu à subir de traînage. Le moyen, pour être peu aérostatique, n'en était pas moins ingénieux.

Sept autres ballons ont encore quitté Paris pendant le mois d'octobre, ce sont : le 18, le *Victor-Hugo;* le 19, la *République-Universelle;* le 22, le *Garibaldi;* le 25, le *Montgolfier;* le 27, le *Vauban*, la *Bretagne*, qui appartenait à une entreprise particulière et fut capturée par les Prussiens, et enfin, le 29, le *Colonel-Charras*.

Le mois de novembre ne vit pas moins de treize ascensions. Le 2 novembre, le *Fulton*, monté par Le Gloennec, marin, et M. Cézanne, aujourd'hui représentant, s'éleva de la gare d'Orléans et alla descendre près d'Angers. Deux jours plus tard, le *Flocon* et le *Galilée* partaient de la gare du Nord.

Le *Galilée*, monté par M. Husson, emportait avec lui 420 kilogrammes de dépêches et devait annoncer au gouvernement de Tours le résultat du plébiscite du mois de novembre qui laissait entre les mains du gouvernement de la Défense nationale les pouvoirs qu'il exerçait depuis le 4 septembre. Le voyage du *Galilée* ne se fit pas sans encombre : Versailles, Rambouillet et les plaines situées à l'ouest de Chartres apparurent successivement aux yeux des aéronautes. Ils prirent terre après avoir demandé à des paysans qui accouraient vers eux s'il n'y avait point de Prussiens près de là. A peine avaient-il fini de vider le ballon, qu'une troupe de uhlans

encore éloignée et si bien protégée, qu'immanquablement nous ne devions jamais arriver jusqu'à elle.

« — Allons-y ! pensai-je, le moment est favorable. »

« Et, calculant d'un coup d'œil la distance qui restait pour atteindre ma rangée de peupliers, je fis lâcher l'ancre par Traclet, et je tirai si à propos sur ma soupape, que nous vînmes descendre et donner justement au pied des arbres comme un gigantesque coup d'encensoir.

« — Gare le choc, et baissez-vous ! » criai-je à Traclet.

« Mais, on a beau crier : « Gare le choc ! » il est impossible de l'éviter en pareille circonstance, et nous le recevions formidable, tel qu'il est difficile de se l'imaginer. J'étais étourdi par ce deuxième coup, mais satisfait d'avoir si bien réussi dans la manœuvre qui m'avait porté juste au point où je m'étais proposé d'atterrir. Je me félicitais déjà de mon adresse et de ma chance, le reste n'étant plus, me disais-je en moi, qu'une affaire de temps et de précautions. Mais ce n'était pas fini ; cela commençait seulement.

« Cramponné à la corde de la soupape que je tenais grande ouverte, au risque de briser ses ressorts, devenus du reste inutiles, j'appelai à l'aide sans savoir si quelqu'un pouvait m'entendre ; mais en moins de temps que je n'en mets à faire ce récit, les peupliers, moitié ployés, moitié cassés et escaladés, nous livrèrent passage, et, comme un ouragan, nous traversâmes de l'autre côté, en plein dans les pommiers.

« Le vent tourbillonnait avec rage et nous aussi : ce n'était qu'un craquement de branches, un abatis de bois et une pluie de pommes inouïe ; nous baissions la tête pour éviter le choc des branches d'arbres qui, dans ces moments-là, est à redouter ; je craignais aussi qu'il n'en traversât quelqu'une en dessous ou par les côtés de la nacelle ; malgré tout, je tenais bon, ne lâchant pas ma corde, tirant toujours, espérant en être quitte à la fin pour des dégâts matériels. Je ne cessais de crier comme un possédé :

« — Tenez bon, tout le monde ! »

« Chaque coup donné par les branches et reçu en long ou en travers ne m'épouvantait plus, et y trouvant même je ne sais quel plaisir, je criai en les bravant :

« — Ça n'est rien que ça ! Amarrez la grosse corde ! Attachez ferme celle de l'ancre ! A la nacelle ! tout le monde à la nacelle, et ça va finir ! »

« Ce n'était plus, je l'espérais toujours, qu'une affaire de temps. Un ballon que l'on gonfle en six heures ne pouvait se vider en cinq minutes, et enroulant la corde de la soupape autour de mes mains, je m'y suspendis tout à fait.

« Mais au milieu de ces cris et de ceux que jetaient les paysans accourus à notre secours, au milieu du vacarme et d'un tohu-bohu indescriptible, je reçois une nouvelle secousse et je me sens emporté accourut et s'empara des dépêches de l'aéronaute qui, traîné de ville en ville par nos peu généreux ennemis, put enfin leur échapper à Château-Thierry et rendre compte deux jours plus tard de sa mission au gouvernement de Tours.

Le *Daguerre* et le *Niepce*, qui quittèrent Paris le 12 novembre, ne furent guère plus heureux. Le *Daguerre* malgré les efforts des aéronautes, descendit dans la cour d'une ferme occupée par les uhlans et le *Niepce* tomba quelques kilomètres plus loin, laissant entre les mains des Prussiens une partie des dépêches. Les aéronautes purent cependant sauver des caisses qui renfermaient des appareils photographiques pour la réduction des dépêches par pigeons-voyageurs.

IV

Le 24 novembre 1870, le gouvernement de la Défense nationale discutait dans ses conseils la sortie de Champigny. A six heures du soir, une dépêche ordonnait au corps des aérostiers de la gare du Nord de préparer le gonflement d'un ballon qui partirait le soir même.

La *Ville-d'Orléans* et son aéronaute Rolier furent désignés. L'équilibrage du bal-

de nouveau! Je sors ma tête hors du panier et je vois avec terreur que tout était à recommencer, car nous filons derechef sur la cime des arbres, les pliant, les cassant avec un bruit, une vitesse et des secousses effrayantes. — Je regarde à l'avant, et je vois la maison, la maudite maison, qui se dressait droit devant nous. Il n'y avait pas à l'éviter; vent arrière, nous courons en plein dessus. Au moment où le ballon, soulevé par la tempête, nous lançait contre les murs avec l'impétuosité d'une fronde, je recriai à Traclet de toute ma force :

« — Couchez-vous, et gare le choc! »

« Mais c'était inutile, car Traclet était pelotonné au fond du panier, et recevait tous ces horions sans savoir d'où ils venaient. Pour moi, je baissai vivement la tête au moment de la monstrueuse claque : la maison résonna comme un tambour; nous remontons le long du mur, une partie du toit est enlevée, nous passons par-dessus, nous accrochons la cheminée qui nous fait pirouetter en voltigeant, et — patatra! — nous retombons de l'autre côté, de toute la hauteur de l'habitation.

« Pile ou face? Je n'en sais rien, tant j'étais étourdi. Les sacs de lest encore pleins, la bouteille d'eau et celle de vin qui restaient, la terre, les cailloux, les feuilles, enfin nos bagages et nous, sans oublier quelques quarterons de pommes, c'était une vraie capilotade dans notre nacelle qui n'était pas retombée sur son fond, mais sur le côté. Tout cela précipité, rapide comme la pensée et sans laisser une seconde d'arrêt qui permît de réfléchir ou de reprendre haleine. Le ballon, qui aurait dû être épuisé par cet effort, n'en semblait au contraire que plus furieux, filant devant nous, couché et traînant à terre; il faisait poche au vent, et, comme un gigantesque parapluie remorqueur, il nous emportait, brisant tout sur son passage, avec une vitesse qui me paraissait double de celle d'un train ordinaire.

« Meurtri, étourdi, assommé, je nous croyais perdus, ou bien près de l'être ; car, dès que notre panier, traînant ainsi, rencontrait un tronc d'arbre, une bûche ou une pierre un peu forte, v'lan! nous l'embarquions, et tous ces ingrédients nous arrivaient comme lancés par une baliste, sans qu'il fût possible de nous en garer.

« Dans cette dernière chute, la corde de soupape m'était échappée, et il fallait la ressaisir pour mettre fin à cette course vertigineuse. Je m'accrochai alors au côté du panier formant plafond, et, m'y tenant cramponné d'une main, j'avançai de mon mieux un pied sur le cercle qui, comme le ballon, traînait presque à terre. Après plusieurs tentatives infructueuses, je pus enfin ressaisir cette bienheureuse corde, notre seul espoir de salut, et, me cambrant en arrière pour avoir plus de force, je restai un pied sur le cercle, l'autre dans le fond de la nacelle couchée, tirant à moi de toutes mes forces comme sur les rênes d'un cheval emporté. Je regardai un instant derrière, et y cherchai mon guide-rope, — grosse corde rugueuse qui devait ralentir notre traînage. — Mais, hélas! il n'y en avait plus qu'une mèche effilochée qui flottait au vent; il avait bien été amarré aux arbres, comme je l'avais lon était terminé, lorsqu'à neuf heures arrivèrent les paquets de l'administration des postes et les dépêches du gouvernement; un voyageur fut aussi présenté à M. Rolier.

Trois quarts d'heure plus tard, la *Ville-d'Orléans* disparaissait dans l'ombre épaisse de la nuit.

Le vent emportait rapidement le ballon, tandis que M. Rolier consultait le baromètre-témoin, qui indiquait une altitude de 800 mètres. L'aéronaute jeta deux sacs de lest, en passant au-dessus d'un camp prussien; de nombreux coups de feu retentirent; mais les balles n'atteignirent point la nacelle qui était à 2 700 mètres d'altitude.

Suivant les bulletins météorologiques de la journée et l'opinion des aéronautes, l'aérostat ne devait pas parcourir une distance supérieure à 25 kilomètres par heure et devait être porté vers Hazebrouck et Dunkerque.

L'altitude était favorable, le vent et la marche du ballon confirmaient les prévisions des astronomes; aussi les deux aéronautes, seuls dans l'immensité de l'océan aérien, purent-ils se livrer à des expériences sur la manœuvre des aérostats et suppléer à la présentation un peu sommaire qui avait été faite à la gare du Nord.

M. Rolier était ingénieur, aéronaute volontaire et amateur : s'étant occupé

recommandé; mais il s'était cassé net comme un bout de fil. Quant à l'ancre, qui n'était qu'un mauvais crampon, elle avait sauté par-dessus la maison à notre suite et en avait continué la découverture, en nous donnant des secousses à nous jeter dehors; à ce moment, elle galopait comme nous, derrière nous, voltigeant, tourbillonnant, se cognant et rebondissant à chaque obstacle, au lieu de nous arrêter, ce dont je l'aurais du reste bien défiée. Cette course fantastique, de deux kilomètres environ, dura dix... cinq... peut-être deux minutes seulement? Je n'en sais rien; mais on vit une année pendant ces minutes-là! Les pensées deviennent, pour ainsi dire, électriques, tant elles se succèdent avec rapidité. Il faut avoir entrevu la mort, vous apparaissant impossible à éviter, pour se rendre compte de ce que l'on ressent! — « Heureusement, pensai-je, ma femme ne me voit pas, car elle en mourrait de frayeur! et « ma pauvre mère!... » Il n'est pas jusqu'à la grande figure de Nadar qui ne m'apparût gouailleuse, semblant me dire : « Eh bien! mon pauvre Farcot, persistez-vous toujours à vouloir diriger ces ma- « chines-là! » J'étais à la fois honteux et plein de rage; je me sentais mourir, et j'étais vaincu dans mes illusions les plus chères.

« ... A peine ces éclairs de réflexion avaient traversé ma tête, que notre cabriolet du diable, dont la vitesse semblait s'accroître, nous jetait sur le chemin de fer. J'aperçois le talus, sur lequel un arbre, — il n'y en a qu'un, — mais, malheur encore, nous allons en plein sur lui : impossible de l'éviter! Plus d'espoir de passer à côté!... — Bing!... Ça y est!... et nous recevons la plus étourdissante et la plus impétueusement brutale de toutes nos torgnioles! J'étais rentré vivement dans ma nacelle comme un colimaçon dans sa coquille; je n'avais pas crié : « Gare le choc! » n'en ayant plus la force, et cependant je garantis qu'il en valait la peine.

« Je ne sais comment cela se fit : avions-nous pirouetté, tournoyé, dans cette dernière cabossade? ou la seule secousse d'un aussi brusque arrêt avait-elle fait rejaillir Traclet?... Tout à l'heure dessous, il était maintenant passé par-dessus moi, et son poids m'étouffait; j'étais, du reste, à moitié suffoqué d'avance; mais, pensant que ce n'était qu'un moment de répit, et ne voulant pas perdre de temps pour savoir d'où viendrait le nouveau danger, je me débattais en pestant sans parvenir à me dégager. J'y arrivai pourtant, après un plus grand effort, et sortant aussitôt la tête hors du panier, je regardai de quel côté nous allions repartir. — Mais, ô bonheur! nous étions complètement arrêtés, et cet arbre maudit, dont je redoutais tant la rencontre, venait d'être notre sauveur.

« Voici ce qui était arrivé : le ballon avait d'abord remonté le long de cet arbre assez gros, mais court et à tête touffue; il avait atteint ensuite les fils du télégraphe et passé par-dessus, mais le bas du filet s'était embarrassé au passage dans les branches, et la nacelle, en partie soulevée, ayant résisté, le ballon était retombé en plein sur la voie, aplatissant les fils télégraphiques, couchant un poteau et ayant sa soupape projetée de l'autre côté du talus. C'était donc fini cette fois! et cet animal de ballon, n'ayant plus une parcelle de gaz dans le ventre, gisait là, étendu comme la peau d'une immense bête féroce! Je pus alors sortir tout à fait de mon refuge. Inutile de raconter ma joie. »

d'aérostation, il s'était mis au service du gouvernement, persuadé qu'il serait plus utile dans une nacelle qu'aux tranchées. M. Bezier était franc-tireur ; il allait à Tours chargé d'une mission auprès des membres de la Délégation.

Le temps s'écoulait rapidement. Il était trois heures et demi du matin lorsque tout à coup les aéronautes entendirent un bruit sourd qui s'élevait de terre et montait jusqu'à eux. Tout d'abord les voyageurs l'attribuèrent à quelque train qui passait, car les lignes de chemin de fer sont très-nombreuses dans cette partie de la France.

Cependant l'inquiétude ne tarda pas à les gagner, le bruit était persistant et pas un seul coup de sifflet ne venait trahir la présence des locomotives.

Le roulement sinistre augmente d'intensité.

Enfin l'aurore éclaire un coin du ciel, puis peu à peu la voûte céleste quitte sa teinte noire : le jour est venu. Les aéronautes interrogeaient, anxieux, l'immensité qui s'étendait au-dessous d'eux, mais la brume épaisse cachait la terre à leurs yeux ; parfois un coup de vent levait un coin de ce voile qui leur faisait souffrir mille morts : alors ils croyaient reconnaître une immense forêt bleuâtre que quelques monceaux de neige marquaient de loin. A six heures et demie, un rayon de soleil dissipa la brume ; la mer immense apparut aux deux voyageurs.

Le premier moment fut terrible.

Ils étaient partis vaillants, décidés à vaincre tous les obstacles, à défier les balles prussiennes, à lutter dans les traînages et les descentes; mais ils n'avaient point songé à cet ennemi invincible, contre lequel tout est inutile : la mer. Ils étaient partis forts; en un instant, le désespoir les fit faibles. Ils crurent la lutte impossible, et plutôt que de mourir lentement asphyxiés par l'eau, les deux voyageurs résolurent de faire sauter la *Ville-d'Orléans*.

Les derniers préparatifs furent de courte durée : un des pigeons qu'ils avaient emmenés avec eux fut délivré; quelques mots tracés au crayon sur une feuille de papier à cigarette devaient apprendre au gouverneur de Paris le sort des passagers de la *Ville-d'Orléans*. Heureusement les allumettes avaient été détrempées par l'humidité, et M. Rolier ne put les enflammer.

L'excitation nerveuse qui avait causé ce moment de désespoir cessa peu à peu ; le ballon continua sa marche au-dessus de la mer. Les aéronautes fixaient leurs regards sur l'horizon, mais la terre se refusait à leurs désirs, et ils n'apercevaient que la blanche écume des vagues.

Tout à coup un point noir apparaît dans le lointain ; il va grandissant : la *Ville-d'Orléans* s'avance d'ailleurs de son côté ; M. Rolier saisit sa longue-vue et reconnaît un navire qui bientôt les aura rejoints.

Le courage revient avec l'espérance, et tout heureux déjà de leur délivrance, les deux aéronautes s'abandonnent au bonheur. Une violente secousse les arrache à leur joie et les ramène au sentiment de la réalité. Le ballon, qui depuis longtemps perdait sa force ascensionnelle, descendait rapidement, et le guide-rope s'enfonçait dans la mer.

La chute se précipitait, le guide-rope ajoutait au poids des voyageurs, et le navire était encore à plus de cinq cents mètres ! La nacelle n'est plus qu'à quatre ou cinq mètres au-dessus de la mer, et deux sacs de lest lancés par-dessus bord n'ont point arrêté le ballon ; malgré leurs efforts, les voyageurs n'ont pu retirer le guide-rope !

La nacelle effleure le sommet des vagues; puis, un instant plus tard, elle reçoit une rude secousse : une vague l'a envahie à moitié, et le navire est encore trop loin.

M. Rolier tranche alors la corde qui retenait l'un des plus gros sacs de dépêches, pesant 125 kilogrammes.

La *Ville-d'Orléans*, delestée de ce poids énorme, s'élance dans l'air avec la rapidité d'une flèche; bientôt elle atteint une hauteur de quatre à cinq mille mètres, mais le navire a disparu, et les aéronautes voient s'enfuir le seul espoir de salut. Un nouveau danger a succédé au premier : l'abandon d'une aussi grande quantité de lest a lancé le ballon dans les hautes régions atmosphériques, où le gaz se dilate avec une rapidité effrayante; les parois de l'aérostat se tendent, et les voyageurs le voient avec épouvante sur le point de faire explosion; le malheur semble les poursuivre avec une rigueur inexorable : la soupape fonctionne mal et ne peut obéir à la pression de la corde. Une minute encore, et la *Ville-d'Orléans* volera en éclats. M. Rolier se précipite sur les cordages et grimpe jusqu'à l'appendice qu'il maintient grand ouvert.

Cette fois encore ils sont sortis victorieux de la lutte.

Le ballon continue sa marche, mais à la hauteur de 5 200 mètres il a trouvé un courant aérien qui l'entraîne vers l'est. Se rapprochent-ils de la terre ou sont-ils emportés en pleine mer? Les aéronautes ne savent.

Bientôt le ballon, qui perdait son gaz malgré l'abaissement de la température, entre dans un nuage tellement obscur, que les voyageurs n'aperçoivent plus l'aérostat. Pendant plusieurs heures, ils suivent ce nouveau courant. Mais le ballon descend de nouveau, le gaz fuit avec force par l'appendice mal refermé, et il faut à tout prix que les aéronautes se maintiennent le plus longtemps possible dans les hautes régions. Malgré l'engourdissement qui les a gagnés, M. Rolier grimpe de nouveau dans le filet et comprime violemment dans ses mains la partie déjà vidée. Une heure durant, il reste là, et ce n'est que vaincu par la fatigue qu'il redescend dans la nacelle.

Le ballon descend toujours. Il quitte le nuage sombre pour entrer dans un autre où des paillettes de givre s'attachent à lui et diminuent encore la force ascensionnelle. Les voyageurs eux-mêmes sont couverts de glace : leurs joues sont bientôt emprisonnées dans un masque transparent qu'ils ont peine à briser.

La *Ville-d'Orléans* descend encore plus vite.

La nacelle vient de recevoir un tel choc que les aéronautes sont renversés. Ils regardent : merveille! une forêt de sapins a succédé à l'immensité de l'Océan; le guide-rope vient de s'enrouler autour d'un tronc d'arbre; une plaine de neige s'offre aux regards de M. Rolier, mais qu'importe? ce n'est plus la mer : il saute, M. Bezier l'imite, tandis que la *Ville-d'Orléans* rebondit dans les airs et continue sa marche.

La mer menaçante n'est plus là prête à les engloutir; mais les malheureux voyageurs auraient-ils échappé à la lente asphyxie pour venir mourir sur une montagne de glace?

De toutes parts, la neige. Un silence de mort règne dans la plaine, et c'est à tout hasard qu'ils vont vers le sud. M. Rolier pense que le vent les a portés vers les régions boréales et qu'il leur sera difficile d'échapper. Cependant les voyageurs se

Venise bombardée par les Autrichiens.

mettent en route ; la confiance en eux-mêmes et dans le hasard les a déjà sauvés une fois et leur a donné le droit de compter sur elle.

Les voilà cheminant à travers la neige, cherchant de çà de là un sentier où ils puissent marcher sans disparaître à chaque instant dans les crevasses.

Déjà deux heures se sont écoulées, et il semble qu'ils n'aient point avancé ; la plaine est toujours immense, et nul bruit, si ce n'est le gémissement des grands pins, ne vient frapper leurs oreilles attentives. La lassitude va les vaincre ; M. Rolier, exténué par les fatigues de la journée, s'assied désespérément sur un monceau de neige; son courage l'a abandonné, et d'ailleurs mourir là ou plus loin, qu'importe! La lutte sera moins longue, le sentiment du dernier moment moins violent.

Son ami s'efforce de lui faire faire encore quelques pas; mais Rolier tombe évanoui dans ses bras.

Sera-ce le dénouement du voyage, et M. Bezier se couchera-t-il côte à côte avec son compagnon dans la neige et attendra-t-il là la mort? Une chance de salut reste encore : il la tente.

Après avoir déposé son ami sur une branche de sapin, il s'en va cherchant quelque trace d'être humain.

Sauvés! une maisonnette apparaît dans le lointain.

M. Bezier retourne vers Rolier, qu'il parvient à ranimer, et tous les deux gagnent la chaumière. Elle est inhabitée; mais une grande quantité de foin sec leur sert de lit.

Le lendemain matin, ils continuent leur route après avoir mangé quelque brins d'herbe pour tromper leur faim.

La grande plaine blanche s'étend toujours devant eux, et plus ils avancent, plus elle semble immense... Trois grands loups les regardent passer... Leurs forces commencent à s'épuiser, lorsque tout à coup apparaissent sur la neige les traces d'un traîneau. Les naufragés regardent plus attentivement et ils distinguent des fers de chevaux empreints dans la neige. Le courage revient comme par enchantement.

Ils suivent la longue traînée et arrivent enfin en face d'une maisonnette qui leur semble habitée. La porte tourne sur ses gonds, et l'un après l'autre entrent dans la cabane. D'habitant point, mais un bon feu flambe dans l'âtre et d'une marmite, qui sépare la grande flamme en deux, sort un bruit de rissolement qui réjouit fort les pauvres aéronautes. La marmite était pleine de pommes de terre cuites à point; tous deux se précipitèrent sur ce mets délicat, se brûlant doigts et langue; mais qu'importe? la faim était plus forte que la sensibilité du palais.

Je laisse à penser la vie
Que firent nos deux amis.

Déjà ils réfléchissaient à la singularité de leur position et à l'étonnement de leurs hôtes forcés, lorsqu'ils entendirent des voix d'hommes à peu de distance.

Les deux voyageurs s'avancèrent au-devant des nouveaux venus. M. Rolier, lorsqu'ils furent en sa présence, les salua à la russe, en levant les bras au ciel; les deux paysans répondirent de même, tout en se montrant assez étonnés de la singulière rencontre qu'ils faisaient. Les aéronautes s'efforcèrent alors de leur faire comprendre qui ils étaient et d'où ils venaient; mais ce fut en vain, ni les uns ni les autres ne purent s'entendre. Enfin, par une mimique fort expressive, M. Bezier exprima le désir de faire un nouveau repas, ce que comprirent fort bien cette fois les propriétaires de la maison. Les provisions ignorées de M. Rolier et de son compagnon furent servies.

La position ne cessait pas cependant que d'être fort embarrassante, lorsque tout à coup un des paysans examina une des bottes que M. Rolier avait mises sécher devant l'âtre; sur la tige s'étalait la marque du bottier :

R...
Fournisseur de l'impératrice.
PARIS.

Le paysan poussa une exclamation de surprise, puis s'écria : « Paris, Paris, vo Frenck, vo Frenck! » M. Rolier fit un signe d'assentiment et s'efforça, en leur montrant le ciel, de leur indiquer le chemin par lequel ils étaient venus. Leurs hôtes s'écrièrent avec stupéfaction : « Balloun, balloun! » L'admiration se faisait jour chez eux, et ils ne savaient comment l'exprimer.

Cependant les voyageurs ignoraient encore dans quelle partie de l'Europe ils étaient descendus, lorsque, avisant sur la table une boîte d'allumettes, ils lurent sur un des côtés :

Nitidals taends tikker
Il sund
Christiania.

Le mot de l'énigme était trouvé : ils étaient en Norwége.

Aussitôt les aéronautes s'élancèrent au dehors et, montant dans un traîneau, ils répétèrent « Christiania ». Leurs hôtes comprirent, et après s'être concertés entre eux, la petite colonie partit pour la capitale de la Norwége.

Quelques heures plus tard, ils pouvaient prévenir de leur arrivé un de nos représentants à l'étranger.

Le télégraphe annonça, sur tout le parcours que suivaient les aéronautes, l'arrivée du ballon et les dangers qu'avaient courus les voyageurs. Aussi, à leur passage, M. Rolier et son compagnon étaient-ils l'objet des plus enthousiastes ovations. A Kongsberg, les habitants allèrent à leur rencontre, et ce fut entre une double haie de drapeaux français et norwégiens et aux cris de *Vive la France* que les deux voyageurs traversèrent le pont de la ville. L'accueil qu'on fit aux représentants de Paris assiégé ne fut pas moins touchant à Hongsund, à Drammen.

Enfin MM. Rolier et Bezier entrent dans Christiania; une foule immense s'avance vers eux et escorte leur voiture en criant : « Vive la France! Vive la belle France! » Une députation des dames de la ville les attend à leur hôtel et les acclame en leur offrant un énorme bouquet. Des jeunes filles, vêtues de blanc, s'avancent portant un bouquet tricolore, tandis que les femmes du peuple, tenant des enfants par la main, disent aux voyageurs : « Bénissez nos fils, pour que plus tard ils soient braves comme vous! » Les étudiants, eux aussi, défilent devant les fenêtres en chantant la *Marseillaise* et le *Chant du départ.*

Le même soir, la ville offrit aux aéronautes un banquet de quinze cents personnes pendant lequel retentit un hymne à la France que venait de composer le poëte norwégien Jonas Lie.

L'accueil que recevaient les aéronautes de la *Ville-d'Orléans* témoigne des sentiments d'admiration que l'Europe tout entière éprouvait pour les défenseurs de Paris : la Norwége, comme la Belgique, comme l'Angleterre, comme la Suisse, disait à ces représentants de Paris combien elle plaignait les assiégés et maudissait la férocité des assiégeants. Et le même jour que la Norwége, la Hollande disait les mêmes choses, faisait les mêmes vœux, en acclamant les passagers de l'*Archimède* qui tombait le 24 novembre à Castelré.

Malgré la multiplicité des départs et la surveillance qu'exerçaient les Prussiens, la violence des vents d'hiver, les ballons ne faillirent presque jamais à leur mission ;

on n'en compte pas plus de quatre ou cinq pris par l'ennemi et seulement deux dont on n'eut jamais de nouvelles et qui périrent en mer.

Le *Jacquard*, qui partit le 30 novembre, à onze heures du soir, de la gare d'Orléans, monté par le marin Prince, fut le premier dont le voyage finit d'une manière si terrible.

Le *Jacquard* n'emportait que 250 kilogrammes de dépêches et son aéronaute, Prince, s'écria en montant dans la nacelle : « Je veux faire un immense voyage; on parlera de mon ascension! » Hélas! le voyage fut long en effet. Le marin ne revint jamais au port. La nuit était noire, et ce n'est que le lendemain matin qu'un navire anglais, en vue de Plymouth, aperçut bien loin au-dessus de l'Océan un ballon qui gagnait la haute mer.

Le *Jacquard* emportait Prince vers la mort!

V

Un volume ne suffirait pas à retracer les péripéties qui signalèrent les voyages aériens accomplis pendant le siége de Paris; il nous faut donc à regret rejeter nombres de relations et ne rappeler que celles qui présentent un intérêt réellement exceptionnel.

Le 20 décembre, c'était le *Général-Chanzy* qui allait donner à la France et au monde entier des nouvelles de Paris assiégé.

Le départ du *Général-Chanzy* avait été fixé au 18 décembre; mais le vent était tellement violent que, pendant deux jours, l'ascension avait été retardée. Le 20 décembre, l'aéronaute Verrecke reçut l'ordre de se tenir prêt pour deux heures du matin.

L'état de l'atmosphère s'était un peu modifié, mais vers minuit la tempête se déchaîna avec plus de violence que jamais; le ciel sombre de décembre roulait, avec une rapidité vertigineuse, de gros nuages noirs; le ballon, gonflé dans la cour du chemin de fer du Nord, avait peine à résister aux rafales terribles qui balayaient le sol.

Enfin, à deux heures du matin, M. Rampont, le directeur général des postes, remit à l'aéronaute les dépêches et l'argent qui lui était nécessaire pour son voyage, en même temps on lui présenta trois voyageurs qui devaient l'accompagner : MM. Lepinay, Joufryon et Julliac.

La présentation fut vite faite : entre gens qui vont courir les mêmes dangers, sacrifier leur vie pour la même cause, la politesse est chose superflue.

Un quart d'heure plus tard, le *Général-Chanzy* s'élevait aux cris de : *Vive la République! Vive la France!*

« Une minute après mon départ, dit M. Verrecke dans la relation qu'il nous a laissée de son voyage, j'entendais des coups de feu; nous étions déjà au-dessus des lignes prussiennes, peut-être étions-nous découverts par l'ennemi qui nous tirait dessus. Je jette encore du lest, et mon ballon monte à une très-grande hauteur, de trois à quatre mille mètres. Nous marchons avec une rapidité extraordinaire; le vent devient plus fort; mes compagnons me demandent si nous allons bien. Je leur dis oui; mais dans ma conscience je nous crois perdus. »

Le temps, en effet, devenait de plus en plus mauvais; la tempête se faisait cyclone; le ciel devenait de plus en plus sombre; la nuit noire augmentait encore les dangers des aéronautes. Le ballon continuait-il sa course, ou descendait-il rapidement vers la terre? Ils ne le savaient. Les morceaux de papier que l'aéronaute attachait au rebord de la nacelle disparaissaient dans l'ombre épaisse. Ils essayaient de tenir à la main de petites banderolles, et leurs yeux ne pouvaient percer l'obscurité.

Verrecke seul se rendait compte des dangers terribles qu'ils couraient. Il était en effet aéronaute de profession: il avait déjà, dans des fêtes publiques, fait plus de deux cents ascensions. L'Angleterre, l'Amérique, la Belgique l'avaient vu tour à tour au-dessus d'elles. En 1870, Verrecke était à Paris : il avait suivi avec anxiété la première période de cette guerre insensée où le gouvernement impérial avait jeté la France, et lorsque, après le 4 septembre, le gouvernement de la Défense nationale créa le corps franc des Amis de la France, on le vit l'un des premiers demander à défendre sa patrie d'adoption.

Le siége survint; Paris fut, après la bataille de Châtillon, où Verrecke fut porté à l'ordre du jour pour sa belle conduite, soumis à la diète et séparé du reste de la France par les soldats de M. de Bismarck. Les ballons furent organisés, et bientôt on fit appel au patriotisme des aéronautes. Verrecke se présenta et reçut le commandement d'un aérostat.

C'était chose terrible que d'être capitaine d'un tel navire : le gouvernement remettait entre vos mains, outre les dépêches qui pouvaient être le salut de la France, la vie de trois ou quatre personnes. Les voyageurs confiés aux aéronautes étaient, le plus souvent, inexpérimentés, et à quels dangers ne pouvaient-ils pas exposer leur chef et leurs compagnons, au moment de l'atterrissage ou du traînage, lorsque l'instinct de conservation est tel qu'il fait perdre la tête aux plus forts! Un moment d'oubli, un faux mouvement seul peut coûter la vie des autres.

Verrecke pensait à ces mille drames dont l'histoire de l'aérostation est pleine, tandis que le vent emportait le *Général-Chanzy*. Les voyageurs commençaient déjà à se communiquer leurs craintes. « Quel temps épouvantable! » disaient-ils. « Non, n'ayez pas peur, disait Verrecke, le temps est beau, nous allons bien. » Et le ballon était emporté avec une vitesse de 30 lieues à l'heure!

Vers cinq heures du matin, les aéronautes entendirent des voix leur crier en langue allemande : « Descendez par ici, mes amis (1). » Ils crurent qu'ils traversaient un camp prussien; ils connaissaient de longue date la bonne foi de nos ennemis. En guise de réponse, Verrecke jeta un sac de lest, laissant derrière lui le Luxembourg où les aéronautes eussent pu descendre sans danger; mais ils ne pouvaient penser qu'en si peu de temps ils avaient parcouru une telle distance.

Les voix s'éteignirent, et le silence « neutre » dont parle M. Farcot redevint ter-

(1) Au milieu de la nuit la plus noire, les personnes pouvaient voir l'aérostat qui devait se détacher sur le ciel. On sait aussi que les aéronautes perçoivent le son à une grande hauteur, sans qu'il leur soit possible de répondre; ces sons montent à une hauteur incroyable. Ce phénomène se produit seulement de bas en haut et non de haut en bas.

rible. Le vent se faisait encore plus violent; « le ballon pirouettait à droite et à gauche et était, par instants, entièrement couché. La neige tombait en masse et s'attachait au ballon: il faisait un froid glacial. »

Les malheureux aéronautes souffraient mille morts au sein de cette atmosphère glacée, n'ayant pour les protéger que quelques vêtements.

Enfin le jour parut.

Le jour, c'était la vie pour eux : ils pouvaient voir et choisir un endroit favorable pour prendre terre.

Un ou deux coups de soupape, et le ballon se rapproche du sol. Les aéronautes se penchent au dehors et regardent. Chacun de donner son avis sur l'endroit où ils se trouvaient: l'un opine pour la Normandie, l'autre pour la Belgique, le troisième pour l'Allemagne. Le dernier disait vrai, et quelques minutes plus tard les casques pointus des soldats allemands se montrent dans la campagne. Ils poursuivaient le ballon. Mais le *Général-Chanzy* « filait 30 lieues à l'heure » ; ils disparurent bientôt.

Verrecke essaya de remonter; plusieurs sacs de lest furent vidés, mais l'aérostat demeura à la même hauteur quelques minutes; plus tard il commençait à descendre.

« Tout à coup, dit M. Verrecke dans la relation de son voyage, nous sommes lancés à terre comme la foudre; nous allions tomber dans les champs, mais le ballon, faisant voile, nous entraîne dans une rivière. La nacelle disparaît dans l'eau avec nous; je prends le dernier sac de lest que j'ai la présence d'esprit de jeter à l'eau, le ballon se relève, nous sommes entraînés de l'autre côté de la rivière. Là se trouvent de hautes montagnes; nous allons nous jeter avec toute notre vitesse contre d'énormes rochers; à la première secousse, j'ai une côte enfoncée, le sang me part de la bouche; un de mes compagnons s'est coupé la langue avec les dents. L'ancre qui traîne à notre suite brise tout sur son passage et finit par s'accrocher à un arbre assez gros qu'elle arrache de terre. Cet arbre est traîné avec nous, c'était terrible à voir; nous passons au-dessus des montagnes et retombons de l'autre côté.

« Nous allions infailliblement périr.

« MM. Julliac et Joufryon criaient : « Mon Dieu! nous sommes perdus! — Cou-« rage! leur répondis-je; si nous mourons, nous mourrons pour la France! »

« Ces mots leur donnèrent du courage.

« A chaque instant, nous recevions des coups terribles. La corde de la soupape flotte en avant, je monte debout sur la nacelle; mais à ce moment le ballon, frappé contre un arbre, me lance à terre. Je reste sans connaissance pendant longtemps. Quand je revins à moi, le ballon avait disparu avec ses malheureux voyageurs.

« Je me relève enfin, regardant autour de moi; je me trouve près d'une grande forêt. La terre était toute couverte de neige, et la place que mon corps y avait occupée après ma chute était remplie de mon sang.

« Marchant péniblement, affaibli par la perte de sang, blessé et chancelant, je m'avançais autant que mes forces le permettaient, quand je vis à quelques pas un homme qui venait droit sur moi. « Que faites-vous ici? me dit-il; vous êtes proba-« blement un Français? » Je ne répondis pas à sa question; je lui demandai seulement dans quel pays je me trouvais.

« Pour toute réponse, il vint à moi et me prit par le bras en me disant : « Allons, venez avec moi. » Alors l'énergie me revint, et, prenant le couteau que les aéronautes emploient pour couper les cordes de l'aérostat, je lui répliquai : « Mon ami,

« je vois que j'ai affaire à un Prussien ou à un Bavarois; prenez garde à vous, car « si vous me touchez, je me défendrai. »

« L'homme eut peur et se sauva à grande vitesse. Quant à moi, j'entrai sous bois, marchant droit devant moi. A chaque instant, il m'arrive de rendre le sang; je puis à peine me traîner, et je suis obligé de m'asseoir au pied d'un arbre pour me reposer un instant. Aussitôt des voix d'hommes s'approchent, criant : «Il est par ici!»

« Je me sauve plus avant dans le bois.

« Au bout d'une demi-heure, j'atteins l'autre bord, où je trouve une femme à laquelle je m'adresse en allemand : « Madame, ayez pitié de moi ; vous pouvez me « sauver si vous le voulez. Dites-moi seulement où je suis, ou indiquez-moi mon « chemin. »

« Cette femme me regarde avec stupeur, et, me voyant couvert de sang et dans un costume étranger, se met aussi à crier en se sauvant.

« Je croyais que j'étais perdu, et rentrant de nouveau au bois, je commençai à détruire les dépêches que le gouvernement m'avait confiées; prenant un petit bâton, je fis des trous en terre d'un côté et d'autre, et j'y mis les morceaux de papier, recouvrant le tout de neige de manière à laisser le moins de traces possible. Les voix s'approchaient sensiblement de moi, je voulus fuir, mais. mes forces me trahissant, je tombai épuisé au pied d'un arbre.

« Quelques instants après, je vois accourir des soldats armés, des gendarmes, des bourgeois et même des femmes.

« Les premiers, les soldats, se jetèrent sur moi comme des bêtes féroces; l'un d'eux m'étrangla bel et bien; la langue me sortit de la bouche, tandis qu'un autre m'assomma à coups de crosse dans l'estomac; je ne faisais rien pour ma défense: d'ailleurs je n'en avais plus la force. Il y eut autour de moi un rassemblement de plus de cinquante personnes, tant soldats que bourgeois, criant : « A mort le franc-« tireur! tue, tue le maudit Français, tuons-le de suite! » Je les suppliai, aussitôt que la voix me revint, de ne pas me faire souffrir ainsi, mais de me fusiller de suite; c'était en vain. Les bourgeois étaient encore plus acharnés que les soldats; ils m'arrachèrent mon manteau, me prirent mon argent et ma montre, enfin tout ce que j'avais sur moi. Puis cette foule, m'entraînant du côté d'un village, me fit marcher à coups de crosse et à grands coups de pied.

« A moitié chemin, j'aperçus une rigole d'eau qui coulait sur le bord de la route; je demandai en grâce de me laisser boire un peu de cette eau, mais ces gens sans cœur me poussèrent en avant. Une soif terrible, la fièvre et la colère me donnèrent la force de passer malgré eux à travers les soldats et de me jeter à plat ventre sur cette rigole, où j'eus à peine le temps de tremper mes lèvres et de mouiller mon palais en feu, que tous, tombant sur moi, m'entraînèrent avec un redoublement de brutalité.

« Un des soldats, qui avait peut-être meilleur cœur que les autres, leur dit : « Laissez-le boire, le pauvre diable, car dans une heure peut-être il n'aura plus « besoin de rien. » Je lui adressai un regard plein de reconnaissance et voulus lui serrer la main ; mais il refusa.

« Après une heure de marche et de tortures, nous arrivâmes dans un grand village, nommé Rothambourg, où la foule qui me servait d'escorte se mit à hurler de plus belle : « A mort l'espion ! » en me jetant des pierres.

« Mais, au mot d'espion, je relève fièrement la tête et leur dis : « Non pas un « espion, mais un soldat, *un Ami de la France* qui a bien voulu risquer sa vie pour elle ! Vive la France ! ! ! » Alors la foule ne disait plus rien. »

Enfin l'on arriva à la prison, où l'on jeta le pauvre aéronaute dans un cachot ; quelques minutes plus tard, les gendarmes le conduisaient chez le général qui s'efforçait d'obtenir les dépêches du gouvernement. Les menaces, les intimidations ne purent avoir raison de l'*Ami de la France* qui connaissait le sort qui l'attendait (1).

On le reconduisit en prison.

Verrecke, épuisé par toutes les émotions de la journée, se jeta sur son lit de camp et s'endormit. A huit heures du soir, des gendarmes vinrent le réveiller brusquement et lui ordonnèrent de les suivre. La neige tombait à gros flocons, la nuit était noire, et dans un coin de la cour l'aéronaute put apercevoir un peloton de soldats. Verrecke crut que l'on allait le fusiller ; la contrainte que semblaient éprouver ses gardiens en répondant à ses questions, la brutalité avec laquelle ils le traitaient semblaient autant d'indices.

« Arrivé devant le peloton, on me mit au milieu de lui, et nous traversâmes ainsi la grande cour ; je demandai encore si l'on allait me fusiller ; mais toujours pas de réponse.

« On me fit monter dans la même pièce qu'avant, et là, à mon grand étonnement, je vis mes trois compagnons qui avaient été pris à dix-sept kilomètres plus loin.

« Ils avaient l'air d'avoir beaucoup souffert.

« Oh ! comme j'étais heureux de les revoir ! car je les croyais bien morts ; le ballon les avait entraînés dans un autre village, où il s'était accroché à une chaumière et avait été pris par les paysans et ramené à Rothambourg.

« L'interrogatoire au sujet de mes trois compagnons recommença. Je répondis que ces trois personnes étaient des voyageurs partis pour échapper au siége de Paris, et après mille questions je fus réintégré dans mon cachot.

« Un homme eut enfin pitié de moi et m'apporta une tasse de café, avec un peu de pain.

« Le lendemain, à six heures du matin, on vint me prendre, et l'on me dit que l'on me conduisait à Munich, capitale de la Bavière. Une voiture nous attendait à la porte avec des gendarmes. Mes trois compagnons étaient déjà dans cette voiture, qui nous conduisit à la station du chemin de fer, à 12 kilomètres du village.

« La station était envahie par une foule de curieux ; les cris et les hostilités recommencèrent aussitôt notre apparition. Heureusement, le train ne se fit pas attendre, car les cris : « A mort les canailles ! à mort les Français ! » nous accompagnaient à chaque pas.

« Nous partîmes pour Munich.

« A mi-chemin, un changement de train nous obligea de descendre dans une salle d'attente où nous retombâmes au milieu d'une foule qui nous prodigua l'insulte, au point que les soldats de notre escorte avaient toutes les peines du monde à nous protéger.

« A une heure du matin, nous arivâmes à Munich, où notre capture avait dû être

(1) Suivant les lois allemandes, tout individu qui sortait de Paris en ballon était fusillé.

… D'instant en instant, d'énormes vagues venaient se briser contre le ballon et nous couvraient d'eau..... Ma femme était de plus en plus faible; il fallut bientôt la prendre dans mes bras.

(*Sauvetage de M. Duruof dans la mer du Nord.*)

annoncée, car plus de mille personnes nous attendaient, qui couraient après nous, dès que nous fûmes descendus, hurlaient et criaient : « Demain on vous fusillera, bri-« gands de francs-tireurs, espions, etc. » Tout cela s'adressait plus directement à moi qu'à mes compagnons.

« Au même instant, je reçois un coup de poing en pleine figure ; le sang en jaillit ; M. de L'Épinay reçut le même outrage, plus avilissant pour celui qui le donne que pour celui qui le reçoit.

« La colère me fit perdre mon sang-froid, et, me retournant vers la foule, je traitai cette horde infâme d'assassins et de canailles, d'oser ainsi répudier tout sentiment d'humanité en maltraitant de pauvres prisonniers blessés (car nous l'étions tous).

« Le paroxysme de la colère et de l'indignation fit sortir de ma bouche les plus fortes invectives contre cette horde barbare, qui n'était cependant pas composée de gens auxquels on donne si gratuitement le nom de populace. Entrés dans la prison militaire, on nous mit dans des cellules séparées jusqu'au lendemain où je subis un interrogatoire.

« Deux jours après, la femme du geôlier vint me voir avec sa fille et, après bien des pleurs et des lamentations, me fit l'offre de me procurer de quoi écrire à mes parents, parce que je devais être fusillé le lendemain. J'en profitai pour écrire trois lettres que je lui remis, en lui faisant promettre de ne les mettre à la poste qu'après ma mort, ce qu'elle promit en se retirant. (1) »

Ce n'était qu'une fausse nouvelle. Verrecke resta ainsi dix jours, ignorant s'il serait fusillé ou s'il vivrait.

Enfin il fut interné, quelques jours après la visite de la femme du geôlier, dans une sorte d'île qui se trouvait de l'autre côté de la ville. Deux mois plus tard, la paix était signée et il était libre (2).

VI

Le siége se continuait, les rigueurs de la faim étaient venues s'ajouter aux rigueurs de l'hiver : l'espérance cependant n'avait point abandonné Paris ; les pigeons voyageurs apportaient le récit des batailles d'Orléans, et tous, gardes nationaux ou soldats, croyaient à la délivrance de Paris d'abord, de la France ensuite. Mais bientôt on parla d'un armistice ; le gouvernement l'annonça et en fit connaître les conditions. C'était une capitulation déguisée !

La veille, un ballon, le *Richard-Wallace*, était parti, emportant avec lui 220 kilogrammes de dépêches. Son aéronaute, un soldat, Lacaze, emportait une dépêche qui donnait quelques détails au gouvernement de Tours sur le projet d'armistice. Mais, après avoir touché terre à peu de distance de Niort, l'aéronaute jeta un sac de lest et remonta dans les airs. Près de la Rochelle, on aperçut à une hauteur considérable le *Richard-Wallace* qui prenait la route de la mer.

Lacaze, comme Prince, ne revint plus : la mer engloutit ces deux victimes du dévouement à la patrie (3).

Le lendemain, le *Général-Cambronne* s'élevait de la gare de l'Est. C'était le dernier ballon du siége.

(1) *Souvenir du siége de Paris.* — 32 lieues à l'heure. — *Naufrage du ballon* LE GÉNÉRAL-CHANZY, *conduit par* M. VERRECKE. — Prix : 25 cent. — Paris, imprimerie Morris père et fils, rue Amelot, 64, 1872.

(2) Par décret du Président de la République française, en date du 17 octobre 1872, LÉOPOLD-JOSEPH VERRECKE a été décoré de la médaille militaire, pour services rendus, avec cette mention :

« GRIÈVEMENT BLESSÉ. »

(3) Voici les dépêches envoyées au gouvernement sur le passage du *Richard-Wallace* :

« Thessé à Bordeaux, 27 janvier.

« Un ballon paraissant monté et dirigé par vent nord-est est passé ce matin, à 9 heures, sur Montrichard. »

« Châtellerault, 27, 10 h. 50 m.

« Ballon a passé au-dessus de Châtellerault, à dix heures du matin, se dirigeant vers le sud ; me paraissait très-élevé ; mais, d'après quelques personnes, il aurait jeté du lest. »

VII

On vit pendant les quatre mois du siége de sublimes abnégations, de courageux dévouements; mais à coup sûr il n'en fut pas de plus grands que ceux de nombre d'aéronautes qui, ne connaissant rien des choses aérostatiques, ne possédant aucune expérience, s'en allaient, volontairement aveugles devant le danger, affronter les colères de la tempête n'ayant même pas l'espoir, comme celui qui va à la mort sous la mitraille, d'accoler à leur nom l'épithète de braves ou de héros!

TABLEAU

DES ASCENSIONS FAITES PENDANT LE SIÉGE DE PARIS

1re ASCENSION. — 23 *septembre.* — *Départ de M. J. Duruof.*

2e ASCENSION. — 25 *septembre.*
Nom du ballon : *La Ville-de-Florence.*
Départ : *Boulevard d'Italie*, 11 *heures matin.*
Descente : *Vernouillet, près Triel* (Seine-et-Oise).
Aéronaute : *Mangin.*
Passager : *Lutz.*

3e ASCENSION : 29 *septembre.*
Nom du ballon : *Les États-Unis.*
Départ : *Usine à gaz de la Villette*, 11 *heures* 30 *du matin.*
Descente : *Mantes*, 1 *heure de l'après-midi.*
Aéronaute : *Louis Godard.*
Passager : *Courtois.*
Dépêches : 83 *kilogrammes.*

4e ASCENSION. — 30 *septembre.*
Nom du ballon : *Le Céleste.*
Départ : *Usine de Vaugirard*, 6 *heures du matin.*
Descente : *Dreux, midi.*
Aéronaute : *G. Tissandier.*
Dépêches : 80 *kilogrammes.*

5e ASCENSION. — 7 *octobre.*
Nom du ballon : *L'Armand-Barbès.*
Départ : *Place Saint-Pierre*, 11 *heures* 10.
Descente : *Montdidier* (Somme), 3 *heures moins un quart.*
Aéronaute : *J. Trichet.*
Passagers : *Gambetta, Spuller.*

6e ASCENSION. — 7 *octobre.*
Nom du ballon : *Le George-Sand.*
Départ : *Place Saint-Pierre*, 11 *heures* 10.
Descente : *Cremery, près de Roye.*
Aéronaute : *Révillod.*
Passagers : *Deux Américains et un sous-préfet.*

7e ASCENSION. — 12 *octobre.*
Nom du ballon : *Le Washington.*
Départ : *Gare d'Orléans*, 8 *heures* 30 *soir.*
Descente : *Cambrai*, 11 *heures* 30.
Aéronaute : *Bertaux.*
Passagers : *Van Roosebecke, colombophile ; Lefebvre, consul de Vienne.*
Dépêches : 300 *kilogrammes.*

« Niort, 27, 12 h. 5 m.

« Ballon passé à Parthenay, a voulu atterrir, n'a pas pu ; se dirige sur **Beauvais.** »

« Rochefort, 12 h. 45 m.

« Un ballon monté se dirigeant vers le sud-ouest est en vue de Rochefort. »

« Tonnay-Charente, 1 h. 30 m.

« Ballon passé 1 h. 15 minutes, se dirigeant sur sud-ouest d'après compas. »

« Saint-Prelet (Saintes), 28 janvier, 3 h. 30 m. soir.

« Il me paraît impossible que le ballon vu à Rochefort soit allé se perdre dans l'Océan, s'il était monté, car à Rochefort il a été poussé par des vents venant de la mer sur Tonnay-Charente, Port-l'Abbé, Brives, et enfin hier soir, à la nuit, il paraissait se diriger sur Barbezieux; à ce moment-là, aucune cause explicable n'aurait pu l'empêcher d'atterrir. »

8e ASCENSION. — 12 *octobre.*

Nom du ballon : *Le Louis-Blanc.*
Départ : *Place Saint-Pierre*, 9 *heures matin.*
Descente : *Béclair* (Belgique), 12 *heures* 30.
Aéronaute : *Farcot.*
Passager : *Traclet.*
Dépêches : 125 *kilogrammes.*

9e ASCENSION. — 14 *octobre.*

Nom du ballon : *Le G.-Cavaignac.*
Départ : *Gare d'Orléans*, 10 *heures* 15 *matin.*
Descente : *Brillon* (Meuse), 3 *heures soir.*
Aéronaute : *Godard père.*
Passagers : *De Kératry et deux autres voyageurs.*
Dépêches : 710 *kilogrammes.*

10e ASCENSION. — 14 *octobre.*

Nom du ballon : *Le Jean-Bart.*
Départ : *Usine de Vaugirard.*
Descente : *Nogent-sur-Seine.*
Aéronaute : *Albert Tissandier.*
Passagers : *Ranc et Ferrand.*
Dépêches : 400 *kilogrammes.*

11e ASCENSION. — 16 *octobre.*

Nom du ballon : *Le Jules-Favre.*
Départ : *Gare d'Orléans*, 7 *heures* 20 *matin.*
Descente : *Foix-Chapelle* (Belgique), *midi* 20.
Aéronaute : *Godard jeune.*
Passagers : *Malapert, Ribau, Béolé.*
Dépêches : 195 *kilogrammes.*

12e ASCENSION. — 16 *octobre.*

Nom du ballon : *Le Lafayette.*
Départ : *Gare d'Orléans*, 9 *heures* 50 *matin.*
Descente : *Dinant* (Belgique), 2 *heures* 45 *soir.*
Aéronaute : *Labadie, marin.*
Passagers : *Daru, Barthélemy.*
Dépêches : 270 *kilogrammes.*

13e ASCENSION. — 18 *octobre.*

Nom du ballon : *Le Victor-Hugo.*
Départ : *Jardin des Tuileries*, 11 *heures* 45 *matin.*
Descente : *Bar-le-Duc* (Meuse), 5 *heures* 15 *soir.*
Aéronaute : *Nadal.*
Dépêches : 440 *kilogrammes.*

14e ASCENSION. — 19 *octobre.*

Nom du ballon : *La République Universelle.*
Départ : *Gare d'Orléans*, 9 *heures* 10 *matin.*
Descente : *Mézières* (Ardennes), 11 *heures* 20 *soir.*
Aéronaute : *Jossec, marin.*
Passagers : *Dubost, Gaston Prunières.*
Dépêches : 305 *kilogrammes.*

15e ASCENSION. — 22 *octobre.*

Nom du ballon : *Le Garibaldi.*
Départ : *Jardin des Tuileries*, 11 *heures* 30 *matin.*
Descente : *Quincy-Segy* (Hollande), 1 *heure soir.*
Aéronaute : *Iglesia.*
Passager : *De Jouvencel, ancien député.*
Dépêches : 450 *kilogrammes.*

16e ASCENSION. — 25 *octobre.*

Nom du ballon : *Le Montgolfier.*
Départ : *Gare d'Orléans*, 8 *heures* 30 *matin.*
Descente : *Holigenberg* (Hollande), *midi.*
Aéronaute : *Hervé, marin.*
Passagers : *Le Bouedec, colonel Lapierre.*
Dépêches : 390 *kilogrammes.*

17e ASCENSION. — 27 *octobre.*

Nom du ballon : *Le Vauban.*
Départ : *Gare d'Orléans*, 9 *heures matin.*
Descente : *Vignoles* (Meuse).
Aéronaute : *Guillaume, marin.*
Passagers : *Reitlinger, photographe; Cassiers, colombophile.*
Dépêches : 270 *kilogrammes.*

18e ASCENSION. — 27 *octobre.*

Nom du ballon : *La Bretagne.*
Départ : *Usine à gaz de la Villette*, 11 *heures matin.*
Descente : *Verdun* (Meuse), 2 *heures soir.*
Aéronaute : *Cuzon.*
Passagers : *Worth, Manceau, Hudin.*

19e ASCENSION. — 29 *octobre.*

Nom du ballon : *Colonel-Charras.*
Départ : *Gare du Nord, midi.*
Descente : *Montigny* (Haute-Marne), 5 *heures soir.*
Aéronaute : *Gilles.*
Dépêches : 460 *kilogrammes.*

20e ASCENSION. — 2 *novembre.*

Nom du ballon : *Le Fulton.*
Départ : *Gare d'Orléans*, 8 *heures* 30 *minutes matin.*
Descente : *Près Angers*, 2 *heures* 20 *soir.*
Aéronaute : *Le Gloennec, marin.*
Passager : *Cézanne.*
Dépêches : 250 *kilogrammes.*

21e ASCENSION. — 4 *novembre.*

Nom du ballon : *Le Ferdinand-Flocon.*
Départ : *Gare du Nord*, 9 *heures matin.*
Descente : *Châteaubriant* (Loire-Inférieure), 3 *heures* 45 *soir.*
Aéronaute : *Vidal.*
Passager : *Lemercier de Jauvelle.*
Dépêches : 130 *kilogrammes.*

22e ASCENSION. — 4 *novembre.*

Nom du ballon : *Le Galilée.*
Départ : *Gare du Nord*, 2 *heures* 45 *soir.*
Descente : *Près Chartres* (Eure-et-Loir), 6 *heures* 30 *soir.*
Aéronaute : *Husson, marin.*
Passager : *Étienne Antonin.*
Dépêches : 420 *kilogrammes.*

23e ASCENSION. — 6 *novembre.*

Nom du ballon : *La Ville-de-Châteaudun.*
Départ : *Gare du Nord*, 9 *heures* 45 *matin.*
Descente : *Reclainvilles, près Voves* (Eure-et-Loir), 5 *heures soir.*
Aéronaute : *Bosc, négociant.*
Dépêches : 455 *kilogrammes.*

24e ASCENSION. — 8 *novembre.*

Nom du ballon : *La Gironde.*
Départ : *Gare d'Orléans*, 8 *heures matin.*
Descente : *Granville* (Manche), 3 *heures* 40 *soir.*
Aéronaute : *Galloy, marin.*
Passagers : *Herbaut, Gambès, Barry.*
Dépêches : 60 *kilogrammes.*

25e ASCENSION. — 12 *novembre.*

Nom du ballon : *Le Daguerre.*
Départ : *Gare d'Orléans*, 9 *heures* 15 *matin.*
Descente : *Ferrières* (Seine-et-Marne).
Aéronaute : *Jubbert, marin.*
Passagers : *Pierron, ingénieur; Nobecourt, colombophile.*
Dépêches : 260 *kilogrammes.*

26e ASCENSION. — 12 *novembre.*

Nom du ballon : *Le Niepce.*
Départ : *Gare d'Orléans*, 9 *heures* 15 *matin.*
Descente : *Vitry* (Seine-et-Marne), 2 *heures* 20 *soir.*
Aéronaute : *Pagano, marin.*
Passagers : *Dagron, Fernique, Poisot, Gnocchi.*

27e ASCENSION. — 18 *novembre.*

Nom du ballon : *Le Général-Ulrich.*
Départ : *Gare du Nord*, 11 *heures* 15 *soir.*
Descente : *Luzarches* (Seine-et-Oise), 8 *heures* 30 *matin.*
Aéronaute : *Lemoine, marin.*
Passager : *Thomas, colombophile.*
Dépêches : 80 *kilogrammes.*

28e ASCENSION. — 24 *novembre.*

Nom du ballon : *La Ville-d'Orléans.*
Départ : *Gare du Nord*, 11 *heures* 45 *soir.*
Descente : (Norwége).
Aéronaute : *Rolier.*
Passager : *Bezier.*
Dépêches : 250 *kilogrammes.*

29e ASCENSION. — 24 *novembre.*

Nom du ballon : *L'Archimède.*
Départ : *Gare d'Orléans, minuit* 40.
Descente : *Castelré* (Hollande), 6 *heures* 45 *matin.*
Aéronaute : *Jules Buffet, marin.*
Passagers : *De Saint-Valry, Jaudas.*
Dépêches : 220 *kilogrammes.*

30e ASCENSION. — 24 *novembre.*

Nom du ballon : *L'Égalité.*
Départ : *Usine à gaz de Vaugirard,* 10 *heures matin.*
Descente : *Louvain* (Belgique), 2 *heures* 15 *soir.*
Aéronaute : *W. de Fonvielle.*
Passagers : *Bunel, Rouzé,* de *Viloutray.*

31e ASCENSION. — 30 *novembre.*

Nom du ballon : *Le Jacquard.*
Départ : *Gare d'Orléans,* 11 *heures soir.*
Descente : PERDU EN MER.
Aéronaute : *Prince, marin.*
Dépêches : 250 *kilogrammes.*

32e ASCENSION. — 30 *novembre.*

Nom du ballon : *Le Jules-Favre.*
Départ : *Gare du Nord,* 11 *heures soir.*
Descente : *Belle-Isle-en-Mer.*
Aéronaute : *Martin.*
Passager : *Ducauroy.*
Dépêches : 50 *kilogrammes.*

33e ASCENSION. — 1er *décembre.*

Nom du ballon : *La Bataille-de-Paris.*
Départ : *Gare du Nord,* 5 *heures* 15 *matin.*
Descente : *Grandchamp* (Bretagne).
Aéronaute : *Poirrier.*
Passager : *Lissajoux.*

34e ASCENSION. — 2 *décembre.*

Nom du ballon : *Le Volta.*
Départ : *Gare d'Orléans,* 6 *heures matin.*
Descente : *Savenay* (Loire-Inférieure), 11 *heures* 30 *matin.*
Aéronaute : *Chapelain, marin.*
Passager : *Janssen.*

35e ASCENSION. — 4 *décembre.*

Nom du ballon : *Le Franklin.*
Départ : *Gare d'Orléans,* 1 *heure matin.*
Descente : *Nantes,* 8 *heures matin.*
Aéronaute : *Marcia, marin.*
Passager : *Comte d'Andrecourt, officier d'état-major.*

36e ASCENSION. — 5 *décembre.*

Nom du ballon : *L'Armée-de-Bretagne.*
Départ : *Gare du Nord,* 6 *heures matin.*
Descente : *Bouillet* (Deux-Sèvres).
Aéronaute : *Surrel.*
Passager : *Alavoine, consul à Jersey.*
Dépêches : 400 *kilogrammes.*

37e ASCENSION. — 7 *décembre.*

Nom du ballon : *Le Denis-Papin.*
Départ : *Gare d'Orléans,* 1 *heure matin.*
Descente : *Près du Mans* (Sarthe).
Aéronaute : *Domalin, marin.*
Passagers : *Montgaillard, Delort et Robert, inventeurs de cylindres sous-aquatiques pour le transport des lettres de province par la Seine.*
Dépêches : 55 *kilogrammes.*

38e ASCENSION. — 11 *décembre.*

Nom du ballon : *Le Général-Renault.*
Départ : *Gare du Nord,* 3 *heures* 15.
Descente : *Rouen,* 5 *heures* 30 *matin.*
Aéronaute : *Joignerey.*
Passagers : *Wolff et Lermanjat.*
Dépêches : 1 000 *kilogrammes.*

39e ASCENSION. — 15 *décembre.*

Nom du ballon : *La Ville-de-Paris.*
Départ : *Gare du Nord,* 4 *heures matin.*
Descente : *Wertzlar* (Prusse), 1 *heure* 5 *soir.*
Aéronaute : *Delamarne.*
Passagers : *Morel, Billebaut.*
Dépêches : 65 *kilogrammes.*

40e ASCENSION. — 17 *décembre.*

Nom du ballon : *Le Parmentier.*
Départ : *Gare d'Orléans,* 1 *heure* 15 *matin.*
Descente : *Gourgançon* (Marne), 9 *heures matin.*
Aéronaute : *Paul, marin.*
Passager : *Desdouet.*
Dépêches : 160 *kilogrammes.*

41e ASCENSION. — 17 *décembre.*

Nom du ballon : *Le Guttemberg.*
Départ : *Gare d'Orléans,* 1 *heure* 30 *matin.*
Descente : *Montpreux* (Doubs), 9 *heures matin.*
Aéronaute : *Perruchon, marin.*
Passagers : *D'Almeida, Lévy et Louisy.*

42e ASCENSION. — 18 *décembre.*

Nom du ballon : *Le Davy.*
Départ : *Gare d'Orléans,* 5 *heures matin.*
Descente : *près Beaune* (Côte-d'Or).
Aéronaute : *Chaumont, marin.*
Passager : *Deschamps.*
Dépêches : 25 *kilogrammes.*

43e ASCENSION. — 20 *décembre.*

Nom du ballon : *Le Général-Chanzy*
Départ : *Gare du Nord,* 2 *heures* 30 *matin.*
Descente : *Rotemberg* (Bavière), 10 *heures* 15.
Aéronaute : *Werrecke.*
Passagers : *De L'Épinay, Julliac, Joufryon.*
Dépêches : 25 *kilogrammes.*

44e ASCENSION. — 22 *décembre.*

Nom du ballon : *Le Lavoisier.*
Départ : *Gare d'Orléans,* 2 *heures* 30.
Descente : *Beaufort* (Maine-et-Loire), 9 *heures matin.*
Aéronaute : *Ledret, marin.*
Passagers : *Raoul de Boisdeffre, officier d'état-major du général Trochu, chargé d'une mission auprès du général Chanzy.*
Dépêches : 175 *kilogrammes.*

45e ASCENSION. — 23 *décembre.*

Nom du ballon : *La Délivrance.*
Départ : *Gare du Nord,* 3 *heures* 30 *matin.*
Descente : *La Roche* (Morbihan), 11 *heures* 15 *matin.*
Aéronaute : *Gauchet, négociant.*
Passager : *Reboul.*
Dépêches : 10 *kilogrammes.*

46e ASCENSION. — 24 *décembre.*

Nom du ballon : *Le Rouget-de-l'Isle.*
Départ : *Gare d'Orléans,* 3 *heures matin.*
Descente : *Alençon* (Orne), 9 *heures matin.*
Aéronaute : *Jahn, marin.*
Passager : *Garnier.*

47e ASCENSION. — 27 *décembre.*

Nom du ballon : *Le Tourville.*
Départ : *Gare d'Orléans,* 4 *heures matin.*
Descente : *Eymoutiers* (Haute-Vienne), 1 *heure soir.*
Aéronaute : *Moutlet, marin.*
Passagers : *Miège, Delaleu.*
Dépêches : 160 *kilogrammes.*

48e ASCENSION. — 29 *décembre.*

Nom du ballon : *Le Bayard.*
Départ : *Gare d'Orléans,* 4 *heures matin*
Descente : *La Mothe-Achard* (Vendée), 10 *heures matin.*
Aéronaute : *Reginensi, marin.*
Passager : *Ducoux.*
Dépêches : 110 *kilogrammes.*

49e ASCENSION. — 30 *décembre.*

Nom du ballon : *L'Armée-de-la Loire.*
Départ : *Gare du Nord,* 5 *heures matin.*
Descente : *Près du Mans* (Sarthe), 1 *heure soir.*
Aéronaute : *Lemoine.*
Dépêches : 250 *kilogrammes.*

50e ASCENSION. — 3 *janvier*.
Nom du ballon : *Le Merlin-de-Douai.*
Départ : *Gare du Nord, 4 heures matin.*
Descente : *Massay* (Cher), 11 *heures* 45, *matin.*
Aéronaute : *Griseaux.*
Passager : *Eugène Tarbé.*

51e ASCENSION. — 4 *janvier*.
Nom du ballon : *Le Newton.*
Départ : *Gare du Nord, 4 heures matin.*
Descente : *Digny* (Eure-et-Loir).
Aéronaute : *Ours, marin.*
Passager : *Brousseau.*
Dépêches : 310 *kilogrammes.*

52e ASCENSION. — 9 *janvier*.
Nom du ballon : *Le Duquesne.*
Départ : *Gare d'Orléans,* 3 *heures* 50 *matin.*
Descente : *près Reims* (Marne).
Aéronaute : *Richard.*
Passagers : *Trois marins.*

53e ASCENSION. — 9 *janvier*.
Nom du ballon : *Le Gambetta.*
Départ : *Gare du Nord,* 3 *heures* 55 *matin.*
Descente : *Clamecy, près Auxerre* (Yonne). 2 *heures soir.*
Aéronaute : *Duvivier, marin.*
Passager : *De Fourcy.*
Dépêches : 240 *kilogrammes.*

54e ASCENSION. — 11 *janvier*.
Nom du ballon : *Le Képler.*
Départ : *Gare d'Orléans,* 3 *heures* 30 *matin.*
Descente : *Laval* (Mayenne), 9 *heures* 15 *matin.*
Aéronaute : *Roux, marin.*
Passager : *Dupuy.*
Dépêches : 160 *kilogrammes.*

55e ASCENSION. — 13 *janvier*.
Nom du ballon : *Le Monge.*
Départ : *Gare d'Orléans, midi* 50.
Descente : *Arpheuilles* (Indre), 8 *heures soir.*
Aéronaute : *Raoul.*
Passager : *Guigné.*

56e ASCENSION. — 13 *janvier*.
Nom du ballon : *Le Général-Faidherbe.*
Départ : *Gare du Nord,* 3 *heures* 30 *matin.*
Descente : *Saint-Avit* (Gironde), 2 *heures* 10 *soir.*
Aéronaute : *Van Seymortier.*
Passager : *Hurel.* (*M. Hurel emmenait avec lui quatre chiens qui devaient rentrer dans Paris porteurs de dépêches.*)
Dépêches : 60 *kilogrammes.*

57e ASCENSION. — 15 *janvier*.
Nom du ballon : *Le Vaucanson.*
Départ : *Gare d'Orléans,* 3 *heures matin.*
Descente : *Armentières* (Belgique), 9 *heures* 15 *matin.*
Aéronaute : *Clariot, marin.*
Passagers : *Valade et Delente.*
Dépêches : 75 *kilogrammes.*

58e ASCENSION. — 16 *janvier*.
Nom du ballon : *Le Steenackers.*
Départ : *Gare du Nord,* 7 *heures matin.*
Descente : *Hynd* (Hollande), *dans les dunes du Zuyderzée.*
Aéronaute : *Vibert.*
Passager : *Galeron.*

59e ASCENSION. — 10 *janvier*.
Nom du ballon : *La Poste-de-Paris.*
Départ : *Gare du Nord,* 3 *heures matin.*
Descente : *Van Ruy* (Pays-Bas).
Aéronaute : *Turbiaux.*
Passagers : *Cleray et Cavailhon.*
Dépêches : 70 *kilogrammes.*

60e ASCENSION. — 20 *janvier*.
Nom du ballon : *Le Général-Bourbaki.*
Départ : *Gare du Nord.*
Descente : *Bazancourt* (Marne).
Aéronaute : *Mangin jeune.*
Passager : *Boisenfrey.*
Dépêches : 125 *kilogrammes.*

61e ASCENSION. — 22 *janvier*.
Nom du ballon : *Le Général-Daumesnil.*
Départ : *Gare de l'Est,* 4 *heures matin.*
Descente : *Charleroy* (Belgique), 8 *heures* 20 *matin.*
Aéronaute : *Robin, marin.*
Dépêches : 280 *kilogrammes.*

62e ASCENSION. — 24 *janvier*.
Nom du ballon : *Le Toricelli.*
Départ : *Gare de l'Est,* 3 *heures matin.*
Descente : (Oise), 11 *heures matin.*
Aéronaute : *Bely, marin.*
Dépêches : 230 *kilogrammes.*

63e ASCENSION. — 27 *janvier*.
Nom du ballon : *Le Richard-Wallace.*
Départ : *Gare du Nord,* 3 *heures* 30 *matin.*
Descente : PERDU EN MER.
Aéronaute : *Lacaze, soldat.*
Dépêches : 220 *kilogrammes.*

64e ASCENSION. — 28 *janvier*.
Nom du ballon : *Le Général-Cambronne.*
Départ : *Gare de l'Est,* 6 *heures matin.*
Descente : *Mayenne* (Mayenne), 1 *heure soir.*
Aéronaute : *Tristan, marin.*
Dépêches : 20 *kilogrammes.*

VIII

Quelques essais de retour en ballon vers Paris furent tentés, mais ne réussirent pas.

Une commission scientifique chargée d'examiner la possibilité de ces voyages fut, dès la fin de septembre, organisée à Tours : MM. Marié-Davy, de l'Observatoire, et Serret, de l'Institut, entre autres, en faisaient partie. Les aéronautes qui étaient venus de Paris en ballon furent appelés à délibérer avec elle, et il fut décidé que des aérostats seraient envoyés à Orléans, à Chartres, à Évreux, à Dreux, à Rouen, à Amiens, dans toutes les villes à la fois proches de Paris et capables de fournir une quantité de gaz suffisante. L'aéronaute de chacun de ces ballons, muni d'une bonne boussole, observerait chaque matin les nuages « au moyen d'une glace horizontale fixe où serait tracée une ligne se dirigeant vers Paris, » et lorsqu'ils se dirigeraient de ce côté, il demanderait télégraphiquement des dépêches, des instructions, et partirait. A cent reprises, l'essai devait échouer, mais il pouvait réussir une seule fois, et c'en était assez de cette toute petite espérance pour le tenter.

Les quelques ballons venus alors de Paris n'étant qu'en coton, la construction d'aérostats en soie est commencée, sous la direction de MM. Duruof, Gabriel Mangin, G. Tissandier et Louis Godard.

Avant qu'elle ne soit terminée, M. Gaston Tissandier et son frère, qui, sorti après lui de Paris en ballon, est venu le rejoindre à Tours, proposent au gouvernement d'organiser, sans plus attendre et en se servant des ballons de Paris, les tentatives de retour sur Paris. Leur offre est acceptée, et M. G. Tissandier, accompagné de MM. Revillod et Mangin, part pour Chartres où, d'après les observations de l'Observatoire, le vent doit être favorable à l'entreprise projetée. A Chartres, la difficulté de trouver du gaz d'abord, puis un accident dont le ballon a été victime retardent le départ, que l'arrivée imminente des Prussiens finit par rendre impossible, et les aéronautes, ne sauvant qu'à grand'peine leur matériel, gagnent par Dreux le Mans, où ils veulent faire une nouvelle tentative. Le vent n'y étant pas favorable, ils vont à Rouen en chercher un meilleur ; après plusieurs jours d'attente, ils s'élèvent enfin le 7 novembre, mais le vent ne tarde pas à changer de direction, et les aéronautes, renonçant à atteindre Paris ce jour-là, prennent terre près des Andelys. L'entreprise, recommencée le lendemain, ne réussit pas mieux, et les voyageurs allèrent tomber sur les bords de la Seine entre le Havre et Rouen.

Ce fut la dernière tentative faite.

IX

Dans Paris assiégé, l'aérostation militaire aurait pu rendre de grands services ; il n'en fut rien cependant et aucune tentative sérieuse ne fut faite dans ce genre.

Les précédents ne manquaient pas cependant.

Ainsi, malgré le licenciement des compagnies d'aérostiers militaires par Napoléon, en 1815, Carnot, qui commandait Anvers assiégé, faisait des reconnaissances monté dans un aérostat. Quelques années auparavant, durant cette néfaste campagne de 1812, les Russes, employant ce que nous dédaignions, construisirent un immense aérostat qui pouvait emporter avec lui plus de cinquante voyageurs. Trente artilleurs devaient prendre place dans la nacelle et, arrivés au-dessus du quartier général français, lancer une énorme quantité de projectiles chargés à mitraille. Plusieurs essais furent tentés avec des ballons plus petits, mais sans succès, et le projet fut abandonné.

Ce ne fut qu'en 1826 qu'un ancien professeur de l'École militaire, M. Ferry, publia dans le journal le *Spectateur militaire* une notice biographique sur Coutelle, dans laquelle il décrivait les manœuvres exécutées par la compagnie des aérostiers. Il terminait en appelant l'attention du gouvernement sur l'aérostation militaire et prédisait que dans peu d'années les découvertes de Coutelle et de Conté seraient perdues Ce cri d'alarme fut entendu, et une commission chargée d'étudier la question nommée; mais son rapport, qui était favorable à la réorganisation du corps des aérostiers, eut le sort de tant d'autres rapports; il repose encore aujourd'hui dans les cartons du ministère.

Les gouvernements passent et la routine reste.

L'aéronaute Margat, qui demanda, lors de l'expédition d'Alger, à accompagner l'armée, put le constater après tant d'autres. Son ballon, qui avait été embarqué et conduit en rade d'Alger, demeura emballé et fut ramené en France sans avoir été gonflé.

En 1849, les Autrichiens essayèrent de bombarder Venise au moyen de petits ballonneaux porteurs de bombes incendiaires. Deux officiers d'artillerie avaient proposé de construire et fréter 200 petits aérostats munis chacun d'une bombe pesant 20 à 40 livres, qui éclaterait lorsque le ballonneau passerait au-dessus de la ville. Le 22 juin 1849 cent ballons furent en effet lancés, mais ils rencontrèrent un courant aérien qui les ramena au-dessus du camp autrichien. Les assiégeants, pris ainsi dans leur propre piége, jurèrent un peu tard qu'on ne les y reprendrait plus.

L'essai tenté par l'armée autrichienne donna lieu à quelques expériences faites en 1854 à Vincennes. Un officier proposait de faire tomber, grâce à un mécanisme électrique, des projectiles placés dans un ballon retenu captif; mais le gouvernement se montra parcimonieux, et les expériences, faites dans des conditions déplorables, ne donnèrent aucun résultat.

Ces échecs successifs, qui tous doivent être attribués à l'inexpérience des expérimentateurs ou à l'insuffisance des moyens dont ils disposaient, n'ont aucune portée.

Les reconnaissances faites en ballon pendant la guerre d'Amérique prouvent de quel secours peuvent être les aérostats.

En 1861, au mois de septembre, l'aéronaute La Mountain s'éleva en ballon captif, au camp de l'Union, sur le Potomac. Mais, ne pouvant embrasser une assez grande étendue de territoire, il coupa la corde qui retenait son ballon captif. Parvenu à une hauteur de 1 500 mètres et placé au-dessus des lignes ennemies, il put facilement observer les forces dont disposaient les adversaires du général Mac-Clellan. Jetant alors un sac de lest, il rencontra un nouveau courant aérien qui le porta vers Maryland, d'où il envoya par dépêches les renseignements dont le général en chef avait besoin.

Pendant cette même guerre, un autre aéronaute, M. Allan de Rhode-Island, imagina de faire communiquer par un fil électrique l'observateur placé dans la nacelle et le quartier général. Le gouvernement américain accueillit sa proposition, et quelques jours plus tard le professeur Lowe, qui avait accompagné M. Allan dans la nacelle, pouvait envoyer la dépêche suivante au président des États-Unis.

« Washington, du ballon l'*Entreprise*.

« Sir, le point d'observation commande une étendue de cinquante milles à peu près en diamètre. La cité, avec sa ceinture de campements, présente une scène superbe. J'ai grand plaisir à vous envoyer cette dépêche, la première qui ait été té-

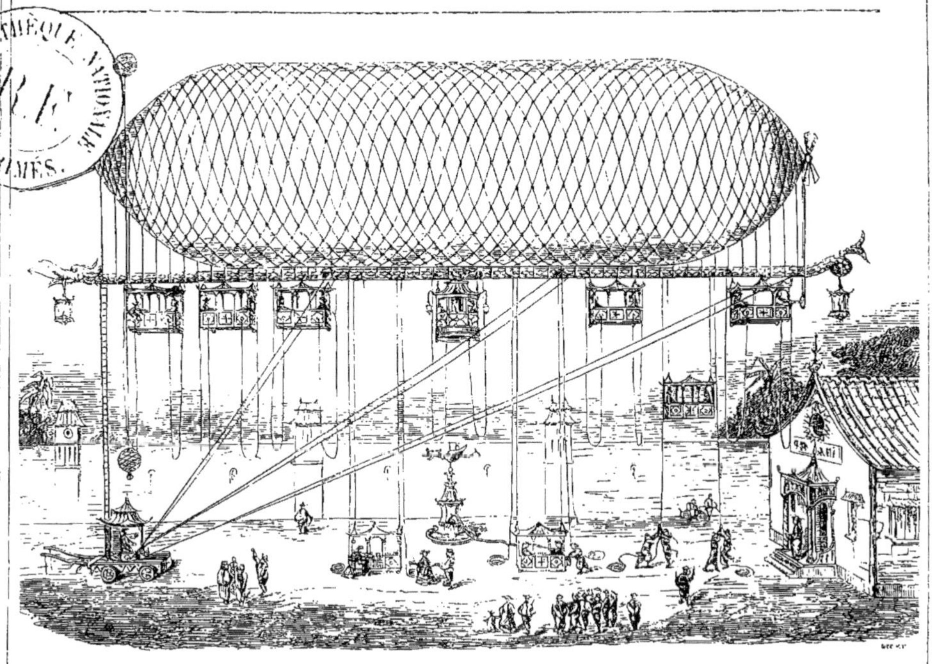

Fantaisie chinoise.

légraphiée d'une station aérienne, et à reconnaître tout ce que je vous dois pour m'avoir tant encouragé et m'avoir donné l'occasion de démontrer les services que la science aéronautique peut rendre à l'armée dans ces contrées. »

Le *Journal militaire de Darmstadt* a donné le récit suivant d'une autre application des aérostats, faite pendant la guerre d'Amérique :

« Dans les derniers jours de mai 1862, dit le *Journal militaire de Darmstadt,* l'armée unioniste, campée devant Richmond, lança au-dessus de la place un ballon captif. Un appareil photographique (1) fut dirigé vers la terre et permit de prendre, en perspective, sur une carte, tout le terrain de Richemond à Manchester à l'ouest et à Chikhaominy à l'est. La rivière qui arrose la capitale, les cours d'eau, les chemins

(1) Ce n'était pas la première application qui eût été faite de la photographie à l'aérostation.

Plusieurs années auparavant déjà, M. Nadar avait fait des tentatives en ce genre. Il avait songé à établir le cadastre au moyen de photographies faites en ballon, et il avait pris des brevets dans tous les pays de l'Europe. Les expériences qu'il tenta échouèrent d'abord, mais de meilleurs résultats finirent par être atteints.

« Je savais bien, dit M. Nadar dans les *Mémoires du Géant,* la difficulté première contre laquelle j'avais à lutter : la mobilité de ma nacelle, si captive qu'elle fût, par les mouvements de haut en bas, de bas en haut, d'arrière en avant, d'avant en arrière, de gauche à droite et réciproquement, sans parler des mouvements rotatoires et aussi de tous les combinés de ces mouvements entre eux.

« Mais on connaît aussi quels perfectionnements a atteints la photographie quant à l'instantanéité, et de fer, les chemins de traverse, les marais, bois de pins, etc., furent tracés ; on y porta aussi la disposition des troupes, batteries d'artillerie, infanterie et cavalerie. On en tira deux exemplaires. On les divisa en 64 parties, comme un champ de bataille, avec les signes conventionnels A, A², etc. Le général Mac-Clellan eut un de ces exemplaires, le conducteur de ballon eut l'autre.

« L'armée fut d'abord retenue dans le camp, par le mauvais temps, une journée tout entière ; le 1er juin, l'aérostat s'éleva, vers midi, à une hauteur de plus de mille pieds (333 mètres) au-dessus du champ de bataille et se mit en relations avec le quartier général par un fil télégraphique. Pendant une heure, les mouvements de l'ennemi furent signalés avec exactitude. Une demi-heure plus tard, la dépêche porta : *Sortie de la maison Cadeys*. Mac-Clellan put, en un instant, donner ordre d'a-

le moindre praticien sait que, quelle que soit la rapidité des produits photochimiques qu'il emploie, cette rapidité s'accroît en raison de l'éloignement de son objectivité.

« Je me mets bien vite à faire gonfler des ballons. J'installe sur ma nacelle une tente d'étoffe orange, doublée de noir, appendue au cercle, et je monte et j'opère.

« Rien d'abord.

« D'autres essais sont également infructueux.

« Le très-grand, le seul obstacle réel peut-être à ma réussite consistait dans le matériel aérostatique même que j'étais forcé d'employer.

« Les ballons forains qui me servaient, faute de tout autre spécial, dont l'établissement coûteux m'était interdit, ces ballons trop courts de base vomissaient, par leur appendice ouvert immédiatement sur mes cuvettes, des flots d'hydrogène sulfuré, et le dernier élève photographe sautera en l'air en pensant au joli ménage que mes iodures devaient faire avec ce diable de gaz. — Autant eût valu essayer d'allumer de la braise au fond d'un seau d'eau.

« J'étais désespéré, et je ne lâchais pas prise, pourtant.

« Une fois, après un dernier échec, je donnai, comme les fois précédentes, l'ordre de lâcher tout. Comme le pâtissier qui mange son fonds faute de pratiques, je m'offrais, après chaque essai photographique manqué, le plaisir d'une ascension libre.

« Nous allâmes tomber, une heure après, dans une vallée charmante et déserte qu'on appelle la vallée de la Bièvre, au Petit-Bicêtre, à deux ou trois lieues de Paris.

« Il n'y avait pas de vent.

« Je pris une résolution.

« Nous allons laisser le ballon sur place en fermant l'appendice. Il n'y a pas de danger, puisque le gaz n'a pas à se dilater cette nuit, bien au contraire. Je remonterai demain matin à la première heure, avec des bains neufs apportés tout exprès, et nous verrons bien.

« Retour sur les lieux le lendemain matin : le temps est couvert, il tombe une pluie grise et glaciale. N'importe ! Le ballon s'élève d'un mètre et retombe. Le gaz a perdu sa force pendant la nuit, et en outre le filet et les manœuvres sont alourdis par la rosée et cette petite pluie fine si inopportune.

« Je ne veux pas désespérer. Je débarrasse la nacelle de tout ce que j'en puis retirer ; je quitte ensuite ma redingote, puis mon gilet, puis mes bottes que je jette à terre ; je... comment dire cela ? Débarrassé quant à l'extérieur, je me déleste encore de *tout* ce qui peut m'alourdir, — et je m'enlève à 80 mètres environ !.....

« J'avais emporté une plaque toute préparée. — J'ouvre et referme mon objectif, et je crie impatient :

« — Descendez !

« On me tire à terre, je saute d'un bond dans l'auberge où, tout palpitant, je développe mon image.

« Bonheur ! Il y a quelque chose !

« J'insiste et force : l'image se révèle, bien effacée, bien pâle, mais nette et certaine. — Ce ne sera qu'un simple positif sur verre, très-faible, tout taché, mais qu'importe !

« J'avais eu raison ! la photographie aérostatique était possible. »

Quelques mois plus tard, M. Nadar reprit ses expériences dans l'aérostat *Michel-le-Brave*, destiné à la ville de Bucharest et construit à Paris par l'aéronaute français Villemot.

Les services que pourrait rendre la photographie aérostatique sont immenses.

« Au point de vue des observations stratégiques comme pour tous les relevés planimétriques, on comprend immédiatement quelles intéressantes ressources présenterait cette application.

« L'art militaire, qui tira un si bon parti dans les guerres de notre première République des aérovancer au général Heinsselmann et prescrivit au général Summer, qui était déjà au delà de Chikahominy, de marcher tout de suite sur la petite rivière. Les deux divisions purent, en deux heures de temps, être réunies en face de l'ennemi et défendre le champ de bataille à la baïonnette. Partout où les assiégés hasardèrent une attaque, ils furent repoussés avec une perte considérable, et furent attaqués par des forces supérieures sur les points les plus faibles. Ils dirigèrent contre le ballon un canon rayé d'une énorme portée. Les projectiles firent explosion près du ballon, et si près, que les aéronautes jugèrent convenable de s'éloigner. Le ballon fut descendu à terre, lancé dans une autre direction et assez haut pour être hors de la portée des pièces ennemies. Il fut mis de nouveau en communication avec la terre ferme, et l'armée assiégeante eut avis que de fortes masses de troupes accouraient sur le champ de bataille dans une autre direction. Dès qu'elles furent arrivées à la portée du canon des fédéraux, elles se virent prévenues avec une rapidité qui dut leur paraître inconcevable. Il semblait que le Dieu des batailles les eût complétement abandonnées en ce jour. Elles se voyaient conduites en avant pour servir de but aux canons des Yankees. Elles ne pouvaient suivre aucune direction, sans rencontrer un mur de baïonnettes impénétrable. Toutes les tentatives de l'armée du Sud pour enfoncer les lignes ennemies ayant échoué, Mac-Clellan commanda une attaque générale à la baïonnette et repoussa ses adversaires avec une perte énorme. Ce général n'eût pu obtenir un succès aussi complet sans le secours du ballon et de l'appareil dont il était muni. »

stiers militaires de l'école de Meudon sous Coutelle et Conté, trouverait le plus précieux secours dans un art nouveau qui permettrait, à l'aide du mégascope, de relever à plusieurs kilomètres même la trace d'une balle de fusil sur un mur.

« Quant aux autres résultats de la photographie aérostatique, lorsque si peu de pays, même européens, sont cadastrés, lorsque ceux qui le sont le sont d'une façon déplorable, la France en tête, on se demande comment on n'a pas poursuivi les tentatives nouvelles qui pouvaient peut-être résoudre la question.

« Avec la photographie aérostatique, en effet, disait le savant ingénieur Andraud, célèbre par ses « travaux sur l'air comprimé, plus de triangulation préalable, péniblement échafaudée sur un amas de « formules trigonométriques ; plus d'instruments douteux, planchettes, alidades, graphomètres ; plus « de chaînes à traîner, comme par des galériens, à travers les halliers, les vignes, les marais ; en « résumé, cinq cents photographies géodésiques, à mille hectares par jour, lèveraient le plan général de « la France en quatre-vingt journées de travail. »

« On s'est préoccupé ailleurs que chez nous de la photographie aérostatique. En Italie, il y a quelque vingt-cinq ans, le nouveau gouvernement de Victor-Emmanuel pensa à lui demander les éléments du cadastre. Le fameux opticien de Londres, M. Negretti, fit quelques tentatives pratiques. Mais, à notre connaissance, M. Nadar est seul parvenu, après nombre de coûteux et pénibles essais, à pouvoir présenter un relevé partiel de Paris obtenu photographiquement par lui, dès 1866, de la nacelle d'un aérostat, bien que M. Niepce de Saint-Victor lui-même lui eût prédit l'insuccès.

« Pour éviter en effet les mouvements de tangage et roulis de l'aérostat en l'air, la première, la seule condition est que l'aérostat soit d'un tel cubage, que sa force ascensionnelle considérable lui permette de tirer droit sur le câble qui lui sert de pédoncule. Restent encore les mouvements giratoires, mais il paraît que M. Nadar a trouvé le moyen très-simple d'y parer, et la rapidité *instantanée* de son opération garantit, affirme-t-il énergiquement, le succès de ses relevés géodésiques, mais à la condition d'avoir son matériel DANS DES CONDITIONS NORMALES, ce qui ne saurait être en effet contesté. »

X

A la veille de l'investissement de Paris, M. Nadar, qui avait toujours regardé l'aérostation comme destinée à jouer un grand rôle en temps de guerre, alla trouver le général Montauban, alors ministre, qui le renvoya au général Trochu.

Le gouverneur de Paris lui demanda un rapport sur l'emploi des aérostats comme matériel de guerre, et, déférant avec empressement au désir qui lui était exprimé, M. Nadar lui indiqua en quelques pages les services que pouvaient, suivant lui, rendre les ballons dans une ville assiégée.

S'occupant d'abord des observations de jour, M. Nadar établissait qu'un aérostat pouvait, en surveillant les mouvements de l'ennemi et en inspectant l'état de ses travaux de siége, être pour la défense un auxiliaire précieux. L'élévation que peut atteindre le ballon captif dépend de son cubage, et, pour ne citer qu'un exemple connu, celui de l'exposition de Londres en 1869 montait jusqu'à 500 mètres, tandis que les tours Notre-Dame en mesurent 74 à peine. Quant au danger, il n'existe pas alors que la distance et l'élévation constituent une double sauvegarde contre les projectiles de l'ennemi. Pour ce qui concerne le mode d'attache du ballon au sol, M. Nadar conseillait l'emploi d'un câble triple, retenu par une équipe d'hommes vigoureux, choisis autant que possible dans le génie ou la marine. Enfin, mettant à contribution sa double science d'aéronaute et de photographe, il établissait la possibilité de photographier, au fur et à mesure qu'ils s'accompliraient, les mouvements de l'ennemi ; une boîte à anneaux coulant le long d'un des câbles d'attache porterait immédiatement à terre les révélations de l'objectif.

En ce qui concerne les observations de nuit, M. Nadar proposait de projeter, du haut des aérostats, la lumière électrique sur les travaux exécutés, sous la sauvegarde de l'obscurité, par l'ennemi.

Enfin, au point de vue non du siége de Paris mais d'une situation offensive, le promoteur du plus lourd que l'air conseillait l'emploi de petits ballonneaux, cubant les uns 5 mètres, les autres 10, et capables d'emporter des bombes explosibles.

Sans même attendre la réponse du général Trochu à son rapport, M. Nadar s'installa spontanément place Saint-Pierre avec M. Duruof, qui avait mis à sa disposition le ballon le *Neptune*, celui qui le portait dans la dramatique ascension qui se termina au cap Gris-Nez, et M. Camille d'Artois, l'un des passagers du *Géant*. Les aéronautes s'organisèrent eux-mêmes, plantèrent quelques pieux qu'ils relièrent les uns aux autres par des cordes, et, sans le secours d'aucun agent de l'autorité, prirent possession de la place et y firent les aménagements nécessaires, secondés par une douzaines d'aides volontaires, parmi lesquels MM. Revillod, Farcot et Élisée Reclus et quelques passagers du *Géant*.

Enfin, sur les instances de M. Nadar, le général Trochu se décida à lui envoyer des tentes, des cordages, et mit à sa disposition douze marins commandés par un caporal d'armes et vingt-quatre soldats commandés par un sergent.

Chaque jour avaient lieu six ascensions : quatre entre le lever et le coucher du soleil, deux de nuit.

Celles de nuit avaient pour but d'observer et de signaler les feux qui s'allumaient au nord de l'enceinte.

Ces observations présentaient plus d'une difficulté : le *Neptune*, vieux et usé, ne possédait qu'une force ascensionnelle peu considérable, ne s'élevait qu'à 360 mètres et rendait presque impossible l'emploi de la jumelle marine ; à plus forte raison, la longue-vue ne pouvait être utilisée (1).

M. Nadar adressait chaque jour plusieurs rapports au général Trochu, bien que la situation des aéronautes de la place de Paris ne fût pas très-régulière. Ils savaient pertinemment, d'ailleurs, que le gouvernement avait signé un décret organisant la première compagnie d'aérostiers ; mais il ne fut jamis promulgué.

Ce fut vers cette époque que le gouvernement fit demander à M. Nadar de lui céder le *Neptune* pour le service de la poste. Nous avons déjà dit combien le ballon de M. Duruof rendait difficiles les observations ; aussi M. Nadar accepta-t-il l'offre du gouvernement, réclamant en échange du *Neptune* un aérostat propre aux reconnaissances militaires, qu'on lui promit.

Déjà l'utilité des reconnaissances faites à la place Saint-Pierre avait été reconnue par plusieurs chefs de corps qui demandèrent à M. Nadar d'aller faire des ascensions au fort de Vanves et au Point-du-Jour ; mais, manquant de tout matériel, M. Nadar dut décliner ces offres. Cependant le commandant du fort de Vanves mit à sa disposition un ballonneau dans lequel M. Nadar s'éleva à deux reprises différentes ; mais la force ascensionnelle de ce très-petit aérostat était loin d'être suffisante : il ne pouvait s'élever qu'à 15 ou 18 mètres, alors qu'il s'agissait d'observer le plateau des Hautes-Bruyères, haut de 70 mètres.

Quelques observations faites au Point-du-Jour ne réussirent pas mieux : les seuls ballons dont M. Nadar put se servir étaient des ballons en cotonnade et étaient impropres à toute observation.

M. Nadar commençait à désespérer et à renoncer, lorsque M. Dorian lui promit de faire construire aussi promptement que possible un ballon susceptible de remplir le but proposé ; M. Dorian tint sa promesse, mais, au moment où le ballon fut remis à M. Nadar, la capitulation venait d'être signée !

La Délégation de Tours songea, elle aussi, à reprendre la grande tradition de la Révolution et à demander à l'aérostation de concourir à la défense nationale.

Les aéronautes Bertaux et Duruof furent chargés d'organiser, avec l'aide des marins Jossec, Labadie, Henri et Guillaume, comme eux venus de Paris en ballon, une première équipe d'aérostiers militaires et partirent pour Orléans, emmenant avec eux la *Ville-de-Langres*, aérostat fabriqué à Tours et ainsi baptisé par M. Steenackers.

Un second ballon vient bientôt (2) rejoindre le premier (3) au château du Colombier, situé à 4 kilomètres d'Orléans et désigné comme quartier général aux

(1) Il avait préparé des cartes de la région située au nord de l'enceinte, se proposant d'y indiquer par des traits de crayons de différentes couleurs les positions respectives des corps engagés.

(2) 21 novembre 1870.

(3) La *Ville-de-Langres* avait déjà commencé le cours de ses ascensions captives. Dès le 16 novembre, elle s'était élevée à 30 mètres environ, et, retenue à cette hauteur par quatre câbles de 50 mètres

aérostiers militaires (1); mais, quelques jours plus tard, l'aérostat, secoué par un vent terrible et retenu au sol par des liens trop faibles, est emporté par le vent et mis en pièces (2).

A la nouvelle de ce désastre, M. Steenackers, qui avait organisé les premières tentatives d'aérostation militaire, ne renonça pas à les poursuivre; loin de là. L'échec subi lui donna comme une ardeur nouvelle, et, sans se laisser aller à des récriminations qui, fondées ou non, eussent été inutiles à la défense nationale, il télégraphia aux aéronautes du pauvre *Jean-Bart* : « Je vous envoie six ballons; crevez-en autant que vous voudrez, mais réussissez. » C'était parler en homme d'intelligence et d'action, qui sait faire la part du feu, qui ne s'attarde pas à blâmer et ne demande qu'à atteindre, à tout prix, le but proposé.

L'heure des défaites est venue pourtant : l'armée bat en retraite, et les aérostiers gagnent Orléans. De là un fourgon du dernier train qui quittera la ville emporte dix-sept aérostiers et six ballons à Vierzon d'abord, puis à Tours.

Malgré le résultat à peu près négatif des efforts tentés, M. Steenackers n'a pas perdu courage encore : il refond le corps des aérostiers, leur donne un costume, en nomme les officiers et l'envoie à Blois. De Blois, où les aérostiers arrivent trop tard pour être utiles, ils sont dirigés sur le Mans. Quoique bien accueillis par le général Chanzy, ils restent inactifs et sont enfin, au moment de la retraite de l'armée française, évacués sur Laval et de là sur Rennes; ils allaient être appelés à jouer un rôle quand l'armistice fut signé (3).

auxquels étaient cramponnés 150 hommes du 39e de ligne, elle avait été transportée par eux, malgré mille obstacles, jusque sur les derrières de l'armée française.

C'est là qu'eut lieu la première ascension captive.

A des plateaux de bois, chargés de pierres et placés sur le sol, sont fixées de solides poulies, autour desquelles glissent les cordes qui retiennent l'aérostat. Trente soldats manient chacune d'elles, et, suivant la manœuvre, le ballon descend ou s'élève facilement.

Le ballon s'élève à diverses reprises, et ses voyageurs, grâce à un appareil installé dans la nacelle, communiquent directement avec le cabinet de M. Steenackers. Ce jour-là, la *Ville-de-Langres* fit jusqu'à six ascensions.

Le 19 novembre, l'ordre arrive de transporter l'aérostat dans le camp français; mais le ballon a perdu du gaz. Duruof court le faire revenir à Orléans, et le 20, en dépit de la rafale qui souffle terrible, il arrive au milieu de l'armée française, où il est reçu par les soldats avec un véritable enthousiasme : leur joie devient du délire, lorsque, sous leurs yeux, il s'élève et descend à volonté, observant au loin la campagne suspecte.

(1) C'était le *Jean-Bart* qu'amenaient avec eux les frères Tissandier.

(2) L'un des aéronautes du *Jean-Bart* raconte ainsi cet accident : « A six heures du matin, les rafales sont si puissantes que l'aérostat se penche complètement jusqu'à terre; là il roule sur lui-même, son étoffe se soulève avec force comme une poitrine oppressée. On dirait le râle d'un être vivant qui va succomber et qui lutte encore contre la mort. Les mobiles en faction nous ont éveillés à temps pour assister à cette agonie. Mais que faire pour conjurer le mal? Nous sommes de pauvres médecins qui viennent trop tard et qui ont à lutter contre une force qu'ils ne peuvent vaincre. Les tortures du *Jean-Bart* nous font mal à voir; que de peines, que de tourments, que de patience devenus inutiles!

« Pauvre ballon! Son étoffe est bien solide, car elle est froissée par le vent avec une violence inouïe, l'air s'y engouffre sourdement. Le *Jean-Bart* se crispe, s'agite, touche le sol, puis se redresse, bondit et s'allonge, comprimé par le poids de l'air en mouvement. Tout à coup une rafale siffle dans les arbres environnants qu'elle fait ployer, elle enlève le ballon comme un fétu de paille, et l'entraîne à 100 mètres de son point d'attache. Arrivé là, le *Jean-Bart* s'affaisse. Le gaz s'échappe en une seconde : le fier aérostat, si beau, si puissant, n'est plus qu'un lambeau d'étoffe informe, un amas de chiffons, une guenille. »

(3) Des tentatives identiques furent faites sur d'autres points, mais partout le résultat atteint fut le même : MM. Gilles et Farcot, envoyés à Lyon, ne purent pas y gonfler une seule fois leur ballon; il en fut de même à Besançon, où avait reçu l'ordre de se rendre M. Revillod. Ce même aéronaute,

Ainsi, malgré les efforts de M. Steenackers, qui a bien mérité, pendant cette courte période, de l'aérostation française, rien n'a été fait, et nous n'avons pas une seule observation à signaler; il est difficile de distribuer les responsabilités engagées en cette affaire et de savoir si les coupables sont les hommes ou les circonstances.

XI

Les chefs du mouvement du 18 mars tentèrent d'utiliser les ballons pour la défense, et Duruof fut chargé du commandement « des aérostiers civils et militaires de la Commune de Paris (1); » mais le temps manqua pour faire quoi que ce fût.

avant d'aller à l'armée de l'Est, était allé, accompagné de M. Mangin, à l'armée du Nord; leur ballon, le *George-Sand*, fut gonflé une fois, mais n'arriva que trop tard sur le champ de bataille. MM. Duruof et de Fonvielle, adjoints à la même armée comme aérostiers à la veille de l'armistice, furent arrêtés par sa conclusion dès leurs premiers efforts.

(1) Voici le décret de la Commune de Paris :

« 20 avril 1871.

« La Commune de Paris,

« Considérant :

« Que des dépenses importantes ont été faites par l'ex-gouvernement, dit de la Défense nationale, pour les services aérostatiques postaux ;

« Que, par suite de la désertion de l'ex-gouvernement, dit de la Défense nationale, sur ce point des services publics, comme sur tous les autres, une quantité de ballons construits, représentant une dépense de plusieurs centaines de mille francs, payés des deniers de la nation, se trouvent actuellement disséminés en plusieurs endroits et exposés aux détournements;

« Qu'il importe d'urgence de réunir sous le contrôle de la Commune, en des mains sûres, d'inventorier et de préserver ce matériel, auquel sont venus s'adjoindre les ballons expédiés en province pendant le siége de Paris;

« Considérant que l'ex-gouvernement, dit de la Défense nationale, qui, en fait, gouverne toujours à Versailles, a supprimé, dans une intention facile à comprendre, tout échange de nouvelles, journaux, correspondances privées, toutes communications intellectuelles entre Paris et les départements, comptant ainsi se réserver impunément la trop facile distribution des calomnies destinées à égarer l'opinion publique en province et à l'étranger :

« Que la Commune de Paris a, tout au contraire, le plus grand intérêt à ce que la vérité soit connue et à faire connaître à tous et ses actes et ses intentions;

« Considérant que l'aérostation est naturellement et légitimement appelée en ces circonstances à rendre des services en répandant partout la lumière salutaire ;

« Considérant enfin que, dans l'état de guerre offensive déclarée et poursuivie par le gouvernement de Versailles, il est important à la défensive d'utiliser les observations aérostatiques militaires systématiquement et intentionnellement repoussées pendant la durée du siége de Paris, et alors, en effet, inutiles à ceux qui devaient livrer Paris ;

« ARRÊTE :

« 1° Une compagnie d'aérostiers civils et militaires de la Commune de Paris est créée.

« 2° Cette compagnie se compose provisoirement d'un capitaine, d'un lieutenant, d'un sous-lieutenant, d'un sergent, de deux chefs d'équipe et de douze aérostiers.

« 3° La solde du capitaine est de 300 fr., du lieutenant 250 fr., des équipiers 130 fr. par mois.

« 4° La compagnie des aérostiers civils et militaires de la Commune de Paris relève directement du commandement de la Commission exécutive.

« 5° Le citoyen Claude-Jules Duruof est nommé capitaine des aérostiers civils et militaires de la Commune de Paris.

« Le citoyen Jean-Pierre-Alfred Nadal est nommé lieutenant magasinier général.

« Paris, le 20 avril 1871.

« *La Commission exécutive*,

« AVRIAL, F. COURNET, CH. DELESCLUZE, FÉLIX PYAT, G. TRIDON, A. VERMOREL, E. VAILLANT.

« Les aérostiers qui se présenteront pour faire partie de la compagnie devront s'adresser, pour leur inscription immédiate, au capitaine Duruof seul. »

Après l'entrée des troupes dans Paris, M. Duruof fut traduit devant un conseil de guerre ; mais il fut acquitté.

Depuis quelques mois enfin, l'administration militaire, émue par les remarquables études publiées récemment par des officiers en faveur de l'emploi des aérostats en temps de guerre et stimulée par l'exemple de l'Angleterre, où des expériences sur le rôle des aérostats en campagne, expériences très-sérieuses et très-intelligemment poursuivies, ont lieu depuis plusieurs années à Woolwich, l'administration militaire a chargé M. le colonel du génie Laussedat de faire à Paris des ascensions identiques. M. le colonel Laussedat en a exécuté déjà un grand nombre; elles ont donné des résultats satisfaisants, et il paraît certain aujourd'hui que prochainement sera organisé un corps d'aérostiers : nous reprendrons ainsi, après une interruption de plus de 80 ans, la grande tradition de la Révolution, tradition qu'il était si facile et si simple de ne pas abandonner.

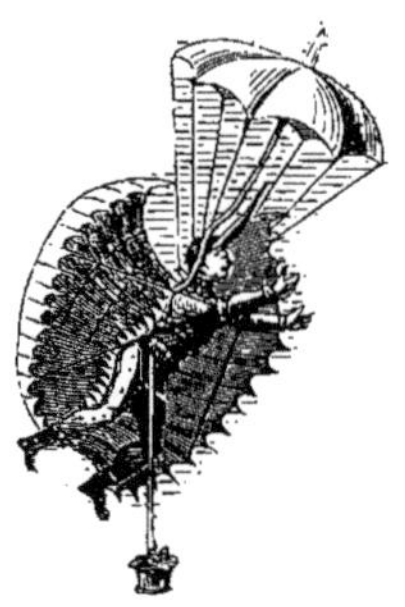

... Soit que de Groof se fût détaché du ballon trop précipitamment, soit que sa machine fût réellement impuissante à le soutenir, il tomba comme une masse. (Page 447.)

CHAPITRE XXXVII

SOMMAIRE : Expériences de M. Paul Bert. — Ascensions scientifiques de MM. Gaston Tissandier, Sivel et Crocé-Spinelli. — Voyage de noces de M. Flammarion. — Ascension de Durnof à Calais et au Palais de Cristal à Londres. — Sivel au-dessus de la mer. — Mort de de Groof, l'homme-volant. — Mort de La Mountain. — Le *Roi-de-Siam*.

I

Les ballons avaient joué pendant la guerre un rôle trop important, pour être, au lendemain de la paix, rejetés dans l'ombre ; la science se remit avec ardeur à l'étude de toutes les questions qui se rattachent à l'aérostation.

Au premier rang des hommes qui se sont préoccupés de ces problèmes doit être placé M. Paul Bert.

Il a étudié d'une façon toute spéciale le *mal des montagnes* et les moyens d'y porter remède.

Qu'est-ce que le mal des montagnes ? Lui-même nous l'a décrit :

« Les hommes et les animaux qui vivent sur les montagnes élevées, sont par là même, dit-il, soumis à une pression dont la faiblesse, par rapport à celle des bords de la mer, ne peut être sans action sur leur organisme. Or des villes importantes sont bâties à des hauteurs qui dépassent 3000 mètres, et les hauts plateaux de l'Anahuac (2000 mètres) nourrissent des millions d'hommes. D'un autre côté, les voyageurs qui gravissent le flanc des montagnes, les aéronautes emportés dans les régions élevées de l'atmosphère, éprouvent fréquemment des troubles physiologiques, de plus en plus graves à mesure qu'ils montent, et qui finissent par rendre l'ascension impossible et mettre la vie en danger. Tout d'abord la marche devient difficile, les jambes semblent plus lourdes à déplacer ; la respiration s'accélère et, sous la double influence de la fatigue et de l'anhélation, le voyageur est bientôt contraint de s'arrêter. Au repos, il se remet bien vite, et recommence sa marche ascensionnelle. Mais les phénomènes reparaissent et s'aggravent ; il s'y joint des battements de cœur, des bourdonnements d'oreilles, des vertiges, des nausées. Plus tard, la faiblesse devient telle, que la marche est presque impossible, et il a fallu aux illustres voyageurs dont les noms se rattachent à l'histoire des grandes ascensions (de Saussure, de Humboldt, Boussingault, etc.) une grande force morale pour triompher d'un malaise écrasant. Le repos, qui tout à l'heure faisait tout disparaître, ne suffit plus maintenant, et, même étendu sur le sol, le voyageur est en proie aux nausées, aux palpitations; quelquefois même des hémorragies nasales viennent l'effrayer plus encore que l'affaiblir. Il finit par être obligé de s'arrêter et de redescendre.»

A ce mal des hautes régions, mal qui atteint les aéronautes aussi bien que les voyageurs, M. Paul Bert a trouvé d'efficaces remèdes (1), et ses beaux travaux ont ouvert à l'aérostation un domaine dont elle ne saurait tarder à prendre possession.

(1) « Comment combattre d'une manière efficace, dit M. Marion, ces malaises qui sont pour l'explorateur des hautes régions de l'air un obstacle insurmontable? C'est ce que M. Bert a résolu d'une façon si simple qu'il suffit de peu de mots pour l'expliquer. N'oublions pas que la solution de cette question, qui intéresse si vivement l'aéronautique, a nécessité de longs travaux, de nombreuses expériences; mais notre but est surtout de nous attacher aux résultats pratiques obtenus, sans nous étendre sur les méthodes que l'auteur a employées, quelque intérêt qu'elles puissent offrir.

« La tension réelle de l'oxygène que nous respirons est d'un cinquième d'atmosphère, puisqu'il entre pour un cinquième (0,21) dans sa composition. Cette tension pourra être accrue en augmentant soit la proportion centésimale, soit la pression atmosphérique, c'est-à-dire en comprimant l'air. Ainsi de l'air contenant 42 pour 100 d'oxygène correspondra à l'air ordinaire comprimé à deux atmosphères, etc. On peut donc désigner par 21 la tension de l'oxygène de l'air à la pression normale; par 42, cette tension à 2 atmosphères; par 63, à 3 atmosphères, etc. Inversement, la tension à une demi-atmosphère (38 c. de mercure) sera 10,5; à un tiers d'atmosphère, 7, etc.

« Or il résulte des recherches de M. P. Bert que les changements dans la pression atmosphérique n'agissent nullement, comme le voulaient la plupart des théories ayant cours, par quelque influence mécanique ou physique, mais uniquement parce qu'elles font varier la tension de l'oxygène et par suite les conditions de ses combinaisons avec le sang et les tissus. Pour lutter contre la torpeur des hautes régions, il suffirait donc d'absorber de l'oxygène.

« Au-dessus d'une atmosphère, quand la pression décroît, animaux et végétaux sont menacés d'une mort qui n'est qu'une simple asphyxie par privation d'oxygène. Au dessus, des accidents arrivent, la mort même survient, et exclusivement à cause de la trop grande tension de l'oxygène qui agit alors comme un poison violent.

« M. P. Bert a montré, par de nombreuses analyses du sang artériel de chiens soumis à diverses dépressions, que plus ces dépressions sont considérables, moindres sont les quantités d'oxygène contenues dans leur même volume de sang. Les expériences ont été exécutées dans un grand appareil, formé de deux cylindres, où un homme peut pénétrer et dans lesquels une pompe à vapeur permet d'obtenir de très-faibles pressions. — M. Bert a prouvé par l'analyse minutieuse des gaz contenus dans le sang des sujets (chiens, oiseaux, etc.) sur lesquels il expérimentait, que l'action de la diminution de pression n'est rien autre chose que celle de la diminution d'oxygène dans le sang. — Pour combattre cette action, il suffirait donc d'inhaler de l'oxygène.

« M. P. Bert, pour confirmer ses belles théories, a voulu se rendre compte par lui-même des sensations éprouvées sous l'influence des dépressions. Il n'a pas craint de se soumettre à des épreuves qui ne sont pas seulement de grandes expériences, mais qui se présentent aussi comme des actes d'une grande énergie.

« L'expérimentateur se plaça dans un des cylindres de son appareil. La pompe à vapeur faisait le vide. Vers la pression de 45 centimètres de mercure commencèrent les phénomènes du mal des montagnes : nausées, dégoûts, faiblesses, etc.; le pouls était monté de 60 à 80 cent. A ce moment, M. Bert se mit à respirer un air artificiel, où l'oxygène se trouvait à la proportion de 75 centièmes, air contenu dans un ballonnet. Instantanément les malaises disparurent et le pouls revint à sa valeur première. Et cependant le baromètre baissait toujours et atteignait après plus d'une heure le niveau de 25 centimètres, correspondant à 8 850 mètres. C'est à cette hauteur que M. Glaisher, dans la célèbre ascension avec M. Coxwell, tomba sans connaissance au fond de sa nacelle. Cette hauteur est égale à celle du plus élevé des pics terrestres, le Gaurisankar au Népaul, qui devient ainsi accessible, avec le seul secours de quelques mètres cubes d'oxygène. — Ne peut-on pas dire après ces beaux résultats, fruits de longs travaux, que les hautes régions de l'atmosphère, si longtemps fermées à l'explorateur, pourront enfin être conquises au nom de la science moderne? »

II

Tandis que M. Paul Bert servait la science aérostatique par ses recherches expérimentales, M. Gaston Tissandier la servait par ses ascensions.

Dans le cours de ses très-nombreux voyages aériens, il a fait d'importantes observations; les principales sont relatives aux ombres aérostatiques (1) :

(1) « Tout le monde a entendu parler des illusions bizarres du mirage, des effets singuliers produits par la lumière, au milieu des sables brûlants du désert ou à la surface glacée des banquises polaires. Mais le soleil donne souvent naissance à d'autres merveilles moins généralement connues, parce que leurs observations ont été plus rares; nous voulons parler de ces ombres extraordinaires que certains voyageurs ont vues se projeter sur le brouillard des montagnes, ou sur les nuées atmosphériques, ombres étranges qui apparaissent enveloppées d'auréoles colorées et de contours lumineux. Le soleil, il est vrai, n'est pas prodigue de ces jeux de lumière ; on dirait même qu'il les révèle à regret, et seulement à l'explorateur assez audacieux pour atteindre le sommet de montagnes peu fréquentées, ou pour s'élancer vers les hautes régions de l'air dans la nacelle d'un aérostat.

« Il y a fort longtemps, du reste, que de semblables phénomènes, quelque exceptionnels qu'ils soient, ont été signalés; depuis des époques très-reculées, la montagne du Brocken, célèbre dans le Hartz, en Hanovre, a été réputée comme le théâtre habituel d'apparitions extraordinaires. Les paysans du pays vous parlent encore aujourd'hui du Brocken avec un certain effroi ; ce sommet, qu'ils croient ensorcelé, leur inspire des terreurs superstitieuses; ils redoutent d'en faire l'ascension à l'heure du lever du soleil, car c'est à ce moment surtout que, d'après leurs récits, des spectres formidables apparaissent au sein de l'air, que des ombres colossales surgissent au milieu des massifs de nuages. Quand ils se hasardent à gravir les rampes escarpées de la montagne, ils montrent au voyageur, durant la route, certaines pierres granitiques qu'ils appellent l'*Autel de la sorcière* ou le *Rocher magique*; ils s'arrêtent devant la *Fontaine enchantée*, ils vous racontent que les anémones du Brocken sont douées de vertus particulières. D'après l'affirmation des archéologues allemands, ces dénominations remonteraient au temps où les Saxons adoraient encore leurs anciennes idoles, alors que le christianisme commençait à dominer les esprits des populations de la plaine. Il est probable que le spectre du Brocken, dont nous allons entretenir nos lecteurs, s'est souvent montré à cette époque, comme de nos jours, et qu'il avait sa part des tributs d'une idolâtrie superstitieuse.

« Un des premiers observateurs qui ait donné une description exacte et rationnelle du spectre du Brocken est le voyageur Hane, qui l'aperçut en l'année 1797. Avec une persévérance infatigable, ce naturaliste se rendit plus de trente fois au sommet du Brocken, sans que l'apparition se révélât à ses yeux. Mais sa ténacité eut enfin sa récompense. Un certain jour du mois de mai, Hane a gravi le Brocken ; il est arrivé au sommet de la montagne à 4 heures du matin. Le temps est calme, le vent chasse devant lui une nuée de brouillards opalins, de vapeurs indécises qui ne sont pas encore métamorphosées en nuages. Le soleil se lève à 4 heures 15 minutes; l'heureux observateur voit son ombre colossale se découper sur le massif des brumes ; il porte sa main à son chapeau, et la grande silhouette fait le même geste. Plus tard, en 1862, un peintre français, M. Stroobant, aperçut nettement le spectre du Brocken; l'ombre du voyageur se dessina sur les nuages, ainsi que celle d'une tour du voisinage. Ces silhouettes étaient vagues, leurs contours mal définis, mais elles apparaissaient nettement entourées d'un contour lumineux formé des sept couleurs de l'arc-en-ciel.

« Au siècle dernier, Bouguer et Ulloa, envoyés à l'équateur avec La Condamine pour mesurer le degré terrestre, observèrent des phénomènes du même ordre pendant leur séjour sur le Pichincha. Ulloa, qui a donné son nom à ces effets de lumière, a décrit avec précision l'apparition, devenue classique, qui se manifesta sous ses yeux. « Je me trouvais, dit-il, au point du jour sur le Pambamarca, avec six compagnons de voyage; le sommet de la montagne était entièrement couvert de nuages épais; le soleil, en se levant, dissipa ces nuages; il ne resta à leur place que des vapeurs légères qu'il était presque impossible de distinguer. Tout à coup, au côté opposé à celui où se levait le soleil, chacun des voyageurs aperçut, à une douzaine de toises de la place qu'il occupait, son image réfléchie dans l'air comme dans un miroir; l'image était au centre de trois arcs-en-ciel nuancés de diverses couleurs et entourés à une certaine distance par un quatrième arc d'une seule couleur. La couleur la plus extérieure de chaque arc était incarnat ou rouge; la nuance voisine était orangée; la troisième

« C'est dans le cours de notre dix-huitième ascension aérostatique, exécutée le 8 juin 1872, avec M. le contre-amiral baron Roussin, que nous eûmes, dit-il, le bonheur de voir ces beaux phénomènes apparaître à nos yeux dans leur magnificence.

« A cinq heures trente-cinq minutes du soir, l'aérostat avait dépassé les beaux cumulus blancs qui s'étendaient horizontalement dans l'atmosphère à 1 900 mètres d'altitude. Le soleil était ardent et la dilatation du gaz déterminait notre ascension vers des régions plus élevées que je ne pouvais atteindre sans danger, n'ayant pour la descente qu'une faible provision de lest. Je donne quelques coups de soupape pour revenir à des niveaux inférieurs. A ce moment, nous planons au-dessus d'un vaste nuage; le soleil y projette l'ombre assez confuse de l'aérostat qui nous apparait entouré d'une auréole aux sept couleurs de l'arc-en-ciel. A peine avons-nous le temps de considérer ce premier phénomène, que nous descendons de 50 mètres environ. Nous passons alors tout à côté du cumulus qui s'étend près de notre nacelle et forme un écran d'une blancheur éblouissante, dont la hauteur n'a certainement pas moins de 70 à 80 mètres. L'ombre du ballon s'y découpe cette fois en une grande tache noire, et s'y projette à peu près en vraie grandeur. Les moindres détails de la nacelle, l'ancre, les cordages sont dessinés avec la netteté des ombres chinoises. Nos silhouettes ressortent avec régularité sur le fond argenté du nuage; nous levons nos bras et nos sosies lèvent les bras. L'ombre de l'aérostat est entourée d'une auréole elliptique assez pâle, mais où les sept couleurs du spectre apparaissent visiblement en zones concentriques. La température est de 14 degrés centigrades environ, l'altitude de 1 900 mètres. Le ciel était très-pur et le soleil très-vif. Le nuage sur la paroi verticale duquel l'apparition s'est produite avait un volume considérable et ressemblait à un grand bloc de neige en pleine lumière.

« Nous étions nous-mêmes entourés d'une certaine nébulosité, et la terre ne s'entrevoyait plus que sous un brouillard indécis (1). »

Dans une autre ascension (2), exécutée le 16 février 1873, M. Gaston Tissandier fit des observations analogues.

Mentionnons encore un voyage accompli le 24 septembre 1874 par MM. Gaston et Albert Tissandier, M. de Fonvielle et trois autres volontaires de l'air, voyage qui, sans révéler aucun fait important, présenta quelques particularités remarquables (3).

était jaune, la quatrième paille, la dernière verte. Tous ces arcs étaient perpendiculaires à l'horizon; ils se mouvaient et suivaient dans toutes les directions la personne dont ils enveloppaient l'image comme une gloire. Ce qu'il y avait de plus remarquable, c'est que, bien que les sept voyageurs fussent réunis en un seul groupe, chacun d'eux ne voyait le phénomène que relativement à lui et était disposé à nier qu'il fût répété pour les autres. »

« Kaemtz sur la cime de quelques montagnes alpestres, Scoresby dans les régions polaires, Ramond dans les Pyrénées, de Saussure sur le mont Blanc, M. Boussingault dans les Cordillères, ont confirmé depuis ces récits intéressants par leurs propres observations. Mais ces beaux phénomènes se manifestent bien plus souvent aux yeux des aéronautes quand ils sillonnent une atmosphère chargée de nuages. MM. Glaisher, Flammarion et de Fonvielle les ont décrits succinctement depuis quelques années. »

(1) *Comptes rendus de l'Académie des sciences.*

(2) Le 13 octobre de la même année, M. Tissandier avait exécuté un voyage aérien où deux courants superposés lui avaient permis de revenir sur le chemin qu'il avait parcouru. Déjà, en profitant des courants aériens de directions différentes, M. Tissandier avait pu, en 1868, s'aventurer en ballon jusqu'à 28 kilomètres au-dessus de la mer du Nord et revenir à terre.

(3) Voici, d'après le récit d'un des aéronautes, les plus curieuses :

« Au moment du départ, qui eut lieu à 1 heure 55, le ciel était couvert de nuages gris; mais à la sur-

III

Deux hommes, dont la mort a fait des héros, allaient entrer à leur tour dans la carrière aérostatique et se dévouer pour la science jusqu'à lui sacrifier leur vie.

Ancien officier de marine, Sivel n'était pas, à vrai dire, un débutant en aérostation : il avait accompagné madame Poitevin, sa belle-mère, dans un grand nombre d'ascensions (1), et il avait une égale habitude du pont d'un bâtiment et de la nacelle d'un ballon.

Plus jeune et ancien élève de l'École centrale, Crocé-Spinelli était plus familier peut-être avec la théorie qu'avec la pratique : c'était un travailleur acharné et un fanatique de science.

Unis par une amitié que la communauté du but poursuivi resserrait encore, ils entreprirent ensemble une série d'ascensions destinées à expérimenter les belles découvertes de M. Paul Bert.

Leur première ascension, exécutée le 22 mars 1874, confirma pleinement les théories de l'éminent professeur (2).

face du sol l'air était assez limpide. Ces nuages étaient très-rapprochés. Jamais, dans aucun de nos voyages aériens, nous n'en avons rencontré à si faible distance de la terre ; notre nacelle, en effet, s'y trouva plongée à l'altitude de 150 mètres. A 500 mètres, elle s'échappa de leur partie supérieure. Un ciel bleu, un soleil ardent s'offrirent à notre vue. Le massif de vapeur prit l'aspect d'un plateau circulaire, d'un blanc éblouissant, et dont la surface était formée de mamelons arrondis.

« Pendant trois heures consécutives, l'aérostat fut maintenu au-dessus de cet amas de nuages. Le soleil était tellement ardent, que nous fûmes obligés de nous couvrir la tête de nos mouchoirs.

« A 2 heures 30, l'écran des nuages nous cachait entièrement la vue de la terre, mais des voix nombreuses que nous entendîmes nous indiquèrent que nous étions vus distinctement de la surface du sol : les nuages étaient par conséquent opaques de bas en haut et transparents de haut en bas. »

Les questions faites par les aéronautes à ces invisibles interlocuteurs obtinrent réponse.

(1) On lit dans le *Pungolo* de Naples du 2 juin 1869 :

« En vingt-cinq jours, madame Poitevin et son gendre, M. Sivel, ont exécuté cinq ascensions, dont trois à Chieti et deux à Aquila. La deuxième ascension faite dans cette dernière ville a failli être fatale à M. Sivel : au moment où il se trouvait sur son zodiaque, à la hauteur d'environ 350 mètres, son ballon s'est déchiré en deux parties. En un instant, le dégonflement a été complet, et l'aérostat a commencé à descendre avec une rapidité effrayante. M. Sivel, dans ce moment critique, a eu la présence d'esprit de saisir la corde qui part de la tête du globe, de la tirer à lui et de produire ainsi dans l'étoffe une petite courbe qui a suffi pour ralentir un peu la rapidité de la descente. Plus de 30 000 personnes assistaient à ce spectacle effrayant.

« Le pauvre Sivel se tenait suspendu à la corde qui soutient la nacelle. Le corps droit et les muscles détendus et sur la pointe des pieds, préparé à la secousse, il a touché le sol. Un frémissement d'horreur a parcouru la foule ; la nacelle a touché terre, et elle s'est trouvée enveloppée par l'étoffe du ballon comme par un linceul. Ce fut un moment d'émotion suprême ; un silence glacial avait succédé aux cris d'horreur. Tout à coup on a vu sortir de cet énorme amas d'étoffe Sivel, sain et sauf et sans la moindre contusion ou égratignure. C'est la manœuvre faite avec la corde qui l'a sauvé. Aussitôt des applaudissements ont éclaté, et M. Sivel a été acclamé sur toute la ligne. Hier, les hardis aéronautes sont partis pour Bati, où ils doivent faire une ascension dimanche. »

(2) Les appareils qu'emportaient avec eux les voyageurs de l'*Étoile-Polaire* « se composaient de ballons renfermant 120 litres de mélange contenant 50 pour 100 d'oxygène et 80 litres contenant 75 pour 100. L'absorption avait lieu à l'aide de tubes en caoutchouc terminés par une sorte de tuyau de pipe. Les appareils avaient été disposés par M. Paul Bert, membre de l'Assemblée nationale et professeur de physiologie à la Sorbonne. »

« Nous ressentîmes dans notre voyage, disent MM Crocé-Spinelli et Sivel, des impressions analo-

IV

Cinq mois plus tard (le 28 août 1874), M. Flammarion tentait avec sa jeune femme un voyage aérien qui pouvait être appelé un voyage de noces, car son mariage était tout récent.

Cette excursion, qui n'était pas seulement une partie de plaisir, mais qui avait encore un but scientifique, répondit au double espoir de ceux qui l'avaient entreprise : les voyageurs, emportés d'abord vers Chenevières, puis Grosbois et la forêt de Sénart, ramenés au milieu de la nuit au-dessus de la grande ville endormie, virent se lever en Belgique le soleil qu'ils avaient vu se coucher à Paris ; ils avaient constaté l'existence de cinq courants aériens superposés et différents.

V

C'est avec sa femme aussi que l'aéronaute Duruof allait faire un long voyage à travers les airs ; mais les impressions en devaient être toutes différentes et les émotions autrement poignantes.

Duruof, l'un des aéronautes du siége, était un habitué des airs et un familier du danger ; plus d'une fois déjà, il avait, au gré des vents, erré entre mer et ciel (1),

gues à celles que nous avions éprouvées dans les cloches de dépression où nous étions entrés quelques jours avant l'ascension, pour descendre jusqu'à la pression de 304 millimètres. Cependant, dans la nacelle où nous arrivâmes à 300 millimètres, le malaise était bien plus vif que dans la cloche, ce qui doit être attribué au travail plus considérable effectué, au grand abaissement de la température et à la durée du séjour dans les couches élevées. Tandis que dans la nacelle nous avons subi un froid de 22 à 24 degrés, nous n'avions qu'une température constante de + 13° pendant la dépression à terre ; de plus, le séjour dans la cloche ne fut que d'une heure, ce qui est presque la durée des ascensions à grande hauteur au-dessus de 7 000 mètres, tandis que nous restâmes 2 heures 40 minutes en l'air et 1 heure 45 minutes au-dessus de 5 000 mètres... Nous commençâmes à respirer le mélange à 40 pour 100 à partir de 4 000 mètres et jusqu'à 6 000 mètres ; nous eûmes recours à celui à 70 pour 100 dans les grandes hauteurs, parce que le moins riche était insuffisant, surtout pour M. Crocé-Spinelli... Lorsque celui-ci ne respirait pas d'oxygène, il était obligé de s'asseoir sur un sac de lest et de faire ses observations immobile dans cette position. Pendant l'absorption du gaz comburant, il se sentait renaître, et après une dizaine d'inspirations il pouvait se lever, causer gaîment, regarder le sol avec attention et faire les observations délicates. L'esprit était précis et la mémoire excellente. Pour observer à l'aide du spectroscope, il lui fallait inspirer ce gaz justement appelé *vital* ; les raies, d'abord confuses, devenaient alors très-nettes. L'oxygène produisit encore chez M. Crocé-Spinelli un effet dont l'explication est facile, après ce qui vient d'être dit. Pour réagir contre les effets combinés du froid et de la raréfaction, il essaya de manger. Le résultat ne fut pas d'abord favorable ; mais ayant eu l'idée de respirer en même temps de l'oxygène, il sentit l'appétit revenir et la digestion s'opérer facilement. Quant au pouls, il marquait chez lui, entre les hauteurs de 6 500 et 7 400 mètres, 140 pulsations avant l'inspiration et 120 immédiatement après. Son pouls à terre est de 80 en moyenne. » (Comptes rendus de l'Académie des sciences, séance du 6 avril 1874.)

(1) C'est comme aide de M. Nadar que M. Duruof a débuté dans l'aérostation : il l'accompagnait lorsque le créateur du *Géant* alla organiser, au Palais de Cristal, l'exposition de son immense aérostat.

quand de Calais, d'où six ans auparavant déjà il était parti en ballon, il s'éleva le 31 août 1874, emmenant avec lui sa femme.

Le ballon le *Tricolore* devait prendre son vol à cinq heures du soir, et une foule compacte assistait aux préparatifs du départ; mais à l'heure dite le vent soufflait nord-ouest, dans la direction de la pleine mer. Duruof lança des ballons d'essa pour s'assurer qu'il n'existait pas dans les régions supérieures de l'air des courants plus favorables; tous les ballonnets furent indistinctement poussés vers la mer.

Partir dans de telles conditions, c'était aller chercher la mort. Duruof, sans se le dissimuler, persiste à vouloir quitter terre ; sa femme partage et approuve sa téméraire résolution. Qui sait d'ailleurs si un navire, rencontrant leur esquif, ne les recevra pas à son bord? Le vent aussi ne peut-il changer? Le public n'est-il point là dans tous les cas qui trépigne et demande le spectacle promis?

Toutes les sollicitations faites auprès des aéronautes par leurs amis sont inutiles; le ballon va partir.

Alors surviennent le capitaine du port et le maire de Calais; sur le conseil du premier, le second intime à Duruof l'interdiction absolue de quitter terre et fait emporter la nacelle à l'hôtel de ville. Le ballon reste gonflé sur la place : il devait partir le lendemain, si le temps l'y autorisait.

Les spectateurs de l'enceinte réservée l'avaient quittée sans faire entendre la plus légère des protestations; mais le public qui stationnait au dehors ne fit poin de même, et Duruof, en traversant la foule, recueillit des murmures, des huées, des outrages.

A son hôtel, il reçut le même accueil, et les insultes ne lui furent pas épargnées (1). Sa patience, à la fin lassée, ne lui permit pas d'en écouter davantage, et, prenant soudain par le bras sa femme, qui déjà avait compris sa pensée, il l'entraîne à l'hôtel de ville, se fait livrer, sous prétexte d'expérience, la nacelle co nfisquée (2), court l'arrimer, y saute avec sa compagne de péril et coupe les cordes. A 7 heures, le ballon planait au-dessus des Calaisiens repentants et troublant l'air de leurs cris d'angoisse (quelques-uns pleuraient, dit-on), et à 7 heures 30 le ballon, échappé à tous les regards, court, rapide comme une étoile filante, au-dessus de la mer du Nord.

M. Duruof y fit deux ascensions, puis acheta un ballon dans lequel il monta à différentes reprises avec M. de Groof, l'infortuné homme-volant.

M. Duruof, au moment de sa dramatique ascension de Calais avait trente-trois ans; il était grand mince, et son visage avait une singulière expression d'énergie.

« En 1868, à Calais même, Duruof, raconte le *Tour du Monde*, fait un premier voyage au-dessus de la mer du Nord, dans son ballon le *Neptune*, où il avait bien voulu m'offrir une place. Deux courants aériens superposés nous permirent de nous aventurer à deux reprises différentes à plusieurs lieues en mer, pour revenir deux fois sur le rivage.

« Le 26 septembre 1869, le *Neptune* s'élève de Monaco, avec Duruof et Bertaux; l'aérostat trouve au-dessus des nuages, comme à Calais, un courant supérieur qui le dirige au-dessus de la Méditerranée. Les nuages deviennent humides et surchargent le ballon d'un poids tel, que rien ne peut arrêter sa chute vertigineuse: il tombe au milieu de la Méditerranée et est entraîné de vague en vague. Par bonheur, le vent inférieur souffle vers le rivage, où les deux voyageurs abordent comme l'auraient fait des marins dans une barque à voile. »

(1) Il entendit même dire : » Ces aéronautes! ils ne partent pas avec leur ballon, mais ils savent bien partir avec la caisse. »

(2) « Le gardien refusa d'abord de la leur donner. Mais Duruof lui affirma qu'il s'agissait de faire une expérience, qu'il n'était question que d'une ascension captive. Il était tellement calme, que le gardien le crut sur parole et lui remit l'esquif d'osier. »

SIVEL.

Les remords vinrent cuisants au cœur des Calaisiens, dont les absurdes railleries avaient envoyé à la mort Duruof et sa femme. Le vent soufflait toujours dans la même direction, et les prédictions sinistres se croisaient : l'angoisse universelle était d'autant plus grande que, dans leur précipitation, les aéronautes n'avaient emporté avec eux ni vivres, ni couvertures, ni paletots ; en outre, leur ballon, ne cubant que 800 mètres, ne pouvait longtemps tenir l'air.

De Calais, la nouvelle du téméraire départ de Duruof et les tristes prédictions qu'il inspirait furent télégraphiées à Paris, et Paris, à son tour, trembla (1) pour les jours des aéronautes.

« (1) L'Observatoire transmit aux journaux de Paris la note suivante :

« Un ballon, monté par un aéronaute et sa femme, est parti de Calais hier soir lundi à 7 heures : on voulait tenter le passage en Angleterre. Cependant le vent, soufflant assez fort du sud-ouest, n'était pas favorable. Aussi le ballon s'est-il rapidement dirigé suivant l'axe de la mer du Nord. M. de Fonvielle, qui nous donne cette nouvelle, nous demande quelle route le ballon aura probablement suivie.

« Parti ce matin seulement, le ballon aurait certainement gagné le Danemark. Étant parti hier soir, à 7 heures, il a pu se relever beaucoup plus vers le Nord.

« L'Observatoire a, en conséquence, averti Copenhague et Christiania par dépêches télégraphiques. »

Ils étaient sauvés cependant.

Durant toute la nuit, le *Tricolore* avait suivi la même direction, et au lever du jour il errait encore au-dessus de la mer du Nord.

« Il est impossible de vous décrire mes angoisses, écrivait, après son sauvetage, Duruof au *Times*. Ma pauvre femme, que je m'efforçais de consoler en lui disant que nous étions dans la bonne voie, ne perdit pas courage. Je lui montrai deux bâtiments qui naviguaient justement dans la direction où nous étions poussés nous-mêmes, et je lui dis que nous allions essayer de nous faire recueillir par l'un d'eux. Des huit sacs de lest que j'avais avec moi, j'en avais seulement déchargé trois, et j'aurais encore été en mesure, s'il l'avait fallu, de continuer mon voyage treize ou quatorze heures. Je remarquai que le plus petit des deux bâtiments, un gros bâteau de pêche, manœuvrait dans le but de venir à notre rencontre. La mer était forte, très-forte.

« Sans crainte alors, j'ouvris la soupape et je descendis jusqu'à ce que nos cordes touchassent l'eau ; mais, au bout d'un instant, nous avions dépassé le bateau-pêcheur. Les gens de l'équipage, cependant, mirent à l'eau leur chaloupe, et deux hommes la montant ramèrent vigoureusement vers nous. Il était alors 6 heures du matin. Voyant la bonne volonté des pêcheurs à nous secourir, je résolus d'arrêter la fuite rapide de mon ballon en fermant la soupape, jusqu'au moment où notre nacelle se trouva sur l'eau ; c'est ainsi que je pus opposer quelque résistance au ballon qui nous emportait. Mais lorsque, ballottés par la mer, nous regardâmes autour de nous, nous ne vîmes plus le bateau. D'instant en instant, d'énormes vagues venaient se briser contre le ballon et nous couvraient d'eau ; cependant le ballon résistait encore, et ma seule crainte était alors qu'il ne crevât, auquel cas nous étions bien sûrs d'être perdus.

« A 7 heures, enfin, nous aperçûmes de nouveau le bateau-pêcheur à l'horizon ; nous vîmes avec joie qu'il cinglait vers nous et qu'il approchait rapidement. Il faisait terriblement froid, et tous nos membres étaient engourdis.

« La force nous abandonnait. L'espoir d'être recueillis par les pêcheurs était la seule chose qui nous donnât un reste de vigueur. Ma femme était toute glacée, et chaque secousse du ballon la rendait de plus en plus faible. Le bateau, cependant, continuait d'avancer vers nous ; il n'était plus qu'à 500 mètres. Je fis voir cela à ma femme pour accroître encore son énergie. Mais il fallut bientôt la prendre dans mes bras.

« Le bateau était alors tout près de nous ; je me hissai, comme je pus, avec une corde, et je hélai l'équipage. Ils nous virent et de nouveau mirent leur chaloupe à la mer, étant alors à 200 mètres de nous.

« Cette chaloupe était montée par le capitaine, M. William Oxley, et un matelot. Ils approchèrent de notre nacelle et commencèrent à tirer une de nos cordes. A ce moment, leur canot risqua de chavirer à cause d'une forte secousse que nous imprima le ballon. Mais ils ne perdirent pas courage, et, saisissant ma femme par le bras, ils la hissèrent le mieux qu'ils purent dans la chaloupe. Je voyais le danger qu'ils couraient et je me hâtai alors de couper les cordes qui nous attachaient au ballon. J'avais fait le plus fort de cette besogne, quand je fus moi-même lancé par une vague contre la chaloupe ; j'y grimpai et je m'y laissai tomber, épuisé.

« J'y restai avec ma femme dans une sorte d'anéantissement. Les matelots, cependant, avaient lâché les cordes de notre nacelle. Le ballon s'éleva avec une rapidité prodigieuse dans la direction de la Norwége.

« La chaloupe accosta le bateau-pêcheur; on nous porta à bord, où l'on nous donna une cabine, avec un bon feu qui nous réchauffa. Nous ne saurions trop remercier l'équipage pour les soins qu'il a eus et pour la bonté qu'il nous a témoignée pendant le trajet jusqu'à Grimsby, où nous avons débarqué à 9 heures ce matin (1). »

Le port de Grismby, où les aéronautes étaient déposés par le bateau norwégien qui les avait recueillis (2), était un port du comté de Lincoln, situé à 232 kilomètres de Londres (3).

Accueillis par les acclamations de la population tout entière de Grismsby (4), Duruof et sa femme se reposèrent pendant quelques heures de leurs périlleuses fatigues, puis partirent pour Londres dans l'après-midi.

Calais, consterné depuis le départ des aéronautes, éclata en joyeuses manifestations dès qu'il apprit le sauvetage de ceux dont quelques mauvais plaisants avaient compromis la vie. Les rues se pavoisèrent en quelques heures, et, lorsque M. et ma-

(1) Voici le rapport du capitaine qui commandait le bateau où furent recueillis Duruof et sa femme :

« Le capitaine du bateau de pêche rapporte que lui et son équipage poursuivaient leur pêche dans la partie sud-est du banc de Dogger, à environ 170 milles des feux de Spurn, qui se trouvaient alors à l'O.-S. 1/2 S., lorsque bientôt, à 6 heures du matin, le vent étant S.-E., ils virent un ballon à une hauteur considérable, qui se dirigeait vers la côte de Norwége. Les voyageurs de ce ballon les apercevaient certainement, car ils commencèrent aussitôt à descendre. Le ballon effleura l'eau ; sa vitesse était d'environ 5 milles à l'heure.

« S'empressant de relever leurs appareils de pêche, ils donnèrent immédiatement la chasse au ballon en dérive. Après une heure et demie de poursuite, le bateau s'en trouva à une courte distance; et le capitaine et un matelot prirent place dans la chaloupe pour aller le joindre. La nacelle tantôt flottait et tantôt s'enfonçait, à ce point qu'elle était parfois entièrement couverte par les vagues. Sa marche se trouvait ainsi ralentie; la chaloupe gagna sur elle de vitesse. Les grappins paraissaient avoir été rompus, car les cordes avaient été coupées et traînaient sur la surface de l'eau; le patron et son matelot firent deux tentatives pour attraper les cordes; mais ils échouèrent deux fois, et, par suite des mouvements irréguliers du ballon, la chaloupe faillit chavirer. Après quelques efforts, ils parvinrent à saisir M. Duruof et sa femme. »

(2) Ils l'avaient été en pleine mer, à cinq lieues de Christiansand, à 9 heures du matin, c'est-à-dire quatorze heures après leur départ de Calais.

(3) Le ballon le *Tricolore*, abandonné à lui-même lors du sauvetage de ses aéronautes, s'enleva seul et fut retrouvé quelques jours plus tard.

(4) Les sympathies qui allèrent aux aéronautes furent générales en Angleterre, et M. et madame Duruof écrivirent aux journaux anglais pour les remercier de l'accueil dont ils étaient l'objet :

« Monsieur le rédacteur en chef,

« Nous sommes on ne peut plus touchés, ma femme et moi, de l'accueil sympathique que nous avons trouvé dans ce noble pays d'Angleterre. Jamais nous n'oublierons la manière dont la presse britannique a montré sa bienveillance envers nous.

« Les marins anglais qui ont sauvé notre vie, au péril de la leur, ont droit à toute notre reconnaissance, et nous ne pouvons trouver des mots pour exprimer notre admiration de leur héroïsme. Nous espérons que notre nation fera pour eux ce qu'il n'est point donné à de simples particuliers d'accomplir, et que leur courage aura été un nouveau lien d'affection entre deux nations si bien faites pour se comprendre. Nous serons heureux si nos aventures nous mettent en mesure de servir la grande cause anglo-française. C'est vous dire, monsieur le rédacteur, que nous sommes fiers de la généreuse proposition de M. Coxwell, le grand aéronaute, qui a tant fait pour le progrès de notre art, et nous vous prions de transmettre à notre cher et honoré confrère notre reconnaissante acceptation.

« Veuillez agréer, monsieur le rédacteur, l'assurance de notre considération la plus distinguée.

« CAROLINE et JULES DURUOF. »

dame Duruof arrivèrent d'Angleterre, leur entrée dans la ville fut un véritable triomphe.

Une souscription ouverte en leur faveur à Calais et à Saint-Pierre-lez-Calais produisit une somme de plus de onze mille francs (1).

(1) M. Coxwell, l'aéronaute qui avait accompagné M. Glaisher dans ses expériences, voulant tout à la fois rendre hommage à Duruof et donner au peuple anglais le spectacle d'une ascension faite par le héros du jour, mit à la disposition de Duruof un immense ballon dans lequel tous deux s'élevèrent le 14 septembre 1874 au palais de Cristal. Le *Gaulois* rend ainsi compte de cette ascension :

« Londres, 14 septembre, 9 heures du soir.

« 11 943 spectateurs, — c'est le chiffre officiel qui m'a été donné cette après-midi à Sydenham, — se sont rendus aujourd'hui au Palais de Cristal pour assister à l'ascension de M. Duruof.

« Dès midi et demi, on commença à gonfler le ballon-géant si obligeamment mis à la disposition de M. Duruof par son collègue anglais M. Coxwell.

« Ce ballon, — le *Crystal-Palace*, — est immense ; il a fallu pour le gonfler 60 000 pieds cubes de gaz.

« L'Observatoire de Londres, à 3 heures et demie, a envoyé un télégramme au directeur du Palais de Cristal, disant que des vents modérés du sud et du sud-ouest soufflaient sur l'Angleterre et se maintiendraient probablement pendant la nuit.

« Presque au même instant, on reçut une autre dépêche du consul de France à Hull. Elle annonçait que le ballon le *Tricolore*, poussé par le vent et par les flots, avait été recueilli près du Skager-Rack, et qu'il venait d'arriver dans un port du Yorkshire, un peu maltraité, mais en somme sain et sauf. La soie est un peu déchirée et abîmée par l'eau; la nacelle, l'ancre, les crochets et les cordages sont intacts. Ces épaves ont été ramassées par un navire anglais à environ 150 milles de Christiansand.

« Les affiches annonçaient que M. et madame Duruof devaient monter dans le *Crystal-Palace*. Effectivement, madame Duruof est arrivée sur le terrain de l'ascension ; elle a pris place dans la nacelle et a salué les spectateurs, qui aussitôt ont répondu par des hourras frénétiques.

« Le ballon était maintenu par une corde. Ce n'étaient pas, comme en France, des ouvriers seulement qui attendaient l'ordre de le lâcher, mais des gentlemen de la meilleure société, qui se consolaient ainsi de n'avoir pu obtenir une place de voyageur dans la nacelle.

« M. Coxwell a, d'ailleurs, dû rembourser plus de dix personnes qui avaient retenu d'avance des places et qu'on n'a pu embarquer.

« Lorsque le public vit que madame Duruof était dans la nacelle, il demanda qu'elle restât à terre. MM. Glaisher et Coxwell se firent les interprètes de la foule et lui expliquèrent qu'elle avait donné une assez grande preuve de courage pour n'avoir plus besoin de s'exposer à un danger inutile. Cédant à leurs instances, elle consentit à rester sur la terrasse de Penge-Hill.

« Cette ascension, du reste, ne présentait aucun danger exceptionnel.

« A 5 heures 25 minutes, le ballon s'éleva dans les airs. M. Duruof, M. Wilfrid de Fonvielle, M. Barker, aide de M. Coxwell, le capitaine Burnaby et trois autres messieurs étaient dans la nacelle.

« Brise légère du nord-est. Les aéronautes dirent qu'ils pensaient descendre dans une heure et demie sur le territoire du comté d'Essex.

« Le ballon s'éleva majestueusement dans les airs; il ressemblait à un globe de feu, grâce à la réverbération du soleil couchant qui lançait ses rayons d'or sur toutes les vitres du Palais de Cristal.

« Il s'éleva rapidement, et on le perdit bientôt de vue.

« La foule, en attendant les dépêches qui devaient annoncer l'issue de l'ascension, achetait les photographies des deux aéronautes, assistait à la représentation d'une comédie dans le théâtre du Palais, aux exercices gymnastiques des élèves du collège du duc d'York et à un grand assaut d'armes.

« Les prévisions des aéronautes se réalisèrent. Dans la soirée, une dépêche annonça — trop tard pour que je pusse vous le télégraphier utilement — que le *Crystal-Palace* était descendu à Ingatestone, dans le comté d'Essex.

« La descente s'est opérée heureusement, et les voyageurs n'ont eu qu'à se féliciter de leur traversée. »

Signalons encore deux ascensions qui, exécutées, l'une en 1874, l'autre en 1875, n'ont pas laissé que de présenter d'assez dramatiques incidents.

« L'aéronaute Blondeau a fait, à Orange, une ascension qui a failli être la cause d'une affreuse catastrophe.

« Sa montgolfière était prête à partir; lui-même, à cheval sur son trapèze qui lui sert de nacelle, se

Ainsi, sauvés comme par miracle, ils avaient trouvé la gloire là où tant d'autres avant eux n'avaient trouvé que la mort (1).

VI

Duruof et sa femme n'eussent point vu la mort d'aussi près s'ils avaient eu à leur disposition un instrument imaginé par Sivel et plusieurs fois expérimenté par lui avec succès.

Cet instrument consiste en « un cône en toile dont la base ouverte est formée par un cercle en bois, où se trouvent fixées des cordes qui se réunissent à l'extrémité du *guide-rope*. Ce cône se remplit d'eau que le ballon ne peut soulever. Si le délestage produit par la perte de poids dans l'eau du cône et du guide-rope n'est pas suffisant,

disposait à se livrer en l'air à des exercices gymnastiques, quand, au signal : « Lâchez tout ! » l'un des hommes employés à maintenir le ballon, un menuisier d'une soixantaine d'années, un peu sourd et un peu ivre, dit-on, n'entendit pas le commandement et s'embarrassa dans les cordages qui soutiennent le trapèze. Le ballon part et emporte avec lui le malheureux qui, en cherchant à se dégager, ne fait que resserrer davantage les liens qui enlacent sa cheville. En se débattant, il rencontre les deux cordes du trapèze ; il en saisit une de chaque main, et c'est dans cette affreuse position, la tête en bas, un pied en l'air, que nous le voyons s'enlever dans l'espace.

« Les spectateurs étaient dans une angoisse indescriptible. A chaque instant, on s'attendait à voir ces deux aéronautes précipités dans l'espace. M. Blondeau aurait pu parfaitement se mettre à l'abri de tout danger en abandonnant son compagnon de route au malheureux sort qui l'attendait, mais il resta courageusement à son poste. Debout sur son trapèze, il souleva lentement de sa tête le corps qui pendait au-dessus de lui et le maintint dans cette nouvelle position.

« Cependant le ballon, qui n'avait pas été gonflé pour un supplément de 50 kilogrammes, après s'être élevé à une hauteur de 6 à 700 mètres, trouva la charge trop lourde et commença à descendre ; il vint échouer à 1 kilomètre de son point de départ.

« L'ascension avait duré de dix à douze minutes.

« Une fois à terre, le menuisier, malgré une forte contusion à la cheville, trouva encore assez de force pour gagner sain et sauf son domicile, jurant, mais un peu tard, qu'on ne l'y prendrait plus. »

« M. Porlier, aéronaute, a fait une ascension à Montpellier, au bénéfice des inondés.

« En quelques minutes, son ballon atteignit une altitude de 1 500 mètres. A cette hauteur, un vent violent le poussa rapidement du côté de la mer.

« Peu désireux de faire la traversée de la Méditerranée, M. Porlier prit immédiatement ses mesures pour atterrir sur les bords de l'étang du Limousin. La manœuvre était périlleuse, car il fallait descendre presque perpendiculairement.

« Néanmoins M. Porlier l'accomplit avec beaucoup de sang-froid, et, quelques minutes après, l'aérostat, déchargé d'une grande partie de son gaz, tombait, avec une effroyable rapidité, dans un champ labouré appartenant à M. Boussarolles. Dans cette chute périlleuse, M. Porlier se blessa légèrement aux mains et eut le bras gauche contusionné.

« Tout danger n'avait pas disparu, d'ailleurs, car la nacelle, emportée de nouveau par l'aérostat, se mit à raser la terre, couvrant l'aéronaute de terre et lui faisant éprouver les plus terribles et les plus violentes secousses. Cette situation aurait pu se prolonger longtemps encore sans l'arrivée de plusieurs habitants des environs, qui, non sans de grands efforts, parvinrent à maintenir le ballon. M. Porlier put alors sortir de la nacelle.

« Au même moment, un violent coup de vent couchait le ballon par terre après l'avoir déchiré sur toute sa hauteur.

(1) L'aérostation française, cependant, eut cette année même la mort d'une victime nouvelle à déplorer ; mais la responsabilité n'en doit à aucun degré retomber sur elle. Un malheureux gymnaste, nommé Braquet, faisait des exercices sur un trapèze attaché à une montgolfière. Elle était élevée de plusieurs centaines de mètres déjà, quand l'infortuné lâcha prise et, tombant avec une rapidité toujours croissante vers le sol, vint s'y briser.

il jette du lest et l'aérostat remontant reste au-dessus de la mer à l'état de *captif*. Les voyageurs peuvent alors attendre tranquillement qu'un navire vienne les recueillir ou que la dérive les porte vers une terre. — Si l'aéronaute veut remonter dans l'espace, il tire une cordelette attachée au fond du cône, et le renversant comme un filet à papillons il force l'eau à s'en échapper. »

Ce système, excellent par sa simplicité même, a été plus de trente fois, et toujours avec un égal bonheur, employé par Sivel, tant dans la Méditerranée que dans la Baltique.

Deux mois à peu près avant le dramatique naufrage de Duruof, Sivel devait une fois de plus la vie à son *cône-ancre*.

Il a lui-même raconté cet épisode dans une lettre adressée à son ami Crocé-Spinelli : « Le 19 du mois dernier (1), lui écrivait-il, je cherchais encore à traverser le Sud ; j'étais parti de Copenhague avec un vent de nord-ouest, et j'espérais atterrir en Suède ; mais vers le milieu du détroit il varia au nord. Ayant trois passagers, je ne crus pas devoir tenter la traversée de la Baltique. Aussi, ouvrant la soupape, nous descendîmes si rapidement que la nacelle s'enfonça d'un pied et demi dans l'eau, pour remonter de nouveau. Mais grâce au cône-ancre le ballon resta captif, et nous pûmes attendre, sans dériver beaucoup, l'arrivée des bateaux. Une heure après la descente, deux bateaux pilotes et trois bateaux de pêche avaient pris nos amarres ; mais le ballon poussé par le vent entraînait avec lui toute cette flottille. C'est alors que, faisant approcher un bateau bord à bord avec la nacelle, j'y fis transborder les passagers ; après quoi, grâce à la corde de sûreté, j'ouvris le ballon qui se dégonfla instantanément et s'abîma dans la mer, au moment où je sautais moi-même dans une barque. »

VII

Ainsi, en dehors même de France, c'étaient des Français encore qui tentaient les plus dangereuses de toutes les expériences et, gagnant une cause abandonnée, trouvaient un moyen simple et sûr de triompher des forces coalisées des flots et des vents.

L'aérostation étrangère n'essayait point de nous disputer l'empire des airs, et la science anglaise même paraissait, momentanément, se désintéresser de la question des ballons (2).

(1) C'est-à-dire le 19 août 1874.

(2) Faisons cependant une exception pour l'aérostation militaire, en faveur de laquelle de très-intelligentes et continuelles tentatives ont été depuis trois ans faites à Woolwich. Voici le récit d'une des plus intéressantes, exécutée à la date du 25 juillet 1874 :

« Samedi 25 juillet, a eu lieu à l'arsenal de Woolwich une expérience de navigation aérienne à l'aide de l'aérostat *la Ville-de-New-York*, cubant 2 000 mètres. L'appareil, inventé par M. Bowdler, consistait dans une hélice aérienne destinée à imprimer à l'aérostat un mouvement de translation. Cette hélice, en zinc, était attachée à un cadre en fer, et sa vitesse angulaire était augmentée par des roues d'angle. Le diamètre de l'hélice était de trois pieds, et on comptait lui imprimer une vitesse de 12 à 14 tours par seconde. Elle était mise en mouvement par l'inventeur et un sapeur du génie. Mais elle n'a produit aucun effet de translation appréciable, ce qui devait être prévu, le ballon rond offrant une trop grande résistance. Mais un autre fait assez important a été constaté : le ballon s'est mis à tourner autour de son axe, tantôt dans un sens, tantôt dans un autre, suivant le sens dans lequel on inclinait le gouvernail, ce qui indique qu'il y avait une petite vitesse différentielle.

« M. Bowdler avait en outre disposé une hélice horizontale, pour faire mouvoir le ballon dans le

Ce n'était en effet ni un Anglais ni un savant que cet infortuné homme volant qui paya de sa vie sa tentative.

Flamand de naissance et ouvrier cordonnier de profession, de Groof avait conçu depuis longtemps le projet d'un appareil de vol mécanique (1).

Après avoir vainement tenté à Bruxelles et à Lyon d'expérimenter sa machine (2), de Groof se confia enfin à elle le 2 juin 1874 à Londres et descendit sans encombre à terre (3).

Le 9 juillet, de Groof essaya une seconde fois son appareil. Soit qu'il se fût détaché du ballon trop précipitamment, soit que sa machine fût réellement impuissante à le soutenir, il tomba comme une masse et vint se briser sur la chaussée à Robert-Street (Chelsea), près de la boutique d'un épicier. La foule se rua avec une joie bestiale sur l'appareil et s'en partagea les débris, tandis que de Groof, mourant, était porté à l'hôpital : il expira en route (4).

sens de la verticale. Le ballon ayant été assujetti par le *guide-rope* et mis en équilibre par M. Coxwell, qui assistait le major Beaumont dans la direction des expériences, le ballon garda imperturbablement son niveau primitif.

« Heureusement quelqu'un fit remarquer que peut-être on s'était trompé dans le sens de la rotation, et l'on fit tourner l'hélice dans la direction opposée. Aussitôt le ballon se mit à monter. Il retombait vers la terre aussitôt que l'on discontinuait ce mouvement. M. le major Beaumont, qui dirigeait les expériences, est le président du comité des ballons établi par le ministère anglais. Ce savant officier a fait de nombreuses ascensions avec M. Coxwell.

« A l'issue des expériences, le ballon a pris son vol, et l'ascension s'est terminée après un voyage à 3 000 mètres, dans lequel les voyageurs ont joui d'un coup d'œil magnifique. La descente a eu lieu dans les environs de Londres, à 7 heures du soir. »

(1) Dès 1865, il était venu à Paris pour tenter d'y construire et d'y mettre à l'épreuve son appareil, et avait reçu un concours effectif et moral de la Société d'encouragement pour l'aviation ; mais, à la suite de longs retards et de dissentiments nombreux, de Groof avait dû renoncer à faire des expériences à Paris et était parti pour Bruxelles. (Voir à ce sujet le *rapport du conseil d'administration de la Société d'encouragement pour l'aviation sur le deuxième exercice*. 1865.)

(2) Voici la description de cet appareil :

« C'est un châssis rectangulaire en bois, au milieu duquel le pilote de ce terrible navire se tient debout. Deux ailes, de 10 mètres de longueur chacune, sont fixées à la partie supérieure de ce châssis ; elles tendent à se relever sous l'action de ressorts de caoutchouc, fixés à une pièce de bois qui domine tout l'appareil. L'homme les abaisse en tirant des cordes, et quand il cesse d'agir, les caoutchoucs les relèvent. A l'état de repos, le système doit former parachute, et une troisième palette concave, formant la queue de cet oiseau fantastique, vient s'ajouter aux deux ailes latérales. »

(3) « Le ballon, parti de Crémorne, s'éleva à une hauteur de 5 000 pieds et redescendit rapidement à la hauteur de 1 000 pieds. De Groof se détacha lui-même après avoir donné le signal *Loose!* Le but de ce signal était de prévenir l'aéronaute Simmons, afin qu'il eût le temps d'ouvrir la soupape et de laisser dégager une quantité de gaz correspondant à une perte de poids de 425 livres.

« De Groof arriva à terre avant M. Simmons, qui effectua sa descente dans la forêt d'Epping. Il ne se fit aucun mal, et son appareil n'éprouva d'autre dommage que la rupture de quelques baleines. Simmons raconte, dans l'enquête, qu'il le vit en tête des gens qui travaillaient aux câbles pour arrêter l'aérostat.

« L'enquête judiciaire faite plus tard démontra que, dans l'ascension du 27 juin, de Groof n'avait point détaché son appareil ; il était descendu sans accident mais *avec le ballon*. Les journaux avaient donné un récit imaginaire de la descente, et l'aéronaute Simmons, dans sa déposition devant le coroner, avait corroboré, sous la foi du serment, un récit mensonger. »

(4) « Il s'en fallut de peu que l'aéronaute lui-même n'eût un destin identique. Lorsque de Groof eut détaché son appareil, le ballon, subitement délesté, ne tarda pas à s'enlever avec une rapidité telle que Simmons perdit connaissance. Quand il revint à lui, il était en pleine descente. Il toucha terre sur un railway près de Springford, de l'autre côté de Victoria-Park, au moment où un train arrivait à toute vapeur. Grâce au dévouement de quelques passants et à la hardiesse avec laquelle le mécanicien fit jouer la contre-vapeur, le malheureux aéronaute échappa à la plus cruelle des morts. »

CROCE-SPINELLI.

VIII

De l'autre côté de l'Atlantique avait, un an plus tôt, péri dans des circonstances tout aussi dramatiques l'aéronaute La Mountain, que nous avons vu déjà faire pendant la guerre de sécession d'utiles observations en aérostat.

Familiarisé avec les périls de l'aérostation par de nombreuses ascensions, puis célèbre par une ascension dramatique qui avait failli avoir un issue funeste (1), La Mountain eut la malencontreuse idée de remplacer le filet, auquel d'ordinaire est liée la nacelle, par des cordes attachées à un cercle qu'il plaçait à la partie supérieure de la montgolfière.

C'est dans une nacelle ainsi suspendue que le 4 juillet 1873, anniversaire de l'indépendance des États-Unis, prit place La Mountain à Iona, dans le Michigan.

Depuis quelques minutes à peine, le ballon planait dans les nuages quand, sous la

(1) Il avait failli périr dans les eaux du lac Érié.

« Crocé-Spinelli était assis tenant à la main le flacon laveur du gaz oxygène..... J'avais encore la force de frapper du doigt le baromètre anéroïde pour faciliter le mouvement de son aiguille. » (Page 456).

pression du globe peut-être, le cercle qui, placé en haut de l'aérostat, retenait les cordes, se rompit : le ballon s'échappa et la nacelle, abandonnée à elle-même, se mit à tomber avec une effrayante vitesse. Convulsivement cramponné au panier d'osier, La Mountain lâcha prise à cent mètres environ du sol et son corps fut projeté contre la terre avec une telle violence qu'il y pénétra à quelques centimètres de profondeur : sa tête fut écrasée, aplatie, mise en pièces, ses os broyés par le choc, quelques-uns même réduits en poudre.

Cette scène d'horreur se déroula toute entière sous les yeux des milliers de spectateurs qui avaient assisté à cette ascension (1).

IX

L'année suivante, l'Asie à son tour ajoutait à la liste des victimes de l'aérostation un nom de plus.

De cette mort, comme dans tant d'autres occasions, l'aérostation était encore bien innocente, et ce n'est pas davantage à l'imprudence du pauvre diable qui y laissa sa vie que l'issue fatale de l'ascension était imputable.

C'était fête à Bangkock.

Un aérostat, spectacle nouveau pour des yeux siamois, se balançait en l'air, impatient de prendre vent et de montrer à quelque Asiatique, ignorant de ces grands horizons, le monde immense des airs.

Qui allait le premier s'élancer à la conquête de ces espaces inaccessibles jusqu'alors?

Deux condamnés à mort.

Ainsi le voulait le roi, convaincu qu'une telle machine ne pouvait être qu'un engin de destruction et que monter dans le frêle panier d'osier qui pendait au-dessous du globe, c'était dire adieu à la vie.

Quelqu'un de la cour pourtant fit remarquer au roi que le navire aérien avait à Paris fait une heureuse ascension, et que mieux vaudrait placer dans la nacelle un homme qui tenterait de ramener le ballon à terre, qu'un condamné, sûr de mourir sous les pieds des éléphants s'il échappait aux périls de l'air.

Le roi goûta l'avis, et il fut décidé que le ballon aurait un aéronaute volontaire : une grosse récompense fut offerte à celui qui se présenterait pour tenter l'aventure.

Nul ne se présenta, et le ballon le *Roi-de-Siam*, construit à Paris par les ordres et aux frais de son parrain (2), risquait de rester à terre, captif et inutile, faute d'un aéronaute.

(1) « Une autre ascension, faite aux États-Unis, s'est encore terminée d'une manière fatale. M. Donaldson et M. Grimwood, du *Journal de Chicago*, ont péri à la suite d'une ascension exécutée à l'hippodrome de Chicago, le 15 juillet 1875, à 4 heures du soir. Le vent était si violent, que le correspondant de la *Tribune de Chicago*, qui devait faire partie du voyage, refusa de prendre dans la nacelle la place qui lui était réservée. Le vent soufflant du sud-ouest, le ballon, qui était du reste en fort mauvais état et tout rempli de trous, disparut dans la direction du lac Michigan. Pendant la nuit du 15 au 16 juillet, il s'éleva une violente tempête qui dévasta la vallée de l'Ohio. Si le ballon avait tenu l'air, il aurait été infailliblement lancé dans les forêts impénétrables qui couvrent le nord du Canada et où La Mountain est resté égaré pendant longtemps à la suite d'une dramatique ascension. Quelques amis de Donaldson ont persisté pendant quelque temps à croire qu'on pouvait espérer le voir revenir, mais il n'est plus permis aujourd'hui de douter du sort funeste qui a été réservé aux malheureux aéronautes. Ils sont tombés au milieu du lac Michigan au fort de la tempête; ils ont trouvé la mort au sein des vagues soulevées par l'ouragan. On a retrouvé sur le rivage le corps d'une des victimes. »

(2) Son constructeur, M. Gratier, avait déjà, dans ce petit ballon de 320 mètres cubes, exécuté à Paris une ascension au mois d'août 1873.

Il fallait en finir, pourtant, car le jour de la majorité du roi, c'est-à-dire de la fête annoncée et promise à toutes les provinces, approchait.

Il fallut renoncer à confier l'aérostat à un voyageur volontaire, et un esclave fut choisi, le plus maigre qu'il fût possible de trouver dans le royaume, pour aéronaute du *Roi-de-Siam*; pour lui inspirer le désir de ramener son ballon à terre, la liberté lui fut promise en cas de retour.

Le grand jour arriva ; le pauvre diable, à demi mort déjà de frayeur, fut placé, malgré sa résistance désespérée, dans la nacelle, et les cordes furent coupées : le ballon partit comme une flèche et disparut au milieu d'un nuage, tandis que la foule, ravie, éclatait en applaudissements frénétiques.

Mais telle avait été la précipitation du départ, que la nacelle n'avait pas été munie du moindre sac de lest : aéronaute et ballon ne reparurent jamais.

Le roi eût mieux fait encore de suivre son idée première et d'envoyer périr là-haut un condamné à mort, que d'infliger ce nouveau genre de supplice à un innocent, coupable seulement d'être esclave.

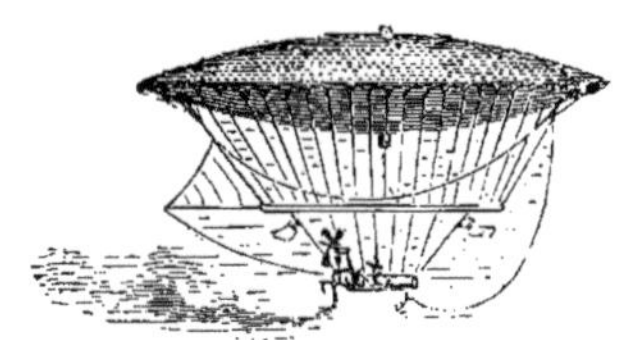

CHAPITRE XXXVIII

SOMMAIRE : Les ascensions du *Zénith*.

I

En 1875, la *Société française de navigation aérienne*, présidée par M. Hervé-Mangon, membre de l'Académie des sciences comme son prédécesseur, M. Janssen, décida que deux voyages aérostatiques, l'un de durée, l'autre de hauteur, seraient successivement exécutés par ses soins; son initiative reçut de toutes parts des encouragements (1), et dès le 23 mars le ballon le *Zénith* s'élevait à 6 heures 20 minutes du soir de l'usine à gaz de la Villette.

Il devait exécuter le voyage de longue durée, qui formait la première partie du programme formulé par la Société de navigation aérienne, et emportait avec lui MM. Sivel, Crocé-Spinelli, Jobert, Gaston et Albert Tissandier; 1 100 kilogrammes de lest, des instruments et des appareils de physique et de chimie remplissaient la nacelle.

Bientôt aux yeux des aéronautes Paris a disparu, et la science qui les a envoyés dans les airs les sollicite.

« Les voyageurs ne songent pas au repos, dit dans la relation de ce voyage M. Sivel (2); ils ont une mission délicate à remplir; cette mission est purement scientifique, mais en ballon la science se poétise. Le laboratoire n'est pas assombri par des murs; c'est un esquif qui vogue en silence, et, quelle que soit la vitesse, la houle n'en change pas l'équilibre. Suspendus à un globe qu'argentent les étoiles, ils se livrent avec zèle à leurs expériences, sans pouvoir néanmoins se défendre de la con-

(1) Ces encouragements étaient aussi un concours effectif.
Au nombre de ces généreux savants, qui prouvaient ainsi que leur sympathie pour l'aérostation n'était pas purement platonique, mentionnons MM. Dumas, Hervé-Mangon, Henri Giffard, Paul Bert, Dupuy de Lôme, Hureau de Villeneuve et d'Eichthal. L'Académie des sciences, l'Association française pour l'avancement des sciences et l'Association scientifique de France avaient aussi tenu à honneur de contribuer à l'œuvre entreprise.

(2) *Revue illustrée des Deux-Mondes*.

templation du panorama le plus poétique qu'il soit donné à l'homme de concevoir. »

Tandis que les voyageurs font leurs observations, le ballon continue sa marche dans la direction du sud-est; il passe successivement près de Velizy, Chevreuse, Chartres, Châteaudun, Tours, traverse la Vienne, les Deux-Sèvres, entre dans la Charente-Inférieure et arrive à 4 heures 30 du matin en vue de la Rochelle.

L'Océan apparaît, tout proche.

Mais le vent a changé et le *Zénith* n'ira pas se perdre dans les flots : poussé vers le sud, au contraire, l'aérostat va d'une course lente suivre le littoral de la mer.

A 10 heures, les voyageurs aperçoivent la tour de Cordouan et le ballon franchit la Gironde.

Le ballon passe près de l'étang de Carcans et tend à s'élever par suite de l'ardeur du soleil qui dilate le gaz; ne voulant point, alors qu'ils sont si près de la mer, laisser l'aérostat monter à de grandes hauteurs, les voyageurs sont obligés d'ouvrir la soupape à diverses reprises, afin de maintenir le ballon dans le voisinage de la terre, où il est entraîné par le courant inférieur.

Les Landes bientôt alignent aux yeux des voyageurs leurs longues et monotones files de sapins; le soleil brûle les aéronautes, et le ballon continue avec une étonnante lenteur sa route.

Enfin le *Zénith* touche terre à Montplaisir (commune de Lanton), près d'Arcachon. Tandis que les voyageurs se pendent à la corde de la soupape et maîtrisent l'aérostat, sur leurs échasses accourent de toutes parts des bergers qui, sous la direction des aéronautes, exécutent, avec autant de bonne grâce que de vigueur, des manœuvres tout à fait nouvelles pour eux.

« Le ballon fut vite plié et chargé sur une charrette, dit encore M. Sivel.

« Le retour fut moins poétique. Les voyageurs suivent à pied le ballon dans des chemins impraticables et à travers des flaques d'eau. C'est ainsi qu'ils arrivent à la ferme de Montplaisir où, alléchés par le nom, ils espèrent prendre quelques aliments chauds. Mais nous sommes en carême. Il n'y a près du feu qu'une marmite contenant des haricots tourmentés dans l'eau. C'est le dîner des paysans; il devient celui des aéronautes; leurs provisions le complètent et la gaîté l'assaisonne.

« Un nouveau chariot arrive; les voyageurs y prennent place, et après bien des cahots on arrive à la station de Marcheprime. Le lendemain, le premier train les conduit à Bordeaux, d'où ils partent le même jour pour Paris. »

Ainsi avait été heureusement exécutée la première partie du programme : les voyageurs étaient restés vingt-deux heures quarante minutes en l'air.

II

La seconde des ascensions organisées par la Société de navigation aérienne, l'ascension en hauteur, restait à accomplir.

Le 15 avril 1875, à 11 heures 35 du matin, le *Zénith* partait de l'usine à gaz de la Villette, emportant dans les airs MM. Sivel, Crocé-Spinelli et Gaston Tissandier.

A 4 heures du soir, le *Zénith* ramenait à terre deux morts et un mourant.

Ce mourant a survécu cependant; il a survécu pour dire le drame aérien dont il a été acteur plutôt que spectateur et reprendre l'œuvre interrompue de ses amis.

Nous n'affaiblirons pas l'intérêt puissant de cette sombre mais grandiose scène en la racontant nous-mêmes, et nous citerons la relation du seul témoin oculaire qui puisse dire la vérité sur ce qui s'est passé, là-haut, entre les nuages et ces trois hommes :

« Le jeudi 15 avril 1875, à 11 heures 35 minutes du matin, dit M. Gaston Tissandier, l'aérostat le *Zénith* s'élevait de terre à l'usine à gaz de la Villette. Crocé-Spinelli, Sivel et moi avions pris place dans la nacelle. Trois ballonnets remplis d'un mélange d'air à 70 pour 100 d'oxygène étaient attachés au cercle. A la partie inférieure de chacun d'eux, un tube de caoutchouc traversait un flacon laveur rempli d'un liquide aromatique. Cet appareil, dans les hautes régions de l'atmosphère, devait fournir aux voyageurs le gaz comburant nécessaire à l'entretien de la vie.

« On part, on s'élève au milieu d'un flot de lumière, emblème de la joie, de l'espérance!...

« Dès les premiers moments de l'ascension, qui s'exécuta d'abord avec une vitesse de 2 mètres environ à la seconde, et se ralentit légèrement à 3500 mètres pour augmenter à 5 000 mètres, sous la chute constante de lest et sous l'action d'un soleil brûlant, Sivel prend le soin prudent de descendre la corde d'ancre et de tout préparer pour l'atterrissage. A peine sommes-nous à 300 mètres au-dessus du sol, qu'il s'est écrié avec joie : « Nous voilà partis, mes amis! Je suis bien content! » Et un peu plus tard, regardant l'aérostat arrondi au-dessus de la nacelle : « Voyez « le *Zénith*, comme il est bien gonflé ; comme il est beau! »

« Crocé-Spinelli me disait : « Allons, Tissandier, du courage! A l'aspirateur, à « l'acide carbonique! » et je disposais mon expérience pour faire passer 70 litres d'air dans les tubes à potasse, de 1000 à 6000 mètres. Mais ces tubes, que je n'ai pas eu la force au dernier moment de serrer dans leur boîte ouatée, devaient être brisés en mille fragments à la descente! Ces expériences seront reprises ultérieurement.

« A l'altitude de 3300 mètres, le gaz s'échappait avec force de l'appendice béant au-dessus de nos têtes. L'odeur était prononcée, et sans que Sivel et moi en ayons été incommodés, je dois signaler les lignes suivantes que je trouve écrites sur le carnet de Crocé-Spinelli :

« 11 h. 57'. H. 500. — *Température* + 1°. — *Légère douleur dans les oreilles. Un « peu oppressé. C'est le gaz.* »

« J'ajouterai que le *Zénith* n'était pas entièrement gonflé, pour laisser une large place à la dilatation.

« A 4000 mètres, le soleil est ardent, le ciel est resplendissant, de nombreux cirrus s'étendent à l'horizon, dominant une buée opaline, qui forme un cercle immense autour de la nacelle.

« A 4300 mètres, nous commençons à respirer de l'oxygène, non pas parce que nous sentons encore le besoin d'avoir recours au mélange gazeux, mais uniquement parce que nous voulons nous convaincre que nos appareils, si bien disposés par M. Limousin, d'après les proportions indiquées par M. Paul Bert, fonctionnent convenablement.

« C'est à l'altitude de 7000 mètres, à 1 h. 20', que j'ai respiré le mélange d'air et d'oxygène, et que j'ai senti, en effet, tout mon être déjà oppressé se ranimer sous l'action de ce cordial; à 7000 mètres, j'ai tracé sur mon carnet de bord les lignes suivantes : « *Je respire oxygène. Excellent effet.* »

« A cette hauteur, Sivel, qui était d'une force physique peu commune et d'un tempérament sanguin, commençait à fermer les yeux par moments, à s'assoupir même et à devenir un peu pâle. Mais cette âme vaillante ne s'abandonnait pas longtemps aux mouvements de la faiblesse : il se redressait avec l'expression de la fermeté; il me faisait vider le liquide contenu dans mon aspirateur après mon expérience, et il jetait le lest par-dessus bord pour atteindre des régions plus élevées. Sivel avait été l'an dernier à 7300 mètres avec Crocé-Spinelli. Il voulait, cette année, monter à 8000 mètres, et quand Sivel voulait, il eût fallu de bien grands obstacles pour entraver ses desseins.

« Crocé-Spinelli avait depuis longtemps l'œil fixé au spectroscope. Il paraissait rayonnant de joie et s'était écrié déjà : « Il y a absence complète des raies de la « vapeur d'eau. » Puis, après avoir fait entendre ces paroles, il s'était mis à continuer ses observations avec une telle ardeur, qu'il m'avait prié d'inscrire sur mon carnet le résultat des lectures du thermomètre et du baromètre.

« J'arrive à l'heure fatale où nous allions être saisis par la terrible influence de la dépression atmosphérique. A 7 000 mètres, nous sommes tous debout dans la nacelle ; Sivel, un moment engourdi, s'est ranimé ; Crocé-Spinelli est immobile en face de moi. « Voyez, me dit ce dernier, comme ces cirrus sont beaux ! » C'était beau, en effet, ce spectacle sublime qui s'offrait à nos yeux. Des cirrus de formes diverses, les uns allongés, les autres légèrement mamelonnés, formaient autour de nous un cercle d'un blanc d'argent. En se penchant au dehors de la nacelle, on apercevait, comme au fond d'un puits dont les cirrus et la buée inférieure eussent formé les parois, la surface terrestre qui apparaissait dans les abîmes de l'atmosphère. Le ciel, loin d'être noir et foncé, était d'un bleu clair et limpide ; le soleil ardent nous brûlait le visage. Cependant le froid commençait à faire sentir son influence, et nous avions, antérieurement déjà, placé nos couvertures sur nos épaules. L'engourdissement m'avait saisi; mes mains étaient froides, glacées. Je voulais mettre mes gants de fourrure; mais, sans en avoir conscience, l'action de les prendre dans ma poche nécessitait, de ma part, un effort que je ne pouvais plus faire.

« A cette hauteur de 7000 mètres, j'écrivais cependant presque machinalement sur mon carnet; je recopie textuellement les lignes suivantes qui ont été écrites sans que j'en aie actuellement le souvenir bien précis ; elles sont tracées d'une façon peu lisible, par une main que le froid devait singulièrement faire trembler :

« *J'ai les mains gelées. Je vais bien. Nous allons bien. Brume à l'horizon avec petits* « *cirrus arrondis. Nous montons. Crocé souffle. Nous respirons oxygène. Sivel ferme les* « *yeux. Crocé aussi ferme les yeux. Je vide aspirateur. Temp.* — 10°. 1 *h.* 20. *H.* 320. *Sivel* « *est assoupi*... 1 *h.* 25. *Temp.* — 11°. *H.* 300. *Sivel jette lest*... » (Ces derniers mots sont à peine lisibles.)

« Sivel, en effet, qui était resté quelques instants comme pensif et immobile, fermant parfois les yeux, venait de se rappeler sans doute qu'il voulait dépasser les limites où planait alors le *Zénith*. Il se redresse, sa figure énergique s'éclaire subitement d'un éclat inaccoutumé ; il se tourne vers moi et me dit : « Quelle est la pres- « sion ? — 30 (7450 mètres d'altitude environ). — Nous avons beaucoup de lest, « faut-il en jeter ? — Je lui réponds : Faites ce que vous voudrez. » Il se tourne vers

Crocé et lui fait la même question. Crocé baisse la tête avec un signe d'affirmation très-énergique.

« Il y avait dans la nacelle au moins cinq sacs de lest; il y en avait encore à peu près autant pendus en dehors avec leurs cordelettes. Ceux-ci, nous devons l'ajouter, n'étaient plus entièrement remplis; Sivel avait certainement dû estimer leur poids. mais il nous est impossible de rien fixer à cet égard.

« Sivel saisit son couteau et coupe successivement trois cordes; les trois sacs se vident, et nous montons rapidement. Le dernier souvenir bien net qui me soit resté de l'ascension remonte à un moment un peu antérieur. Crocé-Spinelli était assis, tenant à la main le flacon laveur du gaz oxygène; il avait la tête légèrement inclinée et semblait oppressé. J'avais encore la force de frapper du doigt le baromètre anéroïde pour faciliter le mouvement de son aiguille; Sivel venait de lever la main vers le ciel, comme pour montrer du doigt les régions supérieures de l'atmosphère.

« Mais je n'avais pas tardé à garder l'immobilité absolue, sans me douter que j'avais déjà peut-être perdu l'usage de mes mouvements. Vers 7 500 mètres, l'état d'engourdissement où l'on se trouve est extraordinaire. Le corps et l'esprit s'affaiblissent peu à peu, insensiblement, sans qu'on en ait conscience. On ne souffre en aucune façon; au contraire, on éprouve une joie intérieure, et comme un effet de ce rayonnement de lumière qui vous inonde. On devient indifférent; on ne pense plus ni à la situation périlleuse, ni au danger; on monte, et on est heureux de monter. Le vertige des hautes régions n'est pas un vain mot. Mais, autant que je puis en juger par mes impressions personnelles, ce vertige apparaît au dernier moment; il précède immédiatement l'anéantissement, subit, inattendu, irrésistible.

« Lorsque Sivel eut coupé les trois sacs de lest, à l'altitude de 7 450 mètres environ, c'est-à-dire sous la pression 300 (c'est le dernier chiffre que j'aie écrit alors sur mon carnet), je crois me rappeler qu'il s'assit au fond de la nacelle, et prit à peu près la position qu'avait Crocé-Spinelli. Quant à moi, j'étais appuyé dans l'angle de la nacelle, où je me soutenais grâce à cet appui. Je ne tardai pas à me sentir si faible que je ne pus même pas tourner la tête pour regarder mes compagnons.

« Bientôt je veux saisir le tube à oxygène, mais il m'est impossible de lever le bras; mon esprit cependant est encore très-lucide. Je considère toujours le baromètre; j'ai les yeux fixés sur l'aiguille qui arrive bientôt au chiffre de la pression 290, puis 280 qu'elle dépasse.

« Je veux m'écrier : « Nous sommes à 8 000 mètres ! » Mais ma langue est comme paralysée. Tout à coup je ferme les yeux et je tombe inerte, perdant absolument le souvenir. Il était environ 1 heure 30 minutes.

« A 2 heures 8 minutes, je me réveille un moment. La ballon descendait rapidement; j'ai pu couper un sac de lest pour arrêter la vitesse, et écrire sur mon registre de bord les lignes suivantes que je recopie :

« Nous descendons; température — 8°; je jette lest; H. = 315. Nous descendons. « Sivel et Crocé encore évanouis au fond de la nacelle. Descendons très-fort. »

« A peine ai-je écrit ces lignes qu'une sorte de tremblement me saisit, et je retombe affaibli encore une fois. Le vent était violent de bas en haut et dénotait une descente très-rapide. Quelques moments après, je me sens secouer par le bras, et je reconnais Crocé, qui s'est ranimé. « Jetez du lest, me dit-il, nous descendons. » Mais c'est à peine si je puis ouvrir les yeux, et je n'ai pas vu si Sivel était réveillé.

GASTON TISSANDIER.

« Je me rappelle que Crocé a détaché l'inspirateur qu'il a lancé par-dessus bord, et qu'il a jeté du lest, des couvertures, etc. Tout cela est un souvenir extrêmement confus qui s'éteint vite, car je retombe dans mon inertie plus complétement encore qu'auparavant, et il me semble que je m'endors d'un sommeil éternel.

« Que s'est-il passé ? Il est certain que le ballon délesté, imperméable comme il l'était et très-chaud, est remonté encore une fois dans les hautes régions.

« A 3 heures 30 minutes environ, je rouvre les yeux, je me sens étourdi, affaissé, mais mon esprit se ranime. Le ballon descend avec une vitesse effrayante; la nacelle est balancée fortement et décrit de grandes oscillations. Je me traîne sur les genoux et je tire Sivel par le bras ainsi que Crocé.

— Sivel! Crocé! m'écriai-je, réveillez-vous!

« Mes deux compagnons étaient accroupis dans la nacelle, la tête cachée sous leurs couvertures de voyage. Je rassemble mes forces et j'essaie de les soulever. Sivel avait la figure noire, les yeux ternes, la bouche béante et remplie de sang. Crocé avait les yeux à demi fermés et la bouche ensanglantée.

« Raconter en détail se qui ce passa alors m'est impossible. Je ressentais un vent effroyable de bas en haut. Nous étions encore à 6000 mètres d'altitude. Il y avait dans la nacelle deux sacs de lest que j'ai jetés. Bientôt la terre se rapproche, je veux saisir mon couteau pour couper la cordelette de l'ancre : impossible de le trouver. J'étais comme fou, je continuais à appeler : « Sivel ! Sivel ! »

« Par bonheur, j'ai pu mettre la main sur un couteau et détacher l'ancre au moment voulu. Le choc à terre fut d'une violence extrême. Le ballon sembla s'aplatir et je crus qu'il allait rester en place, mais le vent était rapide et l'entraîna. L'ancre ne mordait pas et la nacelle glissait à plat sur les champs ; les corps de mes malheureux amis étaient cahotés çà et là, et je croyais à tout moment qu'ils allaient tomber de l'esquif. Cependant j'ai pu saisir la corde de soupape, et le ballon n'a pas tardé à se vider, puis à s'éventrer contre un arbre. Il était 4 heures.

« En mettant pied à terre, j'ai été pris d'une surexcitation fébrile, et je me suis affaissé en devenant livide. J'ai cru que j'allais rejoindre mes amis dans l'autre monde.

« Cependant je me remis peu à peu. Je suis allé auprès de mes malheureux compagnons, qui étaient déjà froids et crispés. J'ai fait porter leur corps à l'abri dans une grange voisine. Les sanglots m'étouffaient. »

Paris connut bien vite par une dépêche de M. Tissandier la catastrophe, et la noble ville, qui s'intéresse à toutes les victimes et se passionne pour tout ce qui est grand, accueillit avec stupeur la sombre nouvelle. La France entière unit bientôt ses regrets à la douleur de Paris : des souscriptions partout s'ouvrirent, des témoignagnes de sympathique condoléance arrivèrent de toutes parts à la Société de navigation aérienne, qui était comme la famille scientifique des victimes.

Au jour des funérailles, une foule énorme alla chercher à la gare même les corps des deux victimes (1).

Au cimetière, après un éloquent adieu de M. le pasteur Dide, après un discours prononcé au nom de Paris par M. le docteur Thulié, président du conseil municipal (2), M. Barrault parla au nom de la Société amicale des anciens élèves de l'École centrale et au nom de la Société des ingénieurs civils.

(1) « A 11 heures précises, les cercueils ont été placés dans la cour de la gare d'Orléans. Les deux défunts appartenaient à la religion protestante. M. le pasteur Dide a prononcé une courte allocution qui a ému l'auditoire. Les cercueils ont été placés sur les corbillards, et le cortége s'est mis en marche. Il a suivi le pont d'Austerlitz, le boulevard Contrescarpe, la place de la Bastille et la rue de la Roquette jusqu'au Père-Lachaise. Tout le long du parcours, ce cortége marchait au milieu d'une double haie humaine et grossissait à mesure qu'il avançait. On était parti dix mille à peu près de la gare d'Orléans, on était près de vingt mille en approchant du cimetière. Le premier corbillard, à draperies noires, contenait le cercueil de Sivel ; le second, à draperies blanches, celui de Crocé-Spinelli. Derrière marchaient les membres des deux familles : le père et les frères de Crocé-Spinelli, la fille de Sivel, âgée de six ans, et sa belle-mère, madame Poitevin. Le deuil était conduit par M. Hervé-Mangon, membre de l'Institut, président de la Société de navigation aérienne ; à sa droite, M. le lieutenant de vaisseau de Langsdorff, officier d'ordonnance de M. le maréchal de Mac-Mahon et représentant le président de la République ; à gauche, M. le capitaine d'infanterie Chabord, du cabinet de M. le ministre de la guerre ; M. de Watteville, délégué par M. le ministre de l'instruction publique, et qui avait en son nom apporté une somme de mille francs à la souscription ouverte par la Société de navigation aérienne. Puis venaient plusieurs membres de l'Académie des sciences : MM. Charles Sainte-Claire Deville, Dupuy de Lôme, baron Larrey, etc. Puis beaucoup de conseillers municipaux de Paris, de députés, de journalistes, d'ouvriers, etc., des membres de toutes les sociétés de navigation aérienne, la Société française, l'Aéronautic-club, la Société des aéronautes du siége et la Société aéronautique et météorologique de France ; une députation d'élèves de l'École centrale et les délégués de douze chambres syndicales ouvrières. »

(2) « Messieurs,

« Paris, comme la France entière, a tressailli de douleur en apprenant la mort tragique de ces

Enfin M. Hervé-Mangon, membre de l'Institut et président de la Société française de navigation aérienne, a, au nom de cette Société, dont Crocé était vice-président, prononcé un discours dont nous extrayons ces intéressants détails sur Crocé et Sivel :

« Joseph Crocé-Spinelli avait à peine trente ans. Il était encore élève à l'École centrale des arts et manufactures en 1866. Depuis cette époque, il se livrait avec passion à l'étude de la physique du globe et de l'aéronautique. Oublieux de ses intérêts personnels, il donnait à la France son ardeur et son travail incessant.

« L'École centrale, qui a doté notre pays, depuis quarante-cinq ans, d'un si grand nombre d'hommes et d'ingénieurs éminents, placera Crocé au nombre des élèves dont elle peut s'honorer à bon droit; ses camarades, jeunes ou vieux, ne l'oublieront pas.

« M. Crocé avait deux passions, dont une seule eût suffi pour lui donner une grande valeur. Il aimait la science de toutes ses forces; il aimait surtout notre chère France de tout son cœur! S'il se sacrifiait à la science, c'est qu'il savait qu'elle honore et qu'elle grandit le pays où on la cultive avec ardeur et désintéressement. Confident dans ces derniers temps des pensées intimes de Crocé, je puis dire, à l'honneur de sa mémoire, que le patriotisme était le véritable mobile de toutes ses actions.

« M. Crocé avait déjà fait plusieurs ascensions scientifiques. L'année dernière, avec son digne ami M. Sivel, qui repose maintenant à côté de lui, il avait exécuté une ascension à grande hauteur, analogue à celle qui devait lui devenir si funeste...

« ... M. Sivel, ancien officier de marine, venait d'atteindre sa quarantième année. Il avait été appelé par un irrésistible attrait à s'occuper de navigation aérienne. L'inconnu semblait le fasciner. La navigation océanique n'avait pas suffi à

deux hommes courageux ; je viens, au nom de la grande ville, déposer sur ces tombes encore ouvertes un juste tribut d'admiration et de poignants regrets, car elle traite comme ses enfants les plus chers ceux qui lui demandent l'hospitalité pour travailler à la prospérité et à la gloire nationales ; et peu d'hommes, en vérité, ont poussé aussi loin l'abnégation scientifique et l'ardeur des découvertes que ceux que nous pleurons aujourd'hui.

« La France républicaine a fait là une immense perte ; car, sous la République, ce n'est pas pour satisfaire servilement les vanités d'un homme ou pour donner de l'éclat à un règne que le savant pense, produit et s'expose, mais pour contribuer à la grandeur de la patrie, et d'ailleurs les vertus sont solidaires comme les vices, et il est rare qu'au moment du danger le savant digne de ce nom ne se montre pas dévoué patriote, aussi ardent à défendre son pays menacé qu'à rechercher, en temps de paix, les lois de la nature. Crocé-Spinelli et Sivel n'ont pas manqué à cette loi. Tous deux, au moment de l'invasion, se sont dévoués au service de la France, l'un à Paris, l'autre en province.

« Ah ! il est douloureux, il est poignant de voir disparaître tout à coup deux hommes vigoureux, ardents au bien, qui auraient pu apporter à la collectivité un concours si précieux ; mais si la République pleure des enfants prématurément enlevés, elle compte d'autant plus sur ceux qui restent que l'exemple donné par ces victimes est plus grand et plus magnifique, car l'héroïsme chez nous engendre l'héroïsme, et jamais les vides faits dans les rangs, aussi bien à la guerre que dans les luttes du travail, ne sont restés sans être rapidement comblés.

« Que celui qui survit après avoir fait partie de cette tragique expédition reçoive nos éloges ; qu'il tâche d'effacer de sa mémoire l'horreur de la fatale journée qui lui a coûté deux nobles amis ; qu'il se réconforte, car il sait qu'il doit au pays son courage et ses efforts ; mais il ne doit pas oublier, et cela grandira son énergie, que, lorsqu'il reprendra ses expériences, la France entière aura les yeux anxieusement fixés sur le point de l'espace où l'un de ses plus chers enfants travaille pour elle.

« Et Paris, la ville héroïque, qui n'oublie jamais ceux qui ont péri ou ceux qui se sont exposés pour l'honneur du pays, a déjà inscrit trois noms de plus dans ses glorieuses annales. »

son insatiable curiosité. La mer n'avait plus pour lui de rivages assez inabordables à découvrir : il voulait sonder les profondeurs inconnues de l'atmosphère.

« On doit à M. Sivel plusieurs inventions utiles au progrès de l'aérostation. Il suffira de citer son ancre-cône et son guide-rope à frotteurs (1).

« L'attachement et le dévouement de M. Sivel pour notre Société n'avaient pas de bornes; son temps, son travail personnel, son expérience, son matériel, étaient à la disposition de ses collègues.

« M. Sivel laisse un père fort âgé, une belle-mère, madame Poitevin, qui l'aimait comme son propre fils, et une petite fille de cinq ans! Je vois encore cette charmante enfant lui envoyer, au moment du départ, jeudi, ses gracieuses caresses qui devaient être son dernier adieu...

« La mort de Crocé prive son vieux père de son principal appui; la mort de Sivel enlève à son enfant son guide et son soutien. La France n'abandonnera pas les familles de ces deux nobles victimes, mortes au champ d'honneur des travaux scientifiques.

« Crocé et Sivel sont morts à la limite qu'ils voulaient franchir, victimes de leur ardent désir d'assurer à la patrie des Montgolfier l'honneur de la découverte de ces régions élevées que nul n'est encore parvenu à connaître... D'autres, plus heureux, exploreront un jour, bientôt peut-être, ces dangereux déserts de l'espace; mais nos chers amis conserveront toujours la gloire qui appartient aux précurseurs des grandes découvertes. Dans nos heures de tristesse et de découragement, pensons à Crocé et à Sivel : l'exemple de leur courage et de leur énergie nous donnera la force d'accomplir le devoir, de nous montrer dignes de leur souvenir.

« Crocé! Sivel! vous êtes morts à la recherche des vérités nouvelles; vos noms seront inscrits parmi ceux des martyrs de la science! Votre mémoire vivra au plus profond de nos cœurs. Quand nous essayerons de faire une bonne action, vos images bénies seront présentes à nos yeux! »

Après deux discours encore, l'un de M. Hureau de Villeneuve, l'autre de M. Tarbé, au nom de la Société des aéronautes du siége de Paris, M. Crocé-Spinelli a jeté un adieu suprême à son fils; M. Tissandier, à ses amis.

Crocé-Spinelli et Sivel étaient ensevelis, mais ils n'étaient et ne seront pas oubliés : leur exemple sera un modèle, et les airs livreront à d'autres, mieux prémunis encore contre leurs périls, les secrets qu'ils ont refusé de leur livrer.

(1) « Signalons encore les ballons-sondes.

« Sivel avait imaginé les ballons-sondes quelques semaines avant sa mort. Il voulait, dans le premier voyage du *Zénith*, lancer des ballonnets captifs au-dessus et au-dessous de l'aérostat pour étudier les courants aériens. Un vent trop violent au départ avait empêché d'emporter le système, qui se composait d'une longue perche horizontale de 10 mètres de longueur, fixée au cercle et tenue en équilibre par le ballonnet supérieur, dont le diamètre était de 6 mètres. — Un ballon plus petit, rempli d'air, eût permis de sonder les espaces inférieurs ; il eût été muni d'une lanterne, afin qu'on pût suivre ses mouvements pendant la nuit. Les deux ballons étaient attachés à la même corde, qui avait 1000 mètres de long. On aurait pu, de la nacelle, faire monter le ballon supérieur à 1 000 mètres au-dessus du *Zénith*, ou descendre la sonde supérieure d'une même longueur. Crocé-Spinelli avait supposé que, des courants aériens pouvant entraîner le ballonnet supérieur, il en résulterait une modification dans la marche du *Zénith;* il avait fait construire par M. Redier un anémomètre très-sensible, destiné à donner à cet égard des déterminations précises. Il est certain que les ballons-sondes de Sivel doivent être d'une grande ressource aux aéronautes pour mettre à profit des courants aériens superposés. »

APPENDICE

DE LA CONSTRUCTION ET DU GONFLEMENT DES BALLONS

THÉORIE DE L'ASCENSION DES BALLONS. — Il est en physique un principe connu sous le nom de PRINCIPE D'ARCHIMÈDE qui s'énonce ainsi : « *Tout corps plongé dans un liquide perd une partie de son poids égale au poids du fluide qu'il déplace.* »

Ce qui revient à dire qu'un corps placé dans l'air se précipite vers la terre si son poids est supérieur à celui de la masse d'air qu'il déplace; qu'au contraire il s'élève s'il est plus léger; demeure stationnaire, plane dans le courant aérien, si son poids est exactement le même.

Tel est le principe qui est la base de la théorie de l'ascension des ballons. L'aérostat, rempli de gaz hydrogène pur, quatorze fois plus léger que l'air qui nous environne, tend à monter vers des régions supérieures jusqu'à ce qu'il rencontre une couche atmosphérique, d'une densité égale à la sienne, où il puisse rester stationnaire (1).

Le phénomène qui préside à l'ascension des ballons est exclusivement le même que celui qui se produit lorsqu'un bouchon de liége, maintenu jusqu'alors au fond d'un vase rempli d'eau, se détache lorsqu'il est livré à lui-même et remonte à la surface.

L'application de ce principe aux aérostats sembla si simple à tous les savants que, lors de la découverte des frères Montgolfier, Lalande écrivait : « Cela doit être ; comment n'y a-t-on pas déjà pensé ? »

(1) On sait que l'air diminue de densité à différentes hauteurs. Les couches qui environnent la terre sont les plus lourdes puisqu'elles supportent la pression de toutes les autres. A mesure qu'on s'élève, les couches d'air sont de plus en plus légères.

DE LA CONSTRUCTION DES BALLONS ET DES MONTGOLFIÈRES

De l'étoffe à employer. — Le plus souvent, la soie est employée pour la construction des aérostats. Les tissus de Lyon, connus sous le nom de *soie cuite, taffetas de Lyon, satin croisé,* inspirent avec raison une grande confiance aux aéronautes ; la longue carrière que fournissent les ballons de soie les fait préférer à tous les autres. Pendant la guerre, on tailla des ballons dans des étoffes de coton que l'on soumettait préalablement au vernissage ; mais ce procédé est loin d'offrir les garanties désirables. Les très-courts services que l'on exigeait des ballons pendant la guerre expliquent l'emploi des étoffes de coton.

La soie, quelque forte qu'elle soit, laisse cependant échapper le gaz hydrogène par de nombreux pores. Pour obvier à cet inconvénient, on enduit la soie d'un vernis préparé ainsi qu'il suit :

Du vernis à employer pour combattre la perméabilité des ballons. — Un grand nombre de vernis ont été proposés, mais le seul qu'il y aurait intérêt à retrouver (celui qu'employaient Coutelle et Conté) est demeuré jusqu'ici ignoré. Nous nous bornerons à indiquer les deux compositions le plus généralement employées.

1° Faites au bain-marie une dissolution de caoutchouc dans l'essence de térébenthine. Il faut avoir soin de remuer le mélange durant toute l'opération. Lorsque le liquide aura atteint une consistance sirupeuse, le laisser reposer pendant un jour, puis le verser doucement dans un autre vase contenant une quantité d'huile de lin égale à la moitié de la dissolution de caoutchouc. Ainsi préparé, le vernis peut être employé.

2° On peut atteindre le même but en se servant de la solution suivante : huile de lin et essence de térébenthine en égale quantité, rendues siccatives par une ébullition de longue durée avec la litharge.

Lorsque la soie est vernissée, on la laisse sécher pendant quelques jours.

De la taille des fuseaux. — On peut donner aux ballons une forme longue, ronde, ou ovale, sans que pour cela leur force ascensionnelle en soit augmentée ou diminuée. Si quelques inventeurs de systèmes de direction ont imaginé de donner à leurs appareils la forme de poisson, c'est qu'ils pensaient que, si la surface sur laquelle s'acharnent les courants aériens était moins grande, leur machine aurait besoin d'une force moindre pour résister à ces mêmes courants.

Si l'on en excepte les aérostats destinés à expérimenter un système de direction ou les figures lancées dans les fêtes publiques, la forme des ballons est toujours sphérique.

Pour tailler les fuseaux, qui, réunis, doivent former l'aérostat, M. Figuier indique un procédé géométrique très-clair et très-simple.

« On décrit, dit-il, sur une feuille de papier dont les dimensions sont les mêmes que celles du ballon, un quart de cercle AOB, dont le rayon est égal à celui du ballon. On divise ensuite l'arc AB en six parties égales; pour cela, il suffit de porter successivement le rayon AO sur la circonférence de A en D et de B en C. On obtient ainsi trois arcs égaux : AC, CD, DB. Si l'on divise chacun d'eux en deux parties égales par les points E, F, G, l'arc AB sera divisé en six parties égales. Par les points de division, on mène des parallèles au rayon AO, qui coupe le quart de cercle aux points *e*, *c*, *f*, *d*, *g*. On joint alors le centre O au milieu M de l'arc AE et on décrit au même point O comme centre, avec des rayons respectivement égaux à E*e*, C*c*, etc., des arcs de cercle *aa'*, *bb'*, etc. Admettons que le cercle auquel appartient l'arc AB soit l'équateur du ballon, l'arc AM en sera la vingt-quatrième partie, les arcs *aa'*, *bb'*, etc., seront alors la vingt-quatrième partie des parallèles de rayons E*e*, C*c*, F*f*, etc.

« Ceci posé, sur une ligne droite XY portons douze fois la longueur AM, et des

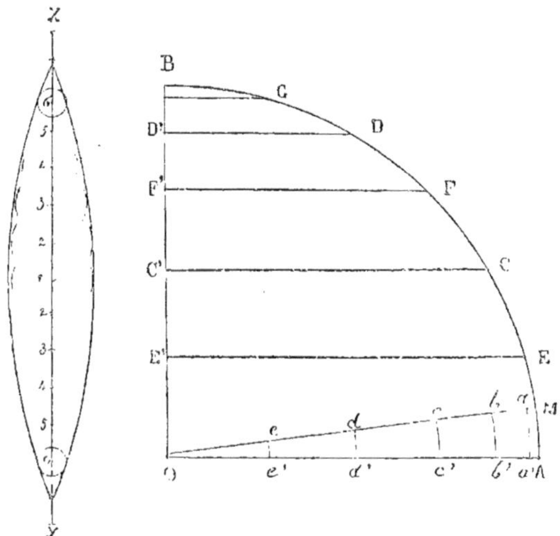

points de division 1, 2, 3, 4, 5, 6, de part et d'autre du milieu 1, décrivons des arcs de cercle avec des rayons respectivement égaux aux longueurs AM, *aa'*, *bb'*; si l'on trace une courbe tangente à la fois à tous ces arcs de cercle et qui passe en X et Y, on obtiendra un fuseau dont la surface est la vingt-quatrième partie de celle de la sphère. »

Il faut, lorsqu'on taille les fuseaux, avoir soin de laisser un rebord de deux ou trois centimètres, pour qu'on les puisse réunir ensemble sans détruire la forme du ballon. La couture se fait maintenant à l'aide des machines à coudre, quoique quelques aéronautes s'efforcent de conserver la couture à la main, plus solide, prétendent-ils.

Le ballon se termine par un appendice destiné à rester ouvert pendant l'ascension. Il suffit, pour le former, de retrancher quelques centimètres à l'extrémité de chaque fuseau.

De la soupape. — La partie supérieure du ballon est munie d'une soupape destinée à laisser échapper le gaz lorsque l'aéronaute veut opérer la descente. La soupape se compose de deux clapets qui s'ouvrent de l'extérieur à l'intérieur au moyen d'une corde placée à portée de la main des voyageurs.

La soupape, inventée par le physicien Charles, est demeurée ce qu'elle était alors :

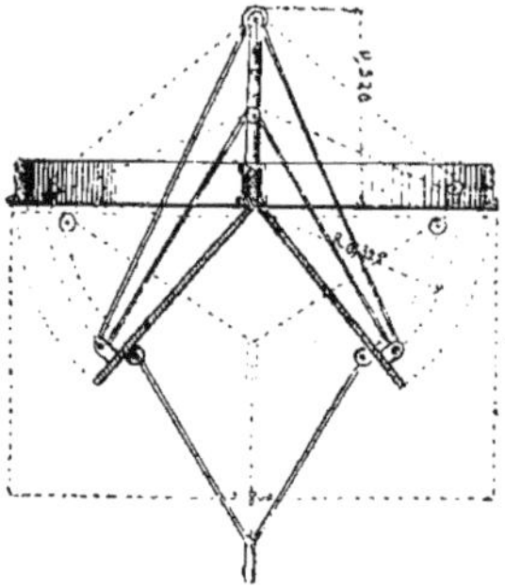

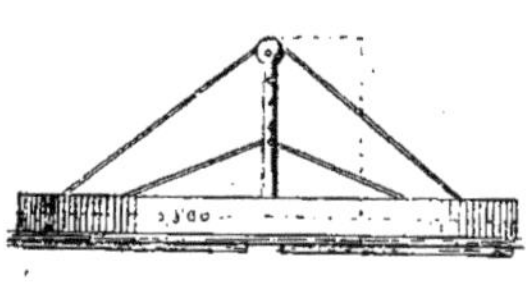

un instrument grossier, souvent fort dangereux si l'aéronaute n'y prête pas une grande attention lors de la construction du ballon. Plus d'un accident a eu pour cause le mauvais état de la soupape, qui ne pouvait s'ouvrir ou se fermer au gré du voyageur.

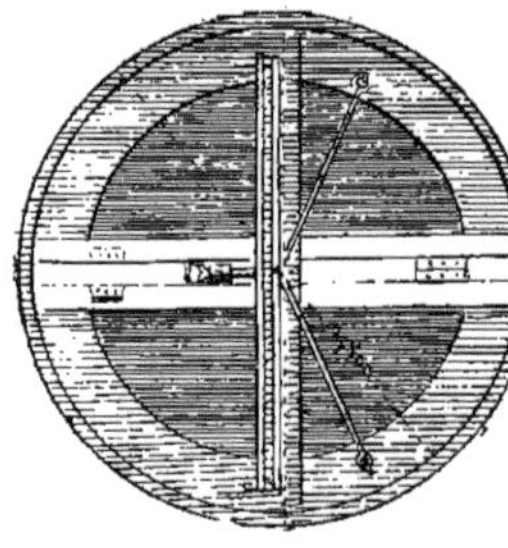

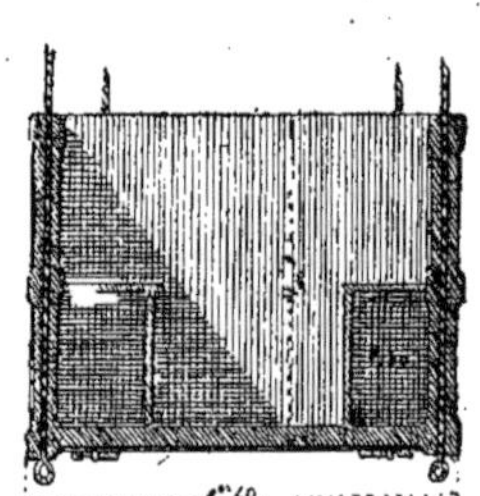

Dans l'air, lorsque la soupape est ouverte, le gaz qui fuit par l'ouverture béante est remplacé par de l'air froid qui diminue la force ascensionnelle de l'aérostat et le force à redescendre.

Du filet, du cercle, de la nacelle. — Le ballon est recouvert par un immense filet dont les petites mailles sont attachées à la soupape et qui se termine vers l'appendice par trente-deux cordes fixées au cercle. Le filet est l'une des parties les plus importantes du ballon. Il permet de répartir uniformément la traction de la nacelle sur tous les points de l'aérostat; sans lui, le ballon céderait souvent en un point plus faible ou plus vite usé que les autres.

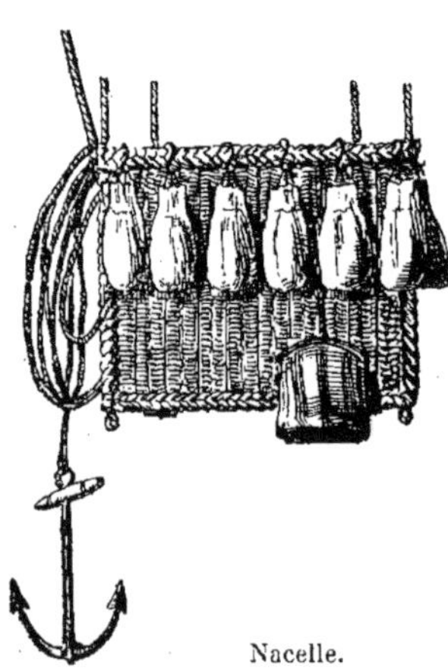

Nacelle.

Coupe de la nacelle.

Le cercle, construit solidement et en bois très-fort, sert à soutenir la nacelle et à fixer l'ancre qui doit retenir l'aérostat lors de la descente.

La nacelle est généralement construite avec de l'osier, tressé par un habile vannier ; cette substance souple, presque élastique, est plus propre que toute autre à supporter sans trop se détériorer et à amortir les chocs terribles que si souvent les aéronautes éprouvent à l'atterrissage. Les cordes qui doivent servir à rattacher

Gonflement du ballon.

la nacelle au filet sont ordinairement tressées avec l'osier même et font ainsi partie intégrante de la nacelle.

Pour fixer la nacelle au cercle, on emploie huit petites olives en bois, appelées *gabillots*, qui s'adaptent dans cinq boucles ménagées à l'extrémité des cordes qui partent du fond de la nacelle. Deux petits bancs d'osier permettent aux aéronautes de s'asseoir commodément dans la nacelle.

Du guide-rope et de l'ancre. — Le guide-rope est d'invention récente. C'est à l'aéronaute anglais Green que les navigateurs aériens sont redevables de la découverte de cet auxiliaire puissant. Il consiste tout simplement en une grosse corde longue de 100 à 150 mètres qui, lorsqu'elle touche terre, indique à l'aéronaute la hauteur à laquelle il se trouve. Souvent, lorsque le voyageur descend des hautes régions, il lui est difficile d'apprécier la distance qui le sépare de la terre ; le guide-rope, dont il connaît la longueur, l'aide ainsi puissamment dans ses calculs. Le guide-rope rend encore d'autres services. Lorsqu'il touche terre, il amortit la chute du ballon, puisqu'il déleste peu à peu l'aérostat ; souvent aussi, lorsqu'un vent terrible règne à terre, il traîne sur le sol et s'enroule au pied d'un arbre, arrêtant ainsi tout d'un coup le ballon qui, sans son aide, aurait encore parcouru une grande distance.

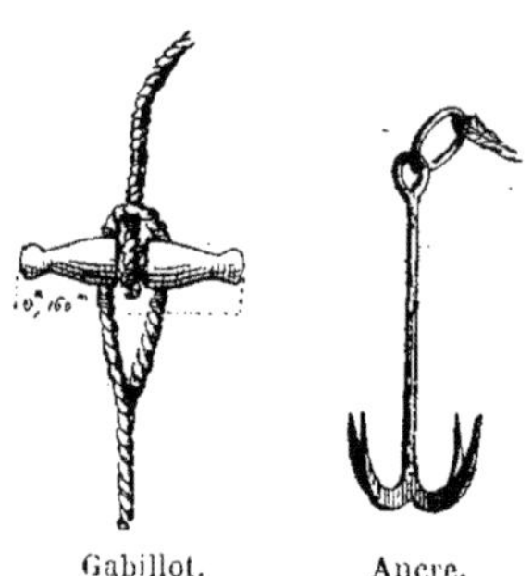

Gabillot. Ancre.

L'ancre rend à peu près les mêmes services que le guide-rope : elle sert à retenir le ballon comme l'ancre marine maintient au repos le navire. Toutes deux sont différentes ; l'ancre aérostatique est plus évasée que l'ancre marine qui ne peut mordre sur le sol. Quelques aéronautes expérimentés conseillent d'employer un grappin à six branches.

DU GONFLEMENT DES BALLONS

Le ballon ainsi construit et muni de tous les appareils que nous avons décrits est prêt à être gonflé.

Ordinairement on se sert pour remplir les aérostats de gaz d'éclairage que l'on trouve tout prêt à être employé dans les grandes villes. La dépense d'installation que nécessite le remplissage d'un ballon est alors peu considérable : elle n'exige que l'achat d'un tuyau en toile ou en caoutchouc de quelques mètres de longueur. Il est vrai que le gaz d'éclairage (ou hydrogène bicarboné) n'est que deux fois plus léger que l'air, tandis que l'hydrogène est quatorze fois moins dense que l'air qui nous entoure. Il faut donc, pour enlever une charge égale, un ballon beaucoup plus gros lorsqu'il est gonflé avec de l'hydrogène bicarboné que lorsqu'il est gonflé avec de l'hydrogène pur.

Pour remplir un ballon de gaz hydrogène pur, il faut procéder ainsi (voyez la gravure ci-dessous) :

On place dans des tonneaux (A), reliés à un plus grand tonneau (B) par de petits tuyaux, de la limaille de fer ou des morceaux de zinc sur lesquels on verse de l'eau et de l'acide sulfurique.

La réaction de l'eau et de l'acide sulfurique sur le zinc et le fer produit un gaz qui s'échappe par le petit tuyau et passe dans le grand tonneau (B) qui, défoncé dans sa partie supérieure, repose dans une cuve pleine d'eau.

Là le gaz, qui est mélangé d'acide sulfureux, se lave, se débarrasse de tout principe étranger, s'engage dans le tuyau C et pénètre dans le ballon par l'appendice E, soigneusement attaché au tuyau C.

Pour faciliter l'introduction du gaz dans le ballon, on a soin de dresser deux poteaux munis à leur extrémité d'une poulie. Une corde passée dans un anneau fixé à la soupape permet ainsi de soulever l'aérostat et de faire aisément arriver le gaz par l'appendice. Lorsque le ballon est rempli à moitié, il faut avoir soin de le faire retenir par des hommes, car à demi gonflé déjà il pourrait quitter terre.

Un ballon ne doit jamais être entièrement rempli, car le gaz, se dilatant à mesure que l'aérostat s'élève, ferait éclater l'enveloppe; lorsque l'aérostat est gonflé seulement aux deux tiers, l'appendice restant *toujours ouvert*, le gaz donne peu à peu une forme entièrement ronde à l'aérostat, puis s'échappe ensuite par l'appendice.

L'expérience a démontré que le gaz hydrogène préparé pour les ascensions aérostatiques pèse 100 grammes par mètre cube et peut enlever 1 200 grammes par mètre cube « puisqu'un mètre cube d'eau pèse environ 1 300 grammes, et la différence, soit 1 200 grammes, représente dès lors la force ascensionnelle d'un mètre cube de gaz hydrogène. » Le gaz d'éclairage est plus lourd : il pèse 650 grammes et ne peut par conséquent enlever un poids supérieur à 650 grammes,

Pour connaître le poids que peut enlever un aérostat, il suffit de chercher le poids de l'étoffe employée, la quantité d'hydrogène employée, et de multiplier le nombre de mètres cubes par 100 si l'on emploie du gaz hydrogène pur, 650 si l'on emploie du gaz d'éclairage; additionnant le poids de l'hydrogène et celui de l'étoffe, on obtient la pesanteur du ballon; si l'on multiplie chaque mètre cube de gaz employé par 1 300, on obtiendra la force ascensionnelle de l'aérostat après avoir soustrait de ce produit le poids du gaz et celui de l'étoffe.

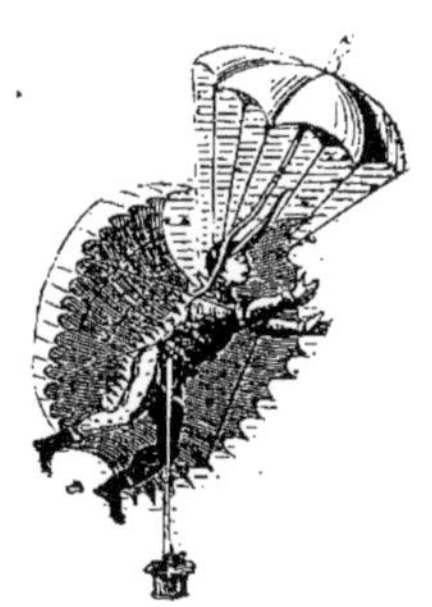

TABLE DES GRAVURES

DIVERS PROJETS DE BALLONS

Ballon de cuivre construit par Dupuis-Delcourt. (Voy. page 327.)

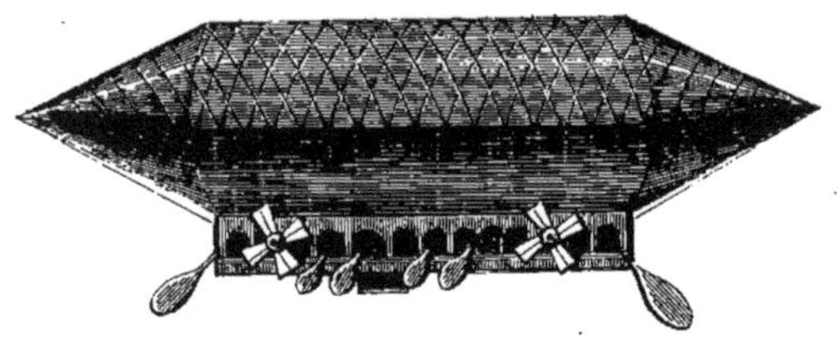

Ballon construit par M. de Lennox. (Voy. page 334.)

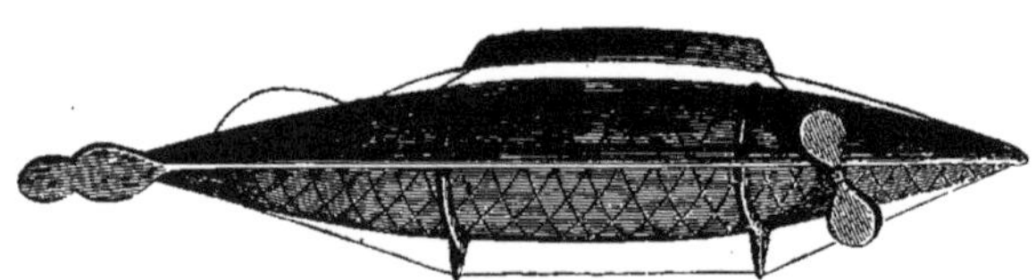

Ce ballon a été construit par M. Julien et expérimenté à l'Hippodrome. Un mouvement d'horlogerie, placé à l'intérieur, doit lui servir à lutter contre le vent. Les essais tentés n'ont donné aucun résultat appréciable; mais ce n'est pas non plus un échec qu'a subi son inventeur : l'aérostat était de trop petite dimension pour démontrer ce qu'on pouvait attendre du système imaginé par M. Julien.

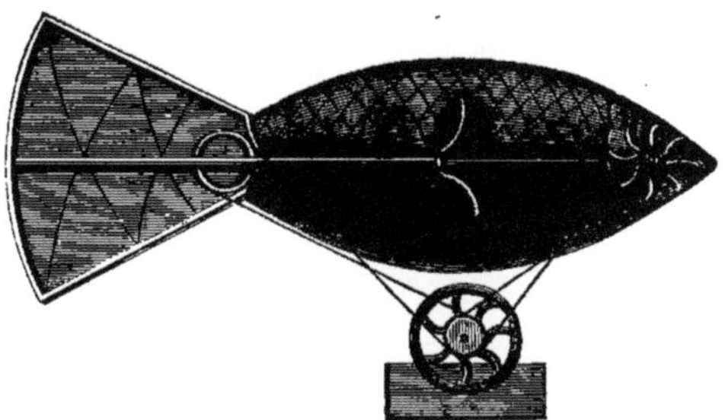

Cet aérostat muni de clapets en plumes a été édifié par MM. Sanson; les expériences ont été loin d'être concluantes.

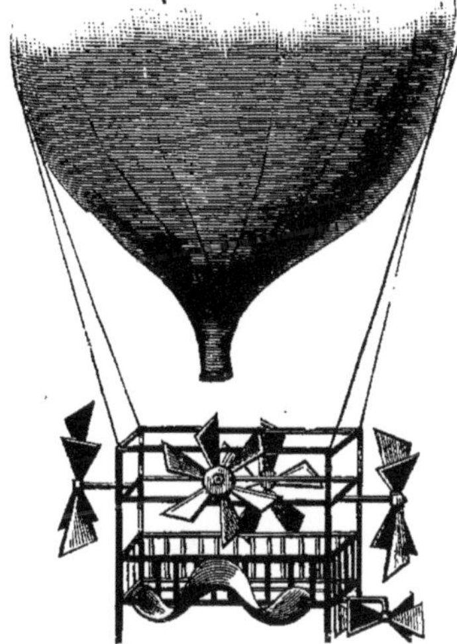

Ce système de direction imaginé par M. Helle n'a pas encore été expérimenté : il repose sur une combinaison de volants et d'hélices mis en mouvement par deux hommes placés dans la nacelle (1).

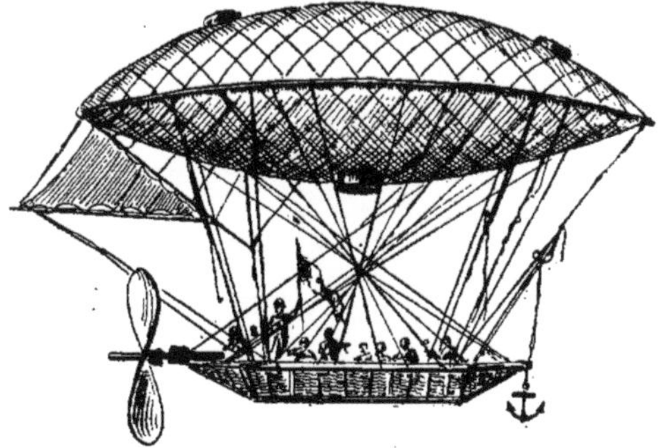

Ballon construit par M. Dupuy de Lôme. Les expériences faites pendant la guerre n'ont donné aucun résultat.

(1) Voyez le tableau de M. de Fonvielle publié par Bouasse-Lebel.

TABLE DES MATIÈRES

CHAPITRE XVIII.

CHAPITRE XIX.

CHAPITRE XX.

CHAPITRE XXI.

CHAPITRE XXII.

CHAPITRE XXIII.

CHAPITRE XXIV.

CHAPITRE XXV.

CHAPITRE XXVI.

CHAPITRE XXVII.

CHAPITRE XXVIII.

CHAPITRE XXIX.

CHAPITRE XXX.

CHAPITRE XXXI.

CHAPITRE XXXII.

CHAPITRE XXXIII.

CHAPITRE XXXIV.

CHAPITRE XXXV.

CHAPITRE XXXVI.

CHAPITRE XXXVII.

CHAPITRE XXXVIII.

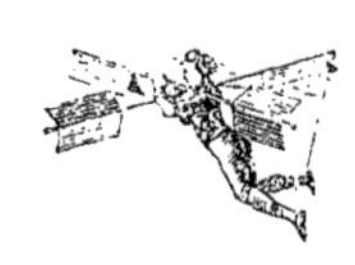

Sceaux. — Typ. M. et P.-E. Charaire.

BIBLIOTHEQUE NATIONALE DE FRANCE
3 7531 00164346 0

www.ingramcontent.com/pod-product-compliance
Ingram Content Group UK Ltd.
Pitfield, Milton Keynes, MK11 3LW, UK
UKHW020311200726
13857UKWH00001B/143